葡萄科学与实践丛书

Grape Germplasm Resources
and Their Utilization

葡萄种质资源与利用

房经贵
徐伟荣
程建徽

主编

化学工业出版社

·北京·

内容简介

本书系统论述了葡萄种质资源的起源、分类、进化、考察、收集、保存、评价、利用及其遗传基础，旨在揭示葡萄遗传多样性形成的历史根源与科学规律。内容涵盖从起源与地理演化、分类体系与进化机制到种质资源的考察、收集与信息化管理等方面，全面呈现了葡萄种质资源的结构特征与多样性格局。

在研究层面，本书从表型特征到分子水平，系统分析了葡萄重要性状的遗传基础与基因型鉴定方法，阐明了不同资源间的遗传差异及其潜在应用价值。书中对野生种质与砧木资源进行了综合论述，探讨了种质创新与多样化利用的途径。同时，聚焦重要功能基因的克隆与功能解析，揭示了从种质创新到新品种创制的关键科学环节，为葡萄遗传改良与分子育种提供了坚实的理论依据与技术支撑。

在系统梳理研究进展的基础上，本书还总结了葡萄种质资源在果实利用、品种培育、育种材料开发及基因资源挖掘等方面的最新成果，并结合典型案例，展示了葡萄种质资源在栽培实践与基础研究中的应用前景。全书内容系统、资料翔实，兼具理论深度与实践指导意义，可供园艺科学、遗传育种及生物多样性研究领域的科研人员及相关技术人员参考。

图书在版编目（CIP）数据

葡萄种质资源与利用 / 房经贵，徐伟荣，程建徽主编. -- 北京 : 化学工业出版社，2025. 12. -- ISBN 978-7-122-49700-0

Ⅰ. S663.102.4

中国国家版本馆CIP数据核字第2025NR8104号

责任编辑：李　丽　　　加工编辑：李娇娇
责任校对：宋　夏　　　装帧设计：韩　飞

出版发行：化学工业出版社
（北京市东城区青年湖南街13号　邮政编码100011）
印　　装：三河市君旺印务有限公司
787mm×1092mm　1/16　印张25½　彩插12　字数584千字
2026年3月北京第1版第1次印刷

购书咨询：010-64518888　　　售后服务：010-64518899
网　　址：http://www.cip.com.cn
凡购买本书，如有缺损质量问题，本社销售中心负责调换。

定　　价：128.00元

编写人员名单

主　　编

房经贵	南京农业大学
徐伟荣	宁夏大学
程建徽	浙江省农业科学院

副 主 编

钟海霞	新疆维吾尔自治区农业科学院
郭印山	沈阳农业大学
傅佩宁	上海交通大学
张　丽	山东志昌农业科技发展股份有限公司
高　振	山东农业大学
张付春	新疆维吾尔自治区农业科学院
韩　斌	河北省农林科学院
郑　婷	浙江省农业科学院
王亚宁	南京农业大学
冷翔鹏	青岛农业大学

参编人员（按姓氏拼音顺序排序）

曹志毅　柴文枝　陈浩宇　陈佳丽　陈　玲
陈小倍　陈　也　樊秀彩　范慧慧　范绍校
付广青　付莹莹　高春丽　郭泽顺　季兴龙
季香芝　蒋芷萱　鞠欣桐　单　涛　李　傲
李飞跃　李昊峻　李继祯　李少楠　李文涛
李杨金　林　敏　刘明月　刘　文　卢素文
马继晖　慕　茜　钱东南　任怡然　上官凌飞
宋长年　宋思言　宋秀玲　苏梦凡　孙梦洁
孙振宇　唐　梅　唐　雯　田　玲　王　博
王超萍　王　晨　王德冕　王佳洋　王　晶
王鹏飞　王　硕　王西成　王雨苗　王壮伟
吴琦琦　徐　超　徐卫东　徐文清　徐　炎
宣旭娴　薛　倩　谢兆森　闫莉春　杨　会
杨思玲　余　欢　于　雪　张　帆　张克坤
张　瑞　张瑶莹　张艺霖　张志昌　赵依平
郑秋玲　周江敏　诸葛荔洁　朱梓康

前言

PREFACE

种质（germplasm）这一术语用于描述活体遗传资源，例如种子或组织，其保存目的为育种、种质资源保护及其他科研用途。这些资源可表现为多种形式：存储于种子库的种子集合、种植于苗圃的林木、在动物育种计划或基因库中维护的动物育种系等。种质资源库的收集范围极为广泛，从野生物种资源到经过长期人工选择的优良驯化育种系皆属其列。种质资源不仅代表着自然环境和人类数千年驯化积淀下的基因多样性，更是未来育种创新和粮食安全的“主力军”。种质资源是育种科研与农业发展的根基。在当前全球生态系统退化、粮食品质安全日益受限的大背景下，含有多环境适应性、基因型丰富性与高度表型多样性的种质资源，成为农业创新不可或缺的物质基础。基因库和育种计划为培育有弹性的作物奠定了基础，在面对不断变化的威胁时，可确保农业可持续性和全球粮食安全。保护作物遗传多样性不仅仅为了眼前的粮食安全，也是为了人类文明的长期生存。

葡萄属于葡萄科（Vitaceae）葡萄属（*Vitis* L.），其作为全球最为广泛种植的经济作物之一，具有演化历史久、栽培驯化进化快、变异类型丰富、用途广泛等特点。其作为水果、酿酒原料始终伴随着人类文明。葡萄是重要的社会文化载体，西方社会将葡萄酒视为重要的宗教文化符号，中国文人墨客也对其推崇备至，创造了许多相关的文学作品，唐朝王翰《凉州词》中的“葡萄美酒夜光杯”不仅描绘了丰美佳酿，更通过“夜光杯”这一象征，表达了将士饮酒的豪情及边塞戍守时的岁月沉思。早在新生代第三纪乃至更早的年代，地球上已经存在葡萄科植物。在公元前5000 ~ 7000年以前，葡萄就广泛地栽培在高加索、中亚细亚、叙利亚、美索不达米亚和埃及等地区，随后陆续传入其他地区。随着葡萄栽培范围的扩展，形成了许多具有地区特色的品种群。目前，葡萄是栽培最广泛的果树之一，全世界除南极洲以外的六大洲的 60 多个温带、亚热带和热带国家均有商品性栽培。

截至 2025 年，VIVC 数据库由德国 Julius Kühn-Institut 负责管理，记录了全球葡萄属（*Vitis* L.）资源的多样性。该数据库创立于 1984 年，目前登记有约 23500 条目，涵盖品种、野生种和育种系。在这些条目中，“主名称（prime name）”所对应的栽培品种或育种系约 18000 个，这些品系代表已被国际普遍认可，具备明确命名历史或广泛栽培背景。其余条目包括同义名称、次级品系、野生近缘种和尚未完全命名的资源。通过这一全球性资源储备，可见葡萄种质资源已形成广泛且深入的基因库基础。

目前，我国各地经过数十年的种质考察、采集、归档、保存和系统描述，逐步建立起标准化、数字化的葡萄种质资源信息库与资料库，以深层次挖掘这些资源的遗传价值。中国科学院植物研究所与郑州果树研究所联合建成的国家葡萄种质资源库，已收录 1300 余个葡萄品种，供科研与选育使用。这些成果形成了丰富的种质基因储备，并推动葡萄基础研究与育种发展。2007 年，国际葡萄基因组计划发布了 *Vitis vinifera*（PN40024）的高质量基因组初稿，使其成为全球第一个完成全基因组测序的果树类植物与第四个被测序的被子植物。这一具有里程碑意义的成果，奠定了葡萄种质资源的基础基因组框架，为后续基因定位、功能挖掘与分子育种提供了精准的“基因级跑道”。

鉴于在研究与教学等方面的需要，我们围绕葡萄种质资源的起源、分类、进化与利用等整理成书，全书分为十章：第一章为葡萄的起源、分类与进化；第二章为葡萄种质资源的考察、收集与保存；第三章为葡萄种质资源的保存情况及种质数据库；第四章为葡萄种质资源重要性状的特征；第五章为葡萄种质资源的遗传基础；第六章为葡萄种质资源基因型鉴定；第七章为葡萄野生资源论述；第八章为葡萄砧木种质资源；第九章为葡萄种质资源利用；第十章为葡萄重要基因的克隆。

在此谨向所有为本书撰写与出版付出心血的同行、编辑和相关人员表示诚挚的谢意。由于作者时间仓促、水平有限，书中存在不少疏漏与不足之处，敬请各位读者不吝赐教。

编者

2025 年 7 月

目录

CONTENTS

第一章 葡萄的起源、分类与进化

种质资源是果树生产中选用良种与进一步选育新品种的物质基础，也是研究树种起源、果树分类、果树生态等理论的关键材料。葡萄属于葡萄科（Vitaceae）葡萄属（*Vitis*），是全球最有价值的果树之一，具有广泛的用途和显著的多样性变异。其栽培范围遍及除南极洲外的六大洲，涉及 30 多个温带、亚热带和热带国家。早在新生代第三纪，地球上就已有葡萄科植物的存在，考古学家已发现了葡萄属植物的化石。在 11000 年前，葡萄在高加索和中亚被栽培，随后传遍世界各地。栽培葡萄（*Vitis vinifera* ssp. *vinifera*）与人类文明息息相关，成为欧亚文明的重要文化象征。野生葡萄（*Vitis* spp.）具有广泛的遗传多样性，是增强葡萄栽培环境适应能力和可持续性的关键。在长期的自然进化和人工选择过程中，葡萄形成了丰富的遗传多样性。葡萄具有广泛的适应性，能够在不同的地理环境和气候条件下生长与发育。从温带的欧洲到亚热带的亚洲，再到热带的非洲，均有适合当地环境的葡萄品种分布。这得益于葡萄在进化过程中形成的对不同环境条件的适应机制，如对温度、光照、水分、土壤等环境因子的调节能力。

明确葡萄的起源中心和进化路径，有助于精准定位那些蕴含独特优良基因的野生葡萄种及古老栽培品种，这对于保护珍稀濒危的葡萄种质资源，遏制遗传多样性的丧失至关重要。同时，也为现代葡萄育种提供了丰富的基因库，并可通过杂交、基因编辑等手段将这些优良基因导入栽培品种中，培育出更具抗逆性（抗病、抗虫、抗寒、抗旱、耐盐碱等）、高品质（果实口感佳、色泽好、香气浓郁、含糖量适中等）和适应不同环境条件的新品种，满足全球多样化的农业生产需求和消费者日益增长的品质要求，推动葡萄产业的可持续发展。了解葡萄的分类和进化关系，有助于指导不同地区选择最适宜的葡萄品种进行种植，从而优化农业生产布局，提高土地利用效率和葡萄产量与质量。葡萄与人类文明的发展紧密相连，其起源和传播路径反映了人类迁徙、贸易、文化交流与融合的历史进程。基因组学的进步，尤其是长读长（long-read sequencing）测序技术的成熟，极大地推进了葡萄研究。该技术能够读取长达数千至数万碱基对的连续 DNA 片段，凭借这一优势，研究人员得以精准地解析葡萄基因组中的单倍型多样性和复杂的结构变异。这些新发现，为深入探索葡萄的驯化过程及其对环境适应的遗传机制，提供了前所未有的强大工具。

第一节　葡萄的起源与地理分布

葡萄科植物起源于地质史上1.3亿年前的白垩纪时期，位于未分离的欧亚大陆与北美大陆地区，是最古老的果树树种之一。葡萄的起源地位于北半球的温带和亚热带地区，西亚鲜食葡萄和高加索酿酒葡萄都保持着最高的遗传多样性。高加索酿酒葡萄群主要分布于高加索山脉两侧，仅从黑海北部有限地向喀尔巴阡盆地扩展，西亚鲜食葡萄组在四个方向上，跨越了欧亚大陆，并向北非扩展。大陆分离、冰河时期以及与人类文明的冲撞使得葡萄（尤其是栽培葡萄）在多种生态条件下得以适应，从美洲地区潮湿的东南部、干燥炎热的西南部到寒冷的北部，随后扩展至欧亚大陆，再由寒冷干旱的东亚北部迁移到温暖湿润的南部，最终扩展到全球。

一、葡萄的起源

根据瓦维洛夫提出的有8个作物起源中心：①中国-东亚中心；②印度中心；③中亚西亚中心；④西亚中心；⑤地中海中心；⑥埃塞俄比亚中心；⑦南美和中美起源中心；⑧南美中心，栽培葡萄的原始起源中心属于西亚中心。由于山脉、沙漠或海洋等地理障碍的隔离，起源中心拥有较高的遗传多样性，各种遗传类型的分布较为集中，具有地区特有的变种、近亲野生种或栽培类型。每个中心都有大量的有价值的植物和多样性的变异体，是植物育种者探寻新基因的宝库。茹考夫斯基1970年发表了《育种世界植物基因资源》，他在瓦维洛夫提出的8个作物起源中心基础上进一步扩展，将全球栽培植物起源中心划分为12个，其中涉及葡萄的起源中心共有6个。①中国-日本起源中心，这一中心包括中国及日本地区，是多种落叶果树的起源地，如桃、李、杏等。虽然未明确提及葡萄，但中国本土存在野生葡萄种质资源（如山葡萄），可能属于该中心的遗传多样性范围。②中亚细亚起源中心，覆盖中亚地区（如哈萨克斯坦、乌兹别克斯坦等），是葡萄（*Vitis vinifera*）的重要原生地之一。中亚野生葡萄的基因多样性丰富，被认为是现代栽培葡萄的重要起源区域。③前亚细亚起源中心，包括西亚地区（如高加索、土耳其、伊朗等地），是葡萄驯化的核心区域之一。考古证据显示，该地区在公元前6000年已开始葡萄栽培，并逐渐传播至欧洲。④地中海起源中心，地中海沿岸地区（如希腊、意大利等）是葡萄栽培的次生起源中心，通过与前亚细亚和中亚的基因交流，形成了多样化的酿酒葡萄品种。⑤欧洲-西伯利亚起源中心。⑥北美洲起源中心。

葡萄主要分布在北半球的温带地区，集中起源于西亚、北美和东亚三个起源中心，即“欧洲-西亚起源中心”“北美起源中心”和“东亚起源中心”，根据地理起源形成了3个种群。其中“欧洲-西亚”中心的欧亚种群仅起源于1个种即欧亚种或欧洲葡萄（*V. vinifera* L.），该种通常被划分为2个野生亚种——一是被广泛驯化栽培的*V.vinifera* subsp. *vinifera*，二是被普遍认为是其野生祖先的欧洲野葡萄*V.vinifera* subsp.*sylvestris*。欧亚种是葡萄属植物中一个种，黑海和里海之间及其南部的中亚和小亚细亚地区是欧洲葡萄的起源地，葡萄栽培种由这里传播到欧洲，又由欧洲人传播到世界各地。经过长期的引种、驯化、育种和营养系选种，形成了各具特色的栽培品种，使得葡萄品种不断丰富。目前，世界上有 90% 以上的葡萄品种来自该种，80% 以上的葡萄品种由该种演化而来；“北美分布中心”包括美国、加拿大和墨西哥，有 30 余种，形成了北美种群，是重要的葡萄抗病种质资源，在葡萄根瘤蚜和霜霉病抗性育种中发挥了重要作用；“东亚分布中心”包括中国、日本、韩国、俄罗斯远东地区和东南亚的北部地区，分布的种类最多，40 余种，形成了东亚种群，其中抗性类型极其丰富。选育葡萄种质较多的国家主要集中在纬度 30° ～ 50° 之间、年平均气温 10 ～ 20℃的欧洲环地中海 - 西亚与美洲地区。

（一）原始类型阶段

葡萄科植物最早出现在距今约 7000 万年前的白垩纪晚期。在这一时期，欧亚大陆与北美大陆尚未分离，地中海没有闭合，地球气候，包括古北极圈在内，较为温暖。被子植物开始在地球上起源并逐渐繁盛，首先在古北极圈形成森林并向南蔓延。开阔的亚欧大陆和北美大陆广泛分布着一些喜光的直立生长的矮小灌木。为了争取更多阳光和传播种子，其枝条逐渐变得长而柔软，一部分花序演变成卷须，缠绕在树干上。单一主干开始长出侧芽，进而形成新枝，逐渐长成副梢，枝条上出现侧生花序，叶片大多为心脏形，全缘叶，果实为小型坚硬浆果。小灌木逐渐演化为藤蔓植物，葡萄的原始祖先随之出现。

在距今约 6500 万年的新生代古近纪初期，地球的气候开始逐渐转冷，季节性特征开始逐渐显现，真正意义上的葡萄属植物起源于这一时期。作为喜光植物，葡萄科的分布逐渐向南扩展，并沿不同方向进化，形成了多个不同的属，如地锦属（*Parthenocissus* Planch.）、蛇葡萄属（*Ampelopsis* Michx.）、乌蔹莓属（*Cayratia* Juss.）、白粉藤属（*Cissus* L.）等，仅有一小部分演化成葡萄属（*Vitis* L.）。奥瑞基葡萄（*V. olrikii* Heer.）是第一个被发现的葡萄属植物，广泛分布于第三纪初期的西伯利亚、堪察加、阿拉斯加和加拿大等北半球高纬度地区。葡萄属植物的枝蔓上芽眼多且易于萌发，其内部结构和功能适应了攀缘的特点，具有较大根压和发达的输导组织，有利于养分和水分的快速运输。直到第三纪晚期，葡萄叶片开始出现裂口。法国发现的化石种泰托尼卡葡萄（*V. tentonica* A. Br），冰岛发现的化石种岛屿葡萄（*V. islandica*）及美国的心叶葡萄（即霜葡萄 *V. cordifolia*）都具有相似特征。葡萄属植物继承了其祖先浆果柔软多汁的特性，有利于吸引动物传播种子，并在自然选择中强化了这一性状，这些性状的形成使其在自然选择的过程中得以保存并发展。

第三纪是地壳运动的剧烈时期，约 1.2 亿年前，印度次大陆从南极洲分离，5500 万年至 4500 万年前与欧亚大陆碰撞，形成青藏高原和喜马拉雅山脉。与此同时，北美大陆与亚欧大陆分离，地球的季节性特征逐渐凸显，这为葡萄属植物进化提供了多样化的方向：第三纪中期，北美东部墨西哥湾属于热带气候，进化出了圆叶葡萄属（*Muscadinia*），中欧、东亚和北美西北部地区属于温凉气候，进化出了真葡萄亚属（*Euvitis*）。这三个地区的真葡萄亚属进一步区分为欧亚种群（Eurasian group）、东亚种群（East Asian group）和美洲种群（American group），随着进化的推进，这些种群中逐渐形成了不同的种。图 1-1

为印度 Mahurzari 地区发现的葡萄科果实化石。在早期的分类系统中，这两个类群被划分为葡萄属（*Vitis*）下的两个亚属：真葡萄亚属（subgen. *Euvitis*）和圆叶葡萄亚属（subgen. *Muscadinia*）。然而，基于它们在染色体数目（真葡萄类群 $2n$=38，圆叶葡萄类群 $2n$=40）、遗传距离和形态上的显著差异，现代分子系统学研究已普遍支持将圆叶葡萄类群提升为独立的属，即圆叶葡萄属（*Muscadinia*）。本文将采用这一现代分类观点，后续均使用“圆叶葡萄属（*Muscadinia*）”和“葡萄属（*Vitis*）”或“真葡萄属（*Euvitis*）”来指代这两个独立的演化支系。

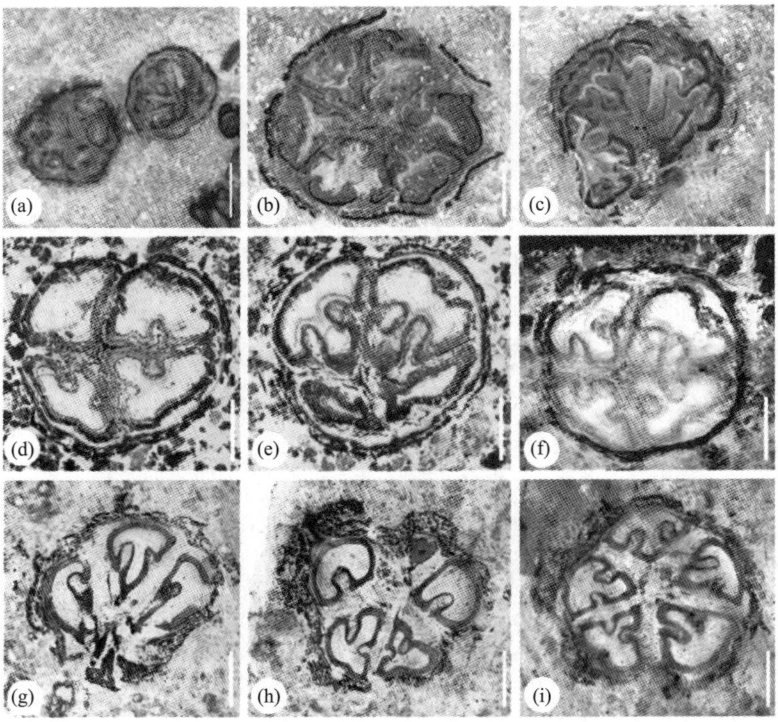

图1-1　印度Mahurzari地区发现葡萄科果实化石（彩图）

（二）种群及种的形成阶段

在约三百万年前的第三纪上新世时期，由于地球轨道变化等因素，地球逐渐进入冰川期，欧洲作为距离北极圈最近的地区，受冰川期影响最为严重。随着冰川期的结束，进入第四纪，第三纪末期和第四纪交替之时，整个欧洲种群的葡萄几乎灭绝，仅剩下森林葡萄（*V. sylvestris*），它是北欧南部唯一幸存的种，后来成了栽培葡萄的重要始祖。冰川期对美洲种群和东亚种群的影响较小，因此这些区域保存了更多的葡萄种（东亚种群 40 多个种，美洲种群约 28 个种）。此时期也是人类文明的出现阶段，理论上认为，黑海、里海沿岸的高加索地区是人类与葡萄的首次接触地。植物学家认为，这一地区也是欧洲葡萄的起源地。冰川期过后，该地区属于温带和亚热带气候带，几乎不受病虫害影响。这种气候条件促进了生长期较长，浆果风味甜美，对高温、低温及病虫害抗性较差，但抗旱性较强的欧亚种葡萄（*V. vinifera* L.）的形成。在选择压力较小的环境下，这些葡萄品种保留了较多的隐性基因和遗传多样性。

东亚地区气候类型多样，涵盖不同纬度，因此形成了东亚葡萄种群。由于东亚种群所处环境较为复杂，容易受到不良环境的影响，因此其在抗寒、抗湿及抗病性等方面表现出较强的适应性。由于这些地区长期被森林覆盖，人类对葡萄的干预较少。至今，东亚分布的许多葡萄种类仍以野生状态生长在中国、朝鲜、日本、越南、印尼、印度及俄罗斯远东等地的森林、山地、河谷和海岸旁。中国是东亚葡萄种群的发源地，拥有丰富的野生葡萄种质资源，其中 40 多个种中有 29 个起源于中国。在中国东北、俄罗斯远东和朝鲜地区的严寒冬季中，筛选出了一个生长期短、抗寒性极强的葡萄种——山葡萄（*V. amurensis* Rupr.），该种甚至能耐受 −50℃的低温，远高于欧亚种葡萄耐低温的极限（−22 ～ −20℃）。在湖南等地，一些葡萄品种长期生长在高温潮湿、通风透光差的森林中，进化出了对高温、高湿和病害抗性强的刺葡萄［*V. davidii*（Rom.Caill.）Foëx］。东亚种群葡萄和北美种群的葡萄生长均未受冰川期影响，随着气候类型的多样化，葡萄逐渐沿不同方向进化。在美洲大陆北部，由于寒冷气候，当地的河岸葡萄（*V. riparia* Michx.）和美洲葡萄（*V. labrusca* L.）展现出较强的抗寒性。美洲南部则较为干旱，土壤盐碱，沙地葡萄（*V. rupestris* Scheele）和山平氏葡萄（*V. champini* Planch.）在此环境中表现出极强的抗旱和抗盐碱能力。北美洲东南部是葡萄根瘤蚜、霜霉病和白粉病等真菌病害的发源地，长期的进化促使该地区的冬葡萄（*V. berlandieri* Planch.）等种类发展出较强的真菌抗性。

至此，葡萄在自然状态下的缓慢进化基本成型。由于各地气候类型的不同，各地的葡萄演化出了各具特色的生长特性。同时，由于当时人类活动范围较小，对野生葡萄影响有限，因此，葡萄在此后的较长一段时间内仍保持完全野生状态。

（三）栽培驯化阶段

研究表明，葡萄的驯化发生在约 11000 年前，此后葡萄的进化开始受到人类的深刻影响，尤其是欧亚种葡萄。欧亚种葡萄起源于欧亚大陆交界的中亚细亚、高加索地区及地中海沿岸，而这些地区恰好也是人类古代文明的发源地之一，因此人类活动较为频繁。这些地区气候干旱，森林稀疏，当地的原始居民以游牧为生。野生欧洲葡萄果实美味，游牧者用杨、柳、梨等树体支撑结实的葡萄藤，这被认为是葡萄栽培驯化的最初形式，原始葡萄园也逐渐形成。

在公元前 6000 年左右的地中海地区，随着人类活动范围的不断扩大，人类开始利用野生葡萄制作葡萄酒。葡萄的栽培驯化与葡萄酒酿造业出现有密切关系，而葡萄酒酿造业又与宗教有着深刻的联系。由于欧亚种群葡萄起源地的生长环境适宜，这一种群的葡萄保留了更多的隐性基因和遗传多样性，为后来的栽培品种选择和培育提供了原始基因库。此外，由于这一种群品种的人工栽培历史最长，欧亚种葡萄培育出了无数优质的酿酒葡萄品种。然而，这些早期的许多酿酒葡萄品种是通过人工选择自然杂交后代而来。如今全球广泛种植的‘赤霞珠’（Cabernet Sauvignon）就是在 17 世纪由‘品丽珠’（Cabernet Franc）与‘长相思’（Sauvignon Blanc）自然杂交形成的。真正有计划的杂交育种出现在 19 世纪末至 20 世纪初，瑞士人 Muller Thurgau 于 1891 年用‘雷司令’（Riesling）和‘皇家玛德琳’（Madeleine Royale）杂交育成酿酒品种‘米勒 - 图高’（Müller-Thurgau），德国育种家 C. Oberlin 培育了一系列‘雷司令’型酿酒品种，其中最著名的是‘金色雷司令’

（Goldriesing），它在20世纪初于德国被广泛栽培。

美洲种群葡萄的栽培驯化始于17世纪初，当时殖民者在欧美两地引种，促成了北美洲当地野生葡萄与欧洲葡萄的天然杂交种。这些杂交种对真菌性病害和根瘤蚜具有较强的抗性，如‘康可’（Concord）和‘依沙贝拉’（Isabella）等。19世纪中后期，源自北美的根瘤蚜与真菌性病害（如白粉病、霜霉病）随引种传入欧洲，几乎摧毁了整个欧洲的葡萄产业。这场危机迫使育种家开始系统地利用美洲葡萄属（*Vitis*）物种的抗性基因，通过将其与欧洲葡萄（*V. vinifera*.L）杂交来培育抗性砧木和新品种。而圆叶葡萄属（*Muscadinia*）和真葡萄亚属（*Euvitis*）之间没有基因交流，因此它们的驯化过程完全独立，并且形成了与野生类型不同的品种，如‘詹姆斯’（James）、‘米什’（Mish）、‘弗劳尔斯’（Flowers）等。同期，东亚种群在人工干预下逐渐形成了较为原始的栽培品种。

葡萄的驯化是一个复杂的相互作用过程，跨越了多样化的文化与生态环境。南部高加索地区的葡萄驯化与早期酿酒密切相关，而欧洲葡萄酒起源则与西欧野生种群与最初用作食物来源的近东驯化葡萄之间的交叉渗入有关。在这一阶段，葡萄的进化逐渐受到人工选择的强烈影响，其经济性状和农艺性状发生了显著变化：果穗重量增加了20～30倍；果粒形状变得多样，包括椭圆形、扁圆形、卵形等；果实风味由酸涩转变为甜香，香气逐渐浓郁，色泽种类丰富，果肉逐渐肥厚；染色体倍性从二倍体发展到三倍体和四倍体系列；成熟期从野生型的相对集中逐步扩展至栽培品种的早、中、晚熟类型；经过长期驯化，野生葡萄（*Vitis vinifera* ssp. *sylvestris*）从雌雄异株逐渐演变为雌雄同株且自交亲和的栽培葡萄（*Vitis vinifera* ssp. *vinifera*）；繁殖方式也从种子繁殖转变为以扦插为主的营养繁殖类型；树势由长势过旺转变为适应短剪、能形成大量结果枝且具有高产能力的类型。

二、葡萄的传播与分布

葡萄是人类最早驯化的果树之一，其在全球的分布是一个复杂的动态过程，受到自然条件和人类活动的双重影响。起源于中亚和近东的葡萄，随着人类文明的迁移和贸易的扩展，逐渐传播至世界各地。如今，葡萄已经成为全球广泛种植的经济作物，各主要产区依据其独特的自然条件和文化背景，培育出丰富多样的葡萄品种，形成了不同的葡萄酒风格。

（一）葡萄的传播

欧亚种葡萄是人类栽培驯化最早的果树之一。在格鲁吉亚Gadachrili Gora遗址中发现的葡萄种子及其残渣可将格鲁吉亚葡萄酒酿造历史追溯到公元前6000年。此后，经过传播，在南高加索、中亚细亚、叙利亚、埃及等地已广泛栽培葡萄。在至今约4000年的埃及金字塔的壁画中，绘有描绘采摘葡萄及酿造葡萄酒过程的图案（图1-2）。这证明，至迟在距今约4000年前，葡萄与葡萄酒文化已在古埃及社会中占有重要地位。

此后，葡萄这一“天赐瑰宝”随着旅行者、移民及其他交流活动逐渐传播至全世界。在这一传播过程中，葡萄种植和葡萄文化逐渐形成。其中罗马帝国的扩张与基督教的传播在葡萄传播的过程中发挥了至关重要的作用。虽然，欧洲葡萄起源于中亚细亚、阿富汗

图1-2　古埃及遗迹中葡萄相关记录（彩图）

图左纳赫特墓（TT52）壁画：保存有一幅详细的葡萄收获和酿酒过程的壁画。画面上，工人们正在采摘葡萄，将其放入白色石制压榨器中进行压榨，收集的葡萄汁被倒入陶制罐中储存。此外，画面下方还描绘了捕鸟场景，显示了古埃及人日常生活的多样性。

图右伊普伊墓壁画（公元前1279—前1213年）：展示了葡萄压榨的过程。画面中，一名男子正在压榨葡萄，另一名男子则将葡萄送入压榨器，体现了古埃及人对酿酒工艺的重视

东北部到里海乃至黑海南岸等地，但最早开始种植葡萄并进行酿酒的是南高加索地区的格鲁吉亚和南欧的希腊等国家。考古发现，位于格鲁吉亚东部的一座考古遗址 Gadachrili Gora，存在大量新石器时期的葡萄种子以及大量陶器碎片，这进一步佐证了当时已有葡萄酒酿造。研究者对陶器碎片的化学分析表明，容器内壁有酒石酸钙盐沉积，而这种沉积唯一来源便是葡萄酒或葡萄汁。这说明在新石器时代初期，格鲁吉亚东部和西部的居民对葡萄酒文化非常熟悉，葡萄酒在当地居民的经济与生活中发挥了重要作用。此外，在希腊的一座古墓的墓壁上有一幅公元前 2 世纪的浮雕，清楚地向世人展示了阿波罗和胜利女神共同向造物主敬献葡萄的景观。结合其他史料，可以认为，大约在 3000 年前，希腊的葡萄栽培业已经存在。

在古罗马时代，葡萄种植已经非常普遍。《罗马法》(《十二表法》颁布于公元前 450 年）规定：若在葡萄园中行窃，将施以严厉惩罚。古罗马帝国的军队征服欧洲大陆的同时也推广了葡萄种植和葡萄酒酿造技术。公元 1 世纪时，征服高卢（今法国），法国葡萄酒就此起源。最初的葡萄种植是在法国南部罗讷河谷，2 世纪时发展到波尔多地区。此后，随着罗马帝国的扩张，葡萄栽培和葡萄酒酿造技术迅速传遍法国、西班牙、北非以及德国莱茵河流域，最终进入欧洲陆地各国，并形成很大的规模。葡萄酒在欧洲得以快速发展，以至于欧洲人视其为“生命之水”。随后，罗马帝国的衰败和欧洲中世纪的“黑暗时代”禁锢了葡萄和葡萄酒的传播，使其在将近 1000 年间停滞不前。

葡萄酒在中世纪的发展得益于基督教会的传播，《圣经》中共提及 521 次“葡萄酒”。耶稣在最后的晚餐上说“面包是我的肉，葡萄酒是我的血”，基督教把葡萄酒视为圣血，教会人员把葡萄种植和葡萄酒酿造作为其日常的工作，相继经过勃艮第、波尔多、卢瓦尔山谷、香槟、洛林等地区，直至最北部罗马边界。例如法国勃艮第产区的葡萄酒酿造就归功于修道士们的精心栽培以及从罗马迁居于阿维农的教皇们的喜好。葡萄酒随传教士的足迹传播世界，在 17 世纪，西方葡萄酒传入中国也是传教士所为。

15 ～ 16 世纪，跟随探险家们的步伐，葡萄和葡萄酒的传播速度加快。之后，葡萄种植传播到墨西哥和日本，秘鲁和南非也引入了葡萄种植。哥伦布发现新大陆后，传教士将

欧洲葡萄带到南美洲，主要种植在今天的智利和阿根廷。到17世纪末至18世纪初叶，欧洲葡萄栽培和酿酒业非常发达，如法国、西班牙、葡萄牙等许多欧洲国家都是葡萄酒贸易的垄断国家。北美洲的葡萄种植则主要在17世纪开始，西班牙殖民者与传教士在加利福尼亚等地开始种植葡萄。1861年，从欧洲引入20万株葡萄苗木到加利福尼亚建立了葡萄园，但由于根瘤蚜、霜霉病和白粉病的侵袭及当地气候条件的影响，起初所建的葡萄园几乎全部被毁。

19世纪中期，利用当地原产的美洲葡萄作砧木，采用嫁接技术使得欧洲葡萄获得了根瘤蚜抗性，从而使美国的葡萄种植业和酿造业逐渐发展起来。目前，美洲全部地区均有葡萄种植和葡萄酿造，如阿根廷、智利、美国加利福尼亚州、墨西哥，均已成为世界著名的葡萄酒产区。与此同时，澳大利亚和新西兰也开始引入葡萄，同期葡萄向东传到我国西部，并继续向东传到西北、华北一带。到目前为止，葡萄几乎遍布全世界，成为世界四大果树之一。

（二）葡萄的分布

1. 葡萄属植物的自然分布

葡萄属植物自然分布广泛，涵盖涵盖欧亚大陆与美洲多个地区。在欧亚大陆，其原生范围从欧洲中南部至中亚和伊朗北部，包括地中海沿岸等地区，是葡萄栽培的起源地之一。亚洲分布区域跨度广泛，从南高加索及周边地区到东亚的中国、朝鲜、日本等地的森林、山地、河谷及海岸旁均有分布，如中国的山葡萄、刺葡萄等。在美洲，北起加拿大南部，南至委内瑞拉北部均可见其踪迹，例如北美东部森林、河谷中的美洲葡萄、河岸葡萄、沙地葡萄等。以下是葡萄属植物主要的自然地理分布区域及其特点：

（1）中亚和近东　中亚和近东被认为是葡萄属植物的起源地，特别是高加索地区（包括格鲁吉亚、亚美尼亚和伊朗北部）。这里的野生葡萄种类丰富，是最早被人类驯化的地方。这些地区通常具有温带和亚热带气候，夏季炎热干燥，冬季寒冷湿润，非常适合葡萄的生长。

（2）欧洲　在南欧，葡萄自然分布广泛，尤其是在地中海沿岸的意大利、希腊和土耳其。这些地区气候温暖，冬季湿润，夏季干燥，有利于葡萄的生长。包括巴尔干半岛和黑海沿岸等东欧地区的国家，如保加利亚和罗马尼亚，这些地区也是葡萄的原产地之一。

（3）北美　美国东部（如纽约州和宾夕法尼亚州）和中部地区（如密苏里州和俄亥俄州）拥有多种野生葡萄种类，如美洲葡萄（*V. labrusca*）和河岸葡萄（*V. riparia*）。在美国的西南部的加利福尼亚州，拥有独特的气候条件，适合多种葡萄的生长。

（4）东亚　中国的野生葡萄主要分布在中国的东北、华北和西南地区。中国拥有多种野生葡萄种，如山葡萄（*V. amurensis* Rupr.）、桑叶葡萄（*V. heyneana* subsp. *ficifolia*）、蘡薁（*V. bryoniifolia* Bunge）、毛葡萄（*V. heyneana* Roem. & Schult.）、秋葡萄（*V. romanetii* Rom.Caill.）、刺葡萄［*V. davidii*（Rom. Caill.）］、葛藟葡萄（*V. flexuosa* Thunb.）、东南葡萄（*V. chunganensis* Hu）、小果葡萄（*V. balansana* Planch.）、网脉葡萄（*V. wilsoniae* H. J. Veitch.）、变叶葡萄（*V. piasezkii* Maxim.）、闽赣葡萄（*V. chungii* F. P. Metcalf）、小叶葡萄

（*V. sinocinerea* W. T. Wang）、美丽葡萄［*V. bellula*（Rehder）W.T.Wang］和桦叶葡萄（*V. betulifolia* Diels & Gilg）等。

2. 栽培分布

随着人类活动的不断增加，葡萄的栽培分布与自然分布呈现出显著差异。在自然分布上，葡萄属植物原本集中于欧洲中南部至中亚和伊朗北部等特定区域，受气候、土壤、地形等自然环境因素的限制，形成相对稳定的分布范围。而在栽培分布方面，其范围得到了极大扩展，如今已遍布世界各地。早期人类的迁徙与贸易活动促使葡萄从起源地逐渐传播到周边及更远地区，如5000～7000年前传播到新月沃地、埃及等地，后来又随着罗马帝国的扩张传入欧洲各地。随着航海时代的到来，西班牙和葡萄牙的殖民者和传教士将欧洲葡萄品种引入南美洲，使其在美洲大陆落地生根。在现代，经济发展和市场需求进一步推动了葡萄栽培的全球化，新兴市场国家的葡萄种植面积和产量不断上升。同时，科技进步使葡萄种植突破了自然条件的部分限制，在一些原本不适宜的地区通过设施栽培等手段，葡萄得以成功种植，如中国、日本、荷兰等国的设施葡萄栽培发展迅速。

（1）欧洲　法国是世界上最重要的葡萄栽培和葡萄酒生产国之一。主要产区包括波尔多、勃艮第、香槟和阿尔萨斯等。这些地区由于其优越的气候和土壤条件，成为世界知名的葡萄酒产区。意大利的主要产区包括托斯卡纳、皮埃蒙特、威尼托和西西里岛。意大利葡萄酒以其多样性和品质著称。西班牙是世界上葡萄种植面积最大的国家之一，主要产区包括里奥哈、里贝拉·德尔·杜埃罗和加泰罗尼亚。

（2）美洲　加利福尼亚州是美国最大的葡萄种植区，著名的纳帕谷和索诺玛谷出产优质葡萄酒。其他重要种植区包括俄勒冈州和华盛顿州。门多萨省是阿根廷主要的葡萄种植区，‘马尔贝克’葡萄酒在国际上享有很高声誉。智利的中央山谷、迈坡谷和科尔查瓜谷是该国主要的葡萄种植区，智利葡萄酒以其高品质和稳定性闻名。

（3）澳大利亚和新西兰　南澳大利亚的巴罗萨谷、维多利亚的雅拉谷和西澳大利亚的玛格丽特河是主要的葡萄种植区。澳大利亚葡萄酒因其创新性和风味浓郁而受欢迎。新西兰的马尔堡地区和霍克斯湾是主要的葡萄种植区，‘长相思’葡萄酒尤为著名。

（4）亚洲　中国的主要葡萄种植区包括山东、新疆、宁夏和河北。中国的葡萄酒产业发展迅速，逐渐在国际市场上占据一席之地。印度的葡萄酒产业尽管起步较晚，但发展迅猛。其主要葡萄种植区有马哈拉施特拉邦和卡纳塔克邦。

第二节　葡萄的分类

葡萄属于葡萄科（Vitaceae）葡萄属（*Vitis*），是一种落叶藤本植物。葡萄属早期被分为两个亚属：真葡萄亚属（subgen.*Euvitis* Planch.）和圆叶葡萄亚属（subgen.*Muscadinia* Planch.）。在染色体数量上，真葡萄亚属具有19个二价体（$2n=2x=38$），而圆叶葡萄属则具有20个二价体（$2n=2x=40$）。圆叶葡萄属包括3个种：圆叶葡萄（*V. rotundifolia* Michx.）、鸟葡萄（*V. munsoniana* Simpson）和墨西哥葡萄（*V. popenoei* Fennel.）。真葡萄亚属通常包括 63 个种，此外还有 43 个争议种。全球约有 24400 个栽培葡萄品种，其中，在资源圃中保存或实际应用的有 7000 ～ 8000 个，分布范围从北纬 52° 到南纬 43° 。其后，Small 将真葡萄和圆叶葡萄分别归为两个独立的属，即葡萄属（*Vitis*）和圆叶葡萄属（*Muscadinia* Small）。据考古资料，最早的葡萄栽培活动始于小亚细亚、黑海和里海之间及其南部地区。随后，中亚细亚、叙利亚、伊拉克等地也开始了葡萄的栽培。欧亚种葡萄（*Vitis vinifera* L.）起源于地中海、黑海和里海沿岸。当前，葡萄的分类方法主要有起源中心分类、栽培学分类和用途分类等。

一、葡萄的起源中心分类

世界上的所有葡萄种都来源于同一祖先，由于大陆分离和冰川的影响，使其分隔在不同的地区，进而经过长期的自然选择与进化，葡萄种之间存在明显的区别，形成欧亚种群、北美种群和东亚种群及杂交种群。

（一）欧亚种群

欧亚种群目前仅存一个种，即欧亚种（*V. vinifera* L.），包括 2 个亚种：栽培亚种（*V. vinifera* ssp. *sativa* 或 ssp. vinifera）和野生亚种（*V. vinifera* ssp. *sylvestris*），起源于欧洲及亚洲。目前，世界上著名的鲜食及加工的大多数品种多属于该种，其产量占世界葡萄产量的 90% 以上。栽培亚种广泛应用于葡萄生产，在温带、寒带和热带地区都有栽培。栽培亚种的特点是果穗和果粒较大，具有各种不同的外形和色泽，具有完全花或雌能花，品质好，风味纯正。但抗寒性较差，对真菌病害抵抗力较弱，不抗根瘤蚜，适宜在气候较温暖、阳光充足和相对干燥的地区栽培。

欧亚种葡萄品种可分为 3 个生态地理品种群：东方品种群、西欧品种群和黑海品种群。

① 东方品种群。分布于苏联中亚细亚各共和国以及伊朗、阿富汗等近东各国。其叶片下面无毛或少被毛，每一果枝上大多着生一个果穗，着生两个果穗者较少，单穗平均重量大，产量高；浆果形状变化大，种子大，喙长，多为鲜食类型，其中许多品种无香气或香气较淡。植株生长势旺盛，抗寒性弱，但抗旱、耐盐碱和抗沙漠热风性均强。我国的‘龙眼’‘牛奶’‘黑鸡心’‘白鸡心’等古老品种都源属于东方品种群。

② 西欧品种群。分布于西欧各国，如法国、德国、西班牙、葡萄牙等国。特点是叶片下面常具丝状茸毛，每一结果枝上着生三四个果穗，果穗不大而紧密。果穗呈筒形或圆锥形，产量中等，浆果圆形，小或中等大；种子小，喙短。多为酿造品种，较有名的品种有‘珊瑚’（Aligote）、‘雷司令’（Riesling）、‘霞多丽’（Chardonnay）、‘彼诺’（Pinot）等。此类群品种的生长期短，抗寒性较强。

③ 黑海品种群。分布于格鲁吉亚、德涅斯特河沿岸摩尔达维亚共和国、罗马尼亚、保加利亚、希腊和土耳其等国。特点是叶片下面常具丝状茸毛，每一结果枝上着生数个果穗，产量高，果穗中等大小，穗紧密；浆果圆形，稀有椭圆形，中等大小，果肉多汁；种子不大。这类品种多为酿造品种或生食酿造兼用品种，少数为鲜食品种。代表品种如‘沙别拉维’（或称‘晚红蜜 ’Саперави）和‘巴米特’（Pamid）等。

（二）北美种群

北美种群包括约31个种，大部分分布在北美洲。其中比较重要的有美洲葡萄（*V. labrusca*）、河岸葡萄（*V. riparia*）和沙地葡萄（*V. rupestris*）。美洲葡萄可以用作栽培。河岸葡萄和沙地葡萄主要用作砧木。美洲葡萄耐寒性强，较抗真菌病害，栽培较易，果实具有浓厚的麝香味，适应性强，耐潮湿。其抗性特征见表1-1。

表1-1 美洲种群葡萄不同种的抗性表现

抗性类型	种类
抗寒性	河岸葡萄（*V. riparia*）
抗旱性	沙地葡萄（*V. rupestris*）、山平氏葡萄（*V. champini*）
抗缺绿病	冬葡萄（*V. berlandieri*）
抗盐性	冬葡萄、熊葡萄（*V. shuttleworthii*）
热带适应性（休眠）	*V .caribaea*、熊葡萄、辛普森氏葡萄（*V. simpsonii*）红茸毛葡萄（*V. rufotomentosa*）
抗根瘤蚜	河岸葡萄、沙地葡萄、冬葡萄、甜冬葡萄（*V. cinerea*）、山平氏葡萄
抗根结线虫	山平氏葡萄
抗匕首线虫	红茸毛葡萄
抗根癌病	美洲葡萄（*V. labrusca*）
抗皮尔氏病	辛普森氏葡萄、熊葡萄
抗灰霉病	河岸葡萄、沙地葡萄
抗黑痘病	美洲葡萄、熊葡萄、山平氏葡萄
抗葡萄黑腐病	林氏葡萄（*V. lincecumii*）、河岸葡萄、白亮葡萄（*V. candicans*）、甜冬葡萄
抗锈病	熊葡萄、辛普森氏葡萄
抗霜霉病	河岸葡萄、沙地葡萄、松林葡萄、美洲葡萄
抗白粉病	夏葡萄（*V. aestivalis*）、甜冬葡萄、河岸葡萄、冬葡萄

（三）东亚种群

东亚种群保存下来的种约40个，多为野生类型，绝大多数原产于中国。其中利用价值较高的有山葡萄（*V. amurensis* Rupr.）、刺葡萄［*V. davidii*（Rom.Caill.）Foëx.］、毛葡萄（*V. heyneana* Roem. & Schult.）、葛藟葡萄（*V. flexuosa* Thunb.）及秋葡萄（*V. romanetii* Rom.Caill.）。其浆果、穗粒均小，可鲜食，亦可酿酒。我国用山葡萄酿制的葡萄酒在国际上独树一帜。山葡萄是葡萄属中最抗寒的一个种，甚至能耐 −50℃以下低温，是培育抗寒葡萄品种最好的种质资源。

（四）杂交种群

杂交种群是葡萄种间进行杂交培育成的后代，如欧洲种和美洲种的杂交后代称为欧美杂种（*V. vinifera* × *V. labrusca*），欧洲种和山葡萄的杂交后代称为欧山杂种（*V. vinifera* × *V. amurensis*）。在杂交种群的葡萄品种中，欧美杂种数量很多，其特点是：成花能力强、花芽节位低，果实具有美洲种的草莓香味，具有良好的抗病性、抗寒性、抗湿热性和丰产性，适宜在不同地区栽植。其果实多较软，贮运性能较低，主要用作鲜食和制汁，但品质普遍不如欧亚种葡萄。自20世纪以来，随着育种工作开展，优良的欧美杂交种葡萄品种逐渐增多，如‘巨峰’‘夏黑’‘阳光玫瑰’‘妮娜皇后’等，还有诸如‘巨玫瑰’‘醉金香’‘金手指’等优质品种。这些品种结合了欧美杂交种的强抗病性和美洲种的香气特点，而且鲜食品质、产量与适应性不断改进。例如‘巨玫瑰’玫瑰香味浓郁、果粒大而甜度高；‘香悦’兼有桂花香与果粒硬脆；‘金手指’为一个欧美杂交种鲜食品种。果穗大、果粒长椭圆形、黄白色；糖度高，带有蜂蜜香味，耐储运。

二、葡萄的植物学分类

植物学分类是人类根据实际需要对植物的类别、名称、特征等进行辨识和描述的过程。其目的不仅是认识植物，赋予植物适当的名称与描述，还要研究植物的亲缘关系，将其分类，并建立一个能够反映植物间亲缘关系及其从低级到高级的系统演化关系的自然分类体系，从而揭示植物的系统发育规律，为人类鉴别、开发、利用和改造植物提供基础。植物界的分类依据各类植物在形态结构上的特征，按照界、门、纲、目、科、属、种等进行划分。种是植物学分类的基本单位，指的是在特定自然分布区内，具有一定生理和形态特征的生物类群。种与种间有明显的界线，除形态特征的差别外，通常情况下还存在着“生殖隔离”现象，即不同种之间不能杂交产生可育后代，即便能产生后代，也通常不具备正常的生殖能力，这保证了物种的稳定性，并使不同种之间能够区分。植物学分类系统也是一个不断发展的过程。

具体某种植物的植物学分类依据其系统发生和形态特征，确定其在植物分类系统中的位置，进而为判断其杂交或嫁接亲和性等提供科学依据。在植物分类学上，APG Ⅳ（被子植物系统发育研究组）系统（2016）基于分子数据，将葡萄归属于植物界被子植物门，木兰纲葡萄目葡萄科（Vitaceae）葡萄属（*Vitis*）。葡萄科约有15个属，900～1100个种，具体的数量在学术界仍有不同观点（表1-2）。部分葡萄种其下还包含亚种或变种。葡萄科植物通常具有与叶对生的卷须，这一特征使其容易与其他被子植物类群区分。

表1-2　葡萄科各属学名、种数和染色体数

属名	种数	染色体数（ZN）
Cyphostemma Alst 柱头藤属	230	20、22、44、66
Cissus L. 白粉藤属	319	24、26、28、36、40、48、50、96
Cayratia Juss. 乌蔹莓属	61	30、40、60、80
Tetrastigma Miq. 崖爬藤属	120	22、44、52
Acareosperm Gagnep. 螨子藤属	1	
Clematicissus Planch. 铁线莲白粉藤属	1	40
Rhoicissus Planch. 菱叶藤属	12	40
Pterisanthes Blume. 翼序藤属	20	
Ampelocissus Planch. 非洲酸蔹藤属	90	40、80
Vitis L. 葡萄属	70	38、40、76、80
Pterocissus Urb. et EK. 海地白粉藤属	1	

续表

属名	种数	染色体数（ZN）
Parthenocissus Planch. 地锦属	19	40
Ampelopsis Michx. 蛇葡萄属	23	40
Yua C. L. Li 俞藤属	2	
Muscadinia Small 圆叶葡萄属	3	40

目前，葡萄属植物中只有少数的种在栽培上直接利用（如欧洲葡萄、美洲葡萄），或用作砧木及育种的原始材料（如山葡萄、河岸葡萄、沙地葡萄等），还有少数作为观赏植物。

关于葡萄属不司种群内包含的物种数，除了发现新种以外，还由于植物学家、果树学家们对种及杂种类型的看法不完全一致，缺乏明确统一的标准，出现葡萄归类不统一的现象。因此各种分类体系大同小异，而且存在似乎和亲缘系统的远近没太大关系的现象。因此，葡萄属内种的分类主要还是按重要的形态解剖性状进行检索分类。

中国葡萄属分种检索表（增补腺枝葡萄）

1. 叶为单叶

2 . 小枝有皮刺，老茎上皮刺变成瘤状突起…………1. 刺葡萄 *V. davidii*(Rom. Caill.)Foëx

2. 小枝无皮刺，老茎上也无瘤状突起

3. 小枝被具腺刚毛或腺体

4. 小枝密被暗紫色具腺刚毛，叶柄与叶下表面无腺毛，叶下表面密被茸毛，覆盖整个叶上表面……………………………………………30. 腺枝葡萄 *V. adenoclada* Hand. -Mazz.

4. 小枝和叶柄被具腺刚毛或腺体，叶下表面有茸毛或疏柔毛，不覆盖整个叶上表面

5. 小枝、叶柄和叶下被具腺刚毛，叶通常卵圆形或阔卵圆形，不明显 5 浅裂或不分裂，叶缘锯齿顶端尖锐……………………………………2. 秋葡萄 *V. romanetii* Rom. Caill.

5. 小枝和叶柄疏生有柄或无柄腺体，叶通常卵圆形或卵椭圆形，明显 3 ～ 5 浅裂，也有深裂几达基部有不明显分裂者，叶缘锯齿顶端较钝…………3. 陕西葡萄 *V. shenxiensis* C. L. Li

3. 小枝和叶柄被柔毛或蛛丝状茸毛，不被刚毛和腺毛

6. 叶下表面绿色或淡绿色，稀紫红色或淡紫红色，无毛或被柔毛，抑或被稀疏蛛丝状茸毛，但决不为茸毛所遮盖

7. 叶下表面完全无毛或仅脉腋有簇毛，若幼时被茸毛者老后脱落

8. 叶卵圆形或长椭圆形，不为戟形，不分裂

9. 叶卵圆形、阔卵形或三角状卵形，基部显著心形或深心形

10. 叶基缺凹成钝角，稀下部叶两侧靠近，但绝不重叠

11. 花序轴嫩时被稀疏蛛丝状茸毛，以后脱落几无毛，绝不被直毛；叶心状卵形或阔卵形，顶端急尖或短尾尖……………………4. 小果葡萄 *V.*

balansana Planch.

11. 花序轴被短柔毛

12. 叶卵圆形，顶端急尖或短尾尖，叶脉两面微突出………5. 云南葡萄 *V. yunnanensis* C. L. Li

12. 叶长卵形或三角状卵形，顶端渐尖，叶脉两面明显突出……7. 罗城葡萄 *V. Luochengensis* W. T. Wang

10. 叶基缺两侧靠近或部分重叠

13. 叶质地较厚，叶缘有整齐细锯齿，叶片上部两侧无小角状突出裂片，顶端急尖、渐尖或短尾尖，下面常被白霜，稀白霜不明显……6. 东南葡萄 *V.chunganensis* Hu

13. 叶质地较薄，边缘有不整齐粗锯齿，叶片上部两侧有一粗大锯齿突出，形成小角状裂片，顶端短尾尖，下面无白粉………21. 蒙自葡萄 *V. mengziensis* C. L. Li

9. 叶卵形、卵圆形、长椭圆形或卵披针形，基部微心形或近截形

14. 叶卵形或卵圆形，无白粉，叶脉不明显 ………26. 葛藟葡萄 *V. flexuosa* Thunb.

14. 叶长椭圆卵形或卵状披针形，常被白粉，叶脉明显突出………8. 闽赣葡萄 *V. chungii* F. P. Metcalf

8. 叶戟形或三角状戟形，3 ～ 5 浅裂或中裂，或混生有不裂者；花序狭小，圆柱形，基部分枝不发达。

15. 叶缘每侧有锯齿 12 ～ 16 个，显著具缘毛，下面叶脉明显而突出………17. 温州葡萄 *V. wenchowensis* C. Ling ex W. T. Wang

15. 叶缘每侧有 7 ～ 10 个锯齿，仅上面边缘具极短而稀疏的毛，无明显的缘毛，下面叶脉明显而不突出………………………20. 乳源葡萄 *V. ruyuanensis* C. L. Li

7. 叶下表面或多或少被柔毛或至少在脉上被短柔毛或蛛丝状茸毛

16. 叶显著 3 ～ 5 裂或混生有不明显分裂叶

17. 叶基部心形，基缺凹成钝角或圆形，叶缘锯齿较浅。野生种

18. 卷须 2（～ 3) 叉分枝，成熟背面为绿色，稀叶脉带紫色

19. 叶不分裂或 3 ～ 5 浅裂，浅裂者裂片宽阔

20. 叶卵圆形或卵椭圆形，基缺和裂缺凹成钝角………9. 桦叶葡萄 *V. betulifolia* Diels & Gilg

20. 叶阔卵圆形，基缺和裂缺通常凹成圆形，偶成钝角 ………27. 山葡萄 *V. amurensis* Rupr.

19. 叶 3 ～ 5 中裂至深裂，裂片狭窄，稀裂片再羽裂，或有时混生有浅裂叶

21. 植株生长矮小，藤纤细，呈披散状或低攀缘习性；叶缘锯齿较少，每侧有锯齿 5 ～ 9 个………………………15. 湖

北葡萄 *V. silvestrii* Pamp.

21. 植株生长强壮，藤较粗，高攀缘；叶缘锯齿较多，每侧有锯齿 16 ～ 25 个…………………………14. 浙江蘡薁 *V. zhejiang-adstricta* P. L. Qiu

18. 卷须不分枝，稀混生有 2 叉分枝

22. 小枝、叶柄和花序轴疏生短柔毛；叶通常 3 ～ 5 浅裂或中裂，叶缘无睫毛或有短睫毛；上下部叶均有柄

23. 叶下表面绿色或带淡紫色，花序轴、叶柄和叶被疏短柔毛，叶脉仅下面微突出………………………………

18. 井冈葡萄 *V.jinggangensis* W. T. Wang

23. 叶片下面显著紫红色；花序轴、叶柄和叶片上下两面脉上被短柔毛，叶脉两面显著突出…………………………

19. 红叶葡萄 *V.erythrophylla* W. T. Wang

22. 小枝、叶柄疏被褐色长柔毛；叶不裂和 2 ～ 3 中裂叶混生，叶边缘有显著长睫毛；通常上部叶无柄或有极短的柄，下部叶通常显著有柄……………24. 菱叶葡萄 *V. hancockii* Hance

17. 叶基部深心形，基部狭窄，两侧靠近或部分重叠，叶缘有粗锯齿，较深，裂缺凹成锐角，稀钝角，栽培种……………………………………………28. 葡萄 *V. vinifera* L.

16. 叶不分裂，稀不明显 3 ～ 5 浅裂

24. 叶下表面至少脉上被蛛丝状茸毛，稀，老后脱落几无毛，决不被直毛

25. 花序轴或多或少被蛛丝状茸毛，决不被直毛

26. 植株高攀缘，小枝粗壮；叶较大（7 ～ 16cm）×（5 ～ 12cm），叶缘锯齿较多，每侧有锯齿 16 ～ 20 个………………………12. 网脉葡萄 *V. wilsoniae* Veitch

26. 植株矮小，呈披散状藤本；叶缘锯齿较少 . 每侧有锯齿 5 ～ 13 个…………………………16. 武汉葡萄 *V. wuhanensis* C. L. Li

25. 花序轴被短柔毛并混生有蛛丝状茸毛；叶缘有不整齐锯齿，常有一大齿突出成一小角状…………22. 凤庆葡萄 *V. fengqinensis* C. L. Li

24. 叶下表面至少在脉上被直毛，有时混生有蛛丝状茸毛

27. 叶棱状卵形或棱状椭圆形，基部阔楔形或近圆形，上部叶柄较短，长 0.2 ～ 0.5cm………………………………………………24. 菱叶葡萄 *V. hancockii* Hance

27. 叶卵形或卵椭圆形，基部心形、微心形或近截形，

稀圆形，叶柄长1cm以上

28. 叶基部显著心形

29. 小枝无毛或被稀疏蛛丝状茸毛，以后脱落；叶下表面脉上密被白色或棕色短柔毛，叶基心形，基缺凹成钝角

30. 小枝无毛；叶下表面脉上被开展褐色短柔毛………11. 毛脉葡萄 *V. pilosonerva* F.P Metcal.

30. 小枝被稀疏蛛丝状茸毛，以后脱落几无毛；叶下表面脉上伏生白色短柔毛并混生有稀疏蛛丝状茸毛…………………13. 华东葡萄 *V. pseudoreticulata* W. T. Wang

29. 小枝密被锈色柔毛，永不脱落；叶下表面脉上密被锈色横展柔毛；叶基部深心形，两侧靠近……………………………23. 河口葡萄 *V. retordii* Rom.Caill. ex Planch.

28. 叶基部浅心形或近截形，稀圆形

31. 卷须二叉分枝；叶卵圆形或卵椭圆形…………………………9. 桦叶葡萄 *V. betulifolia* Diels & Gilg

31. 卷须不分枝；叶三角状卵形或卵披针形……………………25. 狭叶葡萄 *V. tsoi* Merr.

6. 叶下表面为密集的白色或锈色蛛丝状或毡状茸毛所遮盖

32. 叶3～5裂或为两型叶者同时混生有不裂叶

33. 叶3～5浅裂，裂片较宽阔

34. 小枝被白色茸毛，绝不被直毛；卷须二叉分枝……………………29b. 桑叶葡萄 *V. heyneana* Roem. & Schult subsp.*ficifolia*(Bge.) C. L. Li

34. 小枝或多或少被短柔毛；卷须不分枝或混生有二叉分枝………36. 小叶葡萄 *V. sinocinerea* W. T. Wang

33. 叶3～5深裂或中裂

35. 叶为两型叶，某些上部分枝为典型的3～5中裂，下部其他分枝叶完全不分裂，上面叶脉明显突出……………………32. 龙泉葡萄 *V. longquanensis* P. L. Qiu

35. 叶为单型叶，深裂者有时重复羽裂，中裂者裂片宽阔不再分裂，稀混生有浅裂叶……………………37. 蘡薁葡萄（华北葡萄）*V. bryoniaefolia* Bunge.

32. 叶不分裂或不明显 3 ～ 5 浅裂

36. 叶基部浅心形或近截形，有时下部混生有显著心形叶者

37. 小枝和花序轴或多或少被短柔毛

38. 叶片上面密被或仅沿脉伏生短毛；花序轴密被短柔毛

39. 小枝被稀疏柔毛；叶片微浅裂，基部截形，上面仅沿脉伏生稀疏短毛…………………34. 麦黄葡萄 *V. bashanica* P. C. He

39. 小枝密被柔毛；叶片不分裂，基部呈浅心形，上面密被短柔毛…………35. 庐山葡萄 *V. hui* W. C. Cheng

38. 叶片上面嫩时疏被蛛丝状茸毛，以后脱落无毛；小枝和花序轴疏生蛛丝状茸毛……………………33. 美丽葡萄 *V. bellula*(Rehd.)W. T. Wang

37. 小枝和花序轴或多或少被蛛丝状茸毛，但不被直毛………29. 毛葡萄 *V.heyneana* Roem. & Schult.

36. 叶基部深心形，基缺凹成圆形或锐角，两侧接近或靠合

40. 叶片卵圆形或卵状椭圆形，基缺两侧顶端接近并凹成锐角，顶端急尖至渐尖，下面脉上为茸毛所遮盖…………31. 绵毛葡萄 *V. retordii* Roman. Caill. ex Planch.

40. 叶片近圆形或五角状圆形，基缺狭窄，两侧接近或靠合，顶端急尖，下面脉上密被开展柔毛……………………38. 勐海葡萄 *V. menghaiensis* C. L. Li

1. 叶为 3 ～ 5 出复叶

41. 小枝和花轴或多或少被有柔毛；叶成熟时下面被疏柔毛，或初时被蛛丝状茸毛，以后脱落变稀疏…………………………10. 变叶葡萄 *V. piasezkii* Maxim.

41. 小枝和花轴或多或少被蛛

丝状茸毛，但绝不被直毛；叶下表面被褐色蛛丝状茸毛所遮盖，茸毛永不脱落 ………………………………39. 鸡足葡萄 *V. lanceolatifoliosa* C. L. Li

三、葡萄的栽培学分类

葡萄栽培与利用的历史悠久，通过长期的自然选择和人工选择，形成了极其丰富的品种类型。为了方便栽培、加工和育种等方面的利用，常根据葡萄果实成熟期的早晚、色泽的有无、核有无以及用途等将葡萄栽培品种进行分类。

（一）按照果实用途分类

（1）鲜食品种　通常果穗大、果穗整齐、外形美观、风味香甜，如‘红地球’‘巨峰’‘玫瑰香’‘阳光玫瑰’等。

（2）酿酒品种　通常果肉多汁、含糖量高、风味纯正，红色果实多酿造成红葡萄酒，如‘黑比诺’‘赤霞珠’‘马瑟兰’等；白色果实可酿造白葡萄酒，如‘雷司令’‘霞多丽’等；酿造和鲜食兼用品种如‘玫瑰香’等

（3）制干品种　通常含糖量高、果肉脆硬。制干无籽品种如‘无核白’‘京早晶’等，有籽品种如‘亚历山大’‘牛奶’等。

（4）制汁品种　通常出汁率高、高糖、高酸、香味浓郁，加工保存后风味稳定性好，如‘康可’‘康拜尔’‘晚红蜜’等。

（5）制罐品种　通常果实大、肉厚、皮薄、汁少、种子小，如‘无核白’‘牛奶’‘白鸡心’等。

（二）按照果实成熟期分类

由于遗传、环境条件、栽培管理和生理机制等多重因素的影响，葡萄展现出不同的成熟期。温度、光照、水分和土壤等条件直接影响葡萄的生长和成熟。温暖气候加快果实成熟，而凉爽气候则延缓成熟。种植地的纬度和海拔高度同样影响成熟期。高纬度和高海拔地区温度较低，葡萄果实成熟期较晚。同一品种环境条件和栽培管理的变化会影响其成熟期的不同；而在不同品种中，遗传因素起主要作用。这些复杂因素的影响与相互作用使葡萄展现出丰富的成熟期差异。

贺普超按照生物活动积温对葡萄成熟期（露地栽培）进行了介绍（表 1-3）。葡萄遗传育种研究工作一直备受重视，选育出了不同成熟期的优良品种，如极早熟的‘碧香无核’‘天工墨玉’‘早夏香’；早熟的‘夏黑’‘维多利亚’‘京亚’‘春光’‘申华’；中熟的‘巨玫瑰’‘醉金香’‘金手指’‘宝光’‘阳光玫瑰’；晚熟的‘妮娜皇后’‘浪漫红颜’‘红地球’以及极晚熟的‘克瑞森无核’'摩尔多瓦'。传统酿酒葡萄品种多为晚熟品种，如‘赤霞珠’‘霞多丽’‘马瑟兰’等。

表1-3　葡萄品种按成熟期归类标准

品种类型	活动积温（≥ 10℃）	天数	代表品种	成熟期
极早熟	2000 ~ 2400	100 ~ 115	莎巴珍珠、早玫瑰	7 月中、下
早熟	2400 ~ 2800	115 ~ 130	葡后、无核紫	8 月上、中
中熟	2800 ~ 3200	130 ~ 145	玫瑰香、巨峰	8 月中、下
晚熟	3200 ~ 3500	145 ~ 160	白羽、龙眼	9 月上、中
极晚熟	3500 以上	160 以上	金皇后、瓦沙玫瑰	9 月中以后

（三）按果实有无种子分类

1. 有核品种

果实内含有一粒或多粒种子的品种，是较为常见的葡萄品种类型，如‘玫瑰香’‘阳光玫瑰’‘牛奶’‘巨峰’等种子在葡萄繁殖、品种改良等方面具有重要意义，同时也在一定程度上影响着果实的口感和加工特性。如‘龙眼’葡萄，果粒大，有核，是酿造甜葡萄酒和制作葡萄干的优质品种。酿酒葡萄品种一般都为有核品种，种子富含单宁。单宁可以说是红葡萄酒的灵魂，增加葡萄酒涩味时，亦建立起葡萄酒的架构。

2. 无核品种

葡萄果实无核性状是当前鲜食葡萄育种的重要目标之一。有单性结实无核（natural parthenocarpy）与假单性结实无核（Stenospermocarpy）之分。单性结实无核葡萄品种是在没有授粉受精的情况下其子房能够自然发育成果实，且不形成种子。例如，‘红科斯林’‘白科斯林’葡萄，属于典型的单性结实无核品种，果粒紧密，肉质硬脆，甜度高，无需种子也能正常发育成果实。这种无核类型的花在形态上通常为两性花，花粉可正常发育，而胚囊缺陷、退化，受精受阻，花粉进入子房后，释放激素进而刺激子房膨大，形成果实，此类果实一般较小。

假单性结实无核品种：虽经过授粉，但花粉管未能正常进入胚珠，或进入后受精过程受阻，导致种子败育，最终形成无核果实，此类品种占无核品种的 85% 以上。如‘无核白’，是制作葡萄干的主要无籽品种，果实黄绿色，无核，含糖量高，风味独特，还有‘京可晶’‘火星无核’等。在传统杂交育种中，由于胚早期败育，利用此类品种作为亲本较为困难。但随着胚挽救技术的应用，它们已成为无核育种的重要亲本材料。

四、葡萄染色体倍性分类

染色体倍性是指细胞中包含的染色体组数或基因组数，是遗传学中描述生物体细胞染色体组成的基本概念。根据染色体组的数量，可分为单倍体（n）、二倍体（$2n$）和多倍体。葡萄（$2n$=38）作为无性繁殖的多年生树种，属于二倍体植物。在其进化与利用过程中，形成了多个不同倍性的葡萄品种，且无性繁殖的特点使得多倍体的优良性状得以稳定保存。多倍体葡萄由于具有生长旺盛、枝粗、叶厚、果大、产量高、同化物质含量高、种子较少且部分未完全发育、果实成熟期较早等优点，已广泛应用于生产。葡萄染色体倍性信息对于葡萄种质资源的科学利用以及育种计划的制定具有参考价值。葡萄主要栽培品种根据倍性可分为二倍体葡萄（$2n=2x=38$）和四倍体葡萄（$2n=4x=76$）；此外，还有一些人工培育的三倍体葡萄（$2n=3x=57$）及非整倍体（如高尾，$2n=76-1=75$）（表 1-4）。裴丹等人对中国自主育成的部分（208 个）葡萄品种进行倍性鉴定，统计的 208 个葡萄品种中，二倍体葡萄品种最多占 66.3%（表 1-5）。当今栽培的葡萄四倍体品种大多是从自然产生的突变体（芽变）衍化和秋水仙素诱导而来，故四倍体品种占比较低，为 28.4%。由于利用二倍体和四倍体进行有性杂交的亲和力差，杂种胚早期败育或胚乳解体，很难获得杂交后代。即便利用胚挽救技术也很难保证成活率，所以三倍体品种最少，仅有 5.3%。

表1-4　葡萄按倍性归类

倍性	代表品种
二倍体	无核白、玫瑰香、白香蕉、阳光玫瑰、赤霞珠、黑皮诺、长相思、金手指、森田尼
三倍体	夏黑、春香无核、无核早红、早夏无核、天工墨玉
四倍体	巨峰、京亚、黑奥林、伊顿、藤稔、京优
其他非整倍体	高尾（$2n=76-1$）

表1-5　倍性完整的208个品种

编号	品种名	亲本	倍性	果粒大小	国家 / 省份
1	紫珍珠	玫瑰香 × 莎巴珍珠	$2n$	中粒	北京
2	早玫瑰香	玫瑰香 × 莎巴珍珠	$2n$	中粒	北京
3	早玫瑰	玫瑰香 × 莎巴珍珠	$2n$	中粒	陕西
4	早玛瑙	玫瑰香 × 京早晶	$2n$	中粒	北京
5	艳红	玫瑰香 × 京早晶	$2n$	大粒	北京
6	香妃	73-7-6× 绯红	$2n$	大粒	北京
7	瑞锋（峰）无核	先锋（芽变）	$4n$	中粒	北京
8	瑞都香玉	京秀 × 香妃	$2n$	大粒	北京
9	瑞都无核怡	香妃 × 红宝石无核	$2n$	大粒	北京
10	瑞都红玉	瑞都香玉（芽变）	$4n$	大粒	北京
11	瑞都红玫	京秀 × 香妃	$2n$	大粒	北京
12	瑞都脆霞	京秀 × 香妃	$2n$	大粒	北京
13	爱神玫瑰	玫瑰香 × 京早晶	$2n$	小粒	北京
14	峰后	巨峰（实生）	$4n$	特大粒	北京
15	凤凰 51	绯红 × 白玫瑰香	$2n$	大粒	辽宁
16	凤凰 12	白玫瑰香 ×（粉红葡萄 + 胜利）	$2n$	特大粒	辽宁
17	蜜红	沈阳玫瑰 × 黑奥林	$4n$	特大粒	辽宁
18	巨玫瑰	沈阳玫瑰 × 巨峰	$4n$	特大粒	辽宁
19	沈阳玫瑰	玫瑰香（芽变）	$4n$	特大粒	辽宁

续表

编号	品种名	亲本	倍性	果粒大小	国家 / 省份
20	醉人香	巨峰 × 卡氏玫瑰	4n	特大粒	甘肃
21	瑶下屯	不详	2n	特大粒	广西
22	金田美指	牛奶 × 美人指	2n	特大粒	河北
23	金田玫瑰	玫瑰香 × 红地球	2n	大粒	河北
24	金田翡翠	凤凰 51× 维多利亚	2n	特大粒	河北
25	金田红	玫瑰香 × 红地球	2n	特大粒	河北
26	巨玫	玫瑰香（诱变四倍体）× 巨峰	4n	特大粒	河北
27	紫甜无核	皇家秋天 × 牛奶	2n	大粒	河北
28	紫脆无核	皇家秋天 × 牛奶	2n	大粒	河北
29	月光无核	玫瑰香 × 巨峰	3n	特大粒	河北
30	霞光	玫瑰香 × 京亚	4n	特大粒	河北
31	蜜光	巨峰 × 早黑宝	4n	特大粒	河北
32	红标无核	郑州早红 × 巨峰	3n	中粒	河北
33	峰光	巨峰 × 玫瑰香	4n	特大粒	河北
34	春光	巨峰 × 早黑宝	4n	特大粒	河北
35	宝光	巨峰 × 早黑宝	4n	特大粒	河北
36	8612	郑州早红 × 巨峰	3n	中粒	河北
37	昌黎 8 号	巨峰 × 早黑宝	4n	特大粒	河北
38	昌黎 7 号	巨峰 × 早黑宝	4n	特大粒	河北
39	昌黎 27 号	巨峰（实生）	4n	特大粒	河北
40	昌黎 21 号	巨峰 × 玫瑰香或早黑宝	4n	特大粒	河北
41	峰早	巨峰（芽变）	4n	特大粒	河南
42	关口葡萄	不详	2n	大粒	湖北
43	吉香	白香蕉（芽变）	2n	特大粒	吉林
44	碧香无核	郑州早玉 × 莎巴珍珠	2n	中粒	吉林
45	平顶黑	不详	2n	大粒	新疆
46	宇选 1 号	巨峰	4n	特大粒	浙江
47	沈 87-1	不详	2n	大粒	辽宁
48	状元红	巨峰 × 瑰香怡	4n	特大粒	辽宁
49	醉金香	7601× 巨峰	4n	特大粒	辽宁
50	紫珍香	沈阳玫瑰 ×8001	4n	特大粒	辽宁
51	夕阳红	7601× 巨峰	4n	特大粒	辽宁
52	瑰香怡	7601× 巨峰	2n	特大粒	辽宁
53	公主红	康太 × 早生高墨	4n	特大粒	吉林
54	紫丰	黑罕 × 尼加拉	2n	中粒	辽宁
55	着色香	玫瑰露 × 罗也尔玫瑰	2n	中粒	辽宁
56	辽峰	巨峰	4n	特大粒	辽宁

续表

编号	品种名	亲本	倍性	果粒大小	国家 / 省份
57	百瑞早	8611（芽变）	3*n*	特大粒	江苏
58	钟山红	魏可实生	2*n*	特大粒	江苏
59	托县葡萄	不详	2*n*	中粒	内蒙古
60	大青葡萄	不详	2*n*	大粒	宁夏
61	泽玉	玫瑰香 × 龙眼	2*n*	中粒	山东
62	红十月	甲裴露（实生）	4*n*	特大粒	宁夏
63	玉波一号	紫地球 × 达米娜	2*n*	特大粒	山东
64	玉波二号	紫地球 × 达米娜	2*n*	特大粒	山东
65	红香蕉	玫瑰香 × 白香蕉	2*n*	中粒	山东
66	红双味	葡萄园皇后 × 红香蕉	2*n*	大粒	山东
67	红莲子	玫瑰香 × 葡萄园皇后	2*n*	中粒	山东
68	黑香蕉	红香蕉 × 葡萄园皇后	2*n*	大粒	山东
69	贵妃玫瑰	红香蕉 × 葡萄园皇后	2*n*	特大粒	山东
70	紫地球	秋黑（芽变）	2*n*	特大粒	山东
71	烟 74 号	紫北塞 × 玫瑰香	2*n*	小粒	山东
72	烟 73 号	玫瑰香 × 紫北赛	2*n*	小粒	山东
73	黑葡萄	不详	2*n*	中粒	山西
74	红太阳	红地球（芽变）	4*n*	特大粒	山西
75	早康宝	瑰宝 × 无核白鸡心	2*n*	中粒	山西
76	早黑宝	瑰宝 × 早玫瑰	4*n*	特大粒	山西
77	晚红宝	瑰宝 × 秋红	4*n*	特大粒	山西
78	晚黑宝	瑰宝 × 秋红	4*n*	特大粒	山西
79	秋红宝	瑰宝 × 粉红太妃	2*n*	大粒	山西
80	秋黑宝	瑰宝 × 秋红	4*n*	大粒	山西
81	玫香宝	阿登纳玫瑰 × 巨峰	4*n*	大粒	山西
82	丽红宝	瑰宝 × 无核白鸡心	2*n*	中粒	山西
83	晶红宝	瑰宝 × 无核白鸡心	2*n*	中粒	山西
84	瑰宝	依斯比沙里 × 维拉玫瑰	2*n*	大粒	山西
85	无核翠宝	瑰宝 × 无核白鸡心	2*n*	中粒	山西
86	马峪乡葡萄 1 号	不详	2*n*	特大粒	山西
87	早夏无核	夏黑	3*n*	大粒	上海
88	红亚历山大	亚历山大	2*n*	大粒	上海
89	申玉	藤稔 × 红后	4*n*	特大粒	上海
90	申秀	巨峰	4*n*	大粒	上海
91	申华	京亚 ×86-179	4*n*	特大粒	上海
92	申丰	京亚 × 紫珍	4*n*	特大粒	上海

续表

编号	品种名	亲本	倍性	果粒大小	国家 / 省份
93	沪培 2 号	杨格尔 × 紫珍香	3*n*	大粒	上海
94	沪培 1 号	喜乐 × 巨峰	3*n*	大粒	上海
95	沪培 3 号	喜乐 × 藤稔	3*n*	大粒	上海
96	沈农香丰	紫珍香（实生）	4*n*	特大粒	辽宁
97	沈农硕丰	紫珍香（实生）	4*n*	特大粒	辽宁
98	沈农金皇后	沈 87-1（实生）	2*n*	大粒	辽宁
99	光辉	香悦 × 京亚	4*n*	特大粒	辽宁
100	和田红	不详	2*n*	中粒	新疆
101	瓶儿	不详	2*n*	大粒	中国
102	户太 8 号	奥林匹亚	2*n*	特大粒	陕西
103	礼泉超红	红地球（变异）	4*n*	特大粒	陕西
104	木纳格	不祥	2*n*	大粒	新疆
105	绿木纳格	不详	2*n*	特大粒	新疆
106	白布瑞克	不详	2*n*	中粒	新疆
107	红马奶	不详	2*n*	中粒	新疆
108	新郁	E42-6（红地球实生）× 里扎马特	2*n*	特大粒	新疆
109	索索葡萄	不详	2*n*	小粒	新疆
110	伊犁香葡萄	不详	2*n*	小粒	新疆
111	大无核紫	不详	2*n*	小粒	新疆
112	甜峰 1 号	巨峰	4*n*	特大粒	广西
113	甜峰	巨峰	4*n*	大粒	吉林
114	玫瑰蜜	不详	2*n*	小粒	云南
115	红玫瑰	Rosario Bianco×Ruby Okyama	2*n*	特大粒	日本
116	李子香	不详	2*n*	大粒	中国
117	红鸡心	不详	2*n*	中粒	中国
118	左山一	山葡萄	2*n*	小粒	吉林
119	哈什哈尔	不详	2*n*	中粒	新疆
120	红木纳格	不详	2*n*	特大粒	新疆
121	墨玉葡萄	不详	2*n*	中粒	新疆
122	和田绿	不详	2*n*	小粒	新疆
123	新葡 1 号	偌斯依托（实生苗）	2*n*	大粒	新疆
124	日达拉依	不详	2*n*	中粒	新疆
125	假卡	不详	2*n*	中粒	新疆
126	郑州早玉	葡萄园皇后 × 意大利	2*n*	大粒	郑州
127	郑州早红	玫瑰香 × 莎巴珍珠	2*n*	中粒	郑州
128	郑艳无核	京秀 × 布朗无核	2*n*	中粒	郑州

续表

编号	品种名	亲本	倍性	果粒大小	国家 / 省份
129	郑果大无核	不详	2*n*	大粒	郑州
130	京紫晶	葡萄园皇后 × 红无籽露	2*n*	小粒	北京
131	京大晶	葡萄园皇后 × 马纽卡	2*n*	中粒	北京
132	京早晶	葡萄园皇后 × 无核白	2*n*	小粒	北京
133	京玉	意大利 × 葡萄园皇后	2*n*	大粒	北京
134	京优	黑奥林（实生）	4*n*	特大粒	北京
135	京亚	黑奥林（实生）	4*n*	特大粒	北京
136	京秀	玫瑰香 × 红无籽露	2*n*	大粒	北京
137	京香玉	京秀 × 香妃	2*n*	特大粒	北京
138	京可晶	法国蓝 × 玛纽卡	2*n*	小粒	北京
139	京丰	葡萄园皇后 × 红无籽露	2*n*	大粒	北京
140	北玫	玫瑰香 × 山葡萄	2*n*	小粒	北京
141	北红	玫瑰香 × 山葡萄	2*n*	小粒	北京
142	北全	北醇 × 大可满	2*n*	中粒	北京
143	北紫	蘡薁葡萄 × 玫瑰香	2*n*	小粒	北京
144	北香	蘡薁葡萄 × 亚历山大	2*n*	小粒	北京
145	北丰	蘡薁葡萄 × 玫瑰香	2*n*	小粒	北京
146	北醇	玫瑰香 × 山葡萄	2*n*	小粒	北京
147	华葡 1 号	左山一 × 白马拉加	2*n*	中粒	辽宁
148	早甜玫瑰香	玫瑰香（实生）	2*n*	中粒	辽宁
149	北冰红	左优红 ×86-24-53	2*n*	小粒	吉林
150	左山二	山葡萄	2*n*	小粒	吉林
151	黑佳酿	赛必尔 2 号 × 佳利酿	2*n*	小粒	郑州
152	贵园	巨峰	4*n*	特大粒	郑州
153	超宝	11-9× 葡萄园皇后	2*n*	大粒	郑州
154	玉珍香	紫地球 × 金手指	2*n*	大粒	山东
155	无核早红（无核 8611）	郑州早红 × 巨峰	3*n*	中粒	河北
156	山东早红	玫瑰香 × 葡萄园皇后	2*n*	中粒	山东
157	红巴拉多	バラード × 京秀	2*n*	特大粒	日本
158	黑玫香	沈阳大粒玫瑰 × 巨峰	4*n*	特大粒	辽宁
159	黑巴拉多	米山 3 号 × 红巴拉多	2*n*	特大粒	日本
160	短枝玉玫瑰	达米娜 × 紫地球	2*n*	特大粒	山东
161	园红玫	圣诞玫瑰 × 贵妃玫瑰	2*n*	特大粒	江苏
162	阳光玫瑰	安芸津 21 号 × 白南	2*n*	特大粒	日本
163	园野香	矢富罗莎 × 高千穗	2*n*	大粒	江苏
164	莎巴珍珠	匈牙利玫瑰 × 奥托捏玫瑰	2*n*	小粒	匈牙利

续表

编号	品种名	亲本	倍性	果粒大小	国家 / 省份
165	玫瑰香	黑罕 × 白玫瑰香	2*n*	中粒	英国
166	巨峰	石原早生 × 森田尼	4*n*	特大粒	日本
167	夏黑	巨峰 × トム	3*n*	大粒	日本
168	无核白鸡心	Gold×D26-6	2*n*	大粒	美国
169	牛奶	不详	2*n*	特大粒	阿拉伯半岛
170	葡萄园皇后	莎巴珍珠 × 伊丽莎白	2*n*	大粒	匈牙利
171	美人指	龙尼坤 × 巴拉底 2 号	2*n*	特大粒	日本
172	鄞红	藤稔（芽变）	4*n*	特大粒	浙江
173	维多利亚	绯红 × 保尔加尔	2*n*	特大粒	罗马尼亚
174	魏可	Kubel Muscat× 甲斐露	2*n*	特大粒	日本
175	红地球	（皇帝 ×L12-80）×S45-48（L12-88×Ncera）	2*n*	特大粒	美国
176	里扎马特	可口甘 × 巴尔干斯	2*n*	特大粒	前苏联
177	高千穗	玫瑰香 × 甲州三尺	2*n*	特大粒	日本
178	白罗莎里奥	Rosaki×Muscat of Alexandria	2*n*	特大粒	日本
179	黑比诺	品丽珠 × 长相思	2*n*	小粒	法国
180	藤稔	井川 682× 先锋	4*n*	特大粒	日本
181	甲斐露	粉红葡萄 × 新玫瑰	2*n*	特大粒	日本
182	奥古斯特	意大利 × 葡萄园皇后	2*n*	特大粒	罗马尼亚
183	绯红	粉红葡萄 × 瑞必尔	2*n*	特大粒	美国
184	红亚历山大	亚历山大（芽变）	2*n*	大粒	中国
185	圣诞玫瑰	S44-35C×1170	2*n*	特大粒	美国
186	皇家秋天	Autumn Black×c74-1	2*n*	特大粒	美国
187	金田无核	牛奶 × 皇家秋天	2*n*	大粒	河北
188	秋黑	美人指 × 黑玫瑰	2*n*	特大粒	美国
189	克瑞森无核	皇帝 ×C33-199	2*n*	中粒	美国
190	金星无核	Aiden×NY46000	2*n*	大粒	美国
191	金手指	美人指 ×Seneca	2*n*	大粒	日本
192	康可	野生美洲葡萄	2*n*	小粒	美国
193	希姆劳特	安大略 × 无核白	2*n*	小粒	美国
194	黑奥林	巨峰 × 巨鲸	4*n*	特大粒	日本
195	红富士	金玫瑰 × 黑潮	4*n*	特大粒	日本
196	先锋	巨峰 × 加浓玫瑰	4*n*	特大粒	日本
197	高墨	巨峰	4*n*	特大粒	日本
198	高妻	先锋 × 百年	4*n*	特大粒	日本
199	红瑞宝	金玫瑰四倍体 × 黑潮	4*n*	特大粒	日本

续表

编号	品种名	亲本	倍性	果粒大小	国家 / 省份
200	伊豆锦	井川 205× 康能玫瑰	4*n*	特大粒	日本
201	火星无核	Island belle×arkl339	2*n*	中粒	美国
202	紫玉（早生高墨）	高墨（芽变）	4*n*	特大粒	日本
203	妮娜女王	安芸津 20 号 × 安芸女王	4*n*	特大粒	日本
204	长野紫	巨峰 × 白罗莎里奥	3*n*	特大粒	日本
205	黑椪	藤稔 × 先锋	4*n*	特大粒	日本
206	耀眼玫瑰	安津 12× 白南	2*n*	特大粒	日本
207	胜利	扎巴尔干斯基 × 玫瑰香	2*n*	大粒	前苏联
208	白香蕉	康可 ×Chasselas musque	2*n*	大粒	美国

五、我国葡萄种质资源的亲缘关系分类

我国是世界葡萄遗传资源最为丰富的起源中心之一，众多研究表明，中国拥有大量的葡萄野生种，如刺葡萄、山葡萄、毛葡萄等。这些野生种在长期的自然演化过程中形成了丰富的遗传多样性，为葡萄的起源和进化提供了关键线索。中国葡萄栽培历史悠久，早在古代就有葡萄种植和酿酒的相关记载。经考证，葡萄在西汉时期由西域传入中国内地，经过长期的栽培和选育，形成了众多具有地方特色的古老栽培品种，如‘龙眼’‘牛奶’‘水晶’等。在云南地区，也有许多优质特色品种和资源：弥勒葡萄以‘玫瑰蜜’‘水晶’‘高原水晶’‘水晶皇后’等为代表，口味鲜甜，适应性强；此外野生资源如云南葡萄（*Vitis yunnanensis*）、勐海葡萄（*Vitis menghaiensis*）、蒙自葡萄（*Vitis mengziensis*）、凤庆葡萄（*Vitis fengqinensis*）等也为育种提供了重要素材。

根据《中国葡萄志》中描述，原产我国的 38 个葡萄野生种和 1 个欧亚种（欧洲葡萄）进行了分组研究，主要包括：刺葡萄（*V. davidii*）、秋葡萄（*V. romanetii*）、陕西葡萄（*V. shenxiensis*）、小果葡萄（*V. balansana*）、云南葡萄（*V. yunnanensis*）、东南葡萄（*V. chunganensis*）、罗城葡萄（*V. luochengensis*）、闽赣葡萄（*V. chungii*）、桦叶葡萄（*V. betulifolia*）、变叶葡萄（*V. piasezkii*）、毛脉葡萄（*V. pilosonerva*）、网脉葡萄（*V. wilsoniae*）、华东葡萄（*V. pseudoreticulata*）、浙江蘡薁（*V. zhejiang-adstricta*）、湖北葡萄（*V. silvestrii*）、武汉葡萄（*V. wuhanensis*）、温州葡萄（*V. wenchouensis*）、井冈葡萄（*V. jinggangensis*）、红叶葡萄（*V. erythrophylla*）、乳源葡萄（*V. ruyuanensis*）、蒙自葡萄（*V. mengziensis*）、凤庆葡萄（*V. fengqinensis*）、绵毛葡萄（*V. hekouensis*）、菱叶葡萄（*V. hancockii*）、狭叶葡萄（*V. tsoi*）、葛藟葡萄（*V. flexuosa*）、山葡萄（*V. amurensis*）、欧洲葡萄（*V. vinifera*）、毛葡萄（*V. heyneana*）、腺枝葡萄（*V. adenoclada*）、绵毛葡萄（*V. retordii*）、勐海葡萄（*V. menghaiensis*）、龙泉葡萄（*V. longquanensis*）、美丽葡萄（*V. bellula*）、麦黄葡萄（*V. bashanica*）、庐山葡萄（*V. hui*）、小叶葡萄（*V. sinocinerea*）、蘡薁葡萄（*V. bryoniaefolia*）和鸡足葡萄（*V. lanceolatifoliosa*）。

我国丰富的种质资源为相关研究和资源开发提供了重要的物质基础，而这一切都离不开葡萄种质资源分类这一基础性工作。迄今，我国学者先后利用形态学、孢粉学、解剖学和生物化学等方法，对原产于我国的部分野生葡萄的起源、演化和种间的亲缘关系开展了大量的研究。牛立新等在对 22 个种（变种）的 90 多份试验材料、110 个性状测定的基础上，经聚类分析对我国葡萄属系统分类提出了新见解，把中国葡萄属分为 13 个组。此后，王发松等从经典分类学角度，提出了中国葡萄属的分类系统，把我国葡萄属划分为 5 组、4 系。尽管许多学者已对我国葡萄属植物的系统发生开展了大量研究，并取得了显著进展，部分种的亲缘关系已逐渐明晰，但对于葡萄属整体演化系统仍无统一看法，各种的系统位置尚未完全明确。因此，一些专家对我国葡萄属植物的表型相似度进行了分析，以揭示种间的亲疏关系，并在形态上更好地区分野生资源，从而促进野生葡萄资源的保存和利用。

根据《葡萄种质资源描述规范和数据标准》和“*Guidelines for the Conduct of Tests for Distinctness*，*Uniformity and Stability*—Grapevine（*Vitis* spp）”（UPOV，1999），对葡萄 18 个描述性状（如生长势、枝上棱的有无、皮刺的有无、卷须分叉等）进行分级，并将各描述性状代码化（表 1-6）。利用 SPSS 10.0 统计软件中进行层次聚类分析（hierarchical cluster analysis），聚类结果（图 1-3）表明，我国葡萄属植物划可分为 8 个组，其中组Ⅲ进一步划分为 5 个亚组（表 1-7）。

表1-6 葡萄描述性状及代码表

编号	性状	分级和代码				
1	长势	弱 1	强 2			
2	枝棱	无 0	有 1			
3	皮刺	无 0	有 1			
4	卷须分叉	不分 1	分 2			
5	叶片单复性	单叶 1	复叶 2			
6	成龄叶形状	卵形或五角卵形 1	心形或阔卵形 2	窄卵形、长卵圆形或长椭圆形 3	菱形椭圆形或披针形 4	
7	裂刻	全缘 0	全缘或浅裂 1	浅裂 2	深裂 3	
8	裂片数	0 0	3 1	3～5 2		
9	叶柄洼开叠	闭合 1	半开张 2	开张 3	楔形 4	都有 5
10	基部形状	心形 1	近圆形 2	截形 3	楔形 4	
11	叶顶端 1	圆钝 1	尖 2			
12	叶顶端 2	短 1	长 2			
13	叶缘锯齿	小 1	粗 2			
14	叶背毛类型	柔毛或无毛 1	茸毛或绵毛 2			
15	叶背混有刚毛	无 0	有 1			
16	叶背毛密度	无或极少 0	少 1	密 2		
17	叶背毛老时脱落	脱落 1	不脱落 2			
18	小枝腺毛	无 0	有 1			

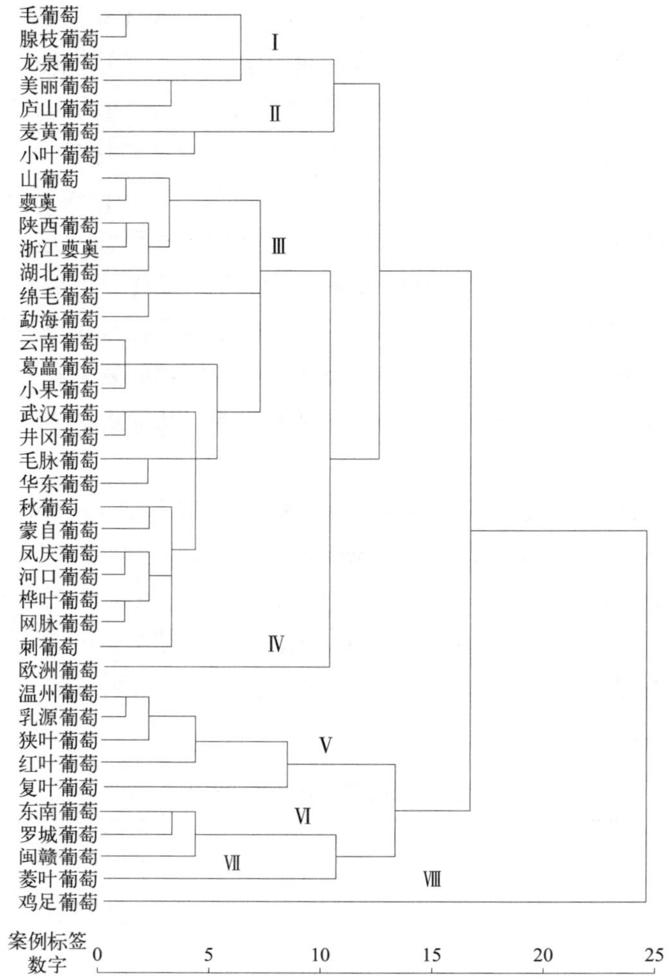

图1-3 我国葡萄属野生种的聚类结果

表1-7 我国葡萄属野生种聚类分析结果

组	亚组	种类	形态特征表现相近的种类
Ⅰ		毛葡萄、腺枝葡萄、龙泉葡萄、美丽葡萄、庐山葡萄	毛葡萄和腺枝葡萄，龙泉葡萄和美丽葡萄
Ⅱ		麦黄葡萄、小叶葡萄	
Ⅲ	1	山葡萄、蘡薁、陕西葡萄、浙江蘡薁、湖北葡萄	山葡萄和蘡薁，陕西葡萄和浙江蘡薁
	2	绵毛葡萄、勐海葡萄	
	3	小果葡萄、云南葡萄、葛藟葡萄	小果葡萄、云南葡萄和葛藟葡萄
	4	毛脉葡萄、华东葡萄、武汉葡萄、井冈葡萄	武汉葡萄和井冈葡萄，毛脉葡萄和华东葡萄
	5	刺葡萄、秋葡萄、桦叶葡萄、网脉葡萄、蒙自葡萄、凤庆葡萄、河口葡萄等	秋葡萄和蒙自葡萄，凤庆葡萄和河口葡萄，桦叶葡萄和网脉葡萄
Ⅳ		欧洲葡萄	
Ⅴ		温州葡萄、红叶葡萄、变叶葡萄、乳源葡萄、狭叶葡萄	温州葡萄和乳源葡萄

续表

组	亚组	种类	形态特征表现相近的种类
Ⅵ		东南葡萄、罗城葡萄、闽赣葡萄	东南葡萄和罗城葡萄
Ⅶ		菱叶葡萄	
Ⅷ		鸡足葡萄	

（一）组Ⅰ

包括毛葡萄（*V. heyneana* Roem. & Schult.）、腺枝葡萄（*V. adenoclada* Hand-Mazz.）、龙泉葡萄（*V. longquanensis* P.L.Chiu）、美丽葡萄［*V. bellula*(Rehder)W.T.Wang］、庐山葡萄（*V. hui* W. C. Cheng）等5个种。该组野生葡萄的共同特点是毛被（植物的毛被是指植物体表生长的各种毛状体的总称，这些毛状体覆盖在植物的茎、叶、花、果实等器官的表面，具有多种形态和功能）为茸毛或绵毛，且完全遮盖叶的下表面，老时不脱落；叶柄洼开张，叶顶端尖、长，叶缘锯齿小。毛葡萄、腺枝葡萄、龙泉葡萄的生长势较强，美丽葡萄、庐山葡萄生长势弱。其中，毛葡萄和腺枝葡萄、美丽葡萄和庐山葡萄最为近似。牛立新等对中国野生葡萄分组时将毛葡萄、桑叶葡萄［*V. heyneana* subsp. *ficifolia*(Bunge)C. L. Li］（毛葡萄的亚种）、湖北葡萄（*V. silvestrii* Pamp.）、龙泉葡萄 *V. longquanensis* P. L. Qiu（小果葡萄变种）、美丽葡萄（*V. bellula Rehder* W.T.Wang）、仙居葡萄（尚有争议的种）和腺枝葡萄同分在毛葡萄组内，但未考虑庐山葡萄；王发松等将毛葡萄、美丽葡萄、绵毛葡萄（*V. retordii* Rom. Caill. ex Planch.）、庐山葡萄、龙泉葡萄、勐海葡萄（*V. menghaiensis* C.L.Li）分在毛葡萄组内，但未考虑腺枝葡萄。桑叶葡萄是毛葡萄的变种，裘宝林命名的仙居葡萄被李朝銮并入菱叶葡萄（*V. hancockii*）。本研究结果中的湖北葡萄、绵毛葡萄不在一组，与牛立新等和王发松等分组结果有出入。

从近似程度看，毛葡萄和腺枝葡萄最为近似，分布于江南，尤其是上部枝叶很难区分，国内长期没有腺枝葡萄的记载，主要原因在于其标本被误定为毛葡萄。腺枝葡萄以春梢上着生直立红紫色腺毛为特征，老熟后腺毛呈暗紫色，变硬，残存在一年生枝条的基部，很易识别。

（二）组Ⅱ

包括麦黄葡萄（*V. bashanica* P. C. He ）和小叶葡萄（*V. sinocinerea* W. T. Wang）2个种。共同特点是长势强，叶片浅裂，叶柄洼半开张，3～5裂，叶顶端圆钝，叶缘锯齿细。牛立新等将小叶葡萄分在葡萄组内，麦黄葡萄分在狭叶葡萄组内。王发松等将小叶葡萄分在小叶葡萄组，也是该组内唯一的一个种。但本分组结果中麦黄葡萄和小叶葡萄近似的性状较多。

（三）组Ⅲ

共有19种，又分为亚组1～5，分别包括，其功能特点是：

亚组1：包括山葡萄、蘡薁、陕西葡萄、浙江蘡薁、湖北葡萄5个种。共同特点是无皮刺，卷须分叉，叶片 3 ～ 5 裂，基部心形，叶顶端尖，叶缘锯齿粗，叶背毛为柔毛并混有刚毛，老时脱落。在此亚组内，山葡萄、蘡薁最为相似；陕西葡萄和浙江蘡薁最为相似。

牛立新等（1996）将山葡萄、金寨山葡萄、石门葡萄分在山葡萄组，将蘡薁分在葡萄组。王发松等（2000）将山葡萄、蘡薁分别分在疏柔毛系、密柔毛系内。疏柔毛系包括欧洲葡萄、山葡萄、金寨山葡萄、石门葡萄、小果葡萄、罗城葡萄、葛藟葡萄、桦叶葡萄、网脉葡萄、华东葡萄、云南葡萄、蒙自葡萄、凤庆葡萄、河口葡萄、毛脉葡萄、东南葡萄、闽赣葡萄等 17 个种类，该系以叶背茸毛的有无和枝条的有无作为分组依据，没有参考其他性状，包含种类繁多，种间形态差异较大。

亚组 2：包括绵毛葡萄和勐海葡萄 2 个种。这两个种长势强，无枝棱，无皮刺，卷须分叉，全缘或浅裂，叶基部开张，叶缘锯齿细，叶背有茸毛或绵毛，没有刚毛，叶背毛密，老时不脱落，小枝无腺毛等。但在成龄叶形状、叶柄洼开叠、叶顶端圆钝程度和长短等方面存在差别。不同的是，牛立新等（1996）将绵毛葡萄分在毛葡萄组，王发松等（2000）将绵毛葡萄和勐海葡萄都分在毛葡萄组内。

亚组 3：包括小果葡萄、云南葡萄、葛藟葡萄 3 个种。共同特点是长势强，无枝棱，无皮刺，卷须分叉，叶片无裂刻，叶柄洼开叠、开张，叶基部心形，叶顶有端尖，叶背有柔毛，叶背混有刚毛，无或极少，老时脱落，小枝无腺毛。在成龄叶形状、叶顶端长短、叶缘锯齿粗细等方面存在差异。王发松等（2000）也将这 3 个种都分在疏柔毛系内，但本研究结果与疏柔毛系内的其他种不在同一亚组。

亚组 4：包括毛脉葡萄、华东葡萄、武汉葡萄、井冈葡萄 4 个种。共同特点是基部心形，叶背有茸毛或绵毛，混有刚毛，毛疏，老时脱落，小枝无腺毛等。此亚组内武汉葡萄和井冈葡萄最为相似。毛脉葡萄和华东葡萄最为相似。王发松等将武汉葡萄和井冈葡萄归在武汉葡萄组，其他 3 个种也归在疏柔毛系内。

亚组 5：包括刺葡萄、秋葡萄、桦叶葡萄、网脉葡萄、蒙自葡萄、凤庆葡萄、河口葡萄等 7 个种。共同特点是长势强，卷须分叉，成龄叶卵形或五角卵形、基部心形，叶顶端尖，叶背有柔毛，混有刚毛，老时脱落。在枝棱的有无、裂刻有无、裂片数目、柄洼开叠类型、叶尖长短、叶缘锯齿粗细、叶背毛的密度、小枝腺毛有无等方面略有差别。此亚组内秋葡萄和蒙自葡萄，凤庆葡萄和河口葡萄，桦叶葡萄和网脉葡萄最为近似。刺葡萄与其他几个种的关系较远。王发松等也认为桦叶葡萄和网脉葡萄的关系最近，秋葡萄和蒙自葡萄的相似度与其分组结果有较大的出入，将二者分别归在秋葡萄组和葡萄组。凤庆葡萄和河口葡萄，桦叶葡萄和网脉葡萄的相似结果与王发松等将两者同分在疏柔毛系内的结果基本一致。

（四）组Ⅳ

仅欧洲葡萄 1 个种，是唯一的一个栽培种，原产西亚和欧洲南部地区。种内变化极为丰富，在每个性状上都存在不同类型，本研究的分类结果将其单独分组。王发松等将其分在疏柔毛系。

（五）组Ⅴ

包括温州葡萄（*V. wenchouensis*）、红叶葡萄［*Vitis davidii* (Rom. du Caill.) Foëx］、

变叶葡萄（*V. flexuosa* Thunb.）、乳源葡萄（*V. ruyuanensis* C.L. Li）、狭叶葡萄（*Vitis balansana* Planch.）等 5 个种。无枝棱，无皮刺，叶片多为披针形、戟形或卵状戟形，浅裂或裂，叶柄洼开张或半开张，基部心形，叶顶端圆尖、长，叶背有柔毛，混有刚毛，老时脱落等。除复变葡萄（*V. multinervia* Bunge）外，生长势多数偏弱，卷须不分叉。在叶片单复性、叶缘锯齿、毛的多少等性状上略存在差异。此组内温州葡萄和乳源葡萄最为近似。

何永华等指出，乳源葡萄与红叶葡萄是亲缘关系较近的种。王发松等将温州葡萄和乳源葡萄、红叶葡萄和狭叶葡萄同分在武汉葡萄组，变叶葡萄分在复叶系内。

（六）组Ⅵ

包括东南葡萄（*Vitis austrosinensis* C.L. Li）、罗城葡萄（*V. luochengensis* W. T. Wang）、闽赣葡萄（*Vitis mengzhanensis* C.L. Li）。共同特点是生长势强，无枝棱，无皮刺，卷须分叉，叶片多为窄卵形、长卵圆形、长椭圆形、三角状长卵形、披针形，无裂刻，叶柄洼闭合，叶基心形或近圆形，叶顶端尖，叶尖长，叶背有柔毛、混有刚毛，极疏，老时脱落，小枝无腺毛。在叶缘锯齿粗细上略有差别。此组内东南葡萄和罗城葡萄最为近似。牛立新等将罗城葡萄归在网脉葡萄组，将东南葡萄和闽赣葡萄归在东南葡萄组，王发松等将后 3 个种都归在疏柔毛系内。

（七）组Ⅶ

仅菱叶葡萄（*V. hancockii* Hance）1 个种。是我国葡萄属植物中的唯一的一个菱状叶葡萄，其新梢密生直立性茸毛。牛立新等将其单独分在菱叶葡萄组。刘三军等（1995）也认为其分类地位独特，与其他种的亲缘关系较远。

（八）组Ⅷ

仅鸡足葡萄 1 个种。复叶、叶基楔形是该种的特点，与其他种的差别较大，分组时也未能将其与变叶葡萄分在一组内。王发松等将其与变叶葡萄分在复叶系内。

第三节　葡萄的进化

葡萄的进化历程是一个复杂的过程，涵盖了表型、生化和分子层面的多个方面。这些变化不仅体现了葡萄对不同生态环境的适应能力，也反映了人类在栽培和利用葡萄过程中所作的选择与驯化。葡萄属的进化历史可追溯到古新世晚期或始新世，约 5000 万年前。在其进化过程中，葡萄展现了多种适应性特征，包括对气候变化、病虫害的适应。例如，一些品种表现出耐旱性和抗病性，而另一些品种则显示出对特定环境条件的适应性。

葡萄在不同环境条件下出现的不同形态特征，包括叶片、花序、果实等的变化。不同种群葡萄的不同的表型特征对理解葡萄的适应进化和遗传变异非常重要。葡萄的生长习性，包括植株的形态、枝条的生长方式和叶片的形状，也在驯化过程中发生了变化。野生葡萄通常生长在森林边缘或灌木丛中，以攀缘方式生长。而栽培葡萄为了满足人工管理和机械化操作，逐渐驯化出直立性更强、分枝较少的植株形态。叶片形状也因品种不同而呈多样化，从简单叶到复杂的掌状裂叶，各具特色。不同的种和品种在这些特征上表现出显著差异，有助于区分不同种群的适应性。果实颜色的进化也是葡萄表型变化的重要方面。野生葡萄通常呈现黑色或深紫色，而通过选择育种，栽培葡萄呈现出了更多的颜色变化，如绿色、红色、黄色和琥珀色等。果实颜色的变化主要受果皮中的色素，如花青素和类胡萝卜素含量的影响，这些色素不仅决定了果实的外观，还影响了果实的抗氧化能力和风味特征。

花序的结构和花朵的数量也具有遗传意义，可以用来追踪种群间的进化关系。不同种和品种的花序在结构上有所不同，这些变化可能与授粉方式和种子生产效率相关。葡萄果实中的主要糖分包括葡萄糖和果糖，糖分的含量和比例对果实的甜度有直接影响，是葡萄品种进化的重要因素之一。酸类的变化反映了葡萄对不同生长条件的适应。葡萄中的酚类化合物如花青素和单宁对果实的色泽、风味和抗氧化能力有显著影响。这些化合物的种类和浓度变化与葡萄的遗传背景及其进化适应密切相关。葡萄的风味和香气是影响其经济价值和市场接受度的重要因素。野生葡萄通常具有较高的酸度和涩味，而栽培过程中，人类选择了果实甜度更高、酸度更低的品种。此外，葡萄中的香气化合物，如萜类、醇类和酯类，也在驯化过程中发生了显著变化，这些化合物赋予了不同葡萄品种独特的香气特征，如花香、果香和香料香等。这些化合物的多样性和浓度变化反映了不同品种和生态环境的适应进化。

葡萄的表型进化主要受到内在遗传变异、自然选择和人类活动干预的影响。其中，内在的遗传变异指的是其 DNA 序列本身发生的可遗传的变化，主要包括基因突变、基因复制与丢失、转座子活动以及表观遗传修饰等。这些变异为自然选择和人工选择提供了原材料，是葡萄能够适应不同环境、演化出万千风味的根本原因，是葡萄所有进化过程和品种多样性的根本来源。自然选择是驱动野生葡萄表型进化的最核心力量，主要包括对抗生物胁迫和适应非生物胁迫。外界环境压力能够直接筛选那些更适应生存的性状。如在对抗霜霉病、白粉病等真菌病害胁迫时，有更厚的角质层、更致密的叶面茸毛，能够合成并积累更高含量抗菌物质（如白藜芦醇、某些单宁）的个体，更容易存活下来。对于无法移动的植物而言，应对严酷的物理环境是生存的第一课。在寒冷地区（如中国东北），山葡萄等物种被选择出极强的抗寒性；在干旱地区，沙地葡萄具有更深的根系以寻找地下水，更小的叶面积和气孔调节能力以减少水分蒸腾。人工选择是葡萄表型进化中最剧烈、最迅速的动力之一。人类根据自己的需求（如果实大小、糖分含量、有无籽、成熟期、株型等）进行长期、持续的选择，极大地加速了这些性状的进化，使其远离野生祖先的状态。人类活动将葡萄带到全球各地，使其面临全新的环境挑战，这加速了其进化过程。同时，人类通过灌溉、施肥、修剪等方式，创造了一个“人工环境”，在这个环境下，那些响应这些管理措施更好的品种被保留下来。

此外，葡萄的表型进化还受到网状进化（reticulate evolution）的影响。网状进化是一种常见的进化模式，尤其在植物中非常普遍。它指的是植物通过多种方式来加速适应新的环境。主要通过杂交（hybridization）和基因渐渗（introgression）等机制来实现。这些过程促进了不同葡萄品种或种间的基因交流，极大地增加了遗传和表型多样性。大约25%的开花植物，包括葡萄在内，显示出自然杂交和基因渐渗的现象，这使得葡萄表型进化的路径更加复杂多样。在葡萄属植物中，网状进化现象非常普遍。这意味着葡萄在进化过程中常常通过杂交和基因渐渗来适应新的环境。因此，了解葡萄的网状进化模式和过程，对于揭示葡萄的亲缘关系和演化历史非常重要。通过遗传多样性分析，人们能够更深入和系统地了解葡萄的起源与进化。遗传多样性研究揭示了葡萄种群之间的基因流动和遗传变异，从而帮助确定其驯化中心和扩散路径。通过对不同葡萄品种的基因组进行测序和比较，研究者可以追踪到葡萄从野生状态到栽培品种的演变过程，识别出关键的驯化事件和基因。此外，遗传多样性分析还能够发现抗病性、适应性和其他重要农艺性状的遗传基础，从而为葡萄育种提供宝贵的基因资源。这些研究不仅有助于保护和利用葡萄的遗传资源，也为理解作物进化和人类农业历史提供了重要的科学依据。

通过对不同种群和品种的遗传标记（如SSR、SNP）进行分析，可以揭示其遗传变异和进化关系。葡萄的全基因组测序已提供了大量的遗传信息，揭示了与果实品质、抗病性、适应性的相关基因。基于分子数据的系统发育分析可帮助确定葡萄的亲缘关系和进化路径，尤其是葡萄属和圆叶葡萄属之间的关系。

一、葡萄的起源中心

栽培植物起源中心学说是瓦维洛夫（Vavilov）于1935年提出的关于作物起源与演化的相关理论，该理论是在德堪多（de Candolle）的《栽培植物起源》（1883）的基础上发展出来的。德堪多通过植物学、历史学、语言学等方面的研究考证，提出：每一种植物都起源于一定的地点，且起源地广泛分布于全世界。作物起源中心有两个主要特征，即基因的多样性和较高的显性基因频率，所以又可命名为基因中心或变异多样性中心（center of diversity）。学说认为，作物起源地是野生植物最先被人类栽培利用或产生大量栽培变异类型的较独立的农业地理中心。茹考夫斯基1970年在《育种的世界植物基因资源》中提出的6个葡萄起源中心：①中国-日本中心；②中亚细亚中心；③前亚细亚中心；④地中海中心；⑤欧洲-西伯利亚起源中心；以及⑥北美洲起源中心。

作为人类早期培育的果树之一，葡萄的野生祖先普遍被认为是欧洲野葡萄（*Vitis vinifera* subsp. *sylvestris*）。考古学证据表明，葡萄的驯化起源于里海和黑海之间的南高加索地区，约5000年前，栽培葡萄开始向南传播至新月沃地的西侧（包括尼罗河流域、约旦河谷和埃及）。Myles等通过对栽培葡萄和野生葡萄*sylvestris*之间的关系分析，验证了考古学证据，支持葡萄驯化地理上起源于近东。葡萄的种植与葡萄酿酒技术随后向西传播到欧洲，然而西欧当地野生葡萄*sylvestris*对当地栽培葡萄栽培种遗传贡献仍存在争议。但有证据表明现代西欧葡萄品种经历了当地野生葡萄种*sylvestris*的基因交流。未来，通过高分辨率的遗传图谱，有望揭示是否存在特殊适应性因素（如气候、病害、风味等）参与这一基因交流过程。

迄今为止，许多研究者尝试重建葡萄亚属的生物地理学历史，Péros等认为葡萄亚属起源于亚洲。然而Wan等认为葡萄亚属起源于北美。Liu也支持北美起源假说，并进一步认为葡萄亚属起源于始新世，通过北大西洋陆桥（North Atlantic land bridges）或者以洲际长距离扩散（intercontinental long distance dispersal）的方式从北美迁移到欧亚大陆。可见一个清楚明确的系统发育关系是揭示葡萄属植物进化历史和物种分化模式的关键所在。马志尧等人研究利用 41 个葡萄属植物样本（代表了 40 个种或亚种，占葡萄属植物种类一半以上）的全基因组重测序数据，重建了葡萄属的系统发育关系并探究了其生物地理的多样性历史，推测东亚葡萄属植物在气候和地质变化的共同驱使下逐渐由北向南迁移，在迁移的过程中经历了快速适应性辐射进化，并且为了适应新的生态位而演化出了栖息于林缘灌丛和开阔环境的矮小、攀缘能力低、叶片较小的灌木状葡萄种类。

Dong 等通过葡萄全球遗传资源分析计划（Grape 4K Genome Project），集合近 5000 份全球葡萄遗传资源，构建 2448 份核心葡萄遗传资源基因组信息，揭示了栽培葡萄驯化中心为两个，并揭示了葡萄的双重驯化过程：栽培葡萄的起源可以追溯到约 11000 年前，比之前的认知早得多，突显了葡萄作为最早驯化水果的地位。第一次驯化发生在西亚和高加索地区，人们通过选择更大、更甜的果实培育出具有经济价值的品种。第二次驯化则发生在公元前 3000 至公元前 4000 年左右的地中海地区，专注于培育适合酿酒的葡萄品种。研究还揭示了两大主要驯化中心的地理分布及其与人类迁徙的关系：西亚鲜食葡萄群在四个方向上广泛传播，而高加索酿酒葡萄群主要局限于高加索山脉周边。揭示了西亚驯化的葡萄在早期农民迁移过程中与西方野生葡萄的融合，最终形成了多样化的麝香葡萄和西方酿酒葡萄的祖先（图 1-4）。

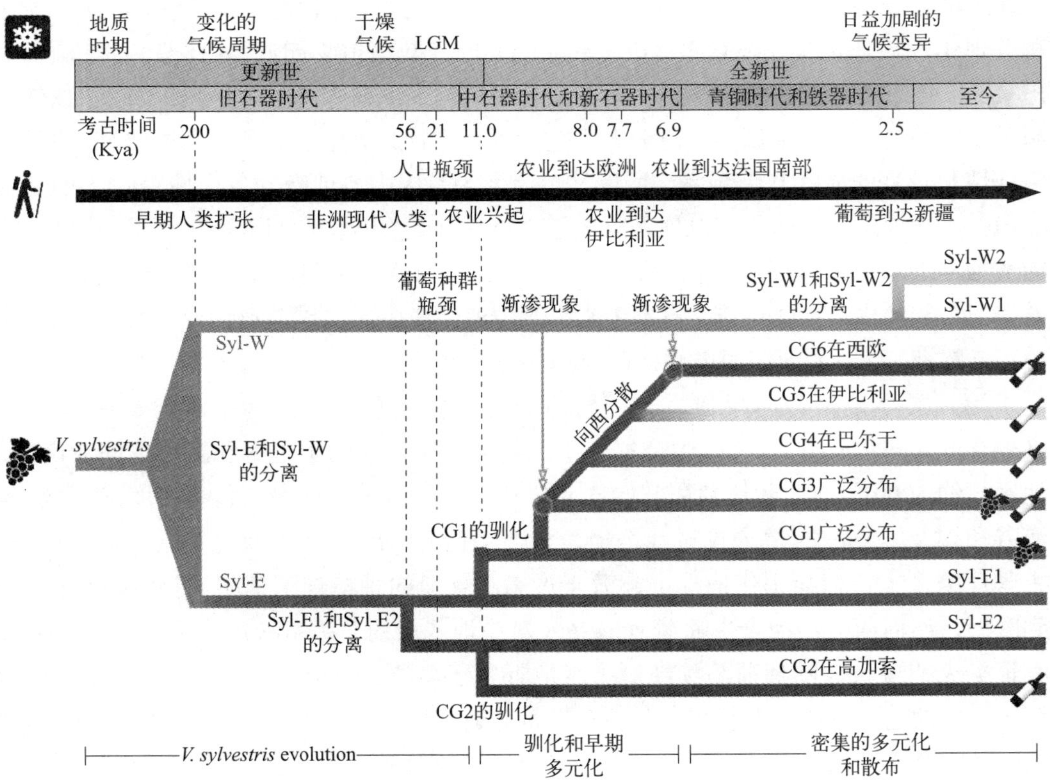

图1-4　葡萄进化史示意图（彩图）

葡萄树进化史上的关键事件与全球气候变化和人类迁徙的重大事件一起显示

二、基于细胞质基因组序列的葡萄进化分析

植物细胞质遗传物质主要包括叶绿体基因组（chloroplast DNA，cpDNA）和线粒体基因组（mtDNA），且细胞质遗传主要为母系遗传。随着 DNA 测序技术的进步，细胞器遗传物质的信息已广泛应用于植物的系统发育、亲缘关系和进化研究。

（一）基于叶绿体基因组的葡萄进化分析

叶绿体，作为植物细胞器的重要组成部分和光合作用的场所，具有独立的基因组。叶绿体的基因序列及其基因排列在被子植物中高度保守，因此常被用于植物的系统进化研究。自 1986 年首次获得烟草（*Nicotiana tabacum*）和地钱（*Marchantia polymorpha*）叶绿体基因组的完整序列以来，叶绿体基因组数据库迅速丰富。截至 2024 年，NCBI 等公共数据库中已公布了超过 8500 个植物叶绿体基因组。与以往仅依赖于一个或几个基因的研究相比，这些共享的叶绿体基因组数据不仅有助于解析植物叶绿体基因组结构（图 1-5），也为系统发育的重建提供了丰富的数据。将其应用于被子植物进化树研究中，有助于解决许多悬而未决的系统发育问题，也有助于揭示物种起源、进化演变及其不同物种之间的亲缘关系等。基于丰富的叶绿体基因组数据，研究者们也将其应用于葡萄属植物的系统发育研究中，以揭示其起源与进化历史。

1. 葡萄叶绿体基因组的结构特征

（1）保守性与变异　葡萄叶绿体基因组结构高度保守，葡萄的叶绿体基因组包含的基因种类和排列方式，与模式植物烟草以及大多数保持原始结构的被子植物几乎没有差别，说明其叶绿体基因组结构高度保守。然而，不同物种叶绿体基因组之间的差异主要表现在反向重复区域（IR）的长度和方向变化上。葡萄叶绿体基因组中，IR 区域长度为 26358 bp，这些保守性和变异性为植物系统进化研究提供了重要的分子标记。

（2）基因重排与丢失　虽然葡萄叶绿体基因组结构相对保守，但研究发现叶绿体基因组在不同物种之间存在基因重排和丢失现象。这种现象在进化过程中对适应环境变化具有重要意义。葡萄叶绿体基因组的双链环状 DNA 与其他被子植物类似，说明其在进化过程中经历了特定的重排和保留过程。

（3）重复序列的作用　葡萄叶绿体基因组中有 36 个重复序列，其中包括 15 个正向重复和 21 个反向重复。这些重复序列的长度从 30bp 到 64bp 不等，主要分布在基因间隔区、内含子序列和特定基因（如 *ycf2*、*psaA*、*psaB*）中。这些重复序列在基因组稳定性、基因调控和基因表达中起重要作用，特别是对于适应环境变化的基因调控机制的研究具有重要意义。

（4）基因含量与结构变化　葡萄叶绿体基因组包含 113 个唯一的基因，其中在 IR 区有 18 个重复基因，总数为 131 个基因。这些基因中，有 17 个含有内含子，说明基因组结构的复杂性。叶绿体基因组中 GC 含量为 37.40%，AT 含量为 62.60%，这种基因含量和结构特征的变化为研究基因组功能和适应性提供了基础资料。

（5）系统发育与进化历史　基于叶绿体基因组的结构和序列分析，葡萄及其近缘物种系统发育树的构建，追踪其进化历史和物种分化过程以及葡萄叶绿体基因组的全基因组测序及分析，揭示了葡萄在漫长进化过程中基因组重排、基因丢失及重复序列的动态变化（图 1-5）。

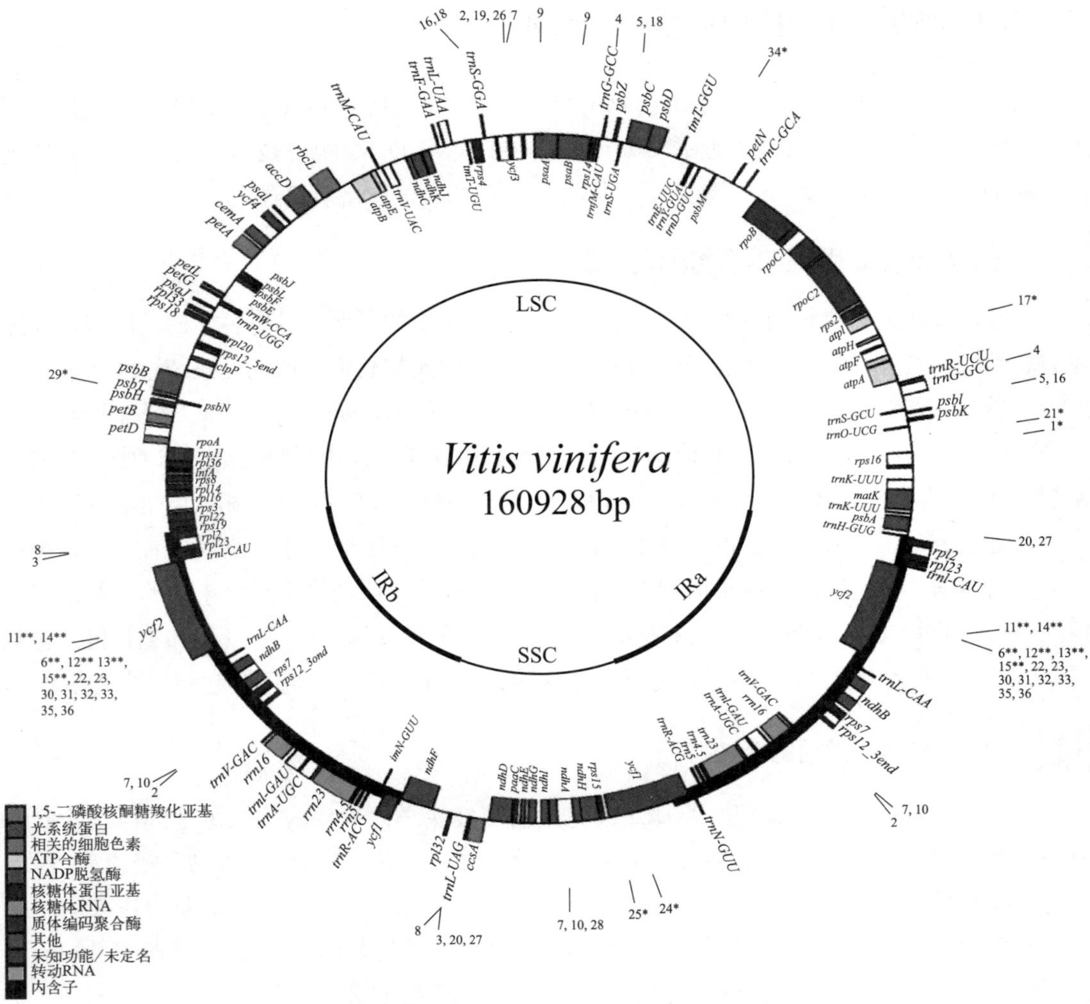

图1-5　欧亚种葡萄（*Vitis vinifera*）叶绿体基因组图谱（彩图）

粗线表示反向重复序列的范围（IRa和IRb），把基因组分隔为小的（SSC）和大的（LSC）单拷贝区域。在图外侧的基因按顺时针方向转录，图内侧的基因按逆时针的方向转录。图外侧的重复的位置数量在表1-8中显示。在相同位置上出现的*（回文结构）和**（串联结构）的重复仅表示一次

基于叶绿体基因组的葡萄进化分析的有关其基因组结构的保守性与变异性、基因重排与丢失的动态变化，以及重复序列在基因组稳定性和基因调控中的重要作用等的研究为葡萄进化历史的研究提供了新的视角和方法，这有助于深入理解葡萄的系统发育关系和环境适应性（表 1-8）。

表1-8　葡萄叶绿体基因组重复序列分布

重复序列	长度 /bp	位置
1	30*	IGS
2	30	*ycf3* 内含子, IGS
3	31	IGS
4	31	*TrnG-GCC*
5	32	IGS(4 bp)-*trnS-GCU*, IGS(4 bp)-*trnS-UGA*
6	34**	*ycf2*

续表

重复序列	长度 /bp	位置
7	39	*ycf3* 内含子, IGS, *ndhA* 内含子
8	40	IGS
9	41	*psaB* 外显子 -*psaA* 外显子
10	42	IGS, *ndhA* 内含子
11	46**	*ycf2*
12	46**	*ycf2*
13	52**	*ycf2*
14	64**	*ycf2*
15	64**	*ycf2*
16	30	IGS(3 bp)-*trnS-GCU*, *trnS-GGA*
17	30*	IGS
18	30	IGS(2 bp)-*trnS-UGA*, *trnS-GGA*
19	30	*ycf3* 内含子, IGS
20	31	IGS
21	33*	IGS
22	34	*ycf2*
23	34	*ycf2*
24	34*	*ycf1*
25	36*	IGS, *ycf1*
26	39	*ycf3*, IGS
27	40	IGS
28	42	*ndhA* intron, IGS
29	43*	IGS
30	46	*Ycf2*
31	46	*Ycf2*
32	52	*Ycf2*
33	52	*Ycf2*
34	54*	IGS
35	64	*Ycf2*
36	64	*Ycf2*

重复序列1至15为正向排列，16至36为反向排列。表格收录长度≥30bp且序列一致性≥90%的重复序列。IGS表示基因间间隔区。基因图谱中重复序列位置详见图1-5。图中用*（回文重复）和**（串联重复）标记的序列在图1-5环状图中仅显示一次。

2. 基于叶绿体基因组信息的葡萄进化分析

张旭彤根据39份葡萄材料cpDNA trnT-UGU-trnL-UAA区域序列的碱基变异，利用近邻相接法（NJ法）构建系统发育树结果表明，除秦岭葡萄与其他中国野生葡萄材料亲缘关系较远，其他中国野生葡萄种及种内亲缘关系无法确定。认为中国野生葡萄、美洲葡萄和欧洲葡萄间的亲缘关系并未严格遵循其地理分布，可能在进化过程中发生了基因漂流。

大量叶绿体基因组全序列的测定结果以及分子生物学的研究结果都表明叶绿体是内共生（endosymbiosis）起源的半自主性细胞器。在不同的共生事件中，大量共生体基因转移到寄主细胞的核基因组中，这个过程发生的时间跨度为上千万年，而且系统发生学研究证明这个过程仍然在继续进行当中。如拟南芥（*Arabidopsis thaliana*）核基因组序列揭示高达 18% 的叶绿体基因是祖先蓝藻通过内共生途径转移到核基因组里的。

有些转移并整合到核基因组的基因，如 *rpl22* 和 *rpoA*，其编码的蛋白质以转移肽的方式从核内运输到叶绿体中执行功能。*FtsZ* 基因是几种 Fts 蛋白（filamentous temperature sensitive protein）中的一种，在细胞分裂当中起关键作用，它定位在原核细胞叶绿体当中，但后来在拟南芥核基因组中发现了相同序列，这不但说明其起源于叶绿体基因组，而且也证实了基因从叶绿体中向核基因组的转移。尽管知道基因转移在高等植物中经常发生，但对其究竟如何转移，又如何整合到核基因组中的内在机理却知之甚少，目前认为，叶绿体 DNA 的断裂释放、被核基因组捕获、并通过非同源末端连接或同源重组等 DNA 修复机制整合，是可能的核心步骤。

叶绿体基因除了向核基因组转移外，还可以向线粒体中转移，但这种转移可能仅在高等植物中出现。转移到线粒体中的基因往往变成没有功能的假基因，在极少数情况下会整合到线粒体基因组中并发挥作用，例如玉米（*Zea mays*）中的 *trnM* 基因就从叶绿体中插入线粒体基因组中并大量表达。基因丢失并不总是分析系统发育关系的可靠指标。最近研究发现叶绿体基因组含有 IR 以外的重复序列。一些研究发现那些被广泛重排过的基因组的分散重复发生率较高。但在非重排基因组中也发现了一些分散的重复序列。在大多数情况下，这些重复在间隔区和内含子中也是比较常见的，这同样适用于葡萄基因组。与葡萄基因组一样，其他一些蔷薇分支中的重复序列也定位于相同区域中。其中 *trnS* 基因中的一个 32bp 的重复片段定位于陆地棉中的相同位置，和其在棉花上的定位相同，**这表明蔷薇分支中的某些重复是保守的**。虽然重复对叶绿体基因组重排发挥作用，但是这种影响是否存在于非重排叶绿体中仍是一个未知数。

Jansen 等基于两个蔷薇分支分类单元完整叶绿体 DNA 序列信息，通过最大似然法（ML）和最大简约法（MP）对包括葡萄属植物在内的蔷薇分支进行系统进化分析，分析评估了蔷薇分支的亲缘关系。葡萄（*Vitis*）属于葡萄科（Vitaceae），该科是葡萄目（Vitales）的唯一成员。系统发育研究表明，葡萄目是整个蔷薇分支（rosids）的姐妹群，即它是蔷薇分支中最为基础的演化支，它与蔷薇类植物的共同祖先分离后，独自演化，而其余所有蔷薇类植物（如果树、豆类、棉花等）则构成了另一个主干，继续分化发展。

蔷薇分支包括近 140 个属，代表了大约 39%的被子植物物种。该分类单元最近的系统发育表明有 7 个主要分支的关系仍然没有得到解决。在 Jansen 等的系统发育分析中，包含 4 个最主要分支的物种，有真蔷薇Ⅰ类（eurosids）、真蔷薇Ⅱ类（eurosids Ⅱ）、桃金娘目（Myrtales）和葡萄科的成员。对两个数据库进行 MP 和 ML 分析表明，葡萄科（Vitaceae）与剩余的蔷薇分支是姊妹关系，代表了蔷薇分支中的早期发散成员。之前，关于葡萄科的系统发育分析比较并不能解决它们之间关系的问题。对 *rbcL* 基因序列的系统发育分析，将葡萄科单独列为石竹目（Carylophyllales）和菊分支（Asterids）的姊妹群。基于 *atpB* 的系统发育分析为葡萄科与虎耳草目（Saxifragales）是姊妹关系提供了一定的支持。基于 2 ～ 4 个基因的几次系统发育分析表明葡萄科是其他蔷薇分支的姊妹分类单元，但这种支持相对薄弱。事实上，基于叶绿体基因 *matK* 的系统发育分析并没有将葡萄科看成蔷薇分支的姊妹分类单元，而是将葡萄科定位于五桠果科（Dilleniaceae）并给出微弱的支持。总之，对葡萄科系统发育的定位是模糊的，但 Jansen 等的结果有力地支持了葡萄科代表蔷薇分支的早期发散分支的结论。

对关于全基因组序列的系统发育树重建的实用性有相当多的争论。有些人认为利用更多的来自全基因的基因提供解决亲缘关系的数据是具有很大潜力的。而另一些则认为，用于全基因组的有限分类单元抽样和模型假设错误，会削弱任何潜在的优势。其中的一个例子是围绕被子植物识别的争议。Leebens-Mack 等认为一些以前研究的分类单元取样不足起到了误导作用。Goremykin 等研究显示，叶绿体基因组的数据 ML 分析对应用的模型最敏感。众所周知，当模型参数错误时 ML 方法失败。这项研究中的系统发育分析提供了这些现象的又一例证。Jansen 等的简约分析增加了棉属的基因组，其生成的进化树与目前理解的主要蔷薇分支之间的关系相一致。然而，ML 分析和 MP 系统发育树是不一致的，在每一种情况下关于单源和蔷薇分支替代的关系的支持是非常强大的图 1-6［在被子植物系

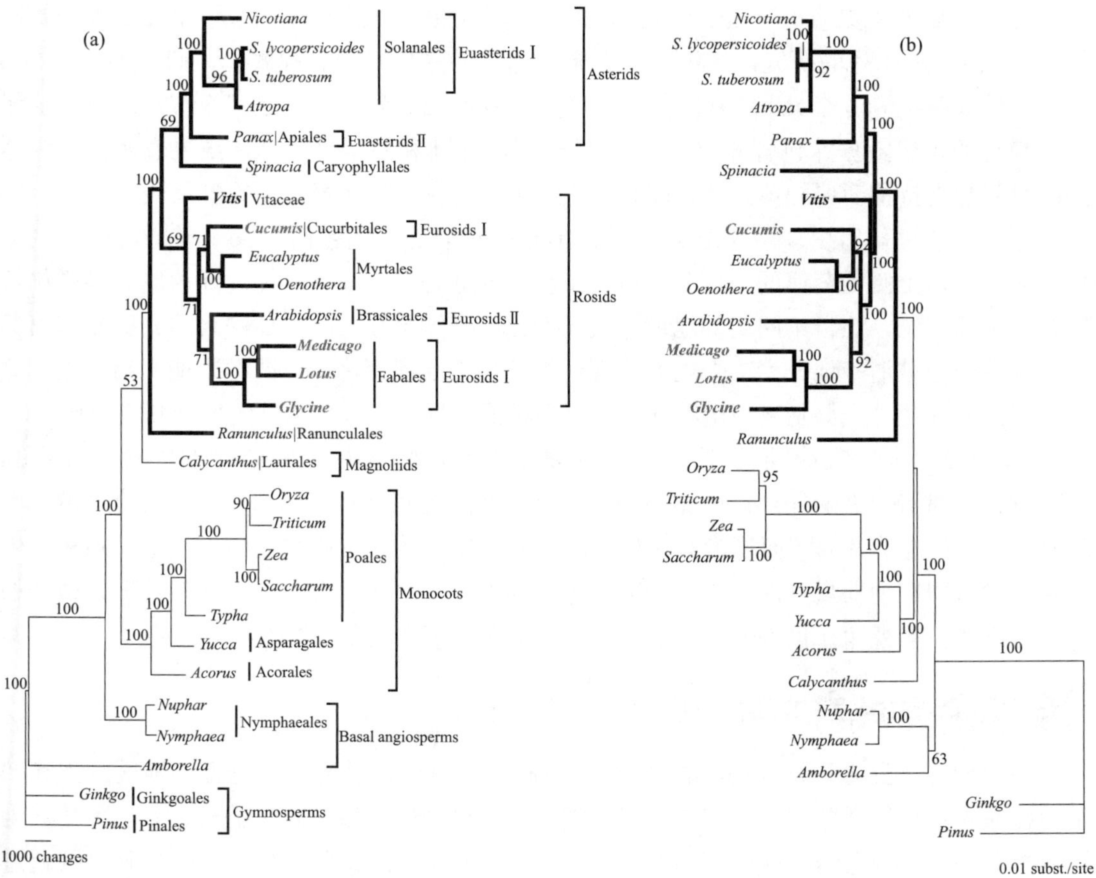

图1-6　28个分类单元中61种叶绿体蛋白编码基因经MP和ML分析后的系统发育树

（a）MP树长49511，一致性指数为0.47（不包括无信息单位），保守指数为0.62。（b）ML树的ML值−lnL=289638.676。节点上面和下面的数值的靴值≥50%。序数和更高的组命名在APG Ⅱ后（94）。灰色标示的分类单元属于Ⅰ类真蔷薇分支，葡萄用黑体标示。用较粗的线标示的是真双子叶植物。

Solanales：茄目；Euasterids Ⅰ：唇形类植物；Asterids：菊分支；Apiales：伞形目；Caryophyllales：石竹目；Vitaceae：葡萄科；Cucurbitales：葫芦目；Myrtales：桃金娘目；Brassicales：十字花目；Rosids：蔷薇分支；Fabales：豆目；Ranunculales：毛茛目；Laurales：樟目；Magnoliids：木兰分支；Poales：禾本目；Monocots：单子叶植物分支；Asparagales：天门冬目；Acorales：菖蒲目；Nymphaeales：睡莲目；Basal angiosperms：基底被子植物；Ginkgoales：银杏目；Gymnosperms：裸子植物分类系统；Pinales：松目

统发育研究中，“单源”和“蔷薇分支替代”的争议主要涉及蔷薇类（Rosids）主要分支的单系性（即是否来源于共同祖先）及其演化关系的拓扑结构]。使用一个单一的“平均”模式（GTR+I+Γ）的 ML 分析是适合 61 数据集的串联基因。未来应该考虑利用应用不同分区数据不同模型分析的系统发育分析方法，分析完整的叶绿体基因序列，并开发出更适当的叶绿体序列进化模型可能提高在这些基因组基础之上的系统发育分析的准确性。因此，在这种方法实现之前，需要从主要的开花植物大量取样并进行更严格的系统发育分析。目前，中国科学院植物所等多个实验室正在进行的几个研究项目可以大大提高取样的分类单元，因此可以在叶绿体全基因组的基础之上生成可靠的系统发育分析结果。

3. 基于叶绿体信息的野生葡萄进化时间及模型

野生葡萄进化史的重建是一个复杂而又引人入胜的进化研究的主题。Zecca 等基于叶绿体和核 DNA 序列的研究，详细分析了野生葡萄的进化时间和模式。该研究通过分析 4 个叶绿体间隔区和 6 个 *RPB2* 基因内含子序列，发现质体分子标记之间没有系统发生的矛盾。最终的重组数据库包含 66 个样本，结合了叶绿体和核基因数据。结果表明，叶绿体基因组强烈支持葡萄属的单系性，同时也显示出葡萄属和圆叶葡萄属的单系性。

葡萄属的进化历史复杂且漫长，涉及古地理和古气候的变化。Zecca 等通过对分区数据集的分析，推测葡萄属的最近共同祖先出现在 600 万～660 万年前。葡萄属的多样化可能开始于第三纪，历经第四纪的地理和气候变化，延续至今。叶绿体网络的分析显示出葡萄属的单倍型被清楚地分为三个主要地理分组，与古地理变化和第四纪冰期影响有关。北美和东亚的葡萄种类分别表现出不同的单倍型模式，反映了各自独特的地理和气候历史。

Zecca 等的研究还揭示了葡萄种间的复杂关系，特别是种间杂交的影响。分析显示，欧洲野葡萄（*V. vinifera* subsp. *Sylvestris*）、河岸葡萄（*V. riparia*）和槭叶瓶干树（*V. acerifolia*）都是单系的，而许多其他种类的单系性支持较低。研究还指出，地理隔离、生态和物候障碍在葡萄属种间的生殖隔离中起重要作用。这些发现不仅为理解葡萄属植物的进化提供了新的视角，也为葡萄种质资源的保护和利用提供了重要依据。

4. 基于叶绿体类型的栽培葡萄起源多样性分析

利用形态学标志识别葡萄考古遗留物（种子和木材），并应用其进行本地区野生和栽培葡萄品种资源变迁状况的研究有太多局限性，难以准确地鉴别野生葡萄和栽培葡萄。为了研究野生葡萄和栽培种葡萄间的遗传关系，Arroyo-Garcia 等分析了来自欧亚地区超过 130 个不同地点的 1201 个葡萄的基因型，包括 513 个栽培葡萄亚种（*sativa*）和 688 个野生葡萄亚种（*sylvestris*）植物。对 9 个叶绿体微卫星多态位点进行分析，确定了 8 个不同的叶绿体类型（表 1-9）补充。研究结果发现：只有 4 个（A、B、C 和 D）全球性频率大于 5%。最常见的三种叶绿体是野生种中的 A、B 和 D，以及栽培种中的 A、C 和 D；而叶绿体 B 和 D 在酿酒和鲜食品种中显示出相似的频率。研究者在其模型讨论中似乎把这两类栽培用途（酿酒 / 鲜食）看作是从某一较“简单”基础类型（可能近似于鲜食葡萄型）演化或分化出的。利用 Jakobsen 和 Easteal 的网络模型分析叶绿体间的关系，分析结果显示出在系统发育间存在显著性差异的（P=0.04）不兼容。结果表明，3 种频率最高的叶绿体（A、C和D）对立3种主要的叶绿体系谱，叶绿体B占据了中间位置。叶绿体G和H与叶绿体A紧密相关，叶绿体E和D相关，F和B紧密相关。对于所有叶绿体，处于中间关系的叶绿体B表明，它可能是葡萄叶绿体的祖先。

表1-9 全球葡萄样本的叶绿体频率分布

叶绿体类型	频率				
	酿酒葡萄（*n*=328）	鲜食葡萄（*n*=185）	*sat iva*（*n*=513）	*sylvestris*（*n*=688）	总计（*n*=1201）
A	0.253	0.101	0.193	0.619	0.433
B	0.071	0.087	0.082	0.122	0.113
C	0.256	0.471	0.335	0.033	0.161
D	0.390	0.341	0.370	0.156	0.241
E	0.027		0.017	0.004	0.012
F				0.005	0.003
G	0.003		0.003	0.057	0.034
H				0.004	0.003

虽然有的葡萄种群非常小并孤立，但它们仍然能在欧洲温带深水河岸被发现。其中，Arroyo-Garcia等已经对地中海盆地两端的利比亚和安纳托利亚的种群以及其他代表性地区的种群进行了详尽筛选。在发现的7个野生葡萄种 *V. sylvestris* 群体中没有发现明确的地理结构。然而，最常见的叶绿体显示了一个不同的地理分布。在欧洲野生葡萄种 *V. sylvestris* 种群中叶绿体A是很普遍的，但在近东地区没发现。相反，叶绿体C、D和G在近东地区出现频繁，但在更远的西部没发现。而叶绿体G仅存在于野生葡萄种 *V. sylvestris* 样本的近东和中东种群中，而叶绿体C、D及A则共存于地中海种群中，叶绿素A和D共存于意大利半岛种群中。叶绿体B没有显示出明显的东西方特征，在整个分布区发生频率低，与其预期的祖先相一致。最后，在NEA野生葡萄种 *V. sylvestris* 种群中并未发现罕见的叶绿体如E、F或H。

研究认为欧亚种葡萄的驯化是一个长期的过程，是在不同地区选择适宜的基因型进行营养繁殖，在此过程中会增加遗传变异。在栽培葡萄的营养繁殖和克隆（如切条、嫁接）过程中，由于体细胞自然突变（somatic mutation），某些芽或分枝可能出现与母体不同的性状（称为芽变或自发变种）。如果这些变异通过人为选择并用于繁殖，即可被固定下来，从而保存并传播这些随机变异。

（二）基于线粒体基因组（mtDNA）信息的葡萄进化分析

高等植物线粒体基因组（mitochondrial DNA，mtDNA）中不同数量和不同长度的重复序列使mtDNA在不同物种间的大小差异较大，这些重复片段主要是通过聚合酶移动和基因重组产生的。此外，mtDNA还能够整合来自叶绿体及核基因组等的外源DNA片段。更有研究表明mtDNA能够与其他物种的mtDNA进行重组，而这种基因片段的水平转移（HGT）是mtDNA大小变化的主要影响因素。mtDNA间隔区重复片段在分子间及分子内的同源重组使其在不同物种间甚至在同一物种中都会产生基因组大小及组成的差异。研究表明，mtDNA 增大并未伴随编码基因数量的增加，因为除了来源于 cpDNA 的 tRNA 基因属于功能基因，其他均为假基因或无功能的非编码区序列，而且一些具有编码功能的基因仍存在丢失现象。高等植物 mtDNA 在进化过程中普遍的重组现象决定了其非编码区的高度变异，从而在物种间甚至近缘种间 / 种内表现出丰富的变异性。然而正是线粒体基因组中序列的高度变异阻碍了其在植物系统进化方面的研究，较叶绿体 DNA 而言，目前对 mtDNA 的报道较少，而关于 mtDNA 在葡萄分类中的研究尚鲜有报道。

Goremykin 等在对葡萄 mtDNA 基因组全序列测定与分析发现，在已测序的细胞器基因组中，葡萄线粒体基因组是最大的一个，共 773279 个碱基，其基因容量也是被子植物线粒体基因组中最大的，而且多数序列与其他物种 mtDNA 的相似度较低。但与其他植物相同的是，葡萄 mtDNA 也没有能够编码识别密码子的整套 tRNA 基因，因此需要依靠核编码的 tRNA 的导出进行基因表达。研究还表明，葡萄 mtDNA 中存在 30 个 cpDNA 片段，最大的 cpDNA 插入片段长达 9kbP。葡萄 mtDNA 中还存在大量假基因，且多数假基因来自葡萄 mtDNA 本身而非 HGT 途径。尽管大量研究都证实了 cpDNA 向 mtDNA 的转移，但是该研究结果首次报道了葡萄中可能存在 mtDNA 向 cpDNA 的反向转移。而且通过对不同物种 mtDNA 基因序列及假基因序列的聚类分析，得出线粒体 DNA 不能对植物的系统发育关系进行有效鉴定的结论。

三、基于细胞核基因组序列的葡萄进化分析

Myles 等利用葡萄核 DNA 揭示了野生和栽培葡萄的遗传多样性的东西向地理梯度。驯化的种群在遗传上更接近近东的野生形式而不是西方的野生形式。然而，西方栽培品种比其他品种更接近西部野生型。在大陆尺度上，混合模型表明，西方栽培品种是东部栽培品种和西部野生型的混合物，不支持西方野生种群与西方品种相似的假设。

2007 年 8 月，法国和意大利葡萄基因组研究团队绘制出了一张高质量的欧亚种葡萄‘黑比诺’基因组序列框架图。这是人类继完成拟南芥、水稻、毛果杨全基因组测序后的第四种开花植物全基因组测序，也是毛果杨后第二种木本植物以及第一种水果类植物基因组测序。葡萄以及其他开花植物全基因测序取得的进展，为葡萄进化研究提供了一个全新的视角。基于不同进化起源的对直系同源基因和旁系同源基因序列的比较，可以更好地了解不同基因的生理作用，加速葡萄分子进化的研究进程。

与水稻基因组相比，葡萄基因组的测序结果表明，现有的单倍体的葡萄基因组不曾出现近代所谓的全基因组复制事件（whole genome duplication，WGD），而是经历了全基因组 3 倍化复制。这一事件也被视为古六倍体进化机制的实例。比较葡萄与杨树、拟南芥古六倍体化发生时间发现，葡萄的古六倍体化发生在杨树和拟南芥之后。这一结果说明，蔷薇类植物（Rosids）都起源于一个共同的古六倍体化祖先。葡萄与拟南芥、杨树的比较结果还表明，拟南芥经历了两次全基因组复制事件后，从Ⅰ类真蔷薇分支（eurosid Ⅰ clade）中分离出来，演化为Ⅱ类真蔷薇分支（eurosid Ⅱ clade），而葡萄和杨树仍属于Ⅰ类真蔷薇分支。在双子叶植物和单子叶植物分化后，拟南芥经历了 2 次基因组加倍，毛果杨经历了 1 次基因组加倍，而葡萄基因组不曾出现所谓近期的基因组加倍，这使我们有可能发现开

花植物古老遗传构成的特点。葡萄、拟南芥、毛果杨、水稻的基因组序列比对分析发现，葡萄与杨树的亲缘关系更近。

四、基于分子标记的葡萄进化分析

(一) 基于叶绿体分子标记的葡萄进化分析

叶绿体基因组（cpDNA）在葡萄中遵循母系遗传，为追溯物种的历史分布格局提供了独特的视角，其不受后续花粉基因流的影响。基于叶绿体微卫星标记的研究，共鉴定出 8 种单倍型组合（即氯型）。其中，仅有 4 种氯型的出现频率超过 5%。值得注意的是，有一种氯型与其他所有氯型均呈现中间关系，提示其可能代表着祖先类型。

所有这 8 种在栽培品种中发现的氯型，均存在于欧亚种葡萄的野生祖先——*V. vinifera* subsp. *sylvestris* 中。对其遗传结构的分析揭示，野生葡萄在第四纪冰期曾幸存于四个主要的地理隔离避难所：高加索、伊比利亚半岛、意大利半岛及撒丁岛。冰期结束后，这些避难所的种群分别进行了重新迁移与扩张。

具体的谱系地理结构表现为：西欧地区，如莱茵河克赤（ketscher Rheininsel）的德国野生种群，与意大利半岛种群联系密切；而多瑙河以东的奥地利马尔凯格种群，则显示出巴尔干地区与高加索地区种群的混合特征。总体来看，位于东西走向山脉北侧的欧洲野生葡萄种群，其遗传组成同时受到了自意大利半岛跨越阿尔卑斯山的北向迁移，以及自巴尔干和高加索避难所的西向殖民的共同影响（图 1-7）。

尽管已有研究利用 SSR 等分子标记在科级或亚种水平上探讨葡萄的系统发生，但总体而言，在属、种级别上进行的高分辨率分子系统学研究仍然相对匮乏，有待进一步深入。

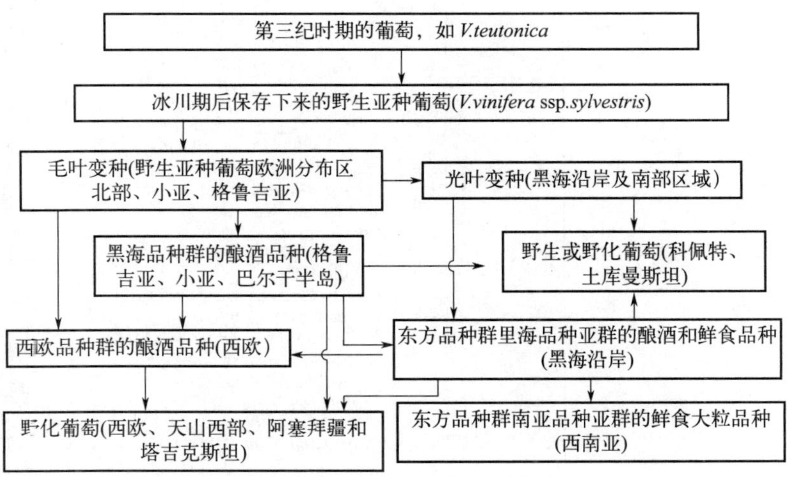

图1-7 欧亚种葡萄的起源和进化

1. 基于 *trnL-F* 基因序列数据的葡萄科葡萄属分子系统发育

trnL-F 序列是叶绿体基因组中常用的系统发育标记，包含 *trnL* 基因的内含子及其与

trnF 基因之间的间隔区。作为非编码区，该序列进化速率较快，能够提供较多的信息位点，因此广泛应用于属、种级阶元的系统关系重建及品种鉴别研究。

Tröndle 等基于包括 *trnL* 内含子、*trnL-F* 间隔区及 *trnK* 内含子在内的多个叶绿体非编码区序列，对 48 份葡萄种质进行了系统发育分析。结果显示，葡萄属为单系群（图 1-8），其下可划分为三大主要分支，分别对应于欧洲（分支Ⅰ）、亚洲（分支Ⅱ）和北美（分支Ⅲ）的单倍型类群，显示出明显的地理分布相关性。

尽管洲际间存在一定的基因交流（如个别来自其他大洲的单倍型散布于不同分支中），各分支间的遗传分化程度并不均衡。分支Ⅰ（欧洲）与分支Ⅲ（北美）之间的遗传距离较小（最多为 2 个 SNP/ 插入缺失），暗示二者分化较晚或历史上存在基因渗透；而分支Ⅱ（亚洲）的遗传差异较大（最多为 6 个 SNP/ 插入缺失），系统位置更为偏离。此外，亚洲类群表现出最高的遗传多态性，可能反映了该地区作为葡萄属多样化中心之一的进化历史，也暗示了东亚与北美类群之间可能存在古老的基因交流或杂交事件。

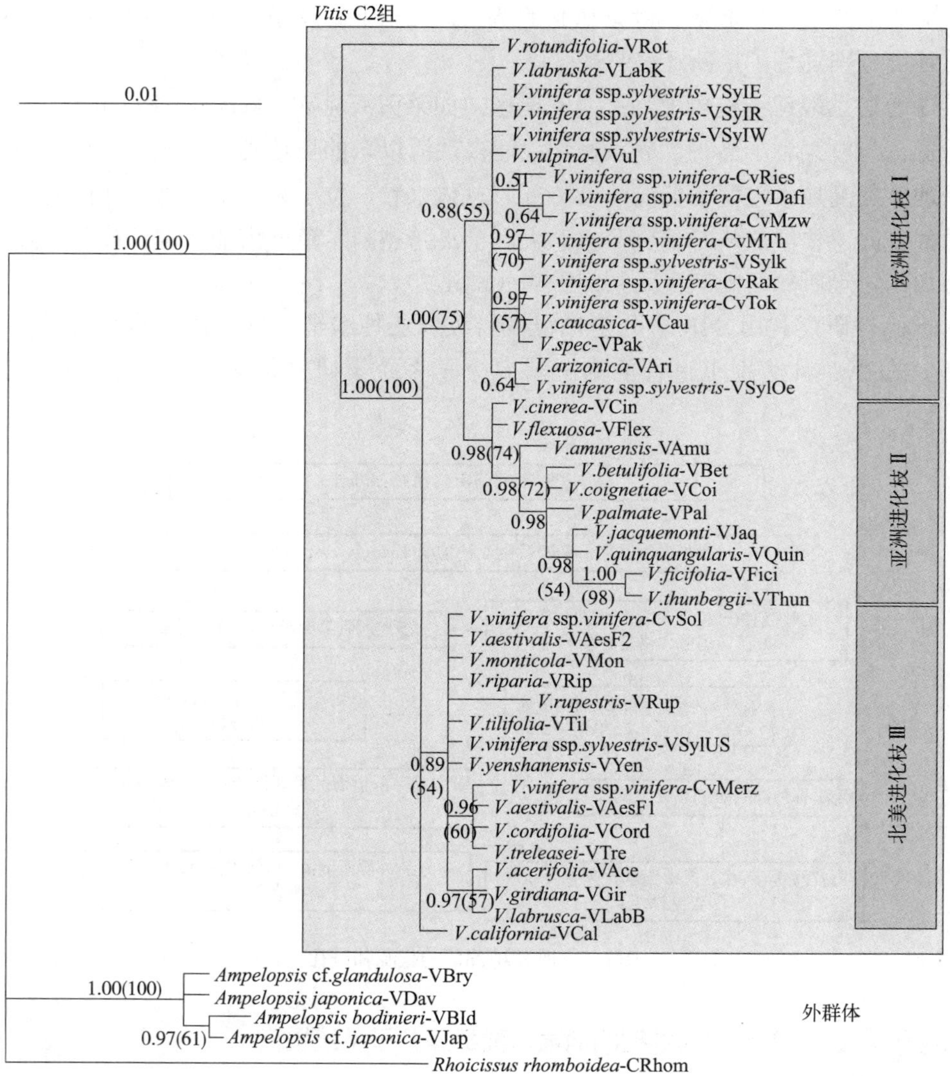

图1-8　对于组合序列（*trnL*内含子、*trnL-F* IGS、*trnK*内含子）的贝叶斯推理共识树

在葡萄属的系统发育研究中，不同学者基于不同分子标记得出了不尽相同的结论。Ingrouille 等利用 *rbcL* 基因对包括夏葡萄（*V. aestivalis*）、欧亚种葡萄（*V. vinifera*）和圆叶葡萄（*V. rotundifolia*）在内的 3 个物种进行分析，提出葡萄属可能为多系群。然而，Soejima 和 Wen 基于更广泛的叶绿体片段（包括 *trnL-F*、*atpB-rbcL* 间隔区及 *rps16* 内含子）对 79 个葡萄属材料进行分析，结果支持葡萄属为单系群。

Tröndle 等的研究在此基础上进一步拓展，通过增加 30 个物种，显著提升了分类群覆盖度，从而证实了葡萄属的单系性。该研究基于长达 1343bp 的 *trnL-F* 序列进行系统发育重建，结果显示不同分析方法（如最大简约法、贝叶斯推断）所得的树形拓扑结构高度一致，且各分支的支持率（如一致性指数和保留指数）较高。系统发育树明确将葡萄属划分为三大具有明显地理结构的分支（欧洲、亚洲和北美），其中亚洲分支的遗传多样性最高，而北美和欧洲分支因长期受人工杂交与选育的影响，遗传多样性相对较低。此外，该研究也在较高分辨率下支持了 Soejima 和 Wen 所提出的部分属下分类结构，并对一些传统上基于形态分类的物种进行了系统位置修订。

分支Ⅱ主要由亚洲来源的单倍型构成，包括葛藟葡萄（*V. flexuosa*）、山葡萄（*V. amurensis*）、桦叶葡萄（*V. betulifolia*）、红山葡萄（*V. coignetiae*）、贾氏葡萄（*V. jaquemontii*）、毛葡萄（*V. heyneana*）、桑叶葡萄（*V. heyneana* subsp. *ficifolia*）和蘡薁葡萄（*V. bryoniaefolia*）。值得注意的是，北美的掌叶葡萄（*V. palmata*）也聚类于该分支。

该分支内部遗传距离较大，显示出较高的遗传分化。系统发育结构显示：*V. flexuosa* 与 *V. cerea* 共享同一单倍型，位于分支基部；*V. amurensis* 与基部类群相差 1 个 SNP 及 1 个插入 / 缺失；*V. betulifolia*、*V. coignetiae* 和 *V. palmata* 构成一个子群，与早期分化的类群分别相差 3 或 2 个 SNP/ 插入缺失；*V. jaquemontii* 与 *V. heyneana* 单倍型相同，与基部相差 3 个 SNP/ 插入缺失；*V. heyneana* subsp. *ficifolia* 与 *V. bryoniaefolia* 亦共享单倍型，与基部类群相差 6 个 SNP/ 插入缺失。

分支Ⅲ作为分支Ⅰ和Ⅱ的姐妹群，主要包括来自北美的种质，如夏葡萄（*V. aestivalis*"F1"与"F2"）、*V. monticola*、*V. riparia*、*V. rupestris*、*V. cordifolia*、*V. treleasei*、*V. acerifolia*、*V. girdiana*、美洲葡萄（*V. labrusca*"B"），以及中美至北美分布的 *V. tiliifolia*。此外，该分支还包括两个北美栽培品种、一份被误鉴定为 *V. vinifera* subsp. *sylvestris* 的未知材料（VsylUS），以及亚洲来源的 *V. yanshanensis*。该分支内部遗传距离分布不均，其中 *V. monticola*、*V. riparia*、*V. aestivalis*"F2"、*V. tiliifolia*、*VsylUS* 及栽培品种'Solaris'共享同一单倍型，位于分支基部；*V. rupestris* 独自成支，遗传距离较远；另存在两个子群：*V. aestivalis*"F1"、*V. cordifolia* 和 *V. trelasei* 共享一个单倍型，与栽培种'Merzling'相差 1 个 SNP；*V. acerifolia*、*V. girdiana*、*V. labrusca*"B"构成另一单倍型，同样存在 1 个 SNP 差异。系统发育分析还显示，*V. californica* 在树形中位置不稳定，但邻接法支持其与分支Ⅲ存在较弱的姐妹关系；而圆叶葡萄（*V. rotundifolia*）则位于整个葡萄属三大分支的基部姐妹群位置。

通过对葡萄科 12 个属的 79 个代表性物种进行 *trnL-F* 间隔区测序，并对其中 37 个物种增加 *atpB-rbcL* 间隔区与 *rps16* 内含子序列分析，基于联合数据的系统发育分析揭示了科内深层的进化关系。乌蔹莓属、崖爬藤属与葡萄瓮属构成一个稳定的分支。其中，崖爬藤属与葡萄瓮属为单系群，而乌蔹莓属则可能为并系群。野葡萄属与非洲地锦属共同形成一个并系群，且南美白粉藤属的物种嵌套于该群内部。基于叶形性状，野葡萄属可划分为三个亚群：羽状叶类群，以及分别以亚洲和美洲物种为主的简单叶与掌状叶类群。来自亚洲与中美洲的白粉藤属物种构成一个单系群，但南美洲物种 *Cissus. striata* 被排除在该群之外。葡萄属被确认为单系群，并与 *Amyelocissus* 属的 *A. javalensis*、*Pterisanthes* 属及 *Nothocissus* 属共同组成一个更大的演化支。东亚与北美的地锦属物种与分布于中国至喜马拉雅地区的 *Yua austro-orientalis* 聚为一支。以上葡萄科主要属间的进化历史，展现出其在北半球与南半球间复杂的洲际分布格局。

2. 基于 *rbcL* 基因序列数据的葡萄科的分子系统发育

1, 5- 二磷酸核酮糖羧化酶（RubisCo）是一种具有羧化和加氧双重功能的酶，在光合作用和光呼吸中都起着重要的作用。已经知道，RubisCo 酶由 16 个亚基组成，包括 8 个大亚基和 8 个小亚基。其中大亚基基因（*rbcL*）由叶绿体基因组编码，小亚基基因（*rbcS*）由核基因组编码，全酶的底物活化中心和催化中心均位于大亚基分子上。迄今为止，已经从光合细菌、藻类、苔藓、蕨类、裸子植物以及被子植物的某些现存种和化石标本等多种不同材料中测定了 *rbcL* 基因的全序列，构成了这一基因的核苷酸序列的数据库。这不仅促进了有关 *rbcL* 基因的结构与功能、表达与调控等方面的深入研究，而且也为从分子水平上揭示植物之间的亲缘关系和研究进化的本质提供了有用的资料。这些都表明利用 *rbcL* 基因的核苷酸序列数据，在分子水平上进行植物系统学问题探讨，具有多方面优越性。

对葡萄科［包括火筒树属（*Leea*）］的 20 个物种以及来自五桠果科和檀香科的 8 个外类群，进行了质体 *rbcL* 基因 DNA 序列的系统发育分析。将分析得到的系统发育树，与科内植物花部和营养器官的形态学及个体发育模式进行了比较。尽管存在从大类群中取样有限的局限性，但仍发现一些花的个体发育趋势与系统发育树有较好的对应性，例如火筒树属与蛇葡萄属（*Ampelopsis*）的关系，以及白粉藤属（*Cissus*）与酸蔹藤属（*Ampelocissus*）衍生物种的关系。基于最大简约法分析，一个包含地锦属（*Parthenocissus*）、崖爬藤属（*Tetrastigma*）、葡萄瓮属（*Cyphostemma*）和葡萄属（*Vitis*）的分支，在所有最简约树（most parsimonious trees，MPTs）中均稳定存在。其中，葡萄瓮属（*Cyphostemma*）和地锦属（*Parthenocissus*）与葡萄属（*Vitis*）显示出较近的亲缘关系；崖爬藤属（*Tetrastigma*）与大麻藤属（*Cayratia*）可能具有较近的亲缘关系，构成姊妹群。

包含在 *rbcL* 矩阵中 1401 个碱基位点，有 321 个（23%）是可变的，有 164 个（12%）存在潜在的简约性信息。“Fitch 搜索”（等权重简约法，equal-weighting parsimony）发现带有一致性指数（consistency index，CI）为 0.63 和保留指数（retention index，RI）为 0.66 的 614 步中存在 20 个最短的树。逐次逼近权重（successive weighting，SW）发现 7 棵更短的树（这是 Fitch 树的一个子集），其 SW 长度 =302.35056，CI=0.88，RI=0.86（Fitch 统计结果和报道的 Fitch 树的结果一样）。对系统发育树的每条分支，均标注了基于传统等权重简约法（Fitch 法）、经“加速变异推断”（ACCTRAN）优化后的步长（即碱基变化次数）。

每条分支下还标出它的 bootstrap 支持率（BP，若低于 50% 就标为“BP−”表示支持很弱）。在图上，用实心黑色箭头指出那些在这棵 SW 树里有的分支 / 分类群，但在用

Fitch 方法得到的严格一致树中不存在的那些组。而那些在所有 7 棵 SW 最优树里都没有出现的分支 / 组，则用空心箭头（开放箭头）来标示（图 1-9）。

五桠果科和葡萄科（包括火筒树属）的单系性均获得了强烈的支持（100BP），但火筒树属（*Leea*）作为葡萄科其余所有属的姊妹群的系统位置，仅获得弱到中等程度的支持。只有少数其他分支关系得到了有力的支持：葡萄属（*Vitis*）与葡萄瓮属（*Cyphostemma*）形成姐妹群（90 BP）；白粉藤属（100BP）和 Rhoicissus（97BP）为单系群。乌蔹莓属（*Cayratia*）与崖爬藤属（*Tetrastigma*）组成的分支仅获得弱支持（66 BP），且在所有最简约树中，乌蔹莓属并非独立分支，而是作为崖爬藤属物种 *Tetrastigma hookeri* 的姐妹群，嵌套在崖爬藤属内部。在多数最简树中，葡萄属（*Vitis*）被发现不是单系群，因为它与单系的地锦属（*Parthenocissus*）形成分支。具体而言，山葡萄（*V. amurensis*）常位于系统树中，作为（葡萄属其他物种 + 乌蔹莓属 *Cayratia*）分支与地锦属（*Parthenocissus*）的姊妹群。所有最简约树均显示：白蔹所属的蛇葡萄属（*Ampelopsis*）与葡萄科（不包括火筒树属 *Leea*）的其余类群形成并系关系；而酸蔹藤属（*Ampelocissus*）则与白粉藤属（*Cissus*）形成姊妹群。

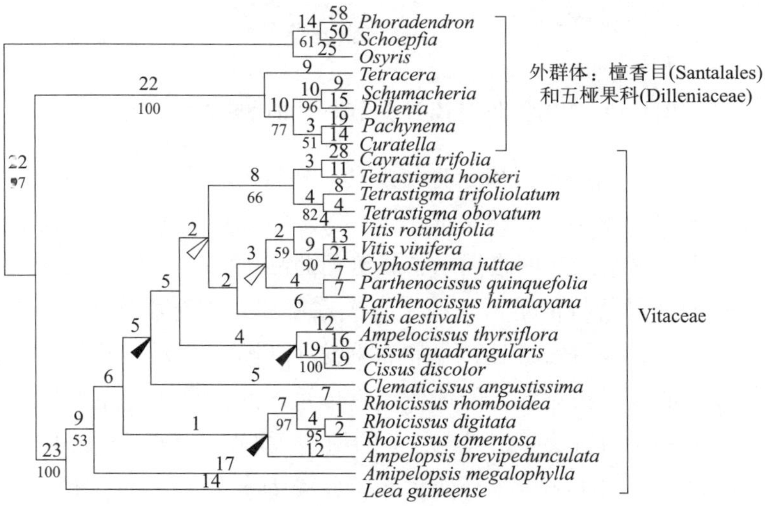

图1-9 应用逐次逼近权重法获得的一个最短的进化树

（二）基于细胞核基因组序列分子标记的葡萄进化分析

1. 基于SNPs分子标记的葡萄亲缘关系分析

大量的栽培葡萄品种通过无性繁殖得以保存，这意味着已繁衍数百甚至数千年的古老品种可能与新近培育的杂交后代并存。由于栽培历史上可能存在复杂的自交、杂交以及近缘种间的基因渗入，基于基因组数据精确重建葡萄品种的系统发育关系面临巨大挑战。尽管葡萄育种项目已利用连锁作图定位与表型相关的基因位点，但由于葡萄世代周期较长（通常为 3 年），构建和维持连锁作图所需群体的成本高昂。因此，全基因组关联分析（GWA）和全基因组选择（GS）已成为替代传统连锁作图方法的有效策略，广泛应用于葡萄及其他多年生果树作物的遗传研究中。理想的 GWA 与 GS 分析需在全基因组尺度上评估遗传多样性、群体结构以及连锁不平衡（LD）衰减等特征。

Myles 等采用葡萄 9K SNP 芯片对美国农业部（USDA）种质资源库中 950 份葡萄种质（包括 451 个鲜食品种、469 个酿酒品种及 30 个未知类型）进行了基因分型，共获得 5387 个高质量 SNP 位点。研究发现，在 950 份欧亚种葡萄材料中，有 551 份（58%）为至少一个其他品种的克隆后代。多数克隆关系仅存在于成对品种之间，但其中一个克隆系包含多达 17 个品种（图 1-10）。进一步分析表明，在 583 个非重复欧亚种葡萄品种中，399 个未发现克隆关系，而其余 184 个品种则分属多个不同的克隆系。

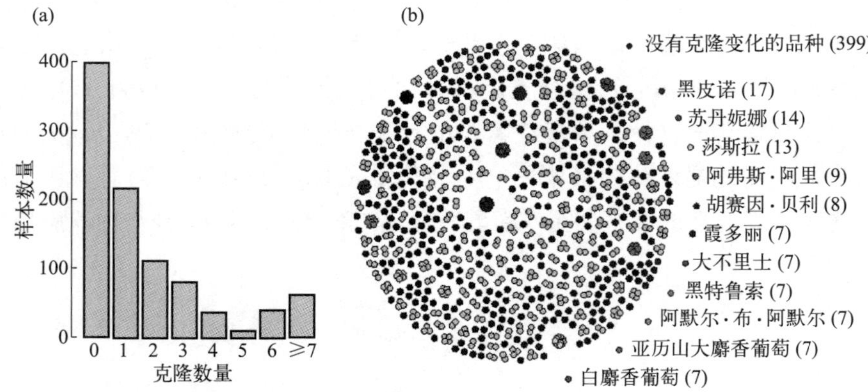

图1-10　美国农业部葡萄种质资源库中的克隆关系（彩图）

在排除克隆样本后，Myles 等基于身份遗传（IBD）理论与群体遗传学方法，对 583 个不同品种进行了简化谱系推断。结果显示，74.8% 的品种与至少一个其他品种存在一级亲缘关系，由此构成的复杂亲缘网络揭示了栽培葡萄品种间广泛存在的遗传联系。

该谱系网络的一个显著特征是，一级亲缘关系主要发生在用途类型相同的品种之间：89.3% 的连接存在于鲜食 - 鲜食或酿酒 - 酿酒品种之间（图 1-11），表明在长期育种过程中，鲜食与酿酒葡萄分别形成了相对独立的遗传改良体系。此外，研究还观察到明显的地理分化趋势：东方与西方品种群体之间仅有 6.1% 的遗传关联，尽管这一比例仍显著高于随机预期。进一步推断显示，约 47.6% 的一级关系可归类为亲子关系，其余则被定义为"全同胞或半同胞关系"。研究者指出，由于葡萄育种中广泛采用的复合杂交策略可能导致基因组共享模式与同胞关系相似，而难以严格区分，因此采用了这一更为宽泛的关系定义。

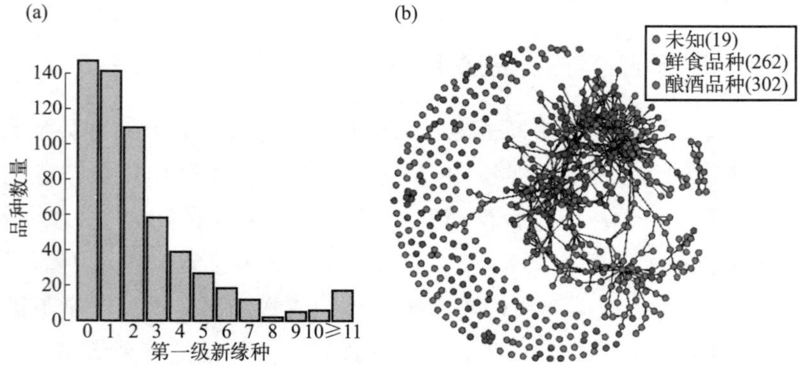

图1-11　美国农业部葡萄种质资源中的一级关系（彩图）

大多数被测品种仅与一个或两个其他品种存在一级亲缘关系，但少数品种在亲缘网络中表现出高度连接性，推测它们可能是在历史育种过程中被广泛使用的古老种质。例如，‘黑皮诺’（Pinot）与‘古瓦白’（Gouais Blanc）被鉴定为16个常见法国品种的直系亲本。在高度关联的品种中，多数为鲜食葡萄，包括‘白玫瑰香’（Muscat of Alexandria）和制干品种‘无核白’（Thompson Seedless）。鲜食葡萄品种间的一级亲缘关系数量普遍高于酿酒葡萄，表明前者在育种史上经历了更为频繁的杂交操作。这一差异可能与鲜食葡萄的育种特点有关：其目标性状（如果实大小、风味）通常更易于通过表观性状直接筛选，因而选择强度相对较低，允许更多种质参与杂交组合。在本研究样本中，关联度最高的酿酒葡萄品种为‘琼瑶浆’（Gewürztraminer），共鉴定出20个一级亲缘种，表明该品种是葡萄育种中一个广泛使用的古老亲本。

图1-12进一步展示了一些重要品种间的谱系关系，包括若干推测的三系组合。值得注意的是，‘白诗南’（Chenin Blanc）与‘长相思’（Sauvignon Blanc）很可能为全同胞关系，且均以‘琼瑶浆’作为共同亲本；而法国阿尔卑斯地区常见的‘维欧尼’（Viognier）与‘西拉’（Syrah）也可能属于同一同胞系。

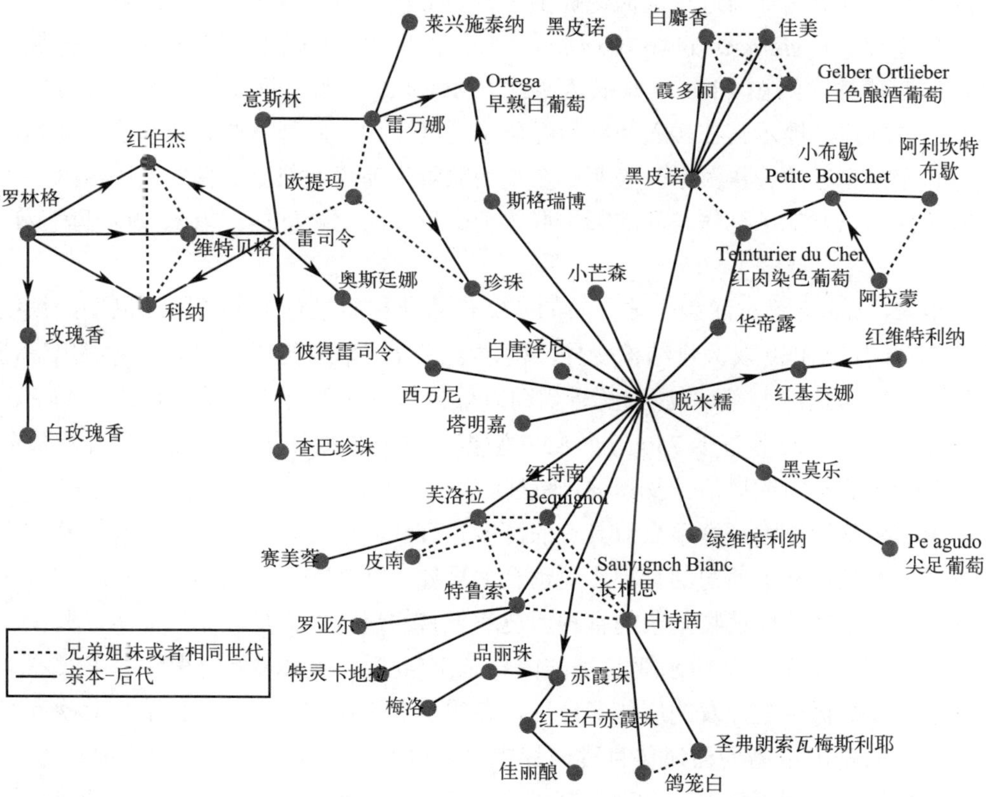

图1-12　常见的葡萄品种的第一级关系的网络

注：连接实线的顶点表示可能的亲本-后代关系。连接虚线的顶点表示兄弟姊妹或相同世代的关系。从亲本到后代的箭头是推断的三联体

总体而言，优良葡萄品种多来源于不同杂交组合，且绝大多数一级亲缘关系发生在用途相同（鲜食-鲜食或酿酒-酿酒）或地理来源相近（西方-西方或东方-东方）的品种之间。

这些结果表明，传统葡萄育种长期集中在少数核心种质内进行，仅探索了潜在遗传组合中的有限部分。品种间广泛存在的克隆关系与复杂的谱系网络，是大规模无性繁殖与定向杂交共同作用的结果。可见，在过去数千年的栽培历史中，葡萄育种仅利用了其遗传潜力的一小部分。未来，基于分子标记的辅助育种策略有望更高效地发掘优良等位基因，培育出抗性更强、品质更优的葡萄新品种。

尽管从全基因组范围看，驯化与育种可能导致遗传多样性降低——例如葡萄的多样性低于番茄，甚至可能低于玉米——但葡萄在驯化过程中仍发生了显著的形态改变，包括育性增强、果实增大、糖分提高及颜色更为艳丽。为鉴定葡萄基因组中与驯化性状相关的区域，Myles 等开展了全基因组扫描，在 17 号染色体上发现一个约 5Mb 的候选驯化区间。尽管长期人工选择导致的全基因组连锁不平衡（LD）延长，阻碍了在单个基因水平上精细定位这些位点，但这种扩展的 LD 仍可被用于关联基因型与表型。基于此，该研究通过对果实颜色进行全基因组关联分析，在 2 号染色体上一个 5Mb 区域内锁定了一个调控果色的 MYB 转录因子基因，并在白葡萄品种中检测到该位点受到强烈选择，这与无色葡萄育种中该 MYB 突变体被迅速推广的现象一致。

群体遗传分析为葡萄近东起源说提供了有力支持：所有栽培品种在遗传上均更接近东方的野生葡萄（*V. vinifera* subsp.*sylvestris*），而非西方野生群体。驯化后，葡萄栽培与酿酒技术向西传播，约在 2800 年前抵达西欧。Myles 等发现，西方栽培品种的遗传多样性略低于东方群体，提示其在传入西欧后经历了适度瓶颈。此外，西方栽培品种与当地野生群体之间存在更近的遗传关系，表明存在从西欧野生葡萄到栽培品种的基因渗入，支持西方栽培品种为东方栽培群体与西欧野生群体杂交形成的混合群体，但未发现基因反向渗入的证据。

近年来，Liang 等对涵盖全球分布的 472 份葡萄种质进行了全基因组测序，系统鉴定了超过 7700 万个 SNP 及大量结构变异，构建了高分辨率遗传变异图谱，并提出葡萄可能起源于“泛黑海地区”。该资源为解析葡萄有效群体规模的历史波动及促进新品种选育提供了重要基础。奎玲等基于 750 万个 SNP 数据，进一步揭示了酿酒葡萄与鲜食葡萄在驯化过程中受到的不同选择信号及其进化特征。

鉴于葡萄基因组因频繁杂交而具有的高度杂合性，单倍型基因组不仅能精确解析杂合区域序列，而且对分析葡萄的育种历史也至关重要。叶文秀等首次构建了单倍型系统发育进化树，揭示了葡萄属植物复杂的育种历史和丰富的遗传多样性。结果显示，北美和欧洲品种存在较多内部杂交，而东亚品种的内部杂交较少，跨大洲杂交事件有限（图 1-13）。特别是东亚葡萄极少被开发的遗传多样性，表明了其潜在的巨大育种价值。此次新发布的东亚野生葡萄基因组为葡萄遗传育种研究提供了强有力的资源支持。该研究还分析了 72 份葡萄材料的泛基因组家族，发现了超过 6.4 万个基因家族，包括不同数量的核心、可变和私有的基因家族。拟合曲线表明，本研究的泛基因家族数量趋向饱和，表明葡萄泛基因组接近闭合。研究还系统分析了葡萄属免疫受体蛋白基因家族 NLR，结合三大种群的葡萄和圆叶葡萄抗霜霉病数据发现，TIR-NBARC-LRR 家族的 *NLR* 基因在抗病（野生葡萄）和感病葡萄（栽培葡萄）中存在显著数量差异，因此有可能是葡萄抗霜霉病表型差异的重要因素之一。该超级泛基因组分析为研究葡萄属的遗传多样性、进化历史及功能基因挖掘提供了全面的基因组基础。

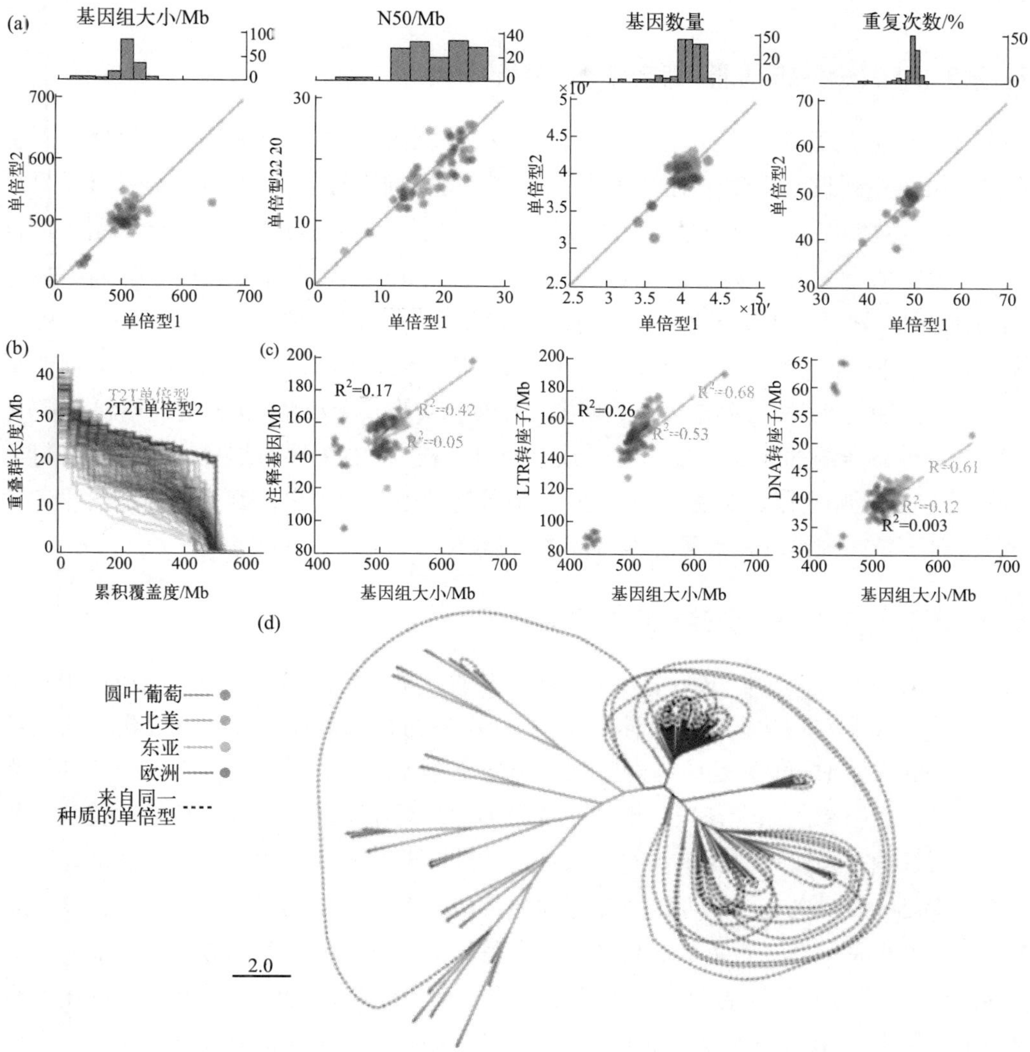

图1-13 单倍型解析葡萄基因组的组装和注释统计，以及合并系统发育（彩图）

（a）基因组大小，N50，注释基因编号，重复序列，相同种质的两个单倍型。$x = y$线用黑色绘制。（b）两个T2T基因组和142个染色体尺度单倍型解析基因组的组装连续性图。（c）DNA转座子、LTR转座子和基因所占据的基因组大小和序列的相关性，每个基因都有拟合线和相关系数评分（R2）。（d）来自19棵基于染色体的树的聚结树，这些树是用泛基因组图中的SNP构建的。虚线连接同一种质的两个单倍型。

2. 基于SSR分子标记的葡萄亲缘关系分析

简单重复序列（SSR）标记具有灵敏度高、稳定性好、操作简单等优点，在生物起源、进化和遗传变异研究、基因连锁标记等中得到了广泛应用。SSR标记广泛应用于对葡萄种质遗传多样性与进化的分析。利用非加权配对算术平均法（unweighted pair group method with arithmetic mean，UPGMA）对葡萄种质资源中SSR标记多态位点的聚类分析结果表明，山葡萄与欧亚种、美洲杂种的亲缘关系较远，欧亚种与美洲种之间亲缘关系较近。张萌等利用SSR标记分析了安徽黄山地区40份野生刺葡萄资源的遗传多样性，UPGMA聚类分析结果表明，该地区刺葡萄的基因流受限，传播距离较短，群体主要以有性繁殖方式为主。

3. 基于ISSR分子标记的葡萄亲缘关系分析

ISSR 标记是近几年在微卫星序列基础上发展起来的一种分子标记，其根据微卫星序列两侧的保守序列设计引物，对串联重复的微卫星序列进行 PCR 扩增，结果可以显示微卫星序列拷贝数的差异。该技术重复性和稳定性都较好，多态性丰富，被广泛用于遗传作图、种质鉴定等研究中。吴子龙等利用 ISSR 标记对 15 份葡萄材料进行了基因组多态性分析，UPGMA 聚类分析结果表明，山葡萄与欧亚种、美洲杂种葡萄的亲缘关系较远，欧亚种与美洲杂种之间亲缘关系较近。张永辉等利用 ISSR 标记对包含 16 个中国葡萄野生种及其近缘植物的 81 份材料进行分类研究，UPGMA 聚类分析将 79 份葡萄属材料聚成 22 类，聚类结果与传统的分类结果基本一致。同时，根据 ISSR 聚类结果，将供试材料毛葡萄 1099 确定为桑叶葡萄，对燕山葡萄 0947 是否为燕山葡萄提出质疑，并检测出供试的变叶葡萄材料不是一个纯种，而是存在种间的过渡类型。

4. 基于RAPD分子标记的葡萄亲缘关系分析

随机扩增多态性 DNA（RAPD）是早期开发的分子标记技术，曾被广泛应用于葡萄品种亲缘关系、起源与进化研究。罗素兰等对 83 个葡萄材料进行了 RAPD 分析，认为菱叶葡萄（*V. hancockii* Hance）是中国野生葡萄资源中起源最早的最古老类型之一。并认为中国野葡萄种内的亲缘关系受花型、地理起源的影响。河岸葡萄、欧洲葡萄及欧美杂种与中国野生葡萄亲缘关系较远。在中国野葡萄中，菱叶葡萄与其他种的亲缘关系最远，秦岭葡萄（*V. qinlingensis*）次之，并可将中国野葡萄资源的 18 个种、变种和类型分为 10 组。而种内不同花型株系间存在较大的遗传变异。曹辉庆等以来源于日本的 6 个葡萄品种（或品系）、4 个毛葡萄与欧亚种的杂交种以及东亚野生种毛葡萄为试材，利用 RAPD 技术研究葡萄的亲缘关系。Nei&Li 聚类分析结果表明，供试的 11 个葡萄材料划分为 4 类，且发现引进的日本葡萄品种的部分品种与广西毛葡萄、毛葡萄与欧亚种的杂种有某些性状相似，RAPD 分析结果显示其亲缘关系较近。其余几个日本葡萄品种聚为一类。另外的两个毛葡萄与欧亚种的杂种聚为一类。罗明明利用 RAPD 技术对四川农业大学脱毒中心种植的 29 个葡萄品种之间的亲缘关系进行了遗传多样性分析，UGPMA 聚类分析结果将供试的 29 个葡萄品种分成了五类。

五、基于蛋白质序列及结构特征比较的葡萄进化分析

（一）基于血红蛋白序列及结构特征构建的葡萄进化分析

血红蛋白（Hb）广泛存在于动植物、酵母及细菌中，在植物中，血红蛋白不直接运输氧气，而是在固氮（特指共生血红蛋白）、清除一氧化氮以应对低氧胁迫以及防御疾病等方面具有重要作用。朱红霞等利用 MEME 工具对葡萄及其他植物血红蛋白保守基序进

行分析，结果表明，在 19 个植物血红蛋白中，共检测到 10 个保守基序，被命名为 Motif 1 ～ 10。血红蛋白包括 6 个保守基序，这些保守基序的排列顺序也相当保守，其保守基序排列顺序为 Motif7-Motif5-Motif9-Motif1-Motif2-Motif3。保守基序 1、2、3、5、7、9 分别在至少 14 个物种血红蛋白中存在，普遍存在于葡萄和其他植物中；拟南芥与水稻共有保守基序 4 和 10，可推测这 2 个基序具有一定程度的物种特异性；葡萄和江南卷柏除了具有典型的基序排列模式外，在氨基酸序列 N 端插入了一个保守基序 6；保守基序 8 存在于拟南芥、水稻与杨树中，常与保守基序 4、10 同时出现，因此，它也具有一定程度的物种特异性。利用 Pfam 蛋白质家族与结构域数据库的分析预测到葡萄及其他植物血红蛋白含有一个特征性结构域 Glob（PF00042），长度大约是 110 个氨基酸，约占蛋白总长度的 65%。血红蛋白具有 3 种不同类型，即共生血红蛋白、非共生血红蛋白及截短型血红蛋白，它们具有一个共同的保守基序，即 F-LF-X(4)-G-G-PAT-X(2)-YW-X-GSE-X(1，5)-LW-X(3)-H (18)。从进化角度看，非共生血红蛋白比共生血红蛋白更古老，共生血红蛋白是由非共生血红蛋白经历长期演化形成的。朱红霞等研究发现，葡萄 3 个血红蛋白也具有定位于结构域 Glob（PF00042）中的这个共同保守基序。葡萄及其他植物血红蛋白保守基序与功能结构域的比较分析表明：除了保守基序 3，血红蛋白的 Glob 结构域几乎包括了所有典型的保守基序 7、5、9、1 和 2；保守基序 3 位于血红蛋白的 C 端，尽管与 Glob 功能结构域不相互重叠，但在大多数血红蛋白中存在，并且具有较高的保守性，这意味着 C 端有可能具有 Glob 结构域以外的活性功能。

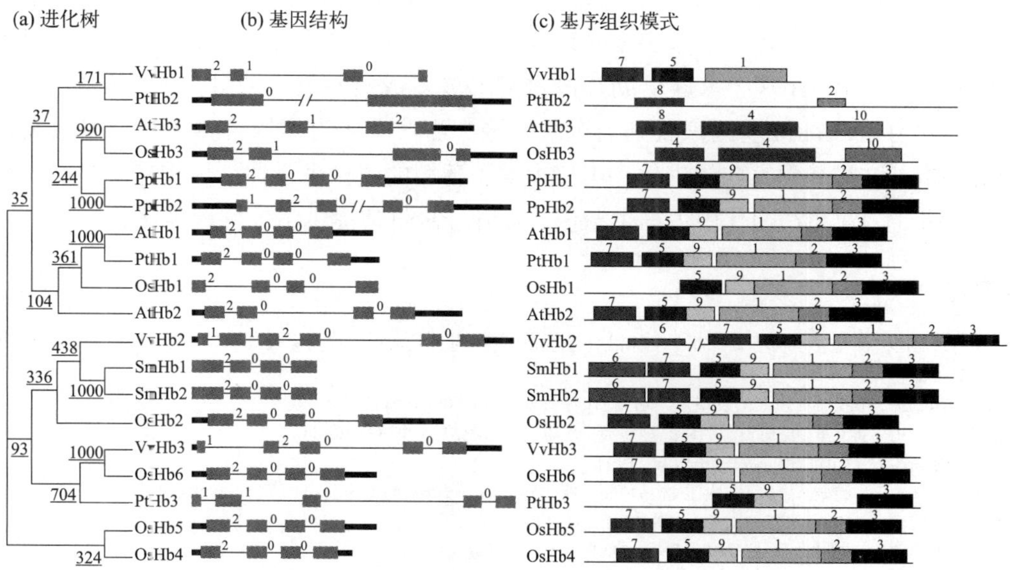

图 1-14 葡萄及其他植物血红蛋白基因进化树、基因结构与保守基序组织模式

基因结构和蛋白序列特征分析表明：尽管葡萄 3 个血红蛋白基因外显子个数和保守基序组织结构变异较大，但功能结构域具有高度保守性。结构模拟显示，葡萄三个血红蛋白的结构存在差异。VvHb1 以单体形式存在，并且缺乏完整的 Glob 结构域，这可能是进化过程中保守基序丢失所致。相反，VvHb2 和 VvHb3 则以二聚体形式存在，虽然它们的三维构象都以螺旋结构为主，但结合血红素的活性不同。由于具有完整的 Glob 结构域，

VvHb2 和 VvHb3 应能正常行使血红蛋白的功能。进化分析揭示，19 种植物的 50 条血红蛋白被划分为 4 个分类单元，即分类单元Ⅰ、Ⅱ、Ⅲ和Ⅳ。植物血红蛋白具有 4 个分类单元，其中有 12 对旁系同源基因和 4 对直系同源基因，其余的基因都是孤儿基因，相对独立地形成一个分支。同物种内旁系同源基因大于不同物种间的直系同源基因，这说明，植物血红蛋白基因在物种形成后发生了基因扩增现象。葡萄的 3 个血红蛋白不属于任何分类单元，并且单独形成了一个进化分支，说明葡萄血红蛋白基因在物种形成后发生了快速进化和基因扩增现象。而 VvHb1 和 VvHb3 处于进化树末端的同一分枝，这说明，它们是由种内扩增形成的，具有共同祖先，但 VvHb1 进化速度明显加快（图 1-14）。

（二）葡萄重要基因的进化分析

在漫长的演化历程中，葡萄的每一个适应性性状变迁，均以基因突变为根本驱动力。从单核苷酸多态性（SNPs）的细微碱基替换，到插入缺失（InDels）、拷贝数变异（CNVs）引发的序列结构改变，这些突变经自然选择筛选与人工选择定向保留，最终固化为可遗传的性状差异。野生葡萄为抵御霜霉病，其抗病基因（*R* 基因）发生特异性突变，形成能识别病原菌的功能结构，赋予植株抗病性状；栽培葡萄中果实甜度的提升、无核性状的出现，也均源于糖代谢基因、果实发育相关基因的突变累积。可以说，基因的突变是性状进化的“原材料”，自然与人工选择则是塑造性状进化方向的“雕刻刀”，二者共同推动葡萄从野生种向多样化栽培品种演化。

基因家族的进化，更是葡萄适应复杂环境、实现功能特化的核心支撑。葡萄基因组中，抗病基因家族通过串联重复突变实现成员扩张，不同成员因序列突变分化出针对不同病原菌的抗性；DREB 基因家族借助片段重复形成多成员网络，通过突变特化响应干旱、低温等不同胁迫；Actin 基因家族则通过编码区突变，分化出调控营养生长与生殖发育的不同亚家族。这些基因家族的进化，不仅丰富了葡萄的遗传多样性，更构建起多层次的功能调控网络，为葡萄在演化中占据生态位、提升经济价值提供了关键遗传保障。

参考文献

[1] 曹辉庆 , 李杨瑞 , 彭宏祥 . 利用 RAPD 分子标记对南方湿热地区葡萄资源的亲缘关系及分类研究 [J]. 西南农业学报 , 2004, 17(1): 61-64.
[2] 陈义烘 , 马三梅 . 植物血红蛋白的发现及其功能 [J]. 生命的化学 , 2006 (05): 408-410.
[3] 戴洪义 , 于士梅 , 刘于军 . 葡萄资源的研究进展 [J]. 葡萄栽培与酿酒 , 1992 (4): 20-24.
[4] 贺普超 . 葡萄学 [C]. 北京 , 中国农业出版社 , 1994.
[5] 贺普超 , 王国英 , 和纯诚 . 葡萄不同生态群品种的开花生物学 [J]. 中外葡萄与葡萄酒 , 1989 (1): 2-6.
[6] 孔庆山 . 中国葡萄志 [C]. 北京 : 中国农业科技出版社 , 2004.
[7] 林杰斌 , 刘明德 . SPSS 10.0 与统计模式建构 [C]. 北京 : 科学出版社 , 2002.
[8] 刘崇怀 , 冯建灿 , 姜建福 . 中国葡萄属植物形态学聚类分组研究 [J]. 植物遗传资源学报 , 2011, 12(06): 847-852.
[9] 刘三军 . 我国野生葡萄分类研究 [J]. 果树科学 , 1995, 000(004): 224-227.
[10] 牛立新 , 贺普超 . 我国野生葡萄属植物系统分类研究 [J]. 园艺学报 , 1996, 23(3): 4.
[11] 罗明明 . 葡萄品种亲缘关系及分类的 RAPD 分析 [D]. 雅安 : 四川农业大学 , 2005.
[12] 罗素兰 , 贺普超 , 郑学勤 , 等 . 中国野生葡萄遗传多样性的 RAPD 分析 [J]. 植物学报 , 2001, 43(2): 158-163.
[13] 宫霞 , 王焕冲 , 杨勇 , 等 . 基于 TrnL-F 序列的葡萄科各属分子特征及系统发育学研究 [J]. 果树学报 , 2013, 30(01): 28-36.
[14] 张旭彤 . 中国野生葡萄种质资源的亲缘关系研究 [D]. 杨凌 : 西北农林科技大学 , 2012.
[15] 张永辉 , 刘崇怀 , 樊秀彩 , 等 . ISSR 标记在中国野生葡萄分类中的应用 [J]. 果树学报 , 2011, 28(3): 406-412.
[16] 张萌 , 练春兰 , 松木悠 , 等 . 基于 SSR 分子标记的安徽黄山地区野生刺葡萄的遗传多样性分析 [J]. 江西农业学报 , 2012, 24(6): 9-12,17.

[17] 张培安，刘众杰，张克坤，等．国际葡萄品种目录数据库的使用与分析 [J]. 植物遗传资源学报，2018, 19(01): 10-20.
[18] 李朝銮，曹亚玲．中国葡萄属 (*Vitis* L.) 分类研究 [J]. 应用与环境生物学报，1996(003): 002.
[19] 吴子龙，方连玉，王军，等．15 份葡萄种质亲缘关系的 ISSR 分析 [J]. 果树学报，2006(04): 605-608.
[20] 王发松，杨得坡，张宏达，等．中国葡萄属 (*Vitis* L.) 的系统研究 [J]. 热带亚热带植物学报，2000(01): 1-10.
[21] 王虹雨，李锦萍，张瑞峰，等．基于高通量技术的椭圆叶花锚叶绿体全基因组测序及系统发育分析 [J]. 分子植物育种，2023, 21(19): 6364-6372.
[22] 范继征，李秀玲，李明智，等．濒危植物秀丽兜兰叶绿体基因组特征与系统发育分析 [J]. 热带作物学报，2023, 44(06): 1097-1105.
[23] 马志尧．葡萄属植物的系统发育、生物地理学及网状进化 [D]. 武汉：华中农业大学，2018.
[24] 裴丹，葛孟清，董天宇，等．208 个葡萄品种染色体倍性的流式细胞分析 [J]. 中外葡萄与葡萄酒，2019 (05): 21-28.
[25] 张萌，练春兰，松木悠，等．基于 SSR 分子标记的安徽黄山地区野生刺葡萄的遗传多样性分析 [J]. 江西农业学报，2012, 24(6): 9-12,17.
[26] Asano T, Tsudzuki T, Takahashi S, et al. Complete nucleotide sequence of the sugarcane (*Saccharum officinarum*) chloroplast genome: a comparative analysis of four monocot chloroplast genomes[J]. DNA Res, 2004, 11(2): 93-99.
[27] Bergthorsson U, Adams K L, Thomason B, et al. Widespread horizontal transfer of mitochondrial genes in flowering plants[J]. Nature, 2003, 424(6945): 197-201.
[28] Bergthorsson U, Richardson A O, Young G J, et al. Massive horizontal transfer of mitochondrial genes from diverse land plant donors to the basal angiosperm *Amborella*[J]. Proc. Natl. Acad. Sci. U. S. A., 2004, 101(51): 17747-17752.
[29] Bowers J, Boursiquot J M, This P, et al. Historical genetics: the parentage of chardonnay, gamay, and other wine grapes of northeastern France. Science, 1999, 285(5433):1562-1565.
[30] Bowers J E, Meredith C P. The parentage of a classic wine grape, Cabernet Sauvignon[J]. Nat Genet, 1997, 16(1): 84-87.
[31] Clegg M T, Gaut B S, Learn G H, et al. Rates and patterns of chloroplast DNA evolution[J]. Proc. Natl. Acad. Sci. U. S. A., 1994, 91(15): 6795-6801.
[32] Dong Y, Duan S, Xia Q, et al. Dual domestications and origin of traits in grapevine evolution[J]. Science, 2023, 379(6635): 892-901.
[33] Fournier-Level A, Lacombe T, Le Cunff L, et al. Evolution of the VvMybA gene family, the major determinant of berry colour in cultivated grapevine (*Vitis vinifera* L.)[J]. Heredity (Edinb), 2010, 104(4): 351-362.
[34] Goremykin V V, Holland B, Hirsch-Ernst K I, et al. Analysis of *Acorus calamus* chloroplast genome and its phylogenetic implications[J]. Mol. Biol. Evol., 2005, 22(9): 1813-1827.
[35] Goremykin V V, Salamini F, Velasco R, et al. Mitochondrial DNA of *Vitis vinifera* and the issue of rampant horizontal gene transfer[J]. Mol. Biol. Evol., 2009, 26(1): 99-110.
[36] Jaillon O, Aury J M, Noel B, et al. The grapevine genome sequence suggests ancestral hexaploidization in major angiosperm phyla[J]. Nature, 2007, 449(7161): 463-467.
[37] Lee S B, Kaittanis C, Jansen R K, et al. The complete chloroplast genome sequence of *Gossypium hirsutum*: organization and phylogenetic relationships to other angiosperms[J]. BMC Genomics, 2006, 7(1): 61.
[38] Liu X Q, Ickert-Bond S M, Nie Z L, et al. Phylogeny of the Ampelocissus-Vitis clade in Vitaceae supports the New World origin of the grape genus[J]. Mol Phylogenet Evol, 2016, 95: 217-228.
[39] Olmo, H P The potential role of (*vinifera*×*rotundifolia*) hybrids in grape variety improvement[J]. Experientia, 1986(42): 921–926.
[40] Poehlman J M, Sleper D A. Breeding field crops [M]. 4th ed. Ames, IA: Iowa State University Press, 1995.
[41] Powell W, Morgante M, Andre C, et al. The comparison of RFLP, RAPD, AFLP and SSR (microsatellite) markers for germplasm analysis[J]. Molecular Breeding, 1996, 2(3): 225-238.
[42] Shinozaki K, Ohme M, Tanaka M, et al. The complete nucleotide sequence of the tobacco chloroplast genome: its gene organization and expression[J]. Embo j, 1986, 5(9): 2043-2049.
[43] Taberlet P, Gielly L, Pautou G, et al. Universal primers for amplification of three non-coding regions of chloroplast DNA[J]. Plant Mol Biol, 1991, 17(5): 1105-1109.
[44] Martin W, Rujan T, Richly E, et al. Evolutionary analysis of *Arabidopsis*, cyanobacterial, and chloroplast genomes reveals plastid phylogeny and thousands of cyanobacterial genes in the nucleus[J]. Proc Natl Acad Sci U S A, 2002, 99(19): 12246-12251.
[45] Osteryoung K W, Vierling E. Conserved cell and organelle division[J]. Nature, 1995, 376(6540): 473-474.
[46] Park J, Xi H, Kim Y. The complete chloroplast genome of *Arabidopsis thaliana* isolated in Korea (Brassicaceae): an investigation of intraspecific variations of the chloroplast genome of Korean *A. thaliana*[J]. Int J Genomics, 2020, 2020:3236461.
[47] Xu G, Xu W. Complete chloroplast genomes of Chinese wild-growing *Vitis* species: molecular structures and comparative and adaptive radiation analysis[J]. Protoplasma, 2021, 258(3): 559-571.

第二章 葡萄种质资源的考察、收集与保存

植物种质资源是植物育种学家培育新品种所使用的遗传资源材料，它是人类最重要的自然资源，甚至会影响到人类的生存。种质（germplasm）是用来描述有生命力的遗传资源的一个术语，是指逐代传递的遗传物质，是控制生物本身遗传和变异的内在因子。每一份种质（品种、野生近缘植物、遗传材料等）通常代表了一个独特的基因型，是承载特定遗传信息的载体。种质资源是经过长期自然演化和人工创造而形成的一种重要的自然资源，它在漫长的生物进化过程中不断得以充实与发展，积累了由自然选择和人工选择所引起的各种各样、形形色色、极其丰富的遗传变异，蕴藏着控制各种性状的基因，形成了各种优良的遗传性状及生物类型。长期的育种实践已让种质资源在植物育种中的物质基础作用与决定性作用表现得非常明显，农业生产上每一次飞跃都离不开新品种的作用，而突破性新品种的培育与特异种质资源的利用密切相关。为了摸清家底，加强野生资源保护，我国先后于 1956 ～ 1957 年、1979 ～ 1983 年、2015 ～ 2020 年 3 次组织开展了全国农作物种质资源普查与收集工作，挽救了大批珍稀濒危的野生、地方种质资源。

葡萄种质资源极其丰富，有 70 多个种，主要分布于欧亚、北美和东亚三个起源中心。世界各地自然条件错综复杂，气候、地理、土壤、生境和人们的生活要求各异，由此形成的种质资源，既有长期以来经自然选择和人工选择培育出的许多地方名优品种，也有遍布世界各地的野生葡萄种质资源。保护、研究和利用好这些种质资源是提高国家葡萄产业竞争力的关键。随着全球化的加速，种质资源的保护和利用已成为国际合作与竞争的焦点。尽管我国野生葡萄资源丰富，但优良栽培品种相对匮乏。

葡萄种质资源的保存及有关数据库建设具有深远的科学意义。葡萄作为重要经济作物，其丰富的遗传多样性为科学研究提供了宝贵的资源。通过系统收集、鉴定并保存不同品种的葡萄资源，科学家们能够深入研究其遗传特性，解析影响产量、品质及抗逆性的关键基因，建立“基因型 - 表型”关联数据库，从而推动新品种的选育工作。葡萄种质资源不仅是葡萄科技创新和现代产业发展的物质基础，对促进乡村振兴和现代农业发展发挥着重要的支撑作用。葡萄种质资源的保存和管理是一个系统化的工作，主要包括资源的收集与征集、资源的鉴定与评价、资源的保存、资源库的管理、资源的利用与开发、资源的安全与共享、培训与技术指导、政策与法规支持等。有效地保存、管理与评价葡萄种质资源对于种质资源的高效利用具有重要意义。

第一节　葡萄种质资源的种类

植物的种质资源包括植株、种子，以及如叶、茎、花粉或培养的细胞等可以生长成完整植物的植物繁殖体以及植物的 DNA 等。种质资源的形式可能是种子库中储存的种子，苗圃中生长的树木，动物育种计划或基因库中维护的动物育种系等。种质资源收集的范围可以从野生物种到经过广泛人类选择的优异的驯化育种系。收集的植株、种子或组织等可能来自新或旧的栽培品种、地方品种、特殊的育种系、由育种者开发的群体，或突变系等特殊的遗传资源。

一、按亲缘关系分类

Harlan 和 De wet 按亲缘关系，即按彼此间的可交配性与转移基因的难易程度将种质资源分为三级基因库。

（一）初级基因库

初级基因库（gene pool 1），亦称一级基因库，库内各种资源间能相互杂交，正常结实，无生殖隔离，杂种可育，染色体配对良好，基因转移容易。包括作物本身（栽培种、栽培种群体、地方品种 / 品系）以及其极近缘、能自由交配且基本没有生殖障碍、杂交后代可育的野生近缘种 / 种群。它们之间染色体配对良好，基因转移容易，是育种中最常用和最安全的资源。在 Harlan & De wet 的框架里，一级基因库内还可能细分为栽培型（cultivated races）和自生 / 野生型（spontaneous races）两类。

（二）次级基因库

次级基因库（gene pool 2），亦称二级基因库，库内各类资源间的基因转移是可能的，但存在一定的生殖隔离，杂交不实或杂种不育，必须借助特殊的育种手段才能实现基因转移，如大麦与球茎大麦。包含那些与一级基因库成员有一定亲缘关系，可以杂交但存在某种生殖障碍（如部分不育、减数配对不完全、杂交后代部分不稳定等）的近缘种 / 种群。要把这些外部基因移入作物中，可能需要靠辅助育种技术（如回交、染色体倍化、桥接种、中间体种）来克服障碍。在某些案例中，一级和二级基因库之间的界限并不绝对，随着育种技术的发展，有些原来归为二级的资源，通过技术改进也能较容易地使用。

（三）三级基因库

三级基因库（gene pool 3）库内各类资源间的亲缘关系更远，彼此间杂交不实，杂种不育现象更明显，基因转移困难，如水稻与大麦、水稻与油菜、葡萄与苹果等。是指与作物亲缘关系更远、自然杂交几乎不可能、杂交若成功其后代通常是不育或畸形、要进行基因转移必须借助非常规的技术（如胚胎救援、原生质体融合、染色体倍化、桥接种等）的远缘资源。在 Harlan 和 De wet 的原始定义里，这些资源与作物之间存在“生殖隔离障碍（sexual incompatibility barrier）”，必须通过极端或“激进”手段才能完成基因转移。随着现代生物技术（如基因工程、基因编辑、转基因技术等）发展，有些研究者提出可将某些超越自然交配界限的资源纳入“第四基因库（quaternary gene pool）”的讨论中，但在传统文献里通常仍归入三级基因库范畴。

二、按育种实用价值分类

（一）酿酒葡萄（wine grapes）

特点：果粒小、皮厚、糖酸平衡、单宁和芳香物质丰富；多为 *Vitis vinifera*。

1. 红葡萄酒品种

赤霞珠（Cabernet Sauvignon）：高单宁，陈年潜力强。
梅洛（Merlot）：单宁柔和，适合调配。
西拉（Syrah/Shiraz）：香料与黑果香气浓郁。
黑皮诺（Pinot Noir）：果粒小、皮薄，适合凉爽气候，香气优雅。

2. 白葡萄酒品种

霞多丽（Chardonnay）：最广泛的白葡萄品种，适应性强。
雷司令（Riesling）：酸度高，适合晚收和冰酒。
长相思（Sauvignon Blanc）：草本与热带水果香气。
白诗南（Chenin Blanc）：酸度高，果香浓郁，常用于干型与甜型酒。

3. 甜酒/特殊酒品种

琼瑶浆（Gewürztraminer）：香气极为浓烈，适合贵腐酒。
赛美容（Semillon）：与‘长相思’常搭配，用于贵腐酒。
威代尔（Vidal）：美洲杂交种，常用于冰酒。

4. 美洲/杂交种（部分用于地方葡萄酒）

康科德（Concord，V. labrusca）：美式甜酒、果味酒。
尼亚加拉（Niagara）：香气独特，常用于美洲地区酒品。

（二）鲜食葡萄（table grapes）

特点：果粒大、外观好、皮薄肉脆、籽少甚至无籽、耐运输。

1. 无核品种

无核白（Thompson Seedless）：世界最广泛鲜食兼制干品种。
火焰无核（Flame Seedless）：红色果皮，甜度高。
克里姆森无核（Crimson Seedless）：耐储运。

2. 有籽鲜食品种

巨峰（Kyoho）：东亚代表品种，果粒大，甜度高。
玫瑰香：具浓郁玫瑰香气。
龙眼（Globe）：果粒硕大，果皮厚，耐储运。

3. 新品种/高端品种

阳光玫瑰（Shine Muscat）：日本培育，香气独特，耐贮运，已成为高端鲜食代表。
夏黑（Summer Black）：中国常见，甜度高，早熟。
美人指（Lady Finger）：细长果粒，外观独特。

（三）榨汁葡萄（juice grapes）

特点：出汁率高、汁液色泽稳定、酸甜协调。

1. 美洲葡萄

康克（Concord）：紫色果皮，北美主要榨汁品种，汁液色泽深。
尼亚加拉（Niagara）：白色果皮，汁液清新芳香。

2. 欧洲葡萄

白诗南（Chenin Blanc）：在部分地区用于果汁生产。
霞多丽、麝香类：部分高端果汁与气泡果饮。

3. 杂交改良品种

杂交抗逆鲜食葡萄在部分地区也作为榨汁原料。

（四）葡萄干专用品种（raisin grapes）

特点：糖分高、籽少、皮薄，干制后色泽好、口感佳。

1. 国际常见

无核白（Thompson Seedless/Sultana）：最重要的葡萄干原料。
火焰无核（Flame Seedless）：制成红色葡萄干。

2. 中国新疆特色

马奶子葡萄：甜度极高，干制后香味浓。

无核白（本地栽培类型）：新疆葡萄干主力品种。

红提（Red Globe）：部分用于葡萄干。

（五）特殊用途葡萄（special use grapes）

观赏用途：果色奇特、叶型优美，如七叶葡萄、彩叶葡萄。

药用与功能性：

山葡萄（*V. amurensis*）：耐寒，含有丰富抗氧化物质。

野生葡萄（如 *V. davidii*、*V. romanetii*）：具抗病性和药用潜力。

科研育种用：

北美葡萄（*V. labrusca*、*V. riparia*）：抗病抗寒基因来源。

东亚葡萄（*V. amurensis*、*V. davidii*）：常用于杂交育种。

葡萄用途分类以及代表性品种对照表见表 2-1。

表2-1　葡萄用途分类以及代表性品种对照表

功能分类	主要特点	代表性品种 / 品系	典型产区
酿酒葡萄	果粒小、皮厚、糖酸适中、单宁与芳香物质丰富	赤霞珠（Cabernet Sauvignon）、梅洛（Merlot）、霞多丽（Chardonnay）、雷司令（Riesling）、黑皮诺（Pinot Noir）、蛇龙珠（Cabernet Gernischt）、琼瑶浆（Gewürztraminer）	法国波尔多、勃艮第；德国莱茵河谷；中国宁夏、新疆；美国加州；智利；澳大利亚
鲜食葡萄	果粒大、外观美、皮薄肉脆、籽少或无籽、耐运输	巨峰（Kyoho）、阳光玫瑰（Shine Muscat）、夏黑（Summer Black）、玫瑰香、无核白（Thompson Seedless）、克里姆森无核（Crimson Seedless）、美人指（Lady Finger）	中国（山东、云南、新疆）、日本、韩国、智利、美国（加利福尼亚州）
榨汁葡萄	出汁率高、酸甜适中、汁液色泽稳定、香气突出	康克（Concord）、尼亚加拉（Niagara）、白诗南（Chenin Blanc）、威代尔（Vidal）、部分麝香品系	美国纽约及东北部、加拿大安大略、法国卢瓦尔河谷、中国辽宁
葡萄干葡萄	含糖量高、果皮薄、籽少或无籽、干制后色泽与风味佳	无核白（Thompson Seedless/Sultana）、火焰无核（Flame Seedless）、马奶子葡萄、红提（Red Globe）	中国新疆吐鲁番、喀什；美国加利福尼亚州；土耳其；伊朗
综合加工用葡萄	可制成果酱、果冻、果醋、糖浆、籽油、花青素等副产品	康克、尼亚加拉、部分酿酒品种副产物（赤霞珠皮渣、霞多丽渣）	美国、法国、意大利、中国新疆与山东
特殊用途葡萄	观赏、药用、科研育种；耐寒、抗病或具独特活性成分	山葡萄（*V. amurensis*）、野生葡萄（*V. davidii*、*V. romanetii*）、彩叶葡萄、七叶葡萄	中国东北（山葡萄）、西南（野生种）、欧洲及北美科研基地

三、葡萄种质资源不同品系

1. 欧洲品种谱系

欧洲传统酿酒葡萄大多源自 *Vitis vinifera* 的两个亚群：

vinifera ssp. *sylvestris*（野生欧洲葡萄）→ 被驯化为栽培葡萄，地中海和高加索地区是主要起源中心。

举例：赤霞珠（Cabernet Sauvignon）是品丽珠（Cabernet Franc）× 长相思（Sauvignon Blanc）的杂交后代；

主要特点：果实品质优异，风味物质丰富，是全世界酿酒和鲜食葡萄的绝对主力。但普遍对根瘤蚜、霜霉病、白粉病等病虫害抗性很弱。

2. 美洲品种谱系

主要为 *V. labrusca* 及其他本土种与欧洲葡萄杂交而来；

康克（Concord）等品种与耐寒的北美野生种关系密切。

主要特点：最大的优势在于对根瘤蚜及多种真菌病害具有极强的抗性。许多品种果实具有独特的“草莓”味或“狐臭”味。

3. 东亚品种谱系

中国拥有丰富的野生葡萄种质（山葡萄 *V. amurensis*，刺葡萄 *V. davidii* 等）。

主要特点：普遍具有极强的抗寒、抗病能力。山葡萄可耐 −40℃低温，是已知最抗寒的葡萄种；刺葡萄对炭疽病有高抗性。但许多种类果实小、风味偏酸，鲜食品质不佳。

四、葡萄种质资源的系统分类与构成

（一）主栽品种（major varieties）

指那些经现代育种技术改良过的品种，包括自育或引进的品种。由于其具有较好的丰产性与较广的适应性，不仅可以用于生产，还能被用作育种的基本材料。中国重要葡萄栽培品种，有‘巨峰’‘夏黑’和‘藤稔’等，其栽培区域广、种植面积大。

（二）地方品种（landrace）

地方品种是在特定区域长期栽培、未经过现代育种技术遗传修饰的品种，所以又称农家品种。这些品种通常具有适应当地生态环境和农业生产的特性，如抗病性、抗逆性、产量高、品质优等。其中有些材料虽有明显的缺点但具有稀有可利用特性，如特别抗某种病虫害，特别的生态环境适应性，特别的品质性状以及一些目前看来尚不重要，但以后可能特别有价值的特殊性状。地方品种是生物多样性的重要组成部分，对于农业可持续发展和遗传资源的保护具有重要意义。

我国葡萄地方品种分布于 7 个葡萄优势产区，共有 200 余种，分别为东北中北部产区、西北产区、黄土高原产区、环渤海产区、黄河故道产区、南方产区、云贵川高原半湿润区。由于每个地区所处海拔、气候带等的不同，各地区生态环境差异较大，适宜栽培的品种不同，在长时间的栽培实践中，各地形成了其独有的品种结构。

（三）作物原生种（crop progenitor species）

作物原生种特指现代栽培作物的直接野生祖先种或早期驯化类型，是作物驯化的“原始材料”，通常具有原始农业性状（如籽粒小、落粒性强），且不良性状遗传率高，但携带栽培作物的核心遗传背景。

对葡萄而言，栽培葡萄（*V. vinifera* L.）的核心原生种是其野生亚种野生欧亚葡萄［*V. vinifera* subsp. *sylvestris* (Gmel.)Hegi］，主要分布于地中海至中亚地区，是栽培葡萄驯化的直接祖先；此外，我国葡萄属中部分与栽培葡萄亲缘关系极近的原始类型，如毛葡萄（*V. heyneana* Roem. & Schhult.）和变叶葡萄（*V. piasezkii* Maxim.），也被认为是葡萄驯化的潜在参与种。

（四）野生近缘种（related species）

野生近缘种指现代作物的野生近缘种及与作物近缘的杂草，包括介于栽培类型和野生类型之间的过渡类型。这类种质资源常具有作物所缺少的某些抗逆性，可通过远缘杂交及现代生物技术转移入作物。

全世界葡萄的野生种数量大约有 70 种。原生种是自然形成的，而野生近缘种可能是在其他地区形成后迁移过来，对本地的生态影响不同。野生近缘种需要时间来适应新环境，且与目标物种有较近的进化关系，但它们可能不是在同一地区共同进化的。这些野生葡萄种主要分布在三个地区：东亚地区（中国东部至日本），地中海至中亚地区，以及北美洲东南部。其中，东亚地区种类最多，达 40 种以上；北美洲东南部及其周边地区次之，有 28 种左右；地中海至中亚地区仅有 2 种。在中国，葡萄属植物的野生种非常丰富。中国是葡萄属植物的主要起源地之一，也是世界上葡萄属植物种类最多、遗传资源最丰富的国家之一。起源于中国的葡萄属植物共有 40 种、1 亚种、13 变种。野生山葡萄是我国野生果树驯化栽培最成功的果树之一，主要分布在东北地区。刺葡萄为南方各省份所独有，湖南、福建和江西都有刺葡萄的驯化种。目前，利用野生葡萄资源进行新种质的创制，已经取得了不小的收获（表 2-2）。

表2-2　我国地方性野生种利用

主要野生种栽培区	栽培历史	品种主要来源	品种优良特性	地方优势品种
东北左家山	20 世纪 30 ～ 49 年代	实生选种、种间杂交、山欧杂种	抗性：抗寒、较抗白粉病、黑痘病、炭疽病等；食用价值：果实花色苷含量高，是酿酒的好原料	实生：双庆、通化 1 号、通化 3 号、左山一、牡丹 1 号、左山二等；种内杂交：双丰、双优等；种间杂交：左优红、北冰红、雪兰红、山玫瑰、公酿 1 号、公酿 2 号、北醇、北玫、北红等
湖南	100 年以上	实生选种	抗性：抗炭疽病，较抗灰腐病、白腐病、黑痘病	塘尾、雪峰刺葡萄、水晶刺葡萄、紫秋、南抗葡萄等
广西	近 20 年	实生选种、种间杂交	抗性：抗黑痘病、白粉病；食用价值：适合作为酿酒原料	野酿 2 号、水源 1 号、水源 11 号、凌丰、凌优

（五）人工创造的种质资源（breeding materials）

人工创造的种质资源指杂交后代、突变体、远缘杂种及其后代、合成种等。这些材料多具有某些缺点而不能成为新品种，但其具有一些明显的优良性状，可以用于育种。它们通常是一些育种计划中产生的个体。

五、我国葡萄引种概况

（一）早期的葡萄引种概况

我国古代从西方引进葡萄的历史，可以追溯到2000多年以前。古都洛阳在1700年前、太原在1200年前、南宋都城杭州在800年前都有引种葡萄的记载。我国引种葡萄的历史虽然久远，但19世纪末期以前，各地多为零星栽植，很少成片或规模建园进行经济栽培。19世纪中后期，随着天主教、基督教的传播和西方文化的输入，欧美葡萄品种和葡萄酒酿造技术开始传入我国，最初是传入山东烟台。据烟台地方志记载，1861年，美国传教士约翰·倪维思（John L.Nevius）受长老会派遣，从上海来到山东登州（今蓬莱），1864年返美，1871年重返烟台，带来了美洲葡萄等果树品种，在烟台毓璜顶东南山麓栽植，建立“广兴果园”，这是中国近代引进葡萄成片栽培的最早记载。另据张勔新报道（《酿造杂志》，1939），1892年，烟台张裕葡萄酿酒公司成立，华侨张弼士从德国、奥地利、西班牙、意大利引进120多个世界著名的酿酒葡萄品种，包括‘黑比诺’‘赤霞珠’‘梅鹿辄’‘雷司令’‘琼瑶浆’及‘玫瑰香’等，在烟台东山、西山和南山建成80hm^{2}葡萄园，同时引进葡萄酒的酿制技术。业界认为，这是我国近代葡萄栽培和采用优良酒用葡萄品种酿酒的起始。1915年，法国天主教堂在北京创办上义葡萄酒厂，从法国引入‘佳利酿’‘法国蓝’‘白沙斯拉’‘赛必尔’等近10个酿酒品种，这是北京最早从欧洲引入的酿酒葡萄品种。由于历史的原因，北京的葡萄生产发展不快，仅建几处规模不大的葡萄园，共约27hm^2。20世纪20年代，又从国际博览会将‘玫瑰香’‘黑汉’‘美国红葡萄’等品种引入北京。到30年代，相继将这些品种引入辽宁兴城、河北昌黎等地科研单位试种。50年代末至60年代初，开始用‘赤霞珠’‘黑比诺’和‘法国蓝’等酒用品种酿制出优质酒。直到20世纪80年代，这些品种才被各大酒厂应用于名牌酒的生产，并又多次从法国、德国和意大利等国大批量引入种条和种苗，扩大栽培。台湾种植葡萄较早，始于清康熙23年（1684年），引入的品种最初为欧洲种（欧亚种），到光绪21年（1895年）开始引入美洲种和欧美杂种，进行经济栽培。

（二）20世纪葡萄引种和应用概况

20世纪前半期，在我国栽培较为广泛的葡萄品种只有10多个，如‘龙眼’‘玫瑰香’‘牛奶’‘驴奶’‘紫牛奶’‘白鸡心’‘红鸡心’‘瓶儿’‘牛心（新疆）’‘无核白’‘红葡萄’‘白葡萄’等，均为我国固有的品种。从国外引入的优良鲜食与酿酒品种，如‘意大利玫瑰’‘白马拉加’‘白玉’‘大玉露’‘森田尼’‘康拜尔早生’‘赤霞珠’‘梅鹿辄’‘雷司令’‘贵人香’等，则大多是在科研单位保存。1892～1948年间，先后从西欧和日本等国家共引入品种190多个。到1949年，保存下来的品种仅有70多个（表2-3）。葡萄生产发展很缓慢。

表2-3　1892～1949年从国外引入的葡萄品种

引入年份	引自国别	引种单位	引入品种
1892	法国、意大利、奥地利、西班牙	烟台张裕公司	粉红沙斯拉、格兰月、奥坡托、灰比诺、赤霞珠、索维浓、雷司令、梅鹿辄、琼瑶浆、味儿多、玫瑰香

续表

引入年份	引自国别	引种单位	引入品种
1915	法国	北京法国天主教堂	佳利酿、法国蓝、白沙斯拉、赛必尔
1936	日本	东北农业科学研究所兴城园艺试验场	早佳美、哈佛德、外明红、杰西卡、维金那斯、钻石、蜜尔紫、大可满、黑比诺、康克、詹纳生玫瑰、大玉露
1937	日本	东北农业科学研究所兴城园艺试验场	甲州三尺、玫瑰后、洋白蜜、红马拉加、森田尼、新玫瑰、玛尔森、安尼斯基、意大利玫瑰、绿山、罗也尔玫瑰
1937	不详	东北农业科学研究所兴城园艺试验场	索罗门、安吉文、爱地朗、白玉、白圣彼德、康拜尔早生、罗吉玫瑰、黑汉、白马拉加、巴勒斯坦、伊乍贝拉、玫瑰露、秀特玫瑰、底拉哥、歌德、金后
1938	不详	东北农业科学研究所兴城园艺试验场	黑贝蒂、华盛顿夫人
1939	不详	东北农业科学研究所兴城园艺试验场	爱欧娜
1942	日本	东北农业科学研究所兴城园艺试验场	大粒康拜尔早生、蓓蕾玫瑰、金后
1949 前	不详	东北农业科学研究所兴城园艺试验场	六月鲜、罗曼尔、白玫瑰香、白香蕉、卡托巴、金玲、牡丹红、黑玫瑰、尼加拉、琼尼、康能玫瑰、粉红葡萄

1949 年以后，葡萄科研与生产受到国家重视。此后 50 年间，自国外引种共 160 多批次，引进品种 2100 个左右，去除重复引进的品种，共引进 1000 多个品种。这些品种除了在北京、兴城等地的科研单位有较多保存外，主要保存在国家葡萄种质资源圃。国家葡萄种质资源圃有两个，分别设在中国农业科学院郑州果树研究所和山西省农业科学院果树研究所（太谷）。迄至 1956 年，我国先后选派 3 名大学生、4 名研究生赴苏联攻读葡萄专业，学成回国后在发展葡萄事业上做出了重要贡献，并带回很多葡萄品种。

1951 ～ 1966 年，我国从东欧各国和苏联引种约有 33 批次，共引入 1200 多个品种（包括重复引进）（表 2-4），在长江以北各省份种植，形成葡萄引种、科研与生产的第一个高峰。此期引种带有相当的盲目性，譬如将大批欧亚种葡萄品种大面积种植在多雨的黄河故道地区，或将酿酒品种栽植在无酒厂收购的地方，因此，这批葡萄园很快即被淘汰，损失很大。在此期间，城市近郊鲜食葡萄生产有了较大发展，特别是北京地区，1962 年葡萄园面积达 800hm^2 以上，年产葡萄超过 11500t，为新中国成立初期的 76 倍。山东省平度市大泽山和河北省昌黎地区，葡萄生产的发展也很快。但栽培的葡萄品种过于单一，主要是‘玫瑰香’‘龙眼’。

表2-4　1951 ～ 1966年从国外引入的葡萄品种

引入年份	引自国别	引种单位	引入品种
1951	匈牙利	东北农业科学研究所兴城园艺试验场	莎巴珍珠、沙斯冬帕、葡萄园皇后、派克斯、伊丽莎白、白菲佳斯卡、白比诺、芳香葡萄、贵人香、千欢、红拜扣、羊尾、霞多丽
1951	匈牙利	华北农业科学研究所（北京）	贵人香、白比诺、莎巴珍珠、葡萄园皇后、伊丽莎白

续表

引入年份	引自国别	引种单位	引入品种
1953	保加利亚	东北农业科学研究所兴城园艺试验场	保尔加尔、巴米特、红玫瑰、季米亚特
1955	罗马尼亚	东北农业科学研究所兴城园艺试验场	小红玫瑰、小白玫瑰、克里木波西、黑菲加斯卡、黄奥多别斯基、波莱华依、珂达乌尔波、黑珂尔娜、齐查卡普列、齐查华契、红珂尔娜、白珂尔娜、红拉查基、白拉查基
1955	匈牙利	华北农业科学研究所（北京）	奥利文、雷司令、西万尼、巴娜蒂、科维丁卡、匈牙利光荣、意大利、瓦莎玫瑰、阿尔伯特、黑麦道克
1956	苏联	东北农业科学研究所兴城园艺试验场	白羽、白雅、卡它库尔干、巴尔开斯基、阿里阿基可、塔夫克维利、晚红蜜
1956 ～ 1957	保加利亚	东北农业科学研究所兴城园艺试验场	维宁卡、早马赛、白佳美、黑佳美、白玉霓、黑格兰、布列沙、白可列特、洋红蜜、尼木兰格、乌鲁目、保尔加尔、白玉、马夫鲁特、巴米特、红玫瑰、季米亚特、巧保 2 号、明尼斯卡、巧吾什 × 保尔加尔等
1958	苏联	中国科学院植物研究所北京植物园	俄罗斯康克、马林格尔实生、奖赏
1959	日本	北京农业大学	巨峰
1959	保加利亚	天津中保友谊葡萄园	巴米特、季米亚特、红玫瑰、保尔加尔、吉姆沙、马夫鲁特等 7 个品种
1959	苏联	中国科学院植物研究所北京植物园	晚红蜜、灰比诺、赤霞珠、香槟、黑多内
1959	保加利亚	中国科学院植物研究所北京植物园	洛特沙地葡萄、5BB
1959	保加利亚	中国农业科学院果树研究所郑州分所	红玫瑰、吉姆沙瓦尔宁
1960	苏联	中国科学院植物研究所北京植物园	维拉玫瑰、白哈丽丽、胜利、十月、星索、五月紫、霞多丽、小白玫瑰、尼姆兰格、意大利、蜜斯赫依等 251 个品种
1960	苏联	中国农业科学院果树研究所	莎巴珍珠、葡萄园皇后、保尔加尔、粉红太妃、黑比诺、雷司令、晚红蜜、黑多内
1960	苏联	中国农业科学院果树研究所郑州分所	黑比诺、达西里、夏夫拉尼、莎巴珍珠、意大利等 106 个品种
1961	苏联	中国科学院植物研究所北京植物园	乌兹别克玫瑰、马林格尔实生等 289 个品种
1962	捷克	中国农业科学院果树研究所郑州分所	香槟康司
1962	罗马尼亚	中国农业科学院果树研究所郑州分所	阿尔其尔、沙莫万卡、阿马斯、维多斯、富明特、沃姆拉、黑巴吐达、依握旦、白玉、基佛赛、黑卡巴斯马、克里木波西、黑巴拜斯卡、波秋、涅格鲁莫尔、黄奥多别斯基
1962	阿尔巴尼亚	中国农业科学院果树研究所郑州分所	白谢希、黑谢希
1962	苏联	中国农业科学院果树研究所郑州分所	阿利哥特、奥霍夫斯基、巴赫基奥里、白羽、白雅、白考库尔、布阿基诺尔、布阿基达希、黑齐姆良、黑多内、红艾基、吉姆沙、捷莱乌苏姆、卡海特、卡马特、库夏兹基、考索罗道夫、拉斯米、雷司令、齐哈维利、沙里旁达斯、瓦留希金、阿拉拉基、阿列克赛尼、白瓦沙卡、白胡沙涅、白沙斯拉、布吉苏里、德苏拉乌苏姆、粉红太妃、伏尔加顿、哈特巴尔、红宝基、考兹乌苏姆、马斯卡、母契洛尼、那尔玛、莎巴珍珠、沙巴斯、利希巴巴、沙比、苏丹尼、台加、无核紫、乌兹别克玫瑰等 164 个品种

续表

引入年份	引自国别	引种单位	引入品种
1963	苏联	中国农业科学院果树研究所郑州分所	阿捷玫瑰、阿里阿基可、阿古西、阿古西卡龙、阿依布拉、白夏尼、白苏哈、白哈丽丽、法赫里、粉红阿里曼登、粉红无核、黑夏尼、红德桑、红古沙、克里木考尼松、拉盖特、良利胡沙、良利苏赫、曼瓦吉、曼鲁瓦卡斯、日鲁捷维、沙捷尼、胜利、苏珊玫瑰、瓦达古依、乌夏斯纳赛里、夏凡尼、夏卡尔阿古尔、谢夫沙捷尼、依斯别沙里、阿巴特、阿拉依、艾拉斯海尼、白考库捷斯、白斯兰卡、别拉卡依、杜马、哈米拉克、赫尔松、红金基里、卡姆拉夏、凯番西亚、康达瓦斯、克拉斯扬、考瓦莱夫卡、考克旁达斯、马赫宝、马拉基、马西斯、母凡德、波宋尼、切克拉赫、苏达克、塔夫里斯、塔乌希、瓦格巴基、西比利考维、希冷夏、夏夫拉尼、尤塔拉特、卡氏玫瑰、720/19、1288/38、1386/12、1413/1、1452/25 等 180 个品种
1963	捷克	中国农业科学院果树研究所郑州分所	白斯兰卡、粉红西万尼、粉红万特灵、曼道万克、科维丁卡、香槟康司等 14 个品种
1963	罗马尼亚	中国农业科学院果树研究所郑州分所	康特那立等 5 个品种
1963	匈牙利	中国农业科学院果树研究所郑州分所	吉姆沙等 7 个品种
1964	阿富汗	中国农业科学院果树研究所郑州分所	哈尼
1964	日本	中国科学院植物研究所北京植物园	甲州、白玫瑰香
1964	苏联	中国农业科学院果树研究所郑州分所	阿沙捷尼、阿尔曼玫瑰、哈特米
1964	阿尔巴尼亚	中国农业科学院果树研究所郑州分所	赛依诺尔、S.V.12-308、S.V. 23-657、查恩赛勒等 6 个品种
1965	日本	中国科学院植物研究所北京植物园	蓓蕾、新玫瑰
1965	匈牙利	中国农业科学院果树研究所郑州分所	基拉尔、琼州牧、依达、布列其罗然西、米哈尔、那多尔、派卡尔、詹纳生玫瑰等 20 个品种
1965	保加利亚	中国农业科学院果树研究所郑州分所	登瓦斯玫瑰等 2 个品种
1966	保加利亚	中国农业科学院果树研究所郑州分所	保Ⅵ-Ч 等 3 个品种

1968 ～ 1978 年，葡萄引种工作进入第二个阶段。引种地区逐渐由苏联转向东欧、西欧和日本，少数品种引自美国。先后引种 34 批次，引入品种 160 多个（包括重复引进）（表 2-5）。

表2-5　1968 ～ 1978年从国外引入的葡萄品种

引入年份	引自国别	引种单位	引入品种
1968	阿尔巴尼亚	中国科学院植物研究所北京植物园	阿尔巴尼亚 1 号、阿尔巴尼亚 3 号
1971	罗马尼亚	中国农业科学院果树研究所郑州分所	绯红、黑玫瑰、莱茵雷司令、阿拉蒙、阿里戈特、艾布林、科伦坡人、格列那什、格列弗列奥、欧根玫瑰香、黑奥里维特、马尔瓦西亚、佩蒂沙维纽、黑彭斯、凯梁布等 19 个品种

续表

引入年份	引自国别	引种单位	引入品种
1971	阿尔巴尼亚	中国农业科学院果树研究所郑州分所	绯红
1971	美国	中国农业科学院果树研究所郑州分所	维洛
1971	埃及	中国农业科学院果树研究所郑州分所	黑玫瑰
1972	法国	中国农业科学院果树研究所郑州分所	S.5813、S.9110、S.5279、卡斯凯德、S.13053、S.14664、S.V 20365、S.V 20173、S.V 20-365、S.V 20-473
1972	罗马尼亚	中国农业科学院果树研究所郑州分所	黑彭斯、凯梁布、艾布林、彼德罗克西梅涅、弗利奥、格列那什、卡里耶尔、科伦波人、马里瓦西亚、欧根玫瑰香、维洛
1973	美国	北京市农林科学院林果研究所	皇帝、瑞必尔
1973	保加利亚	中国农业科学院果树研究所郑州分所	玫瑰皇后、绯红、马夫鲁特
1973	日本	中国农业科学院果树研究所郑州分所	玫瑰露、特等汉堡、红三尺、大宝、天使玫瑰香、布朗无核
1973	阿尔巴尼亚	中国农业科学院果树研究所郑州分所	马夫鲁特
1974	法国	北京东郊葡萄酒厂	白玉霓、白福尔、科伦坡人
1974	美国	沈阳农业大学	美丽无核
1974	匈牙利	中国农业科学院果树研究所	潘诺尼亚
1974	阿尔巴尼亚	中国农业科学院果树研究所郑州分所	黑谢希、奥利文、瑞必尔、白谢希等19个品种
1974	匈牙利	中国农业科学院果树研究所郑州分所	奥林匹亚、潘诺尼亚、伊尔马等6个品种
1974	保加利亚	中国农业科学院果树研究所郑州分所	尤必尔、比赛尔、登瓦斯玫瑰
1974	美国	中国农业科学院果树研究所郑州分所	绯红、瑞必尔
1974	罗马尼亚	中国农业科学院果树研究所郑州分所	阿达玫瑰
1975	阿尔巴尼亚	中国农业科学院果树研究所	乍娜、埃马尔、保尔加尔、保Ⅵ-Ч、台加等8个品种
1975	日本	中国农业科学院果树研究所郑州分所	高尾
1975	保加利亚	中国农业科学院果树研究所郑州分所	无核杂种（无名）
1976	阿尔巴尼亚	中国农业科学院果树研究所郑州分所	贵人香、梅鹿辄、卡梅特、沙地葡萄、白河、白谢希等9个品种
1976	联邦德国	中国农业科学院果树研究所郑州分所	沙地葡萄
1976	日本	中国农业科学院果树研究所郑州分所	甲州

续表

引入年份	引自国别	引种单位	引入品种
1977	日本	中国农业科学院果树研究所	黑奥林、红富士
1977	日本	中国农业科学院果树研究所郑州分所	黑奥林、红富士、特等汉堡、天使玫瑰香
1977	意大利	中国农业科学院果树研究所郑州分所	巴莱沙娜、莱其纳、尤瓦莱其纳等 4 个品种
1977	匈牙利	中国农业科学院果树研究所郑州分所	雷卡德、奥林匹亚、来考德
1977	罗马尼亚	中国农业科学院果树研究所郑州分所	莱格纳、费蒂斯卡等 3 个品种
1978	日本	中国科学院植物研究所北京植物园	先锋、高尾、巨峰、奥林匹亚、黑奥林、白玫瑰香、特等汉堡等 8 个品种
1978	罗马尼亚	中国农业科学院郑州果树研究所	保尔加尔、布加勒斯特玫瑰、莱格纳
1978	保加利亚	中国农业科学院郑州果树研究所	普列文玫瑰、保尔加尔、沃依沃季诺沃、布依加利亚等 5 个品种
1978	阿尔巴尼亚	中国农业科学院郑州果树研究所	雷司令、波尔莱特、罗什、卡尔曼希、考什、波发尔、伏罗希等 15 个品种

1979 ～ 2000 年，我国葡萄引种工作进入第三个阶段，指导思想趋于成熟，注重引进良种。其特点是：①由以前主要从苏联和东欧引种，转向从日本、美国和法国等国引进；②引种单位自主进行，很少行政干预；③引种目标明确，盲目性减少；④对于好品种，尽最大努力直接从国外引进。据初步统计，先后引种 100 多批次，引进 800 多个品种（包括重复引进）。鲜食品种主要引自日本和美国，每批引进几个或十几个品种（表 2-6）。要求质优、大穗、大粒、外观美丽、耐贮运，如日本的‘黑奥林’‘先锋’‘高墨’‘藤稔’，美国的‘红地球’‘黑大粒’‘森田尼无核’‘火焰无核’‘汤姆森无核’等。酿酒品种多从法国引进，红葡萄酒用品种主要是‘梅鹿辄’‘赤霞珠’，白葡萄酒用品种主要是‘霞多丽’‘琼瑶浆’等。

表2-6　1979 ～ 2000年从国外引入的葡萄品种

引入年份	引自国别	引种单位	引入品种
1979	日本	中国科学院植物研究所北京植物园	先锋、井川 666、红富士、井川 206
1979	联合国粮农组织	中国农业科学院郑州果树研究所	罗迪、绯红、安那马里亚等 5 个品种
1979	阿富汗	中国农业科学院郑州果树研究所	桑多哈尼、克什麦什
1980	德国	长城葡萄酒公司	雷司令 A、雷司令 B、米勒吐尔高、长相思、赛美蓉、梅鹿辄、霞多丽、白诗南、琼瑶浆、赤霞珠、黑比诺
1980	美国	长城葡萄酒公司	增芳德、宝石解百纳、灰雷司令
1980	法国	轻工业部食品发酵研究所	灰雷司令、黑比诺、白玉霓、雷司令、霞多丽、赛美蓉、长相思、米勒吐尔高、白诗南、琼瑶浆、赤霞珠、梅鹿辄、宝石解百纳、增芳德、白福儿、科伦坡人

续表

引入年份	引自国别	引种单位	引入品种
1980	日本	中国科学院植物研究所北京植物园	红瑞宝、巨峰、峰寿
1981	意大利	轻工业部食品发酵研究所	桑娇维赛、普罗赛科、白麝香、霞多丽、白玉霓等10个品种
1981	日本	上海市农业科学院园艺研究所	斯蒂本、笛吹
1981	日本	中国科学院植物研究所北京植物园	东京玫瑰香、黑奥林、红奥林、三泽系红伊豆、蜜汁、伊豆锦、峰寿、红富士、国立希姆劳德1号、植180
1981	日本	中国农业科学院郑州果树研究所	龙宝、红瑞宝
1981	美国	中国农业科学院郑州果树研究所	皇帝、美丽无核、黑玫瑰等6个品种
1981	泰国	中国农业科学院郑州果树研究所	绯红、白马拉加
1982	保加利亚	北京市农林科学院林业果树研究所	比赛尔、保尔加尔、超保等4个品种
1982	日本	陕西省农业科学院果树研究所	井川1014、井川1025
1982	日本	上海市农业科学院园艺研究所	国宝、高井早生、田野红、高砂、红星、高墨、巴士、加拿大玫瑰、大阪48202、NY 14528
1982	法国	新疆鄯善葡萄酒厂	佳美、西拉、歌海娜、星索、白诗南、赛美蓉、霞多丽、白玉霓、雷司令、米勒
1982	日本	中国科学院植物研究所北京植物园	井川1012、井川1014、峰寿、先锋、黑奥林、红奥林、东京玫瑰香
1982	联邦德国	中国农业科学院郑州果树研究所	Ga 49-22等11个品种
1982	美国	中国农业科学院郑州果树研究所	托马斯、代克赛等12个圆叶葡萄品种
1982	日本	中国农业科学院郑州果树研究所	红瑞宝、希姆劳德
1983	美国	北京农业大学	莱克蒙无核、希姆劳德、雷梅尔无核、康能无核
1983	日本	北京市农林科学院林业果树研究所	甲斐露、广田汉堡、早熟斯丘本
1983	日本	上海市农业科学院园艺研究所	红伊豆、白三得利、卡门耐特三得利、狮雷司令、黑三得利、狮卡门耐特、福司令、巨摩光、S.13053、红蜜（井川682）
1983	美国	沈阳农业大学	无核白鸡心、金星无核、红宝石无核、绿宝石无核、火星无核、黎明无核、皇帝、瑞必尔、绯红、红脸无核、红光无核
1983	日本	中国科学院植物研究所北京植物园	黑三得利、巨摩光
1983	保加利亚	中国农业科学院郑州果树研究所	特拉基亚等3个品种
1983	美国	中国农业科学院郑州果树研究所	赖弗里、莱克蒙无核、红萨福尔克、康能无核

续表

引入年份	引自国别	引种单位	引入品种
1984	日本	上海市农业科学院园艺研究所	广田汉堡、红珍珠
1984	法国	天津市农垦集团总公司	阿利哥特、科伦坡人、白福儿、白诗南、霞多丽、赤霞珠、黑比诺、赛美蓉、雷司令、白玉霓、梅鹿辄、星索
1984	澳大利亚	中国农业科学院郑州果树研究所	皇帝
1984	联邦德国	中国农业科学院郑州果树研究所	波鲁克斯
1984	意大利	中国农业科学院郑州果树研究所	白玉霓 R_{14}、托斯卡纳、蒙托依、桑娇维赛、桑娇维赛1/16、102459
1984	印度	中国农业科学院郑州果树研究所	哥劳万纳、阿米利亚等4个品种
1984	日本等	中国农业科学院郑州果树研究所	意大利、无核白等3个品种
1985	日本	北京市农林科学院林业果树研究所	红皇后、红瑞宝、红伊豆、信浓红、红十和田、国宝、花泽1号、花泽2号、花泽3号、花泽选拔巨峰、阿利巴娜、红奥林、西瓦茨、马丽欧、大粒康拜尔等
1985	日本	上海市农业科学院园艺研究所	白峰、红皇后、福岛
1985	日本	中国科学院植物研究所北京植物园	红井川、井川1014、天秀、井川1025、井川1050、井川1055、井川1060、茉莉、优尼坤、笛吹、巨摩光、国立希姆劳德1号、赤北、赤岭、红三尺、红意大利、CG351、CG88431、CG 91560等140个品种
1985	联邦德国	中国农业科学院郑州果树研究所	波鲁克斯、米勒吐尔高、多米纳、埃兰菲舍尔、巴库斯
1985	意大利	中国农业科学院郑州果树研究所	775P、SO4、420A、5BB、5C、520A、125A、1103P
1986	日本	北京市农林科学院林业果树研究所	日向、红蜜、龙宝、伊豆锦、红皇后
1986	罗马尼亚	北京市农林科学院林业果树研究所	保尔加尔、阿达玫瑰、奥托涅玫瑰、意大利
1986	法国	华东葡萄酿酒有限公司	贵人香、查查尼、长相思、白诗南、品丽珠、赤霞珠、梅鹿辄
1986	日本	上海市农业科学院园艺研究所	下村巨峰、藤稔
1986	美国	沈阳农业大学	红地球、圣诞玫瑰、秋黑
1986	日本	中国科学院植物研究所北京植物园	早生甲斐露、红山彦、紫玉、红蜜、紫光、三泽系红伊豆、藤稔、高墨、东京玫瑰香、紫玫瑰、原田314、巨鲸、底拉洼（4×）、意大利（4×）、里扎马特（4×）、潘诺尼亚、森田尼、比昂扣、国丰1号、国丰2号、国丰3号、植原540等66个品种
1986	日本	中国农业科学院果树研究所	藤稔、皇冠
1986	美国	中国农业科学院郑州果树研究所	绯红、早玫瑰、黑大粒、玫瑰香、红地球、纽约玫瑰香、黑玫瑰、意大利、圣诞玫瑰、红光无核、无核白鸡心、绿宝石无核、红宝石无核

续表

引入年份	引自国别	引种单位	引入品种
1986	罗马尼亚	中国农业科学院郑州果树研究所	莎巴珍珠、意大利、阿利戈特等 7 个品种
1986	联邦德国	中国农业科学院郑州果树研究所	雷司令 237/SO4、白比诺 Hi/125AA、西尔瓦、凤凰、西里努斯等 10 个品种
1987	法国	北京龙徽酿酒有限公司	赤霞珠、佳美、西拉、梅鹿辄、黑比诺、玫瑰香、长相思、夏桑、琼瑶浆、白诗南、雷司令、霞多丽
1987	日本	辽宁省营口县农业技术推广中心	藤稔
1987	日本	中国科学院植物研究所北京植物园	藤稔
1987	联邦德国	中国农业科学院郑州果树研究所	GF.C 41-44 等 7 个品种
1987	法国	中国农业科学院郑州果树研究所	格列纳什、白麝香、洛特
1988	日本	金华市金藤藤稔葡萄有限公司	藤稔
1988	日本	中国科学院植物研究所北京植物园	日光无核、早生甲斐路、紫玉、甲州、5BB、5C、SO4、3309 等 40 个品种
1988	意大利	中国农业科学院郑州果树研究所	SO4 等 4 个品种
1989	法国	华夏葡萄酿酒有限公司	赤霞珠
1989	美国	中国农业科学院郑州果树研究所	瓦尼萨
1989	日本	中国农业科学院郑州果树研究所	黑潮、峰寿
1990	日本	中国农业科学院特产研究所	优尼坤
1991	日本	上海市农业科学院园艺研究所	安芸皇后
1991	澳大利亚	中国农业科学院郑州果树研究所	希姆劳德、苏尔坦纳、黑玛纽卡、红宝石无核等 5 个品种
1991	埃及	中国农业科学院郑州果树研究所	黑玫瑰、汤姆森无核
1992	法国	北京龙徽酒厂	霞多丽、白玫瑰香、梅鹿辄、赤霞珠、佳美、白玉霓、雷司令
1992	美国	河北涿鹿	优无核
1992	美国	沈阳农业大学	早红无核、黑奇无核
1993	日本	北京市农业科学院林业果树研究所	美人指、黎明无核、红茧、圣诞玫瑰、大优尼坤、红光无核、无核白鸡心
1993	美国	河北鸿志葡萄公司	红地球、瑞必尔、意大利、红光无核、红宝石无核、汤姆森无核、优无核、克提皇后、圣诞玫瑰、绯红、无核白鸡心、美人指（绿）
1993	法国	王朝葡萄酒公司	赤霞珠、品丽珠、西拉、黑比诺、霞多丽、白诗南、长相思、白玉霓

续表

引入年份	引自国别	引种单位	引入品种
1994	日本	北京市农业科学院林业果树研究所	红鸠、高千穗
1994	日本	金华市金藤藤稔葡萄有限公司	SO4、5BB
1994	日本	山东省农业科学院	矢富罗莎
1995	日本	北京龙徽酿酒有限公司	多内、西万尼、马赛、赤霞珠
1995	日本	沈阳农业大学	信浓乐、高妻、矢富罗莎、新玫瑰、黑墨、拉查玫瑰、鲁宾玫瑰、安芸皇后
1996	日本	福建省农业科学院果树研究所	黑蜜（葡萄安芸津 12 号）
1996	罗马尼亚	河北省农业科学院昌黎果树研究所	奥古斯特、维多利亚
1996	日本	金华市金藤藤稔葡萄有限公司	天秀、紫玉、红地球
1996	日本	中国科学院植物研究所北京植物园	红茧、美人指、大优尼坤、红鸠、白奥林、玛多娜、高妻等 15 个
1997	日本	北京市农林科学院林业果树研究所	优芭 7 号
1997 ～ 1998	法国	王朝葡萄酒公司	梅鹿辄
1997	法国	云南高原葡萄酒有限公司	梅鹿辄、赤霞珠
1997	日本	中国科学院植物研究所北京植物园	红三尺、阿丽沙、黑玫瑰、红大久宝等 8 个品种
1998	日本	北京市农林科学院林业果树研究所	紫玫瑰、多摩丰
1998	法国	河北昌黎	赤霞珠、梅鹿辄
1998	日本	金华市金藤藤稔葡萄有限公司	红南洋、选拔巨峰、东部巨峰、新先锋、畈塚、相模、美人指、黑蜜、选拔伊豆锦
1998	日本	南京农业大学园艺学院	红高、夏黑、巴西、安芸皇后、多摩峰、高鲁碧
1998	美国	山东省酿酒葡萄科学研究所	红宝石无核、奇妙无核、绯红无核、美丽无核、红光无核、黑雷莎、皇家秋天无核
1999	日本	金华市金藤藤稔葡萄有限公司	新农乐、安芸、下村巨峰、红义、翠峰、红高、红鸠、巴西、红玫瑰、黑天鹅、温克、优尼坤、紫苑、高妻、矢富罗莎
1999	奥地利	金华市金藤藤稔葡萄有限公司	白根地、奥坡托
1999	日本	南京农业大学园艺学院	翠峰、甲斐乙女、温克、红罗莎里奥、大优尼坤、红茧、红毕特罗、奥露发、紫苑、红鸠
1999	法国	山东农业大学园艺系、山东省酿酒葡萄科学研究所	爱道拉、爱嘎纳、阿罗巴、绿黛萝
1999	美国	沈阳农业大学	皇家秋天无核、皇家夏日无核、蒙丽莎无核、绿宝石无核、绯红无核
1999	日本	张家港市神园葡萄科技有限公司	黄蜜、戈尔比、莎加蜜、罗莎里奥、罗莎、高蓓蕾

续表

引入年份	引自国别	引种单位	引入品种
1999	俄罗斯	中国科学院植物研究所北京植物园	莫尔多娃、伊沙白
2000	罗马尼亚	北京市农林科学院林业果树研究所	塔米娜、特兰西瓦尼亚、卡丽娜、奥迪丽亚
2000	日本	北京市农林科学院林业果树研究所	底拉皇、巴西、红高、紫念珠、信浓乐、安芸皇后、白念珠、戈尔比
2000	法国	河北省怀来县中法葡萄种植与酿酒示范农场	梅鹿辄 181、梅鹿辄 348、赤霞珠 15、赤霞珠 169、赤霞珠 191、马瑟兰 980、小味尔多 400、西拉 747、黑比诺 115、佳美 509、霞多丽 76、霞多丽 95、品丽珠 214、品丽珠 327、白索味浓 316 等 18 个品种
2000	日本	金华市金藤藤稔葡萄有限公司	罗莎里奥、比昂扣、甲斐乙女、甲斐美玲、太阳红、戈鲁比、夏黑、多摩
2000	日本	张家港市神园葡萄科技有限公司	安芸皇后、安芸无核、夏黑、比昂扣、红扣、黑天鹅、红义、甲斐美玲、红茧、早巨选

2001 ～ 2025 年从国外引入的葡萄品种见表 2-7。

表2-7　2001 ～ 2025年从国外引入的葡萄品种

引入年份	引自国别	引种单位	引入品种
2001	日本	山东省平度市大泽山农科园艺场	金手指
2001	日本	张家港市神园葡萄科技有限公司	魏克、博多白、出云、濑户、凉玉
2001	匈牙利	北京市农林科学院林业果树研究所	KM183
2001	法国	怀来中法庄园葡萄酒有限公司	马瑟兰
2002	美国	西北农林科技大学	康奎斯特
2002	美国	西北农林科技大学	阿拉紫
2002	日本	浙江大学	亚历山大
2002	日本	张家港市神园葡萄科技有限公司	宝贝指
2006	美国	广西农业科学院葡萄与葡萄酒研究所	阿拉紫、GV、弗莱、特大红 黑色甜菜、天山、阳光玫瑰
2007 ～ 2010	日本	浙江省金华市金藤藤稔葡萄有限公司	欧里安踏露斯达等 31 个品种诺里斯、斯托弗、卡罗莱纳黑
2007	美国	广西农业科学院葡萄与葡萄酒研究所	玫瑰、蓝湖、尼亚加拉玫瑰、代托纳、诺布尔、卡洛斯 康可、坎贝尔、特拉华、卡托巴、黄金麝香、蓝星、蒙特
2007	美国	西北农林科技大学	利尔、无核康可、信赖无核、瓦妮莎无核、玫瑰铃、斯文森红
2007	日本	南京农业大学	比昂扣
2007	美国	中国农业大学	圣克罗伊、辛西亚娜、马雷夏尔福什、弗龙特纳克、卡托巴、尚博辛、弗里多尼亚、诺亚、维拉德白、赛瓦尔等 100 个品种
2008	日本	垫江县裕康葡萄种植专业合作社	巴扎罗葡萄
2008	日本	南京农业大学	阳光玫瑰
2008	以色列	二十二团林管分站	弗蕾葡萄

续表

引入年份	引自国别	引种单位	引入品种
2009	日本	张家港市神园葡萄科技有限公司	巴拉多、长野紫、东方之星、黑色甜菜、红芭拉多、雷奥马多、蜜无核、内黑雷斯阔鲁、奇高、秋峰、萨尼鲁琼、维纳斯蜜、阳光玫瑰
2009	美国	浙江省农业科学院园艺研究所	诺布尔、GV、卡洛斯
2010	日本	广西爽朗农业有限公司	巴拉多、新贵公子、红太郎、巴拉蒂、红环、甜太郎、红美莎、欧尔斐、北方 6 号、昭平红、鄞香、早亚宝、优喜早生、188-08A
2010	西班牙	西北农林科技大学	WH10-11、WH10-12、WH10-14、WH10-13
2010	意大利	山东省鲜食葡萄研究所	奥菲利亚
2010	日本	张家港市神园葡萄科技有限公司	黑芭拉多
2010	德国	辽宁省桓仁满族自治县葡萄研究所	西拉等 10 个品种
2011	美国	西北农林科技大学	WH11-23、WH11-24、WH11-25
2011	澳大利亚	西北农林科技大学	WH11-26
2011	日本	西北农林科技大学	WH11-31、WH11-32、WH11-33、WH11-34、WH11-35、WH11-36、WH11-37、WH11-38、WH11-39、WH11-40、WH11-4111
2012	意大利	中国农业科学院郑州果树研究所	科尔维纳 ISV-CV3、加尔加内加 84、龙迪内拉、ISV-CV76、科维诺内
2015	澳大利亚	北京市农林科学院林业果树研究所	R23、MS27-31、红手指、疏粒佩莱德、弗雷斯诺 32-145
2015	日本	曹海忠	浪漫红颜
2017	美国	上海交通大学农业与生物学院	诺贝尔、卡洛斯、马格诺利亚、弗莱、萨米特
2017	日本	北京市林业果树科学研究院	阳光玫瑰、浪漫红宝石
2018	日本	江苏启东十里阳光葡萄园	晴王
2019	日本	国家葡萄产业技术体系杭州综合试验站	黑皇
2019	日本	广西兴业县洛阳镇	阳光玫瑰
2019	美国	乌鲁木齐顺达博华商贸有限公司	甜蜜蓝宝石
2019	不详	鑫荣懋集团	ALB7 黑色品种
2020	美国	上海交大葡萄与葡萄酒研究所中心	马斯卡丁
2020	不详	山东省鲜食葡萄研究所	泽山早香红等
2021	美国	上海施泉葡萄专业合作社	茉莉香
2024	法国	山东蓬莱逃牛岭葡萄酒有限公司	霞多丽、克莱特、马瑟兰等
2024	法国	珑岱酒庄、逃牛岭酒庄、澜岳酒庄	霞多丽、小忙森、维欧尼等

第二节　葡萄种质资源的考察

一、考察目的

（一）摸清葡萄种质资源储量与利用情况

种质资源储量包括总储量、经济储量和经营储量，利用情况包括直接及间接利用价值、利用现状。在考察中发现的优异种质资源经鉴定后，有推广价值的可直接引种推广，不能直接推广的则作为育种原始材料。如长白山的山葡萄就是在考察中发现的，现已用来酿造优质山葡萄酒。野生葡萄还是抗性育种和砧木资源的重要来源。如广西的毛葡萄‘野酿-2号’是一种特别的葡萄品种，它是从广西河池宜州市德胜镇桃村野生毛葡萄变异株（两性花株系）中选育出来的。这种毛葡萄是世界上唯一被发现的两性花毛葡萄植株，也是中国南方毛葡萄品种的一个重大突破。

（二）为葡萄起源和演化的研究提供植物材料与数据

通过对一些重要地方野生种和近缘野生葡萄的考察，可发现葡萄起源和演化的新线索，不断丰富葡萄起源与演化理论等。

（三）为葡萄志的编写积累素材

积累素材除了查阅现有的文献资料外，更多的和更直接可靠的是通过考察。《中国果树志》和《中国植物志》等的撰写便是在大量考察成果基础上完成的。

（四）为葡萄发展规划和品种区划提供依据

通过考察不仅可以了解不同葡萄在不同地区的适宜性，而且还能了解和掌握一个地区葡萄生产的概况、当地与生产有关的自然条件、当地栽培的葡萄种类和品种。依此制定发展规划，包括当前、近期和远期规划。另外，通过考察有关自然条件、葡萄种类和品种以及它们的表现，为新品种的引进提供重要参考数据，增加引种成功的可能性。

二、考察前的工作准备

进行葡萄种质资源考察，特别是大规模的考察活动，必须事先制订周密的计划，做好各项充分的准备，这是考察取得满意成果的前提。考察前需做好以下几方面工作：

（一）制订考察计划

在制订计划前，要查阅已有的相关资料。计划包括考察的目的、任务、组成人员、考察路线、时间、经费预算以及物资设备等，其中考察目的极为重要，它决定着调查计划的科学性。葡萄种质资源考察的目的，可以在总结前人的考察目的及其考察成果的基础上进行编写。新的考察任务是在前人的考察基础上进行进一步的挖掘，或对前人没有进行过的考察活动进行补充，搜集更充分的种质资源资料。考察的重点可以包括考察地的栽培种，珍稀、濒危、特有的野生葡萄基因型及其植物种、种下类群、生态型等的特征与生物学特性；同时可以了解考察地区的生境条件下葡萄分布情况，查明该地区葡萄资源的本底，了解遗传资源的利用和保护情况；为准备考察地区野生的葡萄种质资源的鉴定与评价提供基础材料；为进一步研究、利用和异地保存提供遗传材料；丰富我国葡萄种质资源基因库；对搜集的野生葡萄种质资源进行引种栽培，筛选适合于当地生境的优良种质材料，培育更多的优良葡萄地方品种；为葡萄育种和生物技术提供特殊的遗传基因。葡萄的考察时间与路线，应该依据考察地的地形与气候，并向当地人询问状况后制订，要符合科学性的原则，避免一些危险情况的发生。考察任务是为使考察有条不紊地进行而安排的行动措施。

（二）组建考察队

种质资源考察是复杂的科技工作，涉及多种学科。因此，一个综合考察队应由果树学、植物分类学、植物生态学、地理学、植物遗传学、植物病理学等学科的工作者组成。考察队的人数应根据考察的目的、任务、对象和活动范围而定。规模大的考察，需要人员较多，可安排 7 ～ 10 名有关学科的人员，非常重要的考察活动人员更多。单一种质资源考察组以 3 ～ 4 人为宜。对没参加过考察的人员，需进行适当的技能培训。

（三）确定考察地点

葡萄种质资源考察必须先确定好考察地区，避免漫无目的或去了不适当的地区考察造成的财力、物力、人力的浪费。可以多方位了解，特别是以同行交流、查阅文献记载及互联网信息为主要线索，初步确定调查范围，具体到县，实地考察葡萄种质分布较多和葡萄产业发展较好的代表乡镇。依据各地不同的气候特点及不同的葡萄成熟期制订调查路线，以一定栽培规模和较大育种利用潜力为前提，最后通过走访当地葡萄农户来调整和确定最终调查地点，并进行实地考察，选择代表种质调查测量，以尽可能客观真实地反映栽培中国葡萄资源的现存分布。葡萄种质资源考察应把重点放在以下四种地区：①起源中心，遗传多样性中心和基因库；②最大多样性地区；③尚未进行过种质资源调查和考察的地区；④葡萄种质资源遭受损失和威胁最大的地区。

起源中心（center of origin）是指一个物种或一个属的起源地，也就是该物种或属的祖先最早出现并繁衍的地区。起源中心通常包含该物种或属的野生近缘种，这些野生近缘种具有丰富的遗传多样性，对于育种和遗传研究具有重要意义。瓦维洛夫的学说为栽培植物的分类、引种驯化、遗传育种等方面的工作打下了良好的基础。它的研究还揭示了栽培植物起源中心集中蕴藏着栽培植物的种和品种，指出绝大部分栽培植物发源于世界的东方，特别是中国和印度，这两个国家几乎提供了一半的栽培植物。遗传多样性中心（center of diversity）是指一个物种或属的遗传多样性中心，这些中心通常位于该物种或属的起源地附近，或者在物种的分布范围内具有高度的遗传多样性。遗传多样性中心是物种进化历史中的关键地区，因为这些地区的野生种群经历了长时间的适应性进化，积累了大量的遗传变异。遗传多样性中心对于生物多样性保护和作物改良具有重要意义。在这些地区，科学家可以找到多种多样的遗传资源，这些资源可以用于培育具有新特性的作物品种。此外，遗传多样性中心的研究还可以帮助我们更好地理解物种的进化历史和适应性机制，为生物多样性保护和可持续利用提供科学依据。基因库（gene bank）通常指的是一个用于保存和保护遗传资源的设施，这些遗传资源包括植物、动物、微生物及其种子、胚胎、细胞、组织、DNA 等。基因库的主要目的是为了长期保存物种的遗传多样性，以备不时之需，如用于作物改良、疾病控制、生态保护等。

我国葡萄的重点调查区域包括：①冷凉区。甘肃河西走廊中西部，晋北，内蒙古土默川平原，东北中北部及通化地区。②凉温区。河北桑洋河谷盆地，内蒙古西辽河平原，山西晋中、太古，甘肃河西走廊、武威市，辽宁沈阳、鞍山地区。③中温区。内蒙古乌海地区，甘肃敦煌地区，辽南、辽西及河北昌黎地区，山东青岛、烟台地区，山西清徐地区。④暖温区。新疆哈密盆地，关中盆地及晋南运城地区，河北中部和南部。⑤炎热区。新疆吐鲁番盆地、和田地区、伊犁地区、喀什地区，黄河故道地区。⑥湿热区。湖南怀化地区，福建福安地区。

确定考察地区后，参加考察的人员还应查阅与所考察地区有关的图像、文字资料和计算机数据库，了解该地区地形、植被、土质、水文、气候等方面的信息，以及社会结构、民族分布、生活习惯、经济状况、社会变迁情况、耕地面积、作物种类、栽培方式、主要病虫害发生情况的背景资料。这对确定考察点和考察路线很重要。

（四）时间安排

考察必须安排紧凑、井井有条。既要有充分的时间完成考察任务，又要从经费开支和工作进程的角度着想，不能把时间线拉得太长。具体时间长短需根据考察的范围、目的而定。每次考察的地区分布最好在相同省份或相邻省份，这样可以两天更换一个地方。

考察应于不同的时间进行，顺应植物的生长周期（表 2-8）。总体而言，对于葡萄种质资源的考察计划，应根据其目的制订，且考察时间通常处于花期或果期。

表2-8　葡萄生长周期

生长阶段	时间范围	特征描述
休眠期	9 月至次年 1 月下旬	从 9 月枝条成熟开始，10 ～ 11 月份休眠较深，一直持续到翌年的 1 月下旬
伤流期	葡萄伤流期通常发生在早春，具体时间为每年的 3 月中旬到 4 月中旬 葡萄萌芽期主要在每年的 2 月至 4 月之间	当土壤温度稳定在 6 ～ 10℃时，葡萄根系开始活动，吸收水分和养分，枝蔓上的伤口会流出透明的树液，称为伤流。伤流期标志着葡萄生长周期的开始，通常持续 7 ～ 10 天
萌芽期	在温暖的地区，如南方，葡萄通常在 2 月或 3 月开始萌芽；而在较冷的地区，如北方，萌芽时间可能会推迟到 3 月底或 4 月初	随着气温升高到 10℃左右，芽开始萌发，展叶并分化花序。此阶段需要注意防寒和营养供给，促进芽健壮生长
新梢生长期	3 ～ 6 月	从萌芽展叶到新梢停止生长，新梢迅速生长，腋芽也长出副梢。此阶段需要充足的营养供给，以促进果品的产量和质量
开花期	4 ～ 5 月	葡萄开花，花多为黄白色，花期过程分为现蕾期、生长期、抽穗期、初花期，持续 7 ～ 12 天
幼果期	5 月	从坐果开始，到转色期结束。幼果迅速膨大，保持绿色，质地坚硬
浆果生长期	5 月下旬至 6 月上旬	坐果后 3 ～ 4 周，浆果出现第 1 次生长高峰，约占浆果总生长量的 2/3。随后出现第 2 次生长高峰
浆果成熟期	7 ～ 10 月之间。在南方，大多数品种在 7 月上旬至 9 月上旬成熟；在我国北方地区，葡萄则在 7 月下旬至 10 月下旬成熟	此外，葡萄浆果从着色或果实变软开始到完全成熟的天数在不同品种间也有所不同，一般早熟品种需要 20 ～ 30 天，中熟品种需要 30 ～ 50 天，晚熟品种则需要 50 天以上
新梢成熟和落叶期	10 月底至 11 月	从开花到果实成熟需 90 ～ 100 天。秋末葡萄开始落叶，新梢从基部开始木质化

（五）经费预算

执行一项资源考察活动必须有一定的经费开支。对此在考察前应做出预算，包括总经费预算和分项开支预算。预算必须切合实际，既要保证考察活动顺利进行，又要符合当时财政实力所允许的额度。各项经费预算都要仔细论证，避免在财力上造成浪费。

（六）物资设备的准备

野外考察葡萄种质资源所需准备的物资设备包括交通工具、收集样本用具、有关的调查记载表格、考察时用的仪器设备、工具与容器、生活用品（包括药品）等。

三、葡萄种质资源的登记与收集

这是葡萄种质资源考察最关键的一环，主要记载被考察地野生种与栽培种类（包括变种）和品种、形态特征和生物学特性、经济器官及其利用价值等。不同种类的葡萄种质性状差别很大，因此在种质资源考察过程中，观察记载的内容和描述符数量都会有所不同。此外，葡萄种质资源考察都应观察记载以下信息。

（一）种质生境信息

对我国葡萄优势产区地方品种资源分布区域进行原生境实地调查和GPS定位等，评价原生境生存现状。调查内容包括：地理位置——包括考察点的自然和行政区域（写明省、县、乡、村及小地名）、经纬度、海拔高度、离最近城镇的方向和距离，如距昆明市正西方向32km，以及地势、坡向、坡度等；水土状况——包括土壤类型、土层厚度、水文条件等；气候条件——包括年均温、月均温、最高温、最低温、无霜期、太阳辐射量、降雨量等；生态条件——包括植被状况、伴生植物（野生资源）、间作物（栽培品种）等。这项工作意义重大，可以形成高质量的葡萄地方品种图谱、全国分布图和GIS资源分布及保护信息管理系统。

（二）资源本身的信息

种质类别——野生种、栽培种的亚种、变种及地方品种、育种材料、育成品种等；种质来源——野外、农田、市场、科研单位等；种质名称——原名、学名、别名、地方名等；种质编号——考察时的临时编号；利用价值——包括现实的利用价值（如产量、品质、用途、贮运特性等），存在的利用价值（如野生资源被当地居民利用情况、可开发利用的植物体部位、栽培植物的某种特殊用途）；利用情况——包括在当地作物中所占比重、栽培历史、分布情况等；植物学特征——包括根的类型与分布，茎的类型与大小，植株高度，分枝情况，叶的种类、形态与着生方式，花的形态特征，果实类型与形态，繁殖方法，种子形态等；生物学特性——包括生长习性、开花、结果习性、生育周期以及对主要胁迫（如病虫害和各种逆境）的反应。

（三）其他相关信息

对调查的种质进行收集保存，具体如下：以株为单位，按其繁殖特性及表型的差异状况，确定每个采样点的中国葡萄地方种质资源收集数目。对于综合性状优良或个别性状突出的优异种质，在采集其叶片同时，也收集其接穗和种子，通过嫁接或种子繁殖方式进行田间保存。

（四）采集种质样本要考虑地点的选择、采样技术和采样数量

1. 地点选择

采集种质样本的地点主要是栽培品种的生产田和野生种的自然生境。采样点的数目和间隔距离以以下因素而定：地区内植物多样性、分布方式、目标种质在群落中的密度、个体的变异情况等。如在四川及其周边地区野生葡萄调查中，样本采集地点根据居群（亚居群）大小、生态环境和繁殖特性而定。阴坡、阳坡各设置 1 个采集点，海拔每升高 100 ～ 300m 设置 1 个采集点。

2. 采样技术

由于种质中变异的发生频率是不均衡的，种质样本的采集应是有选择性的。若采用随机方法，则许多珍贵材料往往被遗漏。一般在雨后天晴时采集标本，选择无虫蛀、无牛羊啃食、无踩踏、生长状态良好的植株，优先采集包含该植物自身识别特征的完整植株，如，植物的叶、花、果实、种子等。为防止制作过程中损坏，每个物种采集 2 株。但对于野外珍稀物种，一般只采 1 株。不同类别植物的采集应根据其物候特性，选择花期或果期进行采集。将采集到的完整或部分植株及时放到采集箱中，保证当天不脱水枯萎，保持枝、叶、花、果自然的空间分布状态。

3. 采样数量

采样的目标是在最小的样本数目中获得最大的变异性。适宜的样本数目依多样性程度而定。地方品种、野生种和野生近缘种都是比较混杂的群体，采集各种种质材料的数量应尽量多些。一般在一个考察地区内，多设点比在同一点上多取种质量好。如在四川及其周边地区野生葡萄调查中，随机采集样本数量，个体间距在 20m 以上。特异类型或形态需要单独采样。考虑到保持遗传多样性和样本的成活率，采集样本个体的数量应多于实际所需的数量。

四、标本与资料的整理

（一）样本编号

采集到的各种标本都要随时挂上标签并编号。同一材料的各种标本编号要一致。同时填写原始记录卡。编号时每一份资源材料一个采集号，保证在各种情况下不重不乱、清晰明了。

（二）标本制作

考察中采集的标本应及时烘干、压制，果实浸泡标本。标本存放过程中随时注意防潮、防虫、防鼠、防鸟。最好存放在设施比较齐全的标本馆内。目前，应用最广泛的植物标本是腊叶标本、覆膜标本、树脂标本和浸制标本。其中，腊叶标本又被称为压制标本，操作简便、成本低且环保，易于查阅和携带。覆膜标本与腊叶标本的制作方法基本一致，同属压制标本，后期在标本上覆膜，其保色期长、使用方便，同时，可克服新鲜标本容易损坏及季节原因导致选材困难等不足。树叶树脂标本的制作方法与腊叶标本相同，需要压制；花、果实树脂标本在制作过程中不进行压制，需单独处理。植物树脂标本透明度高、耐黄变、结构清晰、携带方便，具有极佳的观赏性，可长期保存。浸制标本可以最大限度保留葡萄全部或部分组织的形态、色泽，因此，在教学实践中，常选用植物浸制标本。但浸制标本制作过程较复杂，需要对不同颜色的植物器官进行分别处理，操作难度大。在生产或保存过程中，由于固定液或保存液配比不当，标本容易被损坏，且不易运输。对于含2种及以上颜色的浸制标本，保存液会出现变色现象。植物立体标本既能反映植株的原生状态，又能较长时间保存其原有色泽。

（三）原始记录卡

考察中所采集的标本不能完全反映种质材料的所有性状、产地、生态环境等，而这些方面的情况对于种质资源的鉴定和研究起着很大的作用。所以，在野外考察时，应仔细观察，并把观察结果逐一记入原始记录卡。

（四）影像资料

对于某些主要的种质材料采集点，应及时摄影、摄像，制作彩色图片与视频资料。一些种质样本，特别是采集后往往因失水而变样的样本，也应及时做好影像记录。这些影像资料有助于对种质资源进行鉴定与分类。另外，有些植株高大的野生葡萄，在考察时只能采集植株的一部分作为标本，对这种种质材料必须做影像记录以表现植株全貌。主要采集点的全景影像资料能反映出种质材料对地理和生态环境的适应性，为种质的研究及进一步考察工作提供重要依据。拍摄时需确保影像清晰、色彩真实、构图突出主体特征。对于植株全貌、特定器官（如花、果）的细微结构以及生境全景，应多角度拍摄。及时检查并补拍不合格影像，确保关键信息得以完整记录。

五、考察总结

在整个考察过程中，应经常进行小结。发现不足，可及时回到考察点进行检查，以便及时加以补充。考察结束后，全面总结考察工作，撰写总结报告，这是个非常必要的过程。它使考察过程所获得的资料和材料完整化、系统化、理论化。作为整个考察工作的结晶，考察报告应尽可能详细，以便为当前和今后种质资源利用提供参考。

报告的内容大致包括如下几项：①考察的依据和目的；②考察的地区、对象与时间，被考察种质资源所处的自然与生态环境；③当地农业生产情况；④所考察葡萄在当地种植面积、海拔分布情况、品种及其更替历史；⑤野生种及野生近缘植物的群落与伴生植物，它们的利用价值、地理和海拔分布范围，今昔变化情况；⑥所获样本及其特征特性，它们在植物分类上的地位和在植物起源演化、遗传育种等科学研究上的利用价值等；⑦对当地农业生产和葡萄种质资源开发利用和保护工作的综合评价与建议；⑧本次考察的经验与教训。

六、野外考察的安全措施

在进行葡萄种质资源考察时，安全措施至关重要。考察队员需要进行安全培训，包括野外生存技能、急救知识及如何应对野生动物等。同时，考察队应配备必要的安全装备，如卫星电话、急救包、定位设备等。

野外调查作业是农业单位的基础性工作，其主战场多在野外，存在许多难以预料的安全隐患。如山区、边境地区和高海拔地区，存在气候恶劣雨季经常出现暴雨、山体滑坡、泥石流等自然灾害。炎热的夏秋季，调查队员经常被蚊虫叮咬，有时被毒蛇、野兽袭击。野外生活饮用水经常不达标等因素造成野外人员身体不适和病痛折磨。面对恶劣的自然环境给野外调查工作带来极大的不便，存在大量的生产安全隐患。安全生产管理，必须把工作重心放在野外地质项目作业的安全管理上。

在进行种质资源的野外考察时，安全是最重要的考虑因素。首先，考察团队应当确保所有成员都接受了必要的安全培训，并且了解急救知识和自救技能。其次，考察前的准备工作至关重要，包括对天气条件的预测、路线的规划以及必要装备的准备。在野外，团队应当随时保持通信设备的畅通，以便在紧急情况下求助。此外，考察团队还应该制定详细的应急预案，包括遇到野生动物攻击、自然灾害或医疗紧急情况时的应对措施。在野外活动中，团队成员应避免单独行动，以增加安全性。对于所携带的样本和数据，应有专人负责管理，以防丢失或损坏。食品和饮用水的安全也不容忽视，应确保来源可靠并妥善保存。在野外考察期间，团队应遵守当地的法律法规，尊重当地文化和习俗。最后，团队应该记录下所有的安全事故和近乎事故，以便未来改进安全措施。这些措施的实施可以参考中国科学院东北地理所《东北地理所研究生野外考察安全管理规定》相关规定。

七、考察数据的电子化管理

为了提高考察数据的管理效率和准确性，采用电子化管理方式对数据进行记录、存储和分析变得日益重要。使用专业的数据库软件记录种质资源的详细信息，包括地理位置、生长环境、形态特征等，便于未来的查询和研究。

农业 4.0 是现代农业的一个重要发展阶段，标志着农业向高度智能化和数字化迈进。这一概念最早由德国提出，是工业 4.0 在农业领域的应用和延伸。农业 4.0 的核心在于利用信息技术、物联网、大数据、人工智能等新兴技术，全面升级农业生产方式和管理模式，推动农业的可持续发展。数字经济加速变革传统农业经济模式，对降低数据处理及交易成本、提升信息传输速率、精确配置资源等具有独特优势，数字经济对传统农业的改造升级，对传统农业健康发展具有重要意义。

第三节　葡萄种质资源的收集

种质资源搜集是指对种质资源有目的地汇集，包括普查、专类搜集、国内征集、国际交换等。对经过考察或信息渠道了解、掌握的葡萄种质资源，不论是野生植物、地方的或人工创造的品种，都应进行合理搜集，妥善保存这些搜集品，深入研究它们，以便更有效地加以利用，同时减少流失，保护植物生物多样性。我国葡萄种质资源保存方式以田间保存为主，主要保存于河南郑州国家葡萄种质资源圃、山西太谷国家葡萄种质资源圃、吉林左家山国家山葡萄种质资源圃等。各圃严格按照《农作物种质资源管理办法》和《农作物种质资源保存技术规程》进行管理，确保资源的安全保存和高效利用。

一、种质资源收集的对象

种质资源搜集应包含全面的遗传资源，包括种子、枝条，以及如叶子、茎、花粉或培养的细胞等可以生长成成熟植物的植物繁殖体。所收集的遗传资源包括：①有目前正在栽培的主要品种；②那些濒临灭绝的优良稀有地方品种；③过去栽培但现生产已淘汰的品种以及作为栽培葡萄亲本的原始种；④栽培葡萄的野生近缘种；⑤人工创制的特殊种质资源，如突变体育种系、纯合自交系、远缘杂交的中间类型以及杂交育种获得的特异材料等。

二、种质资源收集的原则

1. 全面性

搜集种质资源材料的种类要齐全，尤其是地方品种和野生种，它们往往是类型很多的群体。考察时注意仔细观察，将观察到的葡萄种质材料都采集到，只有这样，搜集品才能真正反映种质资源的全面性。特殊种质由于稀少，往往容易遗漏，一些利用价值尚不明确的材料可能是珍贵种质，这些种质材料在搜集时不可遗漏。每份种质材料种子或繁殖材料的数量，应根据任务和葡萄种类而定，通常一份种子搜集品要求有 200 ～ 2500 粒不等。

2. 完整性

搜集的种质资源标本要求完整，特别是葡萄的花和果实，它们是植物学分类的重要依据。采集植物标本时，由于植株外形较大，不能采集完整植株，只采集完整的带花和果实的枝条即可。对于雌雄异株的植物，雌株和雄株分别采集。先开花后长叶的植物，要分两次采集标本。

3. 代表性

采集的每个标本、种子或无性繁殖材料，应来自群体植株，这样才能代表该种质资源的特征特性。要尽可能保持所搜集的每份材料充分表现该种质资源的遗传变异度，同时应注意避免非遗传变异因素的干扰。采集的种子或无性繁殖材料，应是正常发育且充分成熟的。

三、种质资源收集的方法

植物种质资源的征集，一般是指国内通过国家行政部门或农业单位，向全国或某地区、某单位发公文或公函，由当地人员组织搜集种质资源，并送往主单位。

1. 通过行政部门发公函征集由行政机构印征集通知

统一表格，发往全国各地或某些特定地区，对征集工作提出具体要求，如搜集的种子量、标本数、标本大小、标本取材部位等。

2. 征集植物遗传资源

通过适当的媒介了解到新近育成的植物新品种、新类型或发现新材料后，及时而有目的地发函或通信联系，向有关单位或个人征集。在征集种质资源样本的同时，最好将有关该种质资源特征特性的资料一并取到。

每一次植物种质资源考察工作，必然伴随着种质资源的搜集。这是目前搜集和积累葡萄种质资源的主要方式之一。我国自20世纪70年代末以来开展大规模种质资源考察活动，搜集到不少葡萄种质资源。其中70年代末以来对横断山地区、川东北地区、陕西大巴山地区、神农架地区、雅鲁藏布大峡谷以及三峡库区的植物种质资源进行考察，就搜集到了大量珍贵的葡萄种质资源材料。

葡萄为肉质果类中的浆果，其果实的果皮比较软，富含大量的果胶和糖类，因此很容易被真菌感染，从而导致果实发霉、变质，降低果实的质量。肉质果类种子的处理过程是：先将果实适当软化，然后去除果皮和果肉，取出种子，用清水反复漂洗干净，最后置于阴凉通风处干燥保存。对于整株植物的采集，首先利用十字镐、锄头等工具将样本连根挖起，待样品表型性状调查和图像采集完成后装入塑料袋中，尽快将采集样本邮寄回单位并种植于容器或保存圃中，定期浇水、施肥和喷施农药，确保样本萌发和健康生长。

随着种质资源工作的开展，葡萄种质资源搜集应针对一些重点地区及特定种类。今后的种质资源搜集不限于国内重点地区，跨国界搜集活动将日益频繁，国际间的种质资源考察搜集将开展广泛的合作。

四、建立种质收集的档案

文字资料档案，文字资料档案包括搜集品登记簿、检索卡和资料档案。

1. 搜集品登记簿

搜集者先对种质搜集品进行临时编号（即搜集号），并记录在簿。登记簿上的记载项目包括搜集号、植物种类、材料名称、搜集者、搜集时间、搜集途径、来源地、原产地、搜集数量以及主要特征特性等。

2. 检索卡

每份种质材料应制备编号顺序卡、名称卡、原产地卡和分类卡 4 套检索卡。编号顺序卡将所有引入的材料按由小到大的顺序编号排列；名称卡按开头字母（或笔画）顺序排列，原产地卡以产地名称为第一级分类顺序，以材料名称为第二级排列顺序。分类卡依科、属、种、亚种、变种、品种的顺序进行编号。每种卡片上都应有编号、名称、来源地和产地。以上检索卡均可采用计算机数据库管理。

3. 资料档案

包括影像资料、历年评价鉴定结果等。影像资料包括有关种质搜集品的照片、幻灯片、摄影胶片、录像等。历年评价鉴定结果是设立一张卡片，将历年来对该材料评价鉴定的结果填入卡片中，以便随时查阅。这部分档案资料可与检索卡一并输入计算机，采用数据库管理，从而更方便、有效。当搜集品中某一类葡萄种质达到相当数量，而且主要性状已有鉴定结果时，应汇总编印种质资源搜集品目录。

实物标本档案包括原始种子、果实标本、苗木标本等。为了妥善保存这些珍贵的实物标本，应建立设施条件较好的标本馆，长期保存搜集种质的实物标本（包括引种的实物标本）。这不仅可以用于葡萄的分类研究，而且可以在多年以后，特别是在出现混杂的情况下，作为原始样本用以核对。

五、种质资源的伦理获取

在收集种质资源时，遵循伦理原则和当地法律法规是必须的。这包括但不限于获取当地社区或相关机构的许可、尊重当地文化和传统，以及确保资源的可持续利用。

知识产权是保护智力成果强有力的思想武器，一个国家的知识产权保护程度将直接影响着这个国家的自主创新程度。在种质资源收集的各个环节注重减少侵权行为，遵守种质资源的知识产权法律，能够平衡各方利益，促进育种创新。在种质收集环节，遵守法律规制，做到知识产权保护和运用合理分配，会使种业发展运行链按照有序方式运行，对不良使用行为的约束，能够在一定程度上减少侵权行为发生，有利于筑造种业健康发展大环境。

在获取和利用种质资源的过程中，遵守伦理规范和法律法规是至关重要的。这不仅涉及知识产权保护，还包括生物安全控制等方面。例如，中国的《农作物种质资源管理办法》规定了农作物种质资源的收集、整理、鉴定、登记、保存、交流、利用和管理活动，确保这些活动在法律框架内进行。此外，国务院办公厅也发布了关于加强农业种质资源保护与利用的意见，强调了保护优先、高效利用、政府主导、多元参与的原则。这些规定和意见体现了对种质资源伦理获取的重视，旨在促进种质资源的可持续利用，同时保护生物多样性和遗传资源的安全。

第四节　葡萄种质资源的评价

搜集、保存葡萄种质资源是葡萄育种和保护工作的基础，然而，其有效利用必须建立在对这些资源进行全面评价的基础之上。种质资源的评价和鉴定结果需要以统一的方式描述或表达出来，以便于其在葡萄育种、栽培和研究中的应用。鉴评是葡萄种质资源研究的一项重要内容，也是开发利用葡萄种质资源的前提。科学、认真地进行种质材料的鉴评是贯穿于葡萄种质资源研究中的一项最为重要的基础性工作。

自 1974 年成立之初，国际植物遗传资源委员会（IBPGR，后更名为国际植物遗传资源研究所 IPGRI，现为国际生物多样性中心的一部分）就致力于规范化植物种质资源的评价工作。他们编制了 80 种栽培植物种质资源描述符，其中包括葡萄等 30 多种园艺植物。2001 年，国际葡萄与葡萄酒组织（OIV）发布了葡萄种质描述标准，进一步推动了葡萄种质资源评价工作的标准化。

葡萄种质资源的性状观察记载项目及评价标准是科学进行葡萄种质资源鉴评的基础。早在 1963 年，河北昌黎果树研究所召开的全国葡萄会议上，就首次制定了《葡萄品种观察记载项目、标准和方法（草案）》，统一了我国葡萄品种观察记载项目、标准和方法，为我国葡萄品种学的研究提供了重要支持。

为了与国际接轨，1987 年 12 月，中国园艺学会在重庆召开会议，提出了制定我国《果树种质资源描述符》的计划，并委托中国农业科学院郑州果树研究所制定葡萄种质资源记载项目及评价标准。1990 年，《果树种质资源描述符——记载项目及评价标准》正式出版。该标准主要依据原 IBPGR 的葡萄描述符，并结合了我国葡萄种质资源研究的实际情况，增加了我国自定的记载项目及评价标准，为我国葡萄种质资源的观察、记载和分析评价提供了统一规范的标准。

2006 年，中国农业科学院郑州果树研究所编制了《葡萄种质资源描述规范和数据标准》（以下简称《标准》），实现了葡萄种质资源信息的社会共享。这一标准的制定，不仅推动了葡萄种质资源研究的统一和深化，也满足了资源研究的客观需要，并推动了葡萄种质资源的利用，葡萄种质资源种类繁多，描述鉴定任务繁重，统一的标准可以消除人为描述误差，满足资源交流的共同需要。《标准》主题分为葡萄种质资源描述简表、葡萄种质资源描述规范、葡萄种质资源数据标准和葡萄种质资源数据质量控制规范 4 个部分，为葡萄种质资源的评价提供了全面的指导和规范。在种质资源评价的实践中，可以根据实际需求与条件，在保证主要性状评价的基础上有选择性地进行科学评价。

一、种质资源研究的基本要求

① 对种质资源圃内所有种质资源的栽培管理技术应力求一致，栽培技术水平应在中等以上；

② 供观察的植株数量，每品种棚架至少 2 ～ 3 株，篱架至少 5 ～ 6 株，如果品种园

的土壤、地势或其他条件差异较大，应适当增加重复；

③ 在植株进入正常结果期后（一般在定植后 3 ～ 5 年），开始进行正式观察；

④ 植物学特性至少连续观察两年，农业生物学特性和工业特性至少观察三年，某些项目如物候期、产量等，应连续观察五年。如遇气候不正常的年份，应适当加长观察年限。

二、种质资源圃基本情况的记载

（一）自然条件

① 土壤条件——地势、土壤类型、冻土层厚度、地下水位、土壤肥力、pH 值、含盐量等。

② 气候条件——气温（包括一年内绝对最高和绝对最低气温）、降水量、霜期、小环境等。

（二）主要栽培技术

① 行株距。

② 架式和整形——篱架（单壁、双壁、架高）或棚架（架形），整形方式。

③ 灌溉、施肥的时期、方法和数量。

④ 夏季修剪措施。

⑤ 病虫害发生情况和防治措施。

⑥ 冬季是否防寒，防寒方式。

⑦ 其他——是否嫁接，砧木类型等。

三、种质资源记载项目与标准

下列记载项目，适用于选育出的优良品种。一般品种可酌情精简，但务求准确。

（一）一般情况

① 品种编号。

② 品种名称（附原产地名称）。

③ 别名（注明应用地区）。

④ 起源历史。

⑤ 分布（包括国内外主要分布地区）。

⑥ 用途。

⑦ 引入年代和引自地点。

⑧ 观察地点。

⑨ 观察记载株数。

⑩ 树龄及开始结实年龄（自扦插当年算起）。

（二）植物学特征

1. 嫩梢

有五片已经展开的幼叶时进行记载。

颜色——黄、黄绿、绿、深绿、浅红、浅紫红、紫红、暗紫红。（说明：按旧标准，原记基色黄绿，附加色紫红者，按新规定，应记为“黄绿带紫红”，如附加色基本盖过基色，则可记为“紫红”。）

茸毛（观察嫩梢中部）——无、稀、中、密、极密。

幼叶（观察嫩梢顶端的三片幼叶）。

上表面光泽程度——仅记载特别明显的。

2. 一年生成熟枝条

在枝条充分成熟后进行记载。

节和节间颜色。

节间长度——仅记载极短或极长的。

其他特征——记载枝上有无白粉、光泽，节是否特别膨大，枝上是否带刺，枝条是否曲折以及枝条横截面呈圆形或扁圆形，等等。

3. 叶片

在落花后一个月至果实开始成熟前，在生长正常的新梢上选第 7 ～ 9 节上的叶片进行记载。

大小——小、中、大（暂定，以目测为准，将玫瑰香品种的正常叶片定为中，观察时可先测定玫瑰香品种正常叶片的最大直径，其他品种可与之比较）。

形状——近圆形、心脏形、肾形。

平展度——平展、具褶、叶缘向下卷、叶缘向上卷、呈漏斗状。

厚度——薄、中、厚（以玫瑰香品种的正常叶片为中）。

锯齿——锐、钝、圆顶形、齿边红色或黄色。

裂片数目——全缘、三裂、五裂、七裂、九裂。

上下裂刻的深浅——浅、中、极深。

叶柄洼形状（将叶片平展后观察）——开张：矢形、拱形、圆形、椭圆形、窄缝；闭合：圆形、扁圆形。

上表面特征——平滑而有光泽、呈网状皱纹、具大泡状或小泡状。

下表面茸毛——无、稀、中、密、极密；茸毛特征——直立、平铺、二者兼有。

秋色（下霜前充分变色后进行记载，不同地区可因地制宜进行）——黄色、黄底红斑（黄色为底色，上有玫瑰色块斑）、鲜紫色、暗紫红、暗紫、暗褐。

4. 花

在盛花期观察，同时绘制花外形图。两性花、雌能花（雄蕊平展或弯曲）。

5. 果穗

样品至少 10 穗，要在篱架的上、中、下，双篱壁的两边，棚架的前、中后部等不同部位选取。所取的果穗应大小适中，具有本品种固有的代表穗形。同时摄制带正、反两面的叶片的果穗照片。

形状——分为圆柱、圆锥、分枝三种基本形，前两种穗形，不考虑副穗和歧肩，仅以主穗形状为主。倘有歧肩，把歧肩记在基本形之前（单歧肩、双歧肩、多歧肩）；倘有副穗（短于主穗的二分之一者为小副穗，约等于二分之一者为中副穗，长于二分之一者为大副穗），将副穗记在基本形之后。例如：圆锥形、双歧肩圆锥形、单歧肩圆柱形带小副穗等等。

密度——极松：果穗平放时，所有分枝几乎处于一个平面上；松：果穗平放时，其形状显著改变；中：果穗平放时，其形状稍有改变；紧：果穗不因放置位置的不同而改变其形状；极紧：果穗平放时形状不变，果粒因互相挤压而变形。

大小——穗长 × 穗宽，穗长系指最上部果粒至最下部果粒间的距离；穗宽则指果穗最宽处的宽度（包括副穗）。极小——穗长 10cm 以下；小——穗长 10 ～ 13cm；中——穗长 13 ～ 20cm；大——穗长 20 ～ 25cm；极大——穗长 25cm 以上。

重量——至少平均 10 穗的重量，以 g 为单位。

穗梗长度（自果穗着生部位止第一分枝之间的长度）——仅记特长或特短的。

6. 果粒

从 10 个果穗上选取有代表的 30 个果粒进行记载。

形状（以目测为准，倘产生疑问，可测量纵、横径）——扁圆、圆、椭圆、长椭圆、长圆、卵形、倒卵形、鸡心形、束腰形（瓶形）、弯形。

大小——极小（仅在记载某些野生种时用）、小（纵径 13mm 以下）、中（纵径 13 ～ 18mm）、大（纵径 18 ～ 23mm）、极大（纵径 23mm 以上）。

整齐度——整个果穗上果粒的大小和形状是否一致；小青粒（豌豆粒）——无、少、多。

重量——从 10 个果穗上取 100 粒带果蒂但不带果梗的果粒，求其平均重，以 g 为单位。

颜色（带果粉观察）——淡黄、绿黄、黄绿、粉红、紫红、红紫、黑紫、紫黑、蓝黑、其他。

果脐——仅记特别明显的。

果皮厚度（口尝）——薄、中、厚（以玫瑰香为中）。

果粉——薄、中、厚（以玫瑰香为中）。

果皮与果肉是否分离——此项记载主要针对美洲种和欧美杂种而言，凡果皮能与色素层分离者为之分离，否则为不分离。

肉质——软、中、脆、有无肉囊。

果肉与种子是否分离（指种子上是否黏附有果肉）——分离、不分离。

果汁颜色（压汁后半小时观察）——绿黄、浅红、紫红、红褐。

果汁多少——少、中、多（以玫瑰香为中）。

香味——无、‘玫瑰香’味、草莓味、美洲种味（狐臭味，仅指美洲葡萄的特有香味），青草味、其他。

香味程度——微香、香、浓香。

甜酸度——极甜、甜、酸甜、甜酸、酸、极酸。

种子粒数——随机选100粒果粒，逐粒实算，用数字记其分布情况：从多少粒到多少粒，通常为多少粒。

7. 种子

形状——绘正、反两面种子图。

大小——小、中、大（随机抽取至少10粒种子，测其长及宽，以长度小于0.5cm者为小，0.5～0.7cm者为中，大于0.7cm者为大）。

颜色——黄褐、棕褐、褐、灰褐、黑褐。

合点和喙——仅记特殊者。

（三）农业生物学特性

1. 生长势

弱、中、强、极强（目测，以‘玫瑰香’品种为中）。

2. 营养生长物候期

品种营养生长物候期记载表如表2-9所示。

表2-9　品种营养生长物候期记载表

年份	物候期								自充分萌芽到果实成熟	有效积温/℃（全值）	备注（采收期、新梢成熟度）等
	伤流开始期	萌芽开始期	开花开始期	浆果生长开始期	枝条成熟开始期	浆果成熟开始期	浆果成熟充分期	落叶开始期			

伤流和落叶开始期：只在不埋土防寒地区记载。

萌芽开始期的标志是：约有5%的芽已呈“绒球”状，并透过茸毛而稍露彩色（粉红或浅绿）。

开花开始期的标准是：第一批花已开放（花冠已脱落）。

浆果开始生长期的标准是：约95%的花朵已经开过。

枝条开始成熟期的标准是：枝条基部第四节以下的表皮已呈黄褐色，用手指甲掐压时不脱皮、不出水。

浆果开始成熟期的标准是：约5%的果粒已变软透明，有色品种开始上色。

浆果充分成熟期的标准是：果实可溶性固形物的含量已趋于稳定，种子已呈褐色或棕色，果粒已具代表本品种的色、香、味。

3. 结实力

在抹芽前调查，每品种至少调查 2（棚架）～ 3（篱架）株，固定植株，连续观察三年，按表 2-10 进行记载。

表2-10　品种结实力记载表

年份	总芽眼数	无效芽数量	发育枝数量	结果枝					平均一个结果枝上的花序数	平均一个新梢上的花序数①	采收的果穗数	计算产量②/千克
				一个花序数量	二个花序数量	三个花序数量	四个花序数量	总计				

① 包括发育枝和结果枝。
② 计算产量＝平均穗重 × 总花序数。

副芽、副梢和隐芽的结实力——无、弱、中、强。

成熟期是否一致——全株：一致、不一致；全穗：一致、不一致。

熟后是否落粒——不落、落粒（多、中、少）。

单株产量——平均、最高（以 kg 为单位）。

单株平均穗重——全株平均，卷须果和果粒受害超过 10% 的果穗不计入内。

（四）工业特性

1. 物理分析

只调查加工品种，样品至少 5 穗，重量不少于 2kg，按表 2-11 进行记载。

表2-11　品种物理分析记载表

年份	采收日期	分析日期	果穗重量 /g	占果穗总重的比例 /%			
				果汁	穗梗	果皮、果肉	种子

2. 化学分析

鲜食品种从 10 穗中选取 500g 果粒进行分析；加工品种则用物理分析时取得的果汁进行分析。以折光仪测定可溶性固形物；以比重计测量含糖量；以 1/10N 的 NaOH 滴定含酸量，并换算酒石酸。按表 2-12 进行记载。

表2-12　品种化学分析记载表

年份	采收日期	分析日期	可溶性固形物含量 /%	含糖量 /%	含酸量 /%

3. 酿酒试验结果及其简评。

（五）抗性

针对当地发生的主要病虫害和自然灾害，主要的按5级制记载，一般的按3级制记载。

1. 对主要病害感染程度

依受感染的多少，分0～4五级进行记载，“4”表示感染严重，“0”表示没有感染。包括白腐病（根据品种熟期的早、中、晚，分三次调查）、白粉病、霜霉病、毛毡病等。

2. 对主要虫害的抵抗力

包括根瘤蚜、根结线虫、蓟马、金龟子等。

3. 对自然灾害抗性（分弱、中、强三级进行记载）

包括日灼、裂果、耐旱、抗寒、耐盐碱等。

4. 其他

包括耐运输力、耐储藏力等。

（六）总评

包括对植株的生长势、产量、果实成熟期、色泽、外观、甜酸度、香味、品质、用途、抗性、对外界环境条件的适应力、对栽培技术的特殊要求、适宜发展的地区以及发展前途等方面的评价。

四、葡萄种质资源描述符

（一）种资编号

（1）国家统一编号。

（2）引种号。

（3）采种号。

（二）名称

（1）学名。

（2）品种（系）名。

（3）原名。

（4）别名。

（三）原产地

（四）起源

（1）实生（包括母本亲本）。

（2）芽变（包括母本品种）。

（3）杂交（包括亲本品种）。

（4）人工引变。

（5）其他。

（五）引种情况（从国外或其他单位间接引入）

（1）引种地点。

（2）引种单位。

（3）引种时间。

（4）引种材料。包括种子、接穗、苗木等。

（5）引种人。

（六）采集情况（直接从产地收集）

（1）采集地地理位置。包括地名、经度、纬度、海拔。

（2）采集时间。

（3）采集材料。包括种子、接穗、分株等。

（4）采集人。

（七）植物检疫

（1）检疫单位。

（2）检疫情况。

（八）繁殖

（1）繁殖方式。包括实生、嫁接、高接、扦插、压条、组织培养等。

（2）砧木类型。

（九）保存情况

（1）保存单位。

（2）保存地点。

（3）保存地地理位置。包括经度、纬度、海拔高度、保存数量、定植时间、株行距。

（十）描述植株状况

（1）株行号。

（2）树龄。

（3）树体状态。未结果幼树、初结果树、成年结果健壮树、成年病弱树、衰老树、垂死树等。

（十一）果穗、果粒形状

（1）果穗　供作果穗性状描述评价的描述植株，不应采取去穗尖、疏穗、疏果粒等栽培技术措施。相关评价标准见表 2-13 ～表 2-21。

表2-13　基本形状

形状	参照品种
圆柱形	贵人香
圆锥形	玫瑰香
分枝形	巴勒斯坦

注：在成熟期调查10穗着生在中庸枝上的具有典型性的果穗。

表2-14　歧肩

歧肩类型	参照品种
无	贵人香
单歧肩	—
双歧肩	郑州早红
多歧肩	红马拉加

注：在成熟期调查10穗着生在中庸枝上的具有典型性的果穗。

表2-15　副穗

评价标准	参照品种
无	奥坡托
有	黑比诺

注：在成熟期调查10穗着生在中庸枝上的具有典型性的果穗。

表2-16　大小（IBPGR 4.2.2）　单位：cm^2

评价标准		参照品种
极小	＜ 50	黑比诺
小	100 ～ 150	雷司令
中	200 ～ 300	玫瑰香
大	400 ～ 500	金后
极大	601	巴尔干

注：1. IBPGR 指国际植物遗传资源研究所，其《葡萄描述符》为全球通用标准。
2. 在成熟期调查10穗着生在中庸枝上的具有典型性的果穗。计量单个果穗的大小。果穗大小以穗长（不包括穗梗）× 穗宽之积（投影面积）表示。

表2-17　穗梗长（IBPGR 4.2.3）　单位：cm

评价标准		参照品种
极短	≤ 3	黑比诺
短	约 5	白沙斯拉
中	约 7	奥坡托
长	约 9	瑞必尔
极长	＞ 11	甲州三尺

注：在成熟期调查10穗着生在中庸枝上的具有典型性的果穗，计量果穗着生点到第一分枝处的穗梗长度。

表2-18 长度（IBPGR 6.2.5） 单位：cm

评价标准		参照品种
极短	＜11	灰比诺
短	14～16	白沙斯拉
中	19～21	奥坡托
长	24～26	郑州早红
极长	＞30	甲州三尺

注：在成熟期调查10穗着生在中庸枝上的具有典型性的果穗，计量单个果穗的长度，不包括穗梗。

表2-19 紧密度（IBPGR 6.2.6）

评价标准		参照品种
极松	果穗平放时，所有分枝几乎处于一平面，果粒稀疏	甲州三尺
松	果穗平放时，其形状显著改变	柔丁香
中	果穗平放时，其形状稍有改变	玫瑰香
紧	果穗平放时，其形状不改变	白雅
极紧	果穗平放时，其形状不改变，果粒非常紧密	贵人香

注：在成熟期调查10穗着生在中庸枝上的具有典型性的果穗。

表2-20 每穗果粒数（IBPGR 6.2.7） 单位：粒

评价标准		参照品种
极少	＜51	
少	88～112	
中	138～162	
多	188～212	
极多	＞250	

注：在成熟期调查10穗着生在中庸枝上的具有典型性的果穗，计数每个果穗的果粒数。

表2-21 单穗重量（IBPGR 6.2.25） 单位：g

评价标准		参照品种
极小	＜100	巴柯
小	150～250	黑比诺
中	350～450	玫瑰香
大	650～950	巴尔干
极大	＞1200	—

注：在成熟期调查10穗着生在中庸枝上的具有典型性的果穗，计量单穗重。

（2）果粒　供作果粒性状描述评价的描述植株，不应采取去穗尖、疏穗、疏果粒等栽培技术措施。相关评价标准见表2-22～表2-43。

表2-22 果粒形状（IBPGR 4.2.5）

评价标准	参照品种
卵形	京早晶
倒卵形	红富士

续表

评价标准	参照品种
鸡心形	巧吾斯
束腰形（或瓶形）	瓶儿
弯性	驴奶
扁圆形	罗曼尔
近圆形	龙眼
圆形	巴柯
椭圆形	巨峰
长椭圆形	保尔加尔
长圆形	牛奶

注：成熟期调查。从10个果穗的中部各取10个果粒，共100个有代表性的果粒，进行目测。

表2-23　果粒大小（IBPGR 4.2.4）　　单位：cm^2

评价标准		参照品种
极小	＜2	粉红无核
小	2.5 ～ 3.0	京早晶
中	3.5 ～ 4.5	玫瑰香
大	5.5 ～ 6.5	绯红
极大	＞7.5	

注：成熟期调查，从10个果穗的中部各取10个果粒，共100个有代表性的果粒，计量单个果粒大小。果粒大小以粒长×粒宽之积（投影面积）表示。

表2-24　果粒长度（IBPGR 6.2.9）　　单位：mm

评价标准		参照品种
极短	＜12	巴柯
短	14 ～ 16	白玉霓
中	18 ～ 20	玫瑰香
长	22 ～ 24	驴奶
极长	＞26	牛奶

注：成熟期调查，从10个果穗的中部各取10个果粒，共100个有代表性的果粒，计量单个果粒的长度。

表2-25　皮色（IBPGR 4.2.6）

评价标准	参照品种
黄绿至绿黄	莎巴珍珠
粉红	红富士
红	红港
紫红至红紫	玫瑰香
蓝黑	法国蓝

注：成熟期调查直接见阳光的果粒的果皮色泽。

表2-26　皮色一致性（IBPGR 6.2.12）

评价标准	参照品种
不一致	白香蕉
一致	法国蓝

注：成熟期调查，从10个果穗的中部各取10个果粒，共100个具有代表性的果粒，进行目测。

表2-27　整齐度（IBPGR 6.2.10）

评价标准	参照品种
整齐	法国蓝
不整齐	绯红
有小青粒	佳利酿

注：成熟期调查10个果穗，目测果粒的大小和形状是否一致。此性状受施肥量的影响。

表2-28　横断面形状（IBPGR 6.2.11）

评价标准	参照品种
不圆	—
圆	玫瑰香

注：成熟期调查，从10个果穗的中部各取10个果粒，共100个具有代表性的果粒，观察果粒中部的横断面形状。

表2-29　果粒重量（IBPGR 6.2.26）　单位：g

评价	评价标准	参照品种
极小	＜1	索索葡萄
小	1.7～2.3	奥坡托
中	3～5	玫瑰香
大	7～9	绯红
极大	＞12	先锋

注：成熟期调查，从10个果穗的中部各取10个果粒，共100个具有代表性的果粒，称量单个果粒重。

表2-30　果粉（IBPGR 6.2.13）

评价标准	参照品种
薄	莎巴珍珠
中	玫瑰香
厚	法国蓝

注：成熟期调查，目测果粉厚薄。

表2-31　果皮厚度（IBPGR 6.2.4）

评价标准	参照品种
薄	无核白
中	玫瑰香
厚	蜜儿紫

注：成熟期调查，口感果皮厚度。

表2-32　果皮韧度

评价标准	参照品种
脆	牛奶
中	玫瑰香
韧	巨峰

注：成熟期调查，口感果皮韧度。

表2-33　果皮涩味

评价标准	参照品种
无涩味	莎巴珍珠
稍有涩味	卡尔曼希
有涩味	玫瑰香

注：成熟期调查，口感果皮涩味有无及强弱。

表2-34　果肉颜色（IBPGR 4.2.7）

评价标准	参照品种
无	贵人香
弱	胜利
中	玫瑰香
强	黑佳酿

注：成熟期目测果肉色泽程度。

表2-35　果肉特殊香味（IBPGR 4.2.8）

评价标准	参照品种
无	白雅
玫瑰香味	玫瑰香
草莓香味	红富士
其他	

注：成熟期调查，口感果肉香味有无及类型。

表2-36　果肉香味程度

评价标准	参照品种
微	郑州早红
中	11-43
浓	玫瑰香

注：成熟期以口感方式调查。

表2-37　果肉质地

评价标准	参照品种
溶质	伏尔加顿
软	莎巴珍珠

续表

评价标准	参照品种
较脆	巧吾斯
脆	牛奶
有肉囊	巨峰

注：成熟期以口感方式调查。

表2-38　果肉硬度（IBPGR 6.2.17）

评价标准	参照品种
极软	白香蕉
软	奥利文
中	玫瑰香
硬	葡萄园皇后
极硬	瑞必尔

注：成熟期调查，以破碎果粒所需的力表示，亦可用果皮弹性大小表示。

表2-39　果肉多汁性（IBPGR 6.2.15）

评价标准	参照品种
不多汁	伊莎贝拉
多汁	白香蕉

注：成熟期以口感方式调查。

表2-40　果梗长度（IBPGR 6.2.19）　　单位：mm

评价	评价标准
极短	＜6
短	8～9
中	12～13
长	16～17
极长	＞24

注：成熟期调查，从10个果穗的中部各取10个果粒，共100个具有代表性的果粒，测算果梗长度。

表2-41　果梗抗拉力（IBPGR 6.2.20）

评价标准	参照品种
极难	黑潮
难	瑞必尔
中	玫瑰香
易	白香蕉
极易	圆叶葡萄

注：成熟期调查，从10个果穗的中部各取10个果粒，共100个具有代表性的果粒，测果梗与果粒分离时的抗拉强度。

表2-42 可溶性固形物含量 单位：%

评价	评价标准	参照品种
极低	≤ 11	白雅
低	11.1 ～ 14	巧吾斯
中	14.1 ～ 17	金后
高	17.1 ～ 20	贵人香
极高	≥ 20	公酿二号

注：成熟期调查，从10个果穗的中部各取10个果粒，共100个具有代表性的果粒，压汁后用手持折光仪测定。

表2-43 甜酸度

评价标准	参照品种
极甜	白香蕉
甜	奥利文
酸甜至甜酸	玫瑰香
酸	雷司令
极酸	贝达

注：成熟期以口感方式调查。

（3）果实理化性状 评价标准见表2-44 ～表2-46。

表2-44 果实含糖量（IBPGR 6.2.28） 单位：%

评价	评价标准	参照品种
极低	≤ 10	粉红巧吾斯
低	12 ～ 13	奥利文
中	14 ～ 15	玫瑰香
高	16 ～ 17	罗吉玫瑰
极高	≥ 19	公酿二号

注：采收期调查有代表性的100个果粒，压汁后用裴林氏溶液滴定。

表2-45 果实含酸量（IBPGR 6.2.29） 单位：g/L

评价	评价标准	参照品种
极低	≤ 1	
低	5 ～ 7	玫瑰香
中	8 ～ 9	品丽珠
高	11 ～ 12	黑佳酿
极高	≥ 15	山葡萄

注：采收期调查有代表性的100个果粒，压汁后测定酒石酸含量。

表2-46 出汁率（IBPGR 6.2.16） 单位：%

评价	评价标准	参照品种
极低	≤ 50	
低	51 ～ 60	涅布盖

续表

评价	评价标准	参照品种
中	61 ～ 70	法国蓝
高	71 ～ 80	雷司令
极高	≥ 81	白香蕉

注：采收期调查，从10个果穗上各取10个果粒，共100个果粒，去果梗碾碎后在300r/min条件下离心。

（十二）生物学特性

（1）生长结果习性　相关评价标准见表2-47 ～表2-55。

表2-47　植株生长势

评价标准	参照品种
极弱	早玫瑰
弱	黑玫瑰
中	玫瑰香
强	金后
极强	大宝

注：开花期调查，以玫瑰香品种的树势为中。

表2-48　每结果枝果穗数　单位：个

评价	评价标准	参照品种
少	≤ 1.5	奥利文
中	1.6 ～ 2.0	雷司令
较多	2.1 ～ 2.5	公酿1号
多	≥ 2.6	哈佛德

注：坐果后调查10个结果枝。

表2-49　副芽萌发力

评价标准	参照品种
弱	贵人香
中	玫瑰香
强	香槟

注：抹芽前调查，以‘玫瑰香’品种为中。

表2-50　副芽结实力

评价标准	参照品种
弱	巴勒斯坦、黑虎香
中	玫瑰香
强	巨峰、露莎夫人

注：抹芽定枝前调查，以‘玫瑰香’品种为中。

表2-51　隐芽结实力

评价标准	参照品种
弱	黑虎香
中	玫瑰香
强	露莎夫人

注：抹芽定枝前调查，以‘玫瑰香’品种为中。

表2-52　副梢结实力

评价标准	参照品种
弱	巴勒斯坦
中	玫瑰香
强	巧吾斯

注：副梢开花期调查夏芽副梢的结实能力，以‘玫瑰香’品种为中。

表2-53　全株果穗成熟一致性

评价标准	参照品种
不一致	巨峰
一致	葡萄园皇后

注：成熟期调查整株全部果穗，目测。

表2-54　全穗果粒成熟一致性

评价标准	参照品种
不一致	白香蕉
一致	葡萄园皇后

注：成熟期调查10个结果枝上的全部果穗，目测。

表2-55　浆果落粒性

评价标准	参照品种
不落	保尔加尔
落粒轻	京早晶
落粒重	白香蕉

注：成熟期调查10个结果枝上的全部果穗，目测。

（2）物候期　相关评价标准见表2-56～表2-60。

表2-56　萌芽开始期（IBPGR 6.1.48）

评价标准	参照品种
极早	刺葡萄
早	贝达
中	玫瑰香
晚	黑汉
极晚	红西拉

注：当5%的芽萌发时为萌芽开始期。

表2-57　开花始期（IBPGR 6.2.21）

评价标准	参照品种
极早	—
早	贝达
中	玫瑰香
晚	黑汉
极晚	圆叶葡萄

注：当5%的花开放时为开花开始期。

表2-58　浆果开始生长期

评价标准	参照品种
极早	—
早	贝达
中	玫瑰香
晚	科维丁卡
极晚	圆叶葡萄

注：落花终期即为浆果开始生长期。

表2-59　浆果生理完熟期（IBPGR 6.2.23）

评价标准	参照品种
极早	莎巴珍珠
早	郑州早红
中	葡萄园皇后
晚	白马拉加
极晚	底拉哥

注：浆果充分成熟，达到最高含糖量。

表2-60　早熟性

单位：d

评价	评价标准	参照品种
极早	≤ 100	莎巴珍珠
早	101 ～ 120	郑州早红
中	121 ～ 140	巧吾斯
晚	141 ～ 160	白马拉加
极晚	≥ 161	底拉哥

注：以从萌芽到果实完全成熟所需天数表示。

（3）砧木　相关评价标准见表 2-61 ～表 2-63。

表2-61　产条量（IBPGR 6.1.55）

评价标准	参照品种
极低	洛特沙地葡萄
低	—

续表

评价标准	参照品种
中	3309C
高	—
极高	白河

注：休眠期调查每亩成熟枝条的产量，以总长度来表示。

表2-62　愈伤组织形成能力（IBPGR 6.1.56）

评价标准	参照品种
极低	—
低	41B
中	白河
高	Riparia Gloire
极高	Montpellier

注：把充分成熟的木质化插条置于25～30℃条件下，观察其愈伤组织形成能力，采用特殊方法时记入备注。

表2-63　不定根形成能力（IBPGR 6.1.57）

评价标准	参照品种
极低	冬葡萄
低	—
中	白河
高	Riparia Gloire
极高	Montpellier

注：调查充分成熟的木质化插条在正常繁殖条件下形成不定根的能力，采用特殊方法时记入备注。

（十三）植物学特征

（1）新梢　相关评价标准见表2-64～表2-69。

表2-64　姿态（IBPGR 6.1.3）

评价标准	参照品种
直立	白羽
半直立	奥托玫瑰
近似水平	黑比诺
半下垂	贝达
下垂	3309C

注：开花期调查未停长的新梢，观测其生长姿态，调查10个新梢。

表2-65　卷须分布（IBPGR 4.1.5）　　单位：节

评价	评价标准	参照品种
间断	≤2	*V.vinifera*
半连续或连续	≥3	*V.labrusca*

注：开花期调查新梢中部具有卷须或花序的最大连续节间数，调查10个新梢。

表2-66　节间背侧颜色（IBPGR 6.1.14）

评价标准	参照品种
绿	索味浓
绿具红色条纹	佳利酿
红	雷司令

注：开花期调查新梢中部节间的背侧颜色，调查10个节间。

表2-67　节间腹侧颜色（IBPGR 6.1.15）

评价标准	参照品种
绿	索味浓
绿具红色条纹	佳利酿
红	安吉文

注：开花期调查新梢中部节间的腹侧颜色，调查10个节间。

表2-68　新梢生长势（IBPGR 6.1.51）

评价标准	参照品种
极弱	早玫瑰
弱	莎巴珍珠
中	玫瑰香
强	保尔加尔
极强	大宝

注：开花期调查新梢的长度，调查10个靠近主蔓的新梢。

表2-69　副梢生长力（IBPGR 6.1.52）

评价标准	参照品种
极弱	—
弱	巴库斯
中	玫瑰香
强	红富士
极强	波鲁克斯

注：浆果采收期或夏剪前调查靠近主蔓的10个中部所发出的副梢，据长于2cm的副梢数及长度确定生长力强弱。

（2）嫩梢　相关评价标准见表2-70～表2-72。

表2-70　梢尖形态（IBPGR 4.1.1）

评价标准	参照品种
闭合	*V.riparia*
半开张	Kober 5BB
开张	*V.vinifera*

注：花前新梢长15～25cm时调查第一片开放叶以上的梢尖，调查10个新梢的梢尖。

表2-71　梢尖颜色（IBPGR 4.1.2）

评价标准	参照品种
无	无核白
极弱	白谢希
弱	白雅
中	莎巴珍珠
强	谢花红
极强	*V.labrusca*

注：花前新梢长15～25cm时调查梢尖上花青素分布情况，调查10个新梢的梢尖。

表2-72　梢尖茸毛（IBPGR 4.1.3）

评价标准	参照品种
无	无核白
极疏	莎巴珍珠
疏	绯红
中	黑比诺
密	白香蕉
极密	大宝

注：花前新梢长15～25cm时调查梢尖上的茸毛数量，调查10个新梢的梢尖。

（3）幼叶　相关评价标准见表2-73～表2-75。

表2-73　上表面颜色（IBPGR 4.1.13）

评价标准	参照品种
绿	西万尼
黄	富明特
橙黄	巧尼克
紫红	白沙斯拉

注：开花前调查梢尖下1～3片叶的上表面颜色，调查10个新梢。

表2-74　上表面光泽（IBPGR 6.1.14）

评价标准	参照品种
无	白香蕉
有	法国蓝

注：开花前调查梢尖下1～3片叶的上表面有无光泽，调查10个新梢。

表2-75　花青素着色程度

评价标准	参照品种
无	无核白
极弱	安吉文
弱	白雅

续表

评价标准	参照品种
中	白沙斯拉
强	红汁加美
极强	烟 73

注：开花前调查梢尖下1～3片叶着色程度（花青素），调查10个新梢。

（4）成熟叶片　相关评价标准见表2-76～表2-93。

表2-76　叶型

评价标准	参照品种
单叶	*V.vinifera*
复叶	*V.piasezkii*

注：坐果后至果实转色期调查果穗（原花序）以上位于新梢中部的成熟叶片，调查10个叶片。

表2-77　长度（IBPGR 6.1.19）　单位：cm

评价	评价标准	参照品种
极短	＜8	无核白、莎巴珍珠
短	11～13	雷司令、霞多丽
中	16～18	赤霞珠、梅洛
长	21～23	巨峰、意大利
极长	＞26	白羽、贵人香

注：坐果后至果实转色期调查果穗（原花序）以上位于新梢中部的成熟叶片的主脉的长度，调查10个叶片。

表2-78　叶片颜色（IBPGR 6.1.21）

评价标准	参照品种
黄	牛奶
绿	玫瑰香
紫红	烟 73

注：坐果后至果实转色期调查果穗（原花序）以上位于新梢中部的成熟叶片的表面颜色，调查10个叶片。

表2-79　叶面平展度（IBPGR 6.1.26）

评价标准	参照品种
平展	亚历山大
具皱褶	蜜儿紫
叶缘上卷	谢花红
叶缘下卷	紫北塞
卷缩	无核白

注：坐果后至果实转色期调查果穗（原花序）以上位于新梢中部的成熟叶片的中部横剖面，调查10个叶片。

表2-80　锯齿形状（IBPGR 4.1.8）

评价标准	参照品种
双侧凹	—
双侧直	郑州早红
双侧凸	白香蕉
一侧凹一侧凸	—

注：坐果后至果实转色期调查果穗（原花序）以上位于新梢中部的成熟叶片主裂片的锯齿两侧形状，调查10个叶片。

表2-81　裂片数目（IBPGR 4.1.7）

评价标准	参照品种
全缘	毛葡萄
三裂	康克
五裂	玫瑰香
七裂	巧吾斯
多于七裂	多裂叶蘡薁

注：坐果后至果实转色期调查果穗（原花序）以上位于新梢中部的成熟叶片的裂片数目，调查10个叶片。

表2-82　上裂刻形状（IBPGR 6.1.32）

评价标准	参照品种
开张	红富士
闭合	白沙斯拉
裂片稍重叠	赤霞珠
裂片重叠多	巧吾斯

注：坐果后至果实转色期调查果穗（原花序）以上位于新梢中部的10个成熟叶片的上裂刻形状，调查10个叶片。上裂刻位于主脉V_1和侧脉V_2间。

表2-83　上裂刻基部形状

评价标准	参照品种
U形	玫瑰香
V形	白香蕉

注：坐果后至果实转色期调查果穗（原花序）以上位于新梢中部的10个成熟叶片的上裂刻基部形状，调查10个叶片。上裂刻位于主脉V_1和侧脉V_2间。

表2-84　下裂刻形状（IBPGR 6.1.33）

评价标准	参照品种
开张	品丽珠、黑比诺
闭合	霞多丽、雷司令
裂片稍重叠	巨峰、玫瑰香
裂片重叠多	意大利、白玫瑰

注：坐果后至果实转色期调查果穗（原花序）以上位于新梢中部的10个成熟叶片的下裂刻形状，调查10个叶片。下裂刻位于侧脉V_2和侧脉V_3间。

表2-85　下裂刻基部形状

评价标准	参照品种
U形	赤霞珠、黑比诺、雷司令
V形	美乐、霞多丽

注：坐果后至果实转色期调查果穗（原花序）以上位于新梢中部的10个成熟叶片的下裂刻基部形状，调查10个叶片。下裂刻位于侧脉V_2和V_3间。

表2-86　叶柄长（IBPGR 6.1.40）　　单位：cm

评价标准		参照品种
极短	＜7	莎巴珍珠、无核白
短	9～10	雷司令、白诗南
中	13～14	赤霞珠、梅洛
长	17～18	巨峰、意大利
极长	＞21	白羽、佳丽酿

注：坐果后至果实转色期调查果穗（原花序）以上位于新梢中部的成熟叶片的叶柄长度，调查10个叶片。

表2-87　叶柄洼形状（IBPGR 4.1.9）

评价标准	参照品种
全闭合	金后
闭合裂缝形	白沙斯拉
闭合椭圆形	白雅
闭合圆形	意大利玫瑰
闭合扁圆形	玫瑰香
开张圆形	奥利文
开张椭圆形	莎巴珍珠
窄拱形	巨峰
宽拱形	洛特沙地葡萄
矢形	亚历山大

注：坐果后至果实转色期调查果穗（原花序）以上位于新梢中部的成熟叶片的叶柄洼形状，调查10个叶片。

表2-88　叶柄洼基部形状（IBPGR 6.1.30）

评价标准	参照品种
U形	葡萄园皇后
V形	白香蕉

注：坐果后至果实转色期调查果穗（原花序）以上位于新梢中部的成熟叶片的叶柄洼基部形状，调查10个叶片。

表2-89　叶背茸毛特征

评价标准	参照品种
刺毛	白谢希
丝毛	金后

续表

评价标准	参照品种
腺毛	秋葡萄
混合毛	晚红蜜
毡毛	白香蕉

注：坐果后至果实转色期调查果穗（原花序）以上位于新梢中的成熟叶片的叶背茸毛类型，调查10个叶片。

表2-90　叶背茸毛密度

评价标准	参照品种
无	保尔加尔
极疏	瓶儿
疏	白雅
中	玫瑰香
密	白香蕉
极密	大宝

注：坐果后至果实转色期调查果穗（原花序）以上位于新梢中部的成熟叶片的叶背茸毛多少，调查10个叶片。

表2-91　上表面主要叶脉颜色（IBPGR 6. 1.22）

评价标准	参照品种
无	霞多丽、雷司令
极弱	白诗南、赛美蓉
弱	赤霞珠、品丽珠
中	美乐、黑比诺
强	西拉、歌海娜
极强	紫北塞、泰图里

注：坐果后至果实转色期调查果穗（原花序）以上位于新梢中部的10个成熟叶片上表面的主要叶脉（V_1、V_2、V_3）从基部到中部的花青素着色程度。

表2-92　下表面主要叶脉颜色（IBPGR 6.1.23）

评价标准	参照品种
无或极弱	霞多丽、雷司令
弱	白诗南、意斯林
中	赤霞珠、长相思
强	西拉、黑比诺
极强	紫北塞、烟 73

注：坐果后至果实转色期调查果穗（原花序）以上位于新梢中部的10个成熟叶片下表面的主要叶脉（V_1、V_2、V_3）从基部到中部的花青素着色程度。

表2-93　成叶秋色（IBPGR 6.1.50）

评价标准	参照品种
黄	雷司令
微红	霞多丽、赤霞珠

续表

评价标准	参照品种
红	奥坡托
暗红	美乐、西拉
红紫	瑞必尔

注：接近落叶时调查位于枝条中部的叶片颜色。

（5）花序　相关评价标准见表2-94～表2-97。

表2-94　花性别（IBPGR 4.2.1）

评价标准	参照品种
雄性	洛特沙地葡萄
雄性到两性	3309C
两性	玫瑰香
雌性具直立雄蕊	底拉哥
雌性具反卷雄蕊	巧吾斯

注：开花期调查10个花序。花性是指花在形态学上的性别表现。

表2-95　第一花序着生位置（IBPGR 6.2.1）

位置	参考品种
1～2节	莎巴珍珠、早玫瑰
3～4节	黑比诺
5节以上	无核白

注：开花期调查10个结果枝上第一花序着生的节位数。

表2-96　每新梢的花序数（IBPGR 6.2.2）　单位：个

评价标准		参照品种
少	≤1	里扎马特
中	1.1～2	绯红
较多	2.1～3	波鲁克斯
多	≥3.1	—

注：开花期对未经抹芽定枝的描述植株，调查全部新梢数和花序数，计算每新梢的花序数。

表2-97　第一花序长（IBPGR 6.2.3）　单位：cm

评价标准		参照品种
极短	＜6	莎巴珍珠、早玫瑰
短	9～11	黑比诺、雷司令
中	14～16	赤霞珠、玫瑰香
长	19～21	巨峰、意大利
极长	＞24	白玫瑰、龙眼

注：开花期调查10个第一花序，测量花序长度。其长度是指从花序着生点到顶端全长。

（6）种子 相关评价标准见表2-98～表2-102。

表2-98 种子有无（IBPGR 4.3.1）

类型	评价标准	参照品种
无	无籽，单性结实	无核白
败育	有软种皮	京早晶
有	种子发育充分	玫瑰香

注：成熟期调查100个果粒。

表2-99 外表有无横沟

类型	参考品种
无	*V.vinifera*
有	*V.rotundifolia*

注：成熟期调查。

表2-100 粒数 单位：粒

评价	评价标准	参考品种
少	1～2	大玉露
中	3～4	玫瑰香
多	＞5	巨峰、藤稔

注：成熟期调查100个果粒的种子数，以每果粒通常所含种子数为准。

表2-101 单粒重（IBPGR 6.3.3） 单位：mg

评价	评价标准	参照品种
极低	＜11	无核白、火焰无核
低	21～29	雷司令、霞多丽
中	36～44	赤霞珠、梅洛
长	51～59	巨峰、藤稔
极长	＞65	贝达、SO_4

注：调查100粒洗净晾干后的干种子，称量单粒种子重量。

表2-102 种脐（IBPGR 6.3.1）

评价标准	参照品种
稍可见（不突出）	白沙斯拉
可见（突出）	白玉霓

注：调查100粒干种子。

五、葡萄种质资源抗性等评价

（一）抗病性评价

1. 抗病性评价方法

抗病性在植物病理学中的解释为寄主植物受到病原物侵染以后所发生本能的抑制或延

缓反应，也可以理解为病原物侵染后出现了危害植物生长发育的现象。可以将抗病性分为垂直抗性假设和水平抗性假设：垂直抗性和水平抗性分别表现为质量遗传与数量遗传，垂直抗性特点为抗病应变性明显，抗病性水平相对较高；水平抗性的致病率较低、潜育期相对较长并且产孢量较少。寄主植物不同所表现的抗性反应程度也存在差异，即使同种病原物对同一类植物的致病程度也有分别。致病效果是多方面因素综合作用的结果，寄主植物的物质基础、形态结构、生长状态、生理生化和抗病基因等都与其相关。根据寄主植物对病原物侵染后的反应，可分为免疫、高抗、抗病、感病和高感五个等级，致病力越强抗性越低。

种植作物时需要了解其抗病的类型与生长的能力，需通过鉴定的方式得出寄主植物的抗病性强弱，并且抗性鉴定也是抗病育种的重要手段，可用于植物抗病类型的鉴别和抗病程度的评定，不局限于人工接种发病还是自然流行病害。田间鉴定与人工接种鉴定可以结合起来综合分析植物的抗病程度。田间鉴定是最为基础的，操作简单且保存病感株容易。室内离体苗期鉴定是指在人工可控温度、湿度等植物生长需要环境中进行的抗病性鉴定方法，该优势为可缩短苗期鉴定周期，分析单环境因子对抗病性的影响，不受自然条件及生长季的限制。离体鉴定是在局部组织或细胞水平就能表达出的抗性鉴定。近二十年来看，在抗病性方面葡萄新品种的培育有明显增加的趋势。

刘丽婷利用室内离体叶片接种法对葡萄进行白腐病抗性鉴定，具体操作方法为：均采取当年生枝条上第三到第五片成龄的叶片，每个植株选取 3 个叶片，用蒸馏水清洗干净后擦干待用，采用经高温灭菌后直径为 7 mm 的打孔器在培养好的白腐菌菌落边缘打下若干个孔以制备菌块，避开叶片的主脉刺伤处并将菌块（CK）分别接种于叶片正面的伤口处，每个叶片接种 3 处，同时设 3 个生物学重复，再将接种后的叶片置于培养皿下底内保湿，上盖覆有浸湿但不接触叶面且不滴水的滤纸，用封口膜密封保湿，并放在条件为 28℃，100% 相对湿度，16h 光照、8h 暗光的培养箱内培养，放置 24h 后将叶片上的菌块取出并继续培养 48h，最后使用智能叶面积测量仪统计并做好记录，进行抗性调查。

病情指数计算方法。根据病斑面积所占全叶面的比例划分成 7 个等级：一级：0.1% ～ 5.0%；二级：5.1% ～ 15.0%；三级：15.1% ～ 30.0%；四级：30.1% ～ 45.0%；五级：45.1% ～ 65.0%；六级：65.1% ～ 85.0%；七级：85.1% ～ 100.0%。再将 7 个病症等级转化为病情指数（DI）。计算公式如下：

$$\mathrm{DI}=\frac{\sum(\text{病症等级}\times\text{本等级的叶片数})}{\text{供试叶片总数}\times\text{最高症症指数}}\times 100$$

以 DI ≤ 8.00% 为高抗类型（HR）；在 8.00%<DI ≤ 40.00% 之间为抗病类型（R）；在 40.00%<DI ≤ 56.00% 之间为中抗类型（MR）；在 56.00%<DI ≤ 80.00% 之间为感病类型（S）；80.00%<DI 为高感类型（HS）。

采用离体人工接菌的鉴定方法，对 101 份葡萄品种进行抗白腐病鉴定，结果表明，在 14 份中国野生葡萄品种中，高抗品种有 7 份，为‘双优’‘双丰’‘双红’‘双庆’‘左山一’‘左红一’‘甜冬葡萄’，抗病品种有 2 份，为‘左山二’‘普利亚特河岸’，中抗品种 4 份和 1 份感病品种。美洲种‘葡萄着色香’‘康克’均为抗病品种；欧山杂种葡萄中不存在感病或高感品种，高抗品种 2 份，为‘北冰红’‘左优红’，抗病和中抗品种各 1 份，分别为‘公酿 1 号’‘公主白’；欧美杂种葡萄中有抗病品种 9 份、中抗品种 28 份、感病品种 8 份；欧亚种葡萄品种不存在高抗品种，抗病品种 3 份，中抗品种 11 份，感病品种 7 份。高感品种均为欧亚种葡萄品种（‘87-1’‘阿富汗’‘无核白鸡心’‘红地球’‘瓶儿’‘香妃’‘维多利亚’）。

通过室内离体叶片接种法对葡萄进行抗灰霉病鉴定，具体操作方法为：均采取当年生枝条上第三到第五片成龄的叶片，每个植株选取 3 个叶片，用蒸馏水清洗干净后擦干待用，将制备好的孢子悬浮液采用五针刺伤的方法接种在叶片的正面（避开叶片主叶脉），同时每个叶片都接种 3 处，每株都设 3 个生物学重复，再将接种后的叶片置于培养皿下底内保湿，上盖覆有浸湿但不接触叶面且不滴水的滤纸，用封口膜密封保湿，并放在条件为 28℃，100% 相对湿度，16h 光照、8h 暗光的培养箱内培养，侵染的叶片直接培养 72h。最后使用智能叶面积测量仪统计叶面积及平均病斑面积（病情严重度 DS），并做好记录进行抗性调查。参考 Poolsawat 等的方法，加以改进后方法如下：

DS ≤ 20.00% 为 1 级；在 20.00%<DS ≤ 25.50% 为 2 级；在 25.50%<DS ≤ 36.00% 为 3 级；在 36.00%<DS ≤ 46.50% 为 4 级；在 46.50%<DS ≤ 57.00% 为 5 级；在 57.00%<DS ≤ 74.50% 为 6 级；在 74.50%<DS 为 7 级。

再将 7 个级别的灰霉病 DS 按其定义划分抗病等级，0 ～ 1.50 为高抗类型（HR），1.51 ～ 3.50 为抗病类型（R），3.51 ～ 4.50 为中抗类型（MR），4.51 ～ 6.50 为感病类型（S），6.51 ～ 7.0 为高感类型（HS）。

结果表明，在 14 份中国野生葡萄品种中，高抗品种有 2 份，为‘双优’和‘秦岭桑叶’，抗病品种有 9 份，2 份感病品种和 1 份高感品种；欧美杂种葡萄中未发现高感品种，有高抗品种 4 份（‘皇冠’‘金星无核’‘高妻’‘火星无核’），抗病品种 25 份（‘巨峰’等），中抗品种 9 份，感病品种 7 份；欧亚种葡萄品种不存在高抗品种，抗病品种 5 份，为‘阳光玫瑰’‘沈农金皇后’‘葡萄园皇后’等，中抗品种 3 份（‘里扎马特’等），感病品种 19 份和高感品种 9 份（‘红地球’‘玫瑰香’‘维多利亚’‘无核白’‘白鸡心’等）。美洲种‘葡萄着色香’‘康克’均为高抗品种；4 份欧山杂种葡萄品种均为抗病品种；高感品种均为欧亚种葡萄品种。

2. 种质资源抗病性

葡萄种质资源研究种类主要包括 4 个类别，分别为东亚种群、欧洲种群、美洲种群和特殊类型的圆叶葡萄。葡萄种质资源中各类种群对于不同病害具有不同抗性，即使同一种群也会存在抗性差异。东亚葡萄种群中的山葡萄具有较强的抗病性和极强的抗寒性；圆叶葡萄抗白粉病性极强；欧洲葡萄抗病性相对比较低，品质好。Boubals 经过试验得出抗白粉病较强的有美洲葡萄、沙地葡萄、河岸葡萄、冬葡萄，霜葡萄和甜冬葡萄次之；贺普超与王国英认为瘤枝葡萄、变叶葡萄、秋葡萄、华北葡萄、华东葡萄、燕山葡萄和菱叶葡萄对霜霉病抗性强，而秦岭葡萄、刺葡萄、桦叶葡萄、毛葡萄、麦黄葡萄、网脉葡萄和米葡萄抗病性较弱；张剑侠通过研究认为甜冬葡萄、峡谷葡萄、冬葡萄、山平氏葡萄、圆叶葡萄等对抗黑痘病的抗性很高。周思泓等调查的大部分美洲种群或东亚种群的品种都具有白粉病抗性。唐兴敏等调查发现对霜霉病免疫品种有‘康拜尔早生’；高抗的有‘阳光玫瑰’‘美乐’等5个品种；中抗的有‘贝达’‘小芒森’等6个品种；低抗的有‘瑞都红玉’‘早黑宝’‘摩尔多瓦’等10个品种。

普遍认为东亚种群和欧美种群抗白腐病较强，而欧亚种葡萄的白腐病抗病性一般。中国野生葡萄资源中山欧杂种、山美杂种、美洲杂种以及美洲种群种质抗性强，欧亚种种质抗病性一般。酿酒葡萄中欧亚种的酿酒葡萄‘白玉霓’‘西拉’‘赤霞珠’‘白诗南’抗病性较好，‘长相思’‘雷司令’‘黑比诺’‘梅鹿辄’特抗性较差。刘天明等认为田间自然环境下野生种的葡萄都不会被白腐病真菌病害所侵染，也发现部分抗病和感病种质，如抗病性较低的有秋葡萄、华东葡萄、毛葡萄、华北葡萄和变叶葡萄等；刺葡萄与山葡萄的抗病性相对较高，还没有发现绝对免疫的种质资源。

灰霉病抗性在葡萄属植物中的葡萄种内与种间都呈现出了很大的差异性，一般东亚种群抗灰霉病的能力较强，欧亚种葡萄能力略低些，大都认为欧洲鲜食葡萄的抗病性更低。酿酒葡萄品种中‘赤霞珠’、‘梅鹿辄’、‘西拉’和‘雷司令’，较‘霞多丽’与‘白诗楠’的抗灰霉病强，其中万然的研究结果与Gabler相似的为‘红地球’‘玫瑰香’等不具有抗性，但不同是‘户太8号’‘代北醇’也较低，中国野生葡萄种质中‘山葡萄双优’‘通化3号’‘燕山葡萄燕山-1’‘秦岭葡萄平利-5’等的抗病性都极高，尤其是山葡萄抗性最高。可以看出中国野生葡萄是葡萄抗病育种中非常珍贵的资源，许多中国的野生葡萄均对常见病害具有极高的抗性，部分资源可能有对多种常见病害具有抗性。

3. 抗病性影响因素

葡萄的抗病性是多因素共同作用的结果，既受遗传背景影响，也受环境条件和栽培管理措施的调控。首先，遗传因素是决定葡萄抗病性强弱的核心，包括种群来源、倍性、品种特异基因以及不同抗病相关基因组合。例如，中国野生葡萄种质和美洲种群往往具有较强的抗病性，而欧亚种葡萄抗病性一般，相同种群内不同品种的抗性也存在差异。其次，环境因素对抗病性表现具有显著影响，包括温度、湿度、降水量、光照以及土壤条件等，这些因素可改变病原菌感染和植物防御反应的发生概率。再次，栽培管理措施也会对抗病性产生调节作用，例如水肥管理、修剪方式、密植程度、覆盖物使用和病害防治手段均能间接影响果实和枝叶的抗病性表现。此外，果实发育时期和植株生长阶段也是抗病性表现差异的重要因素，幼果期和成熟期对某些病害的易感性不同。综合来看，葡萄抗病性的形成是遗传与环境、管理等多因素交互作用的结果，这也决定了在育种和品种选育过程中，需要充分考虑种质来源与环境条件的匹配，以获得稳定且高效的抗病性品种。

（二）抗寒性评价

1. 葡萄的抗寒性

冻害是冰点以下低温致使细胞间隙、细胞内的水分结冰而对植物产生的伤害，并常伴随霜害发生。植物对冰点以下低温的适应叫抗冻性，虽然植物本身具有一定的抗寒性，但是不同植物种类或品种有着不同的抗寒性，不同器官的抗寒性也不一样，抗寒性也因植物种类、生育期、生理状态、组织器官经受低温的时间长短而有很大差异。欧洲葡萄仅可抵抗 −22 ～ −20℃的低温，低于此温度欧洲葡萄就会发生不可逆转的死亡，而中国野生葡萄属中的山葡萄种可抵抗 −50℃以下的低温，而且可能不会出现冻害。

葡萄抗寒性是指葡萄在越冬及低温环境中，对冰点以上冷害和冰点以下冻害的综合抵抗能力。长期以来，人们已对葡萄冻害的机理及抗寒理论进行了多方面的研究。我国葡萄的栽培面积及产量均居世界前列，但主要栽培葡萄品种抗寒性较差，在最低温度低于 −15℃的地区即需要对其埋土防寒越冬，这给葡萄生产带来诸多不便。因此对葡萄抗寒性进行研究具重要的理论意义和实践价值。

抗寒种质资源的研究利用是葡萄抗寒育种的基础，根据 Alleweldt 等研究，葡萄属中抗寒性强的葡萄种主要有：山葡萄（*V. amurensis*）、河岸葡萄（*V. riparia*）和美洲葡萄（*V. labrusca*）三个种。但对于中国野生葡萄中抗寒资源的研究，Alleweldt 仅列出了山葡萄。贺普超和牛立新等对中国野生葡萄抗寒性研究认为，产于中国的野生葡萄种抗寒性比较强，特别是山葡萄、燕山葡萄和蘡薁葡萄。杨晶辉和刘崇怀等研究表明，产于中国高纬度或高海拔的野生葡萄种和美洲种群抗寒性都很强。随着对葡萄种质资源抗寒性的鉴定和抗寒理论的不断深入，美国、中国、日本、加拿大和法国等许多葡萄生产大国对葡萄抗寒育种已取得了许多成就。

北美东部是进行葡萄抗寒育种的最早地区。主要利用抗寒性较强的美洲葡萄、河岸葡萄、沙地葡萄等野生种来选育抗寒性强的品种，如‘伊莎贝拉’‘卡托巴’和‘康克’等。20 世纪后，以阿肯色州立大学和纽约州农业试验站为代表的农业科研单位，在葡萄抗寒育种方面取得了巨大的成就。其中阿肯色州立大学从 1964 年至 1999 年先后育成了抗寒性强的‘海神无核’‘金星无核’‘火星无核’‘木星无核’‘土星无核’‘信心无核’等鲜食品种和制汁品种‘阳光地带’。纽约州农业试验站先后培育出抗寒性强的有核鲜食品种有‘安大略’‘巴斯’‘奥尔登’‘布法罗’‘金麝香’等，无核鲜食品种有‘康克无核’‘希姆劳德’‘罗马红’等，酿酒品种‘纽约麝香’‘卡尤加白’等。关于圆叶葡萄（*V.rotundifolia*）的育种中，选出了‘金岛’和‘卢米斯’两个抗 −21℃低温的品种。

我国虽然拥有丰富的野生抗寒种质资源，但我国葡萄抗寒育种起步较晚，而且主要是以山葡萄为抗寒亲本，资源利用狭窄。如中国农科院果树研究所选育的‘黑山’‘北醇’‘公酿 1 号’‘公酿 2 号’‘山玫瑰’等抗寒优质酿酒品种，并且种植表现良好。中国科学院北京植物园首次利用蘡薁葡萄与‘玫瑰香’杂交，培育出抗寒品种‘北丰’。通过芽变选种，我国还育成了‘吉香’‘康泰’‘紫香水芽变’等抗寒品种（品系）。中国科学院植物研究所（以下简称“植物所”）在葡萄育种方面取得了显著进展。根据其 2022 年年报，植物所培育的高抗优质葡萄新品种‘北玺’和‘北馨’已通过国家级审定，并获得植物新品种权。

其他国家在葡萄抗寒育种方面也取得了巨大的成就，如日本巨峰系列，且巨峰系品种的抗寒性普遍强于欧亚种，并在我国已大面积推广。加拿大的农业研究所自 1961 年到 1998 年先后育成 6 个酿酒品种‘维波特’‘维布朗’‘文森特’‘文图拉’‘维旺’和‘拉卡迪’，2 个鲜食品种‘瓦妮莎’和‘庆典’，1 个酿酒和鲜食兼用品种‘维红’，1 个鲜食、制汁、制酱兼用品种‘加冕主权’。法国也育成了抗寒性强的法美杂种‘福煦’‘钱塞勒’‘欧罗拉’等。

2. 抗寒性评价方法

参考《葡萄种质资源描述规范和数据标准》抗寒性鉴定中的田间自然鉴定法，根据实际情况，把抗寒性和冻害分为5级：

1级：抗寒性极强，无冻害，萌芽正常；

2级：抗寒性强，冻害较轻，萌芽晚；

3级：抗寒性中，冻害中，隐芽萌发；

4级：抗寒性弱，冻害较重，只能从根茎处发出萌蘖；

5级：抗寒性极弱，冻害极重，植株地上部全部冻死。

采用徒手切片法在低温胁迫处理的枝条节间中部切取薄片，在解剖显微镜下观察组织褐变情况，每种材料的每个处理解剖为20个枝段。根据观察结果，用十级分级标准对冻害情况进行分级，标准如下：

1级为次生木质部组织褐变面积在0～3%之间；2级褐变面积为3%～6%；3级褐变面积在6%～12%之间；4级褐变面积为12%～25%；5级为25%～50%；6级褐变面积为50%～75%；7级褐变面积为75%～88%；8级为88%～94%；9级褐变面积为94%～97%；10级褐变面积为97%～100%。最后通过求得冻害指数（CI），作为冻害严重程度的标准。公式如下：

$$\text{冻害指数}(\%)=\frac{\sum_{i=1}^{10} ni\times i}{10\sum ni}\times 100$$

式中，ni 为在冻害等级为iii时的样本数（如调查的芽、枝条或果实的数量）；i 为冻害等级（通常分为0～10级，0表示未受害，10表示完全受害）；$\sum ni$ 为调查的总样本数；分母中的10是冻害等级的最高值（满分，即完全受害）；冻害指数（%）表示总体样本冻害程度的加权平均结果，数值越大说明冻害越严重。

（三）裂果性评价

裂果是葡萄常见的生理障碍性问题，会直接影响果实的商品性和产量。对葡萄果实裂果发生严重程度进行准确量化是深入研究裂果机理的基本需求，也是评价葡萄种质资源果实裂果性状的标准。目前一般采用自然遇雨调查和室内离体浸泡人为诱导裂果两种方法。自然遇雨调查是在降雨后田间统计裂果的发生情况，用果园中果实开裂的百分比表示，可以反映真实情况，但其受环境的影响很大。降水的水平、分布和持续时间、果实成熟期、果园因素和环境条件都难以规范。室内人工诱导裂果包括直接在蒸馏水中浸泡和真空辅助浸水2种方法，但真空辅助浸水操作烦琐，目前普遍采用的是直接在蒸馏水中浸泡。理想情况下，应使用一种标准化的体外开裂敏感性方案，该方案可在田间进行体内观察重现。

目前，存在两种基于实验室的裂果敏感性评估：裂果指数和固有开裂敏感性。原始裂果指数测试由Vemer和Blodgett引入并由Christensen修改。简而言之，将50个没有缺陷的水果浸入装有蒸馏水（20℃ ±1℃）的2L容器中6h。去除破裂的果实，计数并重新浸泡没有裂缝的果实。在2h、4h和6h后，观察果实的宏观裂缝。裂果指数根据下式计算：裂果指数 $=\dfrac{(5a+3b+c)\times 100}{250}$。其中 a、b 和 c 分别代表 2h、4h 和 6h 后裂果的数量。Weichert 等介绍了固有开裂敏感性，并且由果皮机械性质和果实吸水特性的组合决定。其结合成 WU50（50% 果实开裂时的水吸收，以 mg 计）。WU50 是表皮果实延展性的间接测量，与开裂敏感性呈反比。具体如下：WU50 ＝ RT_{50}。其中 R 为平均吸水率（mg/h）；T_{50} 为 50% 开裂时间。

根据张川对 291 份葡萄种质资源进行裂果性的研究结果将裂果等级划分为：

按照裂果率分为：极抗裂（＜ 5%）、抗裂（5% ～ 10%）、较抗裂（10% ～ 30%）、易裂（30% ～ 70%）和极易裂（70% ～ 100%）5 个等级，见表 2-103。

表2-103 葡萄种质资源裂果性

裂果率 /%	裂果评价等级	代表品种
＜ 5	极抗裂	峰后、峰寿、红奥林、红富士、户太 8 号、京亚
5 ～ 10	抗裂	琥珀、蜜尔紫、申秀、天使玫瑰香、保尔加尔、西瓦兹
10 ～ 30	较抗裂	巴士、碧绿珠、大阪、红莲子、沪培 2 号、白鸡心
30 ～ 70	易裂	爱神玫瑰、布朗无核、红脸无核、累克芒特、美丽无核、紫珍珠
70 ～ 100	极易裂	京丰无核、京早晶、京紫晶、无核蜜、无核紫、奥迪亚

通过田间观察发现葡萄种质资源果实裂果有 4 种类型，分别为纵裂、环裂、纵裂＋环裂和角质层裂，其中纵裂裂果类型所占比例最高，达到 44.72%；其次为同时具有纵裂和环裂两种类型的果实，所占比例为 38.21%；角质层裂（龟裂）发生比例最少，仅占 1.63%。且欧亚种的裂果率和裂果指数显著高于欧美杂种。环裂、纵裂 + 环裂、角质层裂只在欧亚种发生；纵裂主要在欧亚种发生，所占百分比为 89.09%，在欧美杂种也会发生，所占百分比为 10.91%。

（四）果柄耐拉力、果实耐压力评价

1. 果柄耐拉力

葡萄果柄是支撑浆果的骨架，果蒂连接果柄与果刷，果刷是指中央维管束与果粒分离后的残留部分。葡萄果粒和穗梗连接的关键部位是果柄和果蒂，支撑果粒的同时运输水分和养分，影响葡萄采后贮藏特性。果柄耐拉力、果蒂面积与品种耐贮性呈正相关，此外，果实耐贮性主要取决于品种的遗传与生理特性，而果柄耐拉力强弱取决于果柄和果蒂的大小与粗细以及果刷大小和维管束在果肉中的分布状态，反映果粒与果柄分离的难易程度。葡萄浆果耐拉力大小与果柄粗细、果蒂大小及果刷面积呈正相关，与单位面积果柄和果蒂上承受的浆果自重呈负相关。随着果实成熟度的增加，果柄分离力不断降低，果实表面硬度与果实分离力呈显著正相关。利用果柄耐拉力强的葡萄种质选育或者增强已育成葡萄品种果柄、果蒂、果刷等特性是解决葡萄贮运过程中易落粒、腐烂的有效途径之一。

目前关于葡萄果柄耐拉力的分级研究仅是描述性文字，未按具体数值划分等级。国际植物新品种保护联盟（UPOV）将葡萄浆果分离难易程度（即果柄耐拉力）分为困难、容易、极易 3 个等级；NY/T 2563—2014 中将果粒与果柄分离的难易程度分为难、中和易 3 个等级。

2. 果实耐压力

果实耐压力即果皮的抗压强度，指单位面积果皮所能承受的压力。葡萄果实耐压力与果柄耐拉力大小、果肉质地、硬度、果刷面积等多种因素有关，其大小与果蒂面积、单果重等呈正相关，与果实成熟度呈负相关。史洪琴等认为果蒂大、肉质脆、耐拉力和耐压力强的葡萄品种耐贮性好，另外果实耐压力与耐贮性能呈正相关。谢兆森等研究表明巨峰果实第 1 次快速生长期（花后 20 ～ 40d）果实硬度最大，从果实发育停滞期至果实第 2 次快速发育期，果实硬度快速下降，果实硬度在果实成熟期最小。

第五节　葡萄种质资源的保存

人们通过各种途径获得的种质资源搜集品，必须以适当的方式妥善保存，以达到遗传资源持续利用的目的。所谓种质资源保存（conservation of germplasm resources），是指通过人为的技术措施保护植物种质资源，使其不至于流失或灭绝。目前，保存植物种质资源的方法主要分为原生境保存（in-situ conservation）和非原生境保存（ex-situ conservation）两大类。其中，原生境保存包括自然保护区（nature reserves）和自然公园（nature park）。非原生境保存包括三个类型：一是活体植株保存，如植物园（botanic garden）、田间种质圃（field gene bank）；二是种子库（seed bank）；三是离体培养保存（in-vitro storage）。葡萄种质资源的保存主要是田间种质圃保存。另外，保存工作还包括每一种质资源档案的保存，档案或者记录中有编号、名称、来源、研究鉴定年份和结果，还可以存入计算机，建立数据库。

一、葡萄种植保存

葡萄种质保存的措施主要是非原生境保存，其中异生境地田间种植保存是葡萄种质材料最基本、最重要的一种保存方式。早在 20 世纪 50 ～ 60 年代，我国部分科研单位即相继着手建立葡萄原始材料圃。1951 年，华北农业科学研究所开始调查、搜集并引种山葡萄优良类型，并用于选种和杂交育种。1952 年，东北农业科学研究所兴城园艺试验场在原有基础上建立了原始材料圃，至 1965 年，保存品种 200 多个，同时进行了与东北山葡萄的杂交育种工作。1954 年，中国科学院植物研究所北京植物园建立葡萄品种圃，同时开始收集保存葡萄野生资源材料。1960 年，中国农业科学院果树研究所郑州分所建立的葡萄原始材料圃保存有 300 余个品种，至 1966 年，保存葡萄品种近 600 个。1961 年，中国农业科学院特产研究所结合山葡萄研究，建立了山葡萄品种资源圃。其他一些省份的果树和葡萄科研单位也搜集保存了部分葡萄野生种种质材料。1978 年，西北农业大学开始系统搜集、研究中国野生葡萄资源，建立了收集保存中国野生葡萄种类最多的野生葡萄种质资源圃，保存我国野生葡萄 20 余个种和变种的 100 余个株系。

从 20 世纪 70 年代开始至 80 年代末，我国相继建成 16 个国家级果树种质资源圃。其中，有 2 个圃专门负责搜集保存葡萄种质材料：中国农业科学院郑州果树研究所“国家果树种质郑州葡萄、桃圃”中葡萄圃保存葡萄属植物 20 个种和变种、916 份材料，其中含野生葡萄 14 个种计 45 份种质材料。山西农业科学院果树研究所“国家果树种质太谷枣、葡萄圃”中葡萄圃保存葡萄属植物 5 个种、361 份材料。此外，吉林农业科学院果树研究所“国家级果树种质寒地果树圃”搜集保存部分山葡萄种质资源材料。设在新疆、云南的果树种质圃也搜集保存部分葡萄种质资源材料。除上述单位外，我国各省（区、市）果树、葡萄研究与教学单位结合科研、教学也相应建立有葡萄种质资源圃、品种资源圃。1988 年，吉林左家中国农业科学院特产研究所进一步扩大了原有山葡萄品种资源圃，保存 380 多份山葡萄种质材料，每份材料保存 6 株。新疆葡萄瓜类研究开发中心对原产新疆的地方品种进行了广泛收集和保存。上海农业科学院园艺研究所较系统地保存了原产我国南方的野生葡萄种质材料。江西农业大学园艺系、湖南农业大学园艺系、河北省果树研究所等单位也先后引进和调查、收集、保存着当地的葡萄野生种质材料。浙江省农业科学院园艺研究所自 2021 年建设省级葡萄资源圃，开展了葡萄资源的收集保存工作。沈阳农业大学自 20 世纪 80 年代开始葡萄品种资源的引进、收集和保存，2021 年获批建立辽宁省葡萄种质资源圃，保存品种资源 500 多份。随着宁夏贺兰山东麓优势产区葡萄酒的发展，也出于产业需要的考虑，宁夏大学以及宁夏农科院推出以酿酒葡萄为主的种质资源圃的建设，其中宁夏大学到 2025 年收集了超过 500 份葡萄种质资源。

种植保存是种质保存中最为方便并便于进行观察研究利用的一种保存方式，但占地面积大、管理费用较高，且易受各种生物和非生物胁迫的危害，会造成种质丢失。1993 年，中国农业科学院郑州果树研究所的葡萄种质圃因冻害，损失种质材料颇多。一些单位因搬迁、基建等原因，种植材料也受到很大影响。另外，植物园和公园也有葡萄种质资源的保存。

二、葡萄低温种子库保存

种子保存是农作物种质资源保存的主要方式。在葡萄种质资源保存方面，种子保存主要适用于用作科研材料和砧木类型的葡萄种质保存。1988 年，葛云香等将山葡萄种子在液态氮中保存 4 年以后进行播种，种子发芽和生长仍然正常。

低温种子库是栽培植物种质资源保存的主要方式，超低温贮藏作为长期贮藏种质的一种有效手段被逐渐地应用到研究领域，它具有贮藏时间长和稳定性好等特点，减少了由于频繁的种子繁殖带来的污染危险、劳动投入以及原始基因库中遗传成分的改变。

三、葡萄试管苗保存

大多数葡萄种质采用无性繁殖，这促使葡萄可采用试管苗保存（或叫分生组织保存）。不少国家和国际农业研究组织都进行了试管苗保存的探索与实践。目前，全世界以试管苗方式保存的植物种质资源材料约 27600 份。“八五”期间建成我国两个国家种质试管苗保存库。

自 20 世纪 70 年代以来，研究者在葡萄、柑橘、苹果、草莓、樱桃、李属、猕猴桃等果树上开展了种质离体保存研究，技术日趋成熟。葡萄试管苗常温下可连续保存 8 ～ 10 个月，最长的可达 16 个月。

四、葡萄种质资源DNA保存

DNA 分子保存是以纯化的 DNA 形式进行贮藏，要注意保证 DNA 有足够的纯度与完整性，其中，纯度高有利于 DNA 分子的利用，完整性则保证遗传信息的全面性，因此，DNA 的提取方法就显得尤为重要。迄今，已有不少 DNA 提取的方法可供借鉴。DNA 的贮存条件为 −20℃的低温储藏。

DNA 分子携带生命个体生长与发育等必需的所有遗传信息，保存了果树种质资源完整的 DNA，就意味着对其生命体的保存。利用 DNA 相对稳性、恢复力强以及耐贮的特点，DNA 水平保存可有以下几种方法：

（1）基因组文库保存　基因组文库是将基因组 DNA 经过酶切后嵌入适当载体，经体外包装并转染至大肠杆菌中，得到一组含不同 DNA 片段的重组菌株或颗粒。该文库包含了基因组的全部基因片段，能够完整保存基因组序列信息。通过基因组文库，可利用 DNA 克隆等技术获得、研究和筛选各种目的基因，实现遗传信息的长期保存与重复利用。与传统种质资源保存方法相比，基因组文库具有占地少、管理简便、劳动强度低、利用效率高等优势，可克服传统保存方式在规模化、长期性和可操作性方面的不足。目前，基因组文库已在葡萄及其他果树资源的保存与研究中得到广泛应用，成为果树遗传资源研究、功能基因挖掘和分子育种的重要工具。

（2）cDNA 文库保存　cDNA 文库就是把由 RNA 反转录获得的 cDNA 片段装入载体中，并转化到宿主细菌里或包装成噬菌体颗粒而得到的一系列克隆。由于 RNA 是基因表达的产物，因此每个 cDNA 片段即为某一基因的阅读框架序列；另外，基因在不同组织和不同时间的特异表达，导致 RNA 收集样品仅含与部分性状相对应的 cDNA 片段，因此，含有的遗传信息不够全面，仅可作为果树种质资源保存的补充方式。借助克隆手段或直接对 cDNA 文库筛选可使 cDNA 文库中的目的基因得到分离与利用。不过，随转基因手段的日臻完善，cDNA 文库的构建可为有利基因的应用提供方便。

（3）特异基因片段保存　即以获得的目的基因片段方式进行保存，实际上，某些果树资源重要性状基因的分离，意味着得到了其精髓，从而可加快该资源重要性状在种质创新中的利用。目的基因片段的利用手段主要为转基因技术。不过，目的基因被分离后，一般还需要经过修饰才能应用于植物基因工程。通常借助构建表达载体对目的基因进行修饰，具体是在基因的 5’ 端加上启动子，在基因的 3’ 端加上终止子，以便外源基因被转化后能有效地表达。

（4）组织保存　组织保存就是对完整组织进行冷冻保存，从而达到对 DNA 保存的目的，该方法的可行性是明显的，如低温保存的试验材料以及在冰川中长期包埋的动植物仍可回收 DNA。这一方法成功的关键是对果树种质资源组织的快速冷冻和贮存期的持续低温。

（5）细胞 / 细胞核保存　以葡萄种质资源完整细胞或细胞核作为保存对象。获得完整细胞与细胞核是该法成功的基础，其中，离体培养是进行细胞繁殖的技术之一，并可以此进行细胞核的制备。

第六节　葡萄核心种质

葡萄种质资源作为农业生物多样性的关键载体，承载着葡萄物种长期进化过程中积累的丰富遗传变异，是应对全球气候变化、满足市场品质需求、推动葡萄产业可持续发展的战略基石。然而，葡萄种质资源具有数量庞大、遗传背景复杂、保存难度高、利用效率低等固有特性——仅单一传统葡萄物种的保存数量即可达数千份甚至上万份，且存在“同物异名”“同名异物”的命名混乱现象，导致全面鉴定、精准保存与高效利用之间存在显著矛盾。在此背景下，核心种质（core collection）概念的提出与应用，为破解葡萄种质资源管理困境提供了科学路径。

一、核心种质的理论基础与发展历程

核心种质的本质是通过科学抽样方法，从庞大的原始种质资源群体中筛选出一小部分代表性资源，以最小的资源数量、最低的遗传重复性，最大限度保留原始群体的遗传多样性与生态适应性特征，实现种质资源“精准保存—高效鉴定—快速利用”的闭环。这一概念的形成与完善，经历了从理论提出到多物种实践验证的发展过程，为葡萄核心种质研究奠定了坚实基础。

（一）核心种质的概念起源与内涵拓展

核心种质的概念最早由澳大利亚遗传学家 Frankel 于 1984 年正式提出，他在 *Genetic Resources in Plants—Their Conservation and Rational Use* 中明确指出：“核心种质应是原始种质资源的一个子集，通过科学抽样，能以最小规模涵盖原始群体的大部分遗传变异，且避免遗传重复。”这一概念的核心价值在于解决种质资源“保存成本高、鉴定效率低、利用周期长”的痛点——原始种质库中大量遗传冗余资源不仅占用土地、人力等保存成本，还导致目标性状（如抗逆性、优质基因）的挖掘陷入“大海捞针”的困境，而核心种质可通过“去冗余、留核心”，将研究焦点集中于具有关键遗传价值的资源上。

此后，美国学者 Brown 于 1989 年在 Frankel 理论基础上进行了重要拓展，提出核心种质的“双层结构”：核心种质（core collection）与保留种质（reserve collection）。其中，核心种质作为研究与利用的核心载体，承担“快速筛选优良性状、挖掘功能基因”的任务；保留种质则包含未被纳入核心种质的剩余资源，作为遗传多样性的“备份库”，当核心种质中发现遗传缺口或新需求出现时，可从保留种质中补充新资源。这一结构设计既保证了遗传多样性的完整性，又兼顾了利用的高效性，成为后续核心种质构建的通用框架。

（二）核心种质的实践应用

核心种质的研究最初集中于大田作物与蔬菜，国内外学者已在多种作物中建立了成熟的核心种质体系。例如，澳大利亚 Brown 团队从 6172 份大豆原始种质中筛选出 652 份核心种质，取样比例约 10.56%，保留了原始群体 90% 以上的等位基因多样性；西非 Hamon 团队针对秋葵种质资源，以茎色、叶形、果味等质量性状和株高、开花期等数量性状为依据，构建了占原始群体 8% 的核心种质，显著提升了秋葵抗逆育种的效率。

我国自 1994 年开始核心种质研究，目前已在小麦、水稻、小豆、油菜等大田作物，以及梅花、大白菜、茶树等作物中取得突破性进展。例如，郝晨阳等从 5029 份小麦原始种质中构建了 1160 份核心种质，保留了原始群体 23.07% 的资源量，却涵盖了 95% 以上的抗病、优质等关键性状遗传变异；王新超等在茶树核心种质构建中发现，20% 的取样比例能最佳平衡遗传多样性保留与利用效率。

随着果树产业对优质、抗逆品种需求的提升，核心种质研究逐渐向果树领域延伸。目前，国内外已在梨、桃、枣、石榴、果梅、苹果、樱桃等多种果树中开展核心种质构建研究：鲁敏等以 220 份梨原始种质为材料，通过表型性状与 SSR 分子标记结合，筛选出 32 份核心种质（取样比例 14.55%），其遗传多样性指数（H）与原始群体无显著差异；李银霞等针对 558 份桃种质，以果实品质、抗寒性等农艺性状为指标，构建了 56 份核心种质（取样比例 10.04%），为桃优质育种提供了精准资源库；Sivalingam 等对 330 份枣种质进行 SSR 标记分析，筛选出 52 份核心种质（取样比例 15.76%），有效保留了枣的抗病性与果实风味遗传变异。这些研究表明，核心种质在果树遗传资源管理中的应用，可显著缩短优良品种选育周期，为果树产业的品种更新提供关键支撑。

二、核心种质构建的关键影响因素

核心种质的代表性与实用性，取决于构建过程中多个关键因素的协同优化。结合葡萄种质资源“藤本为主、童期长、基因组杂合度高、表型易受环境影响”的特性，数据类型、分组方法、取样策略与构建比例是影响核心种质质量的四大核心要素。不同因素的选择与组合，直接决定核心种质能否真实反映原始群体的遗传多样性，进而影响后续利用价值。

（一）数据类型：从单一表型到多维度数据融合

核心种质构建所用数据可分为三大类：基本数据（passport data）、特征数据（characterisation data）与评价鉴定数据（evaluation data）。三类数据的选择与组合，是决定核心种质“准确性”的基础——单一数据类型易因信息片面性导致遗传多样性遗漏，而多数据融合可实现“表型—基因型—生态适应性”的全方位覆盖，显著提升核心种质的代表性。

（1）基本数据　又称“护照数据”，是种质资源的基础信息，包括材料收集地、起源地生态地理条件（如纬度、海拔、气候类型）、分类学地位（种、变种、品种）、育种背景等。这类数据是核心种质构建的“起点数据”，应用最为广泛，且能为后续分组提供生态适应性依据。例如，刘德浩在尾叶桉核心种质构建中，以地理种源（热带、亚热带、温带）为基本数据分组依据，确保筛选出的188份核心种质涵盖不同气候区的适应性遗传变异，避免因地理局限导致的抗逆基因遗漏。

（2）特征数据　是表征种质资源固有属性的数据，包括形态学特征（如叶片形状、果实大小、花色）、生化特征（如可溶性糖含量、有机酸组成）及分子标记特征（如SSR、SNP、SRAP等分子标记的等位基因信息）。这类数据具有“稳定性高、可量化”的特点，尤其分子标记数据可直接反映基因组水平的遗传差异，不受生长阶段与环境因素干扰，是当前核心种质构建的关键数据类型。例如，张君玉在栽培型葡萄核心种质构建中，对比了SSR、SRAP及SSR-SRAP联合标记的效果，发现基于SSR标记构建的48份核心种质（取样比例5.53%），保留了原始群体96.21%的等位基因，其遗传多样性代表性显著优于其他标记类型；吴茵等在柑橘核心种质研究中指出，分子标记数据可有效区分“同物异名”的柑橘种质，避免因形态相似性导致的遗传重复筛选。

（3）评价鉴定数据　是反映种质资源利用价值的数据，包括农艺性状（如产量、结果期、抗病虫害能力）、品质性状（如果实甜度、硬度、耐贮性）及抗逆性（如抗旱、抗寒、抗盐碱能力）。这类数据直接关联核心种质的“实用性”，是后续育种与基因挖掘的核心依据。例如，Hamon等在黄秋葵核心种质构建中，将株高（产量相关）、开花期（早熟性相关）、果味（品质相关）等评价鉴定数据与形态数据结合，确保筛选出的核心种质既涵盖遗传多样性，又具有明确的育种应用价值。

当前研究共识是单一数据类型构建的核心种质存在局限性——仅用基本数据易忽略基因组水平的遗传差异；仅用表型特征数据易受环境干扰（如同一苹果品种在不同海拔下果实大小差异显著）；仅用分子标记数据易脱离实际利用价值（如筛选出的核心种质可能不包含优质、抗逆等目标性状）。因此，多数据融合已成为主流趋势，例如，Duan等在杉木核心种质构建中，结合10个表型性状（如树高、胸径）与21对SSR分子标记，通过“表型筛选-基因型验证”的双重流程，构建的核心种质不仅遗传多样性指数高，且包含大量速生、抗虫的优良资源；曾宇宇等在荔枝核心种质研究中，将地理起源（基本数据）、果实品质（评价鉴定数据）与SNP分子标记（特征数据）融合，筛选出的40份核心种质（取样比例14.34%），既涵盖不同产区的遗传变异，又具备高糖、耐贮等商业价值性状。

（二）数据分组方法：基于遗传相似性的“精准聚类”

分组是核心种质构建的关键步骤，其本质是“将遗传相似性高的种质归为一组，确保每组均有代表入选核心种质”，避免因随机抽样导致某一遗传类群被遗漏。葡萄种质资源因遗传背景复杂（多为异花授粉，基因组杂合度高），分组方法的选择需兼顾“生态适应性”与“遗传亲缘关系”，常用方法包括地理来源分组、生态类型分组、农艺性状分组及遗传距离分组，不同方法的适用场景与效果存在显著差异。

（1）地理来源分组　基于种质资源的收集地或起源地进行分组，适用于“地理分化明显”的果树物种。例如，苹果、梨、桃等果树因长期地理隔离，形成了不同产区的特有遗传类型（如北方苹果与南方苹果的抗寒性差异），按地理来源分组可有效保留不同产区的适应性基因。刘娟等在南疆杏核心种质构建中，将135份杏种质按南疆不同绿洲产区（喀什、和田、阿克苏）分组，再从每组中抽样，最终筛选出的31份核心种质（取样比例22.96%），完整保留了南疆杏的抗干旱、耐盐碱遗传特性；Kim等在苹果核心种质研究中，按亚洲、欧洲、美洲三大起源中心分组，确保筛选出的166份核心种质（取样比例12.35%）涵盖不同起源地的果实风味与抗逆性变异。

（2）生态类型分组　基于种质资源的生态适应性特征（如气候适应性、土壤适应性）分组，适用于“生态位差异显著”的果树物种。例如，柑橘属包含热带柑橘（如脐橙）、亚热带柑橘（如温州蜜柑）、温带柑橘（如枳壳），按生态类型分组可避免因气候适应性差异导致的遗传缺口。刘勇等在柚核心种质构建中，将110份柚种质按生态类型分为“高温高湿型”“高温干旱型”“温和湿润型”三组，从每组中筛选出25份核心种质（取样比例22.73%），其抗逆性覆盖了柚的主要生态适应范围；Sun等在樱桃核心种质研究中，按冬季低温需求（需冷量）分组，确保核心种质包含不同需冷量的遗传类型，满足不同气候区的栽培需求。

（3）农艺性状分组　基于关键农艺性状（如果实类型、成熟期、抗病性）分组，适用于“利用目标明确”的核心种质构建。例如，在以“优质育种”为目标的桃核心种质构建中，可按果实甜度（高糖、中糖、低糖）或果肉颜色（白肉、黄肉、红肉）分组；在以“抗病育种”为目标的葡萄核心种质构建中，可按抗霜霉病能力（高抗、中抗、感病）分组。李丽等在大白菜核心种质构建中，按叶片形态（青帮、白帮、青帮皱叶）分组，确保核心种质涵盖不同商品类型的遗传变异；焦禹顺等在螺丝椒核心种质研究中，按果实辣度（特辣、中辣、微辣）分组，筛选出的14份核心种质（取样比例30.00%）可直接服务于不同辣度需求的品种选育。

（4）遗传距离分组　基于分子标记或表型数据计算种质间的遗传距离（如Jaccard系数、欧氏距离），通过聚类分析（如UPGMA、NJ聚类法）将遗传距离近的种质归为一组，是当前最科学、应用最广泛的分组方法。该方法可直接反映基因组水平的亲缘关系，避免因形态相似性或地理重叠导致的“伪分组”（如两种形态相似但遗传差异大的枣品种，按形态分组易归为一组，按遗传距离则可明确区分）。吴子龙在山葡萄核心种质构建中，对比了UPGMA聚类、逐步聚类、主成分聚类三种方法，发现逐步聚类法能更精准地将遗传相似性高的种质归为一组，最终筛选出的41份核心种质，其遗传多样性指数显著高于其他聚类方法构建的核心种质；邓学斌等在番茄核心种质研究中，基于SSR分子标记计算遗传距离，通过聚类分析将3026份番茄种质分为10个组，从每组中抽样构建的302份核心种质（取样比例9.98%），保留了原始群体98%以上的多态性位点。

对于果树而言，单一分组方法往往难以全面覆盖遗传多样性，因此“多分组方法结合”成为最佳选择。例如，宁宁在杏核心种质构建中，先按地理来源（北疆、南疆）初步分组，再在每组内基于SSR分子标记的遗传距离进行二次聚类，最终从1501份原始种质中筛选出150份核心种质（取样比例9.99%），既保留了地理适应性变异，又避免了遗传冗余；章秋平等在李核心种质研究中，将生态类型（温带李、亚热带李）与农艺性状（果实成熟期）结合分组，再通过遗传距离聚类优化，构建的97份核心种质（取样比例23.95%），兼顾了生态适应性与育种实用性。

（三）取样方法

取样是核心种质构建的“执行环节”，即在分组基础上，从每组中选择一定数量的种质作为核心种质。葡萄种质资源因“遗传杂合度高、稀有等位基因多”，取样方法需兼顾“保留主要遗传变异”与“不遗漏稀有基因”，常用方法可分为优先取样策略、随机取样策略、偏离度取样策略三大类，不同策略的适用场景与遗传保留效果存在显著差异。

（1）优先取样策略　又称“定向取样策略”，即优先选择具有特殊遗传价值的种质（如稀有品种、抗逆性强的种质、具有独特品质的种质），再从剩余种质中随机或按比例取样。该策略的优势在于“不遗漏关键资源”，尤其适用于“稀有种质比例高”的果树物种（如古老地方品种资源库）。例如，高志红等在果梅核心种质构建中，优先选择“果大味甜”“抗寒耐涝”等具有育种价值的稀有果梅种质，再从剩余群体中按比例取样，最终构建的20份核心种质（取样比例10.15%），包含了果梅的主要优良性状基因；白瑞霞在枣核心种质研究中，优先筛选“无核枣”“早熟枣”等稀有类型，再结合遗传距离取样，确保核心种质既涵盖普通枣的遗传变异，又保留了稀有品种的独特基因。

（2）随机取样策略　即从每组中随机选择一定数量的种质，不考虑种质的具体性状或遗传价值。该策略的优势在于“无主观偏差”，可最大程度保留原始群体的遗传结构，适用于“遗传多样性分布均匀”的果树种质库。例如，陈坤等在玉米核心种质构建中，从523份原始种质的5个分组中随机取样，构建的90份核心种质（取样比例17.21%），其遗传多样性指数与原始群体无显著差异；卿东山等在甜瓜核心种质研究中，从200份甜瓜种质的4个生态型组中随机取样，筛选出的20份核心种质（取样比例10.00%），完整保留了甜瓜的果实形状、甜度等遗传变异。但需注意，随机取样策略不适用于“稀有基因集中”的群体——若稀有种质比例低，随机取样可能导致稀有基因遗漏。

（3）偏离度取样策略　又称“最大化取样策略”，即通过计算种质的遗传偏离度（如与群体均值的差异程度），优先选择偏离度大的种质，以最大限度保留群体的遗传变异范围。该策略的核心是“保留极端遗传类型”，适用于“遗传变异幅度大”的葡萄物种。例如，邹广权等在旱冬瓜核心种质构建中，通过计算株高、胸径、木材密度等性状的偏离度，优先选择偏离度大的个体，发现最小距离逐步取样法（偏离度取样的一种）能最佳保留旱冬瓜的遗传变异范围，构建的核心种质遗传多样性指数显著高于其他方法；栾明宝等在苎麻核心种质研究中，采用“多次聚类随机取样法”（偏离度取样与随机取样结合），即先通过聚类分析确定遗传类群，再在每组内按偏离度优先取样，构建的22份核心种质（取样比例20.37%），充分反映了苎麻的纤维品质与抗逆性遗传变异。

（4）SBS（sequential backward selection，序贯向后选择法）　从包含所有种质的完整群体开始，每次剔除对遗传多样性贡献最小的种质，直至达到预设的核心种质规模。该方法的优势在于“逐步优化”，可确保最终核心种质的遗传多样性最大化，尤其适用于分子标记数据丰富的群体。邓学斌等在番茄核心种质研究中发现，SBS策略对稀有等位基因的保留率比随机取样高15%～20%，能有效避免稀有基因丢失。

（5）M法抽栏（maximization strategy，最大化策略）　通过算法迭代选择种质，确保每次选择的种质能最大程度增加核心种质的遗传多样性（如增加新的等位基因或提高遗传距离）。该方法在等位基因保留方面表现突出，适用于需要全面覆盖基因组变异的研究。例如，Wang 等在茶树核心种质构建中，采用 M 法抽样从 2665 份原始种质中筛选出 532 份核心种质（取样比例 19.96%），其等位基因保留率高达 97.3%，显著优于传统随机取样。

（6）RMEC（replica exchange Monte Carlo，复本交换蒙特卡洛法） 基于统计力学原理，通过模拟不同“温度”下的种质选择过程，实现全局最优取样，避免陷入局部最优解。该方法适用于遗传背景复杂、存在多个遗传亚群的果树群体（如苹果、梨等具有多个起源中心的物种）。研究表明，RMEC 策略构建的核心种质，其遗传结构与原始群体的相似度比聚类取样高 10% ～ 12%，能更精准反映原始群体的遗传组成。

对于葡萄而言，单一取样策略难以兼顾“遗传完整性”与“实用性”，因此“多策略结合”成为主流趋势。例如，沈进在石榴核心种质构建中，先采用 M 法抽样筛选出涵盖主要等位基因的基础群体，再通过优先取样策略补充“软籽石榴”“大果石榴”等具有育种价值的稀有类型，最终从 135 份原始种质中构建的 41 份核心种质（取样比例 30.37%），既保留了 95% 以上的遗传多样性，又满足了石榴优质育种的需求；Hu 等在猕猴桃核心种质研究中，结合 SBS 策略与偏离度取样，先通过 SBS 筛选出遗传多样性核心群体，再通过偏离度取样补充果实维生素 C 含量极高的极端类型，构建的 93 份核心种质（取样比例 31.63%），为猕猴桃营养品质改良提供了精准资源。

（四）构建比例

核心种质的构建比例（核心种质数量占原始种质数量的百分比）是平衡“遗传多样性保留”与“利用效率”的关键杠杆——比例过高则无法体现“去冗余”的优势，比例过低则易导致遗传多样性丢失。目前，国内外尚无统一的“最优比例标准”，需根据葡萄原始种质的规模、遗传多样性水平及研究目的动态调整，其核心原则是“原始群体规模大则比例低，原始群体规模小则比例高；遗传多样性丰富则比例低，遗传多样性单一则比例高”。

1. 传统比例参考与实践差异

1989 年，Brown 首次提出核心种质构建的参考比例范围为 5% ～ 10%，这一标准最初基于大豆、小麦等大田作物的研究提出，在早期果树核心种质构建中被广泛借鉴（表 2-104）。例如，Brown 团队从 6172 份大豆原始种质中构建 652 份核心种质（比例 10.56%），Hamon 等从 2283 份秋葵原始种质中构建 189 份核心种质（比例 8.28%），均接近这一范围。

表2-104　果树核心种质构建

物种分类	物种	核心种质数量	原始种质数量	构建比例 /%
大田作物	割手密（甘蔗）	75	342	21.93
	割手密	60	617	9.72
	割手密	92	596	15.44
	割手密	99	333	29.73
	水稻	436	4020	10.85
	野生稻	351	4173	8.41

续表

物种分类	物种	核心种质数量	原始种质数量	构建比例 /%
大田作物	水稻	932	4310	21.62
	小麦	1160	5029	23.07
	小麦	372	3942	9.44
	玉米	90	523	17.21
	小豆	408	3946	10.34
	大豆	652	6172	10.56
	大豆	213	1999	10.66
	利马豆	34	153	22.22
	油菜	28	199	14.07
	马铃薯	100	502	19.92
	甘薯	39	197	19.80
	花生	128	260	49.23
	高粱	198	1285	15.41
	粟	170	785	21.66
	燕麦	21	91	23.08
	无壳大麦	200	562	35.59
园艺作物	大白菜	248	1651	15.02
	大白菜	168	1900	8.84
	番茄	48	480	10.00
	番茄	15	65	23.08
	番茄	302	3026	9.98
	螺丝椒	14	45	31.11
	辣椒	137	1202	11.40
	辣椒	240	3821	6.28
	菜用豌豆	45	180	25.00
	豌豆	146	1243	11.75
	花椰菜	153	709	21.58
	甜瓜	119	612	19.44
	甜瓜	20	200	10.00
	秋葵	189	2283	8.28
	黄瓜	120	318	37.74
	萝卜	192	1281	14.99
	萝卜	43	217	19.82
	紫苏	44	400	11.00
	橄榄	68	361	18.84
	橄榄	57	183	31.15
	苹果	166	1344	12.35
	苹果	55	418	13.16
	石榴	12	221	5.43

续表

物种分类	物种	核心种质数量	原始种质数量	构建比例 /%
园艺作物	石榴	41	135	30.37
	葡萄	41	124	33.06
	葡萄	48	867	5.54
	果梅	20	197	10.15
	杏	31	135	22.96
	杏	150	1501	9.99
	李	97	405	23.95
	梨	32	220	14.55
	梨	28	107	26.17
	猕猴桃	93	294	31.63
	樱桃	39	158	24.68
	桃	56	558	10.04
	枣	52	330	15.76
	枣	50	166	30.12
	荔枝	40	279	14.34
	荔枝	22	96	22.92
	无花果	30	229	13.10
	寒地果树	46	266	17.29
	板栗	37	135	27.41
	柚	25	110	22.73
	甘蔗	60	540	11.11
	甘蔗	8	161	4.97
	梅花	52	178	29.21
	菊花	228	2249	10.14
	菊花	95	950	10.00
	百合	37	175	21.14
	蜡梅	163	456	35.75
	蝴蝶兰	53	412	12.86
	紫薇	25	213	11.74
	建兰	60	226	26.55
	建兰	51	311	16.40
	向日葵	84	422	19.91
	茶树	126	615	20.49
	茶树	532	2665	19.96
	棉花	85	477	17.82
	苎麻	22	108	20.37
	黄檀	31	252	12.30
	甘草	124	736	16.85
	咖啡	77	565	13.63

续表

物种分类	物种	核心种质数量	原始种质数量	构建比例 /%
园艺作物	何首乌	34	327	10.40
	日本雪松	539	3203	16.83
	云南松材	156	780	20.00
	樟子松	46	517	8.90
	红锥	157	232	67.67
	闽楠	59	237	24.89
	美洲黑杨	27	258	10.47
	杜仲雌株	46	395	11.65

注：表中数据来自不同参考文献。

然而，葡萄种质资源的特殊性（如遗传背景复杂、稀有种质比例高）导致这一固定比例难以直接套用，实际研究中构建比例差异显著。原始种质规模较大时（＞ 1000 份）：构建比例多集中在 5% ～ 20%。例如，Zhang 等从 4310 份水稻原始种质中构建 932 份核心种质（比例 21.62%），虽略高于 Brown 标准，但因水稻遗传多样性丰富，仍能有效去冗余；Lee 等从 3821 份辣椒原始种质中构建 240 份核心种质（比例 6.28%），因原始群体遗传冗余度高，低比例仍能保留 90% 以上的遗传多样性。原始种质规模较小时（＜ 500 份）：构建比例多集中在 15% ～ 30%，部分稀有种质群体比例甚至超过 50%。例如，Li 等从 232 份红锥原始种质（稀有树种）中构建 152 份核心种质（比例 67.67%），因原始群体数量少且遗传多样性独特，高比例可避免稀有基因丢失；Xu 等从 562 份无壳大麦原始种质中构建 200 份核心种质（比例 35.59%），因无壳大麦遗传类型单一，高比例能确保覆盖所有关键农艺性状变异。

2. 核心种质的比例优化原则

结合种质资源特性，核心种质构建比例的优化需遵循以下三大原则：

（1）基于原始群体规模的动态调整　原始群体规模越大，构建比例应越低；反之则越高（图 2-1）。例如，在苹果核心种质研究中，Kim 等从 1344 份原始种质中构建 166 份核心种质（比例 12.35%），Liang 等从 418 份原始种质中构建 55 份核心种质（比例

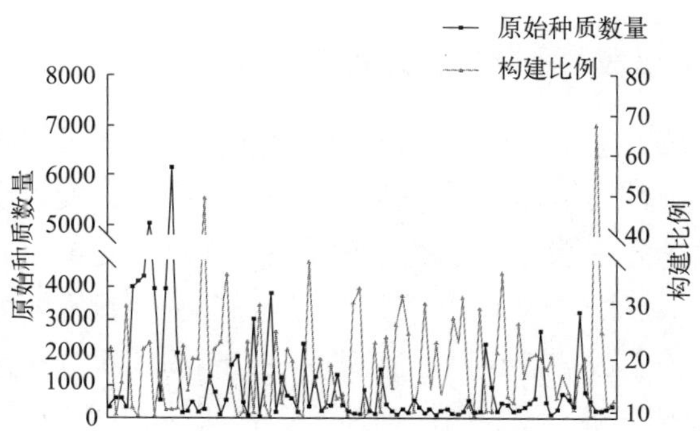

图2-1　原始种质数量与核心种质构建比例

13.16%）——后者原始群体规模小，比例略高于前者，以避免遗传多样性丢失。这一原则的本质是“规模补偿”：大群体中少量样本即可覆盖主要遗传变异，小群体则需更多样本才能完整保留遗传信息。

（2）基于遗传多样性水平的调整　若原始群体遗传多样性丰富（如多起源中心的果树，如桃、梨），构建比例可适当降低（5% ～ 10%）；若原始群体遗传多样性单一（如单一产区的地方品种，如新疆库尔勒香梨），构建比例需提高（15% ～ 25%）。例如，牟书靓等从 260 份花生原始种质（遗传多样性丰富）中构建 128 份核心种质（比例 49.23%），因花生存在多个亚种，高比例可确保覆盖不同亚种的遗传变异；而 Zewdie 等从 1202 份辣椒原始种质（遗传冗余度高）中构建 137 份核心种质（比例 11.40%），低比例即可保留主要遗传变异。

（3）基于研究目的的调整　若核心种质以“快速筛选优良性状”为目的（如育种应用），比例可适当提高（15% ～ 20%），以包含更多具有潜在利用价值的种质；若以“基因挖掘”为目的（如分子生物学研究），比例可降低（5% ～ 10%），以聚焦关键遗传位点。例如，王述民等从 3946 份小豆原始种质中构建 408 份核心种质（比例 10.34%），低比例可减少基因挖掘的样本量，提高研究效率；而徐盛春等从 180 份菜用豌豆原始种质中构建 45 份核心种质（比例 25.00%），高比例可提供更多优质、早熟的育种材料选择。

三、核心种质的检验评价与动态管理

核心种质的构建并非“一劳永逸”，需通过科学的检验评价验证其代表性，同时建立动态管理机制，确保核心种质随研究进展与需求变化持续优化。检验评价的核心是“验证核心种质是否真实反映原始群体的遗传多样性”，动态管理的核心是“实现核心种质与保留种质的良性互动”，二者共同构成核心种质“从构建到应用”的闭环。

（一）核心种质的检验评价

核心种质的代表性需从表型水平与分子水平双重验证，确保其在形态、农艺性状及基因组水平均能覆盖原始群体的主要遗传变异。目前，国内外已形成较为成熟的检验指标体系，核心标准为“核心种质的遗传多样性参数不低于原始群体的 80%”，具体检验方法因数据类型不同而有所差异。

1. 表型水平检验：基于性状变异的直观评价

表型水平检验是通过分析核心种质与原始群体在形态、农艺性状上的变异差异，验证核心种质的表型代表性。常用指标包括均值、方差、标准差、变异系数、极差、多样性指数等，其中极差符合率、方差差异百分率、变异系数变化率是最核心的评价指标。主成分分析（PCA）也是表型水平检验的重要工具，通过将多个性状压缩为少数几个主成分，绘制核心种质与原始群体的主成分散点图，直观反映二者的性状分布重叠程度——重叠度越高，核心种质的表型代表性越强。例如，郭琰等在葡萄核心种质检验中，通过主成分分析发现，核心种质的散点在主成分空间中均匀分布，且与原始群体的散点高度重叠，表明核心种质在表型水平上完整代表了原始群体的遗传变异。

（1）均值差异百分率（MD%）　核心种质与原始群体某一性状均值的差异百分比，反映性状均值的保留程度，MD% ＜ 20% 为代表性良好。

（2）方差差异百分率（VD%）　核心种质与原始群体某一性状方差的差异百分比，反映性状变异幅度的保留程度，VD% ＞ 80% 为代表性良好（方差越大，变异幅度越广）。

（3）极差符合率（CR%）　核心种质某一性状的极差与原始群体极差的比值，反映性状极端变异的保留程度，CR% ≥ 80% 为代表性良好（极差覆盖越广，极端类型保留越完整）。

（4）变异系数变化率（CV%）　核心种质与原始群体某一性状变异系数的比值，反映性状离散程度的保留程度，CV% ＞ 100% 为代表性良好（变异系数越高，离散程度越大，遗传多样性越丰富）。

2. 分子水平检验

分子水平检验是通过分析核心种质与原始群体在基因组水平的遗传差异（如等位基因、基因型频率、遗传距离），验证核心种质的分子遗传代表性，其优势在于不受环境干扰，可直接反映基因组的遗传多样性保留情况。常用指标包括多态性位点百分率（PPB）、观测等位基因数（Na）、有效等位基因数（Ne）、Nei's 遗传多样性指数（*H*）、Shannon's 信息指数（*I*）等，其评价标准为核心种质的分子遗传参数（PPB、Na、Ne、*H*、*I*）不低于原始群体的 80%，且无显著差异（$P > 0.05$）。分子水平检验需结合高效的分子标记技术（如 SSR、SNP、InDel）开展，针对基因组特性（如杂合度高、基因组大）选择合适的标记类型。群体结构分析也是分子水平检验的重要方法，通过 Structure 软件分析核心种质与原始群体的遗传亚群组成，验证核心种质是否覆盖原始群体的所有遗传亚群。例如，刘娟等在南疆杏核心种质检验中，群体结构分析显示原始群体分为 3 个遗传亚群，核心种质同样包含这 3 个亚群，且各亚群的种质比例与原始群体一致（亚群 1 占 32%、亚群 2 占 45%、亚群 3 占 23%），表明核心种质完整保留了南疆杏的群体遗传结构。

（1）SSR 标记检验　SSR（简单重复序列）标记具有多态性高、共显性好、重复性好的特点，是葡萄分子水平检验的首选标记。例如，张君玉（2012）在葡萄核心种质检验中，利用 SSR 标记计算得出核心种质的多态性位点百分率（PPB）为 98.7%（原始群体为 99.1%），Nei's 遗传多样性指数（*H*）为 0.78（原始群体为 0.79），Shannon's 指数（*I*）为 1.42（原始群体为 1.43），所有参数均接近原始群体，表明核心种质在基因组水平完整保留了葡萄的遗传多样性。

（2）SNP 标记检验　SNP（单核苷酸多态性）标记具有密度高、覆盖基因组范围广的特点，适用于大规模葡萄种质资源的分子检验。例如，Li 等在红锥核心种质检验中，利用 SNP 标记检测到核心种质的有效等位基因数（Ne）为 1.87（原始群体为 1.89），Nei's 遗传多样性指数（*H*）为 0.45（原始群体为 0.46），无显著差异（P=0.82），表明核心种质完整保留了红锥的基因组变异。

（3）混合标记检验　结合 SSR 与 SNP 标记的优势，进一步提升检验精度。例如，Duan 等在杉木核心种质检验中，同时使用 SSR 标记（21 对）与 SNP 标记（1000 个），计算得出核心种质的 PPB 为 97.3%、*H* 为 0.76，均与原始群体无显著差异，且混合标记的检验结果比单一标记更稳定，避免了因标记类型局限导致的评价偏差。

3. 多水平联合检验：表型与分子的协同验证

单一水平的检验可能存在偏差（如表型检验受环境干扰，分子检验脱离实际利用价值），因此表型 - 分子多水平联合检验已成为果树核心种质检验的主流趋势。联合检验通过整合表型与分子水平的检验结果，从“性状表现”与“基因基础”两个维度综合判断核心种质的代表性，确保其既涵盖基因组层面的遗传变异，又具备实际育种应用价值。例如，在梨核心种质检验中，研究团队先通过表型检验确认核心种质的果实重量、可溶性糖含量、抗寒性等性状的极差符合率达 85% 以上，方差差异百分率超过 80%，表明表型变异保留完整；再通过 SSR 分子标记检验发现，核心种质的多态性位点百分率（PPB）为 96.5%，Nei’s 遗传多样性指数（*H*）为 0.75，与原始群体（PPB=97.2%，*H*=0.76）无显著差异，分子遗传多样性保留良好；最后结合表型与分子数据进行关联分析，发现核心种质中与优质、抗逆性状相关的分子标记等位基因均完整保留，证明核心种质既具有遗传代表性，又能直接服务于梨的品种改良。

（二）核心种质的动态管理

核心种质并非一成不变的“固定集合”，而是随新资源引入、新性状发现及利用需求变化而调整的“动态体系”。其管理核心是建立“核心种质 - 保留种质”的双向流动机制，同时完善繁种、供种与信息管理体系，确保核心种质的长期可用性与遗传完整性。

核心种质与保留种质的本质是“功能分工不同的遗传资源库”：核心种质承担“高效利用”功能，保留种质承担“遗传备份”功能，二者需通过双向流动实现遗传资源的优化配置。当在保留种质中发现具有重要利用价值的稀有种质（如抗新型病虫害的种质、具有特殊品质的种质），或核心种质存在遗传缺口（如某一生态类型的遗传变异未覆盖）时，需将保留种质中的相应资源补充至核心种质，填补遗传空白。当核心种质中出现遗传重复（如通过分子标记发现两份核心种质的基因组相似度达 95% 以上，属于“同物异名”），或某份核心种质因繁殖失败导致遗传完整性受损时，需将其转移至保留种质，避免核心种质冗余或遗传退化。李自超等提出的“四级种质资源结构”（初级核心种质—核心种质—核心应用种质—保留种质），进一步细化了动态管理的层级。这一结构的优势在于实现了“资源筛选—利用—备份”的层级递进，每一层级均可根据需求双向流动（如核心应用种质中表现优异的种质可反哺核心种质优化，保留种质中的稀有种质可升级为初级核心种质），确保整个种质资源体系的灵活性与实用性。

四、总结

核心种质构建是破解“种质资源数量庞大、利用效率低下”矛盾的关键技术，其核心逻辑是通过“科学抽样—多维度检验—动态管理”，实现葡萄遗传资源“精准保存—高效利用”的闭环。从理论基础来看，核心种质经历了从 Frankel 的“单一子集”到 Brown

的“双层结构”，再到我国“四级体系”的拓展，逐步形成了兼顾遗传完整性与实用性的理论框架；从技术方法来看，数据类型从单一表型向“表型 - 分子 - 生态”多维度融合发展，分组方法从地理分组向“遗传距离聚类 + 多因素结合”优化，取样策略从随机取样向“SBS-M 法 -RMEC”等精准算法升级，构建比例从固定 5% ～ 10% 向“基于群体规模与遗传特性动态调整”转变，检验评价从单一水平向“表型 - 分子联合验证”完善，管理体系从固定集合向“动态更新 + 信息共享”发展。

未来，核心种质研究可借助全基因组关联分析（GWAS）、基因组选择（GS）等技术，精准定位核心种质中的优质抗逆基因，缩短基因挖掘周期，实现“核心种质—基因—品种”的快速转化。通过持续优化构建技术与管理体系，核心种质将在葡萄优质抗逆育种、功能基因挖掘及农业生物多样性保护中发挥更加关键的作用，为推动葡萄产业高质量发展提供坚实的遗传资源保障。

参考文献

[1] 艾叶 , 陈璐 , 兰思仁 , 等 . 基于形态学性状构建建兰品种核心种质 [J]. 分子植物育种 , 2019, 17(23):7924-7934.
[2] 白瑞霞 . 枣种质资源遗传多样性的分子评价及其核心种质的构建 [D]. 保定 : 河北农业大学 , 2008.
[3] 陈存 , 丁昌俊 , 黄秦军 , 等 . 美洲黑杨表型核心种质库构建 [J]. 林业科学研究 , 2021, 34(02):1-11.
[4] 陈妍 , 杨午 , 万坤 , 等 . 基于表型多样性构建山西大豆地方品种核心种质 [J]. 中国油料作物学报 , 2025, 47(01):105-114.
[5] 陈明堃 , 陈璐 , 孙维红 , 等 . 建兰种质资源遗传多样性分析及核心种质构建 [J]. 园艺学报 , 2022, 49(01):175-186.
[6] 陈坤 , 黄安霞 , 周锦国 , 等 . 基于 SNP 分子标记的广西玉米种质材料类群结构分析及核心种质构建 [J/OL]. 西南农业学报 , 1-11[2025-08-08].
[7] 程丽莉 . 燕山板栗实生居群遗传多样性研究与核心种质初选 [D]. 北京 : 北京林业大学 , 2005.
[8] 邓学斌 , 刘磊 , 闫喆 , 等 . 加工番茄核心种质构建及其遗传背景分析 [J]. 园艺学报 , 2015, 42(07):1299-1312.
[9] 房经贵 , 乔玉山 , 高志红 , 等 . DNA 保存在果树种质资源保存中的利用策略 [C]// 中国园艺学会 . 中国园艺学会第四届青年学术讨论会论文集 . 南京农业大学园艺系 , 2000:60-63, 56.
[10] 房经贵 , 章镇 , 王三红 . DNA 技术与果树种质资源的保存与研究 [J]. 生物工程进展 , 2000 (06): 50-52.
[11] 房经贵 , 刘崇怀 , 吴伟民 . 中国葡萄育种 [M]. 北京 : 化学工业出版社 , 2023.
[12] 高志红 , 章镇 , 韩振海 , 等 . 中国果梅核心种质的构建与检测 [J]. 中国农业科学 , 2005 (02):363-368.
[13] 贾卫权 . 野外地质调查安全生产管理的重要意义 [J]. 世界有色金属 , 2018 (08):273-274.
[14] 郝晨阳 , 董玉琛 , 王兰芬 , 等 . 我国普通小麦核心种质的构建及遗传多样性分析 [J]. 科学通报 , 2008, (08):908-915.
[15] 何余堂 , 涂金星 , 傅廷栋 , 等 . 陕西省白菜型油菜核心种质的初步构建 [J]. 中国油料作物学报 , 2002 (01):7-10.
[16] 李建春 . 萝卜种质资源遗传多样性的 SSR 分析和初级核心种质构建 [D]. 重庆 : 西南大学 , 2006.
[17] 李国强 , 李锡香 , 沈镝 , 等 . 基于形态数据的大白菜核心种质构建方法的研究 [J]. 园艺学报 , 2008, 35(12):1759-1766.
[18] 李嘉惠 , 欧晓华 , 邓文静 , 等 . 基于 SRAP 分子标记构建何首乌核心种质库 [J]. 广西植物 , 2021, 41(11):1920-1930.
[19] 李丽 , 何伟明 , 马连平 , 等 . 用 EST-SSR 分子标记技术构建大白菜核心种质及其指纹图谱库 [J]. 基因组学与应用生物学 , 2009, 28(01):76-88.
[20] 李银霞 , 高其洁 , 李天红 . 基于果实相关性状的桃品种初级核心种质取样策略研究 [J]. 果树学报 , 2006 (03):359-364.
[21] 李洪雯 , 刘建军 , 何健 , 等 . 四川及其周边地区野生草莓资源调查、收集与评价 [C]// 四川省农业科学院园艺研究所 , 农业部西南地区园艺作物生物学与种质创制重点实验室 , 四川省农业科学院 , 四川大学生命科学学院 . 草莓研究进展（IV）. 2015:376–384.
[22] 李洪果 , 杜庆鑫 , 王淋 , 等 . 利用表型数据构建杜仲雌株核心种质 [J]. 分子植物育种 , 2017, 15(12):5197-5209.
[23] 李凯旋 . 种质资源知识产权法律保护研究 [D]. 山东 : 山东政法学院 , 2022.
[24] 刘新龙 , 刘洪博 , 马丽 , 等 . 利用分子标记数据逐步聚类取样构建甘蔗杂交品种核心种质库 [J]. 作物学报 , 2014, 40(11):1885-1894.
[25] 刘娟 , 廖康 , 赵世荣 , 等 . 利用 ISSR 分子标记构建新疆野杏核心种质资源 [J]. 中国农业科学 , 2015, 48(10):2017-2028.
[26] 明军 , 张启翔 , 兰彦平 . 梅花品种资源核心种质构建 [J]. 北京林业大学学报 , 2005 (02):65-69.
[27] 农作物种质资源管理办法 . 麦类文摘 · 种业导报 , 2006(12):4-6.
[28] 潘英华 , 徐志健 , 梁云涛 . 广西普通野生稻群体结构解析与核心种质构建 [J]. 植物遗传资源学报 , 2018, 19(03):498-509.
[29] 秦永文 , 樊丽娜 , 罗青文 , 等 . 甘蔗细茎野生种核心种质构建 [J]. 作物学报 , 2013, 39(04):649-656.
[30] 沈进 , 朱立武 , 张水明 , 等 . 中国石榴核心种质的初步构建 [J]. 中国农学通报 , 2008 (05):265-271.
[31] 苏火生 , 刘新龙 , 毛钧 , 等 . 割手密初级核心种质取样策略研究 [J]. 湖南农业大学学报 (自然科学版), 2011, 37(03):253-259.

[32] 王慧媛，苏翠华，韩英．植物立体标本制作方法 [J]. 山西林业科技，2023, 52(S1):24-25.
[33] 王庆芬．抗寒梨种质资源 RAPD 的分子标记及其核心种质初步构建 [D]. 长春：吉林农业大学，2007.
[34] 王述民，曹永生，胡家蓬．中国小豆种质资源核心样品的初步建立 [J]. 华北农学报，2002 (01):35-40.
[35] 王晓丽，高成杰，李昆．云南松材用种质保存库的构建策略及检验 [J]. 植物资源与环境学报，2019, 28(01):105-114.
[36] 伍超华，陆鑫，刘新龙，等．甘蔗近缘种蔗茅 *Erianthus fulvus* 考察收集与表型性状初步研究 [J]. 植物遗传资源学报，2014, 15(05):962-966.
[37] 向红玲．大力推进数字农业高质量发展 [J]. 宏观经济管理，2024 (01):55-61+77.
[38] 岳军凤．野生园艺植物种子采集处理技术 [J]. 广东蚕业，2022, 56(06):72-74.
[39] 张川．葡萄种质资源裂果性评价和裂果相关候选基因鉴定 [D]. 南京：南京农业大学，2020.
[40] 张君玉．利用 SSR 和 SRAP 分子标记构建葡萄核心种质 [D]. 洛阳：河南科技大学，2012.
[41] 章秋平，刘威生，郁香荷，等．基于优化 LDSS 法的中国李 (*Prunus salicina*) 初级核心种质构建 [J]. 果树学报，2011, 28(04):617-623.
[42] 赵冰，张启翔．中国蜡梅种质资源核心种质的初步构建 [J]. 北京林业大学学报，2007, 29(增刊):16-21.
[43] 赵立民，李嘉伟，张飞，等．基于表型数据构建切花小菊核心种质 [J]. 园艺学报，2022, 49(10):2273-2284.
[44] Amalraj V A, Balakrishnan R, Jebadhas A W, et al. Constituting a core collection of *Saccharum spontaneum* L. and comparison of three stratified random sampling proce- dures[J].Genetic resources and crop evolution,2006,53(8): 1563-1572.
[45] Balas F C, Osuna M D, Domínguez G, et al. Ex situ conservation of underutilised fruit tree species: establishment of a core collection for *Ficus carica* L. using microsatellite markers (SSRs)[J]. Tree Genetics & Genomes, 2014, 10(3): 703-710.
[46] Balfourier F, Roussel V, Strelchenko P, et al. A worldwide bread wheat core collection arrayed in a 384-well plate[J]. Theoretical and applied genetics, 2007, 114(7): 1265-1275.
[47] Belaj A, Dominguez-García M C, Atienza S G, et al. Developing a core collection of olive (*Olea europaea* L.) based on molecular markers (DArTs, SSRs, SNPs) and agronomic traits[J]. Tree Genetics & Genomes, 2012, 8(2): 365-378.
[48] Boczkowska M, Łapiński B, Kordulasińska I, et al. Promoting the use of common oat genetic resources through diversity analysis and core collection construction[J]. PLoS One, 2016, 11(12): e0167855.
[49] Brown A H D, Grace J P, Speer S S. Designation of a 'core' collection of perennial Glycine. Soybea Genetics-Newsletter, 1987(14): 59-76.
[50] Choi Y M, Kim K M, Lee S, et al. Development of a core collection based on EST-SSR markers and phenotypic traits in foxtail millet [*Setaria italica* (L.) P. Beauv.][J]. Journal of Crop Science and Biotechnology, 2018, 21(4): 395-405.
[51] Dervishi A, Jakše J, Ismaili H, et al. Genetic structure and core collection of olive germplasm from Albania revealed by microsatellite markers[J]. Genes, 2021, 12(2): 256.
[52] Escribano P, Viruel M A, Hormaza J I. Comparison of different methods to construct a core germplasm collection in woody perennial species with simple sequence repeat markers. A case study in cherimoya (*Annona cherimola*, Annonaceae), an underutilised subtropical fruit tree species[J]. Annals of Applied Biology, 2008, 153(1): 25-32.
[53] Gomes R L F, Costa M F, Alves-Pereira A, et al. A lima bean core collection based on molecular markers[J]. Scientia Agricola, 2019, 77(2): e20180140.
[54] Hamon S, Van Sloten D H. Characterization and evaluation of Okra. //The use of plant genetic resources. Brown A H D, Frankel O H, Marshall R D, et a1. Cambridge, England: Cambridge Univ Press, 1989.
[55] Han P, Tian X, Wang Y, et al. Construction of a core germplasm bank of upland cotton (*Gossypium hirsutum* L.) based on phenotype, genotype and favorable alleles[J]. Genetic Resources and Crop Evolution, 2022, 69(7): 2399-2411.
[56] Hu G, Jiang Q, Wang Z, et al. Genetic diversity analysis and core collection construction of the *Actinidia chinensis* complex (kiwifruit) based on SSR markers[J]. Agronomy, 2022, 12(12): 3078.
[57] Hu J, Wang P, Su Y, et al. Microsatellite diversity, population structure, and core collection formation in melon germplasm[J]. Plant Molecular Biology Reporter, 2015, 33(3): 439-447.
[58] Kim J H, Oh Y, Lee G A, et al. Genetic diversity, structure, and core collection of Korean apple germplasm using simple sequence repeat markers[J]. The Horticulture Journal, 2019, 88(3): 329-337.
[59] Lee H Y, Ro N Y, Jeong H J, et al. Genetic diversity and population structure analysis to construct a core collection from a large *Capsicum germplasm*[J]. BMC genetics, 2016, 17(1): 142.
[60] Leroy T, De Bellis F, Legnate H, et al. Developing core collections to optimize the management and the exploitation of diversity of the coffee *Coffea canephora*[J]. Genetica, 2014, 142(3): 185-199.
[61] Li M, Qin H B, Wang Y N, et al. A core collection of sorghum landraces formed by taking use of agronomic traits in Shanxi province[J]. J. Plant Genet. Resour, 2021(22): 174-182.
[62] Li N, Yang Y M, Xu F, et al. Genetic diversity and population structure analysis of *Castanopsis hystrix* and construction of a core collection using phenotypic traits and molecular markers. Genes, 2022, 13(12): 2383.
[63] Li X, Cui L, Zhang L, et al. Genetic diversity analysis and core germplasm collection construction of radish cultivars based on structure variation markers[J]. International Journal of Molecular Sciences, 2023, 24(3): 2554.
[64] Liang W, Dondini L, De Franceschi P, et al. Genetic diversity, population structure and construction of a core collection of apple cultivars from Italian germplasm[J]. Plant Molecular Biology Reporter, 2015, 33(3): 458-473.

[65] Liu F M, Zhang N N, Liu X J, et al. Genetic diversity and population structure analysis of *Dalbergia odorifera* germplasm and development of a core collection using microsatellite markers[J]. Genes, 2019, 10(4): 281.

[66] Liu X Q, Ickert-Bond S M, Nie Z L, et al. Phylogeny of the Ampelocissus-Vitis clade in Vitaceae supports the New World origin of the grape genus[J]. Mol Phylogenet Evol, 2016, 95217-95228.

[67] Liu Y, Geng Y, Xie X, et al. Core collection construction and evaluation of the genetic structure of Glycyrrhiza in China using markers for genomic simple sequence repeats[J]. Genetic Resources and Crop Evolution, 2020, 67(7): 1839-1852.

[68] Luan M B, Zou Z Z, Zhu J J, et al. Development of a core collection for ramie by heuristic search based on SSR markers[J]. Biotechnology & Biotechnological Equipment, 2014, 28(5): 798-804.

[69] Miyamoto N, Ono M, Watanabe A. Construction of a core collection and evaluation of genetic resources for *Cryptomeria japonica* (Japanese cedar). J For Res, 2015(20): 186–196. https://doi.org/10.1007/s10310-014-0460-3.

[70] Razi S, Soleimani A, Zeinalabedini M, et al. Development of a multipurpose core collection of new promising Iranian pomegranate (*Punica granatum* L.) genotypes based on morphological and pomological traits[J]. Horticulturae, 2021, 7(10): 350.

[71] Sa K J, Kim D M, Oh J S, et al. Construction of a core collection of native Perilla germplasm collected from South Korea based on SSR markers and morphological characteristics[J]. Scientific reports, 2021, 11(1): 23891.

[72] Sivalingam PN, Singh D, Chauhan S, et al. Establishment of the core collection of *Ziziphus mauritiana* Lam. from India. Plant Genetic Resources, 2014, 12(1): 140-142.

[73] Su W, Wang L, Lei J, et al. Genome-wide assessment of population structure and genetic diversity and development of a core germplasm set for sweet potato based on specific length amplified fragment (SLAF) sequencing[J]. PloS one, 2017, 12(2): e0172066.

[74] Sun Q, Bai L, Ke L, et al. Developing a core collection of litchi (*Litchi chinensis* Sonn.) based on EST-SSR genotype data and agronomic traits[J]. Scientia horticulturae, 2012(146): 29-38.

[75] Sun Y, Dong S, Liu Q, et al. Selection of a core collection of *Prunus sibirica* L. germplasm by a stepwise clustering method using simple sequence repeat markers[J]. PLoS One, 2021, 16(11): e0260097.

[76] Tai P Y P,Miller J D. A core collection for *Saccharum spontaneum* L. from the world collection of sugarcane[J].Crop science,2001,41(3):879-885.

[77] Wang X, Chen L, Yang Y. Establishment of core collection for Chinese tea germplasm based on cultivated region grouping and phenotypic data[J]. Frontiers of Agriculture in China, 2011, 5(3): 344-350.

[78] Xu Q, Zeng X, Lin B, et al. A microsatellite diversity analysis and the development of core-set germplasm in a large hulless barley (*Hordeum vulgare* L.) collection[J]. BMC genetics, 2017, 18(1): 102.

[79] Zewdie Y, Tong N, Bosland P. Establishing a core collection of *Capsicum* using a cluster analysis with enlightened selection of accessions[J]. Genetic Resources and Crop Evolution, 2004, 51(2): 147-151.

[80] Zhang H, Zhang D, Wang M, et al. A core collection and mini core collection of *Oryza sativa* L. in China[J]. Theoretical and Applied Genetics, 2011, 122(1): 49-61.

[81] Zong X, Redden R J, Liu Q, et al. Analysis of a diverse global *Pisum* sp. collection and comparison to a Chinese local *P. sativum* collection with microsatellite markers[J]. Theoretical and Applied Genetics, 2009, 118(2): 193-204.

第三章 葡萄种质资源的保存情况及种质数据库

在葡萄种质资源收集、鉴定与评价等中产生的信息资料的管理与利用也是重要与必要的工作内容，种质资源数据库的建立旨在提供信息存储平台，以提高种质资源的保存质量与信息管理水平，并加快资源的高效利用。这对于整合更广泛乃至全球范围内的葡萄遗传资源信息，实现资源共享与交流具有重要意义。这不仅有助于加速科研进程、促进国际合作，还能够有效避免重复研究，提高资源利用效率。在数据驱动的时代背景下，高质量的数据库不仅是信息存储的平台，更是数据分析与挖掘的重要工具，对揭示葡萄遗传规律、预测未来育种趋势以及设计高效育种方案等具有不可替代的作用。

第一节　葡萄种质资源的保存情况

葡萄种质资源的保存也是全球农业生物多样性保护与利用战略中的重要内容。鉴于葡萄在世界水果生产与加工利用中的重要地位，以及其对经济、社会和文化的深远影响，确保葡萄种质资源的安全与可持续利用显得尤为重要。其不仅关乎当前葡萄生产的稳定性，更为未来品种改良以满足不断变化的市场需求提供了遗传基础。它是一项长期而系统的工程，旨在维护遗传多样性，葡萄种质资源的保存不仅是农业科学的一项核心任务，对于实现全球食物安全和农业可持续发展也具有重要贡献。

一、世界葡萄种质资源的保存情况

国际葡萄品种目录（*Vitis* International Variety Catalogue，*V*IVC）是世界范围内所登记信息最丰富的葡萄种质资源数据库。根据 2018 年数据库的信息分析，*V*IVC 共记录了 72 个国家及地区葡萄种质创制、品种选育和保存情况，其中法国是登录品种最多的国家，共有 5600 余份，占数据库种质总数的 23%，远多于其他国家所登录种质份数。排名 2 至 5 位的分别为美国、意大利、土耳其和德国，所保存种质数为 2388、2342、1041、990 份。

这些选育种质数较多的国家主要集中在纬度 30°～50°之间、年平均气温 10～20℃的欧洲环地中海 - 西亚与美洲地区。欧洲国家选育的葡萄品种数量远高于美洲和亚洲国家，多为欧亚种，而且用于酿酒与砧木的品种数量较多，而美洲和亚洲国家选育的葡萄品种不仅数量少，而且以鲜食品种为主。

法国蒙彼利埃（Montpellier）地区种植酿酒葡萄占全国的 1/3，距离该市区大约 20km 的葡萄品种改良中心是法国唯一从事酿酒葡萄品种研究的改良中心。该中心至今已经先后收集、观察和评价了 17000 余个葡萄品种或品系，保存在资源圃的品种（系）有 3000 余个，其中用于酿酒的加工品种（系）2000 余个，鲜食品种 400 余个，葡萄砧木品种（系）350 余个。在保存的这些材料中，经过详细观察、描述、记载的酿酒品种（系）有 70 余个，分别是从 135 个酿酒葡萄品种中选育出来的；鲜食品种 75 个和葡萄砧木品种 160 个。对保存的脱毒原种材料，每年要进行病毒检测，常用方法仍是酶联免疫法，检测病毒种类为在法国常见的 8 种病毒。而且该中心是一个非盈利的官方机构，经费的来源主要依靠法国新栽葡萄苗木的使用税（全国每年的用苗量稳定在 9000 万株，使用税为 0.05 法郎 / 株），其他还有原种苗木的销售、优良品系的鉴定费和专项科研费等。

相比之下，同为葡萄酒生产大国的意大利，没有统一的葡萄品种资源系统，而主要靠葡萄酒庄园进行自己的特色品种传承。像‘Erbaluce’‘Posciarello’‘Catarratto’‘Gaglioppo’等意大利本土特产葡萄品种为人熟知的有 300 余种。另据统计表明，意大利有 1000 余种特产葡萄品种，这不仅表明意大利丰富的葡萄遗传资源，而且也说明意大利葡萄酒行业重视保护本土葡萄品种的理念。本土古老的特产葡萄品种不仅得到很好的保护，而且还按照全球市场战略赢得国际市场，这与倡导单一品种的新世界葡萄酒形成鲜明对比。今天，富有特色的葡萄品种、悠久的历史、独特的文化都越来越成为意大利葡萄酒制胜世界的法宝。

葡萄产业大国美国也重视葡萄种质资源的保存，主要由美国农业部（United States Department of Agriculture，USDA）和加州大学戴维斯分校建立葡萄种质资源库。其中，有美国农业部设立的“农业研究中心”（Agricultural Research Service，ARS），该中心负责管理“国家植物种质资源体系”（National Plant Germplasm System，NPGS），NPGS 的任务主要有 4 点：植物种质资源收集、保存、评价及交换（或赠送）。NPGS 根据不同植物的生长特点，在美国 22 个州共建立了 25 个植物种质资源保存库。1981 年 NPGS 在加州大学戴维斯分校建立了“果树与核果类作物保存库”（Repository for Fruit and Nut Crops，FNCR），该库收集、保存来自世界各地的果树和核果类植物材料，保存的有葡萄、核果类、核桃、阿月浑子、无花果、橄榄、石榴、猕猴桃、柿树和桑树等，其中葡萄最多，有 54 个种 2400 余份材料，并对所保存的材料特性如产量、物候期、抗性、形态等进行综合评价和分类研究。此外，加州大学戴维斯分校“农业与环境科学学院”（College of Agricultural and Environmental Science）建立植物材料供应基地（Foundation Plant Materials Service，FPMS）。FPMS 主要收集保存农业生产中用到的无性材料如葡萄、蔷薇科植物及红薯等。该机构不对所保存的材料进行评价研究，没有政府经费资助，是通过向社会提供商业服务得以生存。该机构的主要任务是：对材料进行脱毒处理，以向社会提供优质无毒无病虫材料；对社会所提供的材料进行病虫、病毒鉴定和检测工作，提供鉴定报告（有法律效力）。

世界上有很多葡萄与葡萄酒产业发达的国家，这些国家同样非常重视对本国所选育或者主栽的葡萄种质的数据库建设，且大部分数据库都收录 SSR 标记信息，这能有效地纠正混淆的品种和鉴定新品种等。表 3-1 为世界主要国家及地区葡萄种质资源数据库。

表3-1　世界主要国家及地区葡萄种质资源数据库

创办地	英文名称	收录资源 / 份	主要收录信息
德国	*Vitis* International Variety Catalogue（*V*IVC）	24400	原产地、育种信息、外观性状、用途、SSR 信息、抗性信息、保存机构、图片、参考文献
捷克	Information System on Plant Genetic Resources	797	原产地、育种信息
意大利	Italian *Vitis* Database	828	原产地、形态描述、栽培特点、用途
斯洛文尼亚	Slovenian *Vitis* Database	163	SSR 信息
德国	Deutsche Genbank Reben	4536	与 VIVC 同属一个研究所，内容相近
美国	US National Grape Registry	1043	原产地、育种信息、果皮色泽、用途、抗病性
保加利亚	Bulgarian *Vitis* Database（B*V*D）	255	SSR 信息
法国	Plant Grape	391	原产地、亲本、用途、形态描述、SSR 信息、种植面积、抗病性、技术指标、克隆选择、参考文献
法国	French Network of Grapevine Repositories	7217	原产地、性状描述、物候期、图片、文献、相关链接
中国	Chinese Crop Germplasm Resources Information System（CGRIS）	525	原产地、种属、成熟期、形态学数据、可溶性固形物、用途
日本	National Agriculture and Food Research Organization（NARO）	338	原产地

注：表中 CGRIS、NARO 为大型综合性种质数据库，数据为数据库中与葡萄相关的种质信息。

二、我国葡萄种质信息管理

2012 年中国农科院郑州果树所着手开始建设我国第一个葡萄种质数据库，该数据库以国家果树种质郑州葡萄圃中保存种质的历史调查数据为信息来源，以《葡萄种质资源描述规范和数据标准》一书中 165 项描述符和根据实际需要添加的 3 项描述符构成了数据库库表，采用浏览器 / 服务器结构、ASP 动态网页技术、SQL Server 2005 数据库（图 3-1）技术建成了葡萄种质资源数据库系统。数据库系统设计有信息检索、数据统计分析、数据输出、打印渠道和数据信息动态管理的后台。可以使用“快速查询”通过种质名称、别名、果肉香味、浆果始熟期、种质类型等 14 个常见描述符查询符合条件的种质，也可以通过“标准查询”中的“调查年份”“别名”“参考文献”等 168 项描述符查询种质信息。在不限制年份的情况下，检索出的数值型数据为该品种所有调查年份的平均值，限制年份时则显示特定年份种质的调查信息。在检索出符合条件的种质后，通过“数据查看”可在检索结果界面查看种质所有年份的数据信息。经统计分析则可以对除图片型描述符之外的所有描述符统计分析并生成与之对应的图形。检索结果和统计分析的结果都可以根据实际需求选择性导出或打印。本系统的建成实现了资源圃中现有葡萄品种资源不同年份调查数据的统一管理，突破了纸质存储电子存储的弊端，加快了查询种质信息的速度，提高了种质信息的利用率，使信息查询和信息管理更为方便、快捷。对葡萄育种、科学研究、生产试验、引种示范、品种选择等具有重要意义。

基本信息　形态特征和生物学特征　形状品质特征　抗逆性　抗病虫性　其他特性

【早熟红无核】图片

基本信息			
全国统一编号	PT0222	资源圃编号	GPPT0655
引种号	0	采集号	0
种质名称	早熟红无核	种质外文名	Flame seedless
科名	Vitaceae Juss.	属名	*Vitis* L.
学名	*V.vinifera*	原产国	美国
原产省	不详	原产地	美国
海拔	0	经度	0
纬度	0	来源地	美国
保存单位	国家果树种质郑州葡萄圃	保存单位编号	ZIPCAAS0226
系谱	(Car.×Sul.)×[(R.M.×Ti.Ah.)×(Mus.Of.Alex×Sul.)]	选育单位	美国Fresno园艺实验站
育成年份	1973	选育方法	不详
种质类型	选育品种	观测地点	国家果树种质郑州葡萄圃
别名	费蕾无核、费蕾、火凤凰	调查年份	1991

数据导出　数据打印

图3-1　SQL Server 2005数据库系统界面

我国已建成国家作物种质资源信息系统（CGRIS）。该信息系统包括30余万份种质资源的库管、鉴定、评价、种质交换、多年生作物、优异资源综合评价等数据库子系统，总共有60种作物，35万余份种质信息。目前已拥有国家库及其复份库数据库、入库（圃）种质特性评价数据库和国内外种质交换数据库。“九五”期间建设了几种主要作物图形图像数据库系统、指纹图谱自动分析系统、种子活力监测数据库和种质分发动态数据库。种质数据信息方面，我国登录VIVC中的种质数为327份，其中包括56份野生种质，虽整体数量较多，较其他国家依然差距明显。欧亚种和欧美杂种数相当，并以鲜食为主要育种目的。从国家作物资源信息系统（CGRIS）中能够检索到525份葡萄种质，但描述信息相对简单，缺少抗病性和抗逆性等的系统性评价信息与研究，另外自主选育有市场价值的新品种也存在没有及时登录的现象。根据不完全统计，截至2022年的近二十年，共育成了283个葡萄新品种，占我国历年总育成品种的67.2%（表3-2）。

表3-2　1950～2022年我国育成的葡萄品种数量及用途

品种用途	1950～1959	1960～1969	1970～1979	1980～1989	1990～1999	2000～2009	2010～2019	2020～2022	不详
鲜食	0	2	15	26	33	71	131	34	22
酿酒	3	3	5	13	12	5	17	7	2
加工	0	0	2	1	0	6	4	0	0
砧木	0	0	0	0	0	3	2	2	0
总计	3	5	22	40	45	85	154	43	24

第二节　葡萄种质资源数据库的构建

葡萄种质资源评价与数据库构建密不可分。随着对资源圃中种质资源调查工作的深入开展，资源评价数据也将会越来越丰富，而数据库的构建可以为葡萄种质资源评价提供重要的支持和平台。但是由于传统的种质资源信息常以纸质形式呈现，给相关工作者查询信息和管理种质信息等造成了不便，进而影响葡萄种质资源在育种、引种、科学研究等方面的利用。因此，构建一个葡萄种质资源数据库系统十分必要，这个系统不仅可以解决调查数据的管理而且能根据自身的检索和统计分析功能提高种质信息的利用率，科学合理地安排调查任务，给科研工作者的日常使用带来方便，对加快葡萄种质资源的利用进程、提高新品种选育的效率、促进遗传多样性的广泛利用等具有重要意义。

随着互联网技术的发展，线上种质数据库在信息共享、性状评价、种质保护与利用等方面逐渐展现出了明显优势。目前葡萄种质资源数据库已在资源、植保、育种、栽培等领域得到广泛应用，为科技项目提供技术、资源和数据支撑。数据库不仅向决策部门、品种审定机构、管理人员、科研和教学单位提供数据信息，也为种质资源和生物技术研究人员、种质库管理、引种和考察人员、农技推广人员、农民、学生，以及种子、饲料、酿酒等相关企业服务。以宁夏葡萄种质资源数据库的研发为例，展示数据库构建的思路流程。

一、葡萄种质资源库设计

由于葡萄种质资源的品种繁多，品种性状、抗逆性、抗病性等特征差异性较大，相关研究人员对葡萄种质信息的描述差异大且时间跨度大，这样易导致数据不统一，因此使各来源数据达到规范化、标准化的统一管理，是葡萄种质资源数据广泛利用的基础。考虑数据库的通用性和可移植性，以国家自然科技资源共享平台建设项目中编制的《葡萄种质资源描述规范》丛书规定的葡萄种质资源的描述规范、数据标准和数据质量控制规范为基础，完成资源数据库结构设计。

数据库结构设计包括基本信息（全国统一编号、资源编号、种质名称、科名、属名、学名、原产国、原产省系谱等 23 个字段），品质特性（果皮厚度、果皮涩味、果肉液汁、出汁率等 14 个字段），形态及生物学特性——幼叶（幼叶表面颜色、幼叶表面光泽、幼叶表面叶脉间有茸毛、成龄叶形状、成龄叶表面颜色等 26 个字段），形态及生物学特性——嫩梢新梢（嫩梢梢尖形态、新梢姿态、新梢卷须长度、节间腹侧颜色等 9 个字段），形态及生物学特性——花（花器类型、植株生长势、萌芽率、结果枝百分率、每结果枝果穗数等 20 个字段），其他特性（抗寒性、抗碱性、葡萄白腐病抗性、葡萄霜霉病抗性、指纹图谱与分子标记等 11 个字段）等 100 余项字段内容设计，其中必填项 49 个。

二、葡萄种质资源管理系统研发

葡萄种质资源管理系统前端部分基于 MVVM 模式进行开发，采用 B/S 模式进行系统实现。前端部分：框架采用了比较流行的渐进式 JavaScript 框架 Vue.js，使用 Vue-Router 和 Vuex 实现动态路由和全局状态管理，Ajax 实现前后端通信，Element UI 组件库使页面快速成型，项目前端通过栅格布局实现响应式。后端部分：采用 Spring Boot 作为开发框架，同时集成 My-Batis、Redis 等相关技术，采用 Microsoft SQL Server 2008 R2 数据库系统。

根据用户需求，葡萄种质资源管理系统的结构应包括网络基础设施层、数据层、支撑层、应用层。技术标准、系统安全与管理贯穿于各层面。系统采用分层模块设计原则，各模块之间通过松耦合的接口关联，层次分明，功能定位明确。接口定义参数简洁明了，语义清晰。建设框架由基础层、数据层、服务层、应用层和用户层 5 个有机的层次结构组成，涵盖主要平台建设内容。葡萄种质资源管理平台的总体架构如图 3-2 所示。

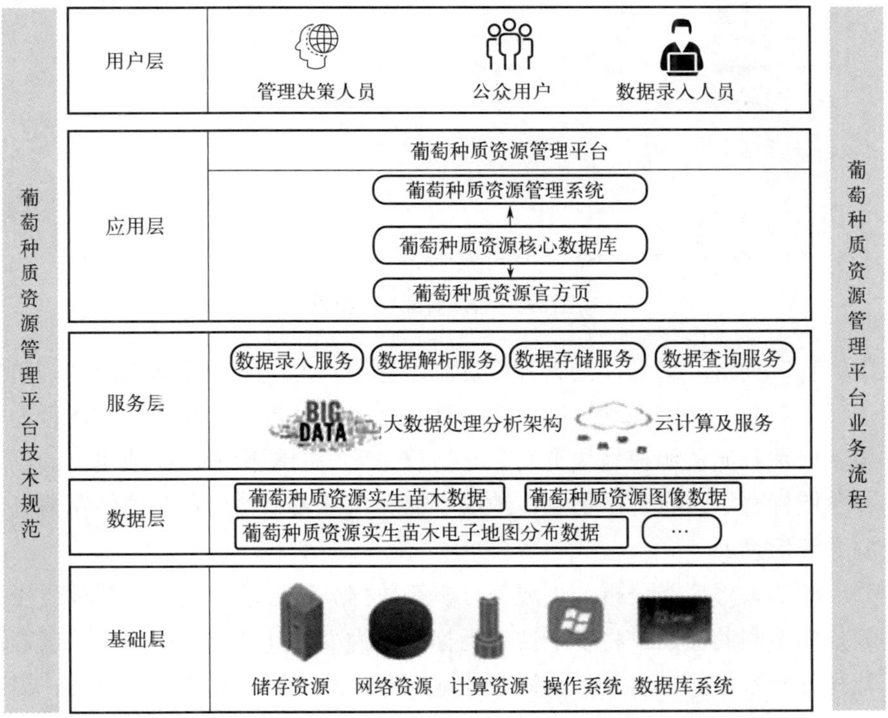

图3-2　葡萄种质资源管理系统总体框架

葡萄种质资源管理系统采用二维码技术“一种一码”数据录入，采用聚类分析、主成分分析等数据分析方法实现品种特性统计分析，按照区、行、列进行编号绘制种质资源圃实生苗木电子分布标识图。系统包括种质资源名录、统计分析、种质资源分布、系统管理四大模块。

种质资源名录模块主要包括资源数据录入、查看数据详细信息、数据删除、数据导出、快速检索、高级检索、图片检索等功能。种质资源录入：根据页面标题填写对应的详情信息；分别需要填写种质资源“基本信息”数据，“形态及生物学——嫩梢新梢”，“形态及生物学——枝条”，“形态及生物学——叶”等10项信息数据。信息填写完成时，可以对数据进行暂存，下次进入系统可继续进行填写，信息录入完成后，需要审核员审核确认。快速检索：根据输入的葡萄种质名称搜索相关的数据信息。高级检索：根据不同的检索条件进行查询检索，如统一编号、种质名称、保存单位等。图片检索：根据输入的葡萄种质名称检索相关图片。数据详情：可以查看种质资源的详细信息。数据导入：可以按照模板批量导入数据，种质资源数据模板如图3-3所示。数据导出：可以导出多条数据压缩包。

B2 葡萄种质资源库——形态及生物学——叶

葡萄种质资源库——形态及生物学——叶					
幼叶表面颜色	黄绿	幼叶表面光泽	无	幼叶下表匍匐绒毛	近圆形
幼叶下表直立绒毛	有	叶形	心脏形	叶颜色	黄绿
主脉着色	浅	叶柄长(cm)	16.4	中脉长(cm)	5.4
叶宽度(cm)	6	叶大小(cm)	6.5	叶横截面形状	V形
叶裂片数	全缘	叶上裂刻深度	浅	叶开叠类型	开张
叶裂刻形状	U形	叶柄洼开叠	轻度重叠	叶柄洼形状	V形
限制叶柄洼	不限制	叶柄洼锯齿	有	锯齿长度	2.5
泡状凸起	强	匍匐绒毛	中	直立绒毛	中

2.形态及生物学—嫩梢新梢 2.形态及生物学—枝条 2.形态及生物学—叶 2.形态及生物学—花 2.形态及生物学—果穗果粒种子 3.品质特性 4.抗逆性 5.抗病性

图3-3 种质资源数据模板

按照区、行、列进行编号，绘制种质资源圃种植苗木电子分布标识图，采用二维码技术，构建“一种一码、全程识别”的赋码识别与规范化种苗性状和属性描述合为一体的统一编码标识。展示种质资源在地块上的分布情况，葡萄的图标表示在地块上的该点位有种质信息，黄色图标表示没有种质信息；地块左侧和顶部表示种质资源的位置信息，可以查看种质资源详细信息。

统计分析模块采用聚类分析、主成分分析等数据分析方法，根据葡萄种质资源的性状特征将其划分为不同的类别，将多个性状指标简化为少数几个综合指标，准确、快捷地生成各类统计和分析数据，为研究人员针对性地筛选种质资源、优化育种方案、提高育种效率，提供了重要数据参考。

系统管理模块包括用户管理、系统日志和系统帮助。用户管理分为系统管理员、审核员和普通用户3个等级，只有系统管理员可以为其他用户分配相应权限，进行用户添加、删除、编辑、查看等操作。

葡萄种质资源数据库及管理系统可以实现对种质资源库植株进行精准编号和定位、各项种质资源性状指标数据的结构分析和抽取，以及植株生长性状和形态性状等表型性状数据的高效分类管理，为用户提供了更全面、准确的数据支持，减少了人为错误，全面提高种质资源管理工作的预见性、准确性、科学性。

第三节　国内外主要葡萄种质资源库介绍

目前，世界上主要的葡萄栽培大国和地区已建立起在线葡萄种质资源数据库，美国于1990年建成美国农业部种质资源信息网（Germplasm Resources Information Network，GRIN）；德国葡萄育种研究所于1983年建立迄今世界上收录葡萄种质资源信息相对较全、数据更新频率较高的国际葡萄品种目录数据库（*Vitis* International Variety Catalogue，*V*IVC），欧洲建立了欧洲葡萄数据库（The European *Vitis* Database），意大利、西班牙、法国分别建立意大利葡萄数据库（Italian *Vitis* Database）、西班牙葡萄PFAF植物数据库（Plants For A Fulture）、法国种植葡萄（Plant Grape）等，实现了种质资源保存信息与性状信息的共享，极大地提高了种质资源标准的统一性与种质资源的共享利用率，提高了资源的知名度与可利用价值。中国作物种质资源信息系统（Chinese Crop Germplasm Resources Information System，CGRIS）在1990年初步建立，并从2004年起不断收集整理规范并保存种质资源数据，至今已得到广泛使用。葡萄种质资源数据库已在资源、植保、育种、栽培等领域得到广泛应用，为科技项目提供技术、资源和数据支撑。

欧洲葡萄数据库提供了足够丰富的种质份数与检索方式，提供大量的图片种质份数以及少有的病毒检测检索。与其相比，GRIN录入大量的美国种质资源，但法国种质占比较少，适合美国本土种质的检索。GRIN可提供病害描述、生产性能描述以及细分的地区选项，但缺少图片信息；相比起GRIN、欧洲葡萄数据库、CGRIS，Genesys拥有数量更多的种质份数，检索方式也更容易，但同时，与其广度对应的是深度缺乏，由于Genesys种质库的全品类性与包含性，缺乏果粒重评价、果形、外观评价、色泽、汁液、形态描述等葡萄的表征信息，会导致葡萄种质的检索存在部分误差，并且可能存在重复的种质信息；CGRIS的种质份数较少，缺少葡萄植株的形态性状等信息，但提供了种质信息的统计数据与统计图形，增加了度量方法、操作规程、质量控制手段等，指标的可操作性和可靠性高。

目前数据库的功能仍存在许多不足，种质资源信息保存仍存在不统一、不规范的问题，例如数据库中葡萄种质同一所属种使用名称不同，多种别名并列，检索混乱，需要将多种别名合并统计；部分数据库功能较少，多基于种质资源的基本信息进行录入和查询，并不搭载或仅具备简单的统计功能，可以录入某一种质资源的多年调查观测数据并进行统计分析，将助于绘制某一种质资源数据的变化曲线，利于种质潜在信息的挖掘利用；数据库保存信息仍不完整。以我国为例，我国是葡萄属植物的起源中心之一，已知野生葡萄有40种、1亚种、13变种产于中国，约占世界葡萄属植物种类的60%，野生种的形态性状的鉴定与描述工作也在逐步开展中，这些种质是新品种选育的重要材料，但中国作物种质资源信息系统录入的葡萄种质中，野生葡萄的保存占比极少，有必要大力加强国内重要葡萄种质资源的收集与信息化，推进资源的充分共享和有效利用。2022年确定了新的国家级葡萄种质资源圃——国家枸杞葡萄种质资源圃（银川），将提供更多的葡萄种质资源，这些葡萄种质资源数据若被葡萄种质资源数据库收集保存，无疑将为葡萄的种质研究提供动力。种质保存对于维持葡萄多样性、培育新品种、增强种群对环境的适应性具有重要意义。只有继续开展种质资源的收集与信息化、规范录入信息和新品种选育等工作，才能帮助葡萄科研、育种人员全方位了解葡萄种质的特征，利用高效数据平台更好地评价种质资源性状，共享并挖掘种质信息，促进种质创新技术与资源利用效率。自20世纪70年代至今，世界葡萄主栽国家与地区的葡萄种质资源数据库建设日趋完善（表3-3），这些数据库系统的建成大大提高了种质资源的利用率、共享效率和利用效益。我国葡萄种质资源相关数据库的类型与资源信息也在不断优化，对于未来葡萄产业发展与种质创新将贡献更大力量。

表3-3　世界葡萄主栽国家和地区葡萄种质资源数据库

英文名称	中文名称	网址	种质份数	主要收集信息
Vitis International Variety Catalogue(*V*IVC)	国际葡萄品种目录数据库	https://www.vivc.de/	25706	原产地、育种者或机构、育种年份、亲本、性状、用途、SSR标记、保存机构、图片及参考文献等
The European *Vitis* Database	欧洲葡萄数据库	http://www.eu-vitis.de/index.php	38391	果皮颜色、品种名称、VIVC编号、物种、亚类群、品种原产国和持有机构等
Genesys	国际粮食和农业植物遗传资源数据库	https://www.genesys-pgr.org	54396	机构代码、原产地、生物学状况、属、学名、作物名称、样品采集时间、采集地点等
Germplasm Resourees Information Network(GRIN)	美国农业部种质资源信息网	https://npgsweb.ars-grin.gov/	8399	人藏编号、人藏名、属种、起源、存储机构、图像、新梢末端颜色果色、香气等
Chinese Crop Germplasm Resourees Inforation System (CGRIS)	中国作物种质资源信息系统	https://www.cgris.net/	525	名称、原产地、学名、种类、成熟期性状、可溶固形物、可溶性、可滴定酸等
ltalian *Vitis* Database	意大利葡萄数据库	https://vitisdb.it/	1133	原产地、形态描述、栽培特点、用途、电流测定、多酚、香气
US National Grape Registry (NGR)	美国国家葡萄登记处	https://ngr.uedavis.edu/	574	品种、原产国、血统（如果已知）用途、浆果颜色等
Plant grape	法国种植葡萄	http://plantgrape.plantnet-project.org/	198	品种、通用名、图片、用途、遗传图谱、物候期、技术潜力、参考文献等
VitisGDB	葡萄藤多功能	http://vitisgdb.ynau.edu.cn/	1382	物种、种质、表型、基因、原产国、系统发育树、参考文献等

一、国际葡萄种质资源数据库

（一）国际葡萄品种目录（*Vitis* International Variety Catalogue，*V*IVC）

1. 网站概况

*V*IVC于1984年在德国创建，历经多年维护更新后，成为了功能丰富，可依据多种信

息检索的先进葡萄种质资源数据库。截至 2023 年 12 月份，VIVC 共计收录来自 90 个国家或地区的共计 25791 份葡萄种质资源信息，是目前世界范围内所登记信息最丰富的葡萄种质资源数据库之一（图 3-4）。

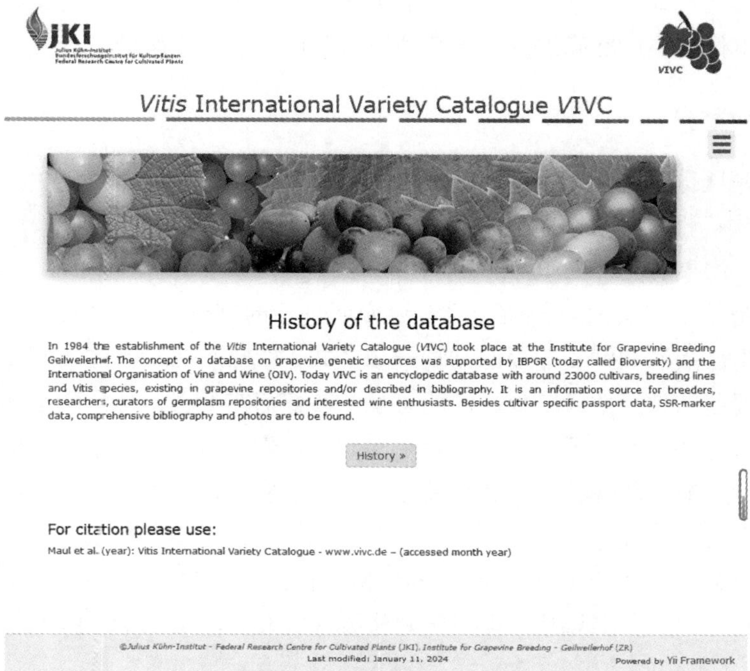

图3-4　国际葡萄品种目录主页界面

2. 功能与结构

目前该网站分为功能选择区与种质信息区，前者包括网站介绍、数据信息检索等内容；后者则由具体的葡萄种质资源基本信息组成（图 3-5）。

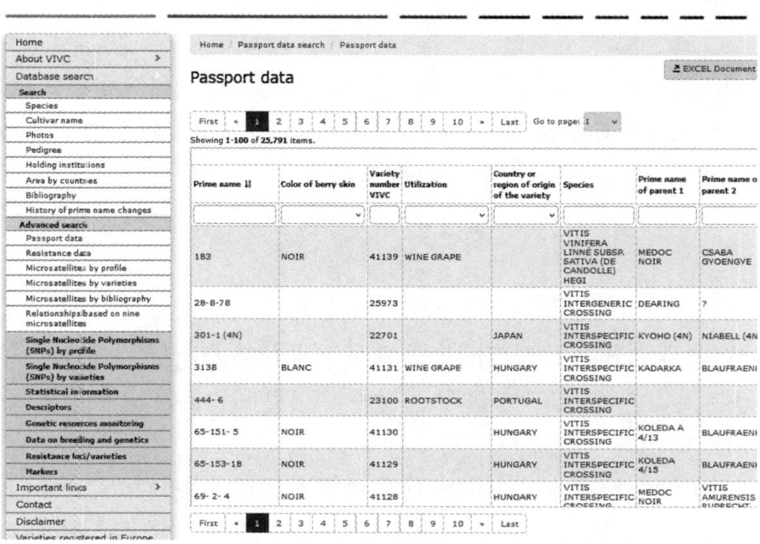

图3-5　国际葡萄品种目录检索区

种质信息区有序号、保存地、叶片性状和果皮颜色等 11 个检索项目的检索区。其中 Prime name 板块包含 101 个关键词，且没有空白，其余板块空白较多。在果皮着色板块，VIVC 设置了白色、黑色、胭脂红、灰色和粉红色 5 种颜色。而葡萄类型领域，则设置了鲜食葡萄、鲜食无核葡萄、砧用葡萄和酿酒葡萄 4 大类关键词。多种检索板块和详细的关键词，为育种工作者快速准确地查询葡萄种质资源提供了有效途径。

3. 信息与特点分析

果皮颜色是区分不同葡萄品种的关键性状。VIVC 收录的种质资源中，有 20790 个品种上传了果皮颜色性状信息资料。其中，白色和黑色果皮葡萄的品种数，共计 18309 个，远多于其他颜色的果实品种。

品种用途是从生产层面对葡萄种质资源库所进行的划分，VIVC 共计对 19396 个品种标注了品种用途。酿酒和鲜食葡萄的品种最多，共 17736 个品种。在所有品种资源中，仅有 214 个无核葡萄品种，数量较少。由此可见，在葡萄产业上，传统酿酒葡萄和鲜食葡萄仍然是育种的主力军，鲜食无核葡萄尽管品种较少，但是市场规模较大，随着对无核化机制解析的进一步了解，胚挽救技术和转基因等技术的应用，未来无核品种在葡萄育种中势必会占据更加重要的位置。

法国是登录品种最多的国家，总共 5601 份，占据总数的 21.71%。其余 2 ～ 5 名分别为美国、意大利、德国和土耳其。中国作为葡萄种植大国，在 VIVC 中收录了 604 个品种，占比 2.34%。

除上述三种分类板块外，VIVC 还登记了 9 种葡萄 SSR 分子标记信息，分别为 VVS2、VVMD5、VVMD7、VVMD25、VVMD27、VVMD28、VVMD32、VrZAG62、VrZAG79。对这类信息的统计体现了 VIVC 对于葡萄育种工作的帮助。

（二）欧洲葡萄数据库（European *Vitis* Database）

1. 网站概况

欧洲葡萄数据库由朱丽叶库恩研究所即德国联邦栽培作物研究中心（JKI，Julius Kühn Institute，Federal Research Centre for Cultivated Plants）和德国盖尔维勒霍夫（Geilweilerhof）葡萄育种研究所于 2007 年联合创建。数据库收集的种质信息词条数多于 VIVC，共计 38391 份次。

2. 功能与结构

与 VIVC 类似，欧洲葡萄数据库网也分为显示区和功能选择区。功能选择区可以设立多种关键词，包括果皮颜色、VIVC 编号、物种、亚类群和品种原产国等内容来检索相关葡萄种质信息（图 3-6）。

相较于 VIVC 单调的检索方式，欧洲葡萄数据库设置了快捷检索和高级检索两种检索方式。在高级检索板块，浏览者可以使用通用描述符和特征描述符来进行检索。通用描述符包括 23 个通用描述和 16 个其他描述，涵盖了果皮颜色、产业用途、VIVC 编号等内

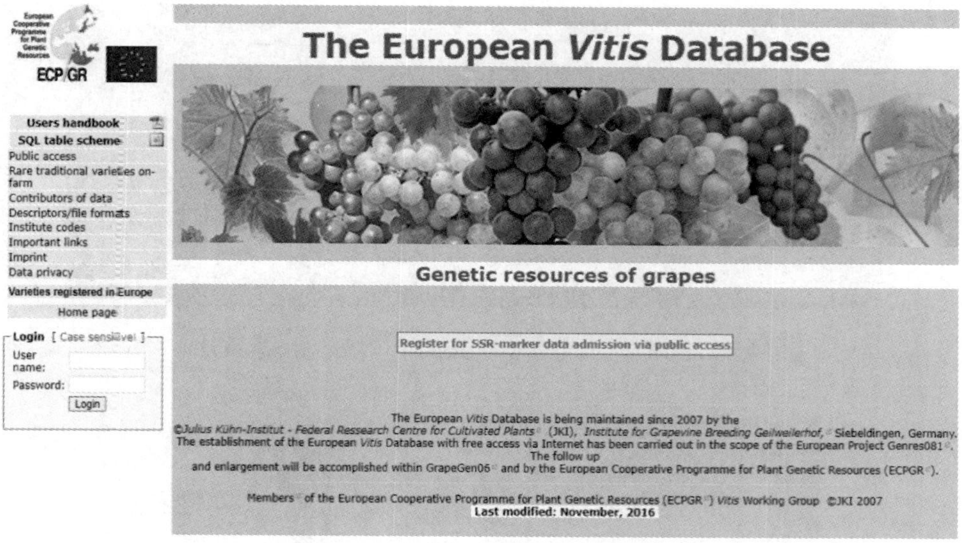

图3-6　欧洲葡萄数据库网功能选择区

容。特征描述符内容更多，主要涉及葡萄的植物学特征，比如叶色、节间腹侧的颜色等内容。

3. 信息与特点分析

欧洲葡萄资源数据库将葡萄果实色泽分为绿色、红色、黑色和粉红色。其中绿色果皮种质数目占比 47.02%，黑色果皮种质数目为 47.41%。在用途方面，该库收集的酿酒用葡萄种质较多，占比高达 72.43%，其次是鲜食葡萄和野生葡萄，砧木葡萄和观赏葡萄则极少。欧洲葡萄资源数据库同 *V*IVC 相似，法国也是上传的种质份数最多的国家，共计 7955 份；意大利排第二，4191 份。排名 3 ～ 5 的国家及地区分别是西班牙、格鲁吉亚和希腊，为 2531 份、1693 份和 1214 份。欧洲地区整理的葡萄种质资源数量远多于其他地区。来自中国的种质资源份数为 25 份。

（三）国际粮食和农业植物遗传资源数据库（Genesys PGR）

1. 网站概况

国际粮食和农业植物遗传资源数据库于 2008 年推出，包含约 400 万份基因库种质，约占世界估计总数的一半。它将世界超过 450 个研究所基因库中存储的数百万份种质信息汇集到一个易于使用的网站中，用户无需在多个单独的数据库中搜索，而是使用单个搜索词同时检索数百个基因库集合（图 3-7、图 3-8）。

和 *V*IVC 和欧洲葡萄资源数据库类似，Genesys 数据库网页也是左侧为种质信息区、右侧为网站信息区。种质信息区含有多种检索板块，包括物种名、关键词检索、入藏代码、分类、种质来源等等，可以依据这些条件对种质信息进行检索。截至 2022 年，Genesys 共计收录 56508 份葡萄种质资源，并提供了每份种质的学名、属、采集时间和地点等信息。

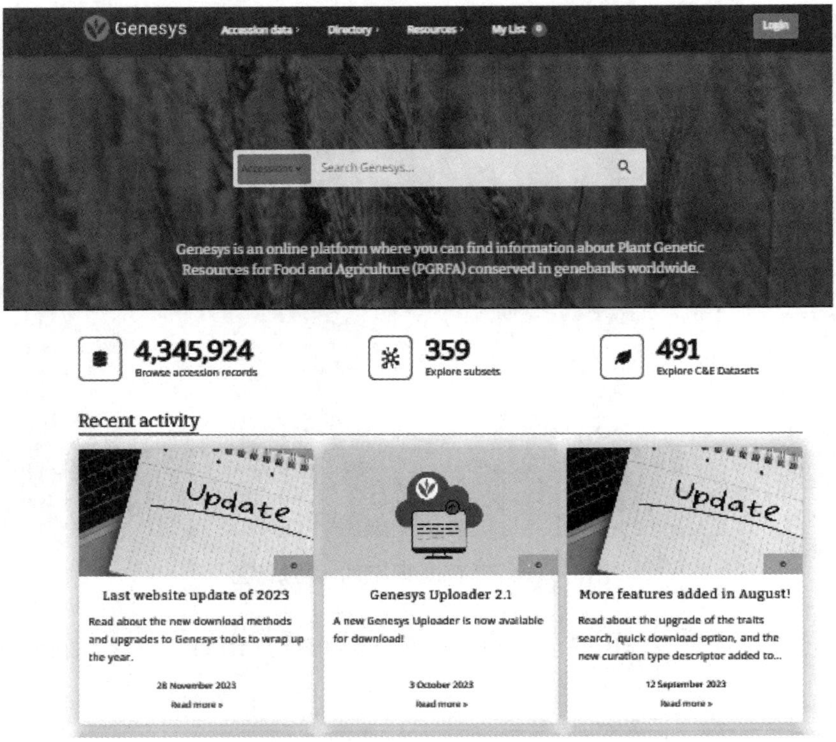

图3-7　国际粮食和农业植物遗传资源数据库网站

Country of holding institute

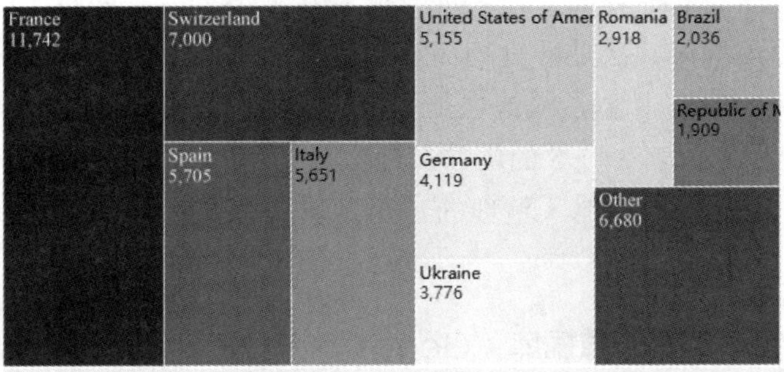

France	11,742
Switzerland	7,000
Spain	5,705
Italy	5,651
United States of America	5,155
Germany	4,119
Ukraine	3,776
Romania	2,918
Brazil	2,036
Republic of Moldova	1,909
Other	6,680

图3-8　Genesys数据库检索页面

2. 功能与结构

Genesys在样本板块列出检索结果的所有信息，其中包括种质资源出处目录，如果是在田间采集的种质资源，则其标注对应的发现地多属的国家或地区。若材料为国际组织培育时，该网站则列出对应研究院所的ISO代码。在总览界面，Genesys提供检索结果的汇总信息，比如物种的采集地点统计。而在map界面，Genesys则直接在世界地图上标注了各个品种的保存地点。检索结果主要列举在样本板块，其中含有该物种的全部词条信息。

3. 信息与特点分析

在Genesys检索到的56508份葡萄种质资源中，其中来自法国的有7499份，排名第一；西班牙和意大利分别排名第二和第三，为4859份和4645份。Genesys中排名第四、第五和第六的国家或地区是美国、瑞士和罗马尼亚。Genesys对于收集到的葡萄种质信息，并没有涉及过多的生物学性状和其他的葡萄特征，但是Genesys收集了更多详细的育种学信息。其收录了3519份葡萄育种材料，2153份野生材料，8348份改良品种。Genesys翔实的育种学分类，对于育种工作者的帮助很大。

Genesys还收录了种质存储的方式。就关于葡萄储存方式而言，种子形式保存的葡萄种质有1435份，其中长期种子保存的仅16份；田间存储的葡萄种质占比最多，共38748份，冷冻保存和离体试管保存的较少，只有3份和947份。这也体现了以栽培的形式进行种质资源的保存是当前葡萄种质资源保存的主要方式。

二、世界主要国家葡萄种质资源数据库

（一）意大利葡萄数据库

1. 网站概况

意大利葡萄数据库是一个全面且详尽的信息平台，专门致力于意大利国内外葡萄品种的研究与推广。自2009年起，由意大利葡萄栽培研究机构所成立的“Vitisdb工作组”负责该数据库的建立与维护。该工作组召集了拥有丰富的葡萄栽培与品种研究经验的行业内专家学者，共同致力于有关工作的开展。为了构建一个高效、用户满意的数据库系统，Vitisdb工作组选择了与比萨大学合作。比萨大学在计算机科学和软件开发领域享有盛誉，其开发的软件为意大利葡萄数据库提供了强大的技术支持。这款软件不仅保证了数据库的稳定运行，还为用户提供了直观、便捷的搜索与浏览功能。数据库的管理员由比萨大学农业、食品和环境系（DAFE）的D’Onofrio Claudio教授担任。截至2024年1月24日，意大利葡萄数据库已经收录了1133个葡萄品种的信息。这些品种来自世界各地，涵盖了红葡萄、白葡萄等多个类型。每个品种都有详细的描述，包括其产地、特点、适宜种植区域等。此外，数据库还提供了品种间的比较功能，帮助用户更好地了解不同品种之间的差异与特点。意大利葡萄数据库的建立与发展，不仅为葡萄栽培者、研究者提供了宝贵的品种信息，也为推动意大利乃至全球葡萄产业的发展做出了重要贡献。随着科技的不断进步和

数据库的持续更新，意大利葡萄数据库将为用户带来更多有价值的信息与资源。

2. 功能与结构

意大利葡萄数据库网站（图 3-9）设计简洁明了，用户可以根据需求轻松选择不同的功能。这些功能包括数据库介绍、参与者、联系方式、品种，以及多种不同的搜索方法等。虽然该数据库中的共享种质信息量不算丰富，但其查询功能却相当完善，能够对种质的基本信息、特征特性信息、种质名录、参考文献以及 SSR 分子标记等信息进行检索。在基本信息检索方面，用户可以获取种质的名称、代码、选育方法、种、亚种、母本、父本、种质用途以及原产国等信息。而在特征特性检索方面，该数据库的参数编写参考了 OIV 标准，共包含 125 个检索项。此外，该数据库所提供的参考文献包括作者、发表年份、题目、杂志名称、引文卷 / 期 / 页以及摘要等内容。值得一提的是，该数据库的查询功能相当灵活，用户能够根据自身需求轻松地获取所需信息。

图3-9 意大利葡萄数据库网站

该数据库的主要对象类别包括“加入”“微卫星剖面”和“葡萄品种特征”。在欧盟 GrapeGen06 项目中，如果一个新的品种在至少 9 个微卫星位点上显示出多态性，那么它就可以被添加到数据库中。根据微卫星图谱，这些入选品种被归入“品种”组。为了减少入选品种鉴定中的误差，软件会根据一些特定的“参考入选品种”自动对微卫星图谱进行“标准化”。除了微卫星图谱和葡萄品种图谱特征外，入选品种还与“葡萄品种特征”“文献”“原产地”以及一系列有关其传播和生产技术特征的信息相关联。另一个重要类别是“提交者”，代表着分析微卫星图谱和收集与数据库中加入的物种相关的其他信息的科研机构。此外，还有一系列关于微卫星位点和所分析品种血统的“统计信息”。这些信息的收集和整理有助于更好地了解葡萄品种的多样性和特征，为葡萄种质资源的保护和利用提供了重要的支持。

在该数据库中，提出了 3 个浏览与使用级别：

私人级别：在这一级别中，只有数据提交者才能看到数据，可用于描述和鉴定所收集的尚未完全描述的葡萄种质资源。

中等水平：所有其他提交者都可以看到数据，目的是在向公众公布新的登录信息之前，对数据进行研究和比较，以避免识别错误和重复。

公共级：数据对公众可见，是科学家和客户的调查和参考工具。

此外，该系统还配备了一系列国际公认的用于品种描述的最低描述符，这些描述符是在公共版本中插入信息所必需的。借助与未来现代化兼容的软件，还可以引入更多描述符，以完善葡萄品种。

3. 信息分析与特点

对数据库中 1133 个葡萄品种进行数据分析，可以得到多种结果信息。葡萄作为一种用途广泛的水果，其多样化的利用方式在图 3-10（a）中得到展现。数据显示，82.6% 的葡萄被用于酿酒，8.6% 用于鲜食，而 3.4% 的葡萄则同时适用于酿酒和鲜食两种。此外，有 5.4% 的葡萄用途信息尚未在数据库中提供。实际上，除了酿酒和鲜食，葡萄还可以被用来生产葡萄干、果酱、葡萄籽油等产品，甚至在药用和美容领域也有广泛的应用。这些不同的用途为葡萄的种植和利用提供了多样性的选择，也为农业生产和经济发展提供了丰富的可能性。

除了用途外，葡萄的颜色也是育种中的重要指标，不同颜色的葡萄往往代表着不同的口感和营养价值。比如，蓝黑色的葡萄通常具有更浓郁的口感和更高的抗氧化物含量，而绿黄色的葡萄则可能更加清新爽口。从图 3-10（b）的分析结果来看，数据库中蓝黑色葡萄的占比最高，达到了 45.3%，其次是绿黄色葡萄，占比为 39.4%。而绛紫色和玫瑰色葡萄分别占据了 11.3% 和 3.3% 的比例。不仅如此，数据还显示有 0.8% 的葡萄颜色信息尚未在数据库中提供。

在数据库中进行检索时，可以根据实际情况按照用途、颜色等指标选择合适的数据。

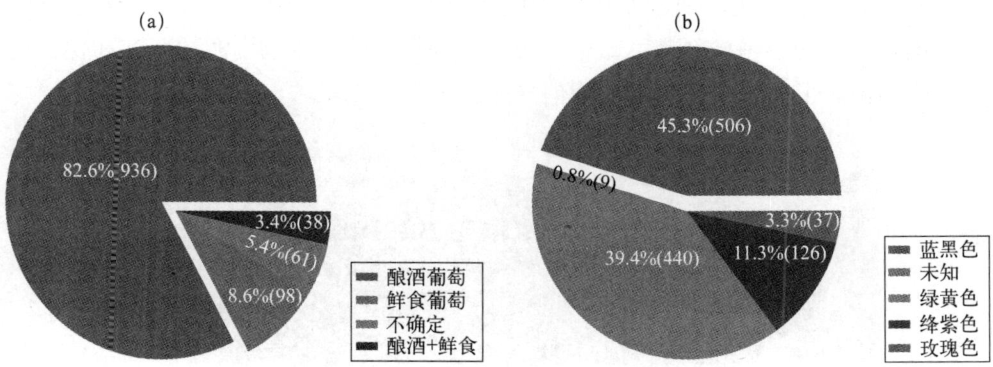

图3-10　不同性状葡萄种质比例（彩图）

（a）不同用途；（b）不同颜色

（二）法国农业科学研究院附属网

1. 网站概况

该网站是由法国农业研究院 INRA 蒙彼利埃的 DAAV-AGAP 团队与葡萄酒研究所 IFV 于 2013 年携手创建的，旨在提供一个集中展示和分享葡萄与葡萄酒领域研究成果和资源的平台。网站不仅汇集了超过 30 个来自不同领域的专业合作伙伴，还积极参与国家之间、欧洲地区以及国际层面的各类研究计划，以确保其信息的权威性和前沿性。

在这个网站上，用户可以轻松浏览到关于 DAAV-AGAP 团队和 IFV 的各类信息，包括他们正在进行的研究项目、已经取得的科研成果、各个科研团队的介绍、发表的出版物以及最新的新闻动态等。这些信息不仅有助于公众了解这两个机构在葡萄与葡萄酒领域的贡献，也为专业人士提供了宝贵的研究资料。此外，该网站还为用户提供了一系列在线服务和工具，以便他们更好地利用这些研究成果和资源。其中，最受欢迎的莫过于在线数据库和数据可视化工具。通过这些工具，用户可以轻松地查询和检索到大量的葡萄种质信息，包括品种特性、种植方法、病虫害防治等方面的知识。同时，数据可视化功能也能帮助用户更直观地理解这些数据，从而更好地应用到实际工作中。值得一提的是，这个在线数据库的丰富性和多样性是其在世界范围内独一无二的原因之一。目前，该库已经收录了来自 54 个葡萄种植国的 7800 多份葡萄种质，涵盖了 2700 个栽培葡萄品种、350 个野生葡萄品种、1100 个种间杂交种、400 个砧木品种和 60 个葡萄科种质。这些种质资源的收集和整理，不仅为葡萄种植者提供了丰富的选择，也为科研人员提供了宝贵的实验材料。为了确保信息的准确性和时效性，该网站还会定期更新其数据库和新闻动态。根据 2022 年 10 月 24 日更新后的网站，用户可以在这里找到最新的研究成果和资源信息，从而保持与葡萄与葡萄酒领域最新发展的同步。总的来说，这个网站不仅是一个信息共享的平台，更是一个推动葡萄与葡萄酒领域发展和进步的重要工具。通过它，用户可以更好地了解这个领域的最新动态和前沿技术，从而为自己的研究或工作提供有力的支持。

2. 功能与结构

法国农业科学研究院附属网站界面如图 3-11 所示，标题中显示的是葡萄生物资源中心，它是国际一级的参考资料库。该中心致力于为全球葡萄生物资源的研究和保护提供支持，旨在成为国际上最权威的葡萄资源信息库之一。

图3-11　法国农业科学研究院附属网站界面

在网站主页中，除了有葡萄生物资源中心的简介外，还包括了其他丰富的内容，如数据库介绍、组织结构、任务与目标、种质收集、数据检索以及联系方式等。

这一数据库不仅提供简单检索，还支持高级信息检索，用户可以根据来源国家、来源地区、种质名称、种质类型、日期或拍摄技巧、器官特征、品种资源的代码、特征与特性描述、别名、起源与历史、法国分布范围、全球分布范围、土壤、物候期、抗病虫性、产量、修剪方式和葡萄酒特点等多种关键词进行精确分类检索。这使得用户能够更便捷地获取所需信息，为葡萄生物资源的研究和应用提供了有力支持。

了解种质的特性和潜力对整个葡萄和葡萄酒行业至关重要，该数据库网站对其中包含的每个种质都进行了以下描述：

葡萄品种描述允许识别每个品种的形态特征。这种识别涉及定性和定量数据的记录。然后将每个种质的成年叶子干燥并放入植物标本室中。目前用于葡萄品种描述的代码已在国际层面标准化（生物多样性代码、UPOV-OCVV 代码、OIV 代码）。品种描述必须尽可能精确，以便以后有用。

物候观测（发芽、开花和成熟的日期），可以估计品种对不同“风土”的潜在适应性。

对一组农艺数据（性别、活力、负载、肥力、对灰霉病的抗性、浆果和穗重、产量等）的评估，以评估它们的潜在价值。

对酿酒葡萄技术潜力的估计：对试验收获的浆果进行一些简单的分析，然后对通过微酿造获得的葡萄酒进行分析。还评估鲜食葡萄的质量（味道、颜色、种子的有无等）。

拍摄幼芽、成年叶子、花朵、束和浆果的末端。因此该数据库拥有独特而丰富的摄影图书馆。

通过 IFV 进行的 ELISA 测试评估卫生状况。

利用分子标记（20 个微卫星）进行遗传多样性（DNA 水平）的分析是植物材料鉴定和可追溯性的强大工具。这些研究还有助于更好地了解葡萄变异的程度，以及更好地评估相关品种组的结构。这些分析在 DAAV（葡萄遗传学、适应和育种）团队（联合研究单位 AGAP，蒙彼利埃）中进行。

3. 信息分析与特点

该数据库中分类非常细致，图 3-12 中根据葡萄不同方面的性状进行了占比情况的分析。

葡萄在酿酒、食用、研究、砧木和野生方面都具有重要的用途和意义。不同品种的葡萄可以酿造出各种口感和风味的葡萄酒，也可直接食用，或制作果汁、果酱和葡萄干。葡萄富含维生素 C、维生素 K 和抗氧化剂，有益于人体健康。作为重要的模式植物，葡萄在生物学和遗传学研究中具有重要地位，其基因组序列的解析为植物基因组学研究提供了重要资源。葡萄砧木在栽培中起着重要作用，通过嫁接不同品种的葡萄，可获得更好的产量和品质，提高抗病能力。野生葡萄在生态系统中为动物提供食物和栖息地，对生态平衡具有重要影响。据图 3-12（a）显示，43.7% 的品种被用于科学研究方面，其次是酿酒（32.9%），鲜食葡萄占比 14.2%，其余用途的占比较小。

葡萄风味对葡萄酒的品质和口感有着至关重要的作用。葡萄风味的丰富和复杂性也是葡萄酒品质的重要标志，不同的风味可以带来丰富的感官体验，增加品酒的乐趣。图 3-12（b）显示，该数据库中绝大多数葡萄风味被描述为“无味”（91.4%），其余的芳香、狐臊味、青草香、麝香等风味占比极少。

按育种价值等进行分类［图 3-12（c）］中，栽培葡萄和葡萄品种育种类型占比最大，分别为 31.7% 和 39.8%，其次是种间杂交葡萄，占比为 19.9%。其他葡萄科类型、野生葡萄、杂交育种材料、砧木类型的占比则很小。

根据葡萄种子有无种质占比的统计［图 3-12（d）］，有籽葡萄占比最大（93.3%）。

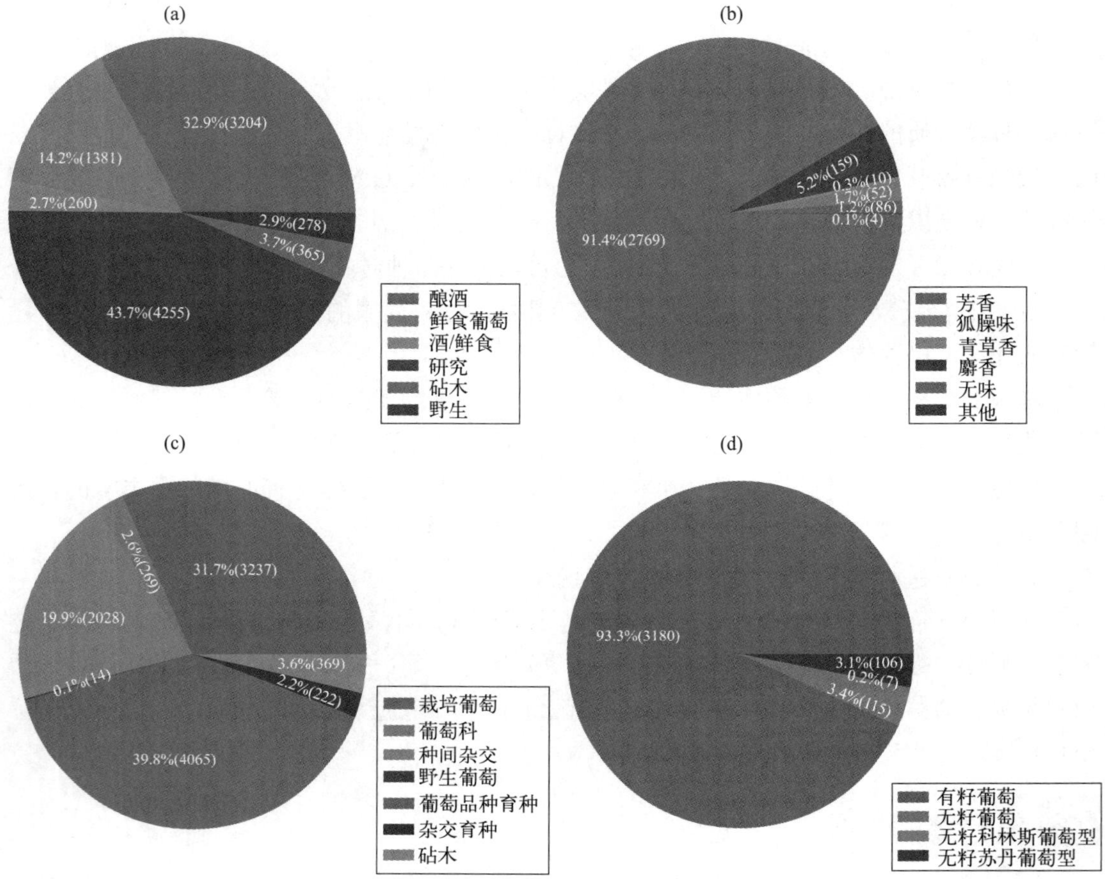

图3-12　葡萄不同性状的比例分析（彩图）

（a）不同用途；（b）不同风味；（c）不同价值类型；（d）葡萄种子有无种质

（三）德国 Reben 基因库

1. 网站概况

德国 Reben 基因库（Reben Genebank）是由德国联邦栽培作物研究中心于 2010 年创办的，它是一个专注于保存和管理葡萄遗传资源的机构。该基因库收藏了来自世界各地的数千个葡萄品种和遗传材料。这些材料被妥善保存在适宜的条件下，该基因库致力于收集、保存、评估和分发来自世界各地的葡萄品种和遗传材料，以确保葡萄遗传资源的长期可持续利用。Reben 基因库的主要目标是保护葡萄遗传资源的多样性和遗传纯正性，防止因自然和人为因素导致的遗传资源丢失。此外，该基因库还致力于推动葡萄遗传资源的科学研究，为葡萄育种、种植和葡萄酒生产提供遗传材料和科学支持。Reben 葡萄基因库是保护德国葡萄遗传资源的重要工具。目前保存有 6500 多份种质资源。

2. 功能与结构

图 3-13 为德国葡萄基因库网站主页面，其中有关于数据库的简要介绍。该网站还包括数据库历史、联系方式、组织结构、数据库的检索方式等。数据库检索方式也较为丰富，是一个综合性的资源，提供了护照信息检索、分子标记数据检索，以及图片检索等多种功能。此外，用户还可以查看种质清单和描述符的文本，以及浏览其他类似数据库的链接。在进行检索时，用户可以根据种质的名称、入库时间、种类、生产地、颜色、气味、VIVC 识别号、入藏号、日期、用途等信息进行搜索。检索结果不仅包含各种指标信息，还能够具体查看实物图片，帮助用户更全面地了解所需信息。这些功能使得该数据库成为一个强大的工具，能够满足研究人员和爱好者对葡萄资源信息的多方面需求，除此之外，德国 Reben 基因库与全球的研究机构合作，开展关于葡萄遗传资源的基础和应用研究。这些研究涉及葡萄遗传多样性、遗传改良、病虫害防治等多个方面，旨在提高葡萄种植和葡萄酒生产的效率和质量。

图3-13　德国葡萄基因库网站主页面

此外，该数据库旨在以科学、长期、可持续和具有成本效益的方式收集和保护葡萄遗传资源。其特别关注德国品种，与德国有关社会文化、地方或历史联系的品种，以及具有重要葡萄栽培特性的葡萄品种、变种和基因型，以支持相关研究和育种工作。除此之外，该网站还会优先考虑核实葡萄品种的真实性，通过特征描述、评估、全国范围内的清查和记录，以及通过提供繁殖材料和相关的免费数据，促进葡萄遗传资源的利用。这些举措有助于保护和促进葡萄遗传资源的多样性，为葡萄栽培和研究领域提供了重要的支持和帮助。

3. 信息分析与特点

图 3-14 是有关葡萄等性状的占比情况分析。根据图 3-14（a），蓝色葡萄和绿色葡萄占据了整体的最大比例，分别为 46.7% 和 43.2%，而其他类型的葡萄占比较小。此外，从图 3-14（b）可以观察到，酿酒葡萄占据了最大比例，达到了 64.3%，其次是鲜食葡萄，占比为 28.1%，而葡萄制干、砧木和野生葡萄种质的占比则相对较小。这些数据清晰地展

示了不同类型葡萄种质的分布情况，为进一步的分析提供了重要参考。图 3-14（c）中可以看出依然是无香气的种质占比最大（81.8%），远高于有香气的种质数量。在图 3-14（d）中可知双性葡萄最多，达到了 86.2%。

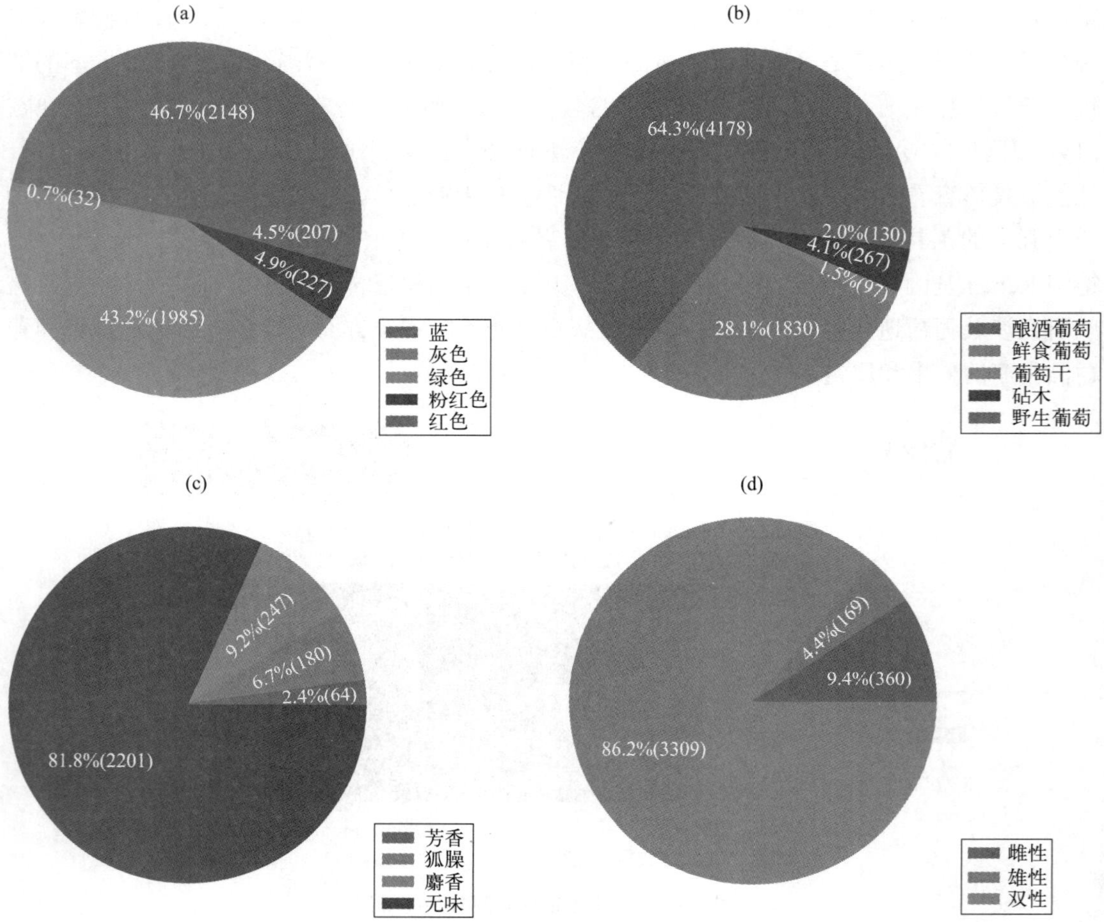

图3-14 不同葡萄性状所占比例的统计（彩图）

（a）不同颜色；（b）不同类型；（c）不同气味；（d）不同性别

（四）美国植物遗传资源网

1. 网站概况

美国植物遗传资源网（PGRU）依托美国农业部农业研究服务局（United States Department of Agriculture，Agriculture Research Service）系统而建（图 3-15）。为该网站提供抗寒葡萄种质资源数据的日内瓦实验站（Geneva Experiment Station）位于美国康奈尔大学，该实验站主要收集抗寒葡萄种质、樱桃和苹果品种资源，是美国农业部两大葡萄种质资源圃之一，也是美国的国家植物遗传种质系统（National Plant Germplasm System，NPGS）的重要组成部分。PGRU 致力于收集、保存、评估、分发和利用全球范围内的植物遗传资源，以支持农业、生态和植物科学的研究。PGRU 拥有庞大的植物遗传资源收藏库，涵盖了众多作物种类，如谷物、豆类、蔬菜、水果、牧草、花卉等。这些资源被保存在适宜的环境中，以确保其遗传稳定性和长期保存能力。截止到2011年7月，该圃已保存了大于1100份的抗寒葡萄种质。可以用发送邮件的形式申请获得该试验站收集的抗寒葡萄种质名录，并且可按照该网站的要求申请获得种质。

PGRU负责获取、评价、维护、评估、记录和分发农业和园艺作物遗传资源。目标包括：保护多种作物和相关物种的遗传资源和相关信息。开发并应用新的或改进的评估程序和基于标记的方法来评估收集遗传资源的多样性并评估材料的有用性状。以植物遗传资源和相关信息的形式向南部地区和世界各地的研究人员和植物育种者转让技术。

PGRU中的葡萄资源涵盖了丰富的遗传变异，为葡萄育种和遗传学研究提供了宝贵的材料。PGRU中的葡萄资源在育种、生物技术、分子生物学等领域具有广泛的应用价值。通过利用这些资源，可以培育出具有优良性状的新品种，提高葡萄的产量和品质；同时，也可以为葡萄病害防治、抗逆性研究等提供重要的基因资源。

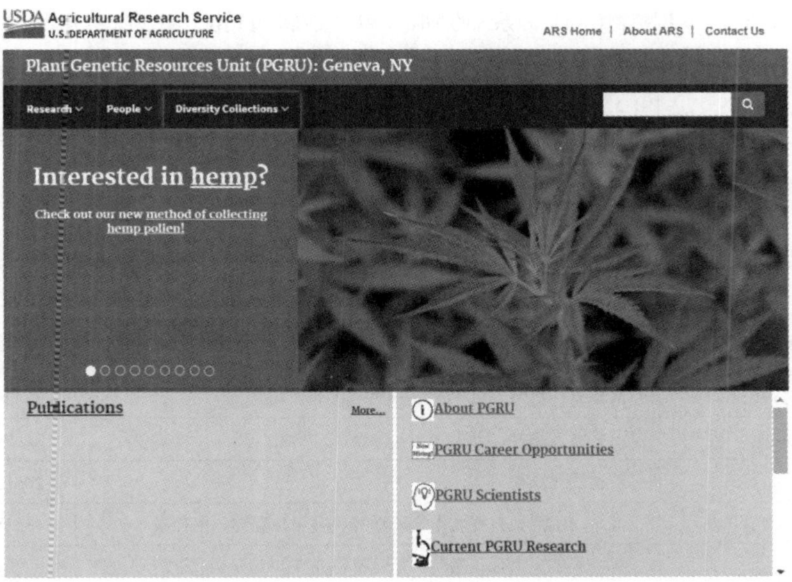

图3-15 PGRU种质信息页面

2. 功能与结构

PGRU网站页面分为研究、人员信息、多植物种类收藏，下方还介绍了PGRU基本信息，种质申请政策。PGRU能够直接访问GRIN-Global网站申请植物种质。研究分为研究项目、刊物、合作。每个国家计划内都有研究项目，PGRU列出了目前在此地点进行的国家计划和研究项目，还可以通过标题、摘要、作者或关键词来搜索2002～2024年的出版物信息。PGRU的合作项目主要集中在植物遗传资源、基因组学和遗传改良方面。PGRU重点收集客户感兴趣的关键性状的数据，包括水果品质、耐寒适应性、抗病性以及苹果和葡萄育种关键性状的遗传特征。通过交流和探索获取苹果、葡萄和酸樱桃的新遗传资源，并通过再生或重新引入恢复优先遗传资源，识别和填补遗传多样性空白，并与其他NPGS基因库、作物种质委员会、GRIN密切合作，查明苹果、葡萄和酸樱桃遗传资源分配和描述信息管理方面的瓶颈，并改进流程。PGRU网站还展示了日内瓦、纽约、植物遗传资源组、葡萄遗传学研究室的科研技术人员名单。

美国植物遗传资源系统的种质资源保存单位分为以下几种类型：第一类是国家种质库，包括遗传资源保护国家中心，其中的国家种子保存实验室是种质资源长期保存机构，植物品种保护库保存全国拥有专利的品种；第二类是地区植物引种站，包括中北部、东北部和西部 3 个引种站，主要负责该地区多种作物的种质资源保存及其他工作；第三类是无性繁殖作物种质圃，主要包括综合性的果树种质圃；第四类是其他特定作物种类的种质库（圃），保存有地方品种、野生种、遗传材料等。地区引种站以及各类作物的种质库或遗传材料保存中心负责特定作物或遗传材料的收集、引进、评价、保存、分发和创新，相当于我国的中期库或种质圃。美国的主要保存单位见表 3-4。其中，国家小粒禾谷类作物种质库保存数量最多，占全国保存总数的 24%；西部地区植物引种站和植物遗传资源保护部（原南方地区植物引种站）次之，各占大约 17% 和 16%。

表3-4　美国植物种质资源系统的种质库和种质圃保存情况（截至2024年2月）

基因库	保存植物种类	保存数量	百分比 /%
国家小粒禾谷类作物种质库	小麦、大麦、燕麦、水稻、黑麦、小黑麦地方品种及其野生近缘种，还包括小麦遗传材料、超过 2000 份的大麦非整倍体等遗传材料	150116	24
植物遗传资源保护部	高粱、甘薯、花生、豇豆、绿豆、甜瓜、辣椒、亚热带和热带食用豆作物、温季牧草等	106344	17
西部地区植物引种站	菜豆、豌豆、蚕豆、鹰嘴豆、洋葱、莴苣、苜蓿、甜菜、红花，还包括冷季和温带牧草、园艺作物、药用作物等	101471	16
中北部地区植物引种站	玉米、油用芸薹属植物、瓜类作物、草木樨、籽粒苋、向日葵、粟类作物、胡萝卜、亚麻	55257	9
水稻遗传材料中心	水稻遗传材料	38371	6
大豆种质库	大豆地方品种、野生种	22694	4
国家植物园	木本景观植物	20633	3
东北部地区植物引种站	番茄、蔬菜类芸薹属作物、洋葱、苹果、葡萄、酸樱桃	13338	2
国家种质圃分圃	梨、草莓、木莓、黑莓、蓝莓等温带果树和坚果作物，以及啤酒花等专用作物	12662	2
国家种子实验室	林木	11826	2
棉花种质库	棉花地方品种、野生种	10498	2
National Laboratory for Genetic Resources Preservation		10021	2
植物品种保护库	多种作物	9428	2
玉米遗传材料中心	玉米遗传材料	8506	1
观赏植物种质资源中心	主要是秋海棠属、金鸡菊属、百合属、福禄考属、金光菊属、堇菜属等 6 个属的草本观赏植物，超过 200 个属	7343	1
国家种质圃 Davis 分圃	葡萄、核果类作物、胡桃、杏、橄榄、阿月浑子、无花果、柿、桑、猕猴桃、石榴等	7133	1
国家种质圃 Geneva 分圃	苹果、葡萄、酸樱桃	6510	1
马铃薯种质资源引种站	马铃薯	6032	<1
C.M. Rick 番茄遗传资源中心	番茄地方品种、野生种、突变体、导入系材料等	4169	<1
国家种质圃 Brownwood 分圃	美洲山核桃、山胡桃、栗	3948	<1

续表

基因库	保存植物种类	保存数量	百分比 /%
国家种质圃 Miami 分圃	甘蔗、芒果和鳄梨等亚热带果树和坚果作物、观赏植物	3204	<1
沙漠豆科植物项目	沙漠豆科植物	2655	<1
烟草种质车	烟草地方品种、野生种，62 个种	2237	<1
国家种质圃 Riverside 分圃	柑橘及其他芸香科植物、海枣及相关种	1820	<1
国立干旱陆地植物遗传资源部	不仅包括非冬季大麦和小麦、野生向日葵、红花、榛子等，还包括一些新型经济作物（如仙人掌果、泡泡白花草、银胶菊、希蒙得木等），在干旱贫瘠土壤上有潜力的经济作物（*Hesperaloe*），以及干旱地区土壤保持作物（*Atriplex*，Bassia and Yucca），共 13 个属 126 个种	1511	<1
国家种质圃 Mayaguez 分圃	香蕉、可可、热带果树	1266	<1
豌豆遗传材料库	豌豆、冷季食用豆	949	<1
国家种质圃 Hilo 分圃	昆士兰果、凤梨、番木瓜、荔枝、木菠萝、杨桃、番石榴、西番莲、红毛丹、面包树等热带果树和坚果作物	923	<1
植物种质资源检疫项目	多种作物	719	<1
数据库管理部		1	<1
总计		621585	100

3. 信息与特点分析

PGRU 是全美国也是世界最大的种质资源库，拥有植物种质资源 34.3097 万份，其中种子资源 34.0007 万份，无性繁殖的种质 3090 份。全美国有 77 个植物种质资源库，其中有 6% 的植物种质资源保存在这个中心。这个中心保存时间最久的是 1959 年保存的编号为 NSL3.01 的一份苜蓿品种，1990 年测定其发芽率仅从原来的 93% 下降到 86%。总之，美国植物遗传资源网（PGRU）中的葡萄资源具有丰富的多样性、独特的遗传特性和广泛的应用价值。PGRU 收藏包含来自 27 个品种和栽培杂交品种的 1416 个种质，重点关注耐寒葡萄。这些资源为葡萄产业的发展提供了重要的支撑和保障，同时也为葡萄遗传学和相关领域的研究提供了新的机遇和挑战。

（五）美国戴维斯国家无性种质资源库

1. 网站概况

美国戴维斯国家无性繁殖种质资源库（National Clonal Germplasm Repository At Davis，NCGR）是美国农业部的两大葡萄种质资源库之一（图 3-16），也是全球重要植物种质资源的种质库之一。其位于美国加利福尼亚州的戴维斯（Davis），占地面积广阔。该资源库拥有先进的设施和技术，用于保存和管理大量的植物种质资源。戴维斯国家无性繁殖种质资源库不仅致力于种质资源的保存，还积极开展相关的研究工作。研究人员利用这些种质资源开展遗传改良、新品种选育、生物多样性保护等方面的研究。该资源库对外开放，允许科学家、研究人员和公众参观。参观者可以了解种质资源的保存技术、研究进展和种质资源的利用价值，增强对植物遗传资源和农业生物多样性的认识。总之，戴维斯国家无性繁殖种质资源库在保护和维护植物种质资源遗传多样性方面发挥着重要作用。通过收集、保存和研究种质资源，为农业生产、生态保护和可持续发展提供了有力支持。同时，该资源库也致力于促进全球植物种质资源的保护和利用，推动农业科技的进步和创新。

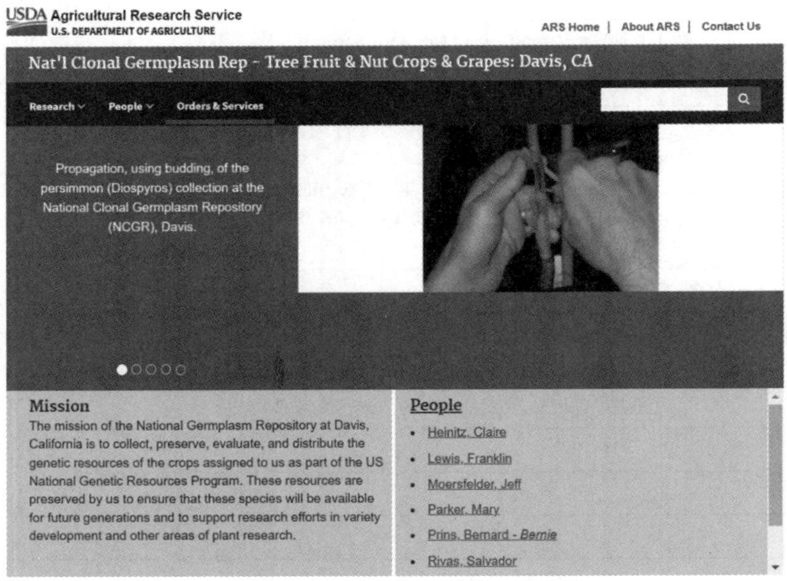

图3-16　NCGR种质信息页面

2. 功能与结构

该数据库提供关于种质资源库的最新消息、研究成果、新闻动态等信息发布功能，确保用户能够及时了解资源库的最新进展。该数据库网页的首页展示了资源库的基本信息、最新动态和重要研究成果，提供导航链接到各个功能模块，包括种质资源的分类、名称、描述、保存状态等，并提供查询和检索功能。该数据库的检索葡萄方式包括按照杂种、砧木品种、纯种、鲜食品种、酿酒品种和近缘属种等种质类型检索。其中杂种包含有欧美杂种、法美杂种、砧木杂种等；纯种包括甜山葡萄、河岸葡萄、甜冬葡萄、加州葡萄、夏葡萄、掌叶葡萄、复叶葡萄、圆叶葡萄和沙地葡萄等；检索结果含种质编号、种质名称、原产国等基本信息。同美国其他同类数据库一样，此数据库也提供了获取种质的途径，国外需求者可以向该库提供的渠道申请共享种质资源，但要遵守联邦检疫规定以及美国与接受国的有关限制规定。申请人必须提供进口许可证。综上所述，美国戴维斯国家无性繁殖种质资源库的网站通过丰富的功能和清晰的结构，为用户提供了便捷的信息查询、资源共享、科研合作和公众教育等服务，促进了种质资源的有效利用和保护。

3. 信息与特点分析

该资源圃地处美国加州大学戴维斯领域。为了确保种质资源的遗传纯度和真实性，资源圃采用了无性繁殖的方式，如扦插、分株等，以确保每一份种质都能保持其原始的遗传特性。

在葡萄种质资源的收集方面，该资源库更是独具特色。它不仅致力于收集来自世界各地的葡萄品种，而且特别关注那些具有特殊生态适应性、经济价值和遗传多样性的种质。据 2010 年 7 月更新数据显示，资源库已经收集并保存了 2347 份葡萄种质资源，这些资源涵盖了不同的气候区域、生长习性和用途，为葡萄育种、遗传研究和抗逆性改良提供了丰富的材料。这些种质中，有很大一部分是冬季鲜食品种，它们具有更强的耐寒性和适应性，适合在寒冷的气候条件下生长。为了确保这些种质的安全保存和有效利用，资源圃还特地设立了专门的储存设施，以确保其在极端天气条件下的安全。更耐寒的种质则保存在纽约州日内瓦镇的储存库中。

为了确保种质资源的长期保存和可持续利用，资源库还与其他国家和地区的科研机构、大学以及农业部门建立了广泛的合作关系。这些合作不仅有助于种质资源的交流和共享，也为全球植物种质资源的保护和研究提供了强大的支持。

（六）美国农业部种质资源信息网

1. 网站概况

美国农业部农业研究服务国家植物种质系统（National Plant Germplasm System，NPGS）维护着一个计算机数据库，即种质资源信息网络（Germplasm Resources Information Network，GRIN）。该网站由位于马里兰州贝尔茨维尔的国家种质资源实验室运营。GRIN-Global 包括美国国家植物种质系统公共网站的 ARS 版本，该系统管理着超过 60 万个粮食和农业植物遗传资源的种质。NPGS 获取、鉴定、保存、记录了许多对农业生产十分重要的种质资源，农业部种质资源信息网通过信息页面、数据库以及管理这些种质的美国农业部农业科学研究院（USDA-ARS，United States Department of Agricultural Research Service）项目的链接以记录这些植物、动物、微生物等种质资源。

GRIN 是一个旨在收集、保存和提供植物、动物和微生物种质资源信息的数据库，包括种子、细胞、组织和 DNA 样本等，以支持农业、畜牧业、林业和水产养殖等领域的研究和发展。GRIN-Global 项目给专业的植物育种者和研究人员提供可搜索的数据库，并给世界上任何需要的基因库提供适合使用的不同版本的 GRIN。GRIN-Global 数据库平台已经并正在世界各地的多个基因库中实施，2017 年，GRIN-Global 服务台收到了来自以下国家或组织的 80 项请求：玻利维亚、巴西、中国、CIAT、CIMMYT、CIP、哥伦比亚、厄瓜多尔、埃塞俄比亚、危地马拉、ICRISAT、IITA、印度、约旦、肯尼亚、黎巴嫩、墨西哥、荷兰、新西兰、阿曼、巴基斯坦、菲律宾、波兰、葡萄牙、南非、乌拉圭和美国。网站共录入 8399 份葡萄种质信息，包括种质的入藏编号、入藏名、属种、起源、存储机构、图像、新梢末端颜色、果色、香气等信息（表 3-5）。

表3-5　GRIN收录的葡萄种质

项目	主要分类	种质份数
原产地	美国、法国、德国、中国、意大利、希腊、巴基斯坦、墨西哥、俄罗斯、加拿大、阿富汗、日本等	7410
香气	几乎没有、麝香、狐臊味、其他	1325
病害	灰霉病、白粉病、日灼等	1123

续表

项目	主要分类	种质份数
葡萄穗重量 /g	5、13.5、23.1、31.55、213.6、223.7 等	1090
果肉紧实度	紧实、中等、柔软	1096
浆果中种子数	0、0.2、0.3、0.4、0.5、0.6、0.7、0.8、0.9、1.0、1.1 等	1123

2. 功能与结构

GRIN 页面分为种质资源收藏、农作物种质委员会以及最新发布的国家战略种质资源和品种保藏评估利用规划的文件。收藏资源包括植物种质系统、动物种质系统、微生物种质系统和 GRIN 系列。植物种质包括 GRIN-Global、植物库存书籍、作物种质委员会、物种多样性、基因库总结（图 3-17）。

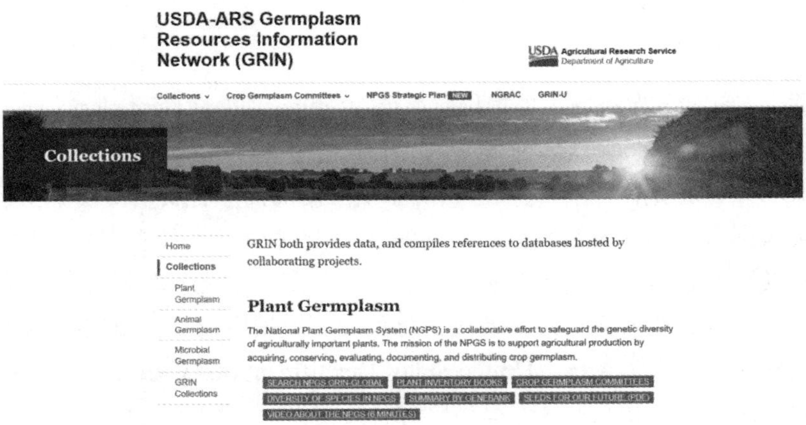

图3-17　GRIN信息界面

GRIN-Global 页面分为种质信息、描述符、GRIN 分类、GRIN 帮助等功能区，种质信息检索分为简单搜索、列表搜索和高级搜索（图 3-18）。列表搜索允许同时搜索多个种质类别；高级搜索允许对学名、植物名称、存储库、起源地、常用名等信息做出筛选。值得一提的是，GRIN-Global 对于起源地信息，在国家选择框下还给出了细分的地区选项，提供给检索者更精确的起源地筛选方式。

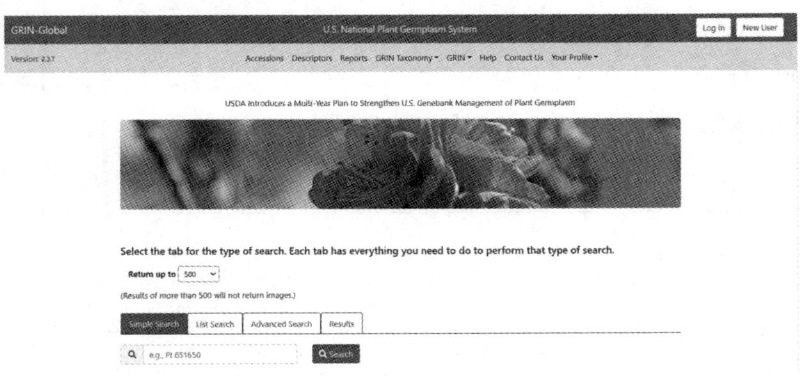

图3-18　GRIN-Global信息界面

葡萄的描述符分为两类：戴维斯描述（Grape-Davis）与日内瓦描述（Grape-Geneva）。戴维斯描述符选项可对葡萄的化学成分描述、病害描述、花序和果实性状描述、形态描述、物候期描述、生产性能描述进行筛选。化学成分描述符包括分次测定的可滴定酸含量、分时间测定的糖度、白利糖度（Degrees Brix）和白藜芦醇含量等，并通过可溶性固形物、糖含量等判断葡萄品质优劣与成熟度。花序与果实描述符包括浆果形状、果肉紧实度、果肉花青素、浆果大小、种子颜色、浆果重量、种子数和果穗重等；形态描述符包括第一簇花序梗长度、嫩梢颜色、直立程度、成熟叶上的裂片数等；物候期描述包含不同周的白利糖度；生产性能描述仅有葡萄的香气。与戴维斯描述相比，日内瓦描述的化学成分描述、性状描述与形态描述较少，但病害描述和生产性能描述更丰富，还添加了基因描述符（包括了基因组上碱基对的数量和以 pg 为单位的基因组大小）。GRIN 分类支持对属种进行的分类检索，可以检索作物亲属与遗传相对状态，在 GRIN 分类中可以查询法规数据，可以使用属或物种名称查找适用于某个物种的属和科法规，也可以使用属名搜索框查找属级法规。

植物种质库存从 1898～2008 年收录了 217 本相关书籍（图 3-19）。网站里目前有玉米、水稻、苹果、十字花科植物、柑橘类、葡萄、番茄等作物。

1898～1910	1910～1914	1914～1919	1919～1923	1924～1931	1931～1937	1938～1939	1939～1952	1953～1972	1973～1988	1989～1997	1998～2008
1	21	41	61	81	101	121	141	161	181	198(1)	207
2	22	42	62	82	102	122	142	162	182	198(2)	208
3	23	43	63	83	103	123	143	163	183	199(1)	209
4	24	44	64	84	104	124	144	164	184	199(2)	210
5	25	45	65	85	105	125	145	165	185	200(1)	211
6	26	46	66	86	106	126	146	166	186	200(2)	212
7	27	47	67	87	107	127	147	167	187	200(3)	213
8	28	48	68	88	108	128	148	168	188(1)	201(1)	214
9	29	49	69	89	109	129	149	169	188(2)	201(2)	215
10	30	50	70	90	110	130	150	170	189	202(1)	216
11	31	51	71	91	111	131	151	171	190	202(2)	217
12	32	52	72	92	112	132	152	172	191	202(3)	
13	33	53	73	93	113	133	153	173	192	202(4)	
14	34	54	74	94	114	134	154	174	193	203(1)	
15	35	55	75	95	115	135	155	175	194	203(2)	
16	36	56	76	96	116	136	156	176	195	204(1)	
17	37	57	77	97	117	137	157	177	196(1)	204(2)	
18	38	58	78	98	118	138	158	178	196(2)	205	
19	39	59	79	99	119	139	159	179	197(1)	206(1)	
20	40	60	80	100	120	140	160	180	197(2)	206(2)	

图3-19　植物种质库存书籍情况

3. 信息与特点分析

根据 GRIN 数据库管理组统计，GRIN 现已拥有 437127 份种质，这些种质来自 184 个科，1509 个属，10182 个种，其中长期保存的种质约为 28 万份，所有这些种质分别贮藏在 26 个种质库（圃）中。常见植物的种质份数如表 3-6 所示。

表3-6　GRIN中常见植物种质份数

谷物	种质份数	蔬菜	种质份数	水果	种质份数
大麦	30059	豆类	14182	苹果	4677
玉米	20957	莴苣	1568	柑橘	1000
燕麦	21666	洋葱	2204	葡萄	3648
水稻	20200	豌豆	4580	梨	2166
高粱	42235	胡椒	4056	菠萝	161
大豆	20723	马铃薯	6539	草莓	1555
小麦	47174	番茄	10367	西瓜	1945

在GRIN收录的各国葡萄种质中，美国种质数量最多，占总种质份数的54%，这与欧洲葡萄数据库和Genesys都明显不同，GRIN收录的中国与日本种质份数也明显较多，欧洲种质的份数较少（表3-7）。

表3-7　GRIN各国收录葡萄种质

国家 / 地区	种质份数	国家 / 地区	种质份数	国家 / 地区	种质份数
美国	4016	摩洛哥	31	也门	4
法国	642	黎巴嫩	27	罗马尼亚	4
德国	266	巴西	26	阿尔巴尼亚	4
中国	228	突尼斯	24	新西兰	3
意大利	188	以色列	21	黑山	3
希腊	173	伊拉克	21	厄瓜多尔	3
巴基斯坦	168	瑞士	20	丹麦	3
墨西哥	153	乌克兰	16	牙买加	2
俄罗斯联邦	135	塔吉克斯坦	16	叙利亚	2
加拿大	120	南乔治亚和南桑威奇群岛	16	危地马拉	2
阿富汗	99	西班牙	15	挪威	2
日本	93	克罗地亚	15	秘鲁	2
哈萨克斯坦	74	智利	13	古巴	2
阿尔及利亚	68	保加利亚	13	菲律宾	2
阿塞拜疆	65	摩尔达维亚	11	印度尼西亚	1
亚美尼亚	62	比利时	10	斯洛文尼亚	1
英国	61	阿根廷	10	斯里兰卡	1
印度	58	荷兰	9	圣卢西亚	1
土库曼斯坦	44	捷克共和国	8	尼泊尔	1
葡萄牙	39	波兰	7	洪都拉斯	1
伊朗	37	埃及	7	哥斯达黎加	1
南非	36	乌兹别克斯坦	6	哥伦比亚	1
匈牙利	35	芬兰	6	冈比亚	1
澳大利亚	34	委内瑞拉	5	布隆迪	1
土耳其	33	瑞典	5	玻利维亚	1
奥地利	32	韩国	5	朝鲜	1
塞尔维亚	31	利比亚	5	巴拉圭	1

葡萄酒香气是评价葡萄酒质量的重要部分，对葡萄酒的风格和风味起重要作用，在收录的 1325 份香气信息中，有 1074 份无香气或者接近无香气的种质，164 份玫瑰香种质，33 份麝香种质，无香气种质占比 81%。

GRIN 给大部分国家提供了地区划分检索，美国多个州的种质都有收录（表 3-8），其中主要葡萄酒产区加利福尼亚州、纽约州收录份数较多，分别占总份数的 45% 和 11%。

表3-8　GRIN美国各地区收录的葡萄种质份数

地区	种质份数	地区	种质份数	地区	种质份数	地区	种质份数
加利福尼亚州	1713	内布拉斯加州	38	怀俄明州	25	北达科他州	7
纽约州	433	马里兰州	37	北卡罗来纳州	24	亚利桑那州	5
佛罗里达州	260	路易斯安那州	35	田纳西州	22	密歇根州	4
得克萨斯州	215	俄亥俄州	35	新泽西州	21	肯塔基州	4
伊利诺伊州	160	爱荷华州	32	阿肯色州	21	哥伦比亚特区	4
密苏里州	104	阿拉斯加州	31	蒙大拿州	20	印第安纳州	2
堪萨斯州	67	康涅狄格州	27	密西西比州	15	科罗拉多州	2
俄克拉何马州	56	俄勒冈州	27	新罕布什尔州	14	亚拉巴马州	2
威斯康星州	55	明尼苏达州	26	弗吉尼亚州	9	新墨西哥州	1
宾夕法尼亚州	43	南卡罗来纳州	25	缅因州	8	西弗吉尼亚州	1
马萨诸塞州	40	南达科他州	25	佛蒙特州	8		

（七）中国作物种质信息网

1. 网站概况

中国作物种质信息网（Chinese Crop Germplasm Resources Information System，CGRIS）于 1990 年初步建成。据统计截至 2023 年底，拥有粮食、纤维、油料、蔬菜、果树、糖、烟、茶、桑、牧草、绿肥和热带作物等 200 多种作物 56 万份种质的信息，这些信息包括作物的统一编号、品种名称、系谱、学名、原产地、种质来源、保存单位、保存编号等基本情况数据，以及作物种质的植物学形态、农艺性状评价鉴定数据等，是目前世界上最大的植物遗传资源信息系统之一，包括国家种质库管理和动态监测、32 个国家多年生和野生近缘植物种质圃管理、中期库管理和种子繁种分发、农作物种质基本情况和特性评价鉴定、优异资源综合评价、国内外种质交换、品种区试和审定、指纹图谱管理等多个子系统，700 多个数据库，130 万条记录。该系统是在国家统一规划下，由全国 400 多个科研单位和大专院校、2600 多名科技人员组成的中国农作物种质信息网进行数据采集和整理的。采集的数据经过专家评审后确定其重要性，并采用统一的鉴定方法和技术进行处理。此外，CGRIS 还提供了种质数据查询、种质数据分析、种质资源地图、作物资源照片、种质信息规范、作物种质获取等功能，方便用户查询和利用作物种质资源信息。中国作物种质信息网是一个全面、丰富、权威的作物种质资源数据库和信息系统，对于推动中国作物种质资源的保护和利用具有重要意义。

2. 功能与结构

CGRIS 网站分为数据查询区和功能选择区。功能选择区包括种质资源、系统介绍、农业科普知识、种业信息、种质保存、信息交流、相关网站链接等（图 3-20）。

CGRIS 中共录入了 525 份葡萄种质资源，录入信息包括编号、名称、原产地、学名、种类、成熟期、性状（果穗重评价、果粒重评价、果形、外观评价、色泽、汁液、肉质、风味、肉质评价）、可溶固形物、可溶性糖、可滴定酸和用途等。

种质资源区分为种质数据查询、种质数据分析、种质资源地图、作物资源照片和种质信息规范等，在葡萄种质数据查询过程中，在对果穗重、成熟期和果粒重进行筛选检索时，CGRIS 提供了对评价和具体数据进行筛选的功能。网站提供了种质数据分析，包括了一维分析、二维分析和基本统计分析，为进行种质统计的研究者提供了便利。CGRIS 提供了种质资源地图和作物资源图片功能，但葡萄种质尚未开启此功能。

图3-20　CGRIS信息界面

在种业信息方面，网站信息包括作物新品种、作物优异种质、《中国种业》、《植物遗传资源科学》和种子法律规范。葡萄介绍的新品种包括‘大红球’‘双红’‘郑果大无核’‘郑州早玉’‘龙眼葡萄’。网站介绍了这 5 种葡萄的图片、果实经济性状、产量水平、一般农艺性状、适宜推广地区、栽培技术要点、选育单位等情况。优异种质是新品种选育的重要资源，数据库录入了两份葡萄优异种质，分别是‘郑果 25 号’和‘郑果大无核’，提供了种质类型、种质来源、优异性状、利用价值、果穗图片、叶片图片和联系单位等信息。此外，网站还提供《中国种业》和《植物遗传资源科学》2000 年、2001 年和 2006 年的部分期刊和 16 部种子管理规章及相关法律。

在农业科普方面，数据库提供农业百科知识、作物病虫害知识、植物遗传资源科普和云南植被与花卉信息。包含多种农业科普知识和各项病害的症状、病原、传播途径、发病条件以及防治方法，便于相关从业者检索。植物遗传资源科普采用互动点击的形式，目的是提高广大中小学生对保护植物遗传资源和生物多样性的意识。

网站的种质保存分为国家种质库、国家种质圃和国家中期库，国家种质库介绍了种质库的概况、保存对象、保存意义、送种途径和取种途径，国家种质圃列出了 32 个种质圃的名称、概况、面积、作物、保存份数、保存的种和变种及近缘野生种，国家中期库列出了 10 个中期库的名称、地点、作物、保存份数和负责单位。

3. 信息与特点分析

在收录的524份葡萄种群信息中（表3-9），欧亚种、欧美杂种、美洲种种质份数分别为416、99、4，分别占总份数的79.4%、18.9%、0.8%，欧亚种的数量远多于其他种类，与欧洲葡萄数据库和Genesys的趋势一致。成熟期为中、晚、早的种质份数分别占46.6%、43.7%、8.6%，成熟期中和晚的种质占比较大。果穗重为小、较小、中的种质份数分别占42.7%、25.0%、17.0%，大多数种质的果穗重量集中在较小的范围内，果穗较重的种质份数较少（图3-21）。CGRIS中与葡萄相关的形态性状种质信息份数较少，数据信息较为完整，但不够丰富。

表3-9　CGRIS收录的葡萄种质

项目	主要分类	种质份数
种群	美洲种、欧美杂种、欧美种、欧亚种、山美杂种、山欧杂种、圆叶葡萄	524
果实成熟期	极晚、晚、早、中	524
果穗重	小、中、大、极小、较大、较小	524
果粒重	小、中、大、较大、较小、极大、极小	524
果形	扁圆、长卵圆、长椭圆、长圆、倒卵、短椭圆、鸡心、近圆等	525
色泽	暗红、淡红、淡黄、淡黄绿、淡紫、淡紫红、粉红、黑、黑紫、红、红紫、黄等	525
外观评价	差、好、较差、较好、上中	525
肉质	脆、较脆、较软、肉囊、软、软脆、稍脆	525
汁液	多、少、中、较多、较少	524
风味	淡麻、淡甜、极甜、酸、酸甜、甜、甜酸	525
原产地	北京、外国、河南、山东、山西、新疆等	525

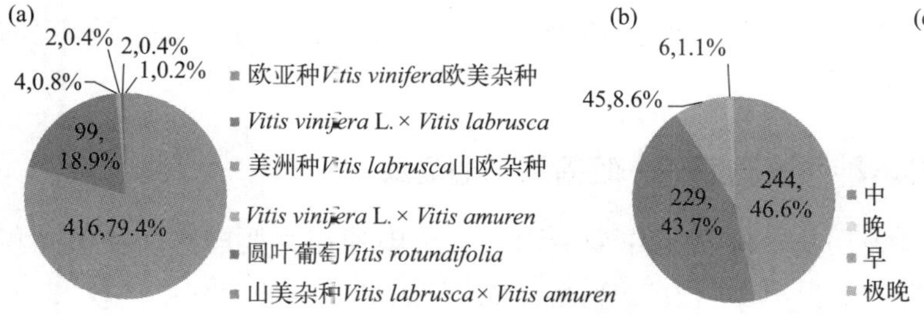

图3-21　CGRIS不同性状种质比例（彩图）

（a）种质种群；（b）成熟期；（c）果穗重

三、中国地方葡萄种质资源数据库

（一）郑州果树研究所葡萄种质资源数据库

郑州果树研究所也建成了葡萄种质资源数据库系统，整合了资源圃保存的1400余份国内外葡萄野生种类、地方品种、选育品种和育种材料等资源数据，提供种质信息的历年数据。

（二）甘肃省河西地区葡萄种质资源库

“甘肃省河西地区葡萄种质资源库”是甘肃省科技厅2018年下达的甘肃省创新基地与人才计划项目，资源圃位于甘肃省河西地区。项目经过3年的实施，建立了葡萄种质资源异地保存库25亩、离体保存库243m^2，收集保存葡萄种质317份，其中，异地保存葡萄种质资源292份，离体保存葡萄种质资源25份。建立试验示范区25亩、良种繁育圃10亩。通过抗寒、遗传多样性及果实品质特性等综合评价，筛选出适宜河西地区栽培的优良品种(营养系)19个，其中酿酒葡萄12个、鲜食葡萄5个、抗寒砧木2个。集成硬枝机械嫁接、绿枝嫁接、组培脱毒快繁等技术，建立葡萄良种繁育技术体系，建成年产10万株的葡萄组培脱毒生产线1条。培训业务骨干200人次，培训专业技术人员500人次，发表论文6篇，制定技术规程1项，登记计算机软著1件。

项目采用“异地保存＋离体保存”的方式建立甘肃省河西地区葡萄种质资源库。从国外引进‘西拉471’‘马尔贝克598’等栽培品种营养系55个，‘CFS57-34’等抗寒砧木品种营养系8个。通过对‘品丽珠215’等149个种质的遗传多样性分析，构建了遗传图谱，建立了河西地区葡萄核心种质库。建立了甘肃省河西地区葡萄种质资源库信息平台。对国外引进的‘卡本内维洛斯’‘幕合怀特369’‘CFS57-34’等60个葡萄种质进行了抗寒性测定评价。筛选出优良鲜食葡萄种质‘奥迪亚无核’等5个，酿酒葡萄‘马尔贝克’598等12个，砧木‘CFS57’-34、‘1103P’-113，2个。

项目通过收集保存葡萄种质资源，建立种质资源库、试验区、繁育圃等，开展试验研究及优良种质资源筛选，建立保存葡萄种质资源的科学研究和技术支撑体系、种质资源信息系统和技术支撑体系，为河西走廊葡萄产业的发展提供良种株系种条和脱毒苗木，在解决该地区葡萄种质资源短缺，尤其是抗寒葡萄种质短缺问题的同时，还可为高等院校和科研院所提供葡萄种质创新研究平台，为甘肃省葡萄种质资源的保护、研究、合理开发及利用提供技术支撑条件和决策依据，有效推动河西地区葡萄产业及葡萄种质资源科学研究的发展。

（三）新疆维吾尔自治区林木种质资源库——吐鲁番市葡萄库

新疆具有悠久的葡萄种植历史，吐鲁番作为新疆乃至全国葡萄主要产区，种植面积54万亩。吐鲁番在我国葡萄产业发展中占有重要的位置，是驰名中外的“葡萄之乡”，又因葡萄种质资源极为丰富，是驰名中外的“世界葡萄植物园”

为进一步加强吐鲁番优良葡萄品种的引进、收集、改良、繁育、推广及对现有种植品种进行保护、延续等工作，通过有计划地对葡萄种质资源调查分析，筛选优质、高产、多抗、适宜当地种植的葡萄新品种并予以推广，为吐鲁番市葡萄品种结构调整决策提供科学依据。

2020年起，经过资源圃的持续建设和有计划不断地收集、引进、保存，目前，共收集保存本地特有和国内外品种‘索索’‘无核白’‘波尔莱特’‘阳光玫瑰’‘金田美指’‘玉波二号’‘户太’系列等葡萄种质资源200份，共计3000余株。

资源库建立以来，严格按照《新疆维吾尔自治区林草种质资源库（圃）管理办法（试行)》的要求开展各项工作，成立资源库建设领导小组，持续加强工作指导和技术服务，组装配套先进成熟的科技成果，不断提高科技成果转化率，通过科学规划和分区施策，进一步做好葡萄种质资源库品种收集保护和日常运行管理等工作。

参考文献

[1] 曹永生，方沩. 国家农作物种质资源平台的建立和应用 [J]. 生物多样性，2010, 18(5): 454-460.

[2] 方嘉禾. 中国作物种质资源收集保存评价和利用成果研究回顾与展望 [J]. 中国农业科学，2007, 40(S1):49-57.

[3] 方沩，曹永生. 中国作物种质资源信息系统 [J]. 科研信息化技术与应用，2012, 3(6) :66-73.

[4] 姜建福，李川，战非，等. 葡萄种质资源数据库系统的构建 [J]. 山东农业科学，2015(1):119-123.

[5] 刘崇怀，田鹏. 郑州果树所建成葡萄种质资源数据库系统 [J]. 植物遗传资源学报，2014, 15(5):1167.

[6] 任国慧，吴伟民，房经贵，等. 我国葡萄国家级种质资源圃的建设现状 [J]. 江西农业学报，2012, 24(7):10-13.

[7] 田智硕，姜建福，张国海，等. 国外主要葡萄种质资源数据库简介 [J]. 中外葡萄与葡萄酒，2012, 14 (1):59-62.

[8] 王榆夫，陈莉，陈可钦，等. 世界主要葡萄种质资源数据库的功能与使用 [J]. 植物遗传资源学报，2023, 24(02):532-549.

[9] 谢辉，樊丁宇，张雯，等. 统计方法在葡萄理化指标简化中的应用 [J]. 新疆农业科学，2011, 48(8): 1434-1437.

[10] 张明霞，吴玉文，段长青，等. 葡萄与葡萄酒香气物质研究进展 [J]. 中国农业科学，2008, 41(7): 2098-2104.

[11] 张培安，刘众杰，张克坤，等. 国际葡萄品种目录数据库的使用与分析 [J]. 植物遗传资源学报，2018, 19(01):10-20.

[12] 张贤珍，曹永生，杨克钦. 国家农作物种质资源数据库系统 [J]. 作物品种资源，1991, 10(2):1-2.

[13] Erika Maul. The European Vitis Database [EB/OL]. (2011-06).

[14] Erika Maul. Vitis International Variety Catalogue [EB/OL]. (2011-06).

[15] Maul E, Töpfer R. Vitis International Variety Catalogue(VIVC):A cultivar database referenced by genetic profiles and morphology[C]//BIO Web of Conferences. Autrans, France:EDP Sci, 2015.

[16] Wiersema, John H. Taxonomic information on cultivated plants in the USDA/ARS germplasm resources information network (grin) [J]. Acta Hortic, 1995(413): 109-116.

[17] Zhang X Z, Cao Y S, Yang K Q. National Crop Germplasm Resources Database System[J]. Crop Variety Resources, 1991, 10(2): 1-2.

第四章 葡萄种质资源重要性状的特征

种质资源的评价是资源研究和高效利用的基础和关键。有关葡萄种质资源果实、果穗、花序等各种重要性状多样性的研究一直是葡萄遗传育种学者的重要内容。重要性状综合性分析能够更好地服务种质资源的利用，对加快种质的创新具有重要的意义。性状是自然选择与人工选择的结果，经济作物的品质性状与农艺性状受人类影响比较大，通过人类选择培育优良高抗品种可以提高葡萄产业的抗病虫害和抗逆能力，保障生产的稳定性和可持续性，促进葡萄产业健康发展。

第一节　花与花序的大小与形态特征

葡萄花着生于花序上，花序数量决定了葡萄果实的数量、产量乃至品质。花序着生于当年抽生的新梢上，花序有无、质量高低等受花芽分化质量的影响。花序着生位置影响着葡萄树体修剪方式，尤其是夏季修剪。葡萄品种繁多，不同品种的葡萄花序的形状、结构及生长发育情况不尽相同。了解葡萄花、花序等特征，有助于对葡萄开花习性有更全面认识，并服务于栽培与管理。花与花序的性状决定了育种工作中授粉的操作及其效率、授粉受精的习性、果穗的大小与形状以及田间栽培管理的方式。

一、单花大小

通过对中国农业科学院郑州果树研究所205份葡萄种质调查发现，在葡萄花序中单朵花从花柄到柱头的长度分布在0.42～1.25cm之间，单朵花的直径分布在0.15～1.25cm之间。在欧美杂种中单朵花从花柄到柱头的长度分布在0.43～1.25cm之间，单朵花的直径分布在0.36～1.25cm之间。单朵花从花柄到柱头的长度最大的品种是‘爱欧娜’，长度最小的品种是‘摩尔多瓦’，单朵花的直径最大的品种是‘爱欧娜’，最小的品种是‘碧绿珠’。欧亚种中单朵花从花柄到柱头的长度分布在0.31～1.04cm之间，单朵花的直径分布在 0.27 ～ 0.81cm 之间。单朵花从花柄到柱头的长度最大的品种是‘绯红’，长度最小的品种是‘布拉金涅’，单朵花的直径最大的品种是‘莱考德’，最小的品种是‘布拉金涅’。野生种的单朵花从花柄到柱头的长度分布在 0.42 ～ 0.93cm 之间，单朵花的直径分布在 0.15 ～ 0.62cm 之间。其单朵花从花柄到柱头的长度最大的种是‘塘尾’葡萄（*Vitis* sp. *'Tangwei'*），长度最小的品种是变叶葡萄（*Vitis piasezkii*），花的直径最大的种质是毛葡萄（*Vitis heyneana*），最小的种质是山葡萄（*Vitis amurensis*）。

二、花序大小

葡萄开花期，花蕾分离，花序穗轴上的花陆续开放，花序形状基本形成。根据 2019 年 5 月 10 日所测量的葡萄种质资源花序长宽的数据，花序长度最大的为‘埃里求凡’，长 112.57mm；长度最小的为‘晚红蜜’，长 15.79mm。葡萄种质资源花序长度的频率分布符合正态分布（图 4-1）。对其进行概率分级，第一级为 $x<33.81$mm，如‘安尼斯基’；第二级为 33.81mm$<x<$48.90mm，如‘赤霞珠’；第三级为 48.90mm$<x<$70.10mm，如‘巨峰’；第四级为 70.10mm$<x<$85.42mm，如‘玫瑰香’；第五级为 $x>85.42$mm，如‘白玉’。花序宽度最大的为‘惠’，其值为 59.24mm；花序宽度最小的为‘德引 84-3 ♀’，其值为 6.54mm。花序宽度的频率分布同样符合正态分布（图 4-1），对其进行概率分级，第一级为 $x<7.49$mm，如‘脆红’；第二级为 7.49mm$<x<$16.69mm，如‘白香蕉’；第三级为 16.69mm$<x<$28.37mm，如‘红地球’；第四级为 28.37mm$<x<$36.43mm，如‘峰后’；第五级为 $x>36.43$mm，如‘比赛尔’。

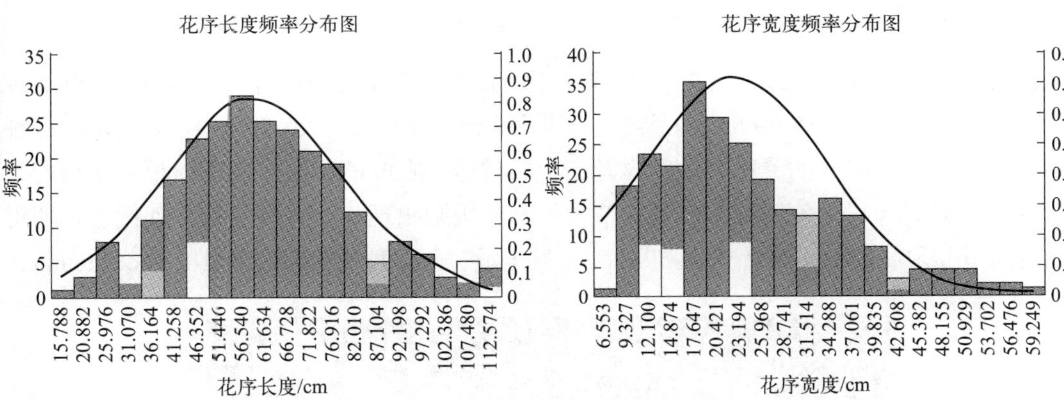

图4-1　葡萄花序长（左）、宽（右）频率分布图

三、花序的形态

葡萄花序类型目前有四种分类方法：按照外形分类，根据田间调查结果发现，自然生长条件下葡萄花序按紧凑程度分为紧凑花序和松散花序两大类；按有无卷须分类，分为无卷须花序和有卷须花序；按开花时期早晚分，葡萄花序类型分为早开花型和晚开花型；参照葡萄果穗形状分类，将花序形状根据花序长度以及长宽比的差异分为长圆锥、短圆锥、长圆柱、短圆柱 4 种。

根据 2017 年所调查的 205 个葡萄品种，欧亚种与欧美杂种葡萄中紧凑花序和松散花序所占比例不同。欧亚种中，花序松散的类型占 60.3%，紧凑的类型占 39.7%。欧美杂种中，花序松散的类型占 48.8%，紧凑的类型占 51.2%，比欧亚种紧凑的比例高。花序形状决定果穗形状，花序紧凑的品种成熟后果穗也紧凑，花序松散的品种果穗也松散（图 4-2）。

图4-2　松散型和紧凑型花序的果穗形状（彩图）

A：花序松散型（康克）；B：花序紧凑型（白香蕉）

按有无卷须分为无卷须、有卷须。2017 年调查的 205 个葡萄品种中，77.6% 的欧亚种品种花序具备卷须，其中 19.8% 的品种卷须紧靠花序（图 4-3）。欧美种中，58.7% 的品种具备卷须，其中 26.3% 的品种卷须紧靠花序。卷须着生在叶的对面，其在新梢上排列的方式依种类不同而异。欧美杂种的卷须在节位上常不规则出现，欧亚种均为非连续性，即连续出现两节卷须后，中间间断一节。P.K.Boss 等报道，欧亚种葡萄栽培品种‘Pinot Meunier’

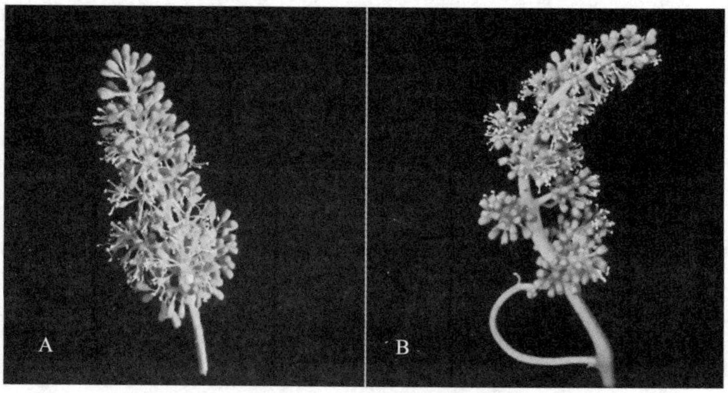

图4-3　葡萄花序的卷须类型（彩图）

A：无卷须型（摩尔多瓦）；B：有卷须型（白奥林）

的矮化突变体与正常植株相比在茎上只产生花序，没有卷须形成。调查发现 96.3% 的鲜食种都具备卷须，目前葡萄的人工栽培方式使得卷须失去了其应有的作用，随着新梢生长，其上不断分生出卷须。数量大、生长势强的卷须，会消耗较多养分，向四方缠绕，给葡萄枝蔓管理带来不便。而卷须和花序有共同的来源并且两者间的发育可以转换。因此，在生长期中，在对新梢进行各项管理时，可同时兼顾掐除卷须这一工作。

葡萄花序发育为果穗。按照长圆锥、短圆锥、长圆柱、短圆柱 4 种花序形状田间调查 255 份种质资源发现，花序形状决定果穗形状。果穗的形成过程是动态变化的，在这 4 种花序形状中，任何一种形状的花序都有可能发育为长圆锥、短圆锥、长圆柱和短圆柱这 4 种形状的果穗，因此果穗形状变化类型共有 16 种，在花序 4 种形状中，长圆锥花序最多，占总体 50.98%，而长圆柱花序最少，仅占 12.55%；在果穗 4 种形状中，短圆锥果穗最多，占总体 35.69%，而长圆柱果穗和短圆柱果穗较少，各占 15.69%（图 4-4）。

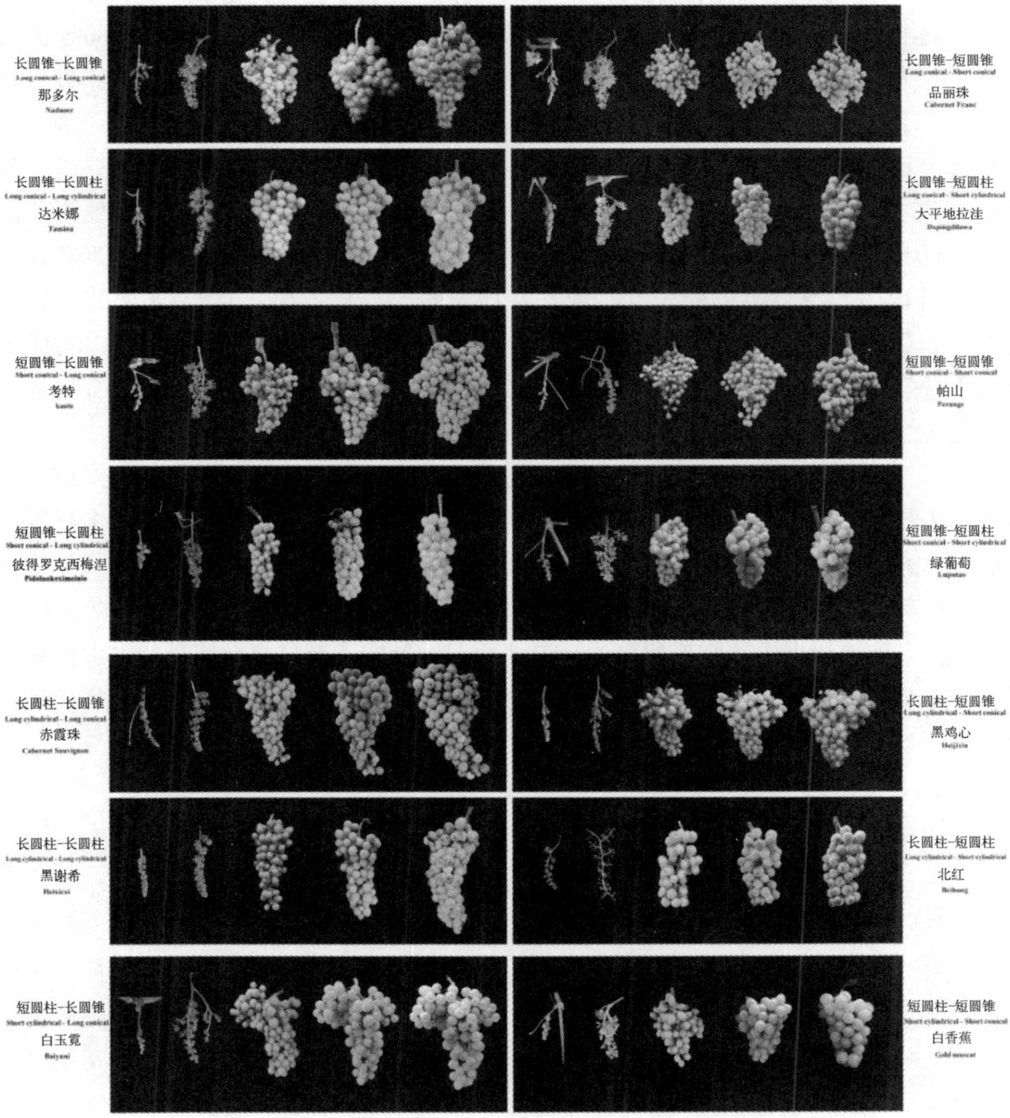

图4-4

图4-4　不同果穗紧凑类型（房经贵，黄雨晴供图，彩图）

在花序发育过程中，有 121 个品种的花序与果穗形状是一致的，占总比例的 47.45%，其余 134 个品种的花序形状在发育过程中发生了变化，占总比例的 52.55%。针对花序发育过程中的形状变化，进一步从不同花序的形状变化与不同形状果穗的来源情况进行了分析。从整体形状变化来看，圆锥形花序形状更稳定，78.77% 仍会发育为圆锥形果穗，而圆柱形花序有更大的变化空间，有 44.74% 会发育为圆锥形果穗。从具体变化情况来看，短圆锥花序中有 65.31% 在发育过程中形状未发生变化，是 4 种花序类型中形状最稳定的，其次是长圆锥花序，有 49.23% 形状未发生变化；与之相对立的是，63.64% 的短圆柱花序形状发生了变化，其中以发育为短圆锥果穗的类型居多，占短圆柱花序发育类型的 34.09%；而形状发育最不稳定的花序为长圆柱花序，71.88% 的形状都发生了变化，其中以发育为短圆柱果穗类型最多，占比 34.38%。从不同形状果穗的发育来源来看，长圆锥果穗有 76.19% 是来自相同形状的花序，而长圆柱果穗有 77.50% 是来自其他形状的花序，其中有 52.50% 是由长圆锥花序发育而来的。这个结果也同样说明了圆锥形花序的形状在发育过程中具有更高的稳定性。而在花序长短的变化方面，有 62.96% 的形状变化都遵循“长”发育为“长”，76.34% 的形状变化都遵循“短”发育为“短”，同样也有 82.26%“长”来源于“长”，54.20% 短来源于“短”。因此，长短的变化在发育过程中也比较稳定。

图 4-4 直观展示了不同类型的花序发育为多种果穗形态的实例，图中每列对应一个具体品种，从花序初期形态到果穗成熟形态的连续变化，清晰体现了形态转化的多样性。例如，部分长圆锥形花序可以发育为短圆柱形果穗，短圆柱形花序也可能发育为长圆锥形果穗。这种发育灵活性为葡萄品种的分类、栽培管理与新品种选育提供了重要参考。

葡萄的果穗形状虽受花序形状影响，但并非一一对应，而是具有明显的多态性和变异潜力。认识花序到果穗的发育规律，对葡萄种质资源的科学利用和栽培策略的优化具有重要意义。

四、花序着生的节位

花序着生的节位影响树体管理方式，尤其是影响生长季枝梢与叶处理。鲜食品种中第一花序着生节位一般分布在 1 ～ 8 之间，在第 4 节位的品种占 38.4%。欧美杂种花序着生初节位大部分为 3 和 4，又以 4 节位最多。欧美杂种中花序着生初节位最低的品种是‘美洲白’，花序着生初节位为 1 或 2；最高的品种是‘贵妃玫瑰’和‘状元红’，其花序着生初节位为 6。欧亚种花序着生初节位大部分分布在 4 和 5，以 4 节位最多。欧亚种平均初节位比欧美杂种高 0.8 个节位，分布最少的初节位为第 7 节。欧亚种中花序着生初节位最低的品种是‘Jilier’，花序着生初节位为2；最高的品种是‘红莲子’，花序着生初节位为6或7。野生种花序着生平均初节位为3.6，主要分布在2～3节位，分布最少的初节位为第1节。野生种中花序着生初节位最低的种是菱叶葡萄，其花序着生初节位为1；花序着生初节位最高的种是多裂叶蘡薁，花序着生初节位为4。野生种花序着生部位较低，相对较分散（图4-5）。

图4-5 第一花序着生节位类型（彩图）

（a）～（f）分别表示第一花序着生在第1节位、第2节位、第3节位、第4节位、第5节位、第6节位

五、卷须类型

卷须原基是在茎端分生组织周边发生的，卷须的着生位置与花序相同，均着生在叶的对面，排列方式与花序也基本相同。葡萄卷须具有分枝特性并在每个分枝基部着生苞片，这种发育模式与典型的茎发育相似，因此也有学者认为卷须是一种变态茎，是主茎生长的继续和顶端分生组织生长的终结，并认为卷须的生长属于合轴生长。因此，葡萄卷须与花序是形态学同源物，都属于茎的变态，可以被看作是潜在的生殖器官。卷须在新梢上的着生方式随品种而异，美洲种品种卷须通常为连续式着生，而欧亚种品种一般为间歇式着生。但是，Boss和Thomas报道欧亚种酿酒葡萄品种‘Pinot Meunier’矮化突变体的每个节位上都着生花序，没有卷须形成。

依据分枝形状，卷须可分为“三分叉”“二分叉”“单分叉”型卷须（图4-6）。根据其发育的完整程度，葡萄卷须可分为完全卷须和不完全卷须（图4-7）。完全卷须指形态典型、功能健全的卷须；不完全卷须则指那些在形态上发生变异或部分转化为花序等结构的卷须，如基部着生卷须的花序和基部着生花序的不完全卷须（图4-7）。

图4-6 卷须的分枝形状示意图

从左往右依次为“三分叉”“二分叉”“单分叉”型卷须

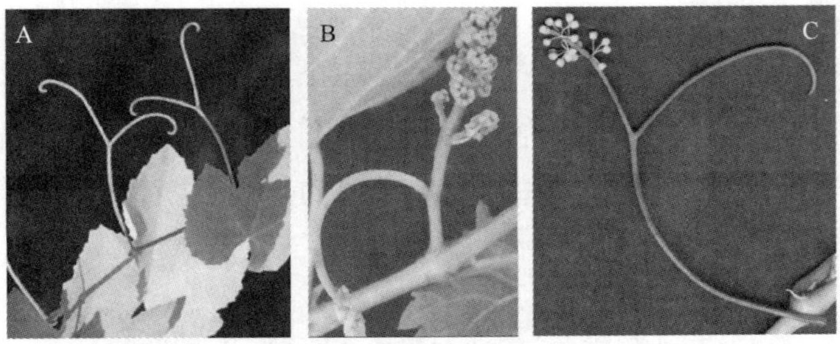

图4-7　葡萄花序的卷须类型（彩图）

A—完全卷须；B—基部着生卷须的花序；C—基部着生花序的不完全卷须

六、花结构和类型

根据雌蕊和雄蕊的发育情况，葡萄的花可分为两性花（完全花，♂♀）、雌能花（♀）和雄花（♂）（图4-8）。葡萄的花很小，完全花由花梗、花托、花萼、花冠、雄蕊、雌蕊组成。葡萄的花萼不发达，5个萼片合生，包围在花的基部。5个绿色的花瓣自顶部合生在一起，形成帽状的花冠。葡萄开花时花瓣自基部与子房分离，向上、向外翻卷，花帽在雄蕊的作用下从上方脱落，即为“脱帽状”开花。

完全花具有正常发育的雄蕊和雌蕊，花粉具发芽能力，可自花授粉结实，绝大多数栽培品种均为两性花。雌能花虽具正常雌蕊，但雄蕊退化，花粉无发芽能力，表现为雄性不育，不能自花结实，必须依赖其他品种授粉才能结果，如‘黑鸡心’、‘安吉文’及部分野生种。雄花仅有雄蕊而雌蕊缺失或不完全，不能结实，此类花主要见于野生种，如多裂叶蘡薁、刺葡萄等。

图4-8　不同性别类型的葡萄花及其结构

栽培葡萄的花大多是雌雄同花的完全花（两性花）。目前生产上的主栽葡萄品种都是两性花，少数葡萄品种如‘黑贝蒂’‘俄罗斯康克’和‘意大利玫瑰’等为雌能花。中国野生葡萄大多数为雌雄异株，但相继在刺葡萄、山葡萄、毛葡萄中发现了两性花植株。目前存在几种关于葡萄授粉方式的理论，如虫媒授粉、风媒授粉和自花传粉。有研究认为，野生雌雄异株植物的授粉或者是风媒授粉或者是虫媒授粉，但是，对其授粉过程尤其是花粉对昆虫的引诱机制仍不清楚。栽培葡萄为两性花植物，常在花冠呈帽状脱落之前发生的自花授粉（自体受精）是授粉的主要途径。因此，从授粉方式上来看，野生雌雄异株葡萄则为典型的异花授粉植物。

第二节 果穗的形态特征

一、果穗的形状

根据 *Descriptors for grape*（CTA，1992）和《葡萄种质资源描述规范和数据标准》对葡萄种质资源性状的描述，葡萄果穗形状分为 3 种：圆柱形、圆锥形、分枝形。对正常生长条件下葡萄种质资源果穗形状研究发现，果穗长度、宽度、长宽比对果穗形状均有一定的影响。通过调查郑州国家葡萄种质资源圃 234 份葡萄种质材料发现，果穗形状可进一步细分为 5 个类型，即将原来的圆锥形和圆柱形果穗根据果穗长度、长宽比的差异分为长圆锥形和短圆锥形、长圆柱形和短圆柱形，分枝形判断标准不变（表 4-1、图 4-9）。

表4-1 葡萄果穗分类标准

果穗形状	果穗长度 /cm	果穗长宽比
长圆锥形	≤ 12.32	不限
	12.33 ～ 14.41	≤ 1.35
	14.42 ～ 16.50	≤ 1.29
短圆锥形	12.33 ～ 14.41	1.35
	14.42 ～ 16.50	1.29
	>16.50	不限
长圆柱形	≤ 12	不限
短圆柱形	12	不限
分枝形	不限	不限

在 234 份调查的葡萄种质资源中，果穗为长圆锥形品种最多，共 81 个，占 34.61%，其代表品种为‘花泽二号’和‘安芸皇后’；短圆锥形品种数量与长圆锥形品种数量相近，共 78 个品种，占 33.33%，代表品种为‘阿米利亚’和‘无核蜜’；分枝形品种最少，共 12 个品种，占 5.13%，代表品种为‘贝加干’；短圆柱形品种占 17.52%，代表品种为‘巴士’和‘安尼斯基’；长圆柱形品种占 8.55%，代表品种为‘霍里冈’和‘罗曼尔’（图 4-9）。

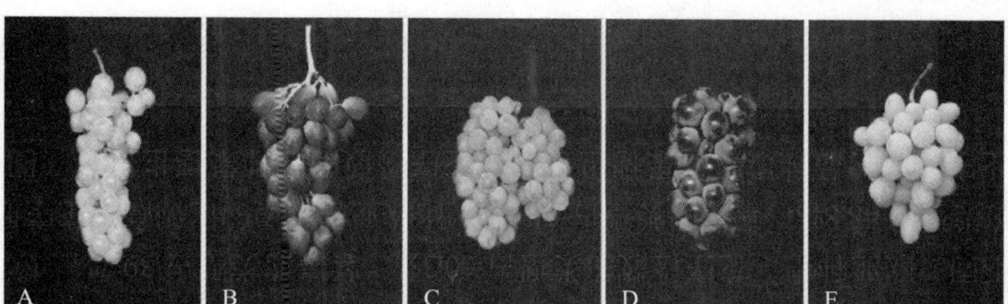

图4-9 葡萄果穗形状类型及代表品种（彩图）

A：长圆柱形（‘霍里冈’）；B：长圆锥形（‘花泽二号’）；C：分枝形（‘贝加干’）；D：短圆柱形（‘巴士’）；E：短圆锥形（‘阿米利亚’）

鲜食品种果穗形状以长圆锥形为主，占所调查品种资源总量的42.66%，代表品种为‘绯红’‘凯旋’和‘安芸皇后’；短圆锥形次之，占22.38%，如‘早玛瑙’‘一品香’和‘爱欧娜’。酿酒品种则以短圆锥形为主，占50.55%，代表品种为‘酒神’‘白比诺’和‘北塞魂’；长圆锥形次之，占21.98%，如‘赤霞珠’‘秀玉’和‘奥坡托’（表4-2、表4-3）。

表4-2　234个鲜食葡萄的穗形及其占比

穗形	品种
长圆锥形（42.66%）	花泽2号、安芸皇后、绯红、凯旋、川1060、Corvina.isv-cv43、黑宝石、无核白、艾尔威因、白奥林、白玫康、白香蕉株选、宝光、蓓蕾玫瑰、布加勒斯特玫瑰、陈东初2号、脆玉、范讷萨无核、丰宝、峰光、格拉卡、黑蜜十六、黑色甜菜、黑元帅、亨香玉、红旗特早玫瑰、红双味、皇冠、惠、吉峰14号、京早晶、京秀、巨峰、巨玫瑰、巨优（辽）、凯丰、李子香、玫瑰怡、玫野黑、米哈尔、纽约玫瑰、纽约玫瑰香、申华、神农金皇后、苏珊玫瑰、天使玫瑰香、无核紫、阳毛葡萄、亚历山大、早生内玛斯、赵常者36号、郑果1号、紫丰、紫光、佐藤、228、阿克塔那依、乌兹别克玫瑰、早金香、天秀（川1015）、春光
短圆锥形（22.38%）	无核蜜、阿米利亚、早玛瑙、一品香、爱欧娜、S-26-2、Shacharit、阿布交西、奥迪亚、奥古斯特、奥拉皇后、白瓦沙卡、德苏拉乌苏姆、登瓦斯玫瑰、瑰香怡、红地球大粒芽变、红山彦、火星无核、利伐尔、蜜尔紫、墨丰、那波卡、香槟、云南水晶、早熟玫瑰香、郑果4号、紫大无核、8611、粉红亚多蜜、伊豆锦、阿尔金、屯家克阿依
长圆柱形（13.29%）	霍里冈、罗曼尔、98-2、阪琢、碧绿珠、东部巨选、佛斯玫瑰、哈佛德、黑奥林、红星、黄蜜、吉峰9号、卡托巴、洛葡早生、香悦、艳红、郑黑、郑巨1号、紫玉
短圆柱形（17.48%）	巴士、安尼斯基、康拜尔、阿拉卡其、巴诺、布列其罗然西、茨中教堂、大平地拉洼、嘟噜玫、公主红、贵州水晶、黑贝蒂（Herbet）、黑哈丽丽、巨鲸、克里木考尼松、洛阳2号、绿葡萄、圆粒、巧吾什、早巨选、浙江大叶水晶、郑果6号、郑果8号、郑康1号、紫早、济南早红
分枝形（4.19%）	贝加干、光辉、加拿大玫瑰、巨峰无核、巨优（洛）

表4-3　91个酿酒葡萄的穗形及其占比

穗形	品种
长圆锥形（21.98%）	赤霞珠、秀玉、奥坡托、CH5、S.E20-743、特纳拉、阿列阿基可、白卡乌嘎、彼得罗克西梅涅、必亚斯阿巴特、德引84-5、黑多内、罗查理奥
短圆锥形（50.55%）	里瓦西亚、梅鹿辄181、郁金香、栅栏、紫北塞、阿芳香 酒神、白比诺、北塞魂、1288/38、1382/12、1452/25、Bianca、海玉珠、S.8745、S.V.12-308、Vognol、阿利戈特（罗）、奥霍夫斯基、白拉齐娜、白西卡塔、波宋尼、达拉依、大黑葡萄、德引84-1、二号大宛红、福龙梯格、福斯特、甘桑、格兰月、格列那什、黑齐姆良、黑谢希、红拉达依、红帕万、灰比诺
长圆柱形（1.10%）	Fr70/125A、捷莱乌苏姆、卡浪马特、凯番西亚、拉费白兰奇、莱因雷司令、梅鹿辄、那洛莫尔、赛米隆、天津白粒、冼比利考维、小红玫瑰、羊尾、耶特斯、依巴赫、郑果13号、西里努斯
短圆柱形（19.78%）	星索
分枝形（6.59%）	红西万尼、灰比诺、雷司令237、罗马依斯克、佩蒂沙维纽、甜水、小黑粒、紫金皇后、霞多丽、凤凰、S.7053、奥里永、费提斯卡·莱格纳、黑佳酿、郑果26号、紫中美

二、果穗的大小

随着葡萄果实的成熟，果穗形状形成，果穗的大小多用穗长 × 穗宽表示。为方便计算，也可用穗长和穗宽分级表示。

在234份葡萄种质资源中，果穗大小最大的为‘天秀’，其值为310.86cm^2；果穗大小最小的为‘粉红西万尼’，其值为34.46cm^2。果穗大小概率分级第一级为＜42.02cm^2，代表品种为‘粉红西万尼’；第二级为 42.02 ～ 91.38cm^2，代表品种为‘巴士’；第三级为 91.38 ～ 158.94cm^2，代表品种为‘苏珊玫瑰’；第四级为 158.94 ～ 208.30cm^2，代表品种为‘无核紫’；第五级为＞ 208.30cm^2，代表品种为‘天秀’。

果穗长度最大的为‘艳红’（20.32cm）；最小的为‘那洛莫尔’（6.04cm）。果穗长度的频率分布符合正态分布（图 4-10），其概率分级为，1 级（≤ 8.495cm）占 9.66%，代表品种为‘灰比诺’；2 级（8.495 ～ 10.793cm）占 22.69%，代表品种为‘安尼斯基’；3 级（10.793 ～ 13.977cm）占 35.71%，代表品种为‘纽约玫瑰’；4 级（13.977 ～ 16.274cm）占 21.01%，代表品种为‘无核紫’；5 级（＞ 16.274cm）占 10.92%，代表品种为‘亚历山大’。

果穗宽度最大的为‘绯红’（14.25cm）；最小的为‘巴士’（5.48cm）。果穗宽度的频率分布也符合正态分布（图 4-10），概率分级，1 级（≤ 6.719cm）占 10.08%，代表品种为‘白根地’；2 级（6.719 ～ 8.171cm）占 22.69%，代表品种为‘茨中教堂’；3 级（8.171 ～ 10.183cm）占 35.29%，代表品种为‘艾尔威因’；4 级（10.183 ～ 11.635cm）占 20.59%，代表品种为‘巨玫瑰’；5 级（＞ 11.635cm）占 11.34%，代表品种为‘凯旋’。

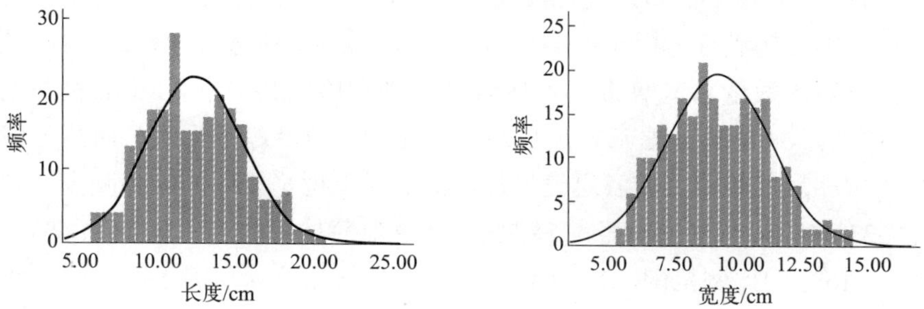

图4-10　果穗长（左）、宽（右）分布图

三、果穗的重量

在 234 份葡萄种质资源中，果穗重量最大的为‘天秀’（754.22g），最小的为‘S.7053’（47.88g）。果穗重量的频率分布符合尾部向右延伸的偏态分布，其对数值分布符合正态分布（图 4-11），果穗重量的概率分级，1 级（≤ 97.252g）占 12.18%，代表品种为‘浙江大叶水晶’；2 级（97.252 ～ 149.372g）占 17.65%，代表品种为‘紫金皇后’；3 级（149.372 ～ 270.726g）占 39.08%，代表品种为‘加拿大玫瑰’；4 级（270.726 ～ 415.815g）占 20.17%，代表品种为‘皇冠’；5 级（＞ 415.815g）占 10.92%，代表品种为‘京早晶’（图 4-11）。

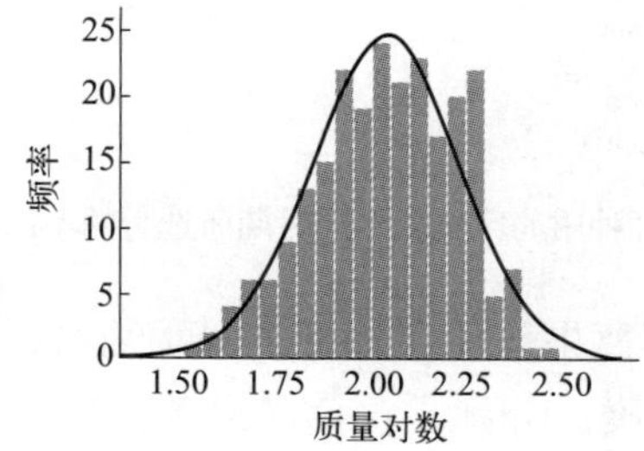

图4-11　果穗质量分布

第三节　果实性状特征

一、果皮色泽

国际葡萄品种目录（*Vitis* International Variety Catalogue，*V*IVC）统计葡萄相关数据时将葡萄果皮色泽分为3类，即无色（绿色、黄绿色、黄色、金黄色）、红色（微红色、粉红色、鲜红色、暗红色）和黑色（紫色、红黑色、蓝黑色）。据统计，黄绿色葡萄品种所占的比例较大，中间过渡类型的红色（粉红色、红色和暗红色）品种因其着色易受环境影响，所占比例较少。张培安等对*V*IVC数据库中记载的19620份葡萄种质果皮色泽进行了分析，其中绝大多数为无色和黑色葡萄品种，红色品种（粉红色、红色等中间过渡色）仅占12%，可见葡萄果皮色泽主要为黑色和无色，而中间过渡色的红色种质相对较少。

对2282份标注育种年份和果皮色泽信息的种质，通过其无色、红色和黑色3种不同色泽在当时所占的比例进行分析（图4-12），结果表明早期所选育的葡萄品种以黑色为主，之后无色葡萄选育的数量急速增加。至1854年，数据库中共记录60个品种，无色与黑色品种分别占34.0%与38.9%。之后，无色品种占比增长速度趋于平缓，而黑色和红色品种的占比变化出现相反的趋势，前者迅速增加，而后者以近乎相同的趋势减少。到1900年，品种总数达633种，其中黑色葡萄占58.7%，红色葡萄品种的占比降至11.6%，之后一直保持在12%～15%的比例范围。1900年之后，黑色与无色葡萄的占比表现出两种截然不同的变化趋势，前者减少，后者增加，至1969年，二者所占的比例都约为43%，品种数分别为746种与726种。在此之后，黑色、无色和红色品种一直保持着3∶3∶1的数量关系。可以看出在20世纪之前主要选育黑色葡萄品种，无色品种的选育数量在1900年以后明显增加。

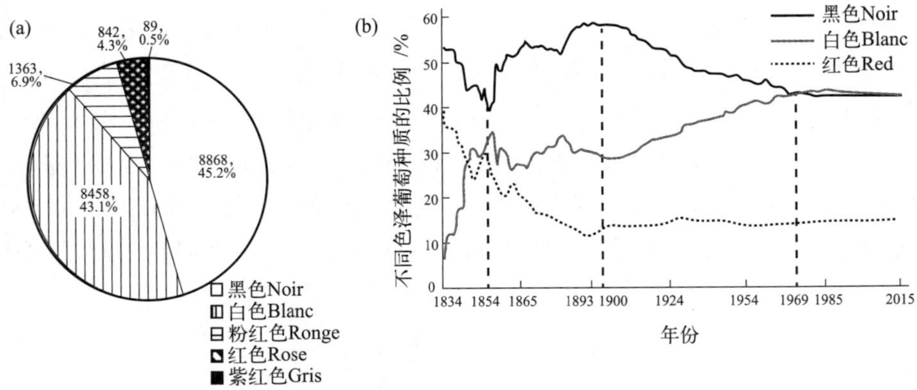

图4-12　不同色泽性状葡萄种质的比例和不同时期所选育的不同果皮色泽性状种质的比例

目前，我国主要采用的葡萄果皮色泽标准为《葡萄种质资源描述规范和数据标准》，标准中将葡萄果皮色泽分为5类，分别是绿色（绿黄色和黄绿色）、粉红色、紫红色、紫黑色和蓝黑色。其中，绿黄色和黄绿色属于无色葡萄的果皮颜色，粉红色、紫红色、紫黑色和蓝紫色属于有色葡萄的果皮颜色。在中国农业科学院郑州果树研究所对302份葡萄种质进行研究发现，紫红色葡萄品种（种）数量最多，蓝紫色葡萄品种（种）数量最少。蓝紫色的葡萄品种中绝大部分为酿酒葡萄。欧亚种中有色和无色葡萄品种的比例接近1：1；欧美杂种中大部分的品种属于有色葡萄，仅少量的品种属于无色葡萄；野生种的果皮颜色均呈紫黑色，属于有色葡萄（表4-4、图4-13）。

表4-4　供试302个葡萄（*Vitis* spp.）品种（种）果皮颜色的统计结果

类型	不同果皮颜色葡萄品种（种）的数量						
	绿黄色	黄绿色	粉红色	紫红色	紫黑色	蓝紫色	总计
欧亚种	42	45	21	59	21	10	198
欧美杂种	5	7	17	29	25	3	86
欧山杂种	0	0	0	0	2	2	4
美洲种	0	0	0	0	1	0	1
未知种	0	1	0	2	0	2	5
野生种	0	0	0	0	8	0	8
总计	47	53	38	90	57	17	302

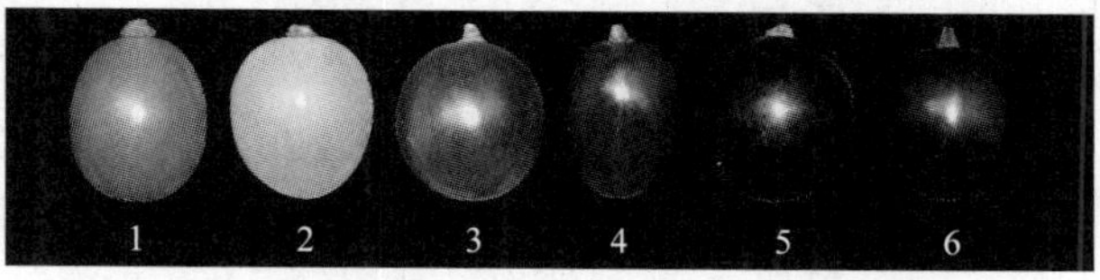

图4-13　6个葡萄品种成熟果实的果皮色泽（彩图）

1—绿黄色‘芳香’；2—黄绿色‘黄蜜斯’；3—粉红色‘红富士’；4—紫红色‘红无籽露’；5—紫黑色‘黑贝蒂’；6—蓝紫色‘金星无核’

不同葡萄品种成熟果实的果皮色泽不尽相同，花色苷含量存在差异，花色苷的组分及种类也存在差异。

欧亚种、欧美杂种和欧山杂种来源不同，遗传背景也不同。葛梦清研究中国农业科学院国家种质郑州葡萄圃的124份欧亚种、84份欧美杂种以及3份欧山杂种发现，欧亚种、欧美杂种和欧山杂种葡萄种质三者共有的花色苷成分有29种，欧亚种与欧美杂种二者共有的花色苷成分有46种，其中，欧美杂种葡萄特有的是锦葵素-3-*O*-葡萄糖基-葡萄糖苷和矢车菊素-3-*O*-咖啡酰葡萄糖苷-5-*O*-葡萄糖苷这两种花色苷成分。

与绿色葡萄品种相比，红色葡萄品种果皮中花色苷含量更高，种类也更加丰富。通过对不同色泽葡萄果皮中花色苷类型分析发现，119份红色葡萄品种包含5～6类花色苷类型的达到红色品种总数的75.80%。在36个葡萄品种中检测到6类花色苷均存在，其中有21个是果皮为紫黑色的品种，11个果皮为紫红色的品种。在83个葡萄品种果皮中，均检测到5类不同的花色苷，分别为矢车菊素苷（Cyanidin，Cy）、飞燕草素苷（Delphinidin，Dp）、牵牛花素苷（Petunidin，Pt）、牡丹花苷（Peonidin，Pn）和锦葵素苷（Malvidin，Mv），并根据其组合模式可分为三种不同的组成类型。其中最常见的一种为Cy-Dp-Mv-Pn-Pt共存型，即五种花色苷均有检出，显示出花色苷代谢的复杂性和多样性。本研究中

79 个品种均能检测到以这 5 类花色苷组成的花色苷组成类型。此外，还有另外两种情况的存在，分别是 Cy-Dp-Pg-Pn-Pt 和 Cy-Mv-Pg-Pn-Pt（其中 Pg 为天竺葵素苷），分别存在于 2 份葡萄种质中。检测到 4 类花色苷的葡萄品种存在 6 种不同的组成类型，其中，Cy-Dp-Mv-Pn 和 Cy-Mv-Pn-Pt 是最常见的组成类型，分别检测到 6 个鲜红色和紫红色的品种属于以上 2 种类型。果皮中存在 3 种类型花色苷的品种有 20 种，葡萄果皮中存在最多的组合类型是 Cy-Mv-Pn。果皮中存在 1 类和 2 类花色苷类型的种质共有 52 个品种，共存在 12 种不同的组合方式，其中果皮为绿色的品种有 41 个，占比 79%。

对 211 份葡萄品种的花色苷含量进行计算，发现蓝黑色葡萄品种果皮中花色苷含量最高，其次是紫黑色，紫红色葡萄品种果皮中花色苷含量要高于鲜红色品种（表 4-5）。对不同色泽的葡萄果皮中花色苷类型进行分析比较发现，果皮为鲜红色的品种花色苷成分主要是花青素及其衍生物和 3′- 甲基花翠素及其衍生物，其在总花色苷中占比达到 70% 以上。在紫红色、紫黑色和蓝黑色葡萄果皮中，3′, 5- 二甲基花翠素及其衍生物的含量占总花色苷的 50% 以上。除绿色品种外，随着果皮颜色变深，果皮中 3′,5- 二甲基花翠素及其衍生物所占比例会增加，花青素及其衍生物、花葵素及其衍生物在总花色苷中所占比例降低。

表4-5 211份葡萄品种中花色苷种类与含量

品种	花青素含量 /（μg/g）	飞燕草素含量 /（μg/g）	锦葵素含量 /（μg/g）	金盏花素含量 /（μg/g）	小檗碱含量 /（μg/g）	反丁烯二酸含量 /（μg/g）
弘一	—	—	0.71	—	4.74	—
高尾	13.27	91.04	987.43	—	33.51	294.26
马斯卡特贝利	4.77	43.12	763.77	—	11.37	169.62
濑户巨人	1.67	0.22	2.16	—	0.04	0.27
马斯卡特阿达	88.19	2.90	6.39	0.5655	232.02	8.21
奥古斯塔	—	—	—	—	0.05	—
马斯卡特奥托内尔	—	—	0.08	—	—	—
世纪无籽	—	—	0.23	—	—	—
北京红	0.22	0.06	18.75	—	5.77	0.80
罗萨里奥比安科	—	—	0.04	0.0766	0.38	—
马斯卡特汉堡	0.22	—	3.57	—	0.19	0.05
东京红	5.83	1.93	135.90	—	41.72	8.94
马蒂亚斯芳香	—	—	—	—	0.05	—
粉红阿里曼登	7.56	0.47	26.49	0.0393	25.15	2.46
归宝	—	—	3.12	—	2.04	0.16
紫达马斯克	6.85	4.36	493.41	0.1204	7.75	22.53
黑金心	3.11	5.69	216.12	—	13.17	16.87
红宝石奥库亚马	0.03	—	0.10	—	0.07	—
凯奥托梅	—	0.04	—	—	—	—
太保	—	—	0.70	—	0.65	—
京科晶	3.56	0.29	75.88	0.0332	2.21	0.91
洛阳 2 号	—	0.11	92.05	—	4.56	0.66

续表

品种	花青素含量/（μg/g）	飞燕草素含量/（μg/g）	锦葵素含量/（μg/g）	金盏花素含量/（μg/g）	小檗碱含量/（μg/g）	反丁烯二酸含量/（μg/g）
牡丹红	5.10	—	0.03	—	0.06	—
尼姆朗	—	—	0.10	—	—	—
平格	9.33	1.08	4.05	—	11.37	0.52
马斯卡特普列文斯基	3.56	—	4.29	—	18.02	—
世纪	—	—	0.06	—	—	—
飞翠玫桂	—	—	0.44	—	0.45	—
西农 20 号	—	—	—	—	0.04	—
香妃	0.04	0.20	1.40	—	—	0.23
小百葡萄	—	—	—	—	0.05	—
早黑宝	1.05	0.73	2.98	0.0331	88.75	4.89
早美桂	1.15	1.94	2.72	0.0665	49.03	1.50
丰宝	2.48	—	2.87	—	8.18	—
郑州早红	—	0.30	0.18	0.1415	83.37	—
紫凤	218.60	53.62	166.58	0.3339	129.24	68.93
紫金心	26.10	0.09	3.00	0.1114	100.02	1.60
紫葡萄	—	—	0.25	—	0.10	—
紫珍珠	0.87	0.07	0.67	2.8490	52.68	0.30
奥蒂利亚无籽	3.08	3.23	65.86	—	59.67	11.61
女王无籽	10.75	51.57	203.20	—	8.20	22.22
峰后	2.94	0.62	75.14	—	17.35	2.49
粉红无籽	21.31	0.05	1.86	—	4.50	—
京早晶	—	—	0.08	—	0.11	—
京紫晶	5.20	0.43	48.12	—	1.85	1.42
卡纳迪斯	2.76	0.13	0.07	—	0.76	—
碧香无籽	0.16	—	0.11	—	—	—
黎明无籽	—	—	0.06	—	—	—
黑摩卡	4.29	2.12	135.08	—	2.70	9.21
希姆罗德无籽	0.07	0.39	5.86	—	—	1.79
高地	3.11	0.30	15.24	0.1452	30.52	0.96
秋黑	1.06	—	6.59	—	9.94	0.15
北梅佳	1.04	0.11	14.88	—	9.30	0.38
瓦内萨无籽	0.41	0.04	12.39	—	22.27	0.10
墨峰	64.46	57.30	397.26	—	41.43	95.91
醉人香	—	—	1.60	—	0.94	0.04
巴拉多红	5.54	—	0.19	—	38.01	—
早康宝	4.86	0.71	34.08	0.0335	114.63	1.58
高须	2.40	3.18	232.84	—	21.36	19.25

续表

品种	花青素含量 /（μg/g）	飞燕草素含量 /（μg/g）	锦葵素含量 /（μg/g）	金盏花素含量 /（μg/g）	小檗碱含量 /（μg/g）	反丁烯二酸含量 /（μg/g）
秋黑宝	3.48	—	2.29	17.0876	43.76	—
红宝石无籽	11.02	0.47	17.73	—	29.05	2.62
金田 0608	0.71	7.57	326.62	0.0393	38.50	24.06
迷你库尔手指	0.94	—	—	—	2.75	—
高前穗	1.50	2.81	81.07	—	7.35	20.23
春光	5.96	38.60	771.30	0.0515	55.59	90.71
高须	1.99	0.73	66.70	—	4.44	4.50
美光	42.91	22.13	57.62	0.0712	59.00	45.19
永优 1 号	1.55	1.71	35.53	—	8.62	5.44
神农香风	5.88	0.61	94.64	—	28.69	—
神华	3.63	19.21	437.39	0.0363	30.67	78.19
黑后	7.97	12.71	1026.16	—	113.48	72.10
高须	8.37	0.16	0.27	—	0.19	—
小黑	17.24	71.09	496.44	—	28.41	105.69
白玉霓	—	—	1.11	—	—	0.05
巴卡多	1.76	0.09	—	—	0.06	—
贝尔贝塞尔	—	—	0.07	—	—	—
北春	1.42	8.17	336.00	—	24.10	38.77
北红	6.71	28.24	361.38	—	45.51	55.45
北梅	0.07	2.18	93.83	—	1.72	7.03
哈特福德	80.41	506.62	0.15	—	0.11	7.49
小波尔多	2.99	0.28	65.80	0.0462	38.52	2.11
北智 102	3.96	5.86	383.41	0.1024	137.43	19.97
博拉卡尔	0.05	—	—	—	0.07	—
波特南	1.46	7.50	288.49	—	7.98	30.56
黑奥林匹亚	5.21	1.12	172.81	—	40.62	17.37
凯尔卡莱	—	0.04	—	—	—	—
赤霞珠	11.72	0.74	88.53	—	26.18	15.35
大黑马尔贝克	0.30	0.05	35.84	—	91.41	5.85
特鲁索	2.32	0.36	56.83	—	37.71	2.15
蓝法兰西	1.21	0.98	448.05	—	0.66	17.05
维尔特林斯基红白	0.33	—	0.08	0.0437	0.15	—
黑风	1.31	2.15	78.75	—	21.24	9.61
西尔万斯克红	0.24	—	5.38	—	1.93	0.05
佳美弗雷	58.76	224.72	394.35	0.7340	133.98	179.65
福龙提格	—	—	0.05	—	—	—
雷司令强	0.04	—	2.19	—	0.05	—
甘松	0.47	0.56	—	0.1419	8.59	23.30
戈丹	—	—	0.18	—	—	—

续表

品种	花青素含量/（μg/g）	飞燕草素含量/（μg/g）	锦葵素含量/（μg/g）	金盏花素含量/（μg/g）	小檗碱含量/（μg/g）	反丁烯二酸含量/（μg/g）
黑桂香	0.49	1.33	58.80	—	4.74	4.52
格拉萨德克塔纳里	0.04	—	—	—	—	—
里博拉格林	—	—	3.56	—	—	0.08
意大利雷司令	—	—	0.04	—	—	—
阿西尔卡拉阿布金卡帕	1.43	13.24	22.86	—	41.51	54.92
黑比诺	0.40	0.36	116.43	—	8.31	0.94
黑伯克威埃	1.04	—	—	—	1.24	—
蜂蜜黑	8.30	0.80	198.03	—	69.13	12.91
金多尼	17.53	107.00	482.51	—	28.43	154.28
黑卡巴西马	1.71	0.47	66.68	—	19.65	2.42
梅多克黑	0.49	24.69	657.98	—	8.96	57.31
茨姆兰斯基黑	6.68	50.68	180.81	—	2.26	37.13
黑桑多里	—	—	75.92	—	3.20	0.38
黑比诺格里斯	0.04	0.14	95.14	—	15.35	1.75
卡里尼亚纳	0.97	2.02	121.03	—	2.36	3.67
甲州三尺	—	0.04	0.10	—	0.10	—
卡马特	0.10	—	1.96	—	0.19	0.07
卡穆拉西亚	0.06	0.70	98.02	—	—	0.64
赤霞珠桑多里	1.58	0.67	95.57	—	5.83	11.30
康达瓦西	—	0.06	0.11	—	—	—
高克哈巴	—	—	1.20	—	—	0.11
高克庞拉达	—	—	1.04	—	—	—
黑旋风	12.85	14.68	317.63	—	216.29	35.56
马里瓦希亚	—	—	0.31	—	—	—
宽罗卡梅尔尼斯卡洛扎	26.39	31.05	767.64	—	213.00	174.99
蒙图尼	—	—	0.24	—	—	—
诺斯卡特	—	—	0.04	—	—	—
赤霞珠弗朗	5.37	1.79	79.96	—	26.37	4.84
桑娇维塞	0.27	1.37	11.98	—	10.92	2.40
赤霞珠格尼谢特	0.41	7.17	579.72	—	11.57	25.35
米克卡特	—	—	0.04	—	0.03	—
麝香葡萄	—	—	0.04	—	—	—
苏达克	0.05	0.33	1.52	—	—	0.75
塔尔纳乌	0.15	—	0.23	—	—	0.06
托斯卡纳马拉瓦西亚	—	—	0.03	—	—	—
瓦尔纳	—	—	2.40	—	—	0.06
白皮特西特利变异	0.08	—	0.20	—	—	—

续表

品种	花青素含量/（μg/g）	飞燕草素含量/（μg/g）	锦葵素含量/（μg/g）	金盏花素含量/（μg/g）	小檗碱含量/（μg/g）	反丁烯二酸含量/（μg/g）
维尔多特	1.74	0.46	57.84	—	7.76	2.78
西拉	6.31	14.59	236.66	0.0341	31.23	37.95
耶克希拉尔	—	—	0.22	—	0.36	0.05
伊达	9.15	0.10	2.33	—	9.07	0.25
伊奥多内	—	—	—	—	0.03	—
红后	4.36	0.29	0.15	—	1.21	0.11
阿里坎特布谢特	5.11	10.08	436.15	—	20.01	25.44
马斯卡特贝利	1.92	5.12	130.73	—	45.14	5.73
特罗利德戈	1.56	1.28	162.69	—	51.28	8.36
丹魄	1.33	7.40	303.40	—	4.74	12.36
小维多特	0.22	3.18	496.96	—	13.68	19.76
丹纳特	3.41	7.42	256.16	—	3.15	20.70
红莲子	0.42	—	—	—	0.14	—
玫瑰皇后	0.06	0.04	30.89	—	1.74	0.59
贝尼亚玛比科	2.50	0.37	5.91	—	13.31	0.83
红香脚	19.97	14.74	39.08	0.0441	5.01	16.32
红星	3.03	1.84	81.39	—	26.90	0.07
维纳斯无籽	1.55	0.47	119.07	—	2.85	11.23
贝尼伊兹	13.20	0.42	0.44	—	0.78	0.40
红珍珠	0.98	11.88	653.77	—	19.70	34.66
葫芦岛 8 号	22.84	29.63	326.55	0.0448	58.51	15.41
黄冠	28.23	16.64	108.09	—	89.00	10.72
金凤	15.93	42.51	335.91	0.0328	151.08	122.94
金色麝香	—	0.06	0.04	—	—	—
景雅	4.45	3.27	84.82	—	20.24	8.00
景优	30.00	5.18	2.43	—	4.98	2.07
奥林匹亚	—	0.05	0.06	—	—	—
京玉	0.03	—	—	—	—	—
朱梅贵	4.94	3.51	176.07	—	6.46	3.63
状元红	1.31	—	0.22	—	4.55	—
龙宝	0.62	0.05	0.04	—	0.14	0.03
纽约麝香	57.97	5.54	45.14	2.8741	129.47	12.23
罗德贝里	8.97	4.80	4.12	0.0333	2.96	24.76
玫瑰一	0.92	0.08	23.90	—	24.70	0.81
玫瑰白	1.34	0.46	—	—	—	—
米尔斯	21.73	39.89	134.79	—	82.32	34.44
蜂蜜红	0.70	—	0.05	—	0.39	0.05
醉金香	—	0.07	1.30	—	—	0.27

续表

品种	花青素含量/（μg/g）	飞燕草素含量/（μg/g）	锦葵素含量/（μg/g）	金盏花素含量/（μg/g）	小檗碱含量/（μg/g）	反丁烯二酸含量/（μg/g）
相模	45.83	45.14	228.04	0.1554	122.57	65.69
黑香脚	33.16	11.70	138.36	0.0755	148.06	23.37
山东大枣	17.40	7.00	158.04	0.0631	96.38	15.58
玉轩一号	13.37	6.50	87.57	—	24.97	17.85
安运皇后	2.74	0.12	0.03	—	0.12	—
斯图本	69.48	95.47	—	0.0459	0.16	0.13
富士美诺里	4.33	55.92	295.64	—	8.80	101.50
塔诺黑	8.18	—	0.54	0.0650	118.77	0.05
塔诺红	8.61	0.15	1.25	—	15.32	—
弗尔金斯	2.94	—	—	—	—	—
西阳红	0.04	—	1.31	—	0.36	—
先锋	3.83	6.72	217.40	—	16.16	23.17
香月	2.93	10.21	254.19	—	7.78	29.38
玫瑰西奥塔	0.12	0.08	—	—	—	—
一品香	80.73	14.82	65.86	0.0600	27.39	18.54
出云锦	35.30	11.26	225.32	0.0414	66.71	36.66
早熟康科德	19.82	—	—	—	0.08	—
正果 21 号	0.61	—	—	—	0.29	—
正黑	0.87	—	157.81	0.0334	27.29	7.55
正康一号	102.90	17.90	0.27	0.0326	10.86	0.47
卓色香	36.10	2.49	0.65	—	1.96	0.16
白香脚	0.16	—	—	—	—	—
紫玉	65.39	45.69	356.13	0.1835	132.66	64.64
紫云水镜	—	2.30	0.29	—	—	4.14
紫真香	4.57	4.82	202.63	0.0470	86.21	22.84
斯塔奥	1.27	0.07	0.15	—	0.47	0.05
玫瑰黑	12.90	0.58	155.24	0.0536	139.98	91.46
湖北二号	7.04	8.19	19.82	—	36.25	18.47
无籽红提	—	—	—	—	—	2.40
柴青	—	0.31	—	—	0.73	4.85
红瑞宝	2.00	3.58	22.55	—	0.30	23.29
黄金指	—	—	—	—	—	0.09
赫伯科夫	—	0.11	—	—	—	0.32
Wink	43.49	0.98	25.70	0.2604	324.92	1.97
红地球	81.76	0.14	0.64	0.0546	141.07	0.14
巨峰	0.30	0.04	10.54	0.1231	1.22	1.31
五和早红	0.03	—	0.52	—	0.69	0.01
阳光玫瑰	—	0.01	—	—	—	—

二、果实形态特征

根据820份葡萄种质（286份的性状来自田间实地调查，534份来自《中国葡萄志》和《中国葡萄品种》记载）果粒形状的信息资料，果粒形状可分为11种（图4-14）：扁圆形、圆形、近圆形、椭圆形、长椭圆形、卵圆形、倒卵圆形、鸡心形、束腰形、弯形和圆柱形。其中，椭圆形种质最多，有281份，占总数的34.3%；其次为近圆形与圆形，分别为201份与134份。其他诸如长椭圆形、倒卵圆形、扁圆形、鸡心形等果形的品种数量较少，不足20份；弯形和束腰形品种数量极少。

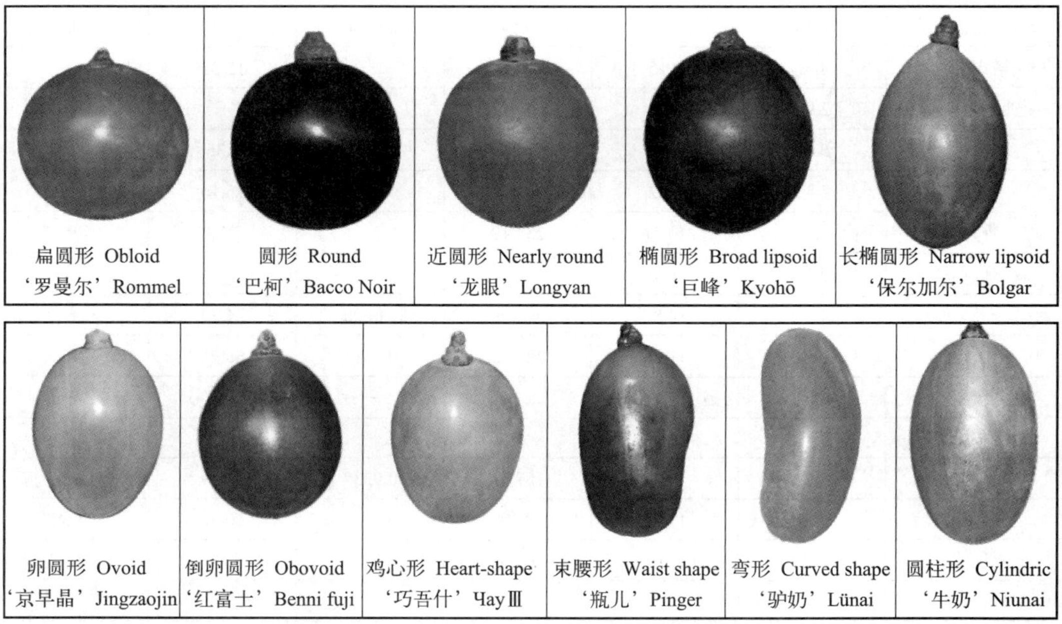

图4-14 不同葡萄果粒形状类型（彩图）

不同葡萄品种的果形都有其典型特征，但同一品种因其环境条件、发育时期以及管理水平等影响，常出现果粒形状不一致的现象。尽管发生这种现象的果粒数量很少，但有较高的发生频率。通过对300个葡萄品种的果形进行比较发现，近圆形葡萄品种不存在品种内果形变化的现象，而椭圆形葡萄品种的果粒形状的变化则较为普遍，其会出现少量圆形、卵圆形、弯形、扁圆形、倒卵形、圆柱形或鸡心形的果实（图4-15表、表4-6）。总体上，形状呈非长形的"短"果形（圆形、卵圆形、扁圆形、倒卵圆形、鸡心形）与呈长形的"长"果形（圆柱形、弯形、束腰形）间少有互变。多出现"短"果形间、"长"果形间，以及它们分别与中间果形的椭圆形果实间的变化。

表4-6 同一品种中果形差异

果形	品种数	存在不同果形的品种数	果形变化情况及出现该类变异果形的品种数
椭圆形	125	27	圆形（19）、扁圆形（7）、鸡心形（5）、倒卵圆形（3）、卵圆形（5）、圆柱形（2）、弯形（1）
近圆形	52	0	

续表

果形	品种数	存在不同果形的品种数	果形变化情况及出现该类变异果形的品种数
圆形	44	5	扁圆形（6）、卵圆形（1）、椭圆形（1）、鸡心形（2）
长椭圆形	26	2	椭圆形（2）
倒卵圆形	14	2	卵圆形（2）、圆形（1）
卵圆形	12	1	圆形（1）、椭圆形（1）、弯形（1）
扁圆形	8	3	圆形（3）、椭圆形（2）、卵形（1）
鸡心形	4	0	
束腰形	2	0	
圆柱形	2	1	椭圆形（1）
弯形	1	0	

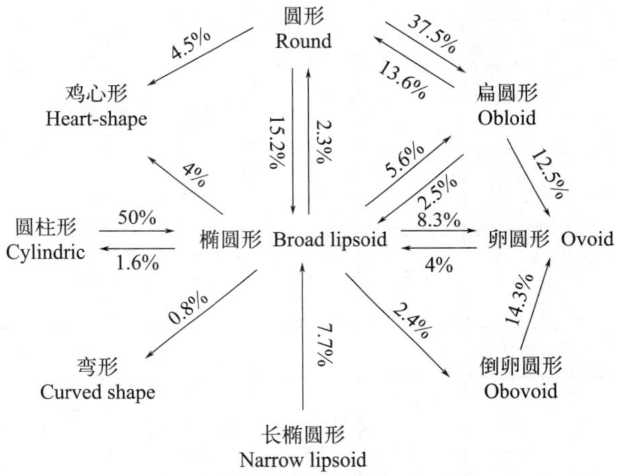

(a) 葡萄果形类型的分类标准示意

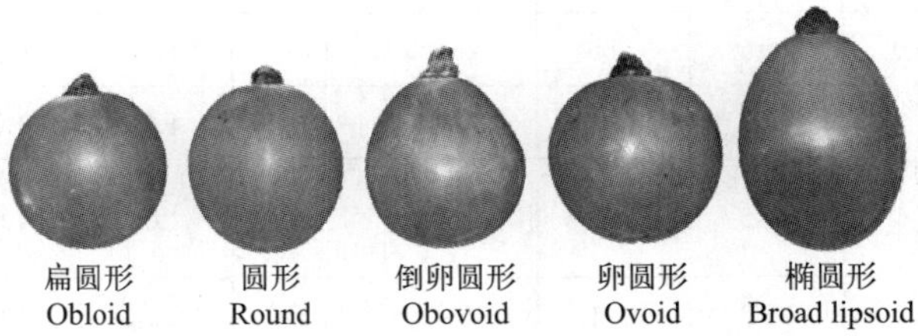

(b) 不同果形表型图

图4-15 同一品种内同时存在几种不同果形（彩图）

三、果实的横纵径、果形指数

葡萄种质资源果实的横、纵径也存在差异，并且与单果质量呈显著正相关。在果实横、纵径性状中，所有统计品种的横径和纵径的平均值分别为1.80cm和2.08cm，变异系数为30.6%和26.4%。平均横径与纵径最大的分别是倒卵圆形与长椭圆形，为2.12cm和2.69cm；最小的则均为圆形，其横、纵径分别为1.56cm和1.61cm，而圆形葡萄‘索索葡萄’为横径与纵径最小的品种，横、纵径均为0.6cm（表4-8）。

不同果形的果形指数的平均值存在差异，其中最大的为鸡心形，最小为圆形，分别为1.51与1.02。其他从高到低依次为长椭圆形、倒卵圆形、卵圆形、椭圆形和近圆形，变异系数较小为5.8%～22.8%。所有调查品种中果形指数最大的为束腰形品种‘贝加干’(2.6)，最小的为扁圆形‘泉龙珠’（0.83）（表4-7）。

表4-7　葡萄果粒形状多样性统计分析

果形	纵径					横径				
	平均	最大	最小	标准差	CV/%	平均	最大	最小	标准差	CV/%
椭圆形	2.20	3.71	1.20	0.43	19.4	1.86	3.74	1.00	0.37	19.8
近圆形	1.86	3.30	1.20	0.37	20.0	1.74	2.80	1.10	0.31	18.1
圆形	1.61	2.71	0.60	0.41	25.7	1.56	2.60	0.60	0.37	23.4
卵圆形	2.12	3.30	1.40	0.53	25.0	1.79	2.80	1.10	0.40	22.4
倒卵圆形	2.54	3.40	1.60	0.51	20.0	2.12	2.70	1.30	0.39	18.6
鸡心形	2.54	3.82	1.80	0.53	21.0	1.70	1.90	1.50	0.12	7.2
长椭圆形	2.69	3.61	2.00	0.43	16.0	18.7	2.60	0.90	0.32	17.3
所有品种	2.08	5.20	0.60	0.55	26.4	1.80	12.0	0.60	0.55	30.6

果形	单粒质量					果形指数				
	平均	最大	最小	标准差	CV/%	平均	最大	最小	标准差	CV/%
椭圆形	5.20	16.3	1.00	2.72	52.3	1.19	1.96	1.00	0.13	10.9
近圆形	4.24	15.0	0.92	2.85	67.3	1.08	1.45	0.87	0.08	7.5
圆形	3.20	16.0	0.15	2.68	83.6	1.02	1.37	0.98	0.06	5.8
卵圆形	4.95	12.8	1.06	3.31	66.9	1.19	1.67	1.00	0.13	11.2
倒卵圆形	7.75	16.3	1.85	3.67	47.4	1.20	1.68	1.00	0.14	11.7
鸡心形	4.30	8.3	2.60	1.31	30.4	1.51	2.36	1.06	0.34	22.8
长椭圆形	5.95	14.0	1.90	2.69	45.2	1.48	2.44	1.13	0.28	18.9
所有品种	4.77	17.0	0.15	3.00	62.8	1.17	2.60	0.83	0.20	17.1

欧亚种葡萄（563份）与欧美杂种葡萄（218份）均以椭圆形、近圆形与圆形为主，欧亚种与欧美杂种葡萄中这3种果形的总数分别占76.0%和80.3%，但欧亚种葡萄的果形种类较欧美杂种更丰富，前者共有11种果形，后者缺少圆柱形和束腰形的品种（表4-8）。美洲种、欧山种及野生种等相对历史久远葡萄的果形97.4%为椭圆形、近圆形以及圆形，仅有‘塘尾葡萄’呈卵圆形。此外，其他几种少见果形中，欧亚种葡萄中长椭圆形与卵圆形较多，而欧美杂种葡萄中倒卵圆形品种数量较多。

表4-8　欧亚种和欧美杂种葡萄品种不同果形数量　单位：%

葡萄种质	欧亚种	欧美杂种
椭圆形	20（36.2）	80（36.7）
近圆形	156（27.7）	64（29.4）
圆形	68（12.1）	31（14.2）
长椭圆形	52（9.2）	4（1.8）
卵圆形	28（5.0）	14（6.4）
鸡心形	14（2.5）	2（0.9）
倒卵圆形	9（1.6）	19（8.7）
扁圆形	12（2.1）	9（1.4）
弯形	7（1.2）	1（0.5）
圆柱形	10（1.8）	
束腰形	3（0.5）	
合计	563	218

四、果刷的类型

果柄与果刷是连接穗梗和果粒的重要部位，主要具有运输水分和营养物质与固定果粒两方面的作用。果刷与果粒分离的难易程度（耐拉力）也是影响葡萄果实采后贮藏特性的重要因素之一，这是由于果柄脱落一般伴随着果刷的脱落。果刷与果肉粘连的紧密程度越大，则葡萄果穗越不容易落粒，葡萄的耐贮性越好。耐贮性是评价葡萄品种特性的一个重要指标，果粒脱落明显降低了果实的贮藏价值。

葡萄果粒维管束由周缘维管束、中心维管束和胚珠维管束组成。果柄内部的维管束在果蒂与果粒连接处分离，一部分沿靠近外果皮的果肉内分布，在果粒外围延伸形成周缘维管束；其余的维管束沿果粒纵向中轴向果顶延伸，一部分分离出来与果粒种子相连成为胚珠维管束；另一部分一直延伸至果顶处形成中心维管束。断裂后的果粒维管束就是果刷，这几类维管束的断裂情况决定了果刷的形态。

对126份葡萄品种资源果刷性状进行调查，发现葡萄果刷拔出后，因品种不同，其果刷的形态各异。根据拔出后维管束的断裂情况将其分为两大类，完整型果刷和不完整型果刷。含有完整的坯珠维管束、断裂的周缘维管束和中央维管束的果刷定义为完整型果刷[图4-16（a）]；无周缘维管束[图4-16（b），a]、胚珠维管束断裂[图4-16（b），b]、无果刷或果刷极短型果刷[图4-16（b），c]统称为不完整型果刷。其中完整型果刷依据所测量果刷长度及粗度的分布情况，以粗度3mm、长度8mm为界限分为4种类型：粗长[图4-16(b)，d]、细长[图4-16(b)，e]、粗短[图4-16(b)，f]、细短[图4-16(b)，g]型果刷。果刷拔出后又有粘连果肉和不粘连果肉两种，其中果刷粘连果肉对果实的损伤较大。

统计发现，葡萄品种资源果刷类型以果粒维管束断裂情况可分为两大类及7种类型：完整型果刷（粗长型、细长型、粗短型、细短型）、不完整型果刷（胚珠维管束断裂

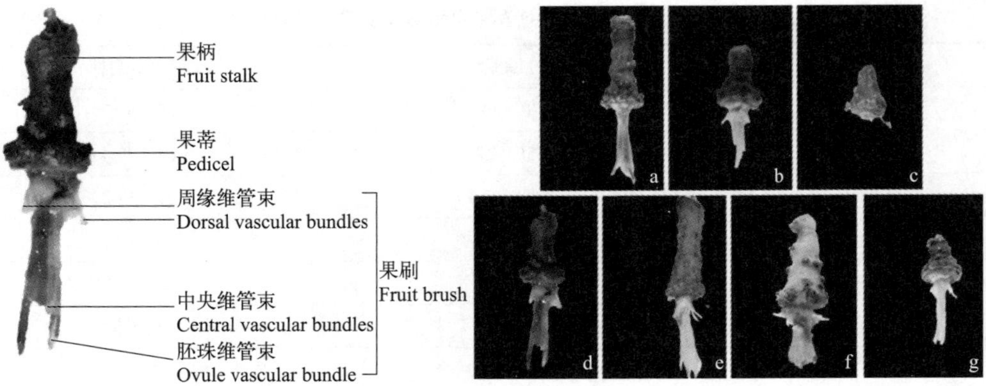

(a) 完整型果刷结构示意图　　(b) 完整型与不完整型果刷

图4-16　果刷类型（彩图）

（b）中 a ～ c—不完整型果刷，d ～ g—完整型果刷；a—‘高砂’一无周缘维管束型；b—‘NY14528’-胚珠维管束断裂型；c—‘早熟黑虎香’－无果刷或果刷极短型；d—黑 × 国－粗长型；e—‘康能无核’－细长型；f—‘巧吾什’（‘白玉’）－粗短型；g—‘斯蒂本’－细短型。

型、无果刷或果刷极短型、无周缘维管束型）（表 4-9），所有品种中 7 种类型果刷分别为 8.78%、23.02%、9.53%、10.35%、37.26%、4.72%、6.34%。在欧美杂种葡萄品种中，完整型果刷占 55.33%，其中细长型果刷占 21.28%，粗短型果刷占 4.26%；不完整型果刷占 44.67%，其中胚珠维管束断裂型果刷占 31.91%，无果刷或果刷极短的占 2.13%。在欧亚种葡萄品种中，完整型果刷占 49.49%，其中细长型果刷占 24.05%，粗长和细短型果刷均占 6.39%；不完整型果刷占 50.51%，其中胚珠维管束断裂型占 40.44%，无果刷或果刷极短型占 6.27%，无周缘维管束型仅占 3.80%。由此说明成熟期果实中，欧美杂种葡萄品种果刷较易拔出且果刷较完整，果刷主要类型为胚珠维管束断裂型果刷，欧亚种葡萄品种果刷完整程度低于欧美杂种葡萄，且存在较多无果刷或果刷极短类型，果刷与果肉较难分离而产生较大的耐拉力。

表4-9　葡萄果刷的类型

果刷完整程度	果刷类型	果刷平均长度 /cm	果刷平均粗度 /cm	欧美杂种百分比 /%	欧亚杂种百分比 /%
完整型果刷	粗长	8.92	3.78	12.77	6.39
	细长	9.01	2.01	21.28	24.05
	粗短	5.24	3.16	4.26	12.66
	细短	4.98	1.98	17.02	6.39
不完整型果刷	胚珠维管束断裂	—	—	31.91	40.44
	无果刷或果刷极短	—	—	2.13	6.27
	无周缘维管束	—	—	10.63	3.80

随机选取葡萄品种对果刷在果粒内部的存在状态进行分析，发现葡萄果实内部维管束的存在状态与果刷类型有一定关系（图 4-17），观察发现果粒纵切后果刷在果肉内的状态无法直接判断果刷类型，只能大致判断果刷是否与果肉粘连。欧美杂种品种‘巨峰’‘宇选 1 号’葡萄成熟后，果刷与果肉分离，果刷临近的果肉颜色较周围果肉颜色浅，形成

颗粒状结构，细胞排布较周围果肉疏松，拔出的果刷细，且不与果肉粘连［图 4-17c ～图 4-17h］。欧亚种品种‘红意大利’果刷附近果肉与果刷连接紧密，观察不到明显分离部分，拔出的果刷较粗且粘连少量果肉［图 4-17a、图 4-17b］。欧亚种葡萄品种中果刷与果肉粘连的有 58.22%，欧美杂种葡萄品种中果刷与果肉粘连的比例为 48.93%，此结果显示，成熟期欧亚种葡萄品种果刷与果肉粘连较紧密，果刷不易脱落，而欧美杂种葡萄品种果刷维管束较细且与果肉组织出现分离现象，果刷与果肉组织分离程度高，较易拔出，这与欧亚种葡萄品种较欧美杂种葡萄耐贮运的性质一致。

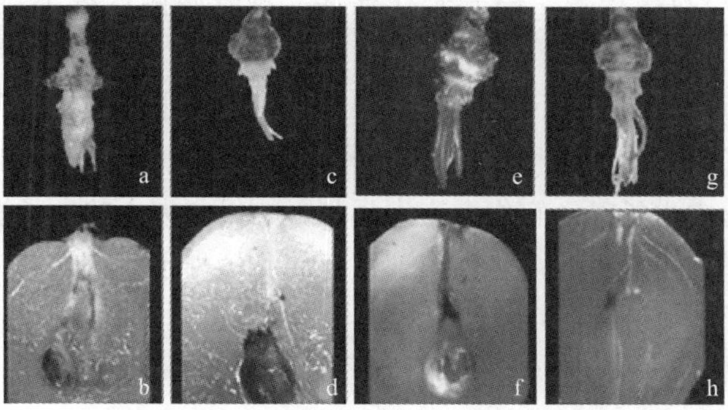

图4-17　葡萄品种资源不同果刷的存在状态（彩图）

a、b—红意大利；c、d—巨峰；e ～ h—宇选1号

五、种子的性状

葡萄种子主要呈梨形（图 4-18），约占果实重量的 10%。种子的外形分腹面和背面。腹面的左右有两道小沟，称为核洼，核洼之间有种脊，为缝合线，其背面中央有合点，此处为维管束通入胚珠的地方，种子尖端部分为凸起的喙嘴，是种子发根的地方。种子是产

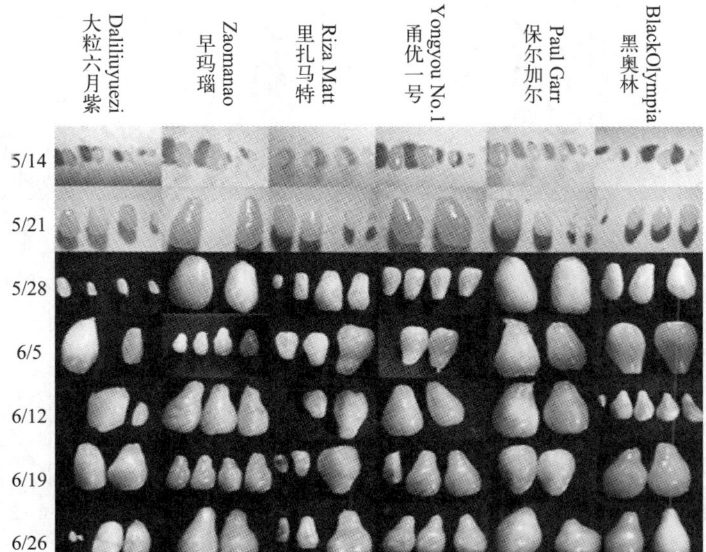

图4-18　不同品种葡萄种子外观变化（彩图）

生生长素、赤霉素和细胞分裂素的重要器官，激素能够刺激果实发育并吸收养分向果实输入。无核果由于没有种子通常果粒较小，外用赤霉素可代替种子的作用。

葡萄的胚和种子发育变化可分为两种（图 4-18）：一种是不完全败育，表现为随着果实发育胚不断变大，颜色逐渐加深；另一种是完全败育，表现为胚逐渐萎缩，中空干瘪，颜色变褐色。在发育初期葡萄的胚不对称现象最为明显，随着果实不断发育，不对称现象逐渐减少。但是，‘大粒六月紫’‘里扎马特’的胚伴随果实发育，其形状的不对称现象一直较为明显。败育型胚珠与正常胚珠相比不仅体积较小，而且颜色偏淡，个体形态也出现发育不对称现象，特别是在核沟、种脊两侧这种不对称现象表现得更为明显。

葡萄种子包裹在由子房发育而成的浆果果肉中。种子由外种皮、胚乳和胚组成。与大多数种子一样，胚乳组成了葡萄种子的大部分，在早期生长过程中起到滋养胚的作用。当种子在果实成熟过程中生长时，它们会产生强烈影响果实大小的生长调节剂。因此，特定葡萄浆果的大小在一定程度上取决于其内部发育的受精种子的数量。葡萄成熟的果实中一般含有 1 ～ 4 枚种子。

六、单果重量

对 805 份葡萄种质单粒重量分布情况进行分析（图 4-19），发现其呈偏正态分布，以单粒重 3 ～ 7g 的品种数量最多。平均单粒重最大和最小的分别为倒卵圆形和圆形，分别为 7.75g 和 3.2g。长椭圆形、鸡心形和倒卵圆形葡萄单粒重大小呈现出正态分布，品种数量最多的单粒重分别为 4 ～ 6g、4 ～ 5g 和 8 ～ 9g；椭圆形、近圆形、圆形、卵圆形呈正偏态分布，但大部分品种的果实较小，单粒重分别集中于 3 ～ 7g、1 ～ 4g、1 ～ 3g 和 1 ～ 2g。

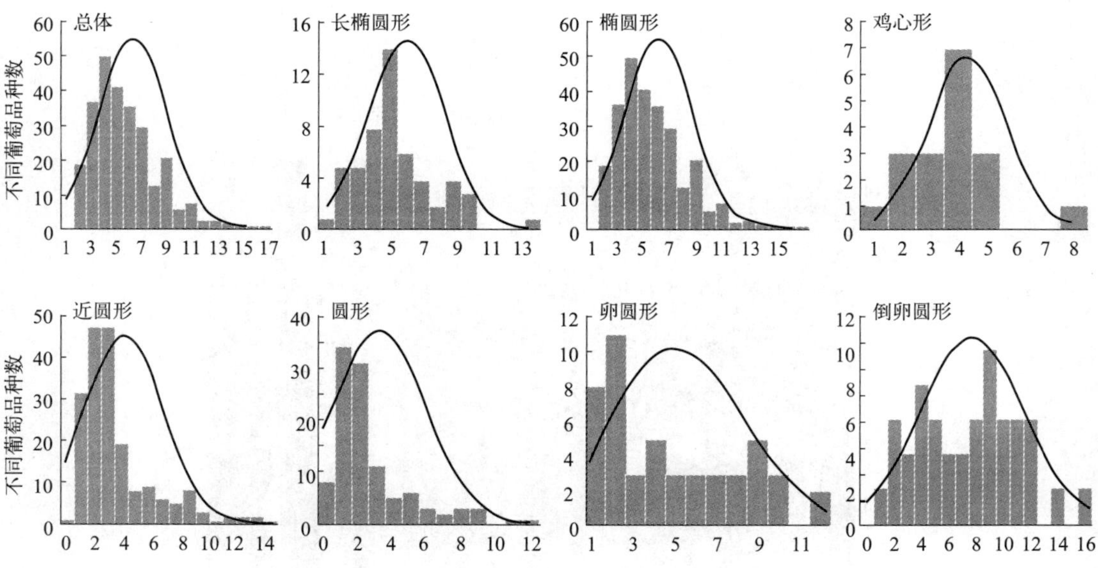

图4-19　不同品种单粒重量在不同果形类型中的分布

第四节 叶片的形态特征

葡萄叶主要由叶柄和叶片两部分组成。叶片呈卵圆形，通常为5裂，与掌状相似，但也有3裂、7裂或全缘。叶缘有锯齿，叶面、叶背和嫩梢上有茸毛，叶柄长4～9cm，几乎无毛，叶柄与叶片连结的地方形成叶柄洼。叶片的颜色多为绿色或深绿色，其最主要功能是进行光合作用，为整株植物提供90%～95%的干物质。葡萄叶片多变的形态是葡萄种类划分的重要依据。

一、叶片形状

欧亚种和巨峰系的品种多为五角形，美洲种栽培葡萄及其杂交后代和‘赛比尔’杂交系（Seibel hybrids）多为楔形，且‘赛比尔’杂交系叶片类型最为丰富，心脏形、楔形、五角形、近圆形和肾形叶片类型均有分布。成龄叶裂片数与其形状有类似的趋势，欧亚种和巨峰系5裂类型居多，美洲种栽培葡萄及其杂交后代以3裂品种居多，‘赛比尔’杂交系以全缘类型居多。7裂及多于7裂的叶片类型只有欧亚种的‘夏夫拉尼’（图4-20）。同时，欧美杂种以裂刻极浅到浅的类型居多，欧亚种以裂刻深的类型居多，裂刻极深的类型只在巨峰系和欧亚种中有极少数分布。

图4-20 葡萄成龄叶裂片数（彩图）

二、叶裂与叶柄洼锯齿

上裂刻开张型种质所占比例大于非开张型（闭合型+轻度重叠+高度重叠型）。除‘巨峰’系上裂刻轻度重叠类型居多外，其他均以上裂刻开张类型较多。此外，叶柄洼开叠类型从极开张到极度重叠有几大类。欧亚种以轻度重叠叶柄洼较多，‘巨峰’系、美洲种栽培葡萄及其杂交后代和‘赛比尔’杂交系均以半开张型较多。裂刻的基部形状分为U形和V形两大类。其中欧亚种以上裂刻基部U形较多，欧美杂种以V形较多。在叶柄洼基部形状上，欧亚种和美洲种栽培葡萄及其杂交后代以基部V形较多，‘巨峰’系和‘赛比尔’杂交系以基部U形居多。在成龄叶片中，部分研究还发现，在欧亚种中叶脉对叶柄洼的限制较明显，而在欧美杂交品系中，叶柄洼表现出较少的叶脉限制特征（表4-10、图4-21）。

图4-21 葡萄成龄叶上裂刻开叠类型（彩图）

叶柄洼无锯齿的种质类型占绝对多数，叶柄洼锯齿是个别品种资源特有的，只在极少数‘巨峰’系（‘高墨’）和欧亚种品种（‘无核白鸡心’等）特有。欧亚种及欧美杂种均以锯齿双侧凸类型最多。在成龄叶上表面泡状凸起上，欧亚种及欧美杂种均以泡状凸起浅的类型居多，泡状凸起极强的类型只在欧亚种有极少数分布。

表4-10 成龄叶非度量性状的描述

性状	比例
叶片形状	心脏形（3.17%）、楔形（39.77%）、五角形（39.77%）、近圆形（14.12%）、肾形（3.17%）
裂刻数	全缘（0.29%）、3裂（28.24%）、5裂（71.47%）、7裂（0%）
裂刻深度	浅（28.53%）、中（38.62%）、深（31.41%）、极深（1.44%）
上裂刻形状	开张（28.53%）、闭合（14.12%）、稍重叠（47.84%）、深度重叠（9.51%）
上裂刻基部形状	U形（53.31%）、V形（46.69%）
叶缘锯齿形状	双侧凹（2.31%）、双侧直（44.67%）、双侧凸（37.18%）、一侧凹一侧凸（15.85%）
叶柄洼基部形状	U形（85.59%）、V形（14.41%）
叶背茸毛特征	无毛（90.49%）、绵毛（8.93%）、刚毛（0.58%）、腺毛（0%）、钩刺（0%）、混合毛（0%）

三、叶片茸毛密度

‘巨峰’系和美洲种栽培葡萄及其杂交后代叶下表面叶脉间匍匐茸毛疏到中的类型居多，茸毛密的类型较少；‘赛比尔’杂交系和欧亚种以匍匐茸毛极疏的类型居多。主脉上匍匐茸毛均以中到密的类型较多，极密的类型在‘赛比尔’杂交系没有分布。同时，下表面叶脉间及主脉上直立茸毛均以极疏的类型最多，超过其他各类型比例之和。‘赛比尔’杂交系的‘巴柯’‘S.5813’和‘S.7053’出现了下表面叶脉间直立茸毛中到密的类型；美洲种栽培葡萄及其杂交后代的‘红星’叶片下表面主脉上直立茸毛较疏（表4-11）。

‘巨峰’系、‘赛比尔’杂交系、欧亚种和美洲种叶柄匍匐茸毛极疏到疏的类型占到总体的93.95%，远大于其他各类型之和。成龄叶下表面叶脉间、主脉上及叶柄直立茸毛均以极疏的类型占绝对多数，密的类型极少。‘巨峰’系的‘奥林匹亚’，‘赛比尔’杂交系的‘巴柯’‘戈定’表现为直立茸毛中等。

表4-11 成龄叶下表面叶脉间匍匐茸毛

性状	描述	性状比例			
		‘巨峰’系	美洲种	‘赛比尔’系	欧亚种性状比例
成龄叶下表面叶脉间匍匐茸毛	无或极疏	26.47	15.71	78.95	59.91
	疏	41.18	50.00	10.53	24.83
	中	32.35	32.86	5.26	15.26
	密	0	1.43	5.26	0
	极密	0	0	0	0

四、幼叶的表型

幼叶表面有4类颜色，欧亚种在各类均有分布，又以红棕色资源占绝对多数，如‘瑞必尔’；‘巨峰’系和‘赛比尔’系也以红棕色幼叶居多；美洲种栽培葡萄及其杂交后代以黄绿色类型较多，例如‘玫瑰露’；幼叶为绿色带有黄斑及酒红色类型只在欧亚种中有极少量分布，如‘秋红’。花青素以浅到中等着色的类型居多；着色极深的类型只在‘赛比尔’系和欧亚种中有极少数的分布，例如‘红鸡心’。欧亚种以幼叶表面有光泽的类型占绝对多数，欧美杂种则相反（图 4-22、表 4-12）。

图4-22　不同葡萄发育时期葡萄品种叶片色泽特征（彩图）

表4-12　幼叶表面颜色及花青素着色性状比例

性状	描述	性状比例			
		‘巨峰’系	美洲种	‘赛比尔’系	欧亚种性状比例
幼叶表面颜色	黄绿	47.06	60.00	31.58	15.72
	绿色带有黄斑	0	0	0	2.96
	红棕色	52.94	40.00	68.42	79.04
	酒红色	0	0	0	2.28
幼叶花青素着色程度	无或极浅	14.71	15.71	21.05	13.90
	浅	61.76	65.71	10.53	35.08
	中	23.53	17.14	47.37	30.75
	深	0	1.43	15.79	17.77
	极深	0	0	5.26	2.51

第五节　主要物候期

葡萄的年生长周期中主要的物候时期有树液流动期、萌芽期、新梢生长期、开花期、浆果生长期、浆果成熟期和休眠期这七个物候期（图 4-23）。葡萄的七个主要物候期基本可以概括葡萄一年之中的生长发育状态，因此在葡萄实际生产栽培过程中可以依据各物候时期的物候特征，对葡萄进行适宜的栽培管理。不同葡萄种质各物候期的长短也存在异同，科学掌握不同品种的物候期对于每个品种的精准管理具有重要帮助。

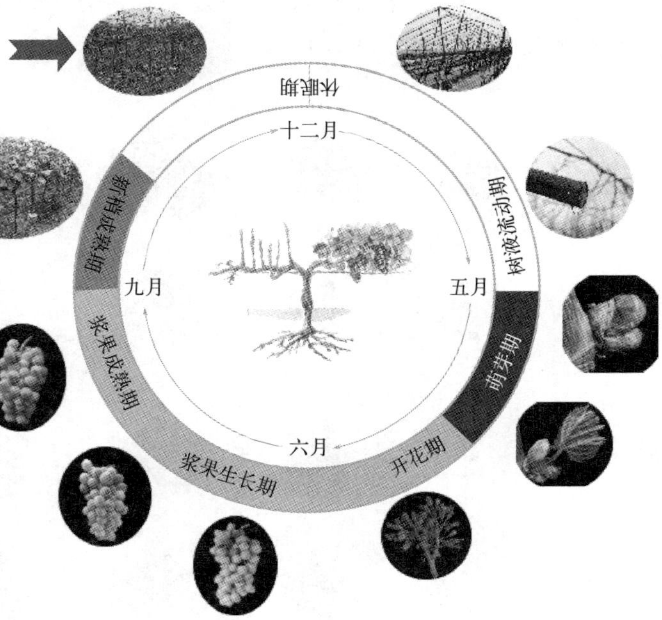

图4-23　葡萄物候期（彩图）

一、树液流动期

在葡萄年生长周期中起始的物候时期为葡萄树液流动期，此时葡萄根系开始吸收土壤中的水分，葡萄植株内营养物质开始流动，即伴随树液流动，葡萄上一年为应对冬季低温时储存在根系等地下部分的营养物质回流到地上部的枝梢之中。

二、萌芽期和新梢生长期

从葡萄萌芽开始至葡萄花序有小穗开花为止，这段时期为萌芽和新梢生长期。有研究显示，在日平均气温在 10℃以上时，葡萄冬芽即开始萌动。依据《葡萄种质资源描述规范和数据标准》，在葡萄冬芽约有 5% 的芽眼外被鳞片裂开，露出茸毛呈现绒球状时，则为葡萄萌芽始期。当日平均气温上升到 10 ～ 12℃时，大部分欧亚种品种开始萌芽。我国华中、华北地区葡萄萌芽期一般在 3 月下旬到 4 月上旬，品种间开始萌芽的时间早晚有所差异。

三、开花期

依据《葡萄种质资源描述规范和数据标准》葡萄花序中约有 5% 花冠脱落，露出雄蕊和柱头时为始花期，达 50% 时则为盛花期，到达 95% 时为末花期，伴有少许花序开始出现花凋落，并且此时浆果已经开始生长。

根据对郑州国家葡萄资源圃的种质资源调查，不同葡萄品种花序开花时间存在早晚，开花持续时间长短不同。其中，野生种开花最早，90% 的野生种为早开花型，最早开花的是变叶葡萄，最晚开花的是桑叶葡萄。欧美杂种较欧亚种葡萄开花早，其中 89.7% 的品种为早开花型，10.3% 为晚开花型。早开花的品种是‘紫早’，最晚开花的品种是‘红富士’。欧亚种开花较晚，26.9% 的品种为早开花型，73.1% 为晚开花型，其中最早开花的品种是‘奥古斯特’，最晚开花的品种是‘Heipengsi’。

四、浆果生长期

该时期从子房开始膨大至葡萄浆果开始变软为止。当葡萄花期结束后，部分幼果因营养不良出现落果现象，当幼果达到 4 ～ 5mm 时葡萄基本完成坐果，之后子房便开始膨大，直到果实开始变软为止。浆果生长期间还伴随着葡萄新梢的加粗生长、花芽分化和种子的形成等。大部分葡萄品种从 6 月上旬幼果开始膨大。从幼果膨大到浆果开始成熟，早熟品种需要 35 ～ 60d，中熟品种为 60 ～ 80d，晚熟品种为 80d 以上。

五、浆果成熟期

从葡萄浆果变软至完全成熟为浆果成熟期。葡萄成熟的标志是红色葡萄品种由绿变红，无色品种果皮逐渐透明，果肉逐渐变软且达到 5% 时则进入始熟期，待果实变软、种子颜色变褐色时浆果完全成熟。此时葡萄果实含糖量逐渐增加，其品种特有品质开始形成。葡萄从萌芽到果实成熟所需要的天数是衡量葡萄是否成熟的重要依据。早熟品种指从萌芽到果实成熟在 115 ～ 130d，≥ 10℃年活动积温 2400 ～ 2800℃的葡萄品种。中熟品种指从萌芽到果实充分成熟在 130 ～ 145d，≥ 10℃年活动积温 2800 ～ 3200℃的葡萄品种。晚熟品种指从萌芽到果实充分成熟在 145 ～ 160d，≥ 10℃年活动积温 3200 ～ 3500℃的葡萄品种。其中，从萌芽到果实充分成熟在 100 ～ 115d，≥ 10℃年活动积温 2000 ～ 2400℃的葡萄品种为极早熟品种。从萌芽到果实充分成熟在 160d 以上，≥ 10℃年活动积温 3500℃以上的葡萄品种为极晚熟品种。此外，根据上市时间，7 月中旬前上市的品种为早熟品种，7 月中旬至 8 月中旬为中熟品种，8 月中旬后为晚熟品种。

在我国北方产区，欧亚种果实的平均着色时间（20.4d）长于欧美杂种（16.8d）。在欧亚种中，品种‘7-19’的果实着色时间（43.7d）最长，而品种‘87-1’的果实着色时间（9.0d）最短；在欧美杂种中，‘俄罗斯康克’的果实着色时间（46.0d）最长，而‘高墨’的果实着色时间（8.5d）最短。并且，鲜食葡萄的果实平均着色时间（19.0d）略长于酿酒葡萄（18.8d）。大部分鲜食葡萄品种（种）的果实在 7 月上旬开始着色，‘京可晶’和‘紫峰’的果实最早开始着色，‘克里森无核’开始着色最晚。酿酒葡萄品种（种）的果实同样大多在 7 月上旬开始着色，其中，‘奥霍无斯基’的果实最早开始着色，‘蛇龙珠’的果实最晚开始着色。

在郑州地区，主要鲜食葡萄品种资源中，早熟品种占22.4%，中熟品种占28.2%，晚熟品种占49.4%。最早熟的葡萄种质材料‘早莎巴珍珠’生理成熟最早，果实发育期48d。‘早莎巴珍珠’较‘莎巴珍珠’早熟5～7d。最晚熟的种质材料是日本的‘巨峰’系品种‘大宝’，10月12日成熟，果实发育期144d。其间的103d里不断有葡萄品种成熟，并且近70%的鲜食葡萄品种的成熟期集中在8月份。主要酿酒葡萄品种资源中，早熟品种占3.3%，中熟品种占77.1%，晚熟品种占19.6%。酿酒葡萄的果实成熟期调查结果显示，最早熟的品种是‘郁金香’，最晚熟的酿酒葡萄品种是‘晚白’和‘小姑娘’，9月下旬浆果成熟。酿酒葡萄的果实成熟期相对集中，绝大部分的酿酒葡萄品种在8月中旬成熟，7月份和9月份成熟的葡萄品种较少（表4-13）。

表4-13（a） 主要鲜食葡萄品种资源在郑州的成熟期

成熟时间	主要鲜食葡萄品种资源
6月下	早莎巴珍珠
7月上	莎巴珍珠，安娜马利亚，雷克芒特
7月中	白哈丽丽，黑哈丽丽，早金香，早玫瑰，奥利文，伊尔玛，希姆劳德，苏丹玫瑰，京早晶，京紫晶，郑州早红，杨格尔
7月下	安吉尔，波尔来特，索罗门，布加勒斯玫瑰，普列文玫瑰，布朗无核，苏珊玫瑰，紫早，白沙斯拉，绯红，乌兹别克玫瑰，西林，红星，香槟，匈牙利光荣，桑多哈尼，阿富汗，葡萄园皇后，40-1巨峰×希姆劳德，无核紫，早甜玫瑰香，安尼斯基，凤凰12号，哈脱夫，宁夏无核白，紫珍珠
8月上	保加利亚，奖赏，马琳格尔，欧根玫瑰香，尤瓦赖其纳，早熟黑虎香，着色香，哈佛德，登瓦斯玫瑰，黑拉查基，60-1，阿登纳玫瑰，谢花红，福龙梯格，克什麦什，白瓦沙卡，粉红巧克斯，阿尔曼玫瑰，228，二号白香，黑贝蒂，红香蕉，吉香，库斯卡奇，罗吉玫瑰，尼加拉，巧保二号，白玉，维拉一号，新玫瑰，亚利安，紫桃，密斯赫依，大五核紫，粉红亚依苏娜，麦达司玫瑰，蜜尔紫，恰其瓦赫，齐查华齐，秋蜜，甜笑，意大利玫瑰，郑伏葡萄，里扎马特，信浓红，琥珀，罗曼尔，柔丁香，苏46号，秀特玫瑰
8月中	阿布交西，阿鲁西玫瑰，爱欧娜，巴巴露沙，脆红，粉红无核，红亚历山大，卡拉斯玫瑰，赛欧特沙斯拉，波发尔，嘟噜玫，俄罗斯康可，康拜尔，卡托巴，一品香，郑康一号，泽香，玫瑰香，上等玫瑰香，加拿大玫瑰香，沈阳玫瑰，紫鸡心，维拉玫瑰，尼加拉，白香蕉，金玫瑰，白香蕉选系，派克斯，高尾，阿15号，沙斯巴达尔，阿芙，华夫人，早康克，红港，木里哈，蓓蕾，蓓蕾A，巨峰，井川1055，井川1015，井川1050，黑奥林，国宝，佐藤，红富士，红瑞宝，龙宝，黑潮，红奥林，红伊豆，黑苏丹尼，芳香，克林巴马克，库杜齐，田野黑，日鲁维捷
8月下	密葡萄，罗吉玫瑰，红破黄，阿拉卡其，大白玫瑰，大玉露，芳香拉查基，粉红阿尔曼登，费斯玫瑰，哈特巴尔，红加利亚，红鸡心，京超，绿葡萄，秋白，森田尼，十月，特别黑大粒，洋白蜜，塔格比，大玫瑰香，先锋，牛奶，洋玫瑰，玫瑰魁，粉红契拉基，哈尼，黑汗，红莲子，巨峰，卡拉拿破仑，考兹乌苏姆，琼尼，瑞必尔，阿古西，阿卡达依，巴尔干，阿依布拉，黑夏尼，白拉查基，白夏尼，保尔加尔，黑珂尔娜，粉红珂尔娜，珂达乌尔波，黑彭斯，红德桑，红古沙，卡它库尔干，克里木考尼松，莱考德，良利霍多，罗马尼亚，夏白，红宝基，郑国2号，胜利，大平底拉洼
9月上	龙眼，白马拉加，白赛涅，北京红，布拉金涅，黑破黄，金后，库特赛塔，驴奶，牡丹红，瓶儿，沃依季诺，齐查卡普列，李子香，高砂，歌德，依乍贝拉，黑虎香，利西巴巴，鲁沙其，马拉加玫瑰，玫瑰花，沙里哈巴，索索葡萄，乌夏斯那赛里，意大利，耶克什拉尔，黑葡萄，假鸡心，沙比，高地
9月中	埃玛尔，粉红葡萄，底拉哥，沙巴斯
9月下	洋红蜜
10月中	大宝

表4-13（b）　主要酿酒葡萄品种资源在郑州的成熟期

成熟时间	主要酿酒葡萄品种资源
7月下	黑曼道克，郁金香，拜客，S.13035，1413/1
8月上	白菲加斯卡，S.5279，卡马特，卡姆拉夏，灰比诺，黑比诺，琼瑶浆，黑玛德琳，粉红万特灵，千欢，香槟康可，莫里欧玫瑰，法国兰，小白玫瑰，曼道万卡，阿利蒂科，阿尔其尔，公酿1号，公酿2号，沃姆拉，大黑葡萄，魏天子，黑格兰，黑塞林，杜马，西万尼，粉红西万尼，克拉斯扬，涅格鲁莫尔，涅布盖
8月中	白斯兰卡，切克拉赫，1382/12，S.8745，S.V12308，S.2007，S.7053.S.V.12375，沙莫万卡，黑齐姆良，巧尼克，小红玫瑰，白赛比尔，白比诺，红玫瑰，巴米特，依达，红汁加美，品丽珠，科维丁卡，凯番西亚，吉姆拉，白根地，波莱华依，阿利戈特，雷司令，波秋，盖吾沙，康特那立，波宋尼，凯梁布，北醇，北玫，北红，日考库尔，沙里旁达斯，马夫鲁特，卡尔曼希，福明特，白羽，瓦吉斯别里，必亚斯阿巴特，赫尔松，阿尔金，哈米拉克，苏达克，卡海特，马拉基，艾拉斯海尼，捷莱乌苏姆，马西斯，塔乌西，别拉卡依，1245/25，1288/38，马格拉契56号，瓦留希金，黑高留，夏夫拉尼，红拜克，白佳美，紫北塞，西尔瓦，嘟噜丝，考索罗道夫，西比利考维，库夏兹基，奥霍夫斯基，黑卡巴斯马，马赫宝，拜切尔，维多斯，季米亚特，康达瓦斯，黑巴拜斯卡，白雅，佛拉卡玫瑰，晚红蜜，小白，酒红，伏罗希，黑佳酿，弗列奥
8月下	巴娜蒂，巴赫基奥里，布阿基诺尔，布阿基达西，拉斯米，索维依，赤霞珠，贵人香，沙尔其，白谢希，黑谢希，布列杀，黑赛必尔，埃里求凡，黑佳美，瓦尔纳，佳利酿，红金吉里，粉红尤拉皮，黑巴吐达，赫英达内，玫瑰形
9月上	吉姆沙瓦尔宁，文塔，黑别尔考夫，齐哈维里，马夫鲁特瓦尔宁
9月中下	浮罗多，小姑娘，S.5813

六、休眠期

从当年落叶至翌年春季萌芽期之前都是休眠期。

低温是影响落叶果树休眠的关键因素，而需冷量是果树休眠期对低温量的要求。落叶果树需冷量的满足是其顺利通过自然休眠的必要因素，也是温带落叶果树抵抗低温胁迫、维持正常生理节律的重要保障，所以明确果树的需冷量是落叶果树栽培成功的关键因素之一。需冷量不足，会导致果树的生长发育障碍，即使后期条件合适，也不会适期萌发，或者萌发不整齐，通常伴随花器官畸形或败育，影响果实的品质和产量。葡萄休眠由低温触发，需累积一定冷小时（chilling Hours）才能解除内源性休眠。欧亚品种一般需冷量为50～400 h（或最高可达1500h），其中‘赤霞珠’约为1000h，而‘巨峰’约为600h。不足或过早满足休眠都可能影响萌芽、坐果与产量。不同葡萄品种在0～7.2℃模型和犹他模型的需冷量见表4-14。

表4-14　不同葡萄品种在0～7.2℃模型和犹他模型下的需冷量（引自王西成）

品种名	种群	低温需求量	
		0～7.2℃模型（h）	犹他模型（C.U）
夏黑	欧美杂种	677	380
金星无核	欧美杂种	497	192
希姆劳特	欧美杂种	682	322
大粒六月紫	欧美杂种	757	439.5
京亚	欧美杂种	677	380

续表

品种名	种群	低温需求量	
		0～7.2℃模型（h）	犹他模型（C.U）
优无核	欧亚种	757	439.5
无核白鸡心	欧亚种	757	439.5
巨星	欧亚种	628	322
矢富罗莎	欧亚种	581	278
京秀	欧亚种	526	217.5

七、不同品种花果发育各生长阶段时间长短的差异

以‘巨峰’‘峰后’‘先锋’‘美人指’‘红提’这 5 个成熟期依次推迟的品种为例（图 4-24），对其各物候期阶段长短进行了详细调查，发现不同品种果实生长阶段的时间长短不尽相同，例如，在萌芽期中，‘巨峰’葡萄最早，为 4 月 13 日，比‘峰后’‘美人指’‘红提’品种早 4 天，但是在初花期中，‘巨峰’葡萄反而是最迟的，但仅比最早开花品种‘峰后’‘美人指’晚 3 天；但是不同成熟期葡萄品种在“初花期 - 落花坐果”的物候时间段均较为稳定，只有几天的时间不同。有趣的是，不同成熟期葡萄品种，膨大期、转色初期、转色后期以及成熟期发生时间依次推后。以上说明，不同品种成熟期的早晚主要是由果实膨大及后期发育期长短决定的。

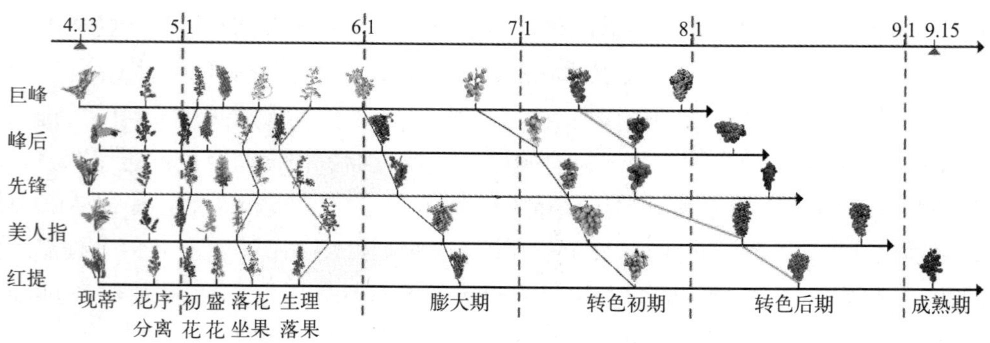

图4-24 同一年份不同成熟期葡萄物候期比较（彩图）

第六节 落花、落果现象

葡萄的落花、落果是指由于树体内部原因引起的生理性落花落果，与其他果树一样，是机体内部一种生理失调现象。如果较轻，不影响产量，属于正常性落花落果；如果较重，坐果率很低，引起较大减产，为不正常落花落果。葡萄谢花后即出现生理性落花落果现象，开花后 1 周内为落花的高峰期，以后有零星落花并逐渐趋于平稳。葡萄落花落果有内因和外因。内因主要有树体内养分失调、花器发育不全、含氮量过高、修剪不合理、缺

硼、胚珠发育不完全、花发育不完全、授粉和受精过程不完全等；外因主要有低温、降雨、日照不足、高温干旱、氮肥过高导致新梢徒长、药害、柱头不能受精、病菌感染等。

一、落花率

野生种的落花率普遍较高，且野生种间的差异较大，坐果较少，开花早，落花率约为74.17%，最小的是变叶葡萄，为66.2%，最大的是多裂叶蘡薁，为85.6%。鲜食葡萄种中的欧美杂种的落花率为53.82%，比欧亚种低7.78%，最小的是‘红富士（熊）’品种，为45.93%，最大的‘黑旋风’为67.33%。欧亚种的落花率平均为61.6%，最小的是‘优株90-1’，为50.6%，最大的是‘克瑞森无核’，为68.7%，落花率的差别不大（图4-25）。

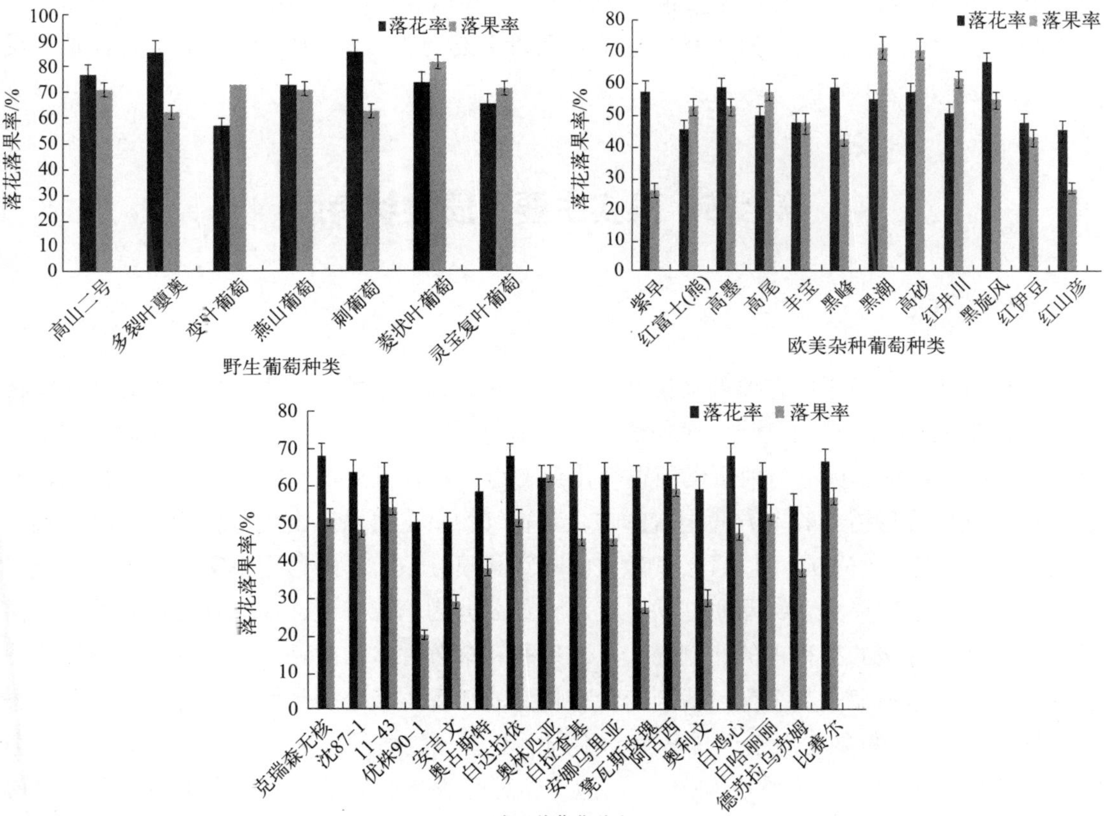

图4-25　不同葡萄种（品种）落花落果率

二、落果率

不同种质间的落果率差别也较大，野生种落果率较高，其次是欧美杂种。欧亚种、欧美杂种、野生种的落果率分别为44.06%、51.03%、70.84%。其中，欧亚种与欧美杂种的落果率之间没有显著性差异，而野生种的落果率与欧亚种和欧美杂种的落果率之间为差异极显著（$P<0.01$）。野生种坐果较少，且品种间差异较大，最小的是多裂叶蘡薁，为62.5%，

最大的是菱状叶葡萄，为82.1%。欧美杂种的落果率为51.03%，品种间差异显著，最小的是‘紫早’，为26.6%，最大的是‘黑潮’，为71.6%。欧亚种的落果率为44.06%，品种间差异较大，最小的是‘优株90-1’，为20.5%，最大的是‘奥林匹亚’，为63.1%（图4-25）。

三、结实系数

结实系数即单果枝上花序的数量，其影响产量高低以及花序的选留。鲜食葡萄中，结实系数分布在1～5之间，结实系数为1的品种最多，结实系数大于3的品种极少。在结实系数大于2的品种中，花序在枝条上连续着生的占67.4%，间隔着生的占32.6%。欧美杂种结实系数主要为1或2，且结实系数为1最多。结实系数最大的品种是‘维金娜斯’。欧亚种主要为1或2，且结实系数也为1最多，但比欧美杂种高。结实系数最大的品种是‘特别黑大粒’，为2或3。野生种平均结实系数主要为2，结实系数最大的野生种是‘灵宝复叶葡萄’，为4左右。

第七节　果实主要品质性状特点

一、果实香味

葡萄香气是葡萄果实重要的品质性状之一，它是果实中香气物质与糖、酸等品质性状相协调而形成的丰富果实风味，对葡萄果实及葡萄酒的品质具有重要影响。葡萄果实中有800余种香气物质，且不同种质资源香气化合物组分及含量存在差异，受到品种特性、遗传特性、栽培管理措施等多方面因素影响。其香气物质主要以自由型和结合型两种形式存在，其中挥发性香气物质可以直接刺激人的味觉和嗅觉系统，给葡萄果实带来果香、花香等风味特征。通过果实香味品质性状鉴定，将葡萄分为草莓香型、玫瑰香型和麝香型。葡萄果实无任何香味的品种占的比例最大，玫瑰香和草莓香味的品种占有一定的比例。美洲种和美洲种栽培葡萄及其杂交后代葡萄含有特定的狐香，极个别品种含有复杂的复合型香味（图4-26）。葡萄果实由于遗传背景的不同，其香气物质的组成和含量变化很大，也影响了果实的功能用途。随着GC-MS仪的应用，葡萄香气的确定从感官水平向定量水平跨越。根据报道，葡萄果实中香气物质可分为C_6化合物、萜类、酯类、醇类、酮类和醛类物质共计六大类。

C_6化合物为葡萄果实香气的基本组分，它是指一些来自脂肪酸代谢途径的6个碳原子的醇和醛，存在于欧美杂种、种间杂种、野生种及绝大多数欧亚种葡萄的果实中，主要包括己醇、己醛、2-己烯醇、2-己烯醛和3-己烯醛等。部分欧亚种葡萄果实的C_6化合物虽然含量丰富，但并非主要的挥发性香气物质。研究报道，C_6化合物是果实香气的基本背景物质，它普遍存在于绿色叶片和果实当中，又称“绿叶化合物”，对叶片及果汁的青草味儿具有贡献作用。C_6化合物在未成熟的果实和组织中含量较高，通常散发出青草、绿叶和未成熟果实的香味，因此，在酿酒葡萄和葡萄酒中其被认为是一类不受欢迎的化合物，一般通过向具有宜人果香的酯类转化来降低该类化合物的消极影响。Kaluac 和 Boss 等对‘赤霞珠’葡萄香气化合物分析发现，随着果实成熟，C_6 醇含量增加，而 C_6 醛含量下降。因此，认为醇/醛比例可以作为葡萄果实成熟的判断依据。鲜食葡萄中，该类物质是否产生不受欢迎的情况并没有受到特别关注。

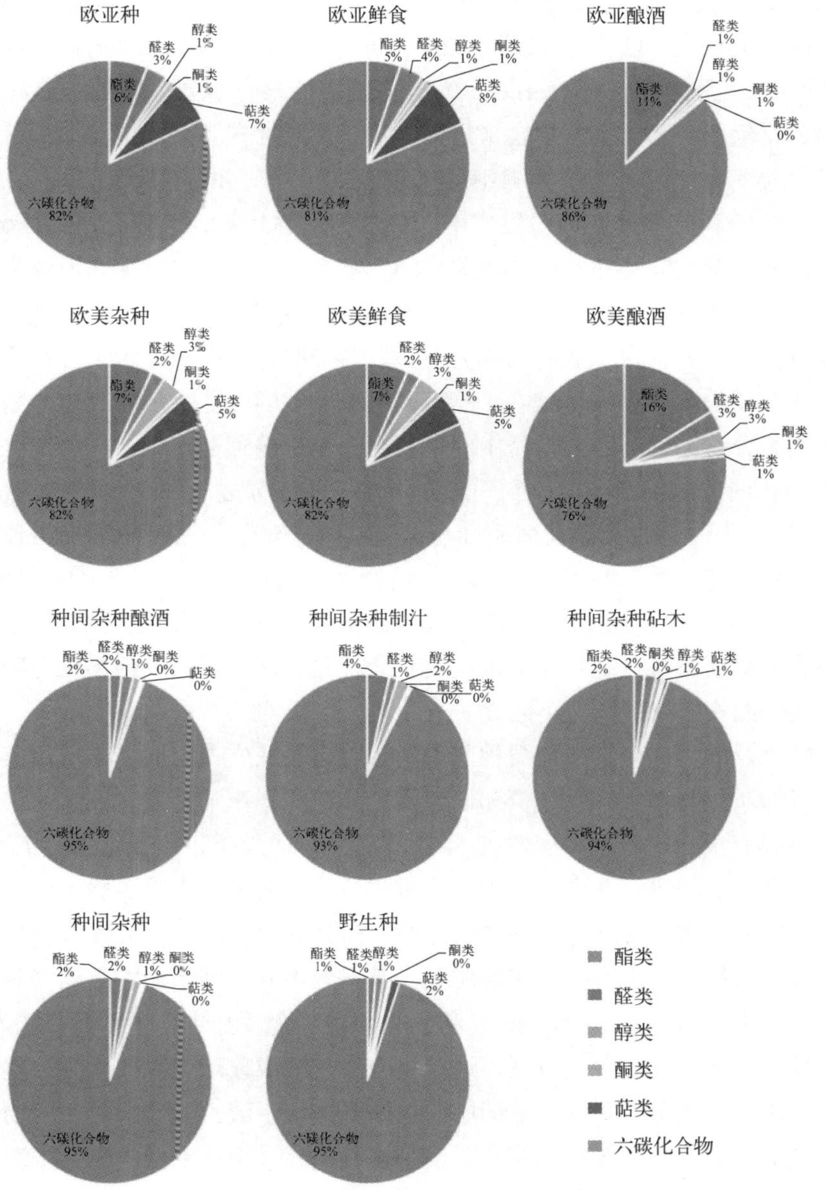

图4-26　不同葡萄品种类型香气类型（彩图）

酯类物质和萜类物质也在葡萄种质中含量丰富。酯类化合物在欧亚酿酒、欧美杂种、种间杂种中的酿酒和制汁葡萄中含量较大，但其在欧亚种和欧美杂种的总挥发性香气物质占比最大，尤其是欧亚酿酒和欧美酿酒葡萄。主成分分析结果显示，欧美鲜食葡萄的香气组成在很大程度上受到所检测的 27 种酯类化合物的影响。欧美鲜食葡萄中的酯类物质含量丰富。萜类化合物在欧亚酿酒葡萄中含量最低，在其他各类葡萄含量均较高，但其在欧亚鲜食和欧美鲜食这两大类鲜食葡萄占总挥发性香气物质比例最大，主成分结果也显示萜类物质在鲜食葡萄中含量丰富。萜烯类化合物是葡萄果实的重要特征香气组分，更是玫瑰香味葡萄及其葡萄酒的典型香气化合物。葡萄中已经鉴定出 70 余种萜烯类化合物，由于该类物质感官阈值较低，故富有浓郁的花香味。根据所含异戊二烯结构（isoprene，C_5）的数目，萜烯类化合物可分为半萜（hemiterpene，C_5）、单萜（monoterpene，C_{10}），倍半萜（sesquiterpene，C_{15}）、二萜（diterpene，C_{20}）、三萜（triterpene，C_{30}），四萜（tetraterpene，C_{40}）和多萜（polyterpenes）等。其中，只有小分子量的单萜和倍半萜具有挥发性，而单萜组分在葡萄果实中含量最为丰富，主要存在于果皮中，如具有玫瑰花香气味的香叶醇和芳樟醇、富有橙花和玫瑰花香味的橙花醇、散发浓清香和木清香的萜品醇等。其中，香叶醇和芳樟醇在葡萄果实中含量最高，香味最为浓郁。单萜化合物的种类、含量和组成比例受葡萄品种和其他环境因素的影响。根据游离态单萜物质浓度，学者将欧亚种酿酒葡萄划分为 3 个类型：游离态单萜物质含量高于 6mg/L 为麝香香型，1 ～ 4mg/L 为非麝香芳香型，以及含量更低的为非芳香型。芳樟醇、香叶醇、香茅醇和橙花醇通常认为是玫瑰香味葡萄的主要香味贡献者，然而，也有少数学者认为氧化玫瑰才是判断果实玫瑰香味的关键组分。萜烯类香气物质中的单萜组分是影响葡萄玫瑰香味的重要指标，其在葡萄果实中的代谢差异以及形成机制一直是近些年的研究热点。王武以‘阳光玫瑰’‘宝满’‘美人指’等不同芳香类型葡萄品种为试验材料，对这些葡萄品种果实芳香类型进行分类，通过气相色谱 - 质谱联用（GC-MS）结合添加内标实验，测定其香气种类和含量，并结合主成分分析确定了芳樟醇、香叶醇、transrose oxide（trans 型玫瑰氧化物）是‘阳光玫瑰’等香型葡萄果实玫瑰香味的关键贡献者，且不同种类的单萜类化合物在‘阳光玫瑰’葡萄果实中的积累时间长短不同。

醇类、醛类及酮类化合物在葡萄种质中的相对含量及所占比例都较低，但是它们与含量较高的香气物质相互作用、互相调和，起到了加强和平衡葡萄果实风味的作用。葡萄果实中，醇类主要有庚醇、壬醇、辛醇和 2- 乙基己醇；而醛类包括 2- 甲基丁醛、3- 甲基丁醛、戊醛、辛醛和壬醛等。其中，醇类主要贡献花香，而醛类贡献清香。例如：辛醇具有茉莉花香味，而戊醛则富有绿叶的香味。此外，部分品种中还含有土香味的 1- 辛烯 -3- 醇。鲜食葡萄的香气特征与其品种类型密切相关，是研究不同香型葡萄的重要资源。①玫瑰香型的重要资源：欧亚种（Vitis vinifera）和欧美杂种鲜食葡萄中，里那醇、橙花醇、D- 香茅醇、香叶醇等萜烯类物质含量较高，这些化合物是构成玫瑰花香的主要贡献者。②草莓香型的重要资源：在欧美杂种鲜食葡萄中，己酸乙酯和丁酸乙酯等酯类化合物含量尤为丰富。这两种关键酯类物质与典型的草莓香气密切相关。③中性香型的重要资源：野生葡萄（Vitis spp.）则通常含有较高含量的己醛、己醇等 C_6 化合物，这些物质构成了其“青草味”或“中性”的香气基底。因此，欧亚种与欧美杂种是研究玫瑰香型与草莓香型葡萄的关键材料，而野生种则是研究中性香型葡萄的理想资源。

二、硬度

果实硬度是指果实在受到外力作用时抵抗变形或破裂的能力，是衡量果实质地优劣和耐贮运性的重要指标。果实硬度主要取决于细胞壁结构和细胞膨压。半乳糖醛酸酶（PG）、果胶裂解酶（PL）和果狡甲酯酶（PME）是参与胞间层果胶降解的关键酶，在三者共同作用下，细胞膨压减小，果实硬度下降。淀粉在淀粉酶的作用下水解转化为可溶性糖，进一步代谢导致细胞膨压下降，也会导致果实软化。有关油柿果实的研究表明，油柿果实成熟过程中，PG、PME 和 PL 三种酶参与果胶的降解，使细胞壁解体，导致果实软化。‘秦冠’苹果的果实硬度与 PG 和 PME 两种酶的活性呈显著负相关。

葡萄是非呼吸跃变型果实，需要在完全成熟时采摘，此时大部分的原果胶都已转化为可溶性果胶。葡萄果肉质地柔软，含水量高，成熟后易脱落腐烂，这会严重影响葡萄果实产品质量和货架期。不同品种葡萄的果实质地多样化，间接影响消费者的消费选择。根据葡萄果肉质地和耐压强度的差异，葡萄果肉硬度分为硬、中、软三种类型。软肉型水果具有极不耐储存性，这极大地限制了葡萄果实的长途运输和收获后存储时间。水分含量对葡萄软化和弹性变化影响较大。贮藏时‘巨峰’葡萄的水分含量与硬度、凝聚性、弹性、胶黏性及黏附性的相关性极显著，与咀嚼性呈显著正相关。对‘巨峰’葡萄不同湿度条件下贮藏的研究结果表明，90%RH 条件下葡萄贮藏效果要优于其他两个湿度条件，说明较高的相对湿度有利于维持葡萄的贮藏品质；自然湿度条件下，短期内可以维持较好的感官品质，但不能长期贮藏；低湿条件贮藏效果最差。三个湿度条件下，在贮藏中期束缚水含量均达到最高值，而自由水含量为最小值。高湿度更有利于维持不同状态水分含量的相对稳定。

三、糖含量

可溶性固形物主要包括糖、酸、维生素、矿物质等可溶于水的化合物，在葡萄中，绝大部分是糖类物质，尤其是葡萄糖、果糖等还原糖以及蔗糖，所以在一定程度上，可溶性固形物含量常可作为衡量葡萄果实糖分含量的参考，一般用折光仪（如手持糖度计）测定，以百分率（%）表示，测定结果近似于果实中总糖的含量。总含糖量特指葡萄果实中糖类物质的含量，主要为葡萄糖和果糖，此外还会有少量的蔗糖、棉子糖、麦芽糖和半乳糖等。在葡萄果实成熟过程中，糖类物质是不断积累变化的，是决定葡萄甜度的关键因素。其中葡萄糖风味最佳，变化范围为 46.86 ～ 123.58mg/mL，中间值为 81.04mg/mL；果糖甜度最高，变化范围为 46.78 ～ 123.53mg/mL，中间值为 82.5mg/mL；蔗糖甜度次之。果糖的平均含量显著高于葡萄糖平均含量（$P<0.001$）。大多数品种的蔗糖未能检测到，含有蔗糖品种检测出含量为 1 ～ 21.27mg/mL，其中有大多为欧美杂种，欧亚种中未测得蔗糖含量。欧亚种葡萄果实中的葡萄糖、果糖及总糖含量极显著低于欧美杂种。刘嘉芬等对 9 个树种 48 个品种果实可溶性固形物含量与总糖量等的实际检测比较发现，葡萄中可溶性固形物含量与总糖差值最小，可溶性固形物含量基本上等于总含糖量。

葛孟清等人以中国农业科学院郑州果树研究所葡萄种质资源圃内果实大小粒现象明显的 48 个葡萄品种为材料，对其可溶性固形物含量进行统计，统计表明：48 个葡萄品种大果的可溶性固形物含量为 13.34% ～ 23.08%，多数品种小果的可溶性固形物含量和可滴定酸含量显著高于大果，其中，‘吉峰 14 号’大果的可溶性固形物含量最高，‘曼尔尼什卡’大果的可溶性固形物含量最低。48个葡萄品种小果的可溶性固形物含量为12.36%～24.70%，其中，‘巨优’小果的可溶性固形物含量最高，‘曼尔尼什卡’小果的可溶性固形物含量最低。‘粒丽特’、‘考兹乌苏姆’和‘郑黑’小果的可溶性固形物含量低于同一品种大果，其余45个品种小果的可溶性固形物含量均不低于同一品种大果。多数品种大果和小果间的可溶性固形物含量差异显著，其中，‘信浓红’大果和小果间的可溶性固形物含量相差最大，而‘巴尔干’大果和小果间的可溶性固形物含量相同（16.56%）。

中国野生葡萄中，果糖含量最高的为蘡薁，为84.25mg/mL，其次为桦叶葡萄、燕山葡萄和桑叶葡萄，果糖含量在71.84～76.84mg/mL之间，其他的中国野生葡萄的果糖含量在53.16～68.83mg/mL之间，中国野生葡萄中果糖含量低于传统栽培品种。燕山葡萄和蘡薁葡萄的葡萄糖含量最高，分别为64.22mg/mL与62.46mg/mL，其他野生葡萄的葡萄糖含量在37.57～54.23mg/mL之间，与果糖含量类似，中国野生葡萄葡萄糖含量低于传统栽培品种。蔗糖仅在圆叶葡萄中检测到，含量为49.21mg/mL，占总糖的比例为35.24%。蘡薁葡萄的总糖含量最高，为146.71mg/mL，其次为燕山葡萄和桑叶葡萄，总糖含量分别为142.20mg/mL和131.07mg/mL，其他野生葡萄的总含量在91.92～124.98mg/mL之间，所有被分析的中国野生种葡萄总糖含量低于传统栽培品种。

四、酸含量

可滴定酸是指在特定的酸碱滴定条件下，能与标准碱溶液发生中和反应的酸性物质的总量。葡萄中的酸性物质包括有机酸和少量无机酸，有机酸主要是由酒石酸、苹果酸和柠檬酸组成的，其他有机酸含量仅占总酸的3%～4%。由于不同有机酸的酸性强弱不同，在滴定过程中，它们都会与碱发生反应，最终以某种特定有机酸（通常是苹果酸）为基准来表示可滴定酸含量，单位一般为g/L。

苹果酸是浆果中酸的主要成分，酸度较重，属尖酸，带有青涩味，它的含量影响葡萄的口味和品质；酒石酸是葡萄酒酸味的主要来源，不仅参与了葡萄酒味感的平衡，还决定了葡萄酒的pH，进而影响了葡萄酒微生物和物化稳定性以及颜色稳定性，还可影响葡萄酒的陈酿潜力；柠檬酸有清爽宜人的味道，会给人一种持续的味觉刺激，因此柠檬酸含量越高，风味越好。各品种间苹果酸和酒石酸的含量变化范围较大，并且与品种类型有关。苹果酸的含量变化范围为0.35～4.72mg/mL，酒石酸为1.68～7.47mg/mL。果实中苹果酸含量的平均值为1.76mg/mL，酒石酸含量的平均值为3.82mg/mL。欧美杂种葡萄果实中的苹果酸和总酸含量则显著高于欧亚种，欧美杂种果实中的酒石酸含量稍高于欧亚种，但差异不显著。

葛孟清等人以中国农业科学院郑州果树研究所葡萄种质资源圃内果实大小粒现象明显的48个葡萄品种为材料，对其可滴定酸含量进行统计，统计表明：48个葡萄品种大果的可滴定酸含量为0.32%～0.99%，其中，‘熊岳白’大果的可滴定酸含量最高，‘京优’大果的可滴定酸含量最低。48个葡萄品种小果的可滴定酸含量为0.37%～1.24%，其中，‘熊岳白’小果的可滴定酸含量最高，‘红山彦’小果的可滴定酸含量最低。‘高尾’‘巨峰’‘大玫瑰’‘巨优’和‘瑞都红玫’大果和小果的可滴定酸含量相同，其余43个品种小果的可滴定酸含量均显著高于同一品种大果，其中，‘考兹乌苏姆’大果和小果间的可滴定酸含量相差最大。

中国野生葡萄含有的主要有机酸类型是酒石酸（Tar）和苹果酸（Mal），其次是柠檬酸（Cit），另外含有少量的富马酸（Fum），没有检测到琥珀酸。山葡萄、燕山葡萄、毛葡萄的酒石酸含量较高，分别为9.47g/L、7.34g/L、6.99g/L，桑叶葡萄、桦叶葡萄、刺葡萄的酒石酸含量较低，分别为4.79g/L、4.75g/L、3.93g/L，其他野生葡萄的酒石酸含量在5.02～5.54g/L之间。中国野生葡萄的酒石酸含量较高，除河岸葡萄外，中国野生葡萄的酒石酸含量要高于栽培品种。刺葡萄和蘡薁葡萄的苹果酸含量显著低于其他种野生葡萄，分别为0.18g/L和3.83g/L，除刺葡萄外，中国野生葡萄的苹果酸含量要显著高于栽培种。腺枝葡萄、毛葡萄和桑叶葡萄的柠檬酸含量较高，分别为2.15g/L、2.07g/L和1.91g/L，刺葡萄的含量最低，仅为0.29g/L，除刺葡萄外，中国野生葡萄的柠檬酸含量显著高于栽培种。富马酸在葡萄中含量较少，中国野生葡萄的富马酸含量在0.85～0.99mg/mL之间，刺葡萄中并未检测到富马酸。刺葡萄的总酸含量最低为4.39g/L，其次为变叶葡萄、蘡薁葡萄、桦叶葡萄、燕山葡萄，总酸含量在9.42～14.20g/L之间；其他野生葡萄的总酸含量在16.23～24.22g/L之间，毛葡萄含量最高为24.22g/L，中国野生葡萄的总酸含量高于栽培种。

第八节　葡萄果实的裂果特征

裂果是指果实在生长发育或成熟过程中，因果皮细胞结构或生理代谢失衡，果皮局部或整体破裂的一种生理性病害。裂果现象是常见的葡萄果实生理病害之一，它是一种生理失调症，表现为果皮甚至果肉开裂，严重影响果实的外观品质和商品价值，是限制葡萄产业发展的重要因素之一。果实裂果主要取决于以下因素：

① 品种特性。葡萄的品种有很多，果实裂果与品种的遗传特性和生理特征关系密切，有些品种果肉松软，果皮与果肉之间结合不紧密易导致果实裂果。不同葡萄品种抗裂能力差异明显，欧亚种裂果率明显高于欧美杂种；不同品种抗裂能力差异主要与果皮破裂强度和弹性密切相关，与可溶性固形物含量、果形等没有显著相关性。

② 水分调节不当。大部分葡萄品种果实成熟处于高温多雨季节，降雨量大而且降雨集中，导致鲜食葡萄裂果症发生普遍。裂果受环境水分因素影响较大，长沙地区早中熟葡萄品种裂果率显著高于晚熟品种。

③ 结果量过大。葡萄成熟期，浆果二次膨大，葡萄果粒间相互挤压导致果实裂果。果实中矿物质含量不适宜（如氮素过多、钙含量不足）时表皮组织细胞下的薄壁细胞疏松，果皮发育不良引起裂果。

④ 人为因素，如使用膨大剂，使细胞膨大到极限。

⑤ 病害因素。一般果粒顶部裂果，与炭疽病、白腐病等病害有关。

认识不同葡萄品种裂果特点，对葡萄生产中品种的选用、栽培措施的配套以及葡萄育种亲本的选择都具有一定的指导意义。自然条件下鲜食葡萄裂果方式主要有环裂、纵裂、纵环裂和龟裂 4 种类型。环裂易发生在果蒂部位，纵裂易发生在果粒接触部位及果顶附近，纵环裂易发生在果蒂、果粒接触部位，龟裂为不规则裂，会布满整个果粒。欧亚种较欧美杂种更容易裂果，欧美杂种多数果皮厚、果肉质地软不易裂果，欧亚种葡萄容易发生龟裂现象。欧美杂种中小果粒的品种裂果率更大，裂果率随单果质量的增加呈下降趋势（图 4-27）。

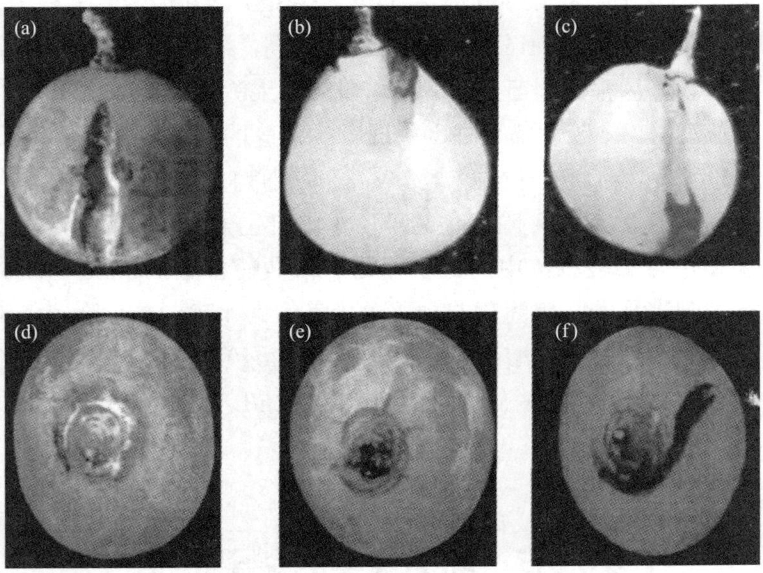

图4-27　葡萄果实的裂果类型（彩图）

（a）～（c）：纵裂；（d）：环裂；（e）（f）：纵裂加环裂

葡萄浆果在转色期、成熟期、过熟期，经清水浸泡 24h 和 48h 后裂果情况比较，转色期发生裂果的品种最少，平均裂果率最低；成熟期裂果品种最多，平均裂果率最高；过熟期裂果品种和平均裂果率居中。由于转色期葡萄果实硬度大以及过熟期果实软化，硬度降低，不耐储藏和运输，所以这两个时期的果实裂果不具有代表性。成熟期果实果肉质地适中，且成熟期是葡萄集中上市的时期，所以成熟期果实裂果最能代表品种的裂果特性。王旭旭等人选取 252 个鲜食葡萄品种（111 个欧美杂种、141 个欧亚种），分别在转色期、成熟期、过熟期采集果实，通过清水浸泡试验，比较其裂果情况。结果表明，龟裂只在欧亚种葡萄出现，欧亚种葡萄比欧美杂种葡萄裂果严重，成熟期裂果最严重，欧美杂种小果粒葡萄品种更容易裂果，果皮厚、果肉质地软的葡萄不易裂果。

不同葡萄品种的裂果倾向性存在较大差异。对成熟期欧美杂种葡萄与欧亚种葡萄裂果情况进行分析（表 4-15）。浸泡 24h 时，共有 35.71% 的品种发生了裂果，其中 25.56% 的品种为欧美杂种，74.44% 的品种为欧亚种；随着浸泡时间的增长，裂果率上升，浸泡 48h 时有 50% 的品种发生了裂果，其中 31.75% 的品种为欧美杂种，68.25% 的品种为欧亚种。浸泡 24h 时，欧美杂种葡萄的裂果率为 5% ～ 25%，浸泡 48h 时裂果率为 5% ～ 50%；欧美杂种多数果皮厚、果肉质地软不易裂果，在浸水试验中裂果方式与田间裂果相似。欧亚种葡萄在浸泡 24h 与 48h 时裂果率均为 5% ～ 100%，但浸泡 48h 时的裂果品种数更多，并且裂果的裂痕会延伸到整个果粒；‘BlackSeedless’‘波发尔’‘无核紫’‘红古沙’浸泡后发生了龟裂，这种裂果方式的裂痕布满整个果粒，裂果情况严重，这些龟裂的品种都为欧亚种葡萄。欧亚种葡萄裂果情况比欧美杂种葡萄严重。

表4-15 浸水后出现不同裂果方式的葡萄品种

类型	裂果方式	处理时间 /h	裂果品种
欧美杂种 *V. vinifera* and *V. labrusca*	环裂	24	康克，夏黑
		48	洛阳 2 号
	纵裂	24	峰后，戈尔比，黑香蕉，红富士，红皇后，红萨福尔克，红山彦，琥珀，沪培 2 号，井川 1014，田野黑，维金娜斯，着色香
		48	NY14528，白香蕉，白香蕉株选，高妻，高砂，巨峰玫瑰，黑潮，蜜汁，摩尔多瓦，夕阳红，郑黑，状元红
	纵环裂	24	s-26-2，安芸皇后，底拉洼，贵妃玫瑰，沪培 1 号，太姆波，乍娜，乍娜 T
		48	翡翠玫瑰，黑瑰香，红香蕉
	无裂果		Golden Muscat，NY14528，白奥林，白玫康，霸王，阪琢，脆红，大阪 48202，笛吹，底拉哥，底拉洼（4x），东部巨选，嘟噜玫，俄罗斯康可，高墨，瑰香怡，黑奥林（变），黑贝蒂，黑峰，黑旋风，黑色甜菜，黑元帅，红瑞宝，红义，沪太 8 号，皇冠，吉峰，吉峰 14 号，吉峰 9 号，金玫瑰，井川 1055，井川 168，井川 666，金手指，巨峰，巨玫瑰，巨优（辽），巨优（洛），卡托巴，罗德浆果，玫瑰怡，玫野黑，蜜尔紫，茉莉香，耐必儿，秋蜜，莎加蜜，斯蒂本（北京），斯蒂本（上海），斯立潘，田野红，天使玫瑰香，甜峰，晚霞，先锋，先锋（试），信浓红，信浓乐，秀特玫瑰，选拔巨峰，夜美人，一品香，伊豆锦，宇选 1 号巨峰，早巨选，着色香，郑果 8 号，郑巨 2 号，郑康 1 号，郑果 21 号，紫玉，紫云水晶
欧亚种 *V. vinifera L*	环裂		皇家红，高特，黑墨，红高，红地球，峰寿，新美无核红，元田 314
		24	228，8611（3x），Jade Seedless，Magic 2，1011，171，Waltham Cross，阿达玫瑰（罗），阿拉卡其，阿利克塞尼，奥林匹亚，大无核，巩义无核白，黑鸡心，红巴拉多，红宝石无核，红提杂株，皇家无核，金田，金田美指，立川无核，秋黑宝，山东大紫，无核玫瑰，星索，郑巨 1 号，醉人香
		48	87-1，奥迪亚，奥托玫瑰，白沙斯拉，表链罗也尔，粉红亚都蜜，黑天鹅，黑夏尼，红脸无核，金田翡翠，京香玉
	纵环裂	24	无核白，阿芳，阿古西，阿米利亚，奥古斯特，巴莱莎娜，巴诺，白胡沙涅，白葡萄，保尔加尔，北京红，波发尔，布朗无核，芳香，芳香拉查基，各隆白，哈尼，黑大粒，黑垃查基，红标，红古沙，红马拉加，火焰无核，利伐尔，那波卡，那塞里，青紫，秋红宝，无核蜜，紫光
		48	6-28，玉无核，红宝石无核，阿富汗，大无核，粉红阿里蔓登，黑汉，黑墨，红巴拉多，红地球，红高，金穗葡萄，黎明无核，新美无核红，元田 314
	龟裂	24	Black Seedless，红斯地，无核紫
		48	波发尔，红古沙
	无裂果		102459，64-1-19，9-18-4，BS，SG，阿布交西，阿佛阿利，阿依布拉，阿登纳玫瑰，阿卡达依，白布瑞克，白无核，白夏尼，保尔加尔，北玫佳，布拉金涅，布加勒斯特玫瑰，超保尔加尔，大粒玫瑰香，达米那，大无核紫，德苏拉乌苏姆，地幅 1 号，东京红，范讷萨无核，芳香葡萄，绯红，翡翠，粉红亚依苏娜，复法中计 281，格拉卡，贵人香，贵妇人，哈特巴尔，哈特米，和田红，黑丰，红鸡心，红罗莎里奥，华夫葡萄，金田玫瑰，金田红，康耐诺，克里那，内京香 B，沈 87-1，石榴红，斯堪地拜格，优无核，玉山水晶葡萄，郑果 15 号，郑果 1 号，植原 540，中圃 3 号

张川等人为了评价葡萄种质资源裂果性能，选用了 291 份葡萄种质资源，进行蒸馏水浸泡，采用裂果率和裂果指数两个评价指标统计果实裂果情况，并且调查了这些种质资源的田间裂果类型。结果筛选出极耐裂种质资源 104 份、极易裂种质资源 44 份。并且分析发现，欧亚种的裂果率和裂果指数显著高于欧美杂种。其中环裂、纵裂 + 环裂和龟裂仅在欧亚种中发生，纵裂主要在欧亚种中发生。葡萄裂果的发生与种质资源种类有关。

葡萄种质资源果实裂果与其表型特征关系分析表明果实果皮较薄、果肉质地较脆的种质资源易发生裂果。并进行相关性分析后发现，葡萄果实裂果率和裂果指数与果实水分增加量、果穗长度、果穗宽度、果穗大小、穗重、果形指数呈正相关；而与果实含有种子数量呈负相关。葡萄种质资源裂果发生的严重程度与果实种类、果形指数和果实种子粒数关系密切。

为了研究葡萄果实裂果与果实解剖结构的关系，选取 53 份葡萄种质资源。对成熟期果实进行离体浸泡裂果试验，统计果实裂果率，制作石蜡切片观察并分析果实不同组织的结构参数。结果发现，葡萄成熟期果实中角质层形状、表皮细胞、亚表皮细胞排列方式以及各细胞层厚度与裂果有关。葡萄成熟期果实中角质层形状局部栓质化在所调查的材料中裂果率最高（58.33%），裂果率最低的为角质层形状较平整的果实（30.67%）；表皮细胞排列方式致密的果实裂果率最高，其裂果率达到 57.00%，并且显著高于表皮细胞排列方式较致密的果实。从亚表皮细胞排列方式来看，裂果率最高的为排列方式较疏松的品种，达到 83.33%；裂果率最低的为亚表皮细胞排列方式较致密的品种，仅为 32.33%；亚表皮细胞排列方式较疏松的品种果实裂果率显著高于其他 2 种类型。从各细胞层厚度分析，随着葡萄果实角质层、表皮和亚表皮厚度的增加，果实裂果率呈现逐渐下降的趋势。相关性分析葡萄果实裂果率与各细胞层厚度发现，葡萄果实裂果率与果实角质层厚度、表皮厚度、亚表皮厚度均呈负相关关系。除此之外，各细胞层细胞形状参数和大小参数也可能会影响裂果的发生。通过制作石蜡切片分析细胞结构特征可以对葡萄果实裂果性能进行初步判断，为进一步筛选抗裂果种质资源提供理论支持。

为了研究维管束水分吸收和细胞解剖结构与果实不同开裂部位的关系，选取了 49 份种质资源。其中田间状态下有 18 份容易发生近端开裂，31 份不易发生近端开裂；其中离体浸泡条件下有 24 份容易发生远端开裂，25 份不易发生远端开裂。对成熟期果实进行离体浸泡试验，衡量不同品种裂果性差异，并采用离体染色方法示踪维管束水分吸收情况，制作石蜡切片观察并分析果实不同组织的结构参数。结果发现，易开裂果实裂果率和水分增加量显著高于不易开裂果实。相比于不易开裂果实，易开裂果实具有角质层、表皮和亚表皮较薄等特征。除此之外，各细胞层细胞其他形状参数和大小参数也可能会导致开裂的发生。只将果梗浸入染料染色后发现，所有材料染色后都局限于近果刷附近。将整个果实浸入染料染色后发现，离体浸泡远端容易开裂果实在其远端染料积累较多，甚至已经发生了开裂。而不易开裂果实表面染料积累较少，仅见零星分布。水分运输阻遏和细胞解剖结构差异是田间状态下近端开裂的原因；而优先吸水和细胞解剖结构差异是离体浸泡条件下远端开裂的原因。通过维管束水分运输示踪和分析不同品种细胞结构特征差异可以对果实田间近端易开裂和离体浸泡易裂作出初步解释，为进一步研究浆果开裂机理提供理论支持。

第九节　葡萄非生物逆境的抗性

葡萄是世界上种植最广泛的果树，在中国各地都有种植，这也决定了葡萄在生长过程中经常会遭受到干旱、高盐、低温、高温等多种非生物逆境，严重影响其生长发育、产量及果实品质。随着环境污染、气候变化等因素的不断加剧，葡萄种植业所依赖的生态环境日益恶化，这给葡萄的生长和产量带来了不利影响。因此，提高葡萄的抗逆性对于保障葡萄产业的稳定和发展具有重要意义，而葡萄种质资源非生物逆境抗性的评价对于葡萄种质的利用具有重要意义。

一、抗寒性特征

美洲种群、美洲杂种以及具有山葡萄血缘的山欧杂种、山美杂种和山河杂种的抗寒性极强，萌芽正常，未发生冻害；其次为东亚种群，未发生冻害，萌芽正常的种质占一半左右；欧亚种最不抗寒，只有少数品种未发生冻害；原产美国东南部的圆叶葡萄也不太抗寒，从根茎处发出萌蘖。欧美杂种内不同类群的抗寒性存在着明显的差异。总的趋势来看，‘赛比尔’系和含美洲种群血缘较多的欧美杂种的抗寒性较强，‘巨峰’系的抗寒性最弱，只有少数品种受冻害影响小。中国野生葡萄中，山葡萄、燕山葡萄、多裂叶蘡薁、变叶葡萄、秋葡萄、桦叶葡萄 6 个种抗寒性极强，未发生冻害，萌芽正常。其中在我国南方广泛分布的刺葡萄整体上抗寒性弱。尤其是原产中国南部地区的美丽葡萄和腺枝葡萄在郑州地区表现不抗寒，在正常年份也经常发生冻害，几乎每年地上部都会冻死。

吴行昶的研究发现，葡萄种间抗寒性差异很大，抗寒性强的野生葡萄种质资源有山葡萄、燕山葡萄、蘡薁葡萄、华东葡萄、复叶葡萄和菱叶葡萄。其中山葡萄是中国野生葡萄最为抗寒的种，属于高抗寒种质，山葡萄种内不同株系间抗寒性差异不大，抗寒性都普遍较强，其中泰山 -11 ＞通化 -3 ＞左山 75-97 ＞双优＝黑龙江实生＞华县 -47 ＞左山 -1 ＞左山 -2 ＞左山 74-1-326。燕山葡萄是除山葡萄外的另一种高抗寒的种质，其抗寒性可以和山葡萄相媲美。蘡薁葡萄的抗寒性仅次于山葡萄和燕山葡萄，但种内不同株系之间抗寒性差异较大，表现出较强的地理位置效应。其中产于海拔较高、纬度靠北地区的葡萄株系泰山 -1 和泰山 -2 抗寒性最强，而产于安徽地区的安林 -1 与安林 -3 抗寒性较差。而秋葡萄、毛葡萄、刺葡萄、变叶葡萄、小复叶葡萄和麦黄葡萄是抗寒性较低的葡萄资源。秦岭葡萄、瘤枝葡萄、网脉葡萄、麦黄复叶葡萄和裂叶刺葡萄属于不抗寒的葡萄种质资源，而且麦黄复叶葡萄的抗寒性最差。美洲野生葡萄也是抗寒的重要种质资源。其抗寒性大小排列为河岸葡萄（河岸 -2> 河岸 -3）＞峡谷葡萄＞圆叶葡萄＝沙地葡萄（Constantia>De Serres）＞加州葡萄＞甜冬葡萄＞欧洲葡萄。

以下是一批抗寒性极强、受冻害影响小、萌芽正常的品种，33 个欧亚种品种中包括 20 个鲜食品种：‘阿登纳玫瑰’‘奥托玫瑰’‘白旦旦’‘白老虎眼’‘布加勒斯特玫瑰（B）’‘布加勒斯特玫瑰（N）’‘脆玉’‘登瓦斯玫瑰’‘二号白香’‘粉红无核’‘加拿大玫瑰’‘克什麦什’‘马斯卡’‘巧吾什’‘特别黑大粒’‘乌兹别克玫瑰’‘无核蜜’‘夏白’‘也力阿克’‘早甜玫瑰香’；13 个酿酒品种：‘1413/1’‘白考库尔’‘拜克’‘黑佳美’‘捷莱乌苏姆’‘康特那立’‘麝香葡萄’‘瓦吉斯别里’‘玛尔斯兰’‘晚红蜜’‘波坦’‘弗拉卡玫瑰’‘黑高留’。56 个欧美杂种品种中包括 34 个鲜食品种：‘40-1（巨峰 × 希姆劳德）’‘安尼斯基’‘安芸皇后’‘巴士’‘白香蕉’‘白香蕉株选’‘蓓蕾’‘蓓蕾玫瑰’‘大平地拉洼’‘底拉哥’‘地拉洼’‘嘟噜玫’‘二伯娜’‘哈脱夫’‘黑贝蒂’‘红萨福尔克’‘红斯威森’‘红珍珠’‘霍里冈’‘金玫瑰’‘金星无核’‘卡托巴’‘康拜尔’‘累克芒特’‘洛阳 2 号’‘摩尔多瓦’‘秋蜜’‘维金娜斯’‘希姆劳德’‘一品香’‘早康可’‘郑果 8 号’‘着色香’‘紫早；22 个酿酒品种：‘gE.ga47-42’‘gF.67-198-3’‘gF.C43-31’‘gF.ga52-42’‘gF.ga97-45’‘S.4986’‘S. 5279’‘S.8745’‘S.8746’‘S.V.12-413’‘S.V.12-328’‘黑赛必尔’‘奥里永’‘波鲁克斯’‘德引 84-1’‘黑佳酿’‘西尔瓦’‘依巴赫’‘紫金皇后’‘酒神’‘西里努斯’‘小黑粒’。在圆叶葡萄中，Fry 的抗寒性较强，没有受到冻害，萌芽正常。另外，具有山葡萄血缘的 5 个山欧杂种、7 个山美杂种和 4 个山河杂种的抗寒性极强、没有受到冻害、萌芽正常。下列品种抗寒性较差，冻害较重，5 月中下旬才从根茎部长出萌蘖，‘玫瑰怡’‘山东大紫’‘信浓乐’‘Jade Seedless’‘黑油亮’‘红鸡心’‘桃克可努克’‘黑齐姆良’‘鲁沙娜’‘玫瑰形’‘星索’等，其今后的管理中应加强对这类品种的树体管理，增强树体的抗寒性，避免在生产过程造成损失。

二、耐热性特征

目前，全球极端高温发生的频率和范围持续增加，高温胁迫已经成为制约葡萄产业健康可持续发展的主要逆境之一，应对高温胁迫也是全球葡萄产业不可回避的一大挑战。

随着科技不断发展，叶绿素荧光动力学参数法（JIP-test）因具有快速、简便、精确、无损伤等优点，被广泛应用于植物的耐热性评价。姜建福等利用该方法对 196 份葡萄属种质资源进行耐热性鉴定，筛选出包括‘腺枝葡萄’‘熊岳白葡萄’等在内的 48 份耐热种质。Liu 等利用叶绿素荧光参数法对中国野生葡萄 247 份资源评价，选出了 36 份耐热性较强的种质。Zha 等通过测定热损伤指数相对电导率以及 F_v/F_m 等指标对 68 份葡萄种质资源进行了耐热性评价，筛选出‘红地球’‘红玉霓’‘At Suma’‘沪培 3 号’和‘塔米娜’等 5 个耐热性较强的品种。久赟等在吐鲁番自然高温条件下对 19 个葡萄品种开展耐热性评价，筛选出‘美人指’‘矢富罗莎’‘金田蜜’‘红地球’‘金田玫瑰’‘藤稔’等 6 个耐热品种。上述研究一致表明，叶绿素荧光参数法在葡萄耐热性评价中具有良好的应用效果。

在实验方法方面，可参考徐洪国的方法：于晴朗早晨采集葡萄成龄叶片（整枝自上而下的第 5 ～ 7 节），裁成直径 3cm 大小的叶圆片，包于微湿滤纸中，置于铝箔盒内，于 47℃水浴处理 40min，每份材料设 5 个重复，室温暗适应 15min 后，使用配备 IMAG-MAX/L 探头的调制荧光成像系统 MAX-IMAGING-PAM 测定离体叶圆盘的叶绿素荧光参数 F_v/F_m 值。耐热性按 F_v/F_m 值划分为三级：≤ 0.3 为弱，0.3 ～ 0.5（不包括 0.3）为中，> 0.5 为强。鉴定出的耐热性较强种质包括腺枝葡萄‘双溪 03’、刺葡萄‘梅岭山 1301’、毛葡萄‘广西’‘宝光’‘金峰’‘和田绿葡萄’‘熊岳白葡萄’等，这些资源可为抗热葡萄品种选育提供重要依据。

葡萄在长期进化过程中形成了适应自然环境的生态特性。研究表明，不同类群（型）的耐热性存在明显差异。整体而言，起源于中国的东亚种群葡萄耐热性最强，山欧杂交种次之，圆叶葡萄欧美杂种和北美种群葡萄耐热性中等，而欧亚种群葡萄耐热性最弱。我国多个地方品种，如‘和田绿葡萄’‘红瓶儿’‘和田红’‘红破黄’‘红木纳格’‘西营’‘牛心’‘紫鸡心’‘绿木纳格’等，也表现出较强耐热性，可在抗性育种中加以利用。

三、耐盐性特征

盐分是限制植物生长发育的重要非生物胁迫因子，世界上受盐分影响的土地面积约 $1\times10^9hm^2$，主要分布在干旱和半干旱地区，其中灌溉农田约占 20%，自然环境恶化、灌溉不当和气候变化加剧了土壤盐渍化问题。此外，由于降雨量少、地表蒸发量大、原生岩石风化、咸水灌溉以及较差的栽培措施等各种原因，盐碱化地区正以每年 10% 的速度增长。据估计到 2050 年，全球约 $8\times10^8hm^2$ 的耕地受到盐分的严重影响。我国耕地的次生盐渍土面积约为 $9.2\times10^6hm^2$，占耕地面积的 6.6%。

关于葡萄耐盐性研究起于 20 世纪 60 年代，主要集中在砧木品种野生品种和鲜食品种，对酿酒栽培品种的耐盐性研究较少。袁军伟对 21 个葡萄砧木品种在盐胁迫下的盐害指数进行了相关分析，结果筛选出耐盐性较强的 3 个品种：‘Salt Creek’‘Dog Ridge’和‘洛特’。吴梦晓以 20 份葡萄砧木品种的组培苗为实验材料进行耐盐性评价，筛选出 5 种耐盐砧木杂种优株：‘红地球’‘玫瑰香’‘河山 -1’‘Dog Ridge’和‘6-12-6’。海妮肯・山台等以 1 年生‘红提’‘青皮土’及‘弗雷无核’扦插苗为试验材料，测定不同浓度 NaCl 胁迫下的生理指标，通过主成分分析方法得出这三个葡萄品种的耐盐性强弱依次为‘弗雷无核’>‘青皮土’>‘红提’。李伟以 49 个砧木品种为试材，确定了电导率、游离脯氨酸含量、丙二醛含量、叶绿素含量可以作为评价葡萄耐盐性的指示因子。丁守鹏等通过隶属函数法比较了 10 个鲜食葡萄品种的耐盐性，对不同抗盐指标进行权重计算，发现‘春光’‘金光’和‘香妃’耐盐性较好，‘巨玫瑰’和‘摩尔多瓦’耐盐性较差。李康等将甘肃省 13 个品种的耐盐性评价指标相对照，以隶属函数法综合分析得出本研究参试品种的耐盐性强弱依次为‘黑比诺’>‘雷司令’>‘白比诺’>‘蛇龙珠’>‘梅鹿辄’>‘宝石’>‘赤霞珠’>‘白玉霓’>‘霞多丽’>‘晚红蜜’>‘品丽珠’>‘西拉’>‘贵人香’。

李少楠等对‘阳光玫瑰’和‘巨峰’进行盐胁迫处理，结果如图 4-28 所示。两者皆在处理 14d 后出现叶片弯曲叶尖或叶缘焦枯的现象。从整体来看，盐胁迫对‘阳光玫瑰’的影响要大于‘巨峰’；Abdul 以‘SO4’‘3309M’‘101-14’‘贝达’和‘抗砧 3 号’为试验材料，在不同浓度 NaCl（0、50、100、200mmol/L）下处理 18 天，结果表明砧木耐盐性顺序依次为：‘SO4’>‘3309M’>‘101-14’>‘抗砧 3 号’>‘贝达’。通过转录组学分析，筛选出与耐盐性相关的差异表达基因，并采用加权基因共表达网络分析（WGCNA）鉴定出 5 个与耐盐性密切相关的模块，分别为黑色模块特征基因、蓝色模块特征基因、黄色模块特征基因、绿色模块特征基因和灰色模块特征基因；刘众杰等以国内常见的 10 种砧木品种‘520A’‘1103P’‘3309C’‘SO4’‘420A’‘110R’‘抗砧 3 号’‘101-14’‘贝达’和‘5BB’为试材，通过 130mmol-NaCl 处理后 8d，10 种砧木呈现不同程度的盐害症状，且盐害指数差异很大（图 4-28）。处理 2d 后，‘5BB’叶缘发生焦枯现象（盐害指数 15.2），‘101-14’出现明显失绿（盐害指数 13.2），‘贝达’也出现叶脉间失绿、叶片卷曲，其他品种受害现象尚不明显；‘抗砧 3 号’‘420A’‘SO4’和‘110R’处理 3d 后开始表现受害症状，而‘1103P’‘3309C’和‘520R’的耐盐能力较强，分别在 4、5、8d 时叶尖或叶缘才出现焦枯现象。通过盐害指数判断 10 个葡萄砧木品种的耐盐性强弱依此为：‘520A’>‘1103P’>‘3309C’>‘SO4’>‘420A’>‘110R’>‘抗砧 3 号’>‘101-14’>‘贝达’>‘5BB’。

图4-28　盐胁迫下不同鲜食葡萄的形态变化（彩图）

取充分成熟老化的葡萄一年生枝条。盐害分级标准如下所述：

0 级——生长正常，无盐害症状；

1 级——轻度盐害，有少部分叶尖、叶缘或叶脉变黄；

2 级——中度盐害，有大约 50% 的叶尖、叶缘焦枯；

3 级——重度盐害，大部分叶尖、叶缘焦枯或落叶；

4 级——极重度盐害，枝枯、叶落，最终死亡。

$$\mathrm{SI}(\%)=\frac{\sum(\text{盐害级值}\times\text{相应盐害级值株数})}{(\text{盐害最高级值}\times\text{总株数})}\times 100$$

葡萄的不同种、种间杂种、同一种内的不同品种群、同一品种群间的不同品种之间的耐盐性存在着差异。野生种葡萄中的香槟尼葡萄和甜冬葡萄的耐盐性好，而山葡萄的耐盐性差，美洲种、山欧杂种和作为砧木广泛应用的‘贝达’的抗盐性居中。

主要栽培种欧亚种和欧美杂种的遗传基础较广，品种资源极为丰富，各栽培品种在水培条件下对 NaCl 的抗性存在很大的差异。欧美杂种的各品种之间的抗性存在较大差异，‘红富士’和‘先锋’的抗盐性较‘巨峰’和‘早生高墨’好。在欧亚种内，黑海品种群各品种的抗性较为一致，对盐敏感的品种较少，多为抗盐类型；东方品种群和西欧品种群中的各品种的抗性差异较大，‘无核白’和‘龙眼’两个品种对盐比较敏感，西欧品种群中各品种的抗盐性较差。

四、抗旱性评价

近年来，对葡萄抗旱性的研究主要包括砧木中国野生种和栽培品种。砧木品种在抗旱性方面表现因品种不同差异比较大，不同研究者获得的结果也不尽一致。陈继峰等研究认为，特别抗旱的品种有‘520A’‘225Ru’‘5BB’，比较抗旱的品种有‘SO4’‘3309C’‘Salt Creek’和‘Beta’。S.Koundouras和M.Ozdne等通过比较发现，‘5BB’的抗旱性很强，‘1103P’在抗旱性方面的综合表现优于‘SO4’。陈邵莉等对16种葡萄砧木抗旱性的研究表明，‘MacAdams’‘Beaumont’抗旱性极强，‘Gloire’‘Dog Ridge’和‘Beta’的抗旱性中等。王鹏等对当年生扦插苗的评价结果显示，‘3309C’‘5BB’‘SO4’‘1103P’属于抗旱性比较差的品种。李敏敏等利用隶属函数法将各指标进行综合计算，根据平均隶属度将砧木划分为抗旱性极强、抗旱性强、抗旱性中等和抗旱性弱4个等级，抗旱性极强的砧木包括‘110R’‘1103P’‘420A’‘香槟尼’；抗旱性强的砧木包括‘山河2号’‘Dog Ridge’‘抗砧3号’‘SO4’‘140Ru’‘8B’‘Gloire’；抗旱性中等的砧木包括‘5A’‘5BB’‘3309C’‘Salt Creek’‘188-08’‘Freedom’‘龙紫宝’；抗旱性弱的砧木包括‘山河3号’‘Eldorado’‘Valliant’‘Fercal’‘Grand feuile’‘Beaumont’‘Beta’‘101-14’。不同研究的结果不尽一致，这可能是由于试验材料、胁迫强度、评价方法及环境条件不同所致。

葡萄砧木的抗旱性与其亲缘关系远近具有一定的关系，通常亲本的抗旱性强则后代的抗旱性也比较强，冬葡萄和沙地葡萄原产于美国中南部干旱的山坡砾石土壤及坡顶等缺水土壤，被认为具有比较强的抗旱性。‘110R’和‘1103P’属于抗旱性极强的砧木，而这2种砧木均来自 *V. berlandieri*×*V. rupestris*（冬葡萄×沙地葡萄）杂交组合。‘Dog Ridge’和‘自由’是香槟尼葡萄的杂交后代，‘香槟尼’抗旱性极强，‘Dog Ridge’抗旱性强，两者的抗旱性也比较接近。‘抗砧3号’是‘河岸580’和‘SO4’的杂交后代，‘抗砧3号’和‘SO4’都属于抗旱性强的品种。河岸葡萄原野生于北美东部密西西比河及密苏里河两岸的森林等潮湿地带，以抗旱性强的冬葡萄和抗旱性弱的河岸葡萄为亲本（*V.berlandieri*×*V.riparia*），其后代抗旱性出现比较大的分离，‘420A’‘香槟尼’‘SO4’‘8B’‘5A’‘5BB’‘188-08’均来自冬葡×河岸葡萄，然而，‘420A’‘香槟尼’属于抗旱性极强，‘SO4’‘8B’为抗旱性强，‘5A’‘5BB’‘188-08’为抗旱性中等。美洲葡萄原产于美国东部东北部和加拿大东南部，植株生长旺盛，喜湿润气候，抗旱性比较弱，抗旱性弱的美洲葡萄和抗旱性弱的河岸葡萄的后代抗旱性也普遍比较弱，‘Valiant’和‘贝达’源于美洲葡萄×河岸葡萄，它们均属于耐旱弱的砧木。另外，河岸葡萄的抗旱性也存在一定的差异，并不是都属于抗旱性弱的品种，‘Gloire’‘Eldorado’‘Grand Feuille’‘Beaumont’均来自河岸种群，试验发现，‘Gloire’属于抗旱性强的品种，‘Eldorado’‘Grand Feuille’‘Beaumont’属于抗旱性弱的品种。

对于鲜食葡萄品种来讲，干旱胁迫同样对其生长特性产生了显著影响，但影响的程度及机制可能与砧木存在不同。邬燕的研究表明，在干旱胁迫下，鲜食葡萄品种的叶片含水量、电导率以及光合色素含量等指标均呈现降低趋势。林艺灵以‘Shine Muscat’（‘SM’）和‘Thompson Seedless’（‘TS’）为研究对象进行干旱胁迫处理，与对照组相比干旱胁迫表现出明显差异。如图4-29可见，干旱胁迫处理后与对照相比，‘SM’和‘TS’都表现出叶片萎蔫变黄的现象，再对两个品种进行比较可见，干旱对‘TS’的影响要大于‘SM’。徐文清等以‘阳光玫瑰’和‘巨峰’为试材，采用人工模拟干旱胁迫的方法，调查2个品种植株的胁迫症状，测定生理指标，并对2个品种在干旱胁迫处理下的各生理指标进行主成分分析和隶属函数分析，同时对叶片胁迫相关基因的表达进行测定，结果表明干旱胁迫下，‘阳光玫瑰’和‘巨峰’葡萄对干旱胁迫的响应趋势相同但响应程度存在差异，‘巨峰’的干旱耐受性高于‘阳光玫瑰’。Sabir等以‘SO4’‘3309M’‘抗砧三号’‘5BB’‘贝达’和‘101-14’6个葡萄砧木品种为材料进行干旱处理，发现干旱敏感型砧木‘101-14’表现出严重萎蔫和生长停滞，而耐旱型砧木‘SO4’和‘3309M’在干旱条件下仍保持稳定生长，表明‘SO4’和‘3309M’的抗旱性显著高于‘101-14’。刘众杰等研究了10个葡萄砧木品种对干旱的敏感性，对10个葡萄砧木持续干旱处理6d，部分品种陆续出现旱害症状，‘101-14’‘1103P’和‘抗砧3号’叶片发生萎蔫，‘5BB’叶片萎蔫且基部叶片开始变黄；至处理8d，‘1103P’‘101-14’‘抗砧3号’和‘5BB’的旱情指数均在10以上；相比其他品种，‘520A’‘420A’和‘110R’抗旱能力更强，其中‘420A’在14d出现叶片萎蔫，‘520A’和‘110R’直至16d后才开始发生轻微的萎蔫症状，这3个品种16d旱情指数均在40以下，尤其‘520A’仅19.6。依据16d的旱情指数判断10个品种的抗干旱能力依次为：‘520A’>‘420A’>‘110R’>‘1103P’>‘贝达’>‘3309C’>‘SO4’>‘抗砧3号’>‘5BB’>‘101-14’。

图4-29 干旱胁迫下不同鲜食葡萄的形态变化（彩图）

第十节 葡萄生物逆境的抗性

一、抗病性特征

抗病性在植物病理学中是指寄主植物受到病原物侵染后，其自身所发生的本能性的抑制或延缓病原物侵染进程的反应。这种反应体现在形态结构、生理生化及抗病基因的有效表达等多个层面。最早的假说认为植物品种所携带的抗病基因和与之相应的病原物的无病基因相互作用才产生抗病表现。可以将抗病性分为垂直抗性假设和水平抗性假设：垂直抗性和水平抗性分别表现为质量遗传与数量遗传，垂直抗性特点为抗病应变性明显，抗病性水平相对较高；水平抗性的致病率较低、潜育期相对较长并且产孢量较少。寄主植物不同，所表现的抗性反应程度也存在差异，即使同种病原物对同一类植物的致病程度也有分别。致病效果强弱是多方面因素综合作用的结果，寄主植物的物质基础、形态结构、生理生化和抗病基因等等都与其相关。根据寄主植物对病原物侵染后的反应，可分为免疫、高抗、抗病、感病和高感五个等级，致病力越强抗性越低。

种植作物要了解其抗病的类型与生长的能力，需通过鉴定的方式得出寄主植物的抗病性强弱，并且在筛选后代时，抗性鉴定也是抗病育种的重要手段，可用于植物抗病类型的鉴别和抗病程度的评定，不限制于人工接种发病还是自然流行病害。田间鉴定与人工接种鉴定可以结合综合分析植物的抗病程度。田间鉴定是最为基础的，操作简单且保存病感株简易。

（一）葡萄灰霉病的抗性特征

灰霉病抗性在葡萄属植物中的葡萄种内与种间都呈现出了很大的差异性，一般东亚种群抗灰霉病的能力较强，欧亚种葡萄能力略低些，大都认为欧洲鲜食葡萄的抗病性更低。酿酒葡萄品种中‘赤霞珠’‘梅鹿辄’‘西拉’和‘雷司令’较‘霞多丽’与‘白诗楠’抗灰霉病强，其中万然的研究结果与Gabler相似的为‘红地球’‘玫瑰香’等不具有抗性，但不同是‘户太8号’也较低，中国野生葡萄种质中山葡萄‘双优’‘通化3号’、燕山葡萄‘燕山-1’和秦岭葡萄‘平利-5’等的抗病性都极高，尤其是山葡萄抗性最高。可以看出中国野生葡萄是葡萄抗病育种非常珍贵的资源，许多中国的野生葡萄均对常见病害具有极高的抗性，部分资源可能有对多种常见病害有抗性。

王国英和艾军等对气孔结构和密度与葡萄对霜霉病的抗性关系进行了调查，表明叶气孔大小、密度与霜霉病的病情指数呈正相关。缴莉通过叶片显微观察发现，山葡萄‘左山一’转基因后的葡萄叶片霜霉菌生长更快。目前来看叶片结构与霜霉病的报道有很多，但关于白腐病和灰霉病的较少。

通过室内离体叶片接种法对葡萄进行抗灰霉病鉴定，具体操作方法为：均采取当年生枝条上第三到第五片成龄的叶片，每个植株选取3个叶片，用蒸馏水清洗干净后擦干待用，将制备好的孢子悬浮液采用五针刺伤的方法接种在叶片的正面（避开叶片主叶脉），同时每个叶片都接种3处，每株都设3个生物学重复，再将接种后的叶片置于培养皿下底内保湿，上盖已浸湿但不接触叶面且不滴水的滤纸，用封口膜密封保湿，并放在条件为28℃，100%相对湿度，16h光照、8h暗光的培养箱内培养，侵染的叶片直接培养72h。最后使用智能叶面积测量仪统计叶面积及平均病斑面积（病情严重度DS），并做好记录进行抗性调查。参考Poolsawat和Liu SM的方法，加以改进后方法如下：

DS ≤ 20.00%为1级；在20.00%<DS ≤ 25.50%为2级；在25.50%<DS ≤ 36.00%为3级；在36.00%<DS ≤ 46.50%为4级；在46.50%<DS ≤ 57.00%为5级；在57.00%<DS ≤ 74.50%为6级；在74.50%<DS为7级。

再将7个级别的灰霉病DS（病情严重度）按其定义划分抗病等级，0～1.50为高抗类型（HR），1.51～3.50为抗病类型（R），3.51～4.50为中抗类型（MR），4.51～6.50为感病类型（S），6.51～7.0为高感类型（HS）。

结果表明，在14份中国野生葡萄品种中，高抗品种有2份，为‘双优’和‘秦岭桑叶’，抗病品种有9份，2份感病品种和1份高感品种。欧美杂种葡萄中未发现高感品种，有高抗品种4份（‘皇冠’‘金星无核’‘高妻’‘火星无核’），抗病品种25份（‘巨峰’等），中抗品种9份，感病品种7份。欧亚种葡萄品种不存在高抗品种，抗病品种5份，为‘阳光玫瑰’‘沈农金皇后’和‘葡萄园皇后’等，中抗品种3份（‘里扎马特’等），感病品种19份和高感品种9份（‘红地球’‘玫瑰香’‘维多利亚’和‘无核白鸡心’等）。美洲种葡萄‘着色香’和‘康克’均为高抗品种；4份欧山杂种葡萄品种均为抗病品种；高感品种均为欧亚种葡萄品种。

（二）白腐病

刘丽婷利用室内离体叶片接种法对葡萄进行白腐病抗性鉴定，具体操作方法为：均采取当年生枝条上第三到第五片成龄的叶片，每个植株选取3个叶片，用蒸馏水清洗干净后擦干待用，菌块采用经高温灭菌后直径为7mm的打孔器在培养好的白腐菌菌落边缘打下若干个，避开叶片的主脉刺伤并将菌块（CK）分别接种于叶片正面的伤口处，每个叶片接种3处，同时设3个生物学重复，再将接种后的叶片置于培养皿下底内保湿，上盖已浸湿但不接触叶面且不滴水的滤纸，用封口膜密封保湿，并放在条件为28℃，100%相对湿度，16h光照、8h暗光的培养箱内培养，放置24h后将叶片上的菌块取出并继续培养48h，最后使用智能叶面积测量仪统计并做好记录，进行抗性调查。

参考前人的研究方法后略做改进。根据病斑面积所占全叶面的百分比划分成7个等级：1级：0.1%～5.0%；2级：5.1%～15.0%；3级：15.1%～30.0%；4级：30.1%～45.0%；5级：45.1%～65.0%；6级：65.1%～85.0%；7级：85.1%～100.0%。再将7个病症等级转化为病情指数（DI）。

以DI≤8.00%为高抗类型（HR）；在8.00%<DI≤40.00%之间为抗病类型（R）；在40.00%<DI≤56.00%之间为中抗类型（MR）；在56.00%<DI≤80.00%之间为感病类型（S）；80.00%<DI为高感类型（HS）。

采用离体人工接菌的鉴定方法，对101份葡萄品种进行抗白腐病鉴定，结果表明，在14份中国野生葡萄品种中，高抗品种有7份，为‘双优’‘双丰’‘双红’‘双庆’‘左山一’‘左红一’和‘甜冬葡萄’，抗病品种有2份，为‘左山二’和‘普利亚特河岸’，中抗品种4份和1份感病品种；美洲种葡萄‘着色香’和‘康克’均为抗病品种；欧山杂种葡萄中不存在感病或高感品种，高抗品种2份，为‘北冰红’和‘左优红’，抗病和中抗品种各1份，分别为‘公酿1号’与‘公主白’；欧美杂种葡萄中有抗病品种9份、中抗品种28份、感病品种8份；欧亚种葡萄品种不存在高抗品种，有抗病品种3份、中抗品种11份、感病品种7份。高感品种均为欧亚种葡萄品种（‘87-1’‘阿富汗’‘无核白鸡心’‘红地球’‘瓶儿’‘香妃’和‘维多利亚’）。

参考《葡萄种质资源描述规范和数据标准》中的田间自然鉴定法，主要是在田间对葡萄种质的枝条发病情况进行调查，对葡萄枝干感染葡萄白腐病的情况进行观察并记录。轻度感染葡萄白腐病的枝干上常有黑褐色病斑，病部稍凹陷。重度感染葡萄白腐病的枝干病部皮层与木质部分离，常纵裂成乱麻状，有时病斑的上端往往变粗或呈瘤状。根据实际情况，把葡萄白腐病的抗性等级分为 3 级：0 级抗性强，无病害；1 级抗性中，轻度感染葡萄白腐病；2 级抗性弱，重度感染葡萄白腐病。

美洲种群、美洲杂种、山美杂种、山欧杂种对葡萄白腐病的抗性最强，调查的种质均未感病；其次为欧美杂种，大部分种质未感病；欧亚种最不抗病，在调查的 736 份种质中，只有 557 份种质未发生病害，62 份种质为轻度感病，占调查种质总份数的 8.42%，117 份种质为重度感病，占调查种质总份数的 15.89%。

欧亚种种内不同类群对葡萄白腐病的抗性存在明显的差异。总的趋势来看，西欧品种群和黑海品种群对葡萄白腐病的抗性较强，有 75.08% 的种质未感病，有 8.42% 的种质轻度感病，有 16.50% 的种质重度感病。东方品种群对葡萄白腐病的抗性最弱，只有 35.29% 的种质未感病，有 19.61% 的种质轻度感病，有 45.10% 的种质重度感病。

中国野生葡萄种质资源中，山葡萄、燕山葡萄、变叶葡萄、多裂叶蘡薁、秋葡萄、腺枝葡萄、美丽葡萄、桑叶葡萄、桦叶葡萄、刺葡萄、葛藟、华东葡萄（福建野葡萄、万县野葡萄）、毛葡萄、菱叶葡萄共计 14 个种均未感染葡萄白腐病。

美洲种群中有 3 个对葡萄白腐病抗性极强的品种，包括‘康克’‘香槟’‘郑果 6 号’；美洲杂种中有 3 个对葡萄白腐病抗性极强的品种，包括‘黑虎香’‘贝达’‘脆红’；山欧杂种中有 6 个对葡萄白腐病抗性极强的品种，包括‘北醇’‘北方’‘北红’‘北玫’‘公酿 1 号’‘熊岳白葡萄’。另外，欧美杂种对葡萄白腐病抗性也很强，但调查中发现有 9 份种质易感染葡萄白腐病，分别为‘奥林匹亚’‘秀特玫瑰’‘选拔巨峰’‘金手指’‘S.2653（晚白）’‘红瑞宝’‘郑果 15 号’‘NY14528’‘耶克什拉尔’。

从总的趋势来看，美洲种群、美洲杂种、山美杂种、山欧杂种对葡萄白腐病抗性最强，其次为欧美杂种，欧亚种最不抗病。在欧亚种种内，西欧品种群和黑海品种群对葡萄白腐病抗性较强，东方品种群对葡萄白腐病抗性最弱。东亚种群对葡萄白腐病的抗性也很强，中国野生葡萄种质资源的 14 个种均未感染葡萄白腐病。

普遍认为东亚种群和欧美种群对白腐病抗性较强，而欧亚种葡萄的白腐病抗性一般。中国野生葡萄资源中山欧杂种、山美杂种、美洲杂种以及美洲种群种质抗性强，欧亚种种质抗病性一般，这与贺普超和董阳辉的研究结果相同。酿酒葡萄中欧亚种的酿酒葡萄‘白玉霓’‘西拉’‘赤霞珠’‘白诗南’抗病性较好，‘长相思’‘雷司令’‘黑比诺’‘梅鹿辄’抗性较差。刘天明等认为田间自然环境下野生种的葡萄都不会被白腐病真菌病害所侵染，但目前已发现部分抗病和感病种质，如抗病性较低的有秋葡萄、华东葡萄、毛葡萄、华北葡萄和复叶葡萄等；刺葡萄与山葡萄的抗病性相对较高，还没有发现绝对免疫的种质资源。

（三）葡萄卷叶病

该病典型症状是叶片从叶缘向下反卷，并从枝条基部较早成熟的叶片开始，逐渐向上部叶片扩展，顶梢新叶很少出现病状。反卷的叶片变得卷缩而发脆。果实有色的品种如‘赤霞珠’‘品丽珠’等的病叶叶脉间叶肉出现淡红色斑驳，随后红色叶斑颜色加重，色斑扩展到整个叶片，严重时整株叶片表现症状。白色葡萄品种则叶肉变黄或叶缘的颜色变浅。病株的果实成熟比健康株上的果实成熟延迟 2 ～ 3 周，着色差、糖度低、风味变淡，而且提早落叶，树势偏弱，果穗偏少，一般可减少 20% 左右。

美洲种群（包括美洲葡萄、河岸葡萄、沙地葡萄、香槟尼葡萄和甜冬葡萄等 5 个种及种间杂种）没有表现卷叶病症状的葡萄品种。原产东亚地区的野生种（包括山葡萄、刺葡萄、葛藟、小叶葛藟、菱状叶葡萄、毛葡萄、桑叶葡萄、变叶葡萄、多裂叶蘡薁、美丽葡萄、华东葡萄、燕山葡萄等 12 个种）也没有卷叶病症状。欧亚种群（仅欧洲葡萄 1 个种）表现卷叶病的品种最多，发病率最高，症状最为严重。欧美杂种和欧山杂种均有表现卷叶病症状的品种，但所占比例和严重程度较欧亚种低。

欧亚种葡萄是主要的栽培种，因受地理条件、生态因子及人工选择的影响，形成了 3 个生态地理品种群，即东方品种群、西欧品种群和黑海品种群。东方品种群表现卷叶病症状的品种比例低，而西欧和黑海品种群表现卷叶病症状的品种比例高。东方品种群的病情也较西欧和黑海品种群轻。酿酒品种几乎包括了全部西欧品种群和大部分黑海品种群。鲜食品种以东方品种群为主，包括少部分黑海品种群。以东方品种群为主的鲜食品种的卷叶病发病率较低。西欧和黑海品种群为主的酿酒品种卷叶病发病率高，病情较重。

卷叶病表现为高感的葡萄品种资源有：‘拜克’‘二号大宛红’‘嘎兰德马克’‘伏罗希’‘黑菲加斯卡’‘捷莱乌苏姆’‘拉发露’‘马格拉契 56’‘罗莎里奥’‘马夫鲁特’‘赛米隆’‘烟 74’‘烟 73’‘羊尾’‘奥托玫瑰’‘红加利亚’‘牛心（东方品种群）’‘白纠列比’‘北植 34 号’‘粉红尤拉皮’‘品丽珠’‘郑果 10 号’。

二、抗虫性评价

（1）根节线虫　每个品种选取 20 个植株，调查每个植株被线虫侵入形成根结的根数和总根数。根据感染率（带根结根数占总根数的比例）将植株感病程度划分为 5 级：

0 级（感染率为 0），1 级（0< 感染率 ≤ 25%），2 级（26% ≤感染率≤ 50%），3 级（51% ≤感染率≤ 75%），4 级（76% ≤感染率≤ 100%）。

$$病情指数(DI) = \frac{\sum(各病级数 \times 该级株数)}{(最高病级数 \times 调查总株数)} \times 100\%$$

抗性等级划分标准：免疫或极抗（病情指数为 0）；高抗（0< 病情指数≤ 10）；抗（10< 病情指数≤ 20）；中等（20< 病情指数≤ 40）；感（40< 病情指数≤ 60）；高感（病情指数 >60）。

南方根结线虫的抗性，供试砧木类种质存在分化现象，供试鲜食类种质则均表现为高感。

免疫或极抗：‘金海 1 号’‘3309C’‘5BB’‘山平氏葡萄’‘狗脊’‘河岸 580’‘Grand Glaber’。

高抗：‘5C’（病情指数 13.75，下同）、‘520A’（8.75）、‘巴莱特 50’（8.75）、‘Pulliat’（7.50）、‘自由者’（2.50）。

抗：‘SO4’（18.75）。

中等：‘哥洛尔’（37.50）、‘埃耳多腊多’（35.00）、‘麦克达木斯’（26.25）。

感：‘1613C’（58.75）、‘沙地葡萄 2 号’（53.80）、‘海布里德特莱克’（51.25）。

高感：‘维多利亚’（99.23）、‘粉红亚都蜜’（98.75）、‘巨峰’（88.75）、‘盐河’（85.00）、‘摩尔多瓦’（83.75）。

（2）东方盔蚧 又称扁平球坚蚧、东方胎球蚧、远东盔蚧、褐盔坚蚧等。属昆虫纲，同翅目，蚧总科，坚蚧科。为害果树、园林苗木，在全国葡萄产区均有分布。以若虫和成虫为害葡萄枝干、叶片和果实。成虫、若虫附着在枝干、叶和果穗上刺吸汁液，并排出大量黏液，招致霉菌寄生，表面呈现烟煤状，影响外观和食用，影响光合作用和阻滞呼吸，严重时枝上密布半球形虫体，使树势衰弱，枝条枯死。近年来，葡萄上东方盔蚧的危害有越来越严重的趋势，已引起了科研人员和种植者的重视。在生产上利用抗性品种进行防治，是获得稳定抗病效果的最有效措施，也是发展无公害果品的必由之路。

各品种均按寄生虫体的数量分级记载，标准如下：0 级（抗）——全树无虫寄生；1 级（较抗）——有少量虫寄生，虫体数量≤ 20 个；2 级（中等）——寄生虫体数量≤ 50 个；3 级（较敏感）——寄生虫体数量≤ 100 个；4 级（极敏感）——寄生虫体数量 >100 个。

东亚种群的抗性最强，其次为美洲种群，欧亚种群的抗性最差。原产东亚地区的野生种除了变叶葡萄寄生有少量的东方盔蚧虫体外，其他 7 个种（包括山葡萄、刺葡萄、菱叶葡萄、毛葡萄、桑叶葡萄、华东葡萄、燕山葡萄）的树体上均未发现寄生虫体，对东方盔蚧表现出了极大的抗性，其中，87.95% 的表现为抗性，13.04% 表现为较抗，但程度较轻，为 1 级。美洲种群中的香槟尼葡萄、沙地葡萄、美洲种、甜冬葡萄和河岸葡萄中的大多数种质材料对东方盔蚧有一定的抗性，树体上均未发现寄生虫体，59.46% 的种质没有感染东方盔蚧。欧亚种群感染东方盔蚧的品种最多，感染程度的差异最大。欧亚种中的东方品种群的抗性较一致，均为 1 级；黑海品种群对东方盔蚧的抗性分为 0 级和 1 级；西欧品种群的抗性差异较大，几个不同的感染级次中均有分布，其中，‘艾拉斯海尼’‘艾布林’和‘阿里兹考’的感染程度极为严重，其树体上分别发现了较多寄生虫壳。欧亚种中的西欧品种群内的变异幅度较大，存在着丰富的遗传多样性。

种间杂种的抗性则表现出了较大的差异。欧美杂种对东方盔蚧表现出较高的抗性，65% 的品种抗性级次为 0 级，巨峰系品种只有‘龙宝’和‘红富士’两个姊妹系品种受东方盔蚧的感染，抗性级次分别为 1 级和 2 级，其余均未受东方盔蚧的感染。山欧杂种中，有 2/3 的品种抗性为 0 级，表现为抗；1/3 品种的抗性为 1 级，有轻度感染。冬葡萄 × 沙地葡萄的后代‘1103P’感染最重。

第十一节 葡萄花性别特点

葡萄的花有三种类型，即两性花（完全花）、雌能花和雄花，葡萄雌雄性别差异主要表现在花器官上，栽培品种绝大多数为两性花，野生品种多为雌雄异株。在生产栽培中，主要应用两性花葡萄品种，两性花品种不需要栽植授粉树，其产量受花期气候条件影响较少，和单性花相比具有无可比拟的优势。雌能花品种由于雄蕊退化、花粉无活力，不能自花授粉受精，必须依靠来自两性花或雄花的花粉完成异花授粉，自然状态下常通过风力或昆虫传播花粉。而雄花品种不能坐果结实，只能作为授粉树。基于此，很有必要展开葡萄花性别的鉴定工作，筛选出与葡萄性别相关的生物标记，不仅可有目的地选择杂交亲本，而且可实现葡萄杂交子代的花性别早期鉴定，缩短育种时间，加快葡萄育种进程。

一、葡萄花性别种类

葡萄的株型有雄株（male）、雌株（female）和两性株（hermaphrodite）三种类型。截至 2020 年 4 月，国际葡萄品种目录已经登记了 7911 份不同花器类型的种质，其中完全花为 6431 份，雌性花为 1155 份，雄性花 325 份，分别占 81.29%、14.60% 和 4.11%。栽培品种绝大多数为两性花，少数为雌能花，如‘白鸡心’‘安吉文’‘白玉’‘卡它库尔干’等少数栽培品种也是雌能花。野生类型多为雌雄异株，如东亚种群的刺葡萄、山葡萄、毛葡萄、董氏葡萄等，美洲种群的美洲葡萄、沙地葡萄、河岸葡萄；也有极少数为两性花的株系，如双庆山葡萄和塘尾刺葡萄。一些砧木品种也是单性花，如‘和谐’‘久洛’‘110R’‘101-14’‘420A’‘5BB’‘SO4’为雄性花品种，‘洛特’则是雄性花品种。

二、葡萄雌雄株间差异

植物雌雄性别差异主要表现在花器官上，根据雌蕊和雄蕊发育的情况，一般来说，葡萄较难通过形态观察花芽分化始蕾期和大蕾期，但盛花期 3 种花器官具有明显特征，雌花子房上位，雄蕊退化，花丝短且向下弯曲，花药低于柱头；雄花子房明显退化，花丝较长；两性花子房上位，具有发育正常的雄蕊和雌蕊，花药略高于柱头，能自花授粉结实（图 4-30）。

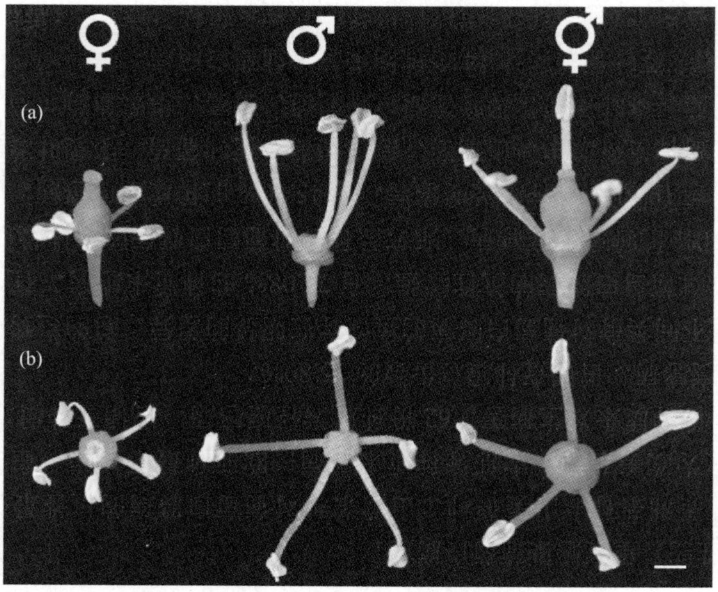

图4-30　葡萄花型（彩图）

（a）侧视图；（b）俯视图

借助石蜡切片和电子显微镜等技术，对不同花型的花粉结构进行观察，发现雌、雄株花粉形态特征差异较大。雌能花花粉形态干瘪皱缩，形成不规则凹陷，花粉无萌发沟，外壁为网状纹饰，同时内含物普遍不足，经过干燥，往往一侧向内凹陷，根本不能萌发花粉管，更不能授粉受精。通过培养后能萌发，但其萌发率、萌发速度低，不能结实。而雄花与两性花花粉形态相似，赤道面观为长椭圆形，极面观为凸、钝三角形，花粉粒极轴长，赤道轴长，外壁纹饰为穴状，中部稀疏，两端密集。萌发器表现出三沟、孔形复合辐射对称排列，其体积显著大于雌能花的花粉。通过培养后能萌发，但在萌发率、萌发速度等性状上与两性花存在较大差异。

对于葡萄雌雄株性别分化差异，科研人员也进行了一系列研究。相关研究结果表明山葡萄花型差异不是在花器官分化过程中，而是花器官分化完成后雄花中的雌蕊和雌花中的雄蕊退化所致。此外通过对野生葡萄的花芽发育过程进行观察，发现所有花型的葡萄花芽分化都经历前面的两性花时期，但在花芽分化的第六时期，雄花的珠心和外层细胞开始程序化死亡，雌蕊开始停止生长；而雌能花中的雄蕊和雌蕊仍能继续分化，但是产生了败育的花粉。通过石蜡切片观察发现，山葡萄雄花的胚珠前期发育同两性花一样，可以发育至单核或二核胚囊期，但之后发育开始停滞，最后退化和解体，造成雌蕊败育。虽然，人们研究葡萄雌雄株性别分化差异的时期不同，但是可以确定的是雌能花、雄花在前期发育过程中与两性花相同，都可以分化出雌蕊原基和雄蕊原基，只是后期发育的某阶段中发生了雄蕊或雌蕊的发育停滞或器官退化。

三、葡萄性别鉴定方法

植物性别早期鉴定在植物育种和生产实践中具有重要的意义，一直是国内外学者研究的焦点和热点。近年来，分子标记因其多态性高、标记共显性、操作简单迅速且检测成本低，并且不受组织器官、个体发育阶段及外界环境条件的影响，可以高效地在幼苗期进行早期检测，广泛应用于雌雄异株植物的性别鉴定。常用于葡萄性别鉴定研究的 DNA 分子标记有 SSR、RAPD、AFLP 及其衍生的 SCAR 标记等。这些方法大多是在 PCR 的基础上，结合混合分组分析方法（bulk segregant analysis，BSA）对雌雄异株植物进行快速、可靠、准确的早期性别鉴定。此外，随着葡萄全基因组测序的完成及分子生物学技术的快速发展，基因芯片、高通量测序等新技术为葡萄早期性别鉴定开辟了新途径。当前的研究热点之一，是分离和克隆花器官性别分化的关键基因，并分析其在雌雄株中的表达模式。这些研究不仅使性别鉴定向着更高效、高通量和精准的方向发展，也深化了对葡萄性别分化机制的理解，显著推动了遗传育种进程。

四、葡萄抗病性与性别相关性

抗病育种是解决葡萄生产上病害威胁与损失的根本途径，葡萄抗病种质资源是抗病育种的前提基础。在抗病性鉴定基础上，研究中国野生葡萄抗病性与性别相关性，筛选出性别鉴定的分子标记与 PCR 扩增引物，为葡萄抗病育种提供抗病种质资源。田间自然抗病性鉴定发现华东葡萄雌性株系‘白河 -35-1’♀对白粉病表现高抗（病情指数 2.41%），而华东葡萄雄性株系‘白河 -35-2’♂对白粉病表现高感（病情指数 75%），中国野生华东葡萄种内株系间抗病性出现极端差异可能与性别有关，且在同一种内，表现为雌株抗病性强于雄株。但现如今有关于葡萄抗病性与性别间的相关性研究较少，有待进一步研究确认。

参考文献

[1] A. J. A, 罗方梅 . 葡萄性别的遗传 [J]. 国外农学 (果树), 1984(02): 20-24.
[2] 陈继峰 , 刘三军 , 孔庆山 , 等 . 葡萄砧木的抗逆性试验 [J]. 中外葡萄与葡萄酒 , 2000(02): 16-17.
[3] 陈绍莉 , 刘金昌 . 葡萄砧木抗旱性初步鉴定 [J]. 河北果树 , 2008(03): 9-11, 15.
[4] 陈志远 . 果树育种学 [M]. 北京：中国农业出版社，1979: 292.
[5] 丁守鹏 , 张国新 , 陈猛 , 等 . 基于隶属函数法的葡萄耐盐性评价 [J]. 安徽农业科学 , 2021, 49(24): 75-77, 82.
[6] 房经贵 , 刘崇怀 , 吴伟民 . 中国葡萄育种 [M]. 北京：化学工业出版社 , 2023.
[7] 葛孟清 , 董天宇 , 郑婷 , 等 . 48 个葡萄品种果实大小粒性状调查及差异分析 [J]. 植物资源与环境学报 , 2020, 29(04): 19-27.
[8] 葛孟清 , 钟嵘 , 卢亚萍 , 等 . 红叶葡萄品种叶片花色苷种类的鉴定与分析 [J]. 核农学报 , 2022, 36(11): 2239-2248.
[9] 郭景南 , 郭军伟 . 葡萄年生长周期中前期管理技术 [J]. 果农之友 , 2007(05): 20-21.
[10] 郭景南 , 刘崇怀 , 冯义彬 , 等 .《葡萄种质资源描述规范和数据标准》概述及使用讨论 [J]. 果树学报 , 2010(27): 784-789.
[11] 郭焕敬 . 东方盔蚧的生物学特性及防治 [J]. 北方果树 , 2001(01): 11-12.
[12] 韩美丽 , 陆荣生 , 霍秀娟 , 等 . 水稻离体叶抗稻瘟病鉴定方法研究 [J]. 安徽农业科学 , 2009, 37(13): 6037-6039.
[13] 韩凯 , 罗尧幸 , 焦晓博 , 等 . 葡萄不同性别花器官发育机制初探 [J]. 园艺学报 , 2023, 50(12): 2551-2567.
[14] 韩卫娟 , 傅建敏 , 王丽媛 , 等 . 油柿果实成熟过程中生理指标的变化规律 [J]. 中南林业科技大学学报 , 2021, 41(09): 14-21.
[15] 贺普超 , 牛立新 . 我国葡萄属野生种抗寒性的研究 [J]. 园艺学报 , 1989(02): 81-88.
[16] 黄乐 , 王美军 , 蒋建雄 , 等 . 刺葡萄花器官形态特征研究 [J]. 湖南农业科学 , 2013(15): 31-33, 186.
[17] 黄雨晴 , 孙艳艳 , 罗荣峥 , 等 . 葡萄种质资源花穗形状分类标准的建立及其动态发育过程分析 [J]. 中国农业科学 , 2021, 54(11): 2389-2405.
[18] 姜建福 , 马寅峰 , 樊秀彩 , 等 . 196 份葡萄属 (*Vitis* L.) 种质资源耐热性评价 [J]. 植物遗传资源学报 , 2017, 18(01): 70-79.
[19] 姜建福 , 魏伟 , 孙海生 , 等 . 野生葡萄资源在我国自然保护区中的分布现状 [J]. 经济林研究 , 2010, 28(04): 89-94.
[20] 焦晓博 . 基于转录组技术的葡萄花器官发育和性别形成机制研究 [D]. 太原 : 山西农业大学 , 2022.
[21] 季晨飞 . 欧亚种葡萄遗传图谱构建和雄性不育基因及部分性状相关 QTL 的定位 [D]. 南京 : 南京农业大学 , 2014.
[22] 康绍忠 , 蔡焕杰 , 冯绍元 . 现代农业与生态节水的理论创新及未来研究重点 [J]. 农业工程学报 , 2004, 20(1): 1-4.
[23] 李峰 , 樊秀彩 , 刘崇怀 , 等 . 葡萄种质资源对葡萄白腐病抗性调查 [J]. 中国果树 , 2012 (03): 72-74.
[24] 李康 , 卢旭 , 张聪聪 , 等 . 盐胁迫下不同酿酒葡萄幼苗的生理响应及耐盐性评价 [J]. 甘肃农业大学学报 , 2023, 58(05): 130-140.
[25] 李礼 , 陈尚武 , 李德美 , 等 . 六个欧美杂交种葡萄酿酒品质的试验研究 [J]. 中外葡萄与葡萄酒 , 2005(3): 52-55.
[26] 李敏敏 , 袁军伟 , 韩斌 , 等 . 26 个葡萄砧木品种耐旱性评价 [J]. 西北林学院学报 , 2018, 33(04): 132-138.
[27] 李伟 . 贝达变异株系耐盐性鉴定及耐盐基因的 RAPD 标记 [D]. 兰州 : 甘肃农业大学 , 2012.
[28] 李少楠 . 逆境胁迫对葡萄生长及生理特性的影响 [D]. 南京 : 南京农业大学 , 2023.
[29] 李东奎 . 中国野生葡萄种抗病性与性别相关性的研究 [D]. 杨凌 : 西北农林科技大学 , 2022.
[30] 刘丽婷 . 葡萄品种资源叶片白腐病和灰霉病的抗病鉴定及评价 [D]. 沈阳 : 沈阳农业大学 , 2018.
[31] 刘崇怀 . 葡萄种质资源描述规范和数据标准 [M]. 北京 : 中国农业出版社 , 2006.
[32] 刘崇怀 , 陈继峰 , 孔庆山 . 葡萄种质资源抗冻害性评价 [J]. 作物品种资源 , 1999(03): 48-51.
[33] 刘崇怀 , 张宏明 , 孙庆山 . 葡萄冻害及预防对策 [J]. 河南农业科学 , 1991(11): 27-28.
[34] 刘嘉芬 . 果实可溶性固形物含量与含糖量的差值分析 [J]. 落叶果树 , 2002(04): 6-8.
[35] 刘众杰 , 郑婷 , 赵方贵 , 等 . 葡萄砧木对渗透胁迫的抗性差异及生理响应机理 [J]. 园艺学报 , 2022, 49(05): 984-994.
[36] 罗玲 , 刘伟 , 梁东 , 等 . 不同架形对阳光玫瑰葡萄叶幕生态和抗高温机制的比较研究 [J]. 果树学报 , 2024, 1-24. DOI: 1013925/j. cnki. gsxb. 20240272.
[37] 鲁雅楠 , 诸葛雅贤 , 裴清圆 , 等 . 葡萄种质资源果穗穗形调查与综合评价 [J]. 园艺学报 , 2019, 46(08): 1593-1603.
[38] 马文娟 , 同延安 . 葡萄树体生长动态与根系分布研究 [J]. 西北农业学报 , 2013, 22(08): 133-137.
[39] 马霞霞 . 基于 BSA 分析的山葡萄性别位点定位研究 [D]. 沈阳 : 沈阳农业大学 , 2018.
[40] 牛立新 , 贺普超 . 葡萄枝叶脯氨酸含量与其抗寒性关系探讨 [J]. 北方园艺 , 1989(06): 16-17.
[41] 仝倩 , 施明 , 贺建勋 , 等 . 5 种葡萄砧木耐旱性评价及鉴定指标的筛选 [J]. 核农学报 , 2018, 32(09): 1814-1820.
[42] 沈德绪 . 果树育种学 . 北京 : 中国农业出版社 , 1999.
[43] 宿子文 . 葡萄花型特征及其花性别生物标记的筛选与鉴定 [D]. 南京 : 南京农业大学 , 2023.
[44] 王炳章 . 葡萄雌能花品种的妙用 [J]. 北方园艺 , 1988(04): 12.
[45] 王鹏 , 刘三军 . 不同葡萄品种抗旱性、抗盐性及抗涝性比较 [J]. 河南农业科学 , 2005(10): 76-79.

[46] 王旭旭，樊秀彩，李傲，等. 葡萄品种资源裂果性状调查与分析 [J]. 园艺学报，2016, 43(11): 2099-2108.
[47] 王武. 葡萄果实单萜类香气物质鉴定及其合成机制研究 [D]. 南京：南京农业大学，2024.
[48] 王振兴，焦竹青，艾军，等. 山葡萄雄花雌蕊败育现象研究 [J]. 河北林业科技，2014(Z1): 63-65.
[49] 王跃进，贺普超. 酿酒葡萄品种引种比较试验研究 [J]. 葡萄栽培与酿酒，1993(02): 19-24.
[50] 王金生. 植物抗病性分子机制 [J]. 植物病理学报，1995, (04): 289-295.
[51] 吴行昶. 葡萄种质资源的抗寒性研究 [D]. 杨凌：西北农林科技大学，2011.
[52] 吴久赟，廉苇佳，曾晓燕，等. 不同品种葡萄对高温的生理响应及耐热性评价 [J]. 西北植物学报，2019, 39(06): 1075-1084.
[53] 吴梦晓，张晓雪，李众，等. 葡萄砧木的耐盐性评价 [J]. 中外葡萄与葡萄酒，2017(05): 14-18.
[54] 吴玉森. 鲜食葡萄特征香气物质及根域限制栽培与植物生长调节剂对其影响 [D]. 上海：上海交通大学，2022.
[55] 徐文清，李少楠，宋思言，等. 干旱胁迫对葡萄生理特性和叶片胁迫相关基因表达的影响 [J]. 南京农业大学学报，2024, 47(06): 1049-1057.
[56] 许瀛之，张文颖，上官凌飞，等. 葡萄种质资源花序的调查与分析 [J]. 植物遗传资源学报，2018, 19(03): 488-497.
[57] 杨晶辉. 葡萄不同类群、品种及树体情况与冻害的关系 [J]. 葡萄栽培与酿酒，1985(01): 9-14.
[58] 杨立柱. 葡萄雌能花花粉育性探讨 [J]. 北方果树，2014(02): 3-4.
[59] 袁军伟，李敏敏，贾楠，等. 21 份葡萄砧木品种资源耐盐性鉴定 [J]. 西北农业学报，2019, 28(04): 602-606.
[60] 张川. 葡萄种质资源裂果性评价和裂果相关候选基因鉴定 [D]. 南京：南京农业大学，2020.
[61] 张培安，樊秀彩，刘众杰，等. 葡萄种质资源果形性状的分析 [J]. 园艺学报，2018, 45 (08): 1456–1466.
[62] 张培安，张文颖，纠松涛，等. 葡萄（*Vitis* spp.）果皮颜色及果实着色性状分析 [J]. 植物资源与环境学报，2017, 26(04) : 8-17.
[63] 张颖，樊秀彩，孙海生，等. 葡萄种质资源对叶片白腐病的抗性鉴定及评价 [J]. 果树学报，2017, 34(09): 1095-1105.
[64] 左倩倩，纠松涛，王晨，等. 葡萄品种资源果刷性状及果粒褐化调查与分析 [J]. 植物遗传资源学报，2018, 19(06): 1092-1099.
[65] 朱丹实. 葡萄采后软化机制及风味劣变的研究 [D]. 沈阳：沈阳农业大学，2015.
[66] Antcliff J. Inheritance of sex in *Vitis*. Annales Amelioration des Plantes, 1980, 30(02): 113-122.
[67] Atallah S S, Gomez M I, Fuchs M F, et al. Economic impact of grapevine leafroll disease on *Vitis* vinifera cv. *Cabernet* franc in finger lakes vineyards of New York[J]. American Journal of Enology & Viticulture, 2012, 63(01): 73-79.
[68] Balic I, Ejsmentewicz T, Sanhueza D, et al. Biochemical and physiological study of the firmness of table grape berries[J]. Postharvest Biology and Technology, 2014(93): 15-23.
[69] Boss P K, Thomas M R. Association of dwarfism and floral induction with a grape 'green revolution' mutation[J]. Nature, 2002, 416(6883): 847-850.
[70] Cabaleiro C, Segura A . Field transmission of grapevine leafroll associated virus 3 (GLRaV-3) by the mealybug *Planococcus citri*[J]. Plant Disease, 2007, 81(03): 283-287.
[71] Castillo P, Gutiérrez-Gutiérrez C, Palomares-Rius J E, et al. First report of root-knot nematode meloidogyne hispanica infecting grapevines in southern Spain[J]. Plant Disease, 2009, 93(12): 1353-1353.
[72] Dou F, Phillip FO, Liu G, et al. Transcriptomic and physiological analyses reveal different grape varieties response to high temperature stress[J]. Front Plant Sci, 2024(15): 1313832.
[73] Fenoll J, Manso A, Hellin P, et al, Changes in the aromatic composition of the *Vitis vinifera* grape Muscat Hamburg during ripening[J]. Food Chemistry, 2009, 114(02): 420-428.
[74] Georgieva K, Ivanova A, Doncheva S, et al. Fatty acid content during reconstitution of the photosynthetic apparatus in the air-dried leaves of *Xerophyta scabrida* after rehydration[J]. Biologia Plantarum, 2011，55(03): 581-585.
[75] Guth H, Quantitation and sensory studies of character impact odorants of different white wine varieties[J]. Journal of Agricultural and Food Chemistry, 1997, 45(08): 3027-3032.
[76] Hakeem A, Li S, Iqbal S, et al. Effects of salt stress on growth, physio-biochemical traits, and tolerance mechanism of grapevine rootstocks[J]. Euphytica, 2025, 221(08): 1-26.
[77] Heikrujam M, Sharma K, Prasad M, et al. Review on different mechanisms of sex determination and sex-linked molecular markers in dioecious crops: a current update[J]. Euphytica, 2015, 201(02): 161-194.
[78] Iqbal S, Elatafi E, Shaonan L, et al. Drought stress and the modulation of physiochemical parameters and antioxidant enzymes in grapevine rootstocks: insights into the protective role of methyl jasmonate[J]. Horticulturae, 2025, 11(02): 164-164.
[79] Kalaji M. Jajoo H, Oukarroum A, et al. Chlorophyll a fluorescence as a tool to monitor physiological status of plants under abiotic stress conditions[J]. Acta Physiologiae Plantarum, 2016, 38(04): 102.
[80] Krizek B A, Fletcher J C . Molecular mechanisms of flower development: an armchair guide[J]. Nature Reviews Genetics, 2005, 6(09): 688-698.
[81] Lohmann J U, Hong R L, Hobe M, et al. A molecular link between stem cell regulation and floral patterning in *Arabidopsis*[J]. Cell, 2001, 105(06): 793-803.
[82] Liu C, Xi W, Shen L, et al. Regulation of floral patterning by flowering time genes[J]. Developmental Cell, 2009, 16(05): 711-722.
[83] Mateo J, Jiménez M, Monoterpenes in grape juice and wines[J]. Journal of Chromatography A, 2000, 881(01): 557-567.
[84] Rijpkema A S, Vandenbussche M, Koes R, et al. Variations on a theme: Changes in the floral ABCs in angiosperms[J]. Seminars in Cell & Developmental Biology, 2010, 21(01): 100-107.

[85] Ruiz-García L, Hellín P, Flores P, et al, Prediction of Muscat aroma in table grape by analysis of rose oxide[J]. Food chemistry, 2014, 154: 151-157.

[86] Vanderplank J E . Horizontal Resistance to Disease[J]. Springer Berlin Heidelberg, 1978.

[87] Yan-Mei Y, Pei L, Hong-Mei L I, et al. Study on PCR rapid molecular detection technique of *Meloidogyne vitis*[J]. 农业科学学报：英文版 , 2022, 21(11): 3408-3416.

[88] Yadav A, Tyagi S, Gupta M, et al. Current status of grapevine Leafroll disease on wine grape (*Vitis vinifera* L.) cultivar in India[J]. AkiNik Publications, 2019(03): 911-918.

第五章 葡萄种质资源的遗传基础

遗传基础是指生物体所携带的全部遗传信息的总和，这些信息通过基因从亲代传递给子代，决定了性状发育的潜在可能性。基因是位于染色体上的一段DNA序列，包括编码区、调控区等组成部分，通过转录和翻译过程，基因信息被用来合成特定的蛋白质，这些蛋白质在细胞和分子层面上执行各种功能，进而影响生物体的性状。基因的表达受到严格调控，涉及复杂的调控网络，包括转录因子、增强子和沉默子等作用的分子机制。葡萄种质资源是用于葡萄育种和遗传研究的种类多样的遗传材料，这些资源在细胞和分子水平上蕴含丰富的遗传多样性。葡萄的性状，如抗病性和耐寒性、果实颜色、糖分含量等，都是由特定基因控制的。通过基因克隆、基因组测序和分子标记技术等，研究人员可以鉴定出与这些关键性状相关的基因。例如，通过对不同葡萄品种进行基因组分析与基因定位，可以发现控制抗病性和果实品质的主效基因。利用分子标记辅助选择技术，可以加速抗病和高品质品种的选育，提高育种效率。除了遗传因素，环境因素在基因表达和性状表现中也起着关键作用。环境因素包括温度、光照、水分、营养物质、化学物质和生物相互作用等，这些因素可以通过表观遗传机制如DNA甲基化和组蛋白修饰来改变基因表达，从而影响葡萄的性状表现。细胞内的信号通路和分子互动在基因与环境的相互作用中同样重要，调控着葡萄的生长、发育和对环境变化的响应过程。

第一节　染色体倍性与核型

一、葡萄染色体的倍性

染色体倍性（ploidy）是真核生物细胞核中所含有的染色体组（*n*）的套数。葡萄的绝大多数种类和栽培品种为二倍体，其染色体基数 n=19，染色体数目为 $2n$=$2x$=38。在进化与利用过程中，形成了很多不同倍性的葡萄基因型，且葡萄无性繁殖的特点能将多倍体的遗传物质及其性状稳定地保存下去。王跃进统计18个种64个株系的中国野生葡萄的染色体数目全部为38条，与二倍体欧洲葡萄栽培品种染色体数目相一致，说明该研究中原产中国野生葡萄的染色体倍性是正常的二倍体，同时也说明中国野生葡萄的染色体在进化过程中保持高度的稳定性。由于多倍体葡萄具有生长旺盛、枝粗、叶厚、果大、产量高、同化物质含量高、种子数量少且部分发育不良、果实成熟期提前等优点，在生产上广泛推广。三倍体葡萄果实无核或少核，这使得三倍体育种成为无核品种选育的主要途径之一。四倍体葡萄具有果粒大、营养物质含量高的优点，四倍体育种是培育大粒葡萄的育种方法。三倍体育种与四倍体育种符合当前大粒、无核的主要葡萄育种目标。

葡萄染色体倍性的信息对于葡萄品种资源的科学利用以及育种计划的制订具有重要帮助。同时，鉴别葡萄倍性水平还对研究其系统进化、澄清物种起源模式具有非常重要的价值。倍性鉴定最准确常用的方法为染色体计数法和流式细胞仪倍性分析法，其他如减数分裂观察法、形态学鉴定法、解剖学鉴定法、生理生化指标鉴定法、同工酶电泳谱带的特征法等可作为辅助鉴定方法。其中，倍性鉴定最直接的方法就是染色体计数法。染色体计数法以根尖、幼芽、幼叶、茎尖、卷须为材料，因材料不同染色体观察与技术略有不同。王小利发现以葡萄根尖为试材，压片成功率最高。染色体计数法包括常规压片法和去壁低渗法，常规压片法需掌握好酸解时间，去壁低渗法需控制好低渗处理和酶解时间。对于内涵物质多的幼芽、幼叶、茎尖、卷须宜采用去壁低渗法，对于根尖采用常规压片法较简便。郭印山成功地用常规玉片法对根尖进行了染色体倍性鉴定。常金华运用去壁低渗法对人工诱变的四倍体‘玫瑰香’葡萄卷须的染色体进行计数，来确定倍性。孙马用去壁低渗染色体计数法对部分中国野生葡萄的幼叶和幼芽进行了倍性鉴定。对于染色体数目较多的材料，染色体计数法鉴定较困难。可利用流式细胞光度术（FCM）测定细胞核DNA含量、鉴定材料倍性。

裴丹等对中国自主育成的部分（208个）葡萄品种通过FCM进行倍性鉴定，统计的结果表明，二倍体葡萄品种最多占66.3%；现代栽培的葡萄四倍体品种大多是从自然产生的突变体（芽变）衍化和秋水仙素诱导而来的，四倍体品种占比较低，为28.4%；由于利用二倍体和四倍体进行有性杂交的亲和力差，杂种胚早期败育或胚乳解体，很难获得杂交后代。即便利用胚挽救技术也很难保证成活率，所以三倍体品种最少，仅有5.3%。

二、葡萄染色体的核型

（一）核型的研究方法

核型（karyotype）是指生物体有丝分裂中期染色体在光学显微镜下所呈现的数量、大小、形态及着丝粒位置等结构特征的总和。核型是一个物种染色体组的形态学表现，具有较强的种属特异性和相对的稳定性，同时又可反映出个体间或种群间的变异。核型分析不仅有助于揭示染色体结构的基本特征，还广泛应用于物种分类、系统发育、种质资源鉴定、育种材料筛选及染色体畸变检测等研究与实际应用领域。标准核型图通过对染色体按长度、形态和着丝粒类型等进行排列和编号，直观展示染色体组的组成特征，是细胞遗传学研究的重要基础信息资料。

1. 核型的特征

通常，细胞分裂中期的染色体长度、臂比、着丝粒位置等指标被用于表征物种的核型特点，除此之外，染色体数目（包括常染色体与性染色体）、相对长度大小、染色体对内外的不对称性、带型图案、次缢痕或卫星体的有无及其位置，甚至性染色体形态差异等，都构成核型的特征要素。这些特征在物种间具有较强的种属特异性，对分类、系统发育、进化和育种研究都具有重要意义。

（1）臂比（arm ratio，r）　臂比是指染色体长臂（q）与短臂（p）的长度之比，是判断染色体着丝粒位置和类型的重要参数。即：

$$r = \frac{\text{长臂长度}(q)}{\text{短臂长度}(p)}$$

（2）染色体类型划分标准　依据 Levan 等在 1964 年首次系统提出的基于臂比的染色体分类方法，染色体类型划分标准见表 5-1。

表5-1　染色体类型划分标准

类型	着丝粒位置	臂比范围（r）	图示特征
中部着丝粒（M 型）	着丝粒位于中部	1.0 ～ 1.7	臂长几乎相等
亚中部（SM 型）	着丝粒偏离中部	1.7 ～ 3.0	长短臂明显但不极端
亚端部（ST 型）	着丝粒靠近一端	3.0 ～ 7.0	短臂明显短于长臂
端部着丝粒（T 型）	着丝粒接近端部	>7.0	几乎只有一个臂
染色体卫星（SAT）	染色体次缢痕或球状小体	无臂比分类	多见于核仁组织区染色体

（3）染色体数目（chromosome number）　每个体细胞中染色体的总数（$2n$ 数目），以及性染色体与常染色体的组合。染色体数目的改变（如数目增加、数目减少、多倍体或倍性变异）是核型最基础、最重要的特征之一。

（4）相对染色体长度（relative chromosome length）　不仅看单条染色体的绝对长度，还要与其他染色体比较它在组内所占的比例（如占所有染色体长总和的百分比）。这种比较可以揭示大小差异明显的染色体对。

（5）着丝粒位置（centromere position）　着丝粒在染色体上的位置决定了短臂与长臂的长度比例，是判断染色体类型的重要指标（例如中着丝粒、亚中着丝粒等）。

（6）对称性 / 不对称性（karyotype symmetry/asymmetry）

① 间染色体不对称性（interchromosomal asymmetry）：整个染色体组中，不同染色体在大小（长度）上的差异程度。大小差异越大，不对称性越强。

② 染色体内部不对称性（intrachromosomal asymmetry）：单条染色体中短臂与长臂长度差异越大，着丝粒位置越偏端，越不对称。

（7）染色体带型（banding pattern）或染色体条带图案　用于进一步区分染色体，通过染色或荧光等技术显现带状图案，比如 G- 带、C- 带、染色体异染色质或核仁体区（nucleolar organizing regions，NORs）等。这可揭示染色体的结构性变异（如染色体断裂、重复、缺失等）。

（8）次缢痕或卫星 / 核仁体组织（secondary constrictions/satellites/NOR） 染色体上除主着丝粒外，有些染色体还有次缢痕，有卫星染色体（带小小卫星体的染色体）或核仁体区，这些结构可作为标志性特征。

（9）性染色体形态（sex chromosomes morphology） 性染色体（X/Y 或 Z/W 系统）可能在大小、形状或带型上与常染色体不同，这也属于核型特征之一。

2. 核型的研究方法介绍

核型分析是一种通过显微镜观察染色体形态、大小、着丝粒位置等特征来研究生物遗传结构和变异的技术。核型分析可以帮助科学家了解染色体的数量、结构以及它们在细胞分裂过程中的行为。核型研究的方法有以下几个步骤：①制备染色体悬液。首先需要从生物体的细胞中制备染色体悬液。这通常通过细胞培养或直接从新鲜组织中获取细胞来完成。②固定染色体。为了便于观察，染色体需要固定在载玻片上。常用的固定剂包括冰醋酸和甲醇的混合液。③解离染色体。通过解离液（如盐酸或酶解液）处理细胞，使染色体从细胞核中分离出来。④染色。使用碱性染料（如吉姆萨染液）染色，使染色体显色，以便于观察。⑤压片。将染色后的载玻片压扁，使染色体更加平坦和集中，便于显微镜观察。⑥显微镜观察。使用光学显微镜观察染色体，记录其形态、大小和着丝粒位置等特征。⑦核型分析。根据观察到的染色体特征，对染色体进行分类和编号，形成核型图。核型图可以显示染色体的数量、形态和结构特征。使用计算机软件辅助分析核型，可以更准确地测量染色体的长度、着丝粒位置等，并生成核型图。

对于葡萄这种基因组较小、染色体数目较多，或染色体间区别小的物种通过传统的核型分析难以识别其所有的染色体。染色体显带技术（chromosome banding）和原位杂交（in situ hybridization，ISH）的出现极大地促进了细胞遗传学研究的进展。染色体显带技术是一类能在有丝分裂中期或近于中期的染色体上，通过特定染色剂和处理步骤使染色体沿其长度产生一系列可重复见到的明暗条带的技术。这些条带使得每条染色体在形式上类似条形码，便于区分同源染色体、识别染色体组内中等大小甚至微小结构差异，以及定位染色体上的结构标记（如着丝粒、异染色质、核仁体区域、重复序列区等）。采用显带技术后，即使在染色体形态接近、长度和粗细差异不大的物种中，也能提高染色体的可识别性与鉴别率，大大促进细胞遗传学研究在分类、系统发育、染色体重排与异常检测中的精度与实用性。自 20 世纪 70 年代以来，C 分带（C-banding）和 G 分带（G-banding）技术已被广泛应用于植物形态的细胞遗传学研究，这是一种廉价且相对快速的方法，可以识别单个染色体的形态或核型变异，包括大型染色体重排事件和非整倍体，该技术在小麦及其近缘属的染色体分析中取得了较大的成果。20 世纪 80 年代末，Manning 等人成功利用生物素标记 DNA 探针，FISH 就开始被用于对有丝分裂中期染色体与标记 DNA 探针杂交进行可视化研究，其中，细菌人工染色体（BAC）克隆也成为植物细胞遗传学研究中最常见的 FISH 探针之一。与传统的放射性同位素标记的 FISH 探针相比，荧光染料标记的 FISH 质粒克隆探针更加安全。随着 DNA 克隆来源、抗体、荧光素、显微镜和 CCD 相机的不断提升，FISH 已被应用于多个物种的核型分析研究。

（二）葡萄染色体的核型分析

1. 技术方法

葡萄 FISH 杂交实验方法：葡萄组织培养幼苗和枝条扦插水培生根后，挑选长势旺盛的新根，剪掉其前端 1.5 ～ 2cm 的部分，加入 0.2μmol/L 的甲基胺草磷溶液（APM，溶剂为丙酮），置于 25℃培养箱浸泡 2h。倒掉 APM 溶液后用清水冲洗 2 ～ 3 次，放入 1.5mL 离心管中，保持根湿润，并用笑气（一氧化二氮）处理 30min（0.8 ～ 1.2MPa）。随后向离心管加入 90% 乙酸将根全部浸泡，冰上处理 7min，将根取出吸干液体，置于 70% 乙醇中，−20℃保存。取根于 45% 乙酸溶液中解离 10min，用刀片切取根尖分生区组织，滴一滴 45% 乙酸溶液，盖上盖玻片后用镊子轻敲几下使细胞分散开，利用酒精灯外焰烘烤制片，待载玻片上雾气散开后压片。采用相差显微镜观察染色体制片，选取染色体形态好、均匀分散、数目完整的制片放入 −80℃冰箱冷冻储存。制片冷冻过夜后揭去盖玻片，置于无水乙醇脱水 30min 以上，气干后即可用于原位杂交实验。原位杂交工作液的配制如表 5-2 所示。

表5-2　20 × SSC配方（pH7.0，灭菌后室温保存）

试剂	体积
NaCl	175.3g
柠檬酸钠	88.2g
ddH_2O	定容至 1L

原位杂交流程：杂交液按照表 5-3 比例配制，配制完成后振荡混匀并离心，105℃加热 13min，加热完毕后马上放入 −20℃无水乙醇中静置 10min。

表5-3　荧光原位杂交液

试剂	体积
dFA	7.5uL
20×SSC	1.5uL
鲑鱼精 DNA	1uL
寡核苷酸探针	1uL
50% 硫酸葡聚糖	2uL

在染色体装片上滴加 70% 去离子甲酰胺 dFA（700uL dFA+300uL 2×SSC），盖上盖玻片，置于 75℃的拷片机变性 70s，随后在 −20℃的 70%、95%、100% 的酒精中各放置 5min，气干。将杂交液滴加在染色体装片上，盖上盖玻片，置于湿盒，37℃培养箱孵育 6h 以上。洗片与镜检：揭掉盖玻片，42℃水浴锅中，2×SSC 洗 2 次，每次 5min，ddH_2O 洗 1min，气干后滴加 7uL 封片胶（含 DAPI），加盖玻片。在荧光显微镜（Olympus B×60）下镜检，用 SPOT CCD 摄取图像。每个材料观察 5 个以上细胞；利用 Photoshop（v6.0）进行核型分析，同一个核型绝大部分染色体来自同一细胞，少数重叠染色体采用同一制片中的另一个细胞的成对染色体代替；葡萄染色体杂合性指个体内同源染色体同一

探针具有不同杂交信号的现象，异质性指不同个体任意两对同源染色体之间同一探针具有不同杂交信号的现象。

2. 探针的制备

探针是荧光原位杂交（FISH）技术的核心工具，其本质是带有荧光标记或可被特异性检测标记的核酸片段，能够与目标染色体或基因组区域的互补序列发生特异性杂交，从而实现对特定DNA序列在染色体上的物理定位、可视化及结构变异分析。在葡萄细胞遗传学研究中，探针的设计与制备需紧密结合。葡萄作为首个完成全基因组测序的果树物种，其基因组大小约为500Mb，包含19条染色体，基因组中存在大量重复序列（约占基因组的22.59%，主要包括反转录转座子、卫星重复、rDNA等），且染色体较小（长度多在1～3μm）、形态相似，传统核型分析难以区分，因此对探针的特异性、分辨率及信号强度提出了更高要求。

葡萄全基因组测序的完成（如‘PN40024’品种基因组测序）为探针开发提供了关键基础。早期葡萄基因组研究依赖BAC克隆等传统探针，但这类探针制备流程烦琐、成本高，且易受基因组重复序列干扰，难以精准识别单个染色体。随着FISH技术向高效化、精准化发展，基于葡萄全基因组序列的寡核苷酸探针（oligo-probe）逐渐成为主流——通过生物信息学工具从基因组序列中筛选特异性序列（单拷贝序列或重复序列），经化学合成并标记荧光基团后，可实现对葡萄染色体的精准识别、核型构建及结构变异检测，解决了传统探针在葡萄小染色体物种中识别效率低的问题。基于FISH技术在葡萄核型分析中的应用需求，目前开发的葡萄探针主要分为以下几类：

（1）葡萄单拷贝oligo-FISH探针的开发与利用　20世纪80年代，FISH技术被应用于植物学领域。早期的FISH实验主要依赖强大的DNA探针，如重复序列DNA、大片段的基因组DNA克隆（细菌人工染色体）等。近年来，原位杂交的发展是基于合成寡核苷酸FISH探针的应用，这种探针可以从重复的DNA元件或单拷贝DNA序列中设计，这是使用克隆DNA序列的传统FISH探针的范式转变。本文主要介绍一种基于寡核苷酸探针的新型FISH技术。这项技术基于参考基因组计算寡核苷酸，合成文库后将其标记为FISH探针。寡核苷酸探针可为单条染色体臂或整个染色体绘制核型图。

葡萄用途广泛，有酿酒、鲜食等多种用途。但是，其500Mb的基因组大小和19条染色体组使其成了染色体最小的果树之一（17～30Mb），难以识别体细胞中的单个染色体，这给葡萄的细胞遗传学研究造成了困难。因此，设计和开发一套寡核苷酸探针用于葡萄染色体识别就成了有力的细胞遗传学研究工具。为建立经济高效且通用性强的葡萄寡核苷酸FISH技术，丰富葡萄染色体标记，解决葡萄基因组序列与实际染色体核型对应等问题。裴丹等通过Chorus软件对‘PN40024’品种基因组数据进行生物信息学分析，设计并合成了四组共91280个寡核苷酸，它们包含位于葡萄基因组的40个特定染色体区域的单拷贝序列。寡核苷酸大量平行合成并标记为FISH探针，可以用于识别葡萄的全部19对染色体。建立了栽培种葡萄的寡核苷酸核型，同时这组探针还可以用于揭示葡萄种间杂交的结构变异，实现基因组序列与染色体的实际对应。

利用Chorus2对PN4基因组进行45nt单拷贝序列筛选后，共得到1544172条序列。

其中，1453730 条单拷贝序列可以锚定到葡萄的 19 条染色体。鉴于研究中所用的显微镜滤光片仅有红、绿两种颜色，而葡萄具有 19 条相对较小的染色体，具体是根据每条染色体的大小从上述单拷贝序列中筛选出密度大于 4.5oligos/Kb 的 91280 条序列，合成两套双色探针，分别由红、绿各两组包含 18256 条和 27385 条寡核苷酸组成。其中第一组包含 Chr1 ～ Chr8 的 8 条染色体，共有 8 个红色和 8 个绿色信号；第二组包含 Chr9 ～ Chr19 的 11 条染色体，共有 12 个红色和 12 个绿色信号（图 5-1）。由于 20Kb 大小的探针库最多只能包含 27392 个探针，因此每个信号区域被 2282（27392/12）个寡核苷酸所覆盖。根据染色体长度的不同，15 条染色体上出现两个（以上）信号，且两个信号点间的距离为 4 ～ 11Mb 以确保信号点的独立。这些信号可以用于识别葡萄的全部 19 对染色体。每个寡核苷酸均来自葡萄参考基因组序列，包含 45nt 核苷酸和 5′- 正向（T7 RNA 聚合酶启动子序列）和 3′- 反向引物。对 4 组寡核苷酸进行标记，制备单链 DNA 探针。19 对葡萄染色体的相对位置如图 5-1 所示，4 套探针产生 20 对红色与 20 对绿色信号，可以被用作 19 条染色体的识别码，同时揭示杂交过程中的葡萄染色体变异和进化。

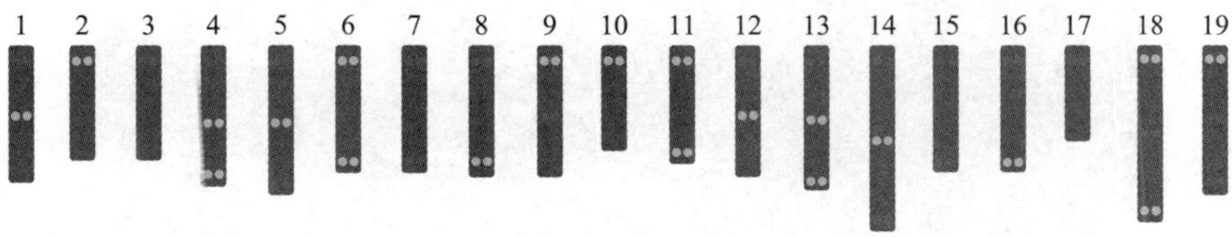

图5-1　葡萄染色体中寡核苷酸信号的模式图（彩图）

蓝色表示19条染色体，绿色和红色探针信号位置分别用20个红点和绿点标记

上述 4 组探针分别用生物素和地高辛进行间接标记，并对中期的染色体进行 FISH 分析。在‘黑比诺’（PN，欧亚种）和‘PN40024’（PN4，欧亚种）的中期染色体上检测到生物素抗体（绿色）和地高辛抗体（红色）探针信号。经 Sequential FISH 杂交后，每个细胞的染色体臂上有 20 对绿色和 20 对红色信号（图 5-2），可以对所有的 19 条染色体进行准确识别。观察到 PN 及其八代自交种 PN4 的核型之间没有显著的信号差异。

基于单拷贝寡核苷酸的 FISH 可实现染色体特异性图染，但是想要观察特定的染色体区域则需要大量的单拷贝序列。单拷贝寡核苷酸 FISH 成功的关键过程是单拷贝寡核苷酸探针的设计。较长的序列虽然能够减少错配，但也更容易形成发夹结构，同时降低探针数据集的密度，因此中等长度（45nt）的寡核苷酸更适宜作为单拷贝寡核苷酸探针。利用 RepeatMasker 屏蔽基因组中的重复序列后，再利用 Chorus 管道对单拷贝寡核苷酸进行筛选。这些序列可被合成为一个寡核苷酸文库。文库中每个寡核苷酸在合成过程中会在两端添加序列标签，从而可以对整个文库的寡核苷酸序列进行 PCR 扩增。随后，通过荧光染料标记或生物素 -dUTP（地高辛 -dUTP）标记的寡核苷酸，从文库中生成探针。因此每个合成的寡核苷酸文库都可产生大量的探针资源，并应用于上百万个 FISH 实验。

单拷贝寡核苷酸 FISH 探针库中的寡核苷酸数量对于 FISH 信号的质量（强度）至关重要。具有更多寡核苷酸（或更高密度）的探针成本更高，也会产生更亮的信号。通常 0.1 ～ 0.5oligos/Kb 的探针密度足以在整条中期染色体上产生高质量的信号。植物粗线期染色体长度较中期染色体可延长 10 ～ 20 倍。因此，如果该探针被用于绘制减数分裂粗线期

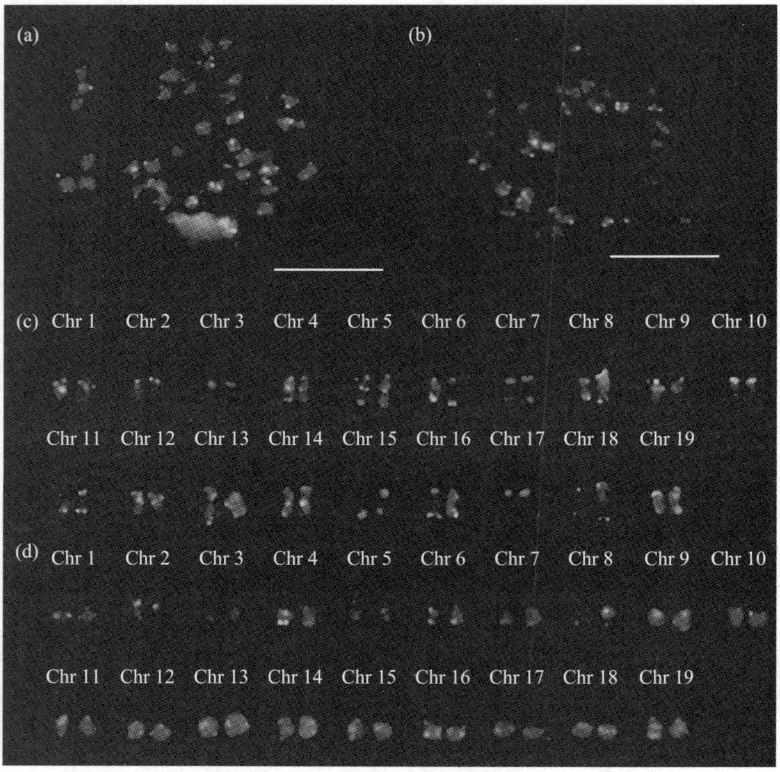

图5-2 单拷贝探针库对PN4与PN的核型进行识别（彩图）

其中蓝色为DAPI染色，红色为地高辛抗体，绿色为生物素抗体。（a）和（b）分别为PN4和PN的中期染色体；（c）和（d）分别为PN4和PN的19条染色体核型分拣。标尺为10μm

的染色体，则应采用更高的寡核苷酸密度。密度为2oligos/Kb的水稻9号染色体探针可以在粗线期染色体上显示出高质量的信号，密度为0.6oligos/Kb的马铃薯11号染色体探针也足以观察整个粗线期染色体。此外，较长的寡核苷酸探针能够在染色体上产生更为特异的信号，同时减少错配率，但同时也会增加发夹结构形成概率，从而降低结合效率。然而，如果寡核苷酸探针被设计为可视化染色体上的一小段基因组区域（<10Kb），较长的寡核苷酸探针还会降低探针的密度，因此，对于单拷贝寡核苷酸探针而言，45nt左右的探针是一个较为合适的长度。如玉米中寡核苷酸序列的密度为0.45～0.58oligos/Kb，水稻中单拷贝探针覆盖的范围为0.62～1.38Mb，密度为1.34～3.07oligos/Kb。在葡萄基因组中，单拷贝序列的密度为2.61～4.38oligos/Kb，显著高于玉米和水稻中寡核苷酸探针的密度。葡萄探针跨越的长度为0.18～0.47Mb，密度为4.82～12.92oligos/Kb，意味着在1Kb序列中最低只需存在5个单拷贝序列即可产生信号。与水稻相比，在染色体大小相差不大的情况下，可见葡萄基因组小但单拷贝密度较高，本研究设计的单拷贝序列能够在跨越相对较小的范围内产生信号，可以为后续小染色体基因组识别提供参考。基于单拷贝寡核苷酸的这个特性，'PN40024'基因组信息设计单拷贝寡核苷酸序列库Library 1-4，并将其定位在栽培种葡萄核型上。单拷贝FISH结果首次实现了19条葡萄染色体序列图与实际染色体对应，由于单拷贝序列在基因组上较为保守，因此基于单拷贝探针的葡萄核型也具有较高的稳定性。

'巨峰'系以及'玫瑰香'系部分品种以二倍体、三倍体、四倍体为实验材料，获得清晰的 FISH 图片并进行核型分析。二倍体、三倍体、四倍体葡萄的染色体数目分别为 $2n=2X=38$、$2n=3X=57$、$2n=4X=76$，且可清晰观察到形态和大小相似的染色体。四组双色寡核苷酸探针可识别出全部的‘巨峰’系和‘玫瑰香’系品种的 19 条染色体。葡萄同源染色体上寡核苷酸信号强度不同，表明葡萄单拷贝序列在近缘物种中具有遗传多样性。用地高辛和生物素间接标记的四组探针在‘巨峰’和‘玫瑰香’中期染色体上检测到红色（地高辛）和绿色（生物素抗体）探针信号（图 5-3）。在顺序 FISH 杂交后，葡萄细胞中每一组染色体臂上均分布有 20 对红色和 20 对绿色信号，可以识别 19 条染色体。实验结果表明，染色体臂上信号强度略有差异，信号分布与寡核苷酸探针套的分布模式图没有显著差异。

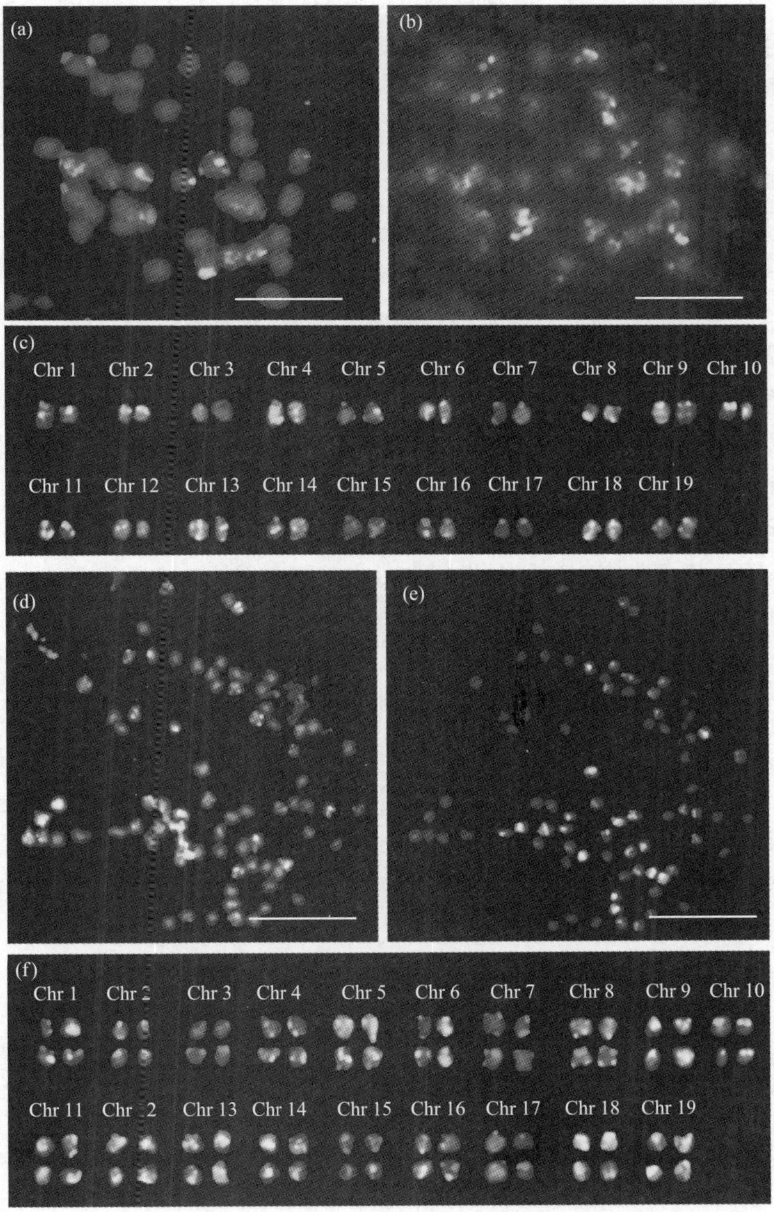

图5-3　‘玫瑰香’和‘巨峰’葡萄单拷贝探针库核型识别（彩图）

（a）～（c）为‘玫瑰香’单拷贝探针核型识别；（d）～（f）为‘巨峰’单拷贝探针核型识别

葡萄的染色体较小，形态相似，与李属、秋海棠属染色体难以区分，均是通过开发寡核苷酸探针成功识别所有染色体。此外，存在葡萄染色体上部分寡核苷酸信号非常微弱的情况，可能是对应的染色体区域单拷贝寡核苷酸的密度相对较低。

（2）葡萄重复序列分析与寡核苷酸探针开发　合成的 oligo-FISH 探针首先被开发用于绘制植物 SSR 的物理图谱。大量的二核苷酸基序、三核苷酸基序或四核苷酸基序的 SSR 被合成并作为 FISH 探针，例如 $(GAA)_{10}$ 或 $(AG)_{12}$。SSR 相关寡核苷酸 FISH 作图最初被用于基因组中 SSR 组织的研究。研究人员观察到每个 SSR 基序具有特征性分布，表现出不同的空间浓度。$(AC)_8$ 探针被发现能够特征性地在甜菜的 16 条染色体对的着丝粒附近产生杂交信号。同样的，用于鹰嘴豆染色体 FISH 分析的信号也会随着 SSR 探针的不同在分布和信号强度上表现出较大差异。此外，Cuadrado 和 Schwarzacher 研究了 10 个 SSR 模序在六倍体小麦、黑麦和小黑麦中的分布后发现，SSR 杂交信号可在与所用基序无关的染色体位置上存在，并在小麦和黑麦上表现出显著相似的分布模式，表明 SSR 是构成麦类作物基因组的重要组分。部分探针在单个染色体上可以产生不同的 FISH 信号模式，该种 SSR 探针可被用于染色体鉴定。如 $(GAA)_{10}$ 的 FISH 信号模式类似于小麦和大麦染色体上的 N 带模式。目前，SSR 寡核苷酸探针已被用于小麦、大麦、十字花科等多种植物的染色体鉴定。卫星重复或串联重复探针也被广泛应用到植物 FISH 中，因为此类重复的 FISH 信号通常可用于染色体鉴定。如果可以识别出卫星重复序列特有的短读基序，则可以合成基于该基序的寡核苷酸探针用于 FISH。这种合成的探针可以对亚科间的卫星重复进行可视化和区分，与传统的克隆卫星重复相比，它具有质量高、制备简易等优点。此外，这类探针可以直接从较低覆盖度的基因组序列数据中读取卫星重复序列并进行设计。因此，开发此类探针不需要完全测序的参考基因组。

对葡萄基因组的重复序列进行分析后，可将其聚类至 321 个重复簇中，去掉比对注释为线粒体、叶绿体或其他污染的聚类后，剩余的 267 个重复簇用于计算重复序列的基因组占比。计算后得出葡萄 22.59% 的基因组序列为重复序列。葡萄基因组重复序列的组成及成分占比见表 5-4。葡萄基因组中重复序列的主要类型包括卫星重复、反转录转座子、DNA 转座子等。其中，反转录转座子有 LTR（Ty3/Gypsy、Ty1/Copia、Chromovirus 和 unknown）和 LINE 两种类型。DNA 转座子包括 EnSpm_CACTA、hAT、MuDR_Mutator，串联重复序列包含 rDNA 和卫星重复。反转录转座子是葡萄基因组中含量最高的重复序列，约占基因组的 10.49%，Ty3/Gypsy（4.7%）、Ty1/Copia（3.72%）为其主要成分。串联重复序列在葡萄基因组中的含量也比较大，其中卫星重复占比为 2.54%，rDNA 仅为 0.57%。另外，发现未能明确功能的重复序列占比为 8.18%。

表5-4　葡萄基因组重复序列成分分析

重复序列类型	类型	家族	基因组占比 /%
satellite（卫星 DNA）			2.54
retrotransposon（反转录转座子）			10.49
	LTR（长末端重复序列）		9.76
		Gypsy	4.7

续表

重复序列类型	类型	家族	基因组占比 /%
retrotransposon（反转录转座子）	LTR（长末端重复序列）	Copia	3.72
		Chromovirus	0.82
		未知（unknow）	0.52
	LINE（长散布核元件）		0.73
DNA transposon（DNA 转座子）			0.81
未分类重复序列			8.18
rDNA（核糖体 DNA）			0.57
总计			22.59

利用 TAREAN 共识别出 1879257 条读长，其中 60.2% 的 reads 可被归类到 176286 个重复序列簇中，而另外 39.1% 的读长则属于单拷贝序列（图 5-4）。占比在 0.01% 以上的重复序列簇共有 250 个，其中有 25 个重复序列簇含有较多的读长数目，约占总数的 6.129%，表明葡萄重复序列分布不均匀，存在少数在基因组中占比较大的重复序列。

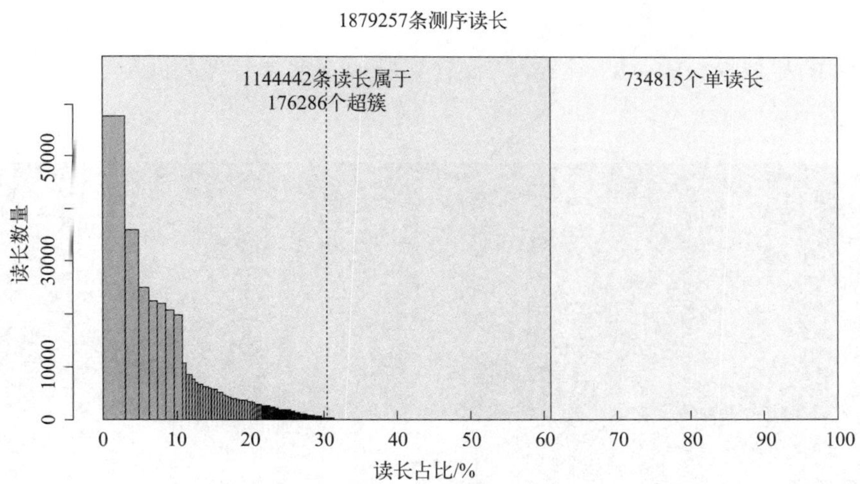

图5-4　TAREAN聚类的图形统计

上述 25 个重复序列簇包含 10 个高置信的卫星序列、6 个低置信的卫星序列和 9 个 LTR 元件。其中 16 个重复序列簇较为保守，能够计算出一致性重复单元，长度为 105 ～ 4465bp，占基因组 0.014% ～ 1.2%。裴丹根据这 16 个重复序列设计了 35 条寡核苷酸探针（表 5-5），其中来自 15 个重复序列的 34 条探针可以在葡萄染色体上产生信号。本研究中重复序列识别的主要依据是聚类时的图形分析，高可信度的卫星重复序列能够形成颜色深且分布密集的圆形或星形。除此之外，其他不同类型的重复序列也能够形成不同的聚类图形。在葡萄基因组串联重复序列的识别中鉴定的 16 种重复序列的代表图形如图 5-5 所示。

报告显示，葡萄的串联重复序列基本符合真核生物以 107bp 为基元的重复方式。其中 VvCL133 的图形为标准的圆形，注释信息显示其可能为葡萄 5SrDNA 基因且与 5S 基因表

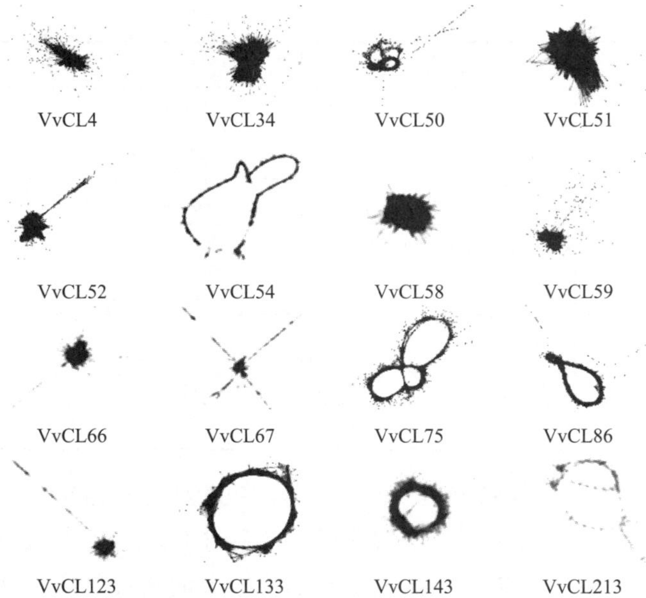

图5-5　串联重复序列的TAREAN聚类图示

现为19.53%的相似性。BLAST比对与FISH实验也证明二者序列匹配且可以定位在染色体的同一位置（图5-6）。

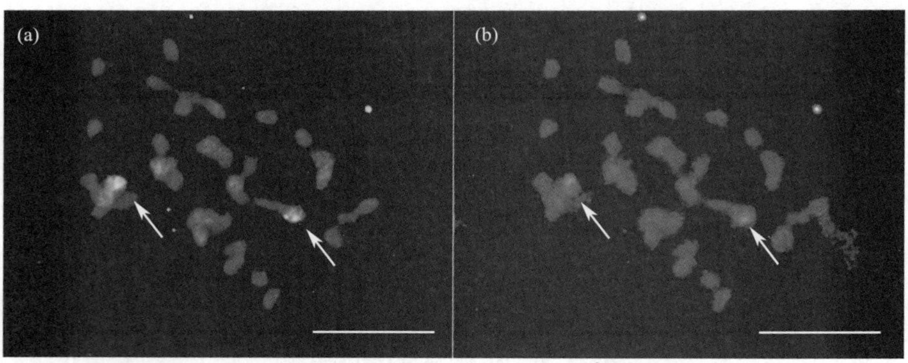

图5-6　在PN4染色体上利用（a）VvCL133、（b）Vv5S探针得到的杂交信号（彩图）

蓝色为DAPI染色，标尺为10μm

表5-5　研究中开发和使用的串联重复序列探针

名称	探针序列	长度 /nt
CL4	AAAAAGGGTCGAATCAGTGTGAGTACCGAAAAATG	35
CL34-1	ACTGTCCGGACCAGTTCCTGAAAAGGCTAGAATCGGTGTCAGTACCGGAAAATGGTAG	58
CL34-2	AATCCGGGCCAGTACCGGGAAAAGGTGGAATCCGTGCGAGTACCGAAAA	49
CL50-1	TCTCGCTGTACTTTAATTTTCTCTTTTATGTTTGGGTGTT	40
CL50-2	GCTTCATGTTCCGTTTTGTAATGCTCGTTTCTTTCGTT	38
CL50-3	GCTTTTAATGACATTGTGCCTTAAGTGGTAATTTTCTTCT	40

续表

名称	探针序列	长度 /nt
CL50-4	TTCTATAGGCGTAAGAGTGGAATTTCAAGGTGTATCGG	38
CL51-1	TTTTTCTGTACTCTCACGGATTCTACCTATTCCCGGTACTCGCACGGATTCTACCATT	58
CL51-2	TTCCGGTTCTCACACGGAATCTACTTTTTTCTTGTACTCGTTTGGACCG	49
CL52-1	GCACGGATTCTACCATTTTCCGGTACTCACAGGGACAGTTTTCCGGTACTCGCAT	55
CL52-2	GGATTCTCCCTTTTTCGGGTACTCGCCCGGATTCCACCATTTTTCGATACTC	52
CL54-1	GATGCATTTGTGGGGAAGGGCTATTGTAATCAGGGTTTATTTATGTTGAATGT	53
CL54-2	ATGTCCTAGTCTACCATGCCAAATATCACAAGAATCAACTATGTAAGCAGAAGAA	55
CL54-3	TAAGTAAGAAAATTAAAAGGCTTAGAACTGATAGGGGAGGAGAGTATGA	49
CL54-4	ACTATTGTTCGTAGAGTCCTTAAGTATTTGAGAGGCACCATTAACTA	47
CL58-1	TATTAGAAAATGGTAGAATTCGGGCGAGTACCGGGGCAAGGTAGAATCCGTGCG	54
CL58-2	AGTACCGAAAAACTGTCCCGGCGAGTTCCCGAAAAGGCTAGAATCAGTGTGAA	53
CL59-1	ATTCTACGATTCTCAGATACTCGCCTGGATTGTACCTTTCCCGGTACTCGCCC	53
CL59-2	GGACCCTTTTTCTGTACTCGCACGGATTCTACCCTTCTCCGGGACTGGCCCGA	53
CL66-1	AATCCTCACATTCTTCGTACCCTCCCAAATCTCCACTTCTT	41
CL66-2	TCCAAGCCATATGATGTCCCAAAAAATTTTAAAAACTCCAAAGAA	46
CL67-1	GGTACAGTCCCAAAAAACCATTGGTGGACCACTTGAGGACTCAAGAGAATCACATAATG	59
CL67-2	GCATGGTCTAAGGGTCACAAAGGAAGACCCGAGGCTTGGGAGAGGTTGAGTTGAAGTTT	59
CL75-1	AATATGGGACTAGATCTTCAGTTTATCCAAAATAATATTGCACGTGTGTTA	51
CL75-2	CCAAAGTCCTCCTAAAGGCCAACACGTTTGATGATCTGCTATATTGAAGTA	51
CL86-1	GAATTCAATAATGCATAGATCAAGTCAACAAATCATACCCAAACATAACAGATA	54
CL86-2	CAAATCAACAAATAATACCAACACATAACAGAGATAATGAAAATTGCGATATAG	54
CL86-3	TTGAACAATGCGGTATATGAAAGAACAGGGAATACGAAGAAAACTTATCTA	51
CL86-4	ATGTTATTTTGATTTTCTCGTCTTTTCATCTGATCTCGGTGTCTTGTCCCA	51
CL123-1	CTAAACTAAGCATAATATCAACAAAGCAACCAAACTAATAATTTTTAAAAACTA	54
CL123-2	AACTAAACATGAGATCAACAGAATAACCAAACTAATGATTTTTAAAAGAAA	51
CL133	GGATTCGCGTTTTGGTGCATGGATTGGGGTTTGATCTTCACTTTAAAGGGTGG	53
CL143-1	CCCAATGATTAGTTACAAATGGAAAAAAGGAATGAGCTTAGATAGAACCTAGAAA	55
CL143-2	CCATCCTAGGTTCTATCTATGTTTATTCTTCATCCCTTTTGTTTCCTATCATT	53
CL213	AAATGAATCAACTAGTACTTCTCTTATTTTCACATTGCAAAGGATTTTAATAT	53

从 FISH 结果整体上看，信号与其在基因组上所占的比例基本成正比，如 VvCL4 在基因组比例为 1.2%，其信号最为丰富。但也存在少数特殊情况如 VvCL86 的信号较 VvCL75、VvCL59、VvCL67 等丰富（图 5-7）。

（3）葡萄 SSR 序列分析与寡核苷酸探针开发　对 3 个品种研究表明，其基因组 SSR 的数量不同，'PN40024' 最少仅有 297659 个，其次是 '赤霞珠' 572976 个，'佳美娜' 最多 627429 个。SSR 频率分别为每 1.63kb、1.06kb 和 0.99kb 出现一个（表 5-6）。

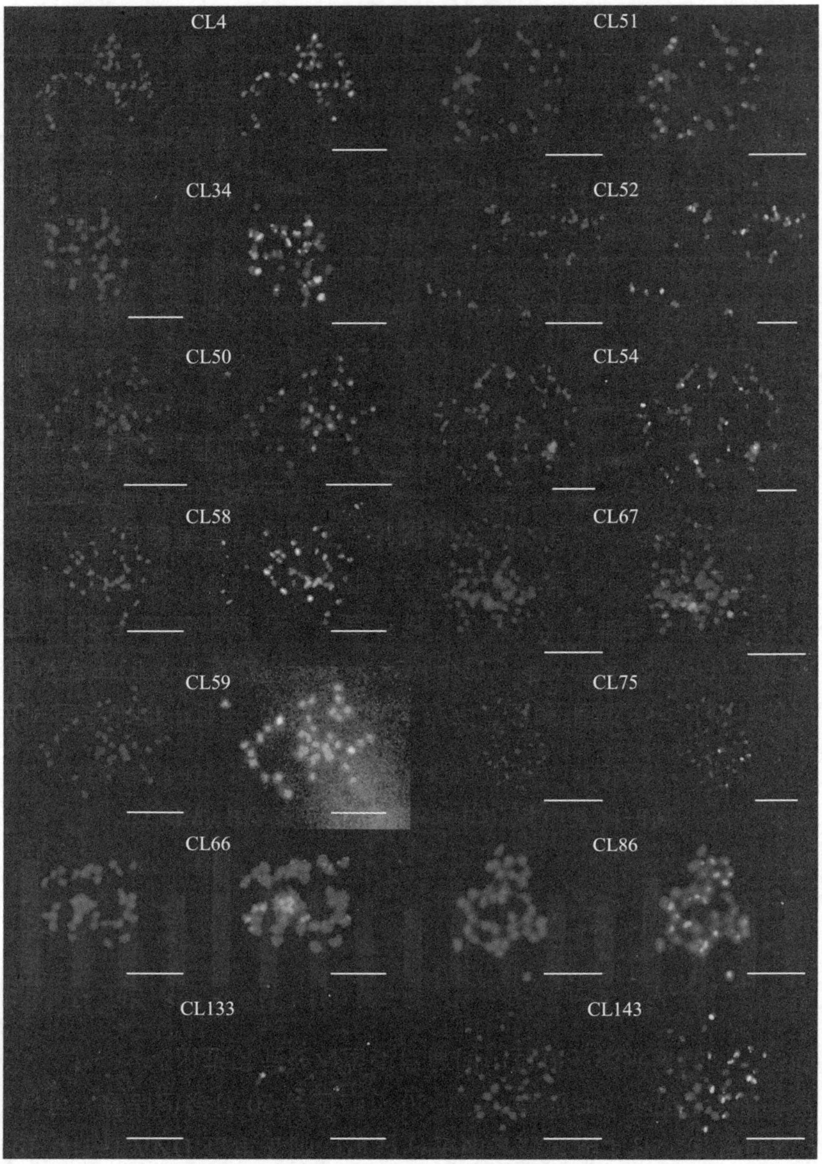

图5-7 在PN4染色体上利用不同探针得到的杂交信号（彩图）

CL4（红）、CL34（绿）、CL50（红）、CL51（红）、CL52（绿）、CL54（绿）、CL58（红）、CL59（绿）、CL66（红）、CL67（红）、CL75（绿）、CL86（红）、CL133（绿）、CL143（绿），蓝色为DAPI染色，标尺为10μm

表5-6 不同葡萄品种中SSR的数目与频率

品种	微卫星数目	GC 含量 /%	基因组大小 /Mb	频率 /（个 /kb）
‘PN40024’	297659	34.55	486.0	1.63
‘赤霞珠’	572976	34.61	591.0	1.06
‘佳美娜’	627429	34.45	622.8	0.99

在 3 个品种中共有 132 种类型的重复基序，其中单碱基重复单元最多，占总体的 68% 左右，其次分别是二、三、四、五、六碱基重复单元。在 132 种重复基序中，所占比例最

高的是 A/T，分别为‘PN40024’203693 个（68.84%）、‘赤霞珠’386225 个（67.9%）和‘佳美娜’419278 个（67.28%）；其次为 AT/AT，其在三个品种中分别为 35944（12.15%）、71829 个（12.6%）和 81602 个（13.10%）；再次为 AAT/ATT，其在三个品种中分别为 19937 个（6.738%）、41340 个（7.262%）和 44482 个（7.1%），见表 5-7。

表5-7　葡萄基因组主要重复单元分析

重复序列类型	重复基序	数量	比例 /%
单碱基	A/T	203693 ～ 419278	67.28 ～ 68.84
	C/G	5292 ～ 9509	1.48 ～ 1.79
二碱基	AT/AT	35944 ～ 81602	12.15 ～ 13.10
	AG/CT	13640 ～ 30551	4.61 ～ 4.90
	AC/GT	4558 ～ 10218	1.54 ～ 1.64
三碱基	AAT/ATT	19937 ～ 44482	6.738 ～ 7.262
四碱基	AAAT/ATTT	4374 ～ 9340	1.478 ～ 1.541

对 3 个葡萄品种基因组重复单元综合分析后发现，葡萄是一类富含 A/T 碱基的生物。结合不同类型重复单元的长度，（AAT）被用于评估来自含有不同重复单位数的寡核苷酸信号。$(AAT)_5$、$(AAT)_{10}$、$(AAT)_{19}$ 分别合成用于荧光原位杂交（图 5-8、图 5-9）。

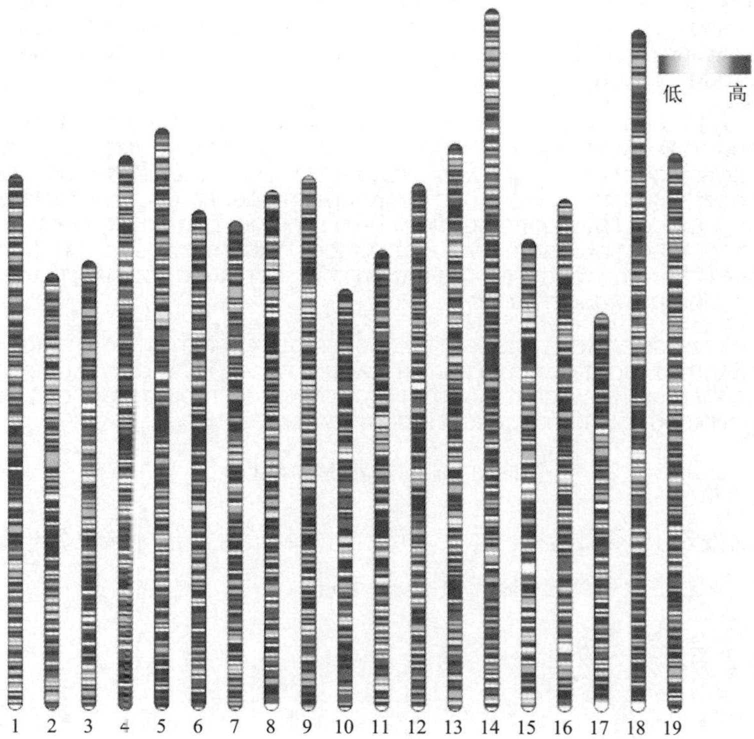

图5-8　AAT/ATT重复单元在葡萄基因组上的分布（彩图）

分别合成 $(ATT)_5$、$(ATT)_{10}$、$(ATT)_{19}$ 三种探针序列，并设置 33.3ng/μL 与 333.3ng/μL 的终浓度进行葡萄染色体FISH。

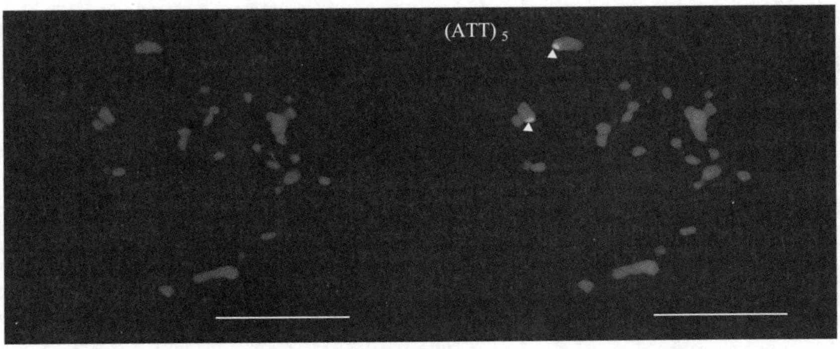

图5-9　PN4染色体上利用（ATT）$_5$（绿）探针得到的杂交信号（彩图）

蓝色为DAPI，标尺为10μm

（三）葡萄核型特征

1. 葡萄端粒分析

对（TTTAGGG)$_n$ 进行 BLAST 分析，发现序列中存在多种简单重复序列单元的突变体，如单碱基突变 TTTGGGG，双碱基突变 TTTGGGT，单碱基缺失 TTAGGG 等（图 5-10）。

```
>tel omere 1
TTTAGGGTTTAGGGTTTAGGGTTTGGGGTTTGGGGTTTGGGGTTTAGGGTTTGGGGTTTGGGGAT
TAGGGTTTAGGGTTTGGGGTTTAGGGTTTTAGGGTTTAGGGTTTAGGGTGTAGGGTTTGGGGTTT
AGGGTTTAGGGTTTAGGGTTTAGGGTTTAGGGGTTAGGGTTTAGGGTTTTAGGGTTTAGGGTTTA
GGGTTTAGGGTTTAGGGTTTNAAGGGGTTTAGGGTTTTAGGGTTTAGGGTTTAGGGTTTAGGGGT
TAGGGTTTAGGGTTTAGGGTTTGGGGTTTGGGGTTTGGGTTTTGGGGTTTAGGGTTTAGGGTTTA
GGGTTTAGGGTTTAGGG
>tel omere 2
TTTAGGGTTTAAGGGTTTAGGGGTTTTAGGGGTTTAGGGTTTAGGTTTAGGGTTTAGGGTTTTAG
GGTTTAGGGTTTAGGGTTTAGGGTTTAGGGTTTAGGGTTTAGGGTTTAGGGTTTAGGGTTTAGGG
TTTAGGGGTTTAGGGTTTTAGGGTTTAGGGTTTAGGGTTTAGGGTTTAGGGTTTAGGGTTTAGGG
GTTTAGGGTTTAGGGTTTAGGGTTTAGGGTTTAAGGGTTTAGGGTTTAGGGTTTAGGGTTTAGGG
TTTAGGGTTTAGGGTTTAGGGTTTAGGGTTTAGGGTTTTTAGGGTTTAGGGTTTAGGGTTAGGGTT
TAGGTTTGTTAGGGTTTAAGGTTGAGAAGGGTTTAGGGTTTAGGGTTTAGGGTTTAGGGTTTAGG
GTTTAGGGTTTAGGGTTAGGGTTTAGGGTTAGGGTTTAGGGTTTAGGGTTTAGGGTTTAGGGTTT
AGGGTTTAGGGGTTTAGGGTTTAGGG
>tel omere 3
TTTAGGGTTTAGGGTTTAGGGTTTAGGGTTTAGGGTTTAGGGTTTAGGTTTAGGGTTTAGGGTTTA
GGGTTTAGGGTTTAGGGTTTAGGGTTTAGGGTTTAGGGTTTAGGGTTTAGGGTTTAGGGTTTAGG
GTTTAGGGTTTAGGGTTTAGGGTTTAGGGTTTAGGGTTTAGGGTTTAGGGTTTAGGGTTTAGGGT
TTAGGGTTTAGGGTTTAGGGTTTARGGTTTAGGGTTTAGGG
```

图5-10　葡萄端粒区域序列比对

FISH 杂交后发现 19 条葡萄染色体上均可检出端粒信号，部分端粒分布在染色体两端，有些端粒则仅在染色体一端产生明显信号（图 5-11）。

2. 染色体大小与形态一致性

葡萄染色体整体呈现“小而相似”的形态特征，多数品种中期染色体长度集中在 1 ～ 3μm，不同染色体间大小差异较小，仅通过传统压片法难以区分 19 条染色体。以欧亚种‘PN40024’为例，其 19 对染色体均呈典型棒状或杆状，着丝粒类型以中部（M 型）和亚中部（SM 型）为主。根据 Levan 染色体分类标准［臂比（r）= 长臂 / 短臂］，M 型

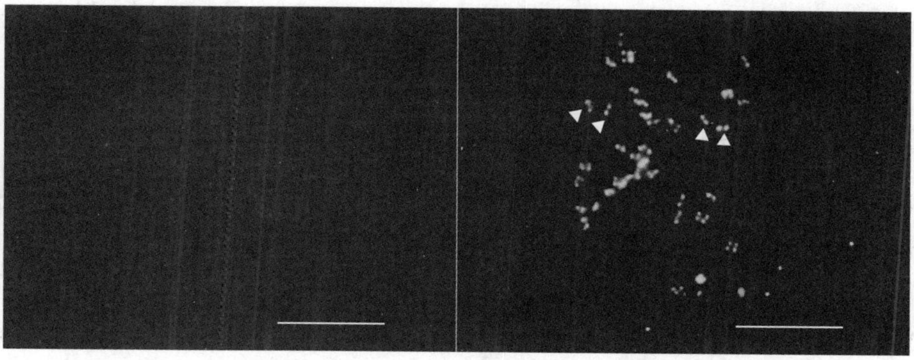

图5-11　PN4染色体上利用（TTTAGGG）$_n$探针得到的杂交信号（彩图）

蓝色为DAPI，标尺为10μm

染色体（r=1.0～1.7）占比约40%，SM型染色体（r=1.7～3.0）占比约50%，仅少数为亚端部（ST型，r=3.0～7.0），未发现端部着丝粒（T型，r>7.0）染色体。这种形态一致性虽增加核型分析难度，但结合单拷贝寡核苷酸探针的“信号编码”可实现精准区分，例如Chr1携带2个红色探针信号、Chr9携带1个绿色探针信号，成为核型鉴定的关键识别特征。

3. 重复序列的染色体分布特征

葡萄基因组中约22.59%的序列为重复序列，其在染色体上的分布具有非随机性，形成核型独特“信号图谱”。其中，反转录转座子（占基因组10.49%）以分散形式遍布所有染色体，在染色体端部和着丝粒周围区域密度更高；卫星重复序列（占基因组2.54%）呈染色体特异性分布，如VvCL4探针主要在Chr5、Chr6、Chr12产生强信号，而VvCL34探针集中于Chr1和Chr10、VvCL133探针（与5S rDNA同源）稳定定位于Chr17。

rDNA位点分布兼具保守性与特异性，在裴丹的研究中，其检测的所有品种均含1对5SrDNA信号和2对45S rDNA信号，且5S rDNA多与1对45S rDNA连锁（如‘PN40024’中二者共定位于Chr17），这种“L（Linked）型组织模式”在植物中较为罕见（仅占4.21%），提示葡萄进化的独特性；不同品种间rDNA位点存在细微差异，如‘PD31’的5S rDNA定位于Chr16，45S rDNA定位于Chr15和Chr16，反映品种进化中的染色体结构发生微调。

4. 多倍体核型的稳定性与变异

葡萄二倍体（$2n=2x=38$）为基础核型，三倍体（$2n=3x=57$）、四倍体（$2n=4x=76$）核型虽染色体数目不同，但核心结构特征与二倍体一致。例如，四倍体‘巨峰’的19对同源染色体，大小、着丝粒位置及重复序列信号模式均与二倍体欧亚种‘PN40024’对应染色体高度相似，仅整体尺寸略增（约为二倍体的1.2倍）；三倍体‘月光无核’的57条染色体中，可观察到19组各3条形态相似的染色体，单拷贝探针杂交后仍能识别完整19套“信号编码”，表明多倍体化未破坏染色体基本结构。

但多倍体核型存在少量变异，如四倍体品种部分同源染色体因重复序列扩增导致信号强度差异，三倍体品种因减数分裂紊乱可能出现少量非整倍体细胞（染色体数目 56 条或 58 条），这些变异为多倍体育种的核型选择提供细胞学依据。

5. 着丝粒的结构与进化特征

葡萄着丝粒是核型核心功能区域，主要由卫星重复序列和 LTR 反转录转座子组成，通过 ChIP-seq 结合 FISH 技术已鉴定出 6 组着丝粒特异性重复序列（Vv1、Vv2、Vv5、Vv6、Vv8、Vv24），其在 19 条染色体着丝粒区域分布具有差异性：Vv8 探针信号覆盖所有染色体着丝粒，Vv1 探针仅在 Chr1、Chr10 ～ 12、Chr17 产生信号，Vv24 探针（LTR 类型）主要定位于 Chr13。

从进化角度看，葡萄着丝粒重复序列呈“快速分化”特征：与水稻（着丝粒重复单元 155bp）、拟南芥（180bp）等模式植物不同，葡萄着丝粒重复单体长度为 58 ～ 2008bp，且不同染色体着丝粒的重复序列组成差异显著（如 Chr2 着丝粒以 Vv5 为主、Chr9 着丝粒以 Vv6 为主）；同时，着丝粒区域存在染色体外环状 DNA（eccDNA），可能通过滚环复制参与着丝粒重复序列的扩增与均质化，为核型进化提供分子机制解释。

6. 品种间核型的保守性与特异性

不同葡萄品种（欧亚种、欧美杂交种、野生种）核型高度保守，19 条染色体的数目、基本形态及主要重复序列位点（如 rDNA、VvCL133）保持一致，表明核型在驯化和育种中未发生大规模染色体重排。但品种间存在特异性核型标记，例如欧美杂交种‘巨峰’的 Chr4 短臂上 VvCL51 探针信号强度显著高于欧亚种‘PN40024’；野生种‘山葡萄’的 Chr7 携带独特 VvCL75 探针信号；中国自育品种‘瑞都香玉’的 Chr8 存在小片段插入，导致单拷贝探针信号位置轻微偏移。这些特异性特征可作为品种鉴定的细胞学标记，辅助种质资源精准分类与利用。

（四）葡萄着丝粒演化分析

植物着丝粒区主要由重复序列组成，包括 SatDNA 和 TE。然而，着丝粒重复序列在相关物种甚至同一个体中可以表现出相当大的多样性，它们的起源和进化在很大程度上是未知的。探索着丝粒 DNA 及其进化对于揭示着丝粒功能机制具有重要意义。作为一种具有多染色体的植物（*V. vinifera*；$2n=2x=38$），葡萄已经栽培和驯化了大约 8000 年，已经产生了近 100 个葡萄品种。普通葡萄有二倍体、三倍体和四倍体，是研究多倍体的优良材料。葡萄着丝粒的研究进展对着丝粒进化具有积极意义。对着丝粒序列的研究有助于研究染色体结构和重组模式，确定着丝粒在连锁群中的位置，区分染色体的长臂和短臂。此外，着丝粒序列的鉴定对于改进现有的遗传图谱、数量性状位点和分子辅助育种具有重要意义。此外，它还可用于开发与着丝粒紧密连锁的分子标记，分析植物配子形成机制，根据育种目的选择杂交亲本，最终提高育种效率。在全基因组范围内对葡萄（*V. vinifera* L.）的着丝粒序列进行了表征，分离出五个着丝粒串联重复序列（Vv1、Vv2、Vv5、Vv6 和 Vv8）和一个 LTR 序列 Vv24。这些序列具有不同的着丝粒分布，这表明葡萄着丝粒正在快速进化。对 eccDNA 的研究部分解释了着丝粒重复在某些情况下的进化机制。此外，异步着丝粒的产生模式及其与 CENH3 亚结构域基因的关系值得进一步研究。对葡萄着丝粒的研究有助于了解葡萄多倍体的形成和调控机制。

植物着丝粒区域通常只含有少量基因，其余是以重复序列为主，主要包含卫星 DNA（SatDNA）和转座因子（TE）。这些重复阵列可以占据着丝粒中的整个 CENH3 结构域，并且向着丝粒周围区域延伸。SatDNAs 通常以多拷贝序列的形式出现，并广泛存在于高等植物基因组，重复 DNA 的组成和分布能够表征物种之间的巨大差异。在某些物种中，重复序列可以占基因组的 90%，因此重复序列能够反应物种之间的进化距离。

葡萄的着丝粒由卫星 DNA 和 LTRs 组成，对 *V. vinifera*（‘PN40024’）基因组进行重复序列分析后，重复序列约占基因组 30%，其中约有 16% 的重复序列能够定位到葡萄染色体的 19 个连锁群上。同时，对三倍体和四倍体葡萄‘Hutai2’（SRR17011263）、‘Kyoho’（SRR17011248）的简化基因组测序结果进行相应分析，也获得了类似的结果。其中 SatDNA 是葡萄基因组中最丰富的重复类型，也是葡萄着丝粒重复序列的主要类型，这与部分高等模式植物着丝粒 DNA 的特征相似，是典型的植物着丝粒。在其他物种如豌豆中鉴定了 13 个 SatDNAs 家族（50 ～ 2094bp）在不同着丝粒的定位；马铃薯中定位到 6 个染色体特异性 SatDNAs（979bp ～ 5.4kb）。但是，葡萄着丝粒重复单体的长度与典型的着丝粒存在明显的差异。早期存在的着丝粒单体的长度通常在 150 ～ 180bp，恰好能够包裹一个核小体。例如水稻着丝粒序列 CentO 的大小为 155bp，拟南芥的着丝粒序列 pAL1 为 180bp 等。而新形成的着丝粒单体的长度则表现为差异化，ChIP-seq 测序数据能够部分解释这些差异。这些差异单体序列通常局限于少数几个着丝粒，这种变化可以适应于不同的 CENH3 蛋白，如本研究中葡萄着丝粒重复序列单体长度在 58 ～ 2008bp 之间。

由于动植物中的 DNA 串联重复序列具有快速进化的特性，着丝粒可以是在非着丝粒 DNA 序列上形成的。对葡萄着丝粒的 FISH 实验表明，6 组探针都能够与葡萄染色体产生杂交信号，但杂交强度与数量均有差异。这些证据表明染色体含有不同数量的特定重复单体，重复序列阵列会随着时进化时间的推移而增长和缩小，进而说明葡萄的 19 条染色体的着丝粒进化时间或来源可能存在一定差异。此外，有研究发现分歧超过 50MYA（1MYA=100 万年）的物种的重复之间没有序列相似性，因此上述葡萄着丝粒重复序列与其他物种的相似性较低。这表明重复序列可能具有促进着丝粒 DNA 跨染色体协同进化的作用。

卫星重复序列是高等植物着丝粒的重要组成部分之一，着丝粒序列在不同物种之间功能保守序列高度变异的悖论证实其是快速变异的。然而驱动这些变化的确切分子机制及其最终的调控方式尚未得到解析。有研究表明，从卫星重复阵列中基于重组的切除产生的染色体外 eccDNA 分子可以促进卫星 DNA 的扩增和均质化。eccDNA 通过滚环复制（RCA）来解释 DNA 的起源和进化，其两侧都存在一个直接重复序列。起源于基因组的序列突然复制后插入基因组，包括反转录转座子 LTR 及其侧翼序列。本研究发现串联重复序列 Vv1、Vv5、Vv6、Vv8 的侧翼存在直接重复序列，同时其也以环状 DNA 分子的形式存在，间接证实了它们 eccDNA 起源方式。因此，考虑到重复序列的逆转录转座子来源和 eccDNA 的存在，本研究揭示了逆转录转座子如何在着丝粒处进化为串联重复序列，为真核生物着丝粒不同串联重复序列的起源和进化研究提供了新的思路。

着丝粒重复序列与葡萄细胞遗传：每个物种都有一个独特的染色体组成，即染色体核型，它代表了基因组的结构和功能组织。目前，FISH 技术已成功运用于小麦、黄瓜、玉米等植物的染色体鉴定。在葡萄细胞遗传学研究方面，除对葡萄染色体数目进行观察外，Haas 等还使用 45S rDNA 对有丝分裂期的葡萄染色体进行了原位杂交，但仅证明了阳性杂交并未对葡萄染色体核型进行区分。Cecília 利用 7 个葡萄品种进行 CMA、DAPI 和 Giemsa 染色分析，试图进一步了解物种在染色体水平上的关系。Falistocco 团队首次报道了对葡萄 5S rDNA 的研究，利用 FISH 技术证实了葡萄的 5S rRNA 基因定位于单基因位点。本研究从 ChIP-seqs 数据中发现了 6 条重复序列，通过 FISH 验证其在着丝粒位点处的杂交信号。这些重复序列探针可能会成为研究葡萄分类学、葡萄染色体核型及其进化分析的有效工具。由于葡萄基因组小、染色体数目多，中期染色体制片中可能会出现染色体间的重叠导致观察重复序列信号困难。因此，在本研究中使用了 Fiber-FISH 分析了重复序列的结构和大规模基因组复制事件，并在着丝粒区域发现了不同重复序列的间隔存在模式。

着丝粒区域的基因与功能：新形成的着丝粒通常出现在基因匮乏区，这主要是由于着丝粒染色质与转录并不兼容。因此，新形成的着丝粒可能会导致转录水平的降低或潜在的基因沉默。但是，秀丽隐杆线虫（*Caenorhabditis elegans*）和水稻的着丝粒区域附近发现活性基因，这些基因都位于着丝粒核心中的 H3 亚结构域中，因此，它们可能与 H3 核小体相关，并对着丝粒外的基因显示出类似于组蛋白 H3 的修饰模式。在葡萄着丝粒区域，有转录水平表达的基因定位于 H3 亚结构域中。本研究证实了 Cen16 中的 *LOC100267412* 和 *LOC100257148* 基因与 CENH3 核小体偶联，通过 qPCR 检测到了其表达。结果表明，在葡萄中 CENH3 核小体并非与转录完全不兼容，因此，探究这些基因是否是必要基因及其相对较低的表达水平是否具有生物学功能是一项值得深入研究的工作。

着丝粒卫星 DNA 的起源与进化：先前的研究表明，野生欧洲葡萄、野生北美 / 欧洲种间杂交品种和野生东亚品种形成了 3 个不同的葡萄集群，驯化葡萄品种形成了 16 个离散集群。不同的亚种种群，如欧亚葡萄（*V. vinifera*）、北美葡萄（*V. labrusca*）和山葡萄（*V. amurensis*），可以相互杂交产生可育后代，但结实率较低（20% ～ 40%）。‘玫瑰香’和‘巨峰’的正反交实验表明，当巨峰为母本时，产生的 1538 个后代中 89.53% 为二倍体，7.09% 为三倍体，3.38% 为四倍体。而当‘玫瑰香’为母本时，产生的 974 个后代中有 19.5% 的二倍体，37.6% 的三倍体和 42.9% 的四倍体。同时，在所有三倍体杂交的后代中，也发现了一些个体与二倍体亲本具有相似的表型特征，而另一些则与四倍体相似。因此，他们假设胚乳平衡数（endosperm balance number，EBN）可能导致多类型倍性后代。研究为这一现象提供了新的见解。研究过程中开发的着丝粒探针在识别不同品种的着丝粒方面有一定差异，同时同一品种的不同染色体也具有不同的着丝粒基序。就着丝粒序列差异而言，着丝粒在受精后可能不会附着在纺锤体上，这将导致随后的分裂过程中染色体的不均匀移动，雄配子染色体消失，最终形成多种倍性的后代个体。特别是，‘京可晶’有 3 对染色体未检测到着丝粒信号，着丝粒之间的差异可能导致同源染色体配对失败，这将致使胚败育，最终导致假单性结实。葡萄着丝粒重复序列的差异分布表明，葡萄原始染色体的数量可能为 5 ～ 7，这意味着葡萄是一个次级多倍体。单倍体数目 n=19 来源于多个基本组。葡萄进化过程可能导致着丝粒重复序列的差异。因此，了解减数分裂过程中染色体的行为，确认雌雄配子的类型及其可能的遗传效应具有重要意义。

第二节　葡萄种质资源的遗传多样性

遗传多样性是生物多样性的根本来源，是物种内遗传性状变异的基础。它不仅反映了个体间的基因型差异，更体现了种群基因库中不同等位基因的存在与频率，是生物长期进化和适应环境变化的重要基础。从遗传学与进化生物学的角度看，遗传多样性的水平在很大程度上决定了物种的进化潜力和环境适应能力。

进入 20 世纪以来，随着现代生物技术的迅速发展，尤其是 DNA 分子标记、基因芯片、高通量测序等分子遗传手段的广泛应用，遗传多样性的研究不断深化，其内涵与外延也逐步拓展。从最初的表型性状和蛋白质水平研究，发展到如今基于全基因组的多尺度分析，遗传多样性已成为连接基础生物学、农业育种与遗传资源保护的重要纽带。针对当今农业发展中面临的单一品种比例高、抗性下降等问题，科学评估和保护葡萄的遗传多样性对于保障果品安全生产、实现农业可持续发展具有重要现实意义。

葡萄作为世界重要的果树与经济作物之一，其遗传多样性研究对于揭示葡萄的起源演化、群体分化、驯化历史以及栽培品种的改良路径具有重要意义。在过去数十年中，葡萄基因组资源不断丰富，多个栽培种及其野生近缘种的基因组草图和高质量参考序列相继发布，为葡萄遗传多样性研究提供了坚实的基础和精准的工具支持。

葡萄的遗传多样性具有明显的群体差异性，这一方面源自其复杂的地理分布和繁殖方式，另一方面也受到长期人工选择与栽培的影响。葡萄种质资源在果实品质、产量、成熟期、抗病性、耐逆性等性状上存在显著的遗传差异，构成了葡萄育种的宝贵材料基础。通过遗传多样性和群体结构分析，能够识别和筛选出具有特定优良性状的基因型，为杂交育种、种质创新和品种改良提供理论依据和决策支持。

一、葡萄遗传多样性研究的意义

葡萄的遗传多样性研究对于了解其起源、进化、育种以及种质资源的管理和保护具有重要意义。随着基因组学技术的发展，全基因组研究在遗传多样性分析中发挥了革命性作用。传统的遗传多样性研究主要依赖于形态标记和有限的分子标记（如 RAPD、SSR、AFLP 等），这些方法虽然在一定程度上揭示了遗传多样性，但标记数量有限、覆盖范围不广、分析精度有限。随着高通量测序技术的发展，全基因组研究成为可能，使得葡萄遗传多样性的研究进入了新的阶段。全基因组关联分析（GWAS）和全基因组重测序（WGRS）等技术，能够在全基因组范围内检测大量的单核苷酸多态性（SNP），提供了更全面和精确的遗传信息。通过这些技术，研究人员可以更深入地解释葡萄种质资源的遗传多样性、构建高密度的遗传图谱、揭示基因组内的变异分布和结构特征等，从而更好地理解葡萄的遗传背景和进化历史。

（一）遗传多样性与葡萄的起源与进化

葡萄（*V. vinifera*）的基因组测序在2007年完成，这一成果为研究葡萄在植物系统进化中的地位提供了重要的基因信息。根据基因组数据和相关的分子钟分析，葡萄的起源可以追溯到大约6500万年前的白垩纪末期到古近纪早期。这一时期是被子植物迅速多样化的关键阶段。葡萄属于被子植物中的双子叶植物（dicotyledons），在植物系统进化树上，双子叶植物进一步分为多个分支。葡萄属于双子叶植物中的葡萄目（Vitales），具体隶属于葡萄科（Vitaceae）。葡萄科是一个古老的被子植物家族，其起源可追溯到至少6000万年前。这个家族在新生代迅速多样化，形成了多个属和种。

对葡萄基因组测序数据的分析发现：葡萄基因组中存在大量的基因重复和特异的代谢途径，这些特征反映了葡萄在进化过程中经历的复杂遗传变化。基因组数据还显示，葡萄与其近缘种在进化过程中经历了多次全基因组复制事件，这些事件可能在其适应不同环境和形成多样化形态上发挥了重要作用。葡萄在植物系统进化中的地位的明确，使其起源和进化历程也得到了更为详细的阐述。这不仅为理解葡萄的生物学特性和进化机制提供了基础，也为未来的育种和遗传改良工作奠定了重要的科学依据。

董杨等（云南农业大学）通过对国内外野生种及栽培品种的分子标记分析表明，现代葡萄栽培种主要起源于西亚-小亚细亚地区，并在这一中心区内经历了早期驯化。研究显示，栽培葡萄与野生葡萄在核基因组和叶绿体基因组上存在明显差异，同时不同地理区域的野生种群之间也表现出显著的遗传结构，为探讨葡萄的起源提供了重要证据。

叶文秀（北京大学现代农学院）的研究则重点关注葡萄的进化历程与多样化机制。基于大量品种及野生种的系统发育分析，他指出葡萄在驯化之后经历了多次分化与区域性扩散，形成了现代葡萄的多样性格局。研究还发现，葡萄的基因流动和渐渗现象在品种间较为普遍，这不仅促进了栽培种的适应性提升，也在一定程度上塑造了各区域葡萄的遗传特征。

综合现有研究，葡萄的遗传多样性为其驯化、扩散及品种形成提供了基础，而现代分子遗传技术则为追溯葡萄起源与理解其进化机制提供了重要工具。

Liu等人使用了5个质体（rps16、trnL-F、atpB-rbcL、trnH-psbA和trnC-petN）和两个核（GAI1和ITS）标记的序列构建了*Ampelocissus-Vitis*中的系统发育关系分支并在更广泛的系统发育框架中假设了葡萄的起源。Zeccaġ等人结合了来自四个叶绿体间隔区的序列数据（trnH-psbA、trnK-rps 16、trnF-nahJ和RPL 3-trnL 2）和6个内含子的*RPB 2*基因解释了*Vitis*属中系统发育与地理分布之间的关系；并估计主要野生葡萄谱系之间的分歧时间。Wan等人开发并使用了27个核基因标记，并对48个葡萄种、品种和4个外群的309个种群进行了测序：达成四项研究目标：①重建了葡萄属的系统发育假说；②推断葡萄进化中的重要时间点；③阐明该属的生物地理历史；④在系统发育的框架内评估葡萄的系统学。

（二）遗传多样性与种质资源的保存

遗传多样性研究在葡萄种质资源的收集与评价以及育种中具有重要意义。其中，系统开展葡萄种质的遗传多样性表征评价与分析，有助于优化种质资源库的构建，提升资源利用效率，促进遗传资源的可持续管理。

葡萄种质资源作为农业生物多样性的关键载体，承载着葡萄物种长期进化过程中积累的丰富遗传变异，是应对全球气候变化、满足市场品质需求、推动葡萄产业可持续发展的战略基石。然而，葡萄种质资源具有数量庞大、遗传背景复杂、保存难度高、利用效率低等固有特性——仅单一传统葡萄物种的保存数量即可达数千份甚至上万份，且存在"同物异名""同名异物"的命名混乱现象，导致全面鉴定、精准保存与高效利用之间存在显著矛盾。在此背景下，核心种质（core collection）概念的提出与应用，为破解葡萄种质资源管理困境提供了科学路径。

1. 核心种质构建的步骤

针对核心种质的特征，Hodgkin 核心种质的构建包括 4 个步骤：数据收集、数据分组、样品选择和核心种质的管理。目前通用的构建种质资源核心库的方法就是根据现有的种质资源资料，从中按照一定方法和技术取样，科学分组，然后进行鉴定，在已鉴定的组内根据一定的原则或情况选取约 10% 的样品作为核心种质资源。核心种质库的构建不仅可以更为高效地进行种质的保存和深入评价，还能在有限资源下，极大地提升种质资源的利用效率和科研价值。

（1）数据收集　开展核心种质构建研究需收集整个种质资源中现有的数据，包括基本数据（passport data）、特征数据（characterisation data）和评价鉴定数据（evaluation data）。基本数据是指有关于材料收集地、起源地生态地理状况或分类体系、育种体系等有关信息，该类数据应用最为广泛，并被证明与其他数据结合更为有效。特征数据是指包括形态、生化以及分子标记在内的可以表征某材料特征的数据等，在构建一些特征数据相对较齐全的种质资源的核心种质研究中运用得较多。评价鉴定数据包括了一些品质、产量及抗耐性等在内的农艺性状。研究认为，综合运用基本数据和特征评价鉴定比只利用基本数据所建立的核心种质更能够有效地代表整个种质资源。在实际应用中，结合多种数据综合分析，多种类型的数据并用可有效提高构建核心种质的质量。

表型性状数据可以直观体现出种质间的表型差异，但容易受到环境、地区等外界因素的干扰，对核心种质构建的准确性具有一定影响。相比之下，分子标记技术能够在较短时间内高效获取种质资源的遗传信息，且这一过程不受作物生长发育阶段及环境因素的制约。因此，利用分子标记数据构建的核心种质具有更高的精确度和稳定性，为种质资源的保护和利用提供了更为可靠的理论支撑。目前，已有较多研究以分子标记数据对多种作物进行了核心种质构建。张君玉基于 SSR、SRAP 分子标记和 SSR-SRAP 联合数据，分别构建了栽培型葡萄的核心种质并对其进行评价，结果表明，基于 SSR 构建的包含 48 份葡萄核心种质效果最好，保留了原种质 96.21% 的等位基因，以 5.53% 的取样比例代表了原始种质 92.90% 的遗传多样性。有研究表明，当构建核心种质时，若能将表型性状数据和分子标记数据综合应用，由于不同类型数据间能提供互补的信息，这样构建的核心种质相较于仅依赖单一数据来源的核心种质，会具有更强的代表性。因此，在对种质资源进行评价以及构建核心种质资源库的过程中，研究人员通常会结合性状表型数据与分子标记数据，以更全面地了解种质资源的遗传特性和亲缘关系。

（2）数据分组　种质资源的数据分组是依据物种资源数据的相似性，将具有相似遗传特点的种质资源划分在同一组中。根据研究目的、研究深度、收集数据的情况及优先考虑等因素，不同种质资源的分类原则也各不相同，常用的分组方法有地理来源、生态类型、农艺性状和遗传距离等数据。不同类型物种会在形态学、植物学、农艺、生物化学等方面表现出不同程度的差异，聚类分析是最常用的分组方法，它将相似系数较大的种质聚为一组，可利用各种性状的遗传变异数据来删除亲缘关系较近的株系，从而排除遗传冗余。因系统聚类的构建方法多，各具特色，所以在核心种质构建过程中需要将不同聚类分析方法的结果进行比较后筛选出最适方法。吴子龙在构建山葡萄核心种质过程中，对比三种聚类方法的构建结果，筛选出逐步聚类法选定 41 份材料作为核心种质。

（3）样品选择　在对整个种质资源材料进行科学合理分组后，用合理的取样方法和取样比例分别在各组内选取各组的核心种质，这称为核心样品的选择。

① 取样策略。构建核心种质研究中需在群体分类的基础上，进行核心材料的取样，有利于保存具有特定区域分布的等位基因，也有利于保留原群体的遗传结构。取样策略方法分为优先取样策略、随机取样策略和偏离度取样策略等。

a. 优先取样策略。优先取样策略是从聚类分析中，选择最先聚在一起且具有表型性状极值（最大或最小值）的株系参加再一次的聚类；若没有性状极值则随机选择一个；若均具有极值则均选择；仅有一个材料的组直接保留。该方法能够较完整地保留性状的遗传变异幅度，并可以保留部分特异材料。

b. 随机取样策略。随机取样策略是从聚类分析中从最先聚在一起的各组材料中随机选择一个参加再一次的聚类，仅有一个遗传材料的直接参加聚类。该方法可以最大程度保留原有种质资源的遗传多样性形式。

c. 偏离度取样策略。偏离度取样策略是先计算各材料相对于总体的性状标准偏离度，再在聚类分析中最先聚在一起的材料中选择偏离度最大的资源参加再一次的聚类，仅有一个遗传材料的组直接保留参加聚类，该方法可将总体的遗传变异最大程度地保留下来。

由于物种间的生长环境、生长习性等差异较大，应用不同的取样策略所构建出的核心种质的遗传结构不尽相同。邹广权等在构建旱冬瓜核心种质资源库的研究中，认为用最小距离逐步取样法是最佳的取样策略。而栾明宝等研究发现，在构建苎麻核心种质时，多次聚类随机取样法是最佳的取样策略，构建出的苎麻核心种质能够充分反映原始种群的遗传特征。随着研究的不断深入，越来越多的构建核心种质取样策略被提出并应用到核心种质的构建中，主要有：SBS（sequential backward selection）、M 法抽样（maximization strategy）、RMEC（replica exchange monte carlo）、SFS（sequential forward selection）和随机抽样（random strategy）等。M 法取样在等位基因的保留方面有优势，RMEC 能够在多重遗传多样性的背景下快速构建核心种质，SBS 和 SFS 则在稀有位点的保留上有优势，随机取样对群体结构的遗传多样性的保存起着重要的作用。

② 取样比例。取样的比例要根据原始种质资源的实际情况决定，姜俊烨等认为核心种质占原始 10% ～ 20% 较为理想。Brown 认为构建的核心种质取样比例，通常占原始种质库的 5% ～ 10%。然而，目前在大多数植物构建核心种质的研究中，核心种质总体取样为 5% ～ 30%。余萍等等认为 15% 是构建野生稻最佳的取样比例。而王新超等在构建茶树初级核心种质的研究中，则发现最佳总体取样比例为 20%。因此，统一的总体取样比例对与构建核心种质并不适用，应根据原始群体的规模和遗传特性，灵活地调整取样比例，以确保所构建的核心种质能够充分反映原始种质库的遗传特征。

（4）核心种质的管理　当筛选出一套核心种质后，还要建立更加完善的繁种、供种以及相应的管理体制，来确保核心种质的有效利用。同时，核心种质并不是一成不变的，而是动态的，随着对其研究的逐渐深入，还需要对核心种质进行不断调整，若在保留种质中发现稀有的种质材料则转存到核心种质中，反之，若从已构建出的核心种质发现重复材料，则去除转至保留种质之中。李自超等提出了构建种质资源的四级结构即初级核心种质、核心种质、核心应用种质和保留种质，四级结构之间核心种质构建间可以在内容上动态互换、在信息上互相补充以满足种质资源当前和长远利用的需要。

2. 核心种质的检验评价

核心种质的检验方法依据构建核心种质库数据类型的不同可以从表型和分子水平分别进行代表性检验。核心种质的表型和 DNA 水平的遗传多样性均要达到初始种质的 80% 以上才能认为具有较高的代表性。

（1）表型水平的检验　表型水平的遗传多样性检验主要通过方差、标准差和变异系数等遗传多样性参数进行评价。HU 等提出了均值差异百分率、方差差异百分率、极差符合率和变异系数变化率等 4 个核心种质评价指标，并且应优先考虑方差差异百分率、极差符合率和变异系数变化率等 3 个指标，当均值差异百分率 <20%，极差符合率≥ 80% 时，为核心种质的代表性较好。贺滉等将 7 个性状的基因型值对 185 份大果番茄进行核心种质的构建，采用均值、方差、变异系数和极差进行评价；陈升侃等基于生长性状及抗病性状构建斑皮柠檬桉的核心种质，用均值、标准差、极差、方差、变异系数和多样性指数作为评价参数。

（2）分子水平的检验　用于分子标记检验的参数有多态性位点百分率（PPB）、观测等位基因数（*Na*）、有效等位基因数（*Ne*）、Nei's 遗传多样性指数（*H*）、Shannon's 指数（*I*）等。主成分分析也是检验和评价核心种质的重要途径，初始种质与核心种质的主成分分布图能直观地反映性状间的相互关系及核心种质的代表性。

3. 核心种质的动态管理

核心种质并非一成不变的“固定集合”，而是随新资源引入、新性状发现及利用需求变化而调整的“动态体系”。其管理核心是建立“核心种质—保留种质”的双向流动机制，同时完善繁种、供种与信息管理体系，确保核心种质的长期可用性与遗传完整性。

核心种质与保留种质的本质是“功能分工不同的遗传资源库”：核心种质承担“高效利用”功能，保留种质承担“遗传备份”功能，二者需通过双向流动实现遗传资源的优化配置。当在保留种质中发现具有重要利用价值的稀有种质（如抗新型病虫害的种质、具有特殊品质的种质），或核心种质存在遗传缺口（如某一生态类型的遗传变异未覆盖）时，需将保留种质中的相应资源补充至核心种质，填补遗传空白。当核心种质中出现遗传重复（如通过分子标记发现两份核心种质的基因组相似度达95%以上，属于“同物异名”），或某份核心种质因繁殖失败导致遗传完整性受损时，需将其转移至保留种质，避免核心种质冗余或遗传退化。李自超等提出的“四级种质资源结构”（初级核心种质—核心种质—核心应用种质—保留种质），进一步细化了动态管理的层级。这一结构的优势在于实现了“资源筛选—利用—备份”的层级递进，每一层级均可根据需求双向流动（如核心应用种质中表现优异的种质可反哺核心种质优化，保留种质中的稀有种质可升级为初级核心种质），确保整个种质资源体系的灵活性与实用性。

4. 总结

核心种质构建是破解“种质资源数量庞大、利用效率低下”矛盾的关键技术，其核心逻辑是通过“科学抽样—多维度检验—动态管理”，实现葡萄遗传资源“精准保存—高效利用”的闭环。从理论基础来看，核心种质经历了从Frankel的“单一子集”到Brown的“双层结构”，再到我国“四级体系”的拓展，逐步形成了兼顾遗传完整性与实用性的理论框架；从技术方法来看，数据类型从单一表型向“表型-分子-生态”多维度融合发展，分组方法从地理分组向“遗传距离聚类+多因素结合”优化，取样策略从随机取样精准算法升级，构建比例从固定5%～10%向“基于群体规模与遗传特性动态调整”转变，检验评价从单一水平向“表型-分子联合验证”完善，管理体系从固定集合向“动态更新+信息共享”发展。

未来，核心种质研究可借助全基因组关联分析（GWAS）、基因组选择（GS）等技术，精准定位核心种质中的优质抗逆基因，缩短基因挖掘周期，实现“核心种质—基因—品种”的快速转化。通过持续优化构建技术与管理体系，核心种质将在葡萄优质抗逆育种、功能基因挖掘及农业生物多样性保护中发挥更加关键的作用，为推动葡萄产业高质量发展提供坚实的遗传资源保障。

（三）遗传多样性是育种的理论依据

葡萄遗传多样性分析在育种过程中的价值有：①在抗病性和抗逆性方面，不同种质间存在着明显的基因差异，通过合理利用野生种或地方品种中的优异基因，可提高栽培品种的抗性水平；②在农艺性状改良方面，通过分析种质在产量、风味、成熟期等方面的差异，可筛选出优良亲本，提高新品种的市场竞争力；③在基因库扩展方面，遗传多样性研究为保种与创制新种质提供了方向，增强了应对未来气候变化与生物胁迫的能力；④在利用杂种优势方面，通过遗传背景差异显著的种质杂交，可获得具有更高产量、更好适应性和综合性状的优良后代。

1. 亲缘关系决定后代性状

在葡萄育种中，亲缘关系的远近显著影响后代的性状表现。亲缘关系较近的亲本在杂交后代中表现出较小的性状变异，而亲缘关系较远的亲本杂交后产生的后代则表现出较大的性状变异。因此，通过选择性杂交可以获得差异更丰富的后代群体，提高选种效率。例如，利用高抗与高产的亲本杂交，从而培育出适应性更强的葡萄新品种。

2. 育种亲本遗传距离与杂种优势

在育种过程中，选择遗传距离较远的亲本进行杂交通常能够产生具有显著杂种优势的后代。遗传距离大的亲本在杂交时能够带来更多的遗传物质组合，从而在后代中表达出优良的性状。这种杂种优势在提高作物产量和抗逆性方面尤为重要。例如，通过分析葡萄亲本的遗传距离，可以选择那些在基因组上差异较大的品种进行杂交，从而最大程度地利用遗传多样性，培育出更具竞争力的葡萄新品种。

3. 基因多样性与育种效率

通过对葡萄种质资源遗传多样性进行研究，可以筛选出具有特定优良性状的基因型，从而优化育种策略。核心种质集合中的丰富遗传多样性为育种者提供了一个高效筛选的基因库，使能够快速识别和利用抗病性、耐逆性和高产性的基因。这样，不仅提高了育种效率，还能在较短的时间内培育出适应市场需求的新型葡萄品种。

此外，利用分子标记技术（如 SSR 和 SNP 标记）分析核心种质的遗传多样性，有助于精确选择育种亲本，进一步提高育种工作的科学性和准确性。

二、葡萄遗传多样性研究的方向

葡萄经丝绸之路传入，已有 2000 多年的栽培历史，在国内主要分布于西北干旱的新疆产区、环渤海湾产区、黄土高原干旱半干旱产区、黄河中下游产区、南方产区以及西南产区等。与此同时，葡萄在欧洲、西亚、北美等地区也有广泛栽培。在长期的传播、栽培及自然选择过程中，葡萄经历了自然杂交、人工杂交、实生选种、芽变选种等多种过程，形成了丰富的变异资源，这使得葡萄品种类型日益多样化、基因型丰富化。这不仅显著增加了葡萄的遗传多样性，也为葡萄育种、栽培适应性改良及资源保护提供了坚实基础。

研究葡萄的遗传多样性及遗传结构对于了解葡萄种质资源现状、揭示葡萄进化史及分析其未来发展趋势具有重要意义，同时为葡萄资源的合理利用和保护提供理论依据。葡萄遗传多样性的研究可以从多个模块进行系统探讨，包括形态学、分子生物学、生化分析、分子标记及种质资源评价等方面。

（1）形态学研究　形态学研究是葡萄遗传多样性分析的传统方法之一，主要通过叶片形态、果实大小与形状、果皮颜色、花序结构等外部性状的差异来区分葡萄品种及其亲缘关系。例如，欧亚种葡萄与美洲种葡萄在叶形、叶脉结构、果实大小及果皮颜色上表现出显著差异。通过系统的形态学比较，不仅可以对葡萄进行初步分类，还能对遗传改良和育种选择提供参考。

（2）分子生物学研究　分子生物学方法能够更精确地揭示葡萄的遗传结构与亲缘关

系。自2007年葡萄基因组测序完成以来，研究者通过核基因组、叶绿体基因组及线粒体基因组的分析发现欧亚种和美洲种葡萄在基因组结构上存在显著差异，同时为推测葡萄的进化时间和演化路径提供了基础。例如，核糖体DNA（rDNA）和微卫星（SSR）标记分析显示，欧亚种葡萄与美洲种葡萄在几百万年前即已分化。此外，SNP（单核苷酸多态性）标记、GBS（基因组简化测序）以及RAD-seq等高通量分子技术的发展，使葡萄遗传多样性分析的精度和效率大幅提升。

（3）生化分析　生化分析通过研究葡萄中的次生代谢物（如多酚类、萜类、花青素等）为遗传多样性研究提供补充证据。不同葡萄品种在这些化合物的组成和含量上存在显著差异，这不仅有助于品种鉴定，也反映了其在适应不同环境和生态条件下的遗传基础。例如，某些野生葡萄具有高含量的多酚和抗氧化物质，这在酿酒葡萄的风味开发及功能性食品研究中具有潜在价值。

（4）分子标记与种质资源评价　SSR（simple sequence repeat，简单序列重复）标记、AFLP（amplified fragment length polymorphism）标记、ISSR（inter simple sequence repeat）标记及SNP标记是葡萄遗传多样性分析的核心工具。以SSR标记为例，研究者对来自地中海和中亚地区的1378株野生及栽培型葡萄进行分析，通过聚类分析、主坐标分析和STRUCTURE分析，将其分为三个遗传组：

G1：克罗地亚、法国、意大利、西班牙的野生种质；

G2：亚美尼亚、阿塞拜疆、格鲁吉亚的野生种质；

G3：西班牙、法国、意大利、格鲁吉亚、伊朗、巴基斯坦、土库曼斯坦的栽培品种，包括少量野生种质。

研究结果显示，格鲁吉亚野生种质与当地栽培葡萄（*Proles pontica*）及西欧栽培葡萄（*Proles occidentalis*）聚集在一起，支持格鲁吉亚是古老葡萄驯化中心的观点。此外，聚类分析还表明，西欧野生葡萄对早期酿酒葡萄的形成贡献较大，这对于了解栽培葡萄的起源和分布具有重要参考价值。

葡萄遗传多样性研究不仅有助于理解葡萄的起源、驯化历史及进化过程，还为葡萄育种、品种改良和抗逆性选择提供了理论依据。例如，通过识别野生葡萄中的优良抗病基因，可应用于抗病育种；通过分析栽培种的遗传结构，可辅助进行品种改良和新品种选育；此外，遗传多样性研究也为全球葡萄资源的保存与合理利用提供了科学支撑。

三、自育葡萄品种的遗传多样性

中国葡萄产业取得的辉煌业绩，不仅受益于生产栽培技术的发展完善，也受益于优良品种的选育与推广。20世纪80年代开始，我国开展了积极的葡萄品种选育工作，育种理论和方法进步显著，完成了从以选育鲜食葡萄品种为主，到重视酿酒和砧木葡萄品种培育观念的转变。尤其是2000年以后，我国育种速度明显加快，葡萄新品种数量快速增长。2000～2010年，国内利用杂交育种方法培育了38个鲜食品种（其中无核品种12个），有的品种已在生产中推广应用。2010年以后，越来越多的科研单位、高校以及葡萄生产企业大力开展葡萄育种工作。国内育种队伍愈加壮大，品种审定速度加快，新品种数量逐年增多。据不完全统计，迄今为止，我国已选育出400余个具有自主知识产权且品质性状优良的葡萄品种。

对中国自育品种的遗传多样性进行评估，可以从多个层面反映其对育种工作的指导作用。首先，丰富的遗传多样性提供了更大的变异来源，使育种者可以从中筛选出适应性强、经济性状优良的品种。这种多样性不仅包括主要的表型特征，还涵盖了对生物和非生物胁迫的耐受能力。通过对遗传多样性的分析，育种者可以更精准地进行品种改良，从而提高育种效率。

其次，遗传多样性研究有助于了解自育品种在不同环境条件下的表现。例如，某些自育品种可能在特定气候条件下表现优异，而在其他条件下则不如预期。通过遗传多样性的评估，可以揭示不同品种在特定环境下的优势和劣势，从而指导选择适宜的种植区域和优化管理措施。

此外，遗传多样性的研究还可以揭示品种间的遗传关系，帮助育种者进一步设计更加合理的交配组合。这对于提高新一代品种的综合性状，如产量、品质和抗逆性具有重要意义。综合运用分子标记技术和遗传分析方法，可以更好地发掘和利用遗传资源，推动中国葡萄品种的持续改良和创新。

总之，中国葡萄自育品种的遗传多样性对育种成效具有重要的指导作用。通过深入研究遗传多样性，不仅可以提高育种的科学性和有效性，还能促进葡萄产业的可持续发展和竞争力提升。

魏新科应用SSR分子标记技术对308个我国自育品种及种质（表5-9）的遗传多样性进行分析的结果发现，利用9对国际通用引物（表5-8）的多态性谱带所构建的0/1矩阵，采用UPGMA法可以聚类成9组，其中有4个大类（A、B、E、F）和5个小类（C、D、G、H、I）。

表5-8　选用引物表

SSR	引物1	引物2	染色体	模板
VVS2	CAGCCCGTAAATGTATCCATC	AAATTCAAAATTCTAATTCAACTGG	11	$(GA)_n$
VVMD5	CTAGACCTACGCCAATCCAA	TATACCAAAAATCATATTCCTAAA	16	$(CT)_3AT(CT)_{11}$ ATAG $(AT)_3$
VVMD7	AGAGTTGCGGAGAACAGGAT	CGAACCTTCACACGCTTGAT	7	$(CT)_{14}$
VVMD25	TTCCGTTAAAGCAAAAGAAAAAGG	TTGGATTTGAAATTTATTGAGGGG	11	$(CT)_n$
VVMD27	ACGGGTATAGAGCAAACGGTGT	GTACCAGATCTGAATACATCCGTAAGT	5	$(CT)_n$
VVMD28	AACAATTCAATGAAAAGAGAGAGAGAGA	TCATCAATTTCGTATCTCTATTTGCTG	3	$(CT)_n$
VVMD32	GGAAAGATGGGATGACTCGC	TATGATTTTTTAGGGGGGTGAGG	4	$(CT)_n$
VrZAG62	CCATGTCTCTCCTCAGCTTCTCAGC	GGTGAAATGGGCACCGAACACACGC	7	$(GA)_{19}$
VrZAG79	AGATTGTGGAGGAGGGAACAAACCG	TGCCCCCATTTTCAAACTCCCTTCC	5	$(GA)_{19}$

表5-9　遗传多样性分析的308个葡萄种质及其序号

编号	品种名	编号	品种名	编号	品种名	编号	品种名	编号	品种名	编号	品种名
1	蜜光	53	峰后	105	郑果 4 号	157	沈农香丰	209	大青葡萄	261	浙江大叶水晶
2	花白	54	牛心	106	李子香	158	京亚	210	白喀什喀尔	262	嘟噜玫
3	红达拉依	55	香妃	107	早玫瑰（变）	159	泽玉	211	阿克塔那衣	263	碧绿珠
4	郑葡 2 号	56	京紫晶	108	常穗无核白	160	京可晶	212	黑圆珠	264	贵州水晶
5	瑞都红玫	57	金田美指	109	8612	161	郑果 2 号	213	济南早红	265	早熟玫瑰香
6	郑美	58	艳红	110	大白葡萄	162	申华	214	洋葡萄	266	紫早
7	瑞都无核怡	59	碧香无核	111	和田绿	163	郑果 6 号	215	马奶	267	巩义无核白
8	瑞都香玉	60	郑果 28 号	112	特巴格	164	烟 73	216	无籽露	268	脆峰
9	庆丰	61	京早晶	113	早熟玫瑰香	165	白拉齐那	217	白老虎眼	269	玛瑙
10	郑葡 1 号	62	索索葡萄	114	京秀	166	郑果 13 号	218	白葡萄	270	紫峰
11	郑艳无核	63	圆白	115	巨玫瑰	167	烟 74	219	高山一号	271	天山
12	户太 8 号	64	阿特巴格（黑）	116	瑰香怡	168	郑果 17 号	220	关口葡萄	272	金峰
13	秋黑宝	65	红莲子	117	状元红	169	郑果 12 号	221	早亚宝	273	一千年
14	早康宝	66	黑香蕉	118	黑瑰香	170	抗砧 6 号	222	瓶儿	274	木拉格
15	红马奶	67	脆红	119	农科 4 号	171	110	223	达拉依	275	多裂叶蘡薁
16	红木纳格	68	申丰	120	宇选 1 号	172	抗砧 1 号	224	天津白粒	276	桑叶葡萄
17	四川巴塘	69	红鸡心	121	伊犁香葡萄	173	沈 530	225	黄满集	277	华东葡萄
18	早黑宝	70	红双味	122	紫丰	174	沈 529	226	其里干	278	山葡萄
19	霞光	71	那布古珠	123	京玉	175	沈 551	227	吾家克阿依	279	次葡萄 940
20	小辣椒	72	超宝	124	紫珍珠	176	抗砧 5 号	228	黑沙留	280	广西毛葡萄
21	峰光	73	紫珍香	125	也力阿克	177	抗砧 3 号	229	紧穗无籽露	281	黑指
22	丽红宝	74	瑰宝	126	大无核紫	178	101	230	阿克塔尔	282	巨峰玫瑰
23	贝加干酒	75	黑葡萄	127	郑州早红	179	北冰红	231	黑油亮	283	霸王
24	贵园	76	黑破黄	128	早甜玫瑰香	180	北醇	232	黑卡拉斯	284	香蕉
25	贵妃玫瑰	77	和田红	129	郑州早玉	181	黑佳酿	233	喀什喀尔	285	贵州毛葡萄

续表

编号	品种名	编号	品种名	编号	品种名	编号	品种名	编号	品种名	编号	品种名
26	红葡萄	78	金田无核	130	大无核白	182	北玫	234	花叶喀什喀尔	286	黑丰
27	红亚历山大	79	中圃 3 号	131	库斯卡奇	183	卡拉	235	微红白	287	早无核白
28	大粒玫瑰香	80	甜峰	132	郑果 5 号	184	玉珍香	236	紫葡萄	288	宁夏无核白
29	春光	81	郑果大无核	133	龙眼	185	紫地球（变）	237	黑旋风	289	天康玫瑰
30	宝光	82	沈 87-1	134	谢克兰格	186	玉波黄地球	238	紫红型葡萄	290	春红
31	黑峰	83	郑巨 1 号	135	巨星	187	短枝玉玫瑰	239	白葡萄 1 号	291	北京红
32	夕阳红	84	玫野黑	136	桃克可努克	188	玉波一号	240	凤凰	292	圆粒巧吾什
33	香悦	85	水晶无核	137	早黑宝	189	玉波二号	241	凤凰 51	293	蜜而脆
34	郑果 21 号	86	西营	138	夏白	190	北红	242	洪江	294	园香妃
35	白达拉依	87	郑康 1 号	139	郑果 15 号	191	郑果 16 号	243	洪江 3 号	295	园脆霞
36	丰宝	88	沈农硕丰	140	木纳格	192	郑果 25 号	244	茨中教堂	296	园红玫
37	翡翠玫瑰	89	公主红	141	早金香	193	郑果 11 号	245	红玫瑰	297	园野香
38	京香玉	90	紫地球	142	晚黑宝	194	公酿 1 号	246	神农金皇后	298	金桂香
39	吉香	91	白玫康	143	玫瑰蜜	195	熊岳白葡萄	247	皇家无核	299	园金香
40	京优	92	茉莉香	144	平顶黑	196	郑果 26 号	248	白沙玉	300	超级女皇
41	秦龙大穗	93	醉人香	145	京丰	197	玉山水晶	249	瑞峰无核	301	园绿指
42	郑果 8 号	94	沪培一号	146	泽香	198	大白葡萄	250	紫秋	302	园意红
43	郑巨 2 号	95	申秀	147	沈阳玫瑰	199	赛勒可阿依	251	岳红无核	303	园红指
44	金田红	96	白布瑞克	148	驴奶	200	牡丹红	252	无核翠宝	304	巨峰优选
45	钟山红	97	沪培 2 号	149	郑果 3 号	201	白油亮	253	红旗特早玫瑰	305	黑美人
46	郑果 1 号	98	山东大紫	150	爱神玫瑰	202	秋白	254	早霞玫瑰	306	东方蓝宝石
47	月光无核	99	绿葡萄	151	紫鸡心	203	黑鸡心	255	瑞都脆霞	307	东方金珠
48	金田翡翠	100	墨玉葡萄	152	红乳	204	马热子	256	新郁	308	园巨人
49	光辉	101	伊犁葡萄	153	8611	205	大粒玫瑰香	257	早康可		
50	秋红宝	102	早玛瑙	154	晶红宝	206	早莎巴珍珠	258	晚霞		
51	假卡	103	绿木纳格	155	申玉	207	内京香	259	着色香		
52	红香蕉	104	牛奶	156	金田 0608	208	早玫瑰	260	红瑞宝（变）		

A 类包含 47 个葡萄品种，几乎全部是鲜食品种，占该组材料的 95.7%。A 类又可分为两个部分，即 A1 亚类和 A2 亚类。A1 亚类含有 16 个葡萄品种其中主要是江苏省张家港市神园葡萄科技有限公司培育的，如‘园金香’‘园香妃’‘园红指’‘园绿指’‘园野香’等共 13 个鲜食葡萄品种。A2 亚类 31 个葡萄品种主要为欧亚种。其中，‘墨玉葡萄’‘木纳格’‘库斯卡奇’3 个新疆地方品种聚在了一起。同为欧亚种的‘郑美’和‘金田美指’，它们的亲本之一都为‘美人指’，也聚合在了一起。‘翡翠玫瑰’‘贵妃玫瑰’和‘京紫晶’虽然种类不同，但都有‘葡萄园皇后’亲缘，因此也被聚合到了一起。

B 类中包括 40 种葡萄，全部为鲜食品种。其中，‘巨峰’系的品种大多聚在这一类，共占 17.5%。例如：‘贵园’‘峰光’‘户太 8 号’‘夕阳红’‘香悦’等。此外，由郑州果树研究所选育的‘郑葡 1 号’‘郑葡 2 号’因亲本相同聚在了一起；从‘紫珍香’自交后代中选出的优良品种‘沈农硕丰’也和其亲本直接聚在了一起。

E 类共有 51 个葡萄品种。其中包含 3 个野生品种：‘桑叶葡萄’‘华东葡萄’‘山葡萄’，它们 3 个直接聚类在了一起；含有‘玫瑰香’血缘的 9 个品种‘京秀’‘早熟玫瑰香’‘大粒玫瑰香’‘艳红’‘玛瑙’‘泽玉’‘爱神玫瑰’‘泽香’‘红香蕉’聚类在这一组，占该组材料的 17.6%。由山西果树研究所以‘瑰宝’为母本育成的‘晚黑宝’和‘秋红宝’直接聚在了一起。

F 类包含 49 种葡萄，其中包括 22 个中国地方品种，占该类材料的 44.9%。材料中 43.1% 的地方品种聚集在本类中。‘瓶儿’‘关口葡萄’‘早亚宝’‘白葡萄’‘无籽露’‘白老虎眼’‘马热子’，7 个新疆地方品种直接聚集在一起。该类中还包括我国的 7 个酿酒品种，如‘北醇’‘北玫’‘熊岳白’‘黑圆珠’等。

C、D、G、H、I 五个小类，各包含 21、25、25、24、26 个品种。C 类中‘沈 530’‘沈 529’‘沈 551’三个砧木品种直接聚集在一起；同为欧美种的‘黑香蕉’和‘红双味’因亲本都有‘葡萄园皇后’所以直接聚在一起。D 类中含有 1 份‘蘡薁葡萄’，即‘多裂叶蘡薁’；‘那布古珠’‘黑破黄’‘木拉格’同为地方品种聚在一起；‘伊犁香葡萄’和‘白沙玉’同为新疆地方品种直接聚在一起。G 类含有两份‘刺葡萄’，即‘紫秋’和‘刺葡萄 940’；‘郑果 25 号’和‘公酿 1 号’同为酿酒品种，直接聚集在一起。该实验中大部分无核品种，如‘巩义无核白’‘无核翠宝’‘岳红无核’‘紧穗无籽露’‘皇家无核’都聚在 H 类中。I 类中包含 9 个地方品种，如‘伊犁葡萄’‘微红白’‘阿克塔那衣’‘马奶’‘赛勒可阿依’‘白油亮’等，占该类的 34%；‘早霞玫瑰’与‘金田 0608’都以‘秋黑’作亲本，直接聚在了一起。

通过对 308 份我国自主选育的葡萄品种进行聚类分析可以看出欧亚种葡萄与欧美种葡萄没有明显区分开来，说明两者亲缘关系较近。聚类结果表明同一育种单位培育且遗传关系较近的品种大多会聚集在一起。例如，由郑州果树研究所选育的‘郑葡 1 号’‘郑葡 2 号’因亲本相同聚在了一起；由山西果树研究所以‘瑰宝’为母本育成的‘晚黑宝’和‘秋红宝’直接聚在了一起。不同用途的葡萄品种，大多也会分类，例如 B 类全部是鲜食品种，砧木品种大多聚集在 C 类，酿酒品种大多聚集在 F 类。由于所选材料品种较多，遗传背景较为复杂，部分同一种属类型的品种未能划分为同一亚类当中，这需要进一步研究探讨。

第三节　葡萄品种系谱分析

系谱是指记录某一家族或品种体系中亲本来源及其相关遗传性状分布情况的图示，是揭示品种遗传传承关系的重要工具。葡萄重要骨干育种亲本及其衍生品种的系谱长期受到育种学界的高度重视。

植物系谱分析是通过对具有一定亲缘关系的植物品种进行系统梳理，研究其遗传来源与传承规律的方法。其分析对象既可以是同一系谱内的近缘品种，也可以扩展至不同系谱，甚至遗传关系较远的品种，从而在宏观层面揭示品种间的亲缘联系及演化路径。因此，系谱分析的核心目的在于准确阐明植物品种之间的遗传传承关系，其结果不仅可独立用于育种研究，也可用于验证分子标记等方法推断的遗传关系的合理性。

葡萄品种系谱分析在育种研究与实践中主要体现在以下几个方面：

① 收集育成品种的亲本来源信息，提出品种选配的规律和特点。实践证明，作物育种特别是以常规育种技术为主的杂交育种，其成败的关键在于亲本材料及其配置。从育品成种的系谱入手，梳理出育种过程中在选育亲本、配置组合上的共性和规律，对新品种育种具有重要的指导意义。

② 分析品种的演变规律，指导育种目标的发展趋势。育成品种系谱分析可以按时间顺序研究，对各时代或不同时期育成品种更替演变规律、生产概况、特征性状演变规律及主栽品种的优势进行分析，从而预测新的育种目标发展趋势。

③ 了解性状的遗传关系，分析优异性状的来源及传递。在了解系谱的基础上，通过分析各类亲本种质的主要目标性状在不同组合配制中上下传承关系，从而判明目标性状的载体来源，为优异种质的利用和新的种质的创造提供基础材料。

④ 提出骨干亲本材料，为骨干亲本重要染色体位点或区段挖掘提供基础。通过育成品种系谱分析总结出在育种中广泛使用的骨干亲本材料。深入研究骨干亲本配合能力和重要农艺性状表达之间的内在关联，提高作物育种工作中亲本选配的准确性和效率。从骨干亲本及其姊妹系、衍生系入手，分析骨干亲本特异染色体位点或区段的分布和传递规律，发掘与重要农艺性状关联的染色体位点或区段，并揭示特异染色体位点或区段的遗传效应。

在葡萄育种实践中，‘巨峰’系、‘玫瑰香’系、‘莎巴珍珠’系品种因其育种历史清晰、亲本关系明确、衍生品种众多，均成为研究葡萄品种系谱的典型体系。以下以我国几个主要葡萄品种为例，对其系谱结构及亲缘关系进行分析。

一、‘巨峰’系葡萄品种系谱

‘巨峰’是日本大井上康以‘大粒康拜尔早生’为母本、‘森田尼’为父本杂交培育的四倍体品种，1959 年引入中国。1984 年，中国科学院植物研究所首次通过‘巨峰’实生选种育成葡萄新品种‘京超’，随后我国共衍生育成了 59 个‘巨峰’系品种（图 5-12），包括‘京优’‘天工丽人’‘爱博欣 1 号’等共 11 个实生种，‘辽峰’‘峰早’‘天工墨玉’

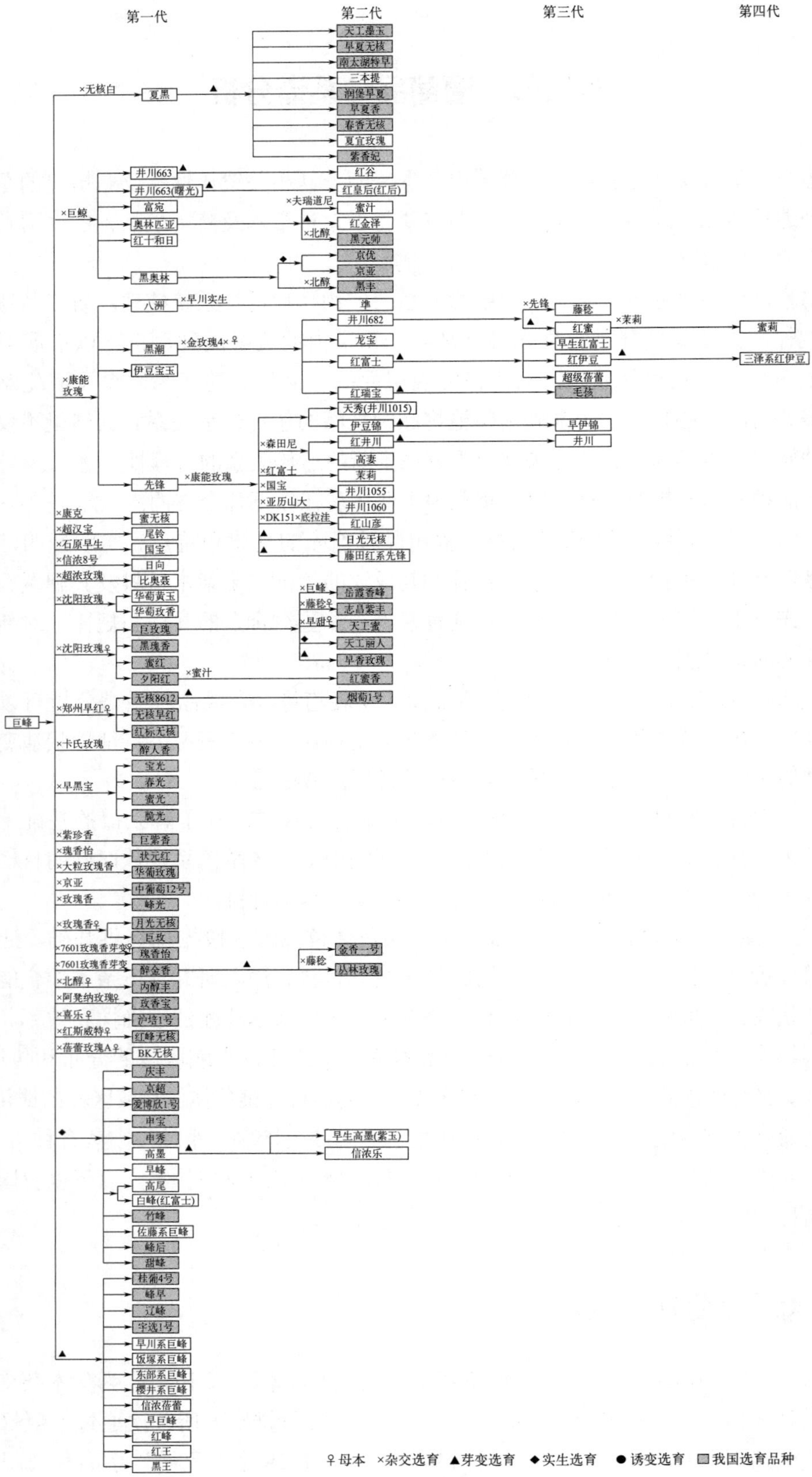

图5-12 ‘巨峰’系葡萄系谱

等共 15 个芽变种，‘宝光’‘醉金香’‘月光无核’等 33 个杂交种。这些育成品种中有 4 个品种的果色呈黄绿色 - 绿黄色，25 个品种果色表现为粉红色 - 紫红色，29 个品种呈紫黑色 - 蓝黑色。

‘巨峰’葡萄果实穗大，粒大，平均穗重 400 ～ 600g，平均果粒重 12g 左右，最大可达 20g。成熟时呈紫黑色，果皮厚，果粉多，果肉较软，味甜、多汁，有草莓香味，皮、肉和种子易分离，含糖量约 16%。‘巨峰’葡萄适应性强，抗病、抗寒性能好，具有较强的抗病能力，这使得它在不同地区的种植中都能表现出较好的生长状态。同时，‘巨峰’系葡萄品种间的遗传差异较小，这表明它们之间亲缘关系较近。这些特点使‘巨峰’系葡萄品种在葡萄遗传育种和消费市场上受到广泛欢迎。‘巨峰’系葡萄品种可以根据其来源、成熟期、成熟时果皮的色泽和种子有无进行分类。

由于‘巨峰’系葡萄品种均选自于日本和中国，因此根据品种选育来源进行分类，‘巨峰’系葡萄品种可分为日本系统品种和中国系统品种。到目前为止，大部分‘巨峰’系葡萄品种为日本人在日本选育出的日本系统品种，这些品种在我国多数葡萄产区也表现出较强的适应性和抗性。

（一）不同成熟期的品种

早熟品种主要有‘无核早红’‘京优’‘京亚’‘黑元帅’‘早生高墨’‘前峰’‘高尾’‘蜜汁’‘无核 8612’‘早巨峰’等，果实成熟期一般比‘巨峰’早 10d 以上，从萌芽到浆果成熟 80 ～ 115d，其具体萌芽和成熟期各地不同，如‘京亚’和‘黑元帅’在湘南地区 3 月上旬萌芽到 6 月上中旬成熟，在湖北武汉地区 3 月下旬萌芽到 6 月底成熟。

中熟品种主要有‘巨峰’‘藤稔’‘先锋’‘国宝’‘龙宝’‘信浓蓓蕾’‘红皇后’‘京超’‘黑丰’‘伊豆锦’‘红瑞宝’‘茉莉’‘红伊豆’‘红蜜’‘白峰（白富士）’‘奥林匹亚’‘甜峰’‘黑瑰香’等，成熟期与‘巨峰’相同或比‘巨峰’早熟或晚熟 10d 以内，从萌芽到浆果成熟 115 ～ 135d，其具体萌芽和成熟期各地亦不同，如‘巨峰’和‘藤稔’在湘南地区 3 月上旬萌芽到 7 月上旬成熟，在湖北武汉地区 3 月下旬萌芽到 7 月中下旬成熟，‘巨峰’在辽宁省西部 5 月上旬萌芽而成熟期要到 9 月中旬。

晚熟品种主要有‘黑奥林’‘夕阳红’‘红富士’‘天秀’‘蜜莉’‘高妻’‘信浓乐’‘巨玫瑰’等，比‘巨峰’一般晚熟 10d 以上，从萌芽到浆果成熟需 135d 以上，其具体萌芽和成熟期各地亦不同，如‘黑奥林’在湘南地区 3 月上旬萌芽到 7 月下旬成熟，在辽宁兴城地区 5 月上旬萌芽到 9 月下旬果实成熟。

（二）不同果皮色泽系统品种

红色果皮系统品种主要有‘红富士’‘红瑞宝’‘红伊豆’‘无核早红’‘夕阳红’‘京优’‘信浓乐’‘峰后’‘龙宝’‘前峰’‘三泽系红伊豆’‘奥林匹亚’‘蜜汁’‘信浓蓓蕾’‘红皇后’‘茉莉’‘巨玫瑰’‘红蜜’‘蜜莉’‘日光无核’等，果实成熟时果皮为浅红、鲜红或紫红色，对消费者的吸引力大，同时育种时容易产生这种变异，因此育种上应主要选择此类品种。

黑色果皮系统品种主要有‘巨峰’‘藤稔’‘高妻’‘无核 8612’‘甜峰’‘先锋’‘国宝’‘京超’‘黑元帅’‘京亚’‘早生高墨’‘黑奥林’‘黑丰’‘高尾’‘伊豆锦’‘黑瑰香’等，果实成熟时果皮为紫黑色、黑紫色或者紫黑间紫红色生产上栽植最多，经济效益高。

白色果皮系统品种主要有‘白峰’（白富士），果实成熟时果皮色泽为白色或黄色，因为色泽不艳，市场需求相对较少，同时育种时不易产生这种变异，这类品种很少。

（三）有核和无核品种

目前生产上种植的‘巨峰’系无核品种也较少，无核品种主要有‘夏黑’‘无核早红’‘日光无核’‘高尾’‘蜜无核’‘尾铃’‘无核8612’，果实内基本无种子，其品种数量少，约占总数的8%。这些品种多为三倍体，主要由四倍体和二倍体品种杂交而来，也有由其他巨峰系葡萄品种芽变和实生选种而来的，染色体数为$2n=3x=57$，其可育性很低，形成无核果实。无核品种大多极早熟，宜鲜食，主要缺点是果粒小，一般为4～5g。选育无核、大粒、红色、抗性强和适应性广的无核品种应是今后‘巨峰’系葡萄育种的重要方向。

有核品种数量约占总数的92%，多为四倍体，染色体数为$2n=4x=76$，其可育性和结籽性降低，果实内种子数比二倍体葡萄少，一般为1～2粒，也有3～4粒或无核果粒。这些品种果实大、种子少、品质优良，适宜鲜食。

二、‘玫瑰香’系葡萄品种系谱

‘玫瑰香’是英国斯诺（Snow）于1860年用‘黑汉’与‘白玫瑰’（‘亚历山大’）杂交育成的甜香型优质葡萄品种，1892年引入中国。20世纪50年代，我国就开始了‘玫瑰香’系葡萄的选育，育出了‘山玫瑰’‘北醇’‘爱神玫瑰’等品种; 2000年以后杂交育出了‘巨玫瑰’‘京蜜’‘园红玫’等优良品种；截至目前，‘玫瑰香’仍是我国葡萄杂交育种的重要亲本（图5-13）。

‘玫瑰香’是晚熟鲜食品种同时也可作为酿酒原料，其果实品质极优，具有浓玫瑰香味，深受广大消费者喜爱。因此，‘玫瑰香’被用作育种亲本材料，大量应用于新品种选育中。其中比较典型的‘瑞都’系列葡萄品种，‘瑞都无核怡’‘瑞都香玉’‘瑞都脆霞’均是由‘玫瑰香’系葡萄‘香妃’作为亲本通过杂交得到的优良葡萄新品种。同时因它们扦插繁殖容易成活，进入结果期早，结实力强，隐芽、冬芽和夏芽副梢结实力均强，耐运输和短期贮藏，逐渐形成具有一定规模的‘玫瑰香’系品种系谱。

（一）染色体倍性

‘玫瑰香’是二倍体品种，后代中四倍体品种19个、三倍体品种2个。5个欧亚种四倍体品种中，芽变品种有：‘沈阳玫瑰香’‘大粒玫瑰香’‘七月玫瑰’3个；诱变选出的品种有‘四玫Ⅰ’‘四玫Ⅱ’。

（二）无核品种

‘玫瑰香’是有核品种，其后代系谱中的无核品种有‘爱神玫瑰’、‘紫香无核’（欧亚种）、‘无核早红’（欧美杂交种）。

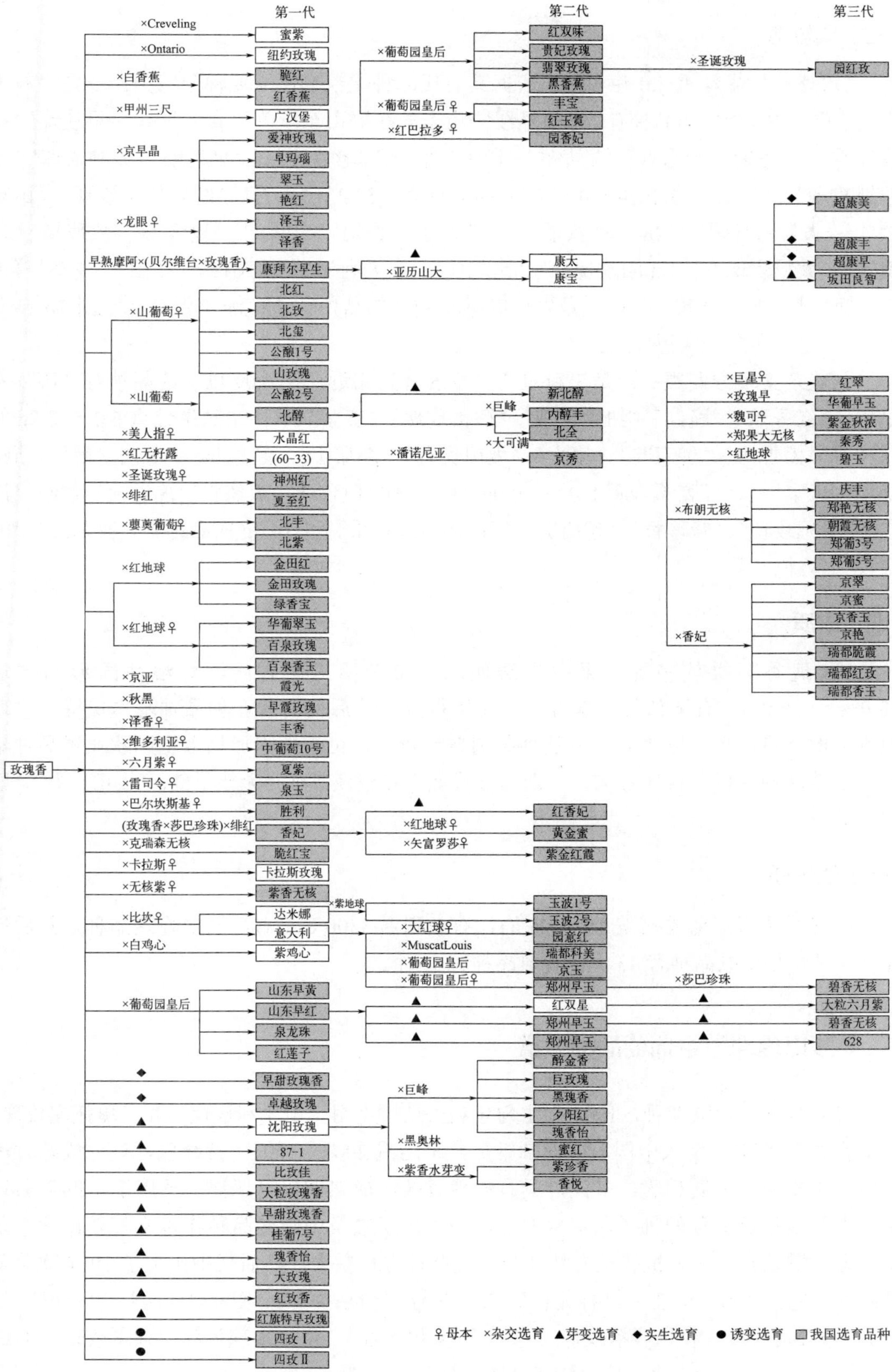

图5-13　‘玫瑰香’及其育成品种系谱

（三）果粒重

‘玫瑰香’果粒重4.0～4.5g，依据其后代品种果粒重，欧亚种分三类：一是果粒大小与‘玫瑰香’相似的品种有‘郑州早红’‘山东早红’‘山东早黄’‘青岛早红’‘早玫瑰’‘早玫瑰香’‘六月紫’‘红莲子’‘泉龙珠’‘泽香’‘泽玉’‘紫香无核’‘早玛瑙’‘爱神玫瑰’‘卡拉斯玫瑰’等；二是果粒重6.0～8.0g的品种有‘87-1’‘京秀’‘红旗特早玫瑰’‘山东大紫’‘大粒六月紫’‘628’‘红双星’‘农科2号’‘香妃’‘红香妃’‘玫瑰玉’‘玫瑰早’‘玫瑰紫’‘大粒玫瑰香’‘沈阳玫瑰香’‘比玫佳’‘意大利’‘红意大利’‘红茧’‘龙香’‘丰香’‘胜利’‘七月玫瑰’等；三是果粒重超过8.0g的品种有‘红高’‘温克’‘达米娜’‘布勒西尔’‘博多白’‘甲斐乙女’等。

欧美杂交种分四类：一是果粒重与‘玫瑰香’相近，在6.0g以下的品种有‘康拜尔早生’‘红香蕉’‘脆红’‘纽约玫瑰’‘蓓蕾玫瑰’‘蜜紫’等；二是果粒重6.0～8.0g的品种有‘黑香蕉’‘红双味’‘康太’‘坂田良智’‘超康丰’‘超康早’‘出艺皇后’‘斯帕汉堡’‘丰宝’等；三是果粒重8.0～10.0g的品种有‘巨玫瑰’‘黑瑰香’‘瑰香怡’‘蜜红’‘满宝’‘贵妃玫瑰’‘紫珍香’‘超康美’等；四是果粒重超过10.0g的品种有‘夕阳红’‘醉金香’‘香悦’等。

（四）肉质

‘玫瑰香’柔软多汁，果肉半透明，果实带明显麝香味，可溶性固形物含量18.0%～20.0%，有浓郁的玫瑰香味，口感很好。其后代的欧亚种品种基本保持了‘玫瑰香’的优良品质，欧美杂交种品种果肉普遍较软，可溶性固形物含量比欧亚种品种略低。多数品种保持了玫瑰香味，个别品种玫瑰香味较淡，如‘无核早红’‘坂田良智’‘康太’等。

（五）生长期

玫瑰香从萌芽至成熟需150天左右，有效积温3300℃左右，属中晚熟品种。其后代品种早熟、早中熟品种有43个，晚熟品种有16个。

三、‘莎巴珍珠’系葡萄品种系谱

‘莎巴珍珠’，欧亚种，1904年由匈牙利人斯塔克用‘匈牙利玫瑰’和‘奥托涅玫瑰’杂交育成，1951年引入中国。果穗圆锥形，平均重200～500g，黄绿色，充分成熟时浅黄色；果皮薄，肉质稍脆，多汁，具有玫瑰香味，成熟期极早，被广泛用于早熟葡萄育种。由于极早熟品种的种子萌芽率极低，故多用早熟及中晚熟品种作母本与其作父本杂交。为了增强其抗病和抗裂果的特性与欧美杂种进行杂交，其后代中出现了10个欧美杂种品种，包括‘无核早红’‘红标无核’‘农科2号’‘内京香’‘红双味’‘丰宝’‘黑香蕉’‘红玉霓’‘贵妃玫瑰’和‘翡翠玫瑰’。其中‘无核早红’‘贵妃玫瑰’和‘翡翠玫瑰’的综合性状优异，在生产上推广应用较多（图5-14）。

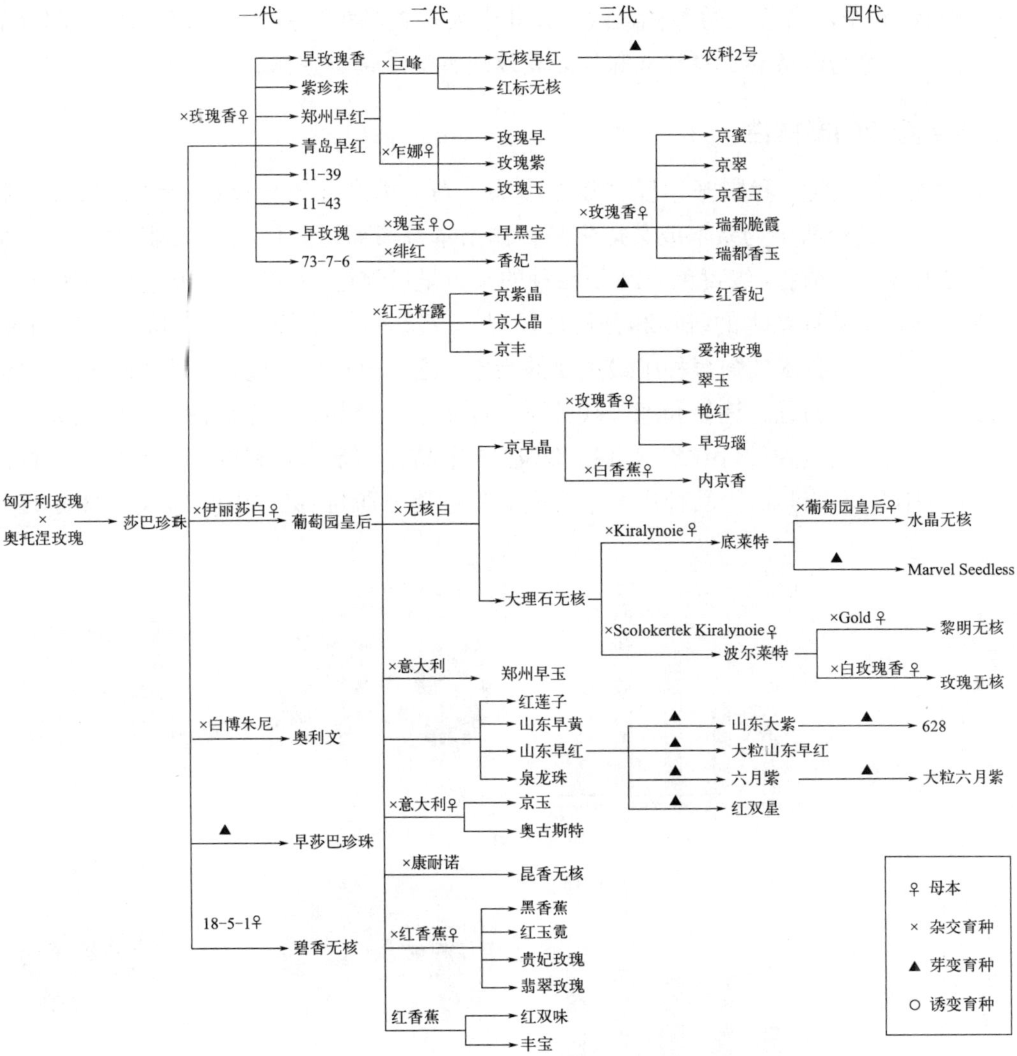

图5-14 ‘莎巴珍珠’衍生葡萄品种系谱

（一）染色体倍型的多样性

‘莎巴珍珠’是二倍体（$2n=2x=38$）品种，其衍生品种中有 2 个四倍体（$2n=4x=76$）品种，都是欧亚种，其中‘Marvel Seedless’由美国私人育种家经‘底莱特’芽变选育的。‘早黑宝’是山西省农科院果树研究所用‘瑰宝’（二倍体）和‘早玫瑰’（二倍体）的杂交种子用秋水仙素进行诱变选育的。有 2 个三倍体（$2n=3x=57$）品种，‘无核早红’和‘红标无核’均为欧美杂交种，是由河北省农林科学院昌黎果树研究所育成，亲本为‘郑州早红’（二倍体）×‘巨峰’（四倍体），是我国培育的首例并用于生产的三倍体葡萄新品种。

（二）果实香味的多样性

目前大多研究认为葡萄玫瑰香味的遗传存在着多个修饰基因，玫瑰香味在杂种 1 代有明显减弱的趋势，为了选育有玫瑰香味的葡萄新品种，最好用有玫瑰香味的品种杂交，或者亲本之一必须是香味浓的品种。‘莎巴珍珠’是具玫瑰香味的品种，其衍生后代中有香味的品种有46个，占后代总数的83.6%。其中大多数品种保持了玫瑰香味，少部分品种具草莓香味，尤为奇特的是‘红双味’兼具玫瑰香味和草莓香味。

（三）果实颜色的多样性

20世纪70年代，我国开始以‘莎巴珍珠’为亲本进行杂交育种。到2022年，我国直接利用‘莎巴珍珠’为亲本或其衍生品种作亲本育成葡萄品种53个。其中，17个葡萄品种果皮表现为黄绿色-绿黄色，26个品种的果色呈粉红色-紫红色，10个品种为紫黑色。

通过对葡萄品种亲本的统计和分析，发现‘玫瑰香’‘巨峰’‘莎巴珍珠’作为亲本，遗传贡献最大，是我国葡萄育种中最主要的亲本。通过分析‘玫瑰香’‘巨峰’‘莎巴珍珠’衍生品种（品系）的选育途径和亲子代关系，绘制了三个品种的系谱图。在我国育成的优良品种中，以‘玫瑰香’‘巨峰’‘莎巴珍珠’3个品种作亲本材料的利用率居前3位，直接利用它们作亲本或其衍生品种作亲本育成的品种数分别为99、59和54个（图5-15）。

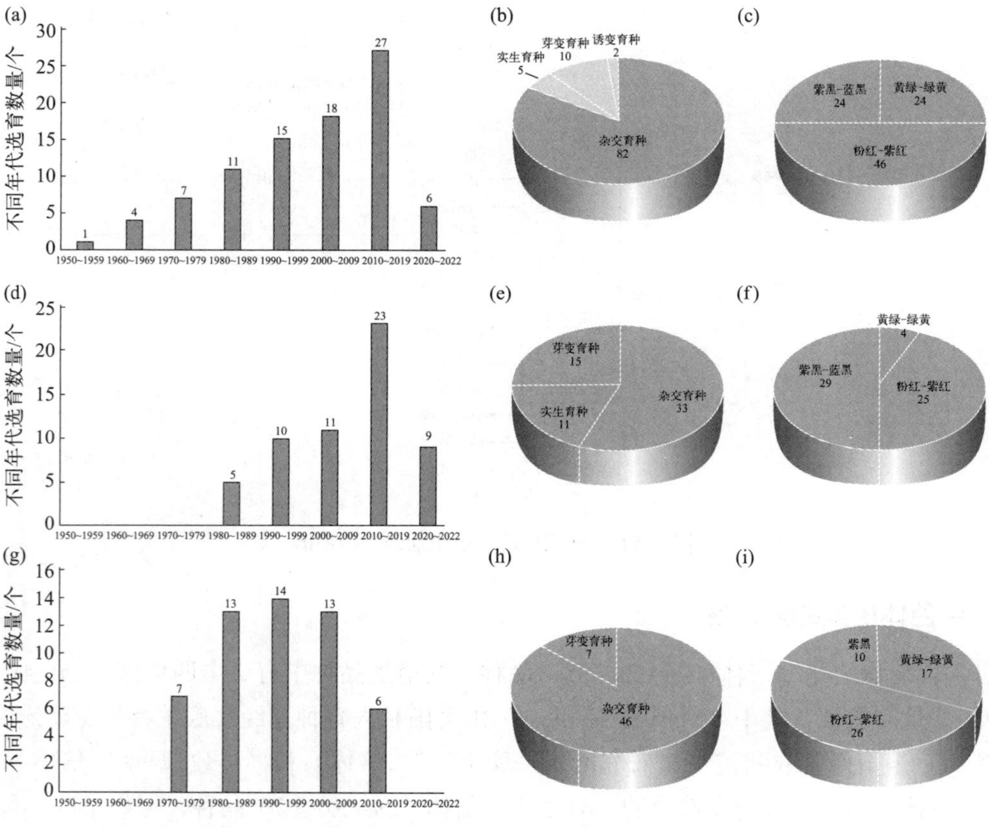

图5-15 ‘玫瑰香’‘巨峰’‘莎巴珍珠’系不同年代选育数量、育种技术和果皮颜色

（a）～（c）为‘玫瑰香’；（d）～（f）为‘巨峰’；（g）～（i）为‘莎巴珍珠’

四、无核葡萄品种系谱

无核性是葡萄鲜食和加工育种中最重要、最具商品价值的性状之一，其形成与遗传传承在长期育种实践中受到广泛关注。无核葡萄品种的培育主要依赖少数核心无核种质材料，其系谱结构相对集中、传承路径清晰，是研究葡萄无核性遗传来源与品种演化规律的典型体系。通过系统梳理无核葡萄品种的系谱关系，不仅可以明确无核性状的主要来源及其在不同品种中的传递方式，还能够揭示骨干亲本在无核葡萄育种中的关键作用，为无核新品种选育及无核性状的持续改良提供重要参考。

（一）‘无核白’及其衍生品种

‘无核白’，又名‘苏塔宁那’或‘阿克喀什米什’’‘无籽露’‘土尔封’‘汤姆松’‘基什米什’等，是十分古老的欧亚种无核品种。可能起源于伊朗或西亚一带的沙漠地区，公元3世纪（1600年以前）我国新疆即有种植。1761年我国内地开始种植。经系谱分析表明，世界上培育的绝大多数无核品种的无核性来源都是‘无核白’。‘无核白’主要用于制干和鲜食，到目前为止，由于其用途上的多样性，‘无核白’仍然是世界上栽培面积最大的无核品种。但其果实成熟后容易落粒，贮藏运输性能较差，严重影响了其果实的商品性状。自从美国1973年推出‘火焰无核’品种后，无核葡萄的育种工作朝前迈进了重要的一步，其肉脆、风味极佳的特点很快被消费者所认可，到目前为止，该品种已成为美国加州的第二大主栽无核品种。

品质优良、大粒、抗病的无核品种是世界范围内无核葡萄育种的主要方向。1948年美国加州大学推广了极早熟无核品种‘波尔莱特’和‘底莱特’；美国农业部Fresno实验站从1923年开始了无核葡萄的育种工作，用‘无核白’为主要材料，经过5～7代的杂交工作，培育了系列无核品种，其中的‘神奇无核’果粒极大，在不需环剥或GA处理的情况下，单粒重可达8g。‘克瑞森无核’极晚熟、耐贮运，为大粒的无核品种。

（二）‘无核紫’及其衍生品种

‘无核紫’又名‘无核红’‘马纽卡’‘黑马纽卡’‘红无籽露’‘无核黑’‘卡拉基什米什’等，为欧亚种，原产中亚细亚，1870年传入欧洲，1937年我国由日本引入。作为鲜食品种有不耐贮藏和运输的缺点，其干制品较‘无核白’大，但在贮藏期间有容易返潮的缺点。目前，‘无核紫’在世界范围内的栽培面积不是很大，在我国新疆有少量栽培，和其栽培面积一样，由其衍生的无核品种也不多，仅‘红萨福尔克’‘美丽无核’‘京可晶’是由其分别与‘Fredonia’‘Szölöskertek kiálynöje’‘法国蓝’杂交育成。‘Damas Rose’和‘无核紫’的杂交后代与‘瑞比尔’杂交育成了‘黑玫瑰’，‘黑玫瑰’又参与了‘神奇无核’‘蒙丽莎无核’‘黑宝石无核’‘夏季玫瑰香’‘钻石无核’’品种的培育，但从这些品种的系谱来看，‘无核紫’不是它们的主要无核性来源。

（三）‘俄罗斯无核’及其衍生品种

‘俄罗斯无核’的起源不详。在美国的无核葡萄育种中参与了‘Remaily Seedless’‘金星无核’和‘火星无核’的培育，是这些无核品种的无核性来源。这几个育成的无核品种还含有‘Ontario’‘Lady Patricia’（Seibel 14665）或‘Buffalo’‘Alden’等欧美杂种品种的血缘关系，具有很好的耐湿性和抗病性。

第四节　基因位点在葡萄种质资源中的关联分析

关联分析（association analysis），又称连锁不平衡作图（LD mapping）或关联作图（association mapping），是一种以连锁不平衡为基础，以自然群体为研究对象鉴定某一群体内目标性状与遗传标记或候选基因关系的分析方法，是一种成本低、精度高的基因分型方法。连锁不平衡（linkage disequilibrium，LD）指的是一个群体内不同基因座等位基因之间的非随机关联，包括两个标记之间、两个基因之间，或者一个基因与一个标记座位间的非随机关联。

关联分析最早应用在人类疾病研究当中，在有多基因复杂性状控制的疾病的研究中，取得突破性进展。随着近些年来基因组测序的不断发展，在果树中也开始逐渐使用关联分析的方法进行基因的定位与功能性分析。与以往基因连锁分析定位不同，此前果树中通常通过构建多种杂交群体来进行数量性状的基因定位，即连锁分析（linkage analysis），又称QTL 定位，一般利用双亲杂交衍生的分离群体，基于同源染色体之间的重组和交换现象，统计分子标记和数量性状表型之间的交换频率，以此估算 QTL 在遗传图谱的位置和效应。

与果树中较为常用的连锁作图相比，关联分析通过自然变异来分析多个等位基因的调控作用，消除了连锁作图中来自双亲的条件限制，并且关联分析是以连锁不平衡为基础利用自然群体为试材的分析方法，具有较高的定位精度，省略了连锁作图中构建群体的过程，大大缩短了基因定位的时间。相比传统 QTL 定位，基于种质资源的全基因组关联分析具备高分辨率、多样性覆盖、资源利用效率高、假设自由和适用性广等优势。借助天然种质库，可以高效识别大量功能性基因位点，为后续功能验证与分子育种奠定坚实基础。

一、关联分析方法简介

首先，合适群体的选择。关联分析运用的群体主要包括自然群体和人工构建的杂交群体。但无论选择哪种群体作为关联群体，都必须含有丰富的遗传变异，在表型上即为群体内样本具有丰富的表型差异。在大多数情况下，通常选择具有广泛地理分布和具有丰富遗传多样性的种质资源。遗传多样性越高通过 GWAS（全基因组关联分析）可得到越多与表型相关的位点。同时设计关联群体时需考虑群体样本量，这对 GWAS 的最终关联信号产生影响。现有报道为确保关联效力，往往选择 100 份以上的样本构建关联群体；样本量影响其连锁不平衡区域，往往大样本量的群体关联分析结果更有效力。其次，合理的群体结构。良好的群体结构可降低假阳性的产生。群体亚群间存在的遗传交流可使得性状在类群间产生变异，可提高关联分析准确性，但过于明显的分群会影响关联信号的检测。再次，关联阈值的选择。关联分析阈值的设定，一定程度决定最终可检测到的位点，阈值过高会丢失较多微小关联信号，而阈值过低则可能会出现较多假阳性干扰关联结果。故关联分析常使用多重比较调整法来确定显著性阈值。常用的两种多重比较方法是 Bonferroni 校正和错误发现率（FDR）。最后，分析模型的选择。选择合适的模型是识别真正与特定性状相关的标记的关键之一，可同时减少假阳性和假阴性关联结果。logistic 回归模型、一般线性模型（general linear model，GLM）、混合线性模型（mixed linear model，MLM）为关联分析的三大常用模型。

二、葡萄重要性状调控基因位点的关联分析

目前基于 SNP-GWAS 定位到的葡萄重要性状的基因位点超过 100 个，其中最多的是葡萄表型性状的位点，主要是浆果形状、单果重等。在 11 号染色体上定位到强候选基因 *Vitvi11g000454*，该基因与浆果宽度相关；在 LG5、LG9、LG19、LG8、LG3、LG4 上关联到 9 个与浆果长度相关的位点；在 LG3、LG5 和 17 号、18 号、19 号染色体共关联到 18 个与浆果重量相关的位点；在 9 号、12 号、1 号、2 号、11 号、15 号染色体上关联到 122 个与浆果形状相关的位点；在 5 号染色体上关联到 1 个与浆果风味相关的位点。用于关联的种质群体大小在 100 ～ 1000 不等。

（一）葡萄品质性状关联分析

在无核性状方面，Zhang 等利用 199 份种质资源在 18 号染色体上定位了一个 SNP 位点 rs1826891824，它与无核性状相关的 SSR 标记 VMC7f2 重叠。

在果皮颜色方面，Ismail 等利用 348 麝香葡萄进行关联分析，定位了 4 号染色体上编码参与花青素转运的谷胱甘肽 S- 转移酶的基因区域，该区域包含 29 个基因，其中 4 个与花青素积累相关。Guo 等利用 179 份种质在 2 号染色体上定位了 5 个与色泽相关的 SNP 标记，其中 *VIT_202s0033g00460* 被注释为转录因子 MYBA3，该研究还发现了 16 号染色体上有两个与浆果发育期相关的强烈的关联信号，在 Chr16 上鉴定了果肉质地相关的位点，浆果风味位点在 Chr05 上被鉴定到。

在香气方面，Sun 等利用 149 个‘亚历山大麝香’和‘圣诞玫瑰’葡萄杂交种个体鉴定到 27 个与葡萄浆果中去甲异戊二烯成分的浓度显著相关的 SNP 位点，随后在 97 个品种组成的种质群体中通过 GWAS 和 KASP（竞争性等位基因特异性 PCR）验证确认了其中的 13 个与葡萄浆果中去甲异戊二烯含量显著相关的 SNP 位点，涉及 Chr05、Chr08、Chr10。

在浆果大小方面，Komal 等利用 122 份种质资源数据在 LG4、LG5、LG17 和其他 6 个 LG 上发现了 18 个与浆果直径显著相关的 SNP 标记，以及 13 个与葡萄束长相关的重要 SNP，其中 7 个位于连锁群（LG）9 和 15 上；Julian 等利用 588 份种质资源，定位到位于 11 号染色体上的强候选基因 *Vitvi11g000454*，该基因具有提高葡萄育种浆果大小的潜力。

在浆果重量方面，确定了 14 个 SNPs，主要在 LG3 和 LG5 上，其中 LG3 上存在主要的浆果重量数量性状基因座（QTL），Guo 等在 Chr17、Chr18、Chr19 上也鉴定了浆果重量相关的关联位点。

在浆果形状方面，Zhang 等利用 279 份种质资源发现了 122 个与多个浆果形状性状显著相关的 SNP 位点，其中 18 个 SNP 位于 9 号染色体上，16 个 SNP 分布在 12 号染色体上，1 个 SNP 分布在 1 号、2 号、11 号和 15 号染色体上。分布在其他染色体上的 SNP 数量从 3 到 16 不等。

在糖酸含量方面，利用 1064 个河岸和其他野生葡萄的不完全二等位体定位群体进行关联分析，基于 SNP 标记确定了该种间杂交群体中可滴定酸（TA）、pH 值和总可溶性固

形物（TSS）这三个性状在 6 号和 16 号染色体上的显著关联。

在葡萄裂果性状方面，Zhang 等利用 287 份种质检测到 5 个与裂果裂解指数相关的 SNP，以及 2 个与浆果裂解型相关的 SNP 位点，这些 SNP 分布在 1 号、2 号、3 号和 18 号这 4 条染色体上，并与 10 个独特的候选浆果裂解基因相关。

在浆果皮抗氧化相关性状——总酚含量、总类黄酮含量、自由基清除活性和 FRAP 抗氧化试验方面，Minkyu 等利用 350 份麝香葡萄种质资源鉴定出 12 个数量性状核苷酸（QTN），其中 6 个为多效的 QTN，它们分别分布在 Chr01、Chr09、Chr02、Chr04、Chr05、Chr13、Chr10。

在葡萄叶片杂色方面，Jack 等分别对 3 个幼苗种群（GE1642、GE1895 和 GE1703）进行关联分析，在 GE1642 群体中，检测了 119 个个体和 962 个 rhAmpSeq 标记物，在 14 号染色体定位了 5 个与叶片杂色相关的标记，GE1895 群体检测了 816 个标记，在 14 号染色体上鉴定了 20 个与叶片杂色显著相关的标记，第三个群体 GE1703 测试了 792 个标记，发现 8 个位于 11 号染色体上的标记与杂色显著相关。

（二）葡萄抗性性状关联分析

在抗病性状方面，Kim 等利用 350 份种质资源，基于 SNP-GWAS，结合表型数据获得了两个与抗根癌病相关的基因（*VvARF4* 和 *VvATL6*）。Sargolzaei 等对 132 份种质资源进行了连续 3 年的抗霜霉病表型调查，并利用 Vitis 18kSNP 芯片进行关联分析，最终在 3 号、14 号、16 号染色体上鉴定到 3 个与葡萄霜霉病抗性显著相关的 SNP 位点，并定位到 3 个相关的基因位点 *Rpv29*、*Rpv30* 和 *Rpv31*；Paineau 等利用 136 个霜霉菌株进行全基因组关联分析，共鉴定到 74 个与葡萄霜霉病抗性密切相关的 SNPs，并通过组装单倍型基因组发现了与高孢子形成区域显著相关的 SNP 标记，鉴定了 1 个与葡萄 *Rpv3.1* 抗性失效相关的病原性基因座；Ricciardi 等利用 88 份种质及 Vitis18kSNP 芯片进行关联分析，定位到两个与葡萄霜霉病抗性相关的位点，mu_s_G_A_chr15_11771804 位点（15 号染色体）被指定为 *Rpv36*，chr16_8343864_A_G 位点（16 号染色体）被指定为 *Rpv37*，而且鉴定的 2 个重要 SNP 均未与先前已知的基因座共定位。在葡萄抗白粉病方面，Ricciardi 等利用 88 份种质及 Vitis18kSNP 芯片进行关联分析，定位到两个与葡萄白粉病抗性相关的位点，chr6_18189932_G_T 位点（6 号染色体）被指定为 *Ren14*，be_C_T_chr17_16451257 位点（17 号染色体）被指定为 *Ren15*。

在抗逆性状方面，Wang 等利用 118 份葡萄和杂交种质冷驯化后的休眠芽资源，基于 SNP-GWAS，鉴定了位于 Chr14 和 Chr19 上的两个耐寒候选基因。Trenti 等利用 20KSNP 和 231 份种质资源（98 个砧木种质）在干旱胁迫试验的各个阶段检测到 24 个显著的标记，其中 15 个位于基因内，其余 SNP 位于基因间区域，这些标记分布在 Chr13、Chr18、Chr03、Chr16、Chr17 等染色体。Wang 等对葡萄砧木对根瘤蚜、根结线虫、盐、旱、寒、涝等性状的抗性进行 GWAS 分析，分别鉴定出 631、13、9、2、810 和 44 个性状相关 SNP 位点，以及 3312、134、75、13、5133 和 337 个相关候选基因，其中，与抗根瘤蚜、抗涝和抗寒相关的基因分散在各条染色体上，抗旱相关基因分布在 chr5 和 chr10 上，分别有 9 个和 4 个基因被定位，盐胁迫相关基因分布在 chr14、chr3、chr10、chr13、chr5、chr9 和 chr12 上，而与根结线虫相关的基因大多分布在 chr13 和 chr14 上，分别定位到 32 个和 26 个基因（表 5-10）。

表5-10 葡萄重要性状的关联分析

性状	分子标记类型	染色体	关联位点数	种质材料数量	备注
果实品质					
无核	SNP	18	1	199	
香气（异戊二烯）	SNP	5、8、10	13	97 个品种	
去甲异戊二烯	SNP		27	149 个杂交个体	
可滴定酸、pH 值、总可溶性固形物	SNP	6、16		255/1064 个杂交个体	
裂果	SNP	1、2、3、18	7	287	
浆果风味	SNP	5	1	179	
表型					
束长	SNP	LG9、LG15	7	122	
12 个目标表型性状	SNP	2、4、9、11、15、18、19	69	588	
浆果宽度	SNP	11		588	定位到 1 个浆果宽度强候选基因 *Vitvi11g000454*
浆果长度	SNP	LG5、LG9、LG19、LG8、LG3、LG4	9	122	
浆果直径		LG4、LG5、3、8、11、13、15、17、19	18		
浆果形状	SNP	9、12、1、2、11、15	122	279	
浆果重量	SNP	LG3、LG5	14	122	
		17、18、19	4	179	
浆果发育	SNP	16	2	179	
果肉质地		16	1		

续表

性状	分子标记类型	染色体	关联位点数	种质材料数量	备注
叶形	SNP			961	
叶片杂色	SNP	14、8	36	3 个幼苗种群	
抗性					
耐盐性	SNP+SV	8		153	
芽耐寒性	SNP	14、19		118	定位了两个耐寒候选基因
抗葡萄根癌	SNP			350	定位了两个与根癌病相关的基因（*VvARF4* 和 *VvATL6*）
干旱胁迫下气孔导度	SNP	13、1、8、3、16、17	24	231（98 个砧木种质）	
抗霜霉病	SNP	3、14、16	3	132	
	SNP		74	136 个霜霉菌株	鉴定了一个与葡萄 *Rpv3.1* 抗性失效相关的病原性基因座
	SNP+SSR	15、16	2	88 份种质	*Rpv36*、*Rpv37*
抗白粉病	SNP+SSR	6、17	2	88 份种质	*Ren14*、*Ren15*
果皮颜色相关性状					
果皮，麝香碱抗氧化剂	SNP	1、9、2、4、5、13、10	12	350	
花青素积累	SNP			348	
果皮颜色	SNP	4		348	
	SNP	2	5	179	

第五节 葡萄色泽性状的遗传基础

葡萄果皮色泽是评价外观品质的重要指标，它不仅决定鲜食葡萄市场价值，而且影响其加工用途与加工品的质量。葡萄果实色泽主要分为有色与无色，其中有色中有蓝、黑、红之分，无色又有绿、黄等之分。果皮色泽是葡萄育种工作中的一个重要性状，其遗传方式以及着色调控机理不仅一直是重要的研究热点，而且也是研究最为深入以及遗传规律认识最为清晰的性状。

一、*VvMYBA1*、*VvMYBA2*是调控葡萄色泽性状的关键转录因子

VvMYBA1、*VvMYBA2* 位点上复等位基因参与调控葡萄果实色泽。由 Fournier 与 Azuma 等人通过 QTL 定位找到了葡萄 2 号染色体上决定果实色泽的 *VvMYBA1* 和 *VvMYBA2* 两个高度连锁的位点。Kobayashi 等报道了调控葡萄果实着色的 *VlMYBA1*-2、*VlMYBA2* 基因，随即发现了 *VvMYBA1a*、*VvMYBA1b*；Yakushiji 等于 2006 年鉴定到 *VvMYBA1c*，并认为它是 *VvMYBA1* 的原始序列；随后 Walker 等发现了 *VvMYBA2r* 和 *VvMYBA2w*；Azuma 等从葡萄中分离出 *VlMYBA1-3* 基因。至此，*VvMYBA1*、*VvMYBA2* 分别有 4 种主要的复等位基因（*VvMYBA1a*、*VvMYBA1b*、*VvMYBA1c* 和 *VlMYBA1-3*；*VvMYBA2r*、*VvMYBA2w*、*VlMYBA1*-2 和 *VlMYBA2*）。*VvMYBA2* 位点等位基因的编码序列较为保守。其中 *VvMYBA2r*、*VvMYBA2* 位点的原始基因型。与 *VvMYBA2r* 相比，*VvMYBA2* 位点的其他等位基因都存在部分碱基缺失。例如，*VvMYBA2w* 的出现是由于编码第 44 位氨基酸的序列发生 SNP 突变以及双核苷酸的缺失产生了移码突变，从而使其丧失调节 UFGT 的功能。*VvMYBA2* 位点上的复等位基因与 *VvMYBA1* 相比，*VvMYBA2r* 比 *VvMYBA1c* 的编码序列多出 282bp（图 5-16）。

二、*VvMYBA1*与*VvMYBA2*所构成单倍型的多种类型是色泽多样性的遗传基础

由于决定果实颜色的 *MYBA1* 和 *MYBA2* 基因位点在一定程度上是共连锁的，因此可以把它们称为一个单倍型（haplotype，简称 Hap）。所谓单倍型是单倍体基因型的简称，在遗传学中是指同一染色体上可进行共同遗传的多个基因位点等位基因的组合。

纠松涛等通过对 213 份葡萄品种 *MYB* 基因位点的类型及其单倍型组合分析发现，*VvMYBA1a* 和 *VvMYBA1c* 是葡萄 *VvMYBA1* 位点常见的基因类型，而 *VvMYBA2* 位点上常见的基因类型是 *VvMYB2w*；欧美杂交种中，*VvMYBA1* 和 *VvMYBA2* 位点分别还存在 *VlMYBA1-3* 以及 *VlMYBA1-2* 两个主要的基因类型；欧亚种葡萄中 HapA/HapC-Rs 为主要的单倍型组成类型，而欧美杂交种中 HapA/HapE1/HapE2 和 HapA/HapE1 则为主要的单倍型组成类型（图 5-17）。

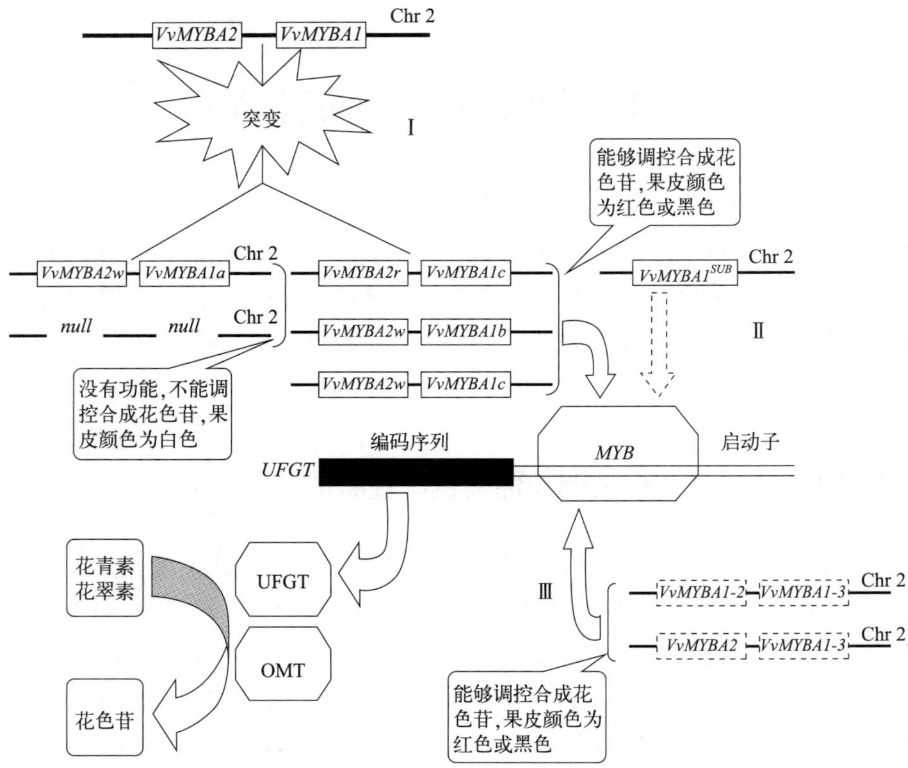

图5-16　葡萄果皮*MYB*基因位点对花色苷生物合成的调控示意图

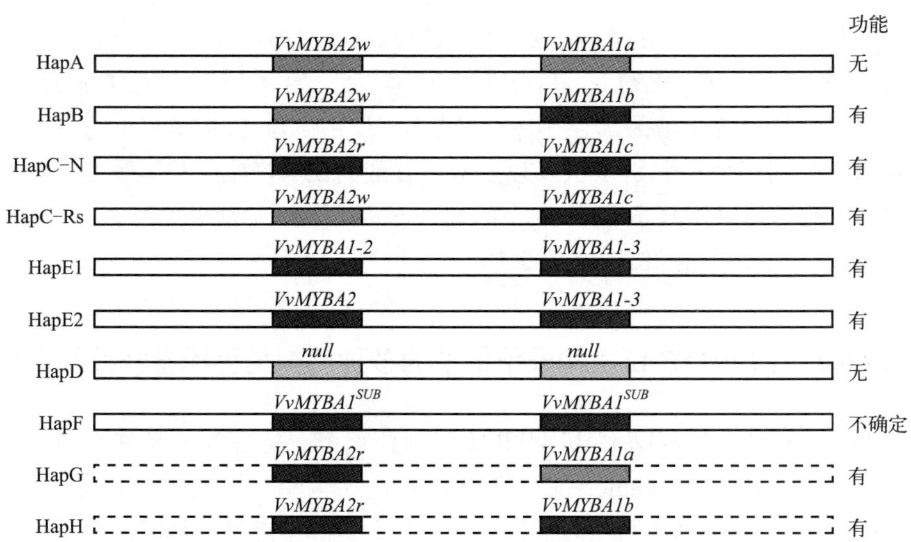

图5-17　葡萄浆果颜色基因位点的单倍型

参考文献

[1] 葛孟清 . 葡萄果皮花色苷成分鉴定及色泽调控基因研究 [D]. 南京 : 南京农业大学 , 2023.

[2] 裴丹 . 葡萄染色体荧光原位杂交寡核苷酸探针开发与利用 [D]. 南京 : 南京农业大学，2023.

[3] 裴丹 , 葛孟清 , 董天宇 , 等 . 208 个葡萄品种染色体倍性的流式细胞分析 [J]. 中外葡萄与葡萄酒 , 2019(05): 21-28.

[4] 时明芝 , 宋会兴 . 植物遗传多样性研究方法概述 [J]. 世界林业研究 , 2005(05): 29-33.

[5] 田玉 , 马春红 , 宋丽华 , 等 . 数量遗传性状基因定位方法研究进展 [J]. 河北农业科学 , 2021, 25(05): 88-91+97.

[6] 魏新科 . 基于 SSR 标记的 MCID 法鉴定中国自主选育的葡萄品种及其遗传多样性分析 [D]. 南京 : 南京农业大学 , 2022.
[7] 文亚峰 , 韩文军 , 吴顺 . 植物遗传多样性及其影响因素 [J]. 中南林业科技大学学报 , 2010, 30(12): 80-87.
[8] 赵芮 . 四季秋海棠重要种质染色体核型分析与 FISH 体系的建立 [D]. 北京 : 北京林业大学 , 2023.
[9] 赵宇慧 , 李秀秀 , 陈倬 , 等 . 生物信息学分析方法 : 全基因组关联分析概述 [J]. 植物学报 , 2020, 55(06): 715-732.
[10] Azuma A, Ban Y, Sato A, et al. MYB haplotypes at the color locus affect the ratios of tridi-hydroxylated and methylated/non-methylated anthocyanins in grape berry skin[J]. Tree Genetics & Genomes, 2015(11): 31.
[11] Azuma A, Kobayashi S, Mitani N, et al. Genomic and genetic analysis of *Myb*-related genes that regulate anthocyanin biosynthesis in grape berry skin[J]. Theoretical and Applied Genetics, 2008(117): 1009-1019.
[12] Benjamini Y, Hochberg Y. Controlling the false discovery rate: A practical and powerful approach to multiple testing[J]. Journal of the Royal Statistical Society. Series B: Methodological, 1995, 57(1): 289-300.
[13] Braz G T, He L, Zhao H, et al. Comparative Oligo-FISH mapping: An efficient and powerful methodology to reveal karyotypic and chromosomal evolution[J]. Genetics, 2018, 208(2): 513-523.
[14] Cheng Z, Dong F, Langdon T, et al. Functional rice centromeres are marked by a satellite repeat and a centromere-specific retrotransposon[J]. Plant Cell, 2002, 14(8): 1691-1704.
[15] Cuadrado Á, Jouve N. Chromosomal detection of simple sequence repeats (SSRs) using nondenaturing FISH (ND-FISH)[J]. Chromosoma, 2010, 119(5): 495-503.
[16] Falistocco E, Passeri V, Marconi G. Investigations of 5S rDNA of *Vitis vinifera* L: sequence analysis and physical mapping[J]. Genome, 2007, 50(10): 927-938.
[17] Fournier A, Cunff L, Gomez C, et al. Quantitative genetic bases of anthocyanin variation in grape (*Vitis vinifera* L. ssp. *sativa*) berry: a quantitative trait locus to quantitative trait nucleotide integrated study[J]. Genetics, 2009(183): 1127-1139.
[18] García-Abadillo J, Barba P, Carvalho T, et al. Dissecting the complex genetic basis of pre- and post-harvest traits in *Vitis vinifera* L. using genome-wide association studies[J]. Horticulture research, 2024, 11(2): 179-198.
[19] Guo D L, Zhao H L, Li Q, et al. Genome-wide association study of berry-related traits in grape [*Vitis vinifera* L.] based on genotyping-by-sequencing markers[J]. Hortic Res, 2019(6): 11.
[20] Gupta P K, Rustgi S, Kulwal P L. Linkage disequilibrium and association studies in higher plants: Present status and future prospects[J]. Plant Molecular Biology, 2005(57): 461-485.
[21] Holm S. A simple sequentially rejective multiple test procedure[J]. Scandinavian Journal of Statistics, 1979, 6（2）: 65-70.
[22] Ingrouille M J, Chase M W, Fay M F, et al. Systematics of vitaceae from the viewpoint of plastid *rbcL* DNA sequence data[J]. Botanical Journal of the Linnean Society, 2002, 138(4): 421-432.
[23] Ismail A, Gajjar P, Park M, et al. A recessive mutation in muscadine grapes causes berry color-loss without influencing anthocyanin pathway[J]. Commun Biol, 2022(5): 1012 .
[24] Jaillon O, Aury J M, Noel B, et al. The grapevine genome sequence suggests ancestral hexaploidization in major angiosperm phyla[J]. Nature, 2007, 449(7161): 463-467.
[25] Jiu S T, Guan L, Leng X P, et al. The role of VvmybA2r and VvmybA2w alleles of the VvMYBA2 locus in the regulation of anthocyanin biosynthesis for molecular breeding of grape (*Vitis* spp.) skin coloration[J]. Plant Biotechnology Journal, 2021, 19 (6): 1216-1239.
[26] Jun T H, Van K Kim M Y, et a1. Association analysis using SSR markers to find QTL for seed protein content in soybean[J]. Euphytica, 2008(162): 179-19..
[27] Kim D G , Jang H A , Lim D , et al. Development of a SNP marker set related to crown gall disease in grapevines by a genome wide association study[J]. Korean Journal of Agricultural Science, 2020(47): 693-705.
[28] Kobayashi S, Goto N, Hirochika H, et al. Retrotransposon-induced mutations in grape skin color[J]. Science, 2004(304): 982.
[29] Kobayashi S, Ishimaru M, Hiraoka K, et al. *Myb*-related genes of the Kyoho grape (*Vitis labruscana*) regulate anthocyanin biosynthesis[J]. Planta, 2002, 215(6): 924-933.
[30] Komal D Thorat, Anuradha Upadhyay, Roshni R, et al. Genome-wide association analysis to identify genomic regions and predict candidate genes for bunch traits in grapes (*Vitis vinifera* L.)[J]. Scientia Horticulturae, 2024: 328.
[31] Laucou V, Lacombe T, Dechesne F, et al. High throughput analysis of grape genetic diversity as a tool for germplasm collection management[J]. Theoretical and Applied Genetics, 2011, 122(6): 1233-1245.
[32] Liang Z, Duan S, Sheng J, et al. Author Correction: Whole-genome resequencing of 472 Vitis accessions for grapevine diversity and demographic history analyses[J]. Nat Commun, 2020, 11(1): 2341.
[33] Liu X, Feng Z, Liang D, et al. Development, identification, and characterization of blue-grained wheat-Triticum boeoticum substitution lines[J]. J Appl Genet, 2020, 61(2): 169-177.
[34] Liu X Q, Ickert-Bond S M, Nie Z L, et al. Phylogeny of the Ampelocissus-Vitis clade in vitaceae supports the new world origin of the grape genus[J]. Mol Phylogenet Evol, 2016(95): 217-228.
[35] Martínez M C. Grenan S A. Graphic reconstruction method of an average leaf of vine[J]. Agronomie, 1999(19): 491-507.
[36] Myles S, Boyko A R, Owens C L, et al. Genetic structure and domestication history of the grape[J]. Proceedings of the National Academy of Sciences, 2011108(9): 3530-3535.
[37] Paineau M , Minio A , Mestre P , et al. Multiple deletions of candidate effector genes lead to the breakdown of partial grapevine

resistance to downy mildew[J]. New Phytologist, 2024, 243(4): 16.

[38] Park M, Darwish A G, Elhag R I, et al. A multi-locus genome-wide association study reveals the genetics underlying muscadine antioxidant in berry skin[J]. Front Plant Sci., 2022(13): 969301.

[39] Ricciardi V, Crespan M, Maddalena G, et al. Novel loci associated with resistance to downy and powdery mildew in grapevine[J]. Front Plant Sci., 2024(15): 1386225.

[40] Rusjan D. Genetic and phenotypic diversity and relations between grapevine varieties: Slovenian germplasm[J]. Biotechnical Faculty, University of Ljubljana, 2013: 147–176.

[41] Sargolzaei M , Maddalena G , Bitsadze N , et al. *Rpv29*, *Rpv30* and *Rpv31*: Three novel genomic loci associated with resistance to plasmopara viticola in *Vitis vinifera*[J]. Frontiers in Plant Science, 2020, 11.

[42] Schneider A. Grape variety identification by means of ampelographic and biometric descriptors[J]. Rivista di Viticoltura e di Enologia, 1996, 49(1): 11-16.

[43] Shi X, Cao S, Wang X, et al. The complete reference genome for grapevine (*Vitis vinifera* L.) genetics and breeding[J]. Horticulture research, 2023, 10 (5): 246-258.

[44] Tang S, Tang Z, Qiu L, et al. Developing new oligo probes to distinguish specific chromosomal segments and the A, B, D genomes of wheat (*Triticum aestivum* L.) Using ND-FISH[J]. Front Plant Sci., 2018, 26(9): 1104.

[45] Toubiana D, Cabrera R, Salas E, et al. Morphological and metabolic profiling of a tropical-adapted potato association panel subjected to water recovery treatment reveals new insights into plant vigor[J]. Plant J, 2020, 103(6): 2193-2210.

[46] Trenti M, Lorenzi S, Bianchedi P L, et al. Candidate genes and SNPs associated with stomatal conductance under drought stress in *Vitis*[J]. BMC Plant Biol, 2021, 21(1): 7.

[47] Walker R, Lee E, Bogs J, et al. White grapes arose through the mutation of two similar and adjacent regulatory genes: white grape genes[J]. The Plant Journal, 2007(49): 772-785.

[48] Wang L, Feng Y, Wang Y, et al. Accurate chromosome identification in the prunus subgenus cerasus (*Prunus pseudocerasus*) and its relatives by Oligo-FISH[J]. Int J Mol Science, 2022, 23(21): 13213.

[49] Wang Y, Xin H, Fan P, et al. The genome of Shanputao (*Vitis amurensis*) provides a new insight into cold tolerance of grapevine[J]. Plant J, 2021, 105(6): 1495-1506.

[50] Weihl T, Dettweiler E. Differentiation and identification of 500 grapevine (*Vitis vinifera* L.) cultivars using notations and measured leaf parameters[J]. Acta Horticulturae , 2000(528): 35-41.

[51] Wan Y, Schwaninger H R, Baldo A M, et al. A phylogenetic analysis of the grape genus (*Vitis L.*) reveals broad reticulation and concurrent diversification during neogene and quaternary climate change[J]. BMC Evol Biol, 2013(13): 141.

[52] Xu S. Genetic mapping and genomic selection using recombination breakpoint data[J]. Genetics, 2013, 195(3): 1103-1115.

[53] Xiao Z, Tang S, Qiu L, et al. Oligonucleotides and ND-FISH displaying different arrangements of tandem repeats and identification of dasypyrum villosum chromosomes in wheat backgrounds[J]. Molecules, 2017, 22(6): 973.

[54] Zecca G, Abbott J R, Sun W B, et al. The timing and the mode of evolution of wild grapes (*Vitis*)[J]. Molecular phylogenetics and evolution, 2012, 62(2): 736-747.

[55] Zhang C, Cui L, Fang J Genome-wide association study of the candidate genes for grape berry shape-related traits[J]. BMC Plant Biol, 2022, 22(1): 42.

[56] Zhang H, Fan X, Zhang Y, et al. Identification of favorable SNP alleles and candidate genes for seedlessness in *Vitis vinifera* L. using genome-wide association mapping[J]. Euphytica, 2017, 213(7): 136-213 .

[57] Zhang K, Du M, Zhang H, et al. The haplotype-resolved T2T genome of teinturier cultivar Yan73 reveals the genetic basis of anthocyanin biosynthesis in grapes[J]. Horticulture Research, 2023, 10 (11): uhad205.

第六章 葡萄种质资源基因型鉴定

生物鉴定是认识生物多样性的基础，通过准确鉴定生物种类，能够清晰了解地球上生物的分布与特征，为生态系统研究、生物保护提供关键数据，助力维护生态平衡以及生物种质资源的利用。在果树领域，准确鉴定果树品种，能避免品种混淆，维护品种纯正性，保护育种者权益，推动果树品种合理推广。此外，通过鉴定明确果树亲缘关系，为杂交育种、种质创新提供有力支持，促进果树产业可持续发展。

果树大多为多年生木本植物，且多为无性繁殖，新老品种数量繁多，加之长期以来不同地域间的种质交流频繁，极易造成种质混淆，导致同物异名和同名异物现象十分普遍。对果树进行可靠准确的品种鉴定，对于保护我国名、优、特种质及育种者的知识产权具有重要的作用。

葡萄作为全球广泛栽培的重要果树，品种繁多，在长期演化与交流中同物异名与同名异物现象普遍，给种植、贸易和品种保护带来诸多难题，因此种质资源鉴定不可或缺。对葡萄进行准确鉴定，一方面能有效解决品种混淆问题，确保市场上葡萄品种的真实性，维护消费者和种植者的利益；另一方面，有助于深入挖掘葡萄的遗传潜力，明确不同品种的特性，为葡萄的遗传育种、栽培管理、病虫害防治等提供科学依据，推动葡萄产业高质量发展。目前，葡萄种质资源鉴定方法多样。形态学鉴定作为最基础的手段，通过观察葡萄植株各部分的形态特征，如根、茎、叶、花、果等，进行分类和鉴别，但该方法存在一定主观性和局限性。孢粉学鉴定法利用葡萄花粉的超微形态特征，如花粉粒形状、大小、壁型、萌发孔类型等差异来识别品种。细胞学鉴定涵盖染色体核型分析和带型分析，通过研究染色体数目、形态、结构及倍性等，为葡萄遗传育种和分类起源提供依据。生化水平鉴定主要借助蛋白质组学和同工酶分析技术，研究葡萄的生化成分，以鉴别品种。DNA 分子标记技术则是基于核酸多态性进行鉴定，如 RFLP（限制性片段长度多态性）、RAPD（随机扩增多态 DNA）、SSR（简单重复序列）、SNP（单核苷酸多态性）等标记技术，具有多态性高、检测简便快捷、不受环境影响等优点，在葡萄品种鉴别、系谱分析和遗传图谱构建等方面应用广泛。此外，人工绘制品种鉴定简图（MCID）法可将 DNA 标记信息转化为直观的鉴定依据，MNP 标记法作为新的国家标准，检测准确率高，能快速精准地鉴定品种，并已在果树乃至其他植物上应用。尽管各种鉴定方法的能力、效率不尽相同，但都在实际应用中发挥了一定的作用，尤其是DNA分子标记因其具备多态性高、稳定性好、不受环境与发育阶段影响等优点，在品种鉴定中发挥重要作用，这些鉴定方法的进步为葡萄的种质资源鉴定工作提供了有力支撑。

第一节　种质资源鉴定的重要性

种质资源是育种工作的基础材料，是维持农业持续发展的战略资源。对葡萄种质资源进行准确的基因型鉴定，可以有效识别品种的真实身份，厘清亲缘关系，避免资源重复保存，发现潜在优良种质，为新品种选育提供遗传多样性基础。同时，科学的鉴定还可以为产地溯源、品种权保护和标准化栽培管理提供技术支撑，提升产业链各环节的质量控制水平。

在资源研究中，传统的形态学鉴定方法虽具有一定实用价值，但受环境影响较大、主观性强，难以满足高通量、高准确度的现代鉴定需求。近年来，随着分子生物学技术的发展，尤其是SSR、SNP等标记体系的广泛应用，为葡萄种质资源的基因型精准鉴定提供了更高效的可靠手段。基于分子标记的遗传多样性分析、聚类分析和指纹图谱构建，正逐步成为葡萄资源鉴定的核心技术措施。

一、葡萄育种中的基础工作

葡萄育种工作依赖于种质资源的多样性，而鉴定技术是筛选优良亲本、避免近亲繁育和拓展遗传背景的基础工具。通过系统的基因型鉴定，可以识别出隐藏在表型背后的真正遗传差异，从而指导科学配组、优化组合。尤其是在杂交育种中，准确了解亲本的遗传背景与亲缘关系有助于提高杂种优势的可预测性，避免资源浪费。

此外，基因型鉴定还能帮助发现“潜在优质资源”。许多传统地方品种、野生资源中蕴含着抗逆性强、品质优良等遗传基因，但由于形态特征不显著，容易被忽视。通过分子标记技术，可在大规模资源群体中筛选出具有特定性状的种质，加快育种进程。

同时，对于现代分子育种（如基因组辅助选择、精确育种等）而言，基因型数据是核心基础。只有建立在准确鉴定基础上的种质数据库，才能支持高效的数据分析和模型构建。因此，葡萄育种若要实现精准、高效、现代化，离不开种质资源鉴定工作的全面推进。

二、在遗传资源保护中具有支撑作用

葡萄种质资源作为遗传多样性的重要载体，与世界上众多的植物一样，也面临着随着自然生态变化和人类活动加剧，许多传统栽培品种和野生种群面临退化、流失甚至灭绝的风险。要实现对这些资源的有效保护，首先必须“认清它们是谁”，即通过基因型鉴定确

立资源的真实身份与独特性。其次，精准的种质鉴定同样有助于避免资源重复保存和资源库冗余问题，从而提高资源保存的效率与科学性。在国家或区域级种质资源库中，通过分子标记建立资源指纹图谱，可以对种质进行唯一性编码，形成标准化管理体系。此外，系统的鉴定还能够帮助识别“同名异物”或“异名同物”现象，统一品种命名，构建权威性品种数据库。

在国际交流与资源引进中，基因型鉴定技术同样不可或缺。它不仅能核实引进品种的真实身份，还能追踪其来源和遗传关系，防止非法引种或知识产权侵权行为，维护种质安全与公平利用。

三、在产业管理与政策制定中发挥作用

葡萄产业的高质量发展不仅依赖于先进的生产技术，也依赖于优良品种的规范管理与精准应用。在实际生产中，因品种误识、错用引发的栽培失败、产量下降、果品品质不达标等问题屡见不鲜，严重影响种植户经济效益与市场信任度。通过推广种质资源鉴定技术，可以有效实现品种溯源、真实性验证，保障产业链的质量控制。

同时，随着品种权保护制度的完善，品种真实性认定、侵权纠纷仲裁等方面对鉴定技术提出了更高要求。基于基因型的指纹图谱已成为品种权登记与维权的重要依据。权威的基因型鉴定结果能在法律层面支撑品种权属认定，促进品种创新积极性与产业良性竞争。

在政策层面，科学的鉴定数据有助于农业主管部门制定更加精准的品种推广与保护政策。例如，哪些品种属于地方特色、哪些需要重点保护、哪些存在同质化风险，这些判断都离不开系统的资源识别与分类。可以说，种质资源鉴定不仅是科研工具，更是产业政策制定与执行的基础信息来源。

第二节　形态学鉴定法

种质资源的鉴定是品种改良、资源利用的前提和基础，对葡萄的产业化发展和新品种的专利保护起着越来越重要的作用，它经历了从外部形态学到内部生化技术最后深入DNA 水平 3 个发展阶段。

形态学鉴定法是葡萄种类和品种鉴定中最基础和最普遍的方法。它涉及对葡萄植物的根、茎、叶、花序、卷须和果实等部分的形态特征进行详细的观察和记录。例如，有学者对《中国葡萄志》描述的 38 个中国葡萄属野生种和 1 个栽培种，按照《葡萄种质资源描述规范和数据标准》的要求，对 18 个描述符用代码数量化并进行聚类分析，根据形态特征的相似程度，将我国葡萄属野生种和欧亚种划分为 8 个组和 5 个亚组。刘崇怀等按照葡萄描述符相关标准，对国家果树种质郑州葡萄圃内 37 个无核葡萄品种的 16 个描述性状和 11 个测量性状进行了调查，根据其性状相近程度，将供试的无核葡萄品种划分为 3 个品种群和 5 个亚群。葡萄形态学鉴定在葡萄进化研究中扮演着不可或缺的角色，它不仅为葡萄的分类和鉴定提供了基础，也为理解葡萄的起源、演化和生物多样性提供了重要信息，

并指导了葡萄遗传资源的保护和育种工作。

形态学鉴定法存在易受环境影响、主观性强、对细微遗传差异不敏感等不足，为了提高鉴定的准确性，它常常与孢粉学、细胞学、生物化学和分子标记等方法结合使用。这些方法可以提供更精确的鉴定结果，尤其是在葡萄品种间差异不明显的情况下。在分子水平的研究中，形态学特征的分析可以作为补充手段，帮助更准确地理解葡萄属植物的分类与系统进化关系。例如，通过 ISSR 标记和 DNA 序列分析，结合形态学特征，可以更准确地确定葡萄品种的分类。通过对葡萄属植物的形态特征进行分析，可以提供关于葡萄起源和演化的重要证据。

一、外部形态特征观察

葡萄的形态特征易于观察，形态特征鉴定法简单直观，是一种常用的鉴定方法，和其他高等植物一样，葡萄树体由于分化而形成了具有各种特化机能和结构的器官，这些器官构成了葡萄属植物的外部形态，而外部形态在不同种类和品种中的差异是早期葡萄种类和品种鉴别的基础，也是葡萄分类的重要依据。牛立新等通过叶片结构、叶片形态、茎的结构、新梢形态等特征对原产我国的葡萄属 22 个种或变种进行了聚类分析。刘三军等根据叶片结构和形状，将我国 10 个葡萄野生种分为三大类群。为了规范葡萄的性状描述和记载，国际植物遗传资源研究所（IPGRI）于 1979 年成立葡萄描述符工作小组，制定了《葡萄描述符》。然而，由于这些形态性状往往受环境影响较大，且在不同品种间可能存在较高的重叠率，因此在品种层次上的区分效果常显界限模糊。通过表 6-1 可见，多种器官颜色类型在不同色类别间分布并不绝对，从而表明：在种间层次这些颜色特征区分度较高，而在同一物种的多个品种之间，其分辨能力则显著下降。因此，尽管形态学鉴定直观、操作简便，但在面对复杂亲缘关系、近缘品系及变异丰富的资源库时，其识别精度仍受限。为此，必须将形态学方法与分子标记、基因组分析等现代技术相结合，以提升种质资源鉴定的准确性与稳定性。

表6-1　野生葡萄不同器官颜色类别及其分布率　　单位：%

颜色类别	绒球	幼叶	成叶	叶柄	上叶脉	下叶脉	梢尖	新梢背部	果皮	果肉
黑色	0	0	0	0	0	0	0	0	35.2	0
紫黑色	0	0	0	0	0	0	0	0	53.7	0
紫褐色	0	0	0	1.0	0	0	0	10.2	0	0
紫红色	0	22.1	0	21.9	0	0	15.4	54.2	9.3	1.9
紫红兼黄绿色	0	7.8	0	37.5	36.1	5.2	2.6	0	0	0
紫红兼黄白色	0	0	0	19.8	0	30.2	0	0	0	0
紫红兼绿色	1.1	41.6	0	2.1	1.0	0	16.7	6.8	0	0
红色	6.9	1.2	0	0	0	0	0	1.7	0	3.8
粉红色	20.7	0	0	0	0	0	10.3	0	0	0
粉红兼稀绿色	11.5	0	0	0	0	0	0	0	0	0

续表

颜色类别	绒球	幼叶	成叶	叶柄	上叶脉	下叶脉	梢尖	新梢背部	果皮	果肉
粉红兼绿色	24.1	0	0	0	0	0	16.7	0	0	0
粉红兼黄绿色	0	0	0	0	0	0	2.6	0	0	0
绿兼稀粉红色	32.2	5.2	0	0	0	0	17.9	0	0	0
黄兼稀粉红色	1.1	0	0	0	0	0	0	0	0	0
绿兼红黄色	0	0	0	0	0	0	0	3.4	0	0
红兼黄色	0	0	0	0	0	0	1.3	0	0	0
黄色	0	0	0	2.1	1.0	2.1	0	0	0	0
黄白色	0	0	0	0	2.1	57.3	0	0	0	1.9
黄绿色	0	2.6	2.1	14.6	58.8	6.3	1.3	0	1.9	0
绿兼褐黄色	0	0	0	0	0	0	0	6.8	0	0
绿色	2.3	19.5	97.9	1.0	1.0	0	15.4	16.9	0	37.7
白色	0	0	0	0	0	0	0	0	0	7.5
无色	0	0	0	0	0	0	0	0	0	47.2

严格说，度量性状也是葡萄形态学性状的一部分，在葡萄品种研究中有着举足轻重的作用。Galet 测量法是针对度量性状的一种常用方法。该方法测量的数据包括叶片上侧脉与中脉比、下侧脉与中脉比、底侧脉与中侧脉比、上侧脉与中脉的夹角、下侧脉与中脉夹角、上缺刻深比、下缺刻深比、叶长与叶宽比和叶面积。建立在此基础上的叶片形态分析适合葡萄从芽期到落叶期的调查研究，不仅可以反映出我国葡萄属植物的亲缘关系与地理分布之间的相关性，而且能够有效地鉴别不同种及种内的不同品种。此外，叶面积测量分析法也是测量统计法的一种，即通过数码照相获取葡萄叶片图像，利用图形处理软件及测量分析软件快速测出叶面积和周长。宋来庆等研究表明利用该方法建立葡萄品种检索测量数据库，既有利于品种资源信息搜集，实现品种标准化描述，又可以对那些生产中容易混淆的品种进行正确鉴别。

二、形态学鉴定分类

（一）植株形态学鉴定

植株高度和生长习性：观察葡萄植株的生长习性，包括植株高度、枝条生长方式（直立生长、蔓延生长等）、分枝状况等。

茎和枝条特征：观察葡萄植株的茎和枝条的形态特征，如茎的粗细、色泽，枝条的生长势和生长方向等。

（二）叶片形态学鉴定

叶片形状：观察叶片的形状，包括叶片的整体形态（椭圆形、倒卵形等）和叶尖、叶缘的形状（锐利、圆形、波状等）。

叶脉和叶柄特征：观察叶片的叶脉排列方式（手掌脉、平行脉等），以及叶柄的长度、粗细等特征。

叶片表面和背面特征：观察叶片表面和背面的被毛状况（有无毛、密度等）和光泽度。

（三）花部形态学鉴定

花序形态：观察花序的排列方式和花序的长度、分枝情况等。

花朵特征：观察花朵的大小、形状、颜色，花瓣的形态和数量，花药和花柱的位置和形状等。

（四）果实形态学鉴定

果实形态学鉴定是葡萄品种分类与特征区分的基础手段，通过对果实关键形态指标的系统观测与记录，为品种初筛、资源归档提供直观依据，具体鉴定内容与应用价值如下：

1. 核心鉴定指标与操作方法

果实大小：采用电子天平测定单个成熟果实的重量，单位为 g；使用游标卡尺测量成熟果实减掉果柄的果实纵径以及果实横径，精确到 0.1cm。计算果形指数（纵径 / 横径），通过果形指数可快速区分果形差异显著的品种。

果实形状与表面纹理：通过直接观察与图像记录，描述果实形状。单个成熟果实的形状分为：长圆形、长椭圆形、椭圆形、近圆形、圆形、扁圆形、鸡心形、卵圆形、倒卵圆形、弯形和束腰形。同时记录果皮表面光滑度，分为光滑（如‘阳光玫瑰’‘霞多丽’）、微凸（如‘巨峰’‘户太 8 号’）、棱纹（如部分无核品种‘无核白鸡心’），并记录是否有果粉覆盖及果粉厚度（薄、中、厚）（图 6-1）。

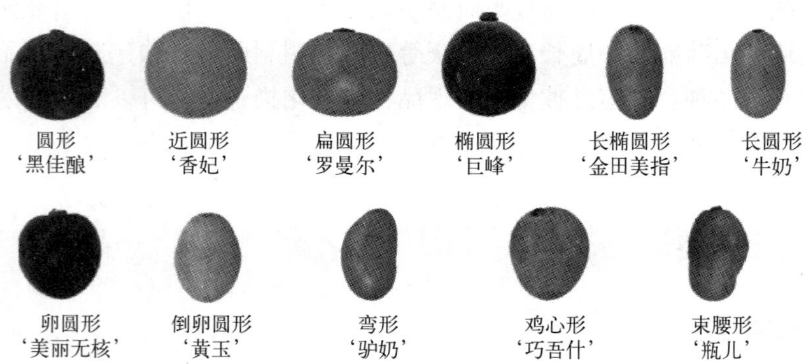

图6-1　葡萄果形及代表品种

果实颜色与果皮特征：成熟果实抹去果粉后的果皮颜色分为：①黄绿～绿黄；②粉红；③红；④紫红至红紫；⑤蓝黑。观察果皮光泽度（光亮、半光亮、无光泽），并测量果柄长度（精确至 0.1cm）与粗细（距果实 1cm 处直径）。

2. 技术特点与应用场景

优势：操作简便、无需复杂仪器，可快速完成品种初步归类，尤其适用于田间初步筛选、资源圃品种建档等场景；通过建立形态学数据库（含特征数据、参考标本图像），能为后续鉴定提供基础参照。

局限性：主观性强，重复性差，颜色、光泽度等指标依赖观测者经验，不同人判断可能存在差异，即使同一人不同时间观测也可能出现偏差。且形态特征易受环境调控，光照不足会导致果实偏小、果皮光泽度下降，水肥过量可能使果柄变粗，低温则可能导致成熟果实颜色偏浅，同一品种不同地区的单果重、果皮厚度差异也具有一定差异，单独使用时准确性有限。部分近缘品种或芽变品种的形态特征高度相似（如‘巨峰’与‘藤稔’‘阳光玫瑰’与‘妮娜皇后’），仅靠形态学鉴定难以精准区分，易出现误判。

3. 实践应用价值

品种鉴定辅助：与分子标记、生化检测等技术结合，可显著提升鉴定准确性。先通过形态学筛选排除明显不符的品种，再对疑似品种进行分子鉴定，可将鉴定效率提升，同时降低成本。

遗传研究支撑：形态学数据库可用于分析性状遗传规律，为品种选育提供表型数据支撑，助力定向培育符合市场需求的形态特征品种。

形态学鉴定作为一种传统的品种鉴定方法，虽然具有一定的主观性和局限性，但在葡萄品种鉴定和分类中仍然具有重要的作用，尤其是与其他鉴定技术相结合时，可以提高鉴定的准确性和可靠性。建立形态学数据库，收集和整理葡萄品种的形态学特征数据，并建立参考标本，为葡萄品种鉴定提供参考依据。

第三节 孢粉学鉴定法

孢粉学（palynology）是研究植物孢子与花粉的发生、发育、形态结构、分布及其与分类、生态和演化关系的一门科学。不同葡萄品种的独特花粉形态是识别和鉴定品种的一个重要特征。对于葡萄这一花粉形态具有明显品种特异性的果树种类来说，孢粉学方法在其种质资源鉴定中具有重要的辅助作用。尤其随着扫描电子显微镜（SEM）等现代观测技术的应用，研究者对葡萄花粉的超微结构认知不断深化，揭示了不同品种在花粉粒形态特征上的稳定差异，这不仅促进了对葡萄育性的研究，更为葡萄品种的准确识别提供了又一可量化、可重复的依据。

葡萄花粉超微结构的主要观察指标包括花粉粒的形状、大小、外壁纹饰（壁型），以及萌发孔的类型与数目等。这些特征具有较强的遗传稳定性，且受环境影响较小，适宜用于种质资源的分类、倍性识别以及育性评估等方面。

一、花粉粒大小与倍性、育性的关系

花粉粒的大小一直是孢粉形态学研究中的基本指标之一。葡萄花粉粒通常呈椭球形或球形，不同品种之间在粒径上存在明显差异。有报道提出以赤道宽（*E*）与极轴长（*P*）之比（*E*/*P*）作为评估葡萄花粉粒大小和形态的标准。研究显示，具有雌功能的品种（如

部分雌花型野生种）E/P 值平均为 0.85，远高于典型两性花或雄花品种的平均值（约为 0.56）。因此，E/P 值不仅能够反映花粉的形态类型，还可作为判别育性强弱的一个间接指标。

此外，染色体倍性与花粉粒的大小也密切相关。刘长恩等通过系统比较发现，四倍体葡萄的花粉粒普遍大于二倍体品种。这种差异可能源于染色体组数的增加导致细胞体积增大。借助显微图像分析软件，可以较为便捷地测量花粉粒尺寸，从而用于快速初步判断葡萄品种的倍性，作为流式细胞术等高精度倍性检测方法的有益补充。

二、花粉壁饰纹类型与品种特征

花粉外壁的纹饰结构（即壁型）是葡萄花粉形态差异中较为稳定且直观的一个指标。不同品种的壁型具有特定模式，可以用于品种间的区分。

张立平等的研究发现，雌花葡萄的花粉壁饰纹呈网状结构，而雄株则以穴状结构为主。此外，邵邻相等人在对多个栽培品种（如‘藤稔’‘巨峰’）进行扫描电镜观察时指出，这些品种的花粉壁常表现出穴状和网状两种纹饰并存的现象，提示栽培品种间可能存在某些杂合或过渡性形态。

对于野生葡萄种类的研究则更为系统。如牛立新、刘三军等对多种野生种葡萄进行观察后认为，其花粉壁饰纹大多数为圆孔穴状类型，显示出相对保守的原始特征。这种饰纹在鉴别野生种、推断亲缘关系方面具有较高价值。

总体来看，花粉壁型不仅反映品种间的形态差异，也可能揭示遗传演化轨迹，是开展资源分类研究不可忽视的一个维度。

三、萌发孔类型的多样性与品种识别

萌发孔是花粉粒中花粉管萌发的通道，其数量、形态及分布方式在不同葡萄品种间亦存在稳定差异。葡萄的萌发孔类型大体可分为三沟孔型、四沟孔型、多沟孔型和特殊的歧槽孔型等。

大多数葡萄品种属于典型的三沟孔型，这是葡萄属植物中的主流形态。但研究发现，在一些四倍体或特定育种背景下的品种中，其萌发孔类型可能呈现出特殊变化。例如，‘巨峰’四倍体品种中观察到四沟孔类型的花粉；‘藤稔’品种的花粉则具有三歧槽状萌发孔结构，而高尾葡萄则出现了包括四孔沟和多孔沟在内的多种萌发孔形态。

这种萌发孔类型的多样性为品种识别提供了新的形态标志，特别是在同一类型形态较为相近的栽培品种中，萌发孔特征往往能提供关键性鉴别依据。

孢粉学鉴定方法以花粉的超微结构为基础，具有非破坏性、观察精度高、遗传稳定性强等优点。通过对花粉粒大小、壁型和萌发孔等特征的系统观察与统计分析，可以有效区分葡萄种质资源间的差异，识别特定品种，辅助进行倍性判断与育性评估。虽然该方法受限于显微操作的复杂性及样品制备的要求，但在科研领域和资源库管理中具有重要的价值。

第四节　细胞学鉴定法

细胞学（cytology）是研究细胞结构、形态、功能及其生命周期的学科。从光学显微镜层面观察细胞化学组成、形态结构与功能，是揭示生物体染色体特征与变异的重要手段。在种质资源鉴定中，通过分析染色体数目、形态、行为，以及核型、带型、特异性序列等遗传标记，并结合分子细胞遗传学方法，能够对物种 / 品种的遗传稳定性、种属特异性和变异类型进行精确鉴别。

对于葡萄的品种鉴定和种质资源管理，细胞学鉴定方法具有不可替代的重要作用。通过染色体计数、核型 / 带型分析、荧光原位杂交（FISH）等技术，可以从染色体层面对葡萄品种进行倍性判断、结构变异检测、亲缘关系分析等。以下分别介绍主要方法、其在葡萄中的应用以及意义与局限。

在细胞分裂间期的核内，有能被碱性染料染色的网状物质，即染色质（chromatin）。染色质有特定的生化成分。当细胞分裂时，核内的染色质即表现为一定数目和形态的染色体。染色体是细胞核中最重要的部分，对植物繁殖和遗传信息的传递有重要作用，是从细胞学角度进行遗传研究的重要对象。染色体在细胞中具有特定的形态和数目，是核中稳定的组成部分，具有自我复制能力，表现出连续而有规律性的变化。染色体积极参与细胞代谢活动，能控制植物性状的遗传和变异，是遗传物质的主要载体。染色体主要由 DNA 和蛋白质这两类化学物质组成。每条染色体单体的骨架是一个连续的 DNA 大分子，许多蛋白质分子结合在这个 DNA 骨架上，成为 DNA- 蛋白质纤丝。细胞分裂中期所看到的染色单体就是由一条 DNA 蛋白质纤丝重复折叠而成的。完整的染色体由染色体臂（arm）、着丝点（centromere）、主缢痕（primary constriction）、次缢痕（secondary constriction）、随体（satellite）组成。

一、染色体计数与倍性确定

染色体计数（chromosome counting）是细胞学鉴定中最基础、最直观的方法。通过对根尖（root tip）或芽尖（shoot tip）细胞处于有丝分裂中期（mitosis metaphase）的分裂细胞制片、染色、显微观察并计数染色体，可以确认个体是否具有正常染色体数。大多数葡萄种的染色体数为 $2n=2x=38$（n 表示配子中染色体数目，$2n$ 表示体细胞染色体数目，x 表示染色体基数，$2x$ 表明为二倍体）。其单条染色体的 DNA 含量为 17 ～ 30Mbp，相对其他物种较小，染色体间差异也较小，且染色体基数较大（图 6-2）。

在进化与利用过程中，形成了很多不同倍性的葡萄品种，且葡萄无性繁殖的特点能将多倍体的优良性状稳定地保存下去（表 6-2）。由于多倍体葡萄具有生长旺盛、枝粗、叶厚、果大、产量高、同化物质含量高、种子数量少且部分发育不良、果实成熟期提前等优点，在生产上广泛推广。葡萄染色体倍性的信息对于葡萄品种资源的科学利用具有重要帮助。

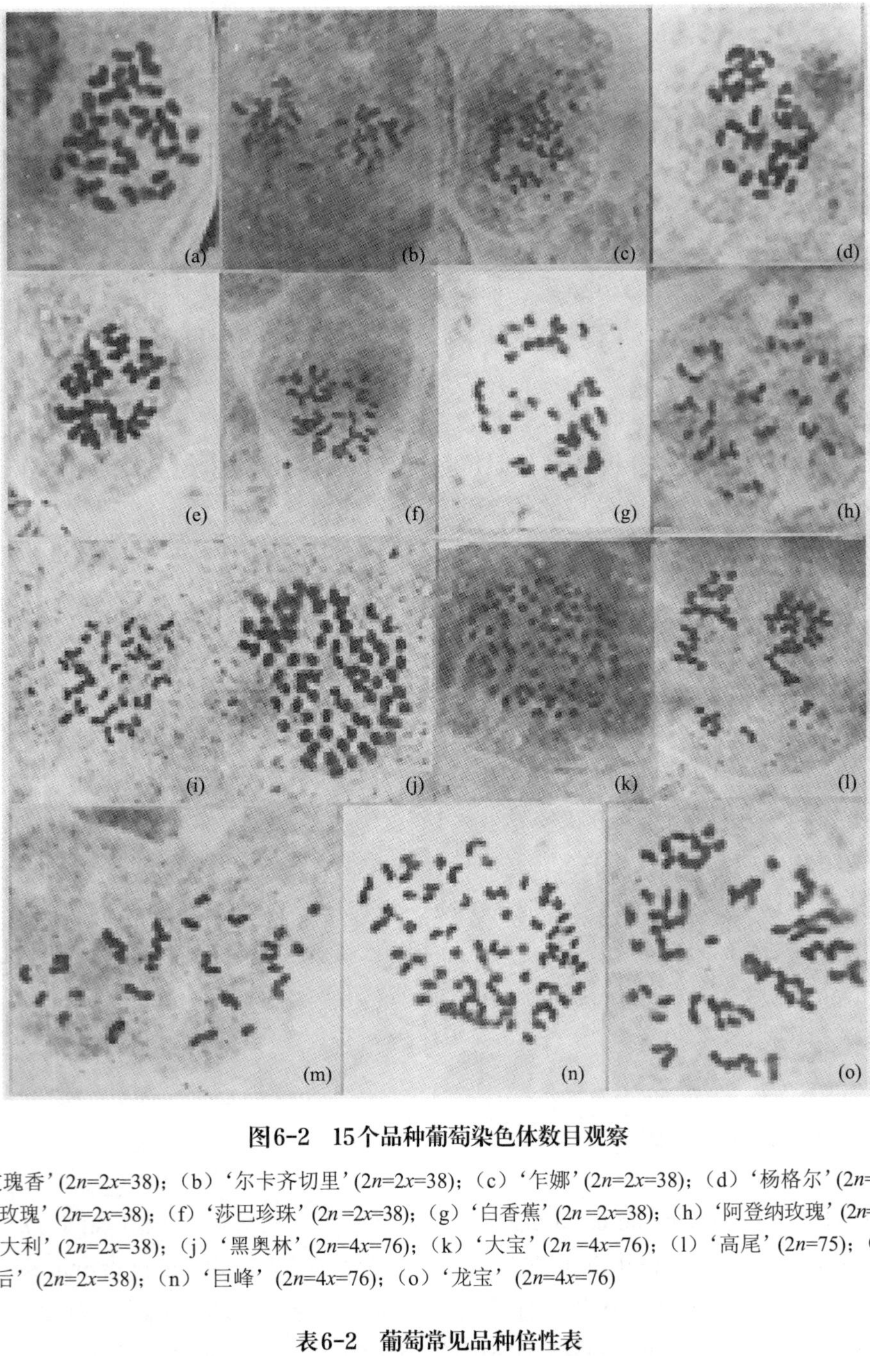

图6-2　15个品种葡萄染色体数目观察

（a）'玫瑰香'(2*n*=2*x*=38)；（b）'尔卡齐切里'(2*n*=2*x*=38)；（c）'乍娜'(2*n*=2*x*=38)；（d）'杨格尔'(2*n*=2*x*=38)；（e）'早玫瑰'(2*n*=2*x*=38)；（f）'莎巴珍珠'(2*n*=2*x*=38)；（g）'白香蕉'(2*n*=2*x*=38)；（h）'阿登纳玫瑰'(2*n*=2*x*=38)；（i）'意大利'(2*n*=2*x*=38)；（j）'黑奥林'(2*n*=4*x*=76)；（k）'大宝'(2*n*=4*x*=76)；（l）'高尾'(2*n*=75)；（m）'葡萄园皇后'(2*n*=2*x*=38)；（n）'巨峰'(2*n*=4*x*=76)；（o）'龙宝'(2*n*=4*x*=76)

表6-2　葡萄常见品种倍性表

倍性	品种
4*x*	'瑞锋（峰）无核''瑞都红玉''峰后''京优''京亚''醉人香''甜峰1号''巨玫''霞光''蜜光''峰光''春光''宝光''昌黎8号''昌黎7号''昌黎27号''昌黎21号''峰早''公主红''甜峰''蜜红''巨玫瑰''沈阳玫瑰''状元红''醉金香''紫珍香''夕阳红''辽峰''沈农香丰''沈农硕丰''光辉''黑玫香''红十月''巨峰''藤稔''黑奥林''红富士''先锋''高墨''高妻''红瑞宝''伊豆锦''紫玉（早生高墨）''妮娜女王''黑槌''红太阳''早黑宝''晚红宝''晚黑宝''秋黑宝''玫香宝''礼泉超红''申玉''申秀''申华''申丰''宇选1号''鄞红''贵园'
3*x*	'月光无核''红标无核''无核早红（无核8611）''百瑞早''夏黑''长野紫''早夏无核''沪培2号''沪培1号''沪培3号'

续表

倍性	品种
2x	‘牛奶’‘紫珍珠’‘早玫瑰香’‘早玛瑙’‘艳红’‘香妃’‘瑞都香玉’‘瑞都无核怡’‘瑞都红玫’‘瑞都脆霞’‘爱神玫瑰’‘京紫晶’‘京大晶’‘京早晶’‘京玉’‘京秀’‘京香玉’‘京可晶’‘京丰’‘北玫’‘北红’‘北全’‘北紫’‘北香’‘北丰’‘北醇’‘黑比诺’‘瑶下屯’‘金田美指’‘金田玫瑰’‘金田翡翠’‘金田红’‘紫甜无核’‘紫脆无核’‘金田无核’‘关口葡萄’‘吉香’‘碧香无核’‘左山一’‘北冰红’‘左山二’‘钟山红’‘园红玫’‘园野香’‘凤凰 51’‘凤凰 12’‘沈 87-1’‘瑰香怡’‘紫丰’‘着色香’‘沈农金皇后’‘华葡 1 号’‘早甜玫瑰香’‘维多利亚’‘奥古斯特’‘无核白鸡心’‘红地球’‘绯红’‘圣诞玫瑰’‘皇家秋天’‘秋黑’‘克瑞森无核’‘金星无核’‘秉克’‘希姆劳特’‘火星无核’‘白香蕉’‘托县葡萄’‘大青葡萄’‘里扎马特’‘胜利’‘红玫瑰’‘红巴拉多’‘黑巴拉多’‘阳光玫瑰’‘美人指’‘魏可’‘高千穗’‘白罗莎里奥’‘甲裴露’‘金手指’‘耀眼玫瑰’‘泽玉’‘玉波一号’‘玉波二号’‘红香蕉’‘红双味’‘红莲子’‘黑香蕉’‘贵妃玫瑰’‘紫地球’‘烟 74 号’‘烟 73 号’‘玉珍香’‘山东早红’‘短枝玉玫瑰’‘黑葡萄’‘早康宝’‘秋红宝’‘丽红宝’‘晶红宝’‘瑰宝’‘无核翠宝’‘马峪乡葡萄 1 号’‘早玫瑰’‘户太 8 号’‘红亚历山大’‘平顶黑’‘和田红’‘木纳格’‘绿木纳格’‘白布瑞克’‘红马奶’‘新郁’‘索索葡萄’‘伊犁香葡萄’‘大无核紫’‘哈什哈尔’‘红木纳格’‘墨玉葡萄’‘和田绿’‘新葡 1 号’‘白达拉依’‘假卡’‘莎巴珍珠’‘葡萄园皇后’‘玫瑰香’‘玫瑰蜜’‘郑州早玉’‘郑州早红’‘郑艳无核’‘郑果大无核’‘黑佳酿’‘超宝’‘瓶儿’‘李子香’‘红鸡心’‘红亚历山大’

传统的形态学是最直观的鉴定手段之一。多倍体葡萄通常表现出更为粗壮的枝条、更宽厚的叶片以及更大的果实。四倍体葡萄的叶片往往比二倍体更大且更厚，叶片的长宽比和叶柄长度等指标也存在显著差异。在果实方面，多倍体葡萄的果粒普遍更大，果实的纵横径数据能辅助判断倍性。葡萄叶片气孔特征与染色体倍性密切相关，研究发现，染色体倍性与叶片气孔大小、密度等 8 个性状呈极显著相关，其中气孔密度与倍性呈极显著负相关。‘大无核白’平均气孔为 31.34μm，每平方毫米有 58.34 个；‘无核白’气孔为 26.21μm，每平方毫米有 86.79 个。通过撕取法、印膜法等获取气孔样本，在显微镜下观察测定，能初步判定葡萄倍性。但该方法仅能反映叶片表皮细胞（L Ⅰ层）倍性，对于复杂的嵌合体等情况难以精准判断。易受环境因素干扰，准确性相对有限，常作为初步筛选方法。

流式细胞术（flow cytometry，FCM）是应用流式细胞仪进行分析、分选的技术，它对处于液流中各种荧光标记的微粒进行多参数快速准确的定性、定量测定。在植物学研究中，FCM 主要用于检测植物细胞核 DNA 含量及其倍性水平。利用流式细胞仪对植物倍性进行鉴定，速度快、效率高，若大规模准确鉴定染色体倍性，取材可以是叶片、花或种子。该方法是通过流式细胞分析仪对大量的处于分裂间期的细胞 DNA 含量进行检测，然后经仪器附设计算机自动统计分析，最后绘制出 DNA 含量（倍性）的分布曲线图。具体的操作分 2 步：①材料及细胞核准备。新鲜材料置于含有对 DNA 特异性的荧光染料 DAPⅠ的缓冲液内，用剃须刀切碎，悬浮液经 20 ～ 40μm 尼龙网过滤，调整细胞核密度至 10 万～ 30 万个 /mL。②用流式细胞分析仪检测每个细胞核荧光信号强度，并经仪器自动分析。DNA 含量与荧光信号强度成正比关系。细胞核的倍性最后以 C 值表示，1C 表示细胞核单倍体，2C 表示细胞核二倍体，依次类推。二倍体在相对荧光强度 50 处出现峰值，如‘郑果 28 号’［图 6-3（a）］，而三倍体和四倍体的峰值分别在横坐标 75 与 100 处，如‘8611’［图 6-3（b）］和‘早黑宝’［图 6-3（c）］。

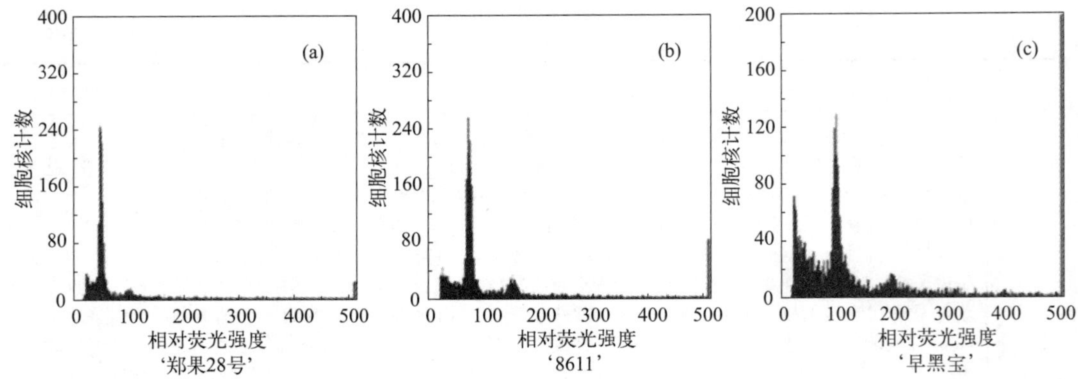

图6-3　不同倍性检测图示例

二、核型与染色体带型（karyotype/banding）分析

仅靠染色体数目并不能揭示染色体结构［形态、大小、着丝粒位置、臂长比、随体（satellite）、次缢痕 / 主缢痕等］的差异。为此，核型（karyotype）和带型（banding）分析是必不可少的方法。

通过高精度显微镜与图像分析系统，对葡萄根尖（或组织培养中生根）的染色体进行测量（染色体长度、臂长比等），并据此将染色体编号（通常编号为 1 ～ 19，对应 19 对染色体）。已有研究利用这种方法，对 *Vitis vinifera* 染色体进行编号和形态学分类。

进一步采用带型 / 显带技术（如特定染色 / 原位杂交探针）可以在染色体上识别着丝粒、核仁组织区（nucleolar organizing region，NOR）、卫星染色体（satellite chromosome）等特殊结构，从而更精确地区分不同染色体对，并能检测结构重排（如易位、缺失、插入等）。在葡萄中，研究者曾使用 rDNA 探针（如 5S-rDNA，18S-25S rDNA）结合 FISH，成功标记某些染色体（如编号为 1、10、16 的染色体对）。

核型 / 带型分析对于揭示品种间或种间染色体结构差异（例如自然异变、育种诱变、杂交种）非常有价值。因此，核型 / 带型分析不仅用于基础鉴定（染色体形态 / 结构），也为结构变异分析、物种 / 品种分类、基因定位（physical mapping）提供基础。

三、荧光原位杂交（FISH）与分子 - 细胞遗传学技术

对于细小结构差异（如微小插入 / 缺失、小片段重排）或基因 / 序列层面的定位，仅靠传统显带方法可能不够敏感。现代细胞遗传学借助荧光原位杂交（FISH）以及分子探针，实现对特定 DNA 序列（如基因、rDNA、重复序列、标记序列）在染色体上的定位。

FISH 方法通过荧光标记的 DNA/RNA 探针，与待测染色体上的互补序列杂交，在荧光显微镜下观察其位置、数量和分布模式。这样可以定位特定基因 / 标记、检测染色体结构变异（如重复、缺失、倒位、易位等），甚至用于识别同源 / 非同源染色体、异倍体 / 多倍体。

在葡萄的细胞遗传学研究中，已有学者使用 FISH 结合 rDNA 探针（如 pTA71）对染色体进行标记，从而识别卫星染色体、核仁组织区（NOR）等结构，为染色体图谱和物理

基因定位打下基础。这种高分辨率方法尤其适合用于资源鉴定（包括野生种、杂交种、诱变种）、倍性鉴定、多倍体育种、基因定位与物理图谱构建等研究与育种工作。

结合 FISH 与传统细胞学 / 分子遗传学技术，可以实现从染色体数目到序列定位的全方位鉴定，从而提高鉴定精度，扩展应用范围。

第五节　生化水平鉴定葡萄种质资源

“同工酶”一词是 Market 和 Möller 于 1959 年提出的，同工酶分析技术经历了由简单到复杂、由定性到定量的迅速发展，并得到了广泛的应用。同工酶在高等植物中普遍存在，是指催化功能相同而结构不同的一组蛋白质分子。这主要是根据凝胶上蛋白质颗粒在电场影响下，分成带正电荷或负电荷两种，各向其异性方向移动，根据分子大小和分子电荷大小而不同的蛋白质有不同的移动距离，这样形成一幅蛋白质的区带谱。不同种植物含有不同的蛋白质，因而所出现的区带谱也就不同。Warner.R.N 等最早在柑橘类果树上应用，最早在葡萄上应用的是 Wolfe.W.H，我国晁无疾等于 1981 年最早进行了葡萄属野生种的同工酶研究。

一、葡萄属同工酶的特异性和稳定性

葡萄属同工酶谱具有明显的组织器官和阶段特异性。马之胜等研究表明，葡萄的叶片、叶柄、卷须、枝皮、幼果和花蕾等具有不同的过氧化物酶同工酶谱类型，叶片酶带最多，其次为卷须和叶柄，枝皮中最少，幼果与花蕾中酶活性很低。葡萄叶片由幼嫩到成熟的生长发育过程中，同工酶谱是不断变化的，未展开的幼叶几乎分离不出酶带，第 1 个刚展开叶片只在 R_f=0.600 ～ 0.7078 之间开始有酶带出现（图 6-4）。

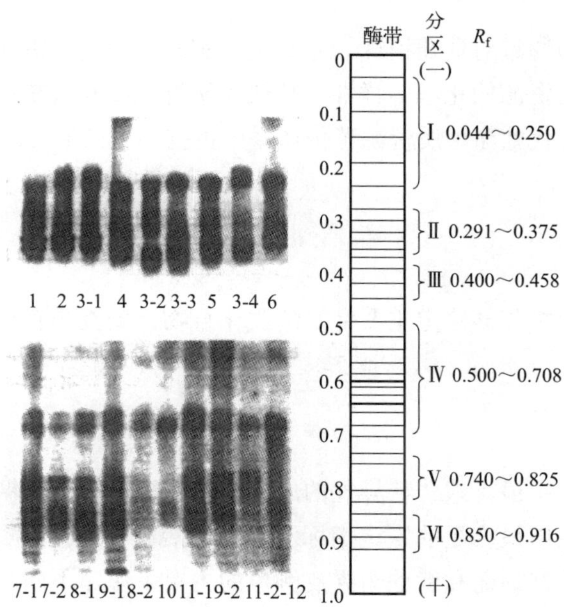

图6-4　葡萄属野生种过氧化物酶酶带和基本酶谱

对某一种属不同器官进行跟踪生育期同工酶分析，再经酶谱叠加即可得到该种属的基本酶谱。弄清基本酶谱对同工酶研究意义重大。晁无疾等、汪清等、梁海泉等得到葡萄过氧化物酶同工酶基本酶谱，分别分离出酶带为 14 条、17 条和 23 条。马之胜等通过对 18 个种和变种同工酶分析，得出了过氧化物酶、多酚氧化酶和细胞色素氧化酶的基本酶谱，分离出酶带分别为 35 条、23 条和 25 条。

二、同工酶在葡萄种质资源分类中的作用

种质资源的分类和亲缘关系研究是同工酶应用最为成功的一个方面，它提供了不易受地理及人为因素影响的分子指标。Wolfe.W.H 用 7 种酶的同工酶谱表型鉴别了 60 个酿酒和鲜食葡萄品种。Stavakakis.M.N 等用 13 种酶鉴别了 37 个葡萄品种，利用酯酶和亮氨酸氨肽酶的同工酶谱结合，可将 30 个品种鉴别开来，再辅之其他酶可将所有供试品种逐一加以区分。这些研究表明，同工酶谱可作为稳定可靠的生化标记，有效用于葡萄品种鉴定和亲缘关系分析。

第六节　葡萄种质资源的植物化学鉴定

植物化学是研究植物代谢产物的成分、结构及分布规律的交叉学科，由植物学与化学融合形成，属于生物学一级学科下的交叉领域，与中药有效成分的开发利用及植物系统分类研究密切相关。该学科关注植物初级代谢产生的糖类等生长物质，以及次级代谢产生的萜类、黄酮类、生物碱等化合物，其成分差异与遗传、地理环境及植物部位相关。研究涵盖提取分离技术、结构鉴定、生物合成途径解析，旨在为医药开发、食品及工业应用提供技术支撑。

植物化学鉴定，即通过对葡萄植株（尤其是果实）中特定次生代谢产物进行定性和定量分析，直接揭示种质资源的化学多样性、功能品质特性及其潜在价值，是连接基因型与表型的关键桥梁，在现代葡萄种质资源评价体系中占据不可或缺的地位。

一、化学成分类别

葡萄种质资源的植物化学鉴定主要针对酚类化合物、糖类与有机酸、挥发性物质及其他特异性成分。

（一）酚类化合物

酚类化合物是葡萄中最具遗传特异性的成分，其种类、含量及糖苷化修饰模式直接由基因型决定，是目前应用最广泛的鉴定指标。主要包括花色苷、黄酮醇与黄烷醇、酚酸与白藜芦醇等。花色苷是红葡萄和紫葡萄果皮颜色的主要来源。不同品种的花色苷组成差异显著。例如，欧亚种红葡萄以矢车菊素 -3- 葡萄糖苷为主要成分，而美洲种及其杂种则含

有大量二甲花翠素苷；白葡萄品种因缺乏花色苷合成关键基因，果皮中几乎检测不到花色苷，可通过这一特征快速区分红 / 白葡萄种质。黄酮醇广泛存在于葡萄叶片与果皮中，不同品种的黄酮醇糖苷比例具有特异性。黄烷醇主要积累于种子与果皮，近缘品种的原花青素聚合度相似度更高，可用于亲缘关系分析。酚酸在葡萄各组织中普遍存在，但含量受基因型调控。白藜芦醇是葡萄应对逆境的特征性植保素，部分品种具有高积累特性，可通过其含量筛选抗逆优异种质。

酚类化合物还是葡萄酿酒过程中的一种重要产物，如葡萄籽、皮、藤、茎等，其含有大量有生物活性成分的多酚类化合物。这些酚类化合物是植物在生物和非生物胁迫因素下通过莽草酸和醋酸 - 丙二酸生物合成途径产生的次生代谢产物。因此，它们的化学结构是由一个或多个芳香环以不同构象组成的，包括从简单的分子（如酚酸）到复杂的聚合物结构（如单宁），所以这些多酚类化合物的组成成分非常复杂。然而不同品质的葡萄酿酒副产物，以及同品种副产物的不同部位（籽、皮、茎）中的多酚种类及含量有很大区别，因此酚类化合物的测定可以很好地应用于鉴定葡萄种质资源。

（二）糖类与有机酸

可溶性固形物（主要糖分）、可滴定酸（酒石酸、苹果酸、柠檬酸）的含量及比例是评价果实成熟度和风味平衡的基础指标。多数葡萄品种以葡萄糖和果糖为主要糖类，蔗糖含量极低，这是欧亚种葡萄的典型特征；而部分美洲种及杂种的蔗糖含量可达总糖的 5% ～ 10%，这一特异性可用于区分葡萄种属。此外，糖积累速率由基因型决定，可辅助判断种质的固有成熟特性。酒石酸和苹果酸是葡萄果实的主要有机酸，不同品种的酸组成比例差异明显。例如，欧亚种葡萄的酒石酸苹果酸比值约为 2 ∶ 1，而美洲种则为 1 ∶ 2；柠檬酸仅在少数品种中含量较高，可作为特异性品种的鉴别标志。同时，糖酸比是品种固有品质的重要指标，可用于品质型种质的筛选。

（三）挥发性物质

葡萄果实的独特香气由挥发性物质的组成决定，这些物质的合成受特定基因调控，形成品种专属的“香气指纹”，是品种鉴别与风味评价的核心指标：萜烯类赋予葡萄“花香、果香”特征，主要存在于芳香型品种中。例如，‘玫瑰香’‘雷司令’的果皮中香叶醇、芳樟醇含量可达 100 ～ 200μg/kg，而‘赤霞珠’‘梅洛’等品种的萜烯类含量仅为 10 ～ 30μg/kg；部分品种含有特征性的 α- 萜品醇，可作为其鉴别标志。C_6 化合物主要来源于脂肪酸代谢，赋予葡萄“青草味”，不同品种的 C_6 化合物比例差异显著；苯类化合物赋予“蜂蜜香、杏仁香”，‘雷司令’成熟果实中苯乙醇含量可达 50μg/kg，是其风味特征的重要贡献者。酯类主要在果实成熟后期积累，赋予“果香”、‘巨峰’‘户太 8 号’等鲜食品种的酯类含量显著高于酿酒品种，可作为鲜食 / 酿酒种质的区分依据之一。

（四）其他特异性成分

除上述三类核心成分外，葡萄中的部分特异性成分具有品种专属积累特性，可用于定向筛选优异种质。鞣质主要存在于种子中，其含量与涩味相关，不同品种的鞣质总量差异显著，可用于鲜食葡萄种质的涩味评价。钾、钙、镁等矿质元素的吸收与积累受基因型调控，例如抗旱品种‘红地球’的叶片钾含量可达25g/kg，显著高于敏感品种‘巨峰’的18g/kg，可辅助筛选抗逆种质。少数野生葡萄种质含有特异性生物碱，可作为野生种质与栽培种质的区分指标。

二、主要分析与鉴定技术

现代分析化学技术的发展为植物化学鉴定提供了强大工具。色谱技术中的高效液相色谱是酚类物质、糖酸分析最核心的技术，尤其与二极管阵列检测器来联用，可同时进行定性和定量分析。李志祺等人采用高效液相色谱测定了葡萄成熟果实的酒石酸、苹果酸和柠檬酸3种有机酸含量，比较了刺葡萄与其他种间果实苹果酸含量差异。结果表明，刺葡萄和腺枝葡萄成熟果实酒石酸含量差异不显著，但显著高于欧美杂种和欧亚种。

气相色谱-质谱联用是分析挥发性香气物质的“金标准”，能够精准分离和鉴定复杂的香气成分。赵维佳等以‘西拉’葡萄果实为试材，采用常规方法及顶空固相微萃取-气质联用（HS-SPME-GC-MS）技术，分析了两产区‘西拉’葡萄果实发育期理化指标变化及挥发性香气物质含量的变化。李晶等使用气相色谱质谱联用仪测定了‘阳光玫瑰’葡萄的香气，结果表明，不同产地的‘阳光玫瑰’在香气组成的种类、比例及含量上均存在差异。

液相色谱-质谱联用用于鉴定结构复杂的酚类物质及其代谢产物，提供高灵敏度和高分辨率的定性分析。山东大学药学院建立了高效液相色谱-质谱联用（LC-MS）方法检测红葡萄皮中的花色苷，具有高的灵敏度和选择性，方法准确可靠。

光谱技术包括紫外-可见光谱和核磁共振等。紫外-可见光谱常用于快速测定总酚、总花色苷、总黄酮等含量，是一种高效的初筛手段。核磁共振用于未知化合物结构的精确解析，但在常规高通量鉴定中应用较少。快速与无损检测技术中的近红外光谱可用于田间或采后快速无损地检测糖度、酸度及部分酚类物质，适用于大批量种质资源的初步筛选。

三、植物化学鉴定的目的与意义

植物化学鉴定通过解析葡萄种质的“化学指纹”，实现了从化学成分到遗传功能的多维度评价。它不仅是品种鉴别与分类的精确工具，更是驱动品质育种、挖掘功能种质、解析代谢遗传规律的核心手段，为葡萄种质资源的深度开发利用提供了坚实的科学依据。

第七节　葡萄种质资源的DNA分子标记技术

一、DNA标记与品种鉴定

DNA分子标记技术是基于核酸多态性的一种现代生物技术，在品种鉴定领域意义重大。1984年英国莱斯特大学的生物学家亚历克·杰弗里斯（Alec Jeffreys）在研究中发现每个人的DNA存在差异，尤其在某些含有重复序列的区域，不同人重复次数不同，并意识到可通过检测它们来确定身份，由此诞生了DNA指纹技术。DNA指纹技术能够从DNA分子水平给每个品种一个独一无二的“身份证号码”，且准确可靠、简单快速、不受环境影响、易于自动化，越来越多地应用于品种管理。在品种鉴定等实际应用场景中，为了便于对大量DNA指纹数据进行分析和比较，会将DNA指纹图谱转化为0/1二元表形式。在葡萄品种鉴定时，若用特定引物扩增不同葡萄品种DNA，经电泳检测后，某个品种在特定位置有条带，在二元表中相应位置记为1，无条带则记为0。把多个引物扩增结果整合，就能得到该品种以0/1数据表示的DNA指纹信息。这样的二元表便于数据存储、处理和分析，通过对比不同品种的0/1二元表数据，能快速确定品种间的差异和亲缘关系。

葡萄上应用的分子标记技术主要有限制性片段长度多态性（restriction fragment length polymorphism，RFLP）、随机扩增多态性DNA（random amplified polymorphic DNA，RAPD）、扩增片段长度多态性（amplified fragment length polymorphism，AFLP）、序列标签位点（sequence-tagged site，STS）、微卫星或单一序列重复标记（simple sequence repeat，SSR）、切割扩增多态序列（cleaved amplified polymorphic sequence，CAPS）、序列特异性扩增区（sequence Characterized amplified region，SCAR）、表达序列标签（expressed sequence tag，EST）以及单核苷酸多态性（single nucleotide polymorphism，SNP）等标记技术。其中，SSR标记在葡萄品种鉴别、系谱分析和遗传图谱构建方面已得到广泛应用；而SNP标记凭借其在基因组中分布广泛、密度高、遗传稳定性强、易于实现高通量检测等优势，近年来在葡萄品种鉴定领域的应用也日益增多，可用于大规模葡萄种质资源的遗传多样性分析、品种间精细差异检测以及分子标记辅助育种等场景，进一步丰富了葡萄品种鉴定的技术手段（表6-3）。

表6-3　主要DNA分子标记的种类及其特点

类别	RFLP	VNTR	RAPD	ISSR	SSR	AFLP	SNP
基因组分布	低拷贝编码序列	整个基因组	整个基因组	整个基因组	整个基因组	整个基因组	整个基因组
遗传特点	共显性	共显性	多数显性	显性 / 共显性	共显性	显性 / 共显性	显性 / 共显性
多态性	中等	较高	较高	较高	高	较高	高
检测基因座位数	1～3	10～100	1～10	1～10	多数为1	20～200	2～4
探针 / 引物类型	gDNA或cDNA特异性低拷贝探针	DNA短片段	9～10bp随机引物	16～18bp特异引物	14～16bp特异引物	16～20bp特异引物	22～27bp特异引物
DNA质量要求	高	高	低	低	中等	高	高
技术难度	高	中等	低	低	低	中等	高
同位素使用情况	通常用	通常用	不用	不用	可不用	通常用	不用
可靠性	高	高	低 / 中等	高	高	高	高
耗时	多	多	少	少	少	中	多
成本	高	高	较低	较低	中等	较高	低

二、DNA标记用于葡萄品种鉴定

分子标记技术直接检测 DNA 水平的差异，克服了形态学鉴定受生长阶段、环境条件干扰的缺陷，葡萄中常用的分子标记主要是 SSR 标记与 SNP 标记。

SSR 标记广泛分布于基因组中，是葡萄品种鉴定中最常用的标记之一，常用于遗传多样性分析、指纹图谱构建和品种鉴别。SSR 标记具有多态性高、共显性遗传、重复性好、操作简便等优点，具有丰富的等位基因变异，能有效区分近缘品种；可区分纯合子和杂合子，准确反映基因型，适合杂交品种鉴定；引物特异性强，实验条件稳定，结果可靠，便于不同实验室数据共享；无需复杂测序，通过 PCR 和电泳即可检测，成本适中。

武亚敬等对 291 份鲜食葡萄种质资源，利用 30 对荧光标记的 SSR 分子标记进行了 PCR 和荧光毛细管电泳检测，构建品种分子指纹图谱。这项研究的成果不仅为葡萄品种鉴定提供了准确依据，而且为种质资源的亲缘关系分析提供了数据支撑，雷昊对田间初步筛选的 120 株‘北红’优株进行形态学标记、生理性状和 SSR 分子标记的研究，进行遗传多样性分析，以期为酿酒葡萄种质资源的开发提供依据。赵旗峰等通过表型性状鉴定分析，从山西太谷国家葡萄种质资源圃内保存的资源中，筛选出不同葡萄种质资源进行 SSR 分析，揭示这些不同来源的葡萄种质资源之间的亲缘关系和群体遗传结构，为葡萄种质资源的科学管理和分子标记辅助育种提供参考。

葡萄品种混乱现象严重，DNA 分子标记技术作为研究种质资源遗传多样性及品种鉴定的重要手段，亟须在葡萄种质资源鉴定和评价中展开应用。傅伟红等利用 SSR 分子标记的人工绘制植物品种鉴别图法（MCID），通过筛选出的 6 对引物的多态性指纹图谱，绘制了这些品种的鉴定图（CID），成功将 72 个酿酒葡萄品种进行区分。从 CID 图上可以找到任意 2 个或多个品种间进行区分与鉴定的引物以及依据的多态性条带。这对酿酒葡萄品种鉴定、新品种保护及促进酿酒葡萄产业的持续发展具有重要帮助。魏新科等用 8 对引物实现了在分子水平上对 308 个中国自育葡萄品种进行区分，根据鉴定图可快速地找到鉴别某两个品种所需的引物和多态性条带长度，同时对这些品种进行了遗传多样性分析，了解各品种间的遗传关系，研究表明 308 个品种可分为 9 个类群。这为今后我国葡萄品种鉴定、品种保护提供参考依据，对我国葡萄产业的发展具有积极影响。

当前，SNP 已同 SSR(simple sequence repeat）分子标记一起作为国际植物新品种权保护联盟（UPOV）BMT 分子测试指南中构建 DNA 指纹数据库和国内《植物品种鉴定 DNA 分子标记法　总则》（NY/T 2594—2016）仅有的两种推荐标记方法。王富强等从 60 个葡萄 SNP 中成功转化 51 个 KASP 标记，并筛选出 22 个高质量 KASP 标记，构建了 76 份葡萄品种的 SNP 指纹图谱，首次将竞争性等位基因特异性 PCR(KASP) 技术应用到葡萄品种鉴定中，筛选一套能够区分我国葡萄品种的 KASP 分子标记鉴定体系，为葡萄新品种保护和维权等提供技术支撑。

随着基因组测序技术的进步，SNP 标记的应用逐渐增多，而 SSR 因技术成熟、成本低，仍是当前葡萄品种鉴定的主流标记。两者结合使用可实现更精准的遗传分析和品种管理。

第八节　基于DNA分子标记的人工绘制品种鉴定简图（MCID）法在葡萄中的应用

一、MCID方法的原理

人工绘制品种鉴定简图（MCID）法是一个崭新的可有效地转化DNA标记的鉴定信息，使之成为可用于指导鉴定这些品种依据的有效措施。MCID即将DNA标记每一步PCR所利用的引物及所利用的多态性谱带的大小（bp）同时标注到该植物品种鉴定图（cultivar identification diagram，CID）的相应位置上，构建每一个树种的品种鉴定图谱，并在世界范围内共享。这样获得的品种鉴定图可以提供鉴定图中任何几个品种的鉴定所需的引物以及用于区分这些品种的多态性谱带信息，达到了DNA标记鉴定信息真正指导植物品种鉴定的效果。

绘制CID的方法与利用计算机绘制进化树不同，为了将使用的引物即区分不同品种多态性带的信息标注在鉴定图上，需要人工进行。具体以图6-5中对5个品种的鉴定为例：

如果要鉴定图6-5葡萄品种‘歌德’‘红瑞宝’‘井川666’‘黑潮’和‘玫瑰香’，首先从筛选出的能够扩增出清晰的谱带的多对或多条引物中任选1对或1条进行PCR反应，对待鉴定的5个葡萄品种进行PCR扩增；CID绘制所使用标记以RAPD、改良RAPD、SSR、rSSR一步PCR类型标记为佳。

完成每个或每对引物的PCR扩增后，统计不同品种DNA指纹图谱中，在相同的电泳迁移率处（相同分子量片段）特征性谱带的有无。据图6-5可以看出，用引物Y41扩增后，5个品种扩增产物1400bp和1100bp均无条带的为‘歌德’；扩增产物1400bp和1100bp均有条带为‘红瑞宝’和‘井川666’；扩增产物有1400bp，无1100bp片段为‘黑潮’和‘玫瑰香’，并进行绘制第一步鉴定图，这样‘歌德’品种首先被鉴定出来。

然后再依次用其他引物对尚未被区分出来的其他4个品种继续区分，以此逐步进行鉴别。接着使用引物Y10扩增后，无400bp扩增产物的为‘红瑞宝’，有400bp扩增产物的为‘井川666’；用引物Y3扩增后，有900bp扩增产物的为‘黑潮’，无900bp扩增产物的为‘玫瑰香’。随着更多引物以及相伴随的多态性谱带的利用，其他4个品种逐步被完全区分开来，直到将所有品种都清晰地区分开来。

根据每步完成的鉴别结果人工绘制植物品种鉴定图（CID），将每一步所利用到的引物及所利用的多态性谱带的大小（bp）同时标到CID的相应位置上（图6-5）。

二、MCID方法的优势

MCID方法的应用不仅可以使RAPD、SSR等DNA标记在鉴定植物基因型中的利用成为实用性的简便工具，更使将DNA标记技术在果树乃至生物样品鉴定中的优势得到了

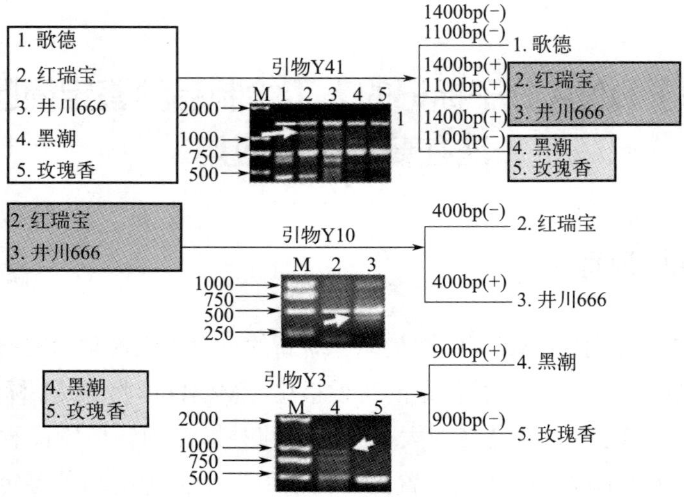

图6-5　利用MCID方法鉴定不同葡萄品种的过程

充分实现。该方法真正意义上将DNA指纹技术鉴定品种获得的结果转化为简便、利用价值很高的能具体指导品种鉴定实践的实用信息，最终获得的品种鉴定图（CID）能够成为植物品种快速鉴定的依据。

三、葡萄品种鉴定图（CID）的绘制

（一）欧亚葡萄品种

张晓莹等利用7条RAPD标记将191个葡萄品种快速区分（表6-4），所得的品种鉴定图MCID比聚类树更具直观性与实用性。191个欧亚葡萄品种见表6-4，鉴定图见图6-6。

表6-4　鉴定的191个欧亚葡萄品种

编号	品种名称	编号	品种名称
1	奥霍夫斯基	15	达拉依
2	灰比诺	16	别尔科夫斯基
3	佳丽酿15	17	赤霞珠（法）
4	甲州	18	波莱契斯基克
5	吉姆沙瓦尔宁	19	德引84-3
6	佳丽酿	20	德引84-2
7	基弗塞	21	嘟露丝
8	灰比诺（FrTo/125A）	22	多米纳
9	黄奥多别契斯	23	采尔采拉
10	红汁加美	24	查尔钡
11	红西拉	25	粉红万特灵
12	红恒万	26	赤霞珠（al）
13	红全吉星	27	巴库司
14	必亚斯阿巴特	28	粉红尤拉皮

续表

编号	品种名称	编号	品种名称
29	巴米特	68	涅布盖
30	巴赫基奥里	69	涅格鲁莫尔
31	白劳拉	70	垴斯凯布
32	白考库捷斯	71	那依利
33	艾布林	72	莫利欧玫瑰
34	波坦	73	蒙托依
35	粉红西万尼	74	米勒吐尔高
36	法国蓝	75	那洛莫尔
37	白西卡塔	76	玫瑰形
38	基姆拉	77	梅鹿辄
39	白纠列比	78	曼尔良什卡
40	埃兰菲舍尔	79	曼道万克
41	白根地	80	马赫宝
42	阿马斯	81	拉盖特
43	埃拉基海尼	82	克里木斯克
44	白菲嘉斯卡	83	库杜齐
45	白比诺	84	拉费白兰奇
46	布吉苏星	85	克拉斯扬
47	阿沙捷尼	86	品丽珠
48	阿列阿基可	87	考特
49	巴密地	88	考索罗道夫
50	阿利戈特（罗）	89	卡三多利
51	赤霞珠（脱毒）	90	卡氏芳屯
52	雷司令	91	卡里耶尔
53	罗马依斯克	92	科伦坡人
54	赛米隆	93	康达瓦斯
55	马夫鲁特瓦尔宁	94	红拜克
56	桑娇维赛（黑色）	95	凯麦德
57	沙里哈巴（白）	96	凯梁布
58	沙尔其	97	考克旁达斯
59	沙捷尼	98	考克哈巴
60	马拉其	99	黑卡巴斯马
61	马西斯	100	黑赛林
62	马夫鲁特	101	黑佳美
63	帕山	102	黑玛德林
64	库夏兹基	103	卡浪马特
65	欧根玫瑰香	104	黑曼道克
66	桑娇维赛（斯）黑	105	黑齐姆良
67	拉斯来	106	黑万尼西科

续表

编号	品种名称	编号	品种名称
107	黑三多利	146	巴尔干
108	黑沙巴斯	147	白胡沙涅
109	黑谢希	148	红木纳格
110	黑圆珠	149	黑柯尔娜
111	红艾基	150	黑破黄
112	酒白	151	季米亚特
113	黑格兰	152	白佳美
114	黑菲嘉斯卡	153	红达拉依
115	卡海特	154	大黑葡萄
116	卡尔曼希	155	波宋尼
117	捷来乌苏姆	156	布阿基达希
118	卡姆拉夏	157	费提斯卡莱格纳
119	康特那立	158	赤霞珠
120	卡拉	159	奥坡托
121	卡马特	160	白考库尔
122	酒红	161	白三多利
123	鲁沙娜	162	白斯兰卡
124	科维丁卡	163	德引 84-5
125	红莲子	164	布阿基诺尔
126	无核白	165	白拉齐娜
127	玛瑙	166	白可列特
128	贵州水晶	167	埃里求凡
129	绿木纳格	168	阿依巴特
130	马奶	169	巴斯达尔多
131	墨玉	170	布列沙
132	李子香	171	里西
133	利希巴巴	172	蜜简
134	克林巴马克	173	马格拉契 56
135	龙眼	174	马格拉契 217
136	花叶喀什喀尔	175	马里瓦西亚
137	假卡	176	玛尔斯兰
138	黑葡萄	177	拉法露
139	黑油亮	178	克里木波西
140	花白	179	驴奶
141	白喀什喀尔	180	白布瑞克
142	白旦旦	181	红葡萄
143	黄满集	182	红地球
144	白哈丽	183	阿佛阿丽
145	喀什喀尔	184	白油亮

续表

编号	品种名称	编号	品种名称
185	六白葡萄	189	和田红（粉红）
186	白老虎眼	190	红马奶
187	大青葡萄	191	黑卡拉斯
188	和田绿		

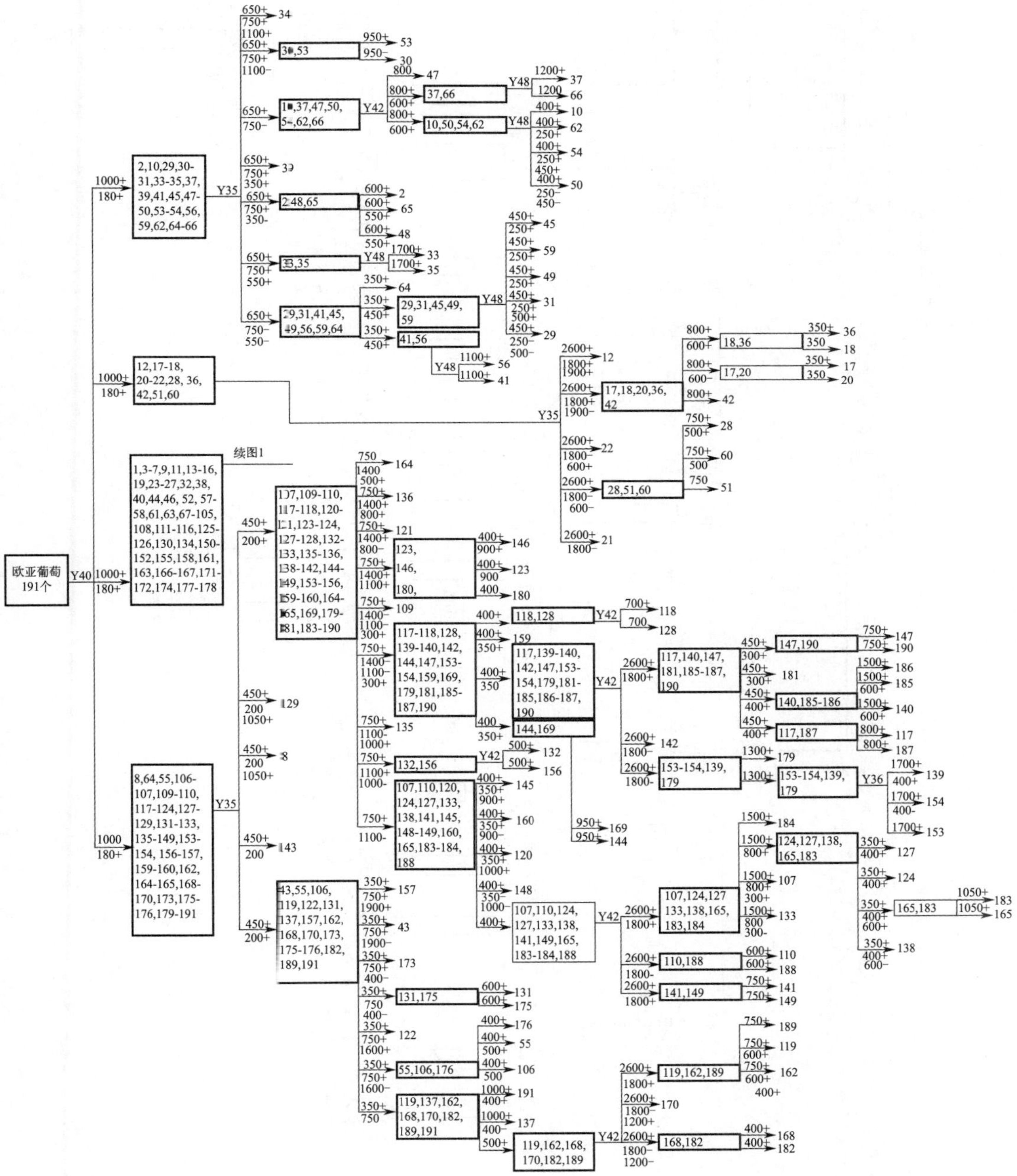

图6-6

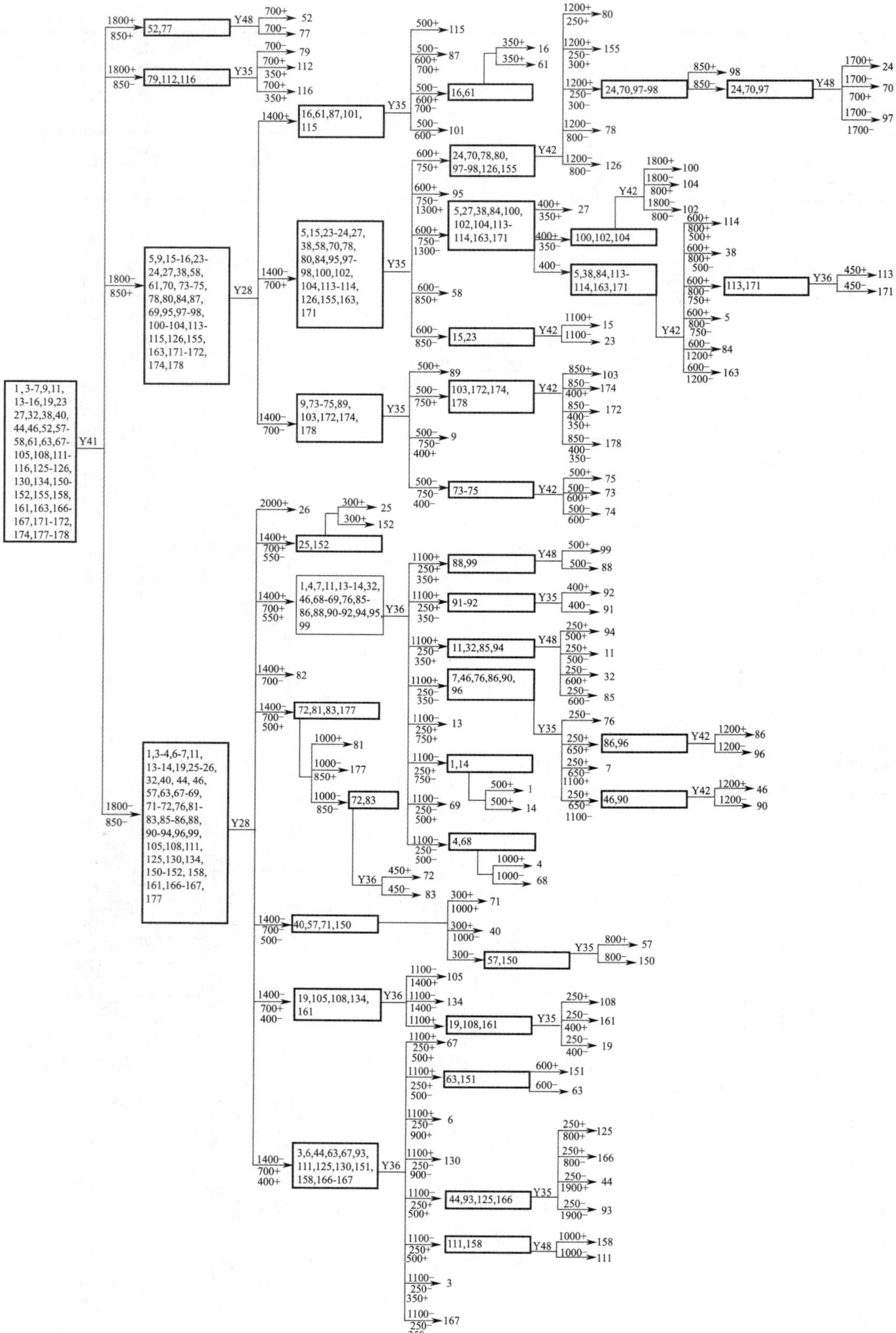

图6-6　MCID法鉴定的191个欧亚葡萄品种示意图

（二）鲜食葡萄品种

王玉娟等利用RAPD标记的MCID法快速鉴定72个鲜食葡萄品种（表6-5），仅利用6条引物扩增的多态性谱带构建了72个鲜食葡萄品种的MCID。72个鲜食葡萄品种见表6-5，鉴定图见图6-7。

表6-5　鉴定的72个鲜食葡萄品种

编号	品种	编号	品种
1	歌德 Gede	37	红瑞宝 Benizuiho
2	红瑞宝（变）Benizuiho（variant）	38	黑奥林 Black Olympia
3	井川 666 Jingchuan 666	39	巨优 Juyou
4	黑潮 Kuroshio	40	黑香蕉 Heixiangjiao
5	瑰香 Guixiang	41	密红 Mihong
6	高尾 Takao	42	早巨选 Zaojuxuan
7	红伊豆 Beniizu	43	紫云水晶 Ziyunshuijin
8	红富士 Benni fuji	44	巨优（辽）Juyou（liao）
9	红双味 Hongshuangwei	45	紫玉 Shigyoku
10	郑黑 Zhenghei	46	藤稔 Fujiminori
11	吉峰 14 号 Jifeng 14 hao	47	郑果 21 号 Zhengguo 21 hao
12	状元红 Zhuangyuanhong	48	选拔巨峰
13	金峰 Jinfeng	49	紫珍香 Zizhenxiang
14	京亚 Jingya	50	郑巨 2 号 Zhengju 2 hao
15	黑奥林（变）Black Olympia（variant）	51	白奥林 White Olympia
16	龙宝 Longbao	52	☆ 1979-5-6
17	京优 Jingyou	53	☆碧绿珠 Bilvzhu
18	巨玫瑰 Jumeigui	54	安尼斯基 Ayaneskeal
19	田野黑 Tano Black	55	地拉洼 Delaware
20	天秀 Tianxiu	56	☆巴士 Bashi
21	红皇后 Red Queen	57	蓓蕾 Bailey
22	高妻 Gaoqi	58	国宝 Guobao
23	吉峰 9 号 Jifeng 9 hao	59	丰宝 Fengbao
24	吉峰 Jifeng	60	皇冠 Huangguan
25	东部巨选 Dongbujuxuan	61	黄蜜 Huangmi
26	惠 Magumi	62	☆无核蜜 Seedless Sultana
27	红山彦 Beniyamabiko	63	巨峰 Kyoho
28	红奥林 Red Olympia	64	井川 1055 Jinchuan 1055
29	户太 8 号 Hutai 8 hao	65	蓓蕾玫瑰 Muscat Bailey
30	黑旋风 Heixuanfeng	66	翠峰 Suiho
31	峰后 Fenghou	67	▲红莲子 Honglianzi
32	峰寿 Fengshou	68	高地 Gaodi
33	NY14528	69	大宝 Dabao
34	井川 1060 Jinchuan 1060	70	☆底拉哥 Dilage
35	翡翠玫瑰 Feicuimeigui	71	☆艾尔威因 Aierweiyin
36	高墨 Takasumi	72	夏黑 Summer Black

注：☆表明此品种为美洲种；▲表明此品种为欧亚种，其他品种都为欧美杂种。

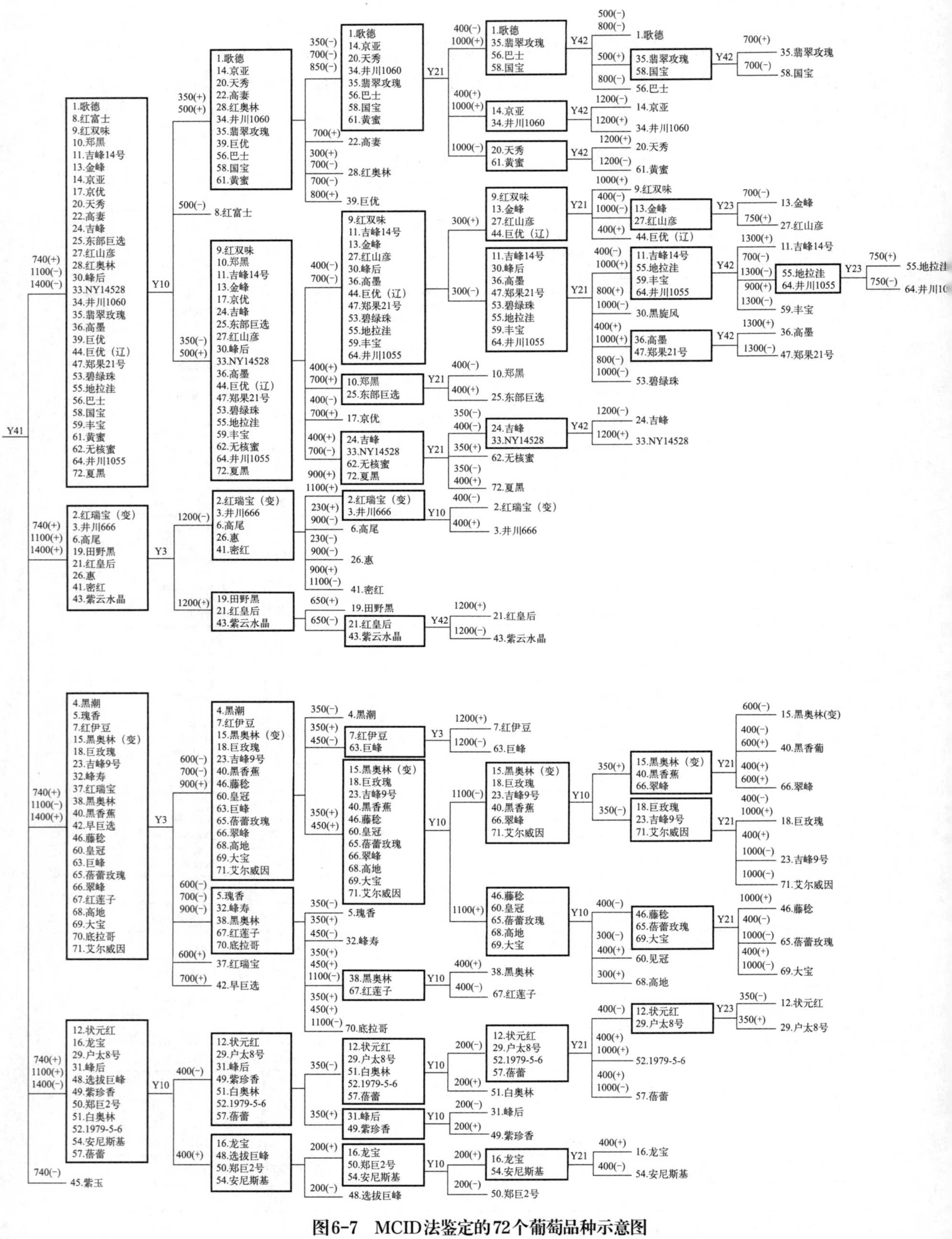

图6-7　MCID法鉴定的72个葡萄品种示意图

当有新的或其他葡萄品种与这 72 个重要品种进行区分时，可以直接利用已经使用的 6 条引物对该品种进行单独 PCR 分析，如果发现其具有不同于 MCID 中 72 个品种的某一或某些谱带，则很容易将需要鉴定的新品种添加到该 MCID 中去；如果发现与 72 个品种中的某些品种难以分开，则选用新的引物对这些无法分开的品种加以区分。由于是针对新品种单独进行 PCR 分析抑或是对某几个难以区分的品种进行鉴别，应该说完成新品种的鉴别的工作量不大。这样可以使该 MCID 鉴定品种的范围与能力进一步扩大，为今后葡萄种质资源的鉴定打下基础。利用 MCID 这一新的方法，在 DNA 分子水平上快速、准确地鉴别出了 72 个葡萄品种。

四、鉴定图CID的应用

基于 MCID 法构建的葡萄品种鉴定图（CID），凭借其“引物 - 谱带信息可视化”“鉴定逻辑清晰可追溯”的核心优势，已成为葡萄产业从种质资源管理到生产实践核验的关键技术工具，具体应用场景可分为以下四类：

（一）种质资源的系统化建档与分类管理

CID 是葡萄种质资源“分子身份档案”的核心载体，能够解决传统形态学分类易受环境干扰、亲缘关系相近品种难区分的痛点。大规模资源梳理：如张晓莹等为 191 个欧亚葡萄品种构建的 CID，通过 7 条 RAPD 标记的谱带信息，将‘灰比诺’‘赤霞珠’‘龙眼’等品种的分子特征直接标注于图谱中，不仅实现了品种的精准区分，更形成了可直接查询“品种分子名录”——科研人员无需重复进行 PCR 扩增，只需对照 CID 中特定引物（如区分‘赤霞珠’与‘品丽珠’的特征引物）的谱带差异（如 1400bp 片段有无），即可快速确认品种身份，大幅提升种质库的管理效率。资源动态扩充：CID 具备“模块化更新”特性，如王玉娟等构建的 72 个鲜食葡萄品种 CID，当新增‘夏黑’‘巨峰’等品种时，仅需通过已有 6 条引物进行 PCR 检测，若新增品种谱带与现有 CID 无重叠，可直接标注于图谱末端；若与某品种（如‘黑奥林’）谱带接近，则补充 1 ～ 2 对特异性引物即可完成区分，无需重构整个图谱，为长期种质资源收集与更新提供了便捷路径。

（二）生产实践中的品种真伪核验与苗木质量管控

在葡萄苗木繁育、果实收购等环节，CID 是解决“品种混杂”“以次充好”问题的关键技术手段，尤其适用于苗木早期鉴定（如幼苗期无法通过形态区分品种）。

苗木真伪鉴定：生产中常出现“假赤霞珠苗木冒充优质品种”的情况，利用 CID 可快速核验——取苗木叶片提取 DNA，用 CID 中‘赤霞珠’的特征引物（如能扩增出 1100bp 特异性片段的引物）进行 PCR，若扩增结果与 CID 中‘赤霞珠’的谱带完全匹配，则确认正品；若出现谱带缺失（如无 1100bp 片段）或新增（如出现 400bp 片段），则可判定为混杂品种（如‘品丽珠’或其他杂种），避免种植户因品种错误导致的经济损失。

果实收购溯源：对于高端葡萄酒酿造企业，CID 可用于原料品种溯源。例如某酒庄收购‘雷司令’葡萄时，可随机抽取果实样本，通过 CID 中‘雷司令’的特征谱带（如特定 SSR 标记的 800bp 片段）进行检测，确保原料品种纯度，避免因品种混杂影响葡萄酒风味与品质。

（三）品种权保护与纠纷裁决的技术依据

随着葡萄品种知识产权保护意识的提升，CID 已成为品种权申请、侵权纠纷裁决中的“分子证据”，其可视化的谱带信息具备高度公信力。

新品种权申请辅助：当育种者申请某一新品种（如‘翡翠玫瑰’）的品种权时，CID 可提供该品种与现有品种（如‘巨玫瑰’）的分子差异证据——通过对比两者在 CID 中的引物扩增结果（如‘翡翠玫瑰’在 Y3 引物下有 400bp 片段，而‘巨玫瑰’无），清晰证明新品种的“特异性”，为品种权审批提供核心技术支撑。

侵权纠纷鉴定：若发现市场上有未经授权繁殖的‘红地球’苗木，可通过 CID 进行比对，将疑似侵权苗木的 DNA 扩增谱带，与品种权人持有的‘红地球’标准 CID 进行逐一匹配，若两者在所有特征引物（如 Y41、Y10）的谱带大小、有无完全一致，则可判定为侵权，为法律裁决提供客观、可重复的分子依据。

（四）科研与教学中的品种亲缘关系分析与技术推广

CID 不仅是鉴定工具，其蕴含的“引物 - 谱带 - 品种”关联信息，还可用于葡萄亲缘关系研究与分子鉴定技术的普及教学。

亲缘关系推断：通过 CID 中品种的谱带相似性，可初步判断品种间的亲缘关系。例如在 72 个鲜食葡萄品种 CID 中，‘黑奥林’与‘红奥林’在多数引物（如 Y41、Y3）下的谱带高度一致，仅在 1～2 对引物（如 Y10）下的谱带存在差异，提示两者可能为近缘品种（如芽变系），为后续杂交育种的亲本选择提供参考。

教学实践示范：在农业院校的“分子植物育种”课程中，CID 可作为直观的教学案例——学生通过分析图谱中‘歌德’（无 1400bp、1100bp 片段）、‘红瑞宝’（有 1400bp、1100bp 片段）的区分逻辑，能快速理解 DNA 标记的多态性原理与品种鉴定流程，降低分子生物学技术的学习门槛。

综上，葡萄品种鉴定图（CID）已从实验室技术工具，延伸为贯穿葡萄种质管理、生产管控、权益保护的“全产业链技术支撑”，其“精准性、实用性、可扩展性”的特点，为其他果树（如苹果、柑橘）的品种鉴定提供了可借鉴的技术范式。

第九节　品种鉴定的多核苷酸多态性标记方法的应用

一、MNP

多核苷酸多态性（multiple nucleotide polymorphism，MNP）标记法是继简单重复序列（SSR）标记法和单核苷酸多态性（SNP）标记法之后的，植物品种鉴定第三个国家标准（GB/T 38551—2020），该标记检测的准确率高达 99.98% 以上，可以用于原始品种鉴定、实质性派生品种鉴定和品种真实性鉴定，已在大量物种中验证：水稻、玉米、大豆、棉花、花生、谷子、西瓜、甜瓜、黄瓜、艾草、番茄、辣椒、白菜、龙眼、荔枝、猕猴桃等，是一个精准、快速、简便的品种鉴定方法。MNP 标记的开发目的是针对目标物种进行品种鉴别，鉴别力的大小取决于标记的多态性、标记的数量和基因分型的准确性（图 6-8）。

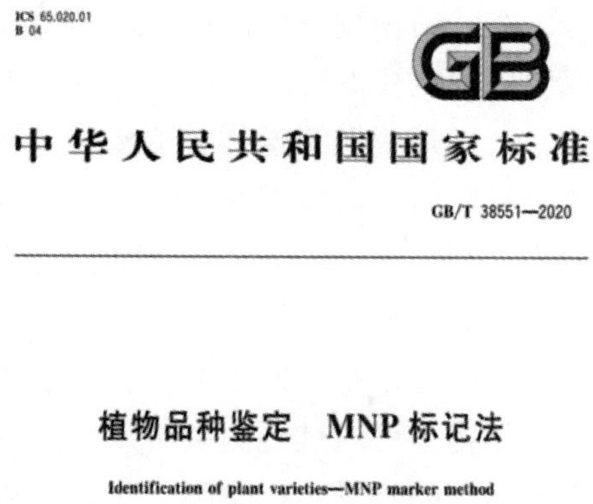
ICS 65.020.01
B 04
GB
中华人民共和国国家标准
GB/T 38551—2020
植物品种鉴定　MNP 标记法
Identification of plant varieties—MNP marker method

图6-8　植物品种鉴定MNP标记法

二、技术原理

其原理：基于多核苷酸多态性，通过检测基因组中多个相邻核苷酸的组合变异位点，实现高精度品种鉴别。相较于传统 SSR/SNP 标记，MNP 具有更高通量、更强抗干扰能力，可同时分析数百至数千个位点。关键步骤如表 6-6 所示。

表6-6　MNP关键技术流程

步骤	要求与说明
DNA 提取	需符合 GB/T 3543.2—2025《农作物种子检验规程　第 2 部分：扦样》
多重 PCR 扩增	一次反应扩增多位点
高通量测序	使用 Illumina 等平台，要求平均覆盖倍数≥ 20
数据质量控制	过滤低质量数据（Q 值 <30 的位点不纳入分析）
结果判定	通过变异度（≤ 5% 为一致）和遗传相似度（≥ 98% 为同品种）量化判定

MNP 是一组长度小于 300bp 的基因组片段内的多个分散的 SNP。基因组内存在许多的 SNP 位点，将这些不同 SNP 位点的等位基因型组合起来，用于区分不同的个体 DNA，当用多个个体的 MNP 位点构成具体物种的 MNP 标记位点数据库后，鉴定新材料时只需要将待测样品 DNA 和混合 MNP 标记引物在一次 PCR 体系中扩增，并利用二代测序检测扩增出的这些位点的序列即可。

三、技术应用

MNP 标记法凭借高准确率、高通量、强适配性的技术特性，已在植物品种鉴定的全链条场景中实现深度应用，覆盖农业生产、品种权保护、质量监管等核心领域，其应用价值在多物种实践中得到充分验证。

（一）品种真实性鉴定

在种子生产、流通及育种成果转化环节，品种真实性是保障农业生产安全的核心前提，MNP 标记法为此提供了精准高效的检测方案。

在大田作物领域，针对水稻、玉米、大豆等主要粮食作物，利用 MNP 标记数据库中已验证的特异性位点，可快速鉴别种子样品是否与标注品种一致。例如在水稻种子质量抽检中，通过提取待检样品 DNA，采用水稻特异性引物进行多重 PCR 扩增，结合 Illumina 测序平台的高通量检测，仅需 24 ～ 48 小时即可完成数百份样品的批量检测，通过遗传相似度≥ 98% 的判定标准，精准识别混杂的假种子或错标品种，检测准确率较传统 SSR 标记提升 3 ～ 5 个百分点。

在经济作物与果蔬领域，该方法同样表现出极强的适配性。对于西瓜、甜瓜、黄瓜等瓜类作物，可通过检测果实或幼苗组织的 MNP 位点，解决传统形态学鉴定周期长、受环境影响大的难题；在龙眼、荔枝等热带果树苗木鉴定中，即使面对亲缘关系极近的品种，依托多个相邻核苷酸的组合变异分析，也能实现清晰区分，为苗木繁育基地的品种纯度管控提供技术支撑。

（二）原始品种与实质性派生品种（EDV）鉴定

随着种业知识产权保护力度的加大，明确原始品种与实质性派生品种的界限成为品种权纠纷裁决的关键，MNP 标记法凭借超高分辨率成为该领域的核心技术手段。

其核心应用逻辑在于通过检测基因组中数百至数千个 MNP 位点的变异度差异，量化派生品种与原始品种的遗传相似度。根据 GB/T 38551—2020 标准，当待测品种与原始品种的 MNP 位点变异度≤ 5% 且遗传相似度≥ 98% 时，可判定为实质性派生品种。在玉米、棉花等育种密集型作物中，该方法已成功应用于多起品种权侵权案件的技术鉴定：通过对比涉嫌侵权品种与授权原始品种的 MNP 位点组合模式，清晰界定二者的遗传关联，为司法裁决提供了客观、可靠的分子证据。

此外，在原始品种的特异性认定中，MNP 标记法可通过构建物种专属的 MNP 标记数据库，筛选出原始品种特有的核苷酸组合变异位点，形成具有唯一性的“分子身份证”，为原始品种的权属性认定及后续维权提供核心技术依据。

（三）多物种产业化应用

MNP 标记法的物种适配性已从传统大宗作物延伸至特色经济作物及药用植物，为多元化农业产业发展提供技术支持。

在特色粮食作物中，针对谷子等杂粮品种，利用其 MNP 标记的高多态性特点，可快速完成不同生态型品种的鉴别，助力优质谷子品种的标准化生产与品牌建设。在药用植物领域，艾草等中药材的品种纯度直接影响药效，通过 MNP 标记法检测不同艾草品种的特异性位点，能够精准区分药用价值差异显著的品系，避免劣质品种混入流通市场，保障中药材质量的稳定性。

在果蔬育种成果转化中，番茄、辣椒、白菜等常见蔬菜品种的 MNP 标记体系已日趋成熟。育种企业可利用该方法对杂交后代进行早期筛选，通过检测目标 MNP 位点的组合变异，提前识别符合育种目标的优良单株，将品种选育周期缩短 1 ～ 2 年，大幅提升育种效率。同时，在品种审定时，MNP 标记检测结果可作为品种特异性、一致性和稳定性（DUS）测试的补充证据，进一步提升品种审定的科学性与准确性。

（四）规模化检测与数据库建设：支撑行业标准化发展

MNP 标记法的高通量特性使其特别适用于大规模品种资源普查与数据库构建。目前，农业科研机构已针对水稻、玉米、大豆等 16 类主要作物，基于 MNP 标记技术建立了标准化的品种分子鉴定数据库，收录了数千个品种的 MNP 位点特征信息。

在种子管理部门的年度品种质量普查中，依托该数据库可实现对辖区内种子市场的全覆盖检测，及时发现品种混杂、假冒等问题，为农业行政执法提供技术支撑。同时，数据库的持续扩容与更新，也为作物遗传多样性研究、品种进化分析等基础科研工作提供了丰富的分子数据资源，推动植物品种鉴定从“单一检测”向“系统溯源”“精准管控”的智能化方向发展。

参考文献

[1] 曹辉庆 . 应用同工酶标记与 RAPD 标记对葡萄亲缘关系的比较研究 [D]. 南宁 : 广西大学 , 2002.

[2] 方连玉 , 王军 , 许雷 . 15 份葡萄种质遗传多样性的 SSR 分析 [J]. 分子植物育种，2010，8（03）: 511-515.

[3] 傅伟红 , 魏新科 , 葛孟清 , 等 . 基于 SSR 标记的 MCID 法鉴定 72 个酿酒葡萄品种 [J]. 中外葡萄与葡萄酒 , 2019(05): 1-7.

[4] 高爱农 . 葡萄种质资源的 RAPD 分子标记及其应用研究 [D]. 北京：中国农业大学，2001.

[5] 郝宇 , 张淑静 , 张世红 , 等 . 葡萄品种资源的 SSR 鉴定及遗传多样性分析 [J]. 河北农业大学学报 , 2010, 33(01): 54-59.

[6] 晁无疾 , 牛淑贞 . 我国葡萄野生种质资源的同工酶研究初报 [J]. 中国果树 , 1981(04): 41-44.

[7] 晁无疾 . 同工酶分析在我国葡萄野生种分类研究上的应用 [J]. 葡萄栽培与酿酒 , 1988(01): 1-6.

[8] 雷昊 . 酿酒葡萄‘优株’优株的遗传多样性研究 [D]. 银川 : 宁夏大学 , 2023.

[9] 李学强 , 李秀珍 , 张国海 . 巨峰葡萄早熟性芽变 98-2 的孢粉学及同工酶研究 [J]. 果树学报 , 2008(06): 937-940.

[10] 李贝贝 , 刘崇怀 , 姜建福 , 等 . 葡萄品种分子鉴定研究进展及展望 [J]. 江苏农业科学 , 2017, 45(15): 15-20.

[11] 吕秀兰 , 张光伦 , 龚荣高 , 等 . 22 个葡萄品种过氧化物同工酶研究 [J]. 四川农业大学学报 , 2005(02): 182-185.

[12] 刘崇怀 , 帖锋 , 潘兴 , 等 . 无核葡萄品种资源性状的聚类分析 [J]. 果树学报 , 2006(04): 531-533.

[13] 刘三军 , 孔庆山 . 我国野生葡萄的分类研究 [J]. 果树科学 , 1995, 12(04): 224-227.

[14] 牛立新 , 张延龙 . 中国野生葡萄花粉形态学研究 [J]. 园艺学报 , 2000(05): 361-363.

[15] 牛立新 , 贺普超 . 我国野生葡萄属植物系统分类研究 [J]. 园艺学报 , 1996(03): 3-6.

[16] 邱鹏鹏 . 葡萄真假杂种及无核性状早期鉴定研究 [D]. 杨凌 : 西北农林科技大学 , 2024.

[17] 宋来庆 , 尹克林 , 韩爱华 , 等 . 南方主要鲜食葡萄品种的叶片形态指标鉴别研究 [J]. 中外葡萄与葡萄酒 , 2004(05): 11-13.

[18] 邵邻相 , 章艺 , 陈小敏 . 用扫描电镜对藤稔葡萄等四个葡萄品种花粉的观察研究 [J]. 浙江师大学报 (自然科学版), 1993(04): 93-95.

[19] 王富强 , 张建 , 温常龙 , 等 . 基于 KASP 标记的葡萄品种鉴定 [J]. 中国农业科学 , 2021, 54(13): 2830-2846.

[20] 吴红 . 利用 RAPD 标记技术进行葡萄品种遗传多样性研究 [D]. 兰州 : 甘肃农业大学 , 2005.

[21] 武亚敏 , 冀晓昊 , 于祎飞 , 等 . 291 个葡萄品种 SSR 分子指纹数据集 [J]. 农业大数据学报 , 2025, 7(01): 112-117.

[22] 魏新科 . 基于 SSR 标记的 MCID 法鉴定中国自主选育的葡萄品种及其遗传多样性分析 [D]. 南京 : 南京农业大学 , 2020.

[23] 魏新科 , 樊秀彩 , 王晨 , 等 . 基于 SSR 标记的 MCID 法鉴定中国自主选育的葡萄品种 [J]. 中外葡萄与葡萄酒 , 2019(05): 12-20.

[24] 张立平 , 林伯年 , 沈德绪 . 雌雄异株葡萄的性别鉴定研究 [J]. 植物学通报 , 1998(04): 65-69.

[25] 赵旗峰 , 黄丽萍 , 王敏 , 等 . 基于 SSR 标记的 100 份葡萄资源亲缘关系和群体遗传结构分析 [J]. 果树学报 , 2021, 38(08): 1217-1230.

[26] 张晓莹 , 张彦 , 宋长年 , 等 . 利用基于 DNA 标记的人工绘制植物品种鉴别图 (MCID) 法快速鉴定欧亚葡萄品种 [J]. 农业生物技术学报 , 2012, 20(06): 703-714.

[27] 张正文 , 王咏梅 , 任凤山 , 等 . SNP 技术在葡萄研究中的应用进展 [J]. 中外葡萄与葡萄酒 , 2019(02): 91-94.

第七章　葡萄野生资源论述

第一节　葡萄野生资源的独特价值

野生葡萄长期生长在自然环境中，经过漫长的演变进化，不仅具有适应性广、抗逆性强等优良特性，而且还具有丰富的经济性状，是开发培育新品种的重要种质信息库。野生葡萄汁多皮薄，糖酸比适中，并富含发酵所需的各种菌类，十分适合作酿酒原料。毛葡萄、山葡萄和刺葡萄等野生种已成为我国酿酒产业的重要原料。

在野生葡萄的引种驯化过程中，利用栽培种与野生种进行杂交以及其他先进的育种手段，培育出了大量抗逆性强、耐储运、品质优的新品种和新品系。其中，多抗性砧木的选育在全球范围内取得了尤为显著的成效。19 世纪末，根瘤蚜灾害给欧洲葡萄产业造成毁灭性打击，育种家通过引入北美野生种质资源，如河岸葡萄（*Vitis riparia*）、沙地葡萄（*V. rupestris*）和冬葡萄（*V. berlandieri*）等，开展种间杂交，成功选育出包括‘5BB’‘SO4’‘1103P’‘101-14’等在内的多个砧木品种。这些砧木对根瘤蚜具有免疫或高抗性，同时兼具耐旱、耐涝、抗盐碱等多重抗逆特性，不仅拯救了以欧亚种（*V. vinifera*）为主体的酿酒葡萄产业，还显著拓展了葡萄栽培的生态适应范围，对世界葡萄产业的可持续发展贡献巨大。

在我国，育种科学家充分利用野生山葡萄（*V. amurensis*）的突出抗寒性和抗病性，开展了系统的资源筛选与遗传改良工作。通过实生选种，直接从野生群体中选育出如‘双庆’‘双红’‘双优’及‘左山’系列等优良品种；同时，通过杂交手段，以山葡萄为亲本培育出‘北醇’‘北玫’‘北红’‘公酿一号’等抗寒酿酒新品种，在保留山葡萄抗逆性的同时，显著改善了果实的糖酸协调性与酿酒品质。

此外，我国还积极开展以山葡萄为基础的抗寒砧木选育工作，培育出‘山河’系列等砧木品种，为中国北方寒冷地区葡萄免埋土栽培或简易防寒栽培提供了品种支撑，大幅降低了生产成本。在南方地区，利用刺葡萄（*V. davidii*）、毛葡萄（*V. heyneana*）等抗高温高湿、抗病性强的地方野生资源，也成功选育出如‘塘尾’刺葡萄及一系列高抗病新品系，为东亚湿热气候区的葡萄产业发展开辟了新路径。

随着分子生物学技术的发展，育种手段不断升级。通过分子标记辅助选择、基因组编辑、胚胎挽救等先进技术，远缘杂交育种的成功率与精准性显著提高，进一步加速了野生优异基因向栽培品种的转移与利用。

第二节 中国野生葡萄及其利用

（一）山葡萄（*Vitis amurensis* Rupr.）

【特性】山葡萄是葡萄科葡萄属木质藤本。小枝圆柱形，无毛，嫩枝疏被蛛丝状茸毛。卷须 2 ～ 3 分枝，每隔 2 节间断与叶对生。

叶阔卵圆形，长 6 ～ 24cm，宽 5 ～ 21cm，3 稀 5 浅裂或中裂，或不分裂，叶片或中裂片顶端急尖或渐尖，裂片基部常缢缩或间有宽阔，裂缺凹成圆形，稀呈锐角或钝角，叶基部心形，基缺凹成圆形或钝角，边缘每侧有 28 ～ 36 个粗锯齿，齿端急尖，微不整齐，上面绿色，初时疏被蛛丝状茸毛，以后脱落；基生脉 5 出，中脉有侧脉 5 ～ 6 对，上面明显或微下陷，下面突出，网脉在下面明显，除最后一级小脉外，或多或少突出，常被短柔毛或脱落几无毛；叶柄长 4 ～ 14cm，初时被蛛丝状茸毛，以后脱落无毛；托叶膜质，褐色，长 4 ～ 8mm，宽 3 ～ 5mm，顶端钝，边缘全缘。

圆锥花序疏散，与叶对生，基部分枝发达，长 5 ～ 13cm，初时常被蛛丝状茸毛，以后脱落几乎无毛；花梗长 2 ～ 6mm，无毛；花蕾倒卵圆形，高 1.5 ～ 3.0mm，顶端圆形；萼碟形，高 0.2 ～ 0.3mm，几全缘，无毛；花瓣 5，呈帽状黏合脱落；雄蕊 5，花丝丝状，长 0.9 ～ 2mm，花药黄色，卵椭圆形，长 0.4 ～ 0.6mm，在雌花内雄蕊显著短而败育；花盘发达，5 裂，高 0.3 ～ 0.5mm；雌蕊 1，子房锥形，花柱明显，基部略粗，柱头微扩大。

果实直径 1 ～ 1.5cm；种子倒卵圆形，顶端微凹，基部有短喙，种脐在种子背面中部呈椭圆形，腹面中棱脊微突起，两侧洼穴狭窄呈条形，向上达种子中部或近顶端。花期 5 ～ 6 月，果期 7 ～ 9 月。

【主要分布】山葡萄天然分布集中在中国东北长白山及小兴安岭山脉，俄罗斯远东地区和朝鲜半岛亦有分布，其中吉林鸭绿江河谷产区是优质山葡萄栽培基地。生于，海拔 200 ～ 2100m 的山坡、沟谷林中或灌丛。

【应用】果可鲜食和酿酒，有‘左山一’‘左山二’‘双优’‘双红’‘公酿一号’‘北冰红’等优良酿酒品种。枝条能抗 −40℃低温，根系可耐 −16℃低温，耐寒能力远高于普通欧亚种葡萄，对欧亚种普遍发生的白腐、黑痘等病害有很强的抗性，是培育优质、抗寒、抗病新品种的宝贵种质资源。酿酒后的皮渣可用于色素提取及压榨葡萄籽油。浆果亦可鲜食、加工果汁。

【主要亚种】变种为深裂山葡萄（*Vitis amurensis* var. *dissecta* Skvortsov）。该变种与原变种的区别在于，叶深 3 ～ 5 裂，果实直径较小，0.8 ～ 1cm。花期 5 ～ 6 月，果期 7 ～ 9 月。产于黑龙江、吉林、辽宁、河北。可于海拔 50 ～ 200m 处种植。

【选种成果】山葡萄性状变异大，类型多，为了进行人工栽培，首先选高产优良类型作为栽培材料。吉林市长白山葡萄酒厂选出长白 5 号、长白 6 号、长白 7 号、长白 9 号、长白 10 号、长白 11 号等雌能花品种，其中的长白 9 号，生长势中，丰产性较好；通化葡萄酒厂也选出通化 1 号、通化 2 号、通化 3 号、通化 7 号、通化 10 号、通化 12 号等优良单株。1963 年，中国农业科学院特产研究所在吉林市左家镇发现一株野生雌能花山葡萄，表现为穗粒大、抗霜霉病、单株产量高，1974 年扩繁并进行观察比较，1984 年通过鉴定，定名为‘左山一’。‘左山二’是 1974 年在黑龙江省尚志县苇河镇志成村的野生山葡萄资源中，筛选的 74003 单株繁殖而成的无性系，1989 年通过审定并定名。‘牡山 1 号’是黑龙江省牡丹江市果树研究所 1995 年从山葡萄自然实生苗中选出，平均穗重 195.0g，平均粒重 1.13g，在牡丹江市 9 月上旬成熟，在黑龙江省中部、南部栽培不用埋土防寒，2010 年通过审定定名。优良雌能花山葡萄品种的选育进一步改善了山葡萄的果实经济性状，提高了山葡萄的产量，是实现山葡萄家植栽培的重要举措。

1963 年，长白山葡萄酒厂在吉林省蛟河县天北公社首次发现了一株野生的两性花山葡萄，后经该厂与中国农业科学院特产研究所协作研究，1975 年经正式鉴定，命名为‘双庆’，成为我国第一个两性花山葡萄品种。1981 年，吉林农业大学与集安市太王镇上解放村科技专业户合作，从‘双庆’中选出 1 个优良单株，该单株既保持了‘双庆’两性花的特点，而果穗、产量上又超越了‘左山一’，1988 年通过审定，定名为‘双优’。两性花山葡萄的发现与培育，结束了人工栽培山葡萄只能以雌能花品种（品系）为主栽品种必须配植雄株作授粉树的历史，并且可以充分利用雌能花山葡萄中的各种优良性状，为选育抗寒葡萄品种创造了良好条件。

（二）毛葡萄（*Vitis heyneana* Roem. et Schult.）

【特性】毛葡萄是葡萄科葡萄属木质藤本植物。小枝圆柱形，有纵棱纹，被灰色或褐色蛛丝状茸毛。卷须 2 叉分枝，密被茸毛，每隔 2 节间断与叶对生。叶卵圆形、长卵椭圆形或卵状五角形，长 4 ～ 12cm，宽 3 ～ 8cm，顶端急尖或渐尖，基部心形或微心形，基缺顶端凹成钝角，稀成锐角，边缘每侧有 9 ～ 19 个尖锐锯齿，上面绿色，初时疏被蛛丝状茸毛，以后脱落无毛，下面密被灰色或褐色茸毛，稀脱落变稀疏，基生脉 3 ～ 5 出，中脉有侧脉 4 ～ 6 对，上面脉上无毛或有时疏被短柔毛，下面脉上密被茸毛，有时短柔毛或稀茸毛状柔毛；叶柄长 2.5 ～ 6cm，密被蛛丝状茸毛；托叶膜质，褐色，卵披针形，长 3 ～ 5mm，宽 2 ～ 3mm，顶端渐尖，稀钝，边缘全缘，无毛。

花杂性异株；圆锥花序疏散，与叶对生，分枝发达，长 4 ～ 14cm；花序梗长 1 ～ 2cm，被灰色或褐色蛛丝状茸毛；花梗长 1 ～ 3mm，无毛；花蕾倒卵圆形或椭圆形，高 1.5 ～ 2mm，顶端圆形；萼碟形，边缘近全缘，高约 1mm；花瓣 5，呈帽状黏合脱落；雄蕊 5，花丝丝状，长 1 ～ 1.2mm，花药黄色，椭圆形或阔椭圆形，长约 0.5mm，在雌花内雄蕊显著短，败育；花盘发达，5 裂；雌蕊 1，子房卵圆形，花柱短，柱头微扩大。果实圆球形，成熟时紫黑色，直径 1 ～ 1.3cm；种子倒卵形，顶端圆形，基部有短喙，种脐在背面中部呈圆形，腹面中棱脊突起，两侧洼穴狭窄呈条形，向上达种子 1/4 处。花期 4 ～ 6 月，果期 6 ～ 10 月。

【主要分布】该品种分布于中国山西、陕西、甘肃、山东、河南、安徽、江西、浙江、福建、广东、广西、湖北、湖南、四川、贵州、云南、西藏。尼泊尔、不丹和印度也有分布。生长在海拔 100 ～ 3200m 的山坡、沟谷灌丛、林缘或林中。

【应用】毛葡萄的果实营养丰富，可用于酿造品质上佳的毛葡萄酒。

【主要亚种】桑叶葡萄［*Vitis heyneana* subsp. *ficifolia* (Bge.) C.L.Li］。与毛葡萄区别在于，叶片常有 3 浅裂至中裂并混生有不分裂叶者。花期 5 ～ 7 月，果期 7 ～ 9 月。分布于中国河北、山西、陕西、山东、河南、江苏。生长在海拔 100 ～ 1300m 的山坡、沟谷灌丛或疏林中。

【选种成果】1995 年起，广西都安县科委会同广西农业科学院园艺研究所在产区调查了毛葡萄 12 个单株的性状表现，从中筛选出‘古山 2 号’和‘中旧 5 号’两个适应性强、丰产稳产的优良单株。广西农业科学院生物技术研究所依托本区丰富的野生毛葡萄种质资源选育出单性花株系‘野酿 1 号’，该株系存在产量低、易感病缺陷，后来又选育出两性花野生毛葡萄株系‘野酿 2 号’，于 2011 年通过广西农作物品种审定委员会审定。该品种耐旱、耐瘠薄、耐病力强，同时对南方高温高湿气候适应性较好，已在广西山区大面积推广种植。广西罗城水果生产管理局和广西壮族自治区水果生产技术指导总站联合从野生毛葡萄芽变单株中选育雌能花品种‘水源 1 号’‘水源 11 号’，于 2012 年通过广西品种审定。该品种在当地 6 月上旬开花，9 月下旬成熟，其中‘水源 1 号’果实有淡草莓香味。

（三）刺葡萄［*Vitis davidii* (Rom. Caill.) Foëx］

【特性】刺葡萄是葡萄科葡萄属植物。木质藤本。小枝圆柱形，纵棱纹幼时不明显，被皮刺，无毛。卷须 2 叉分枝，每隔 2 节间断与叶对生。叶卵圆形或卵椭圆形，长 5 ～ 12cm，宽 4 ～ 16cm，顶端急尖或短尾尖，基部心形，基缺凹成钝角，边缘每侧有锯齿 12 ～ 33 个，齿端尖锐，不分裂或微三浅裂，上面绿色，无毛，下面浅绿色，无毛，基生脉 5 出，中脉有侧脉 4 ～ 5 对，网脉明显，下面比上面突出，无毛常疏生小皮刺；托叶近草质，绿褐色，卵披针形，长 2 ～ 3mm，宽 1 ～ 2mm，无毛，早落。

花杂性异株；圆锥花序基部分枝发达，长 7 ～ 24cm，与叶对生，花序梗长 1 ～ 2.5cm，无毛；花梗长 1 ～ 2mm，无毛；花蕾倒卵圆形，高 1.2 ～ 1.5mm，顶端圆形；萼碟形，边缘萼片不明显；花瓣 5，呈帽状黏合脱落；雄蕊 5，花丝丝状，长 1 ～ 1.4mm，花药黄色，椭圆形，长 0.6 ～ 0.7mm，在雌花内雄蕊短，败育；花盘发达，5 裂；雌蕊 1，子房圆锥形，花柱短，柱头扩大。果实球形，成熟时紫红色，直径 1.2 ～ 2.5cm；种子倒卵椭圆形，顶端圆钝，基部有短喙，种脐在种子背面中部呈圆形，腹面中棱脊突起，两侧洼穴狭窄，向上达种子 3/4 处。花期 4 ～ 5 月，果期 7 ～ 10 月。

【主要分布】刺葡萄生长于海拔 600 ～ 1800m 的山坡、沟谷林中或灌丛。 在高温高湿环境中生长表现良好，很适应中国南方气候，要求条件不苛刻，比其他果树更适应山地和砂荒。分布于中国陕西、甘肃、江苏、安徽、浙江、江西、湖北、湖南、广东、广西、四川（平武、剑阁、苍溪、南充、南江、峨眉山市、键为、重庆城口、巫溪、忠县、合川、石柱、南川、彭水、黔江等）、贵州、云南。

【应用】根供药用，可治筋骨伤痛。营养价值高，含丰富的糖类，主要含葡萄糖和果糖，及大量的有机酸。果实中还含有蛋白质、果胶，以及钾、钙、磷、铁等矿质元素，多种维生素等，是优良的酿酒原料。

【变种】蓝果刺葡萄［*Vitis davidii var. cyanocarpa* (Gagnep.) Gagnep.］。该变种与原变种区别在于，老枝皮刺呈瘤状突起，嫩枝无皮刺或有极稀疏皮刺，果实成熟时变蓝黑色。花期 4 ～ 5 月，果期 8 ～ 9 月。分布于中国安徽、湖北、云南。生长于海拔 600 ～ 2300m 的灌丛或疏林中。

锈毛刺葡萄（*Vitis davidii* var.*ferruginea* Merr. et Chun）。该变与原变种区别在于，叶片下面脉上被锈色短柔毛。花期 4 ～ 6 月，果期 7 ～ 8 月。分布于中国浙江、江西、福建、广东。生长于海拔 500 ～ 1200m 的山坡林中或灌丛。

【选种成果】20 世纪 80 年代中期，江西玉山栽培的葡萄 80% 是由刺葡萄驯化栽培而成的无性系后代，其原产地和栽培较集中的地方为玉山县横街镇塘尾村，故定名为塘尾葡萄，全村共有此类葡萄 256 株，年产葡萄 15t，玉山县发展到 2000 余株，年产量达 40 余吨，除当地销售外，还远销他地。在湘西溆浦和隆回县境内海拔 1350m 左右的雪峰山上，发现一个刺葡萄的半栽培种，有 100 余年的庭院内栽培历史，名为雪峰刺葡萄。湖南农业大学选育的刺葡萄新品种‘紫秋’，2004 年通过现场评议，2005 年通过湖南省品种认定并登记。此外，湖南农业大学在对怀化野生刺葡萄种质资源进行调查研究的基础上，选出一个刺葡萄新类型水晶刺葡萄，该葡萄已在湖南怀化地区进行区域种植。

1999 ～ 2002 年，安徽省六安市横塘农科所对南方雪峰山区的刺葡萄农家品种进行连续观察、试验和对比，从中选育出系列品系，性状表现稳定，其中有一品系综合性状表现良好，被命名为南抗葡萄，该品系具有抗病、抗逆性强、高产、晚熟、品质优等诸多优点，可以在我国广大的南方葡萄非适宜区种植推广。

湖南娄底特色植物研究课题组自 1990 年冬开始，采集原始刺葡萄株系 115 个，历经 15 年选育出表现较好的野生观赏葡萄品系金枝刺葡萄，该品系嫩叶呈美丽的紫红色，成熟枝条呈金黄色，其上密生金黄皮刺，故名为金枝刺葡萄。

（四）葛藟葡萄（*Vitis flexuosa* Thunb.）

【特性】葛藟葡萄是葡萄科葡萄属植物。木质藤本。小枝圆柱形，有纵棱纹，嫩枝疏被蛛丝状茸毛，以后脱落无毛。卷须 2 叉分枝，每隔 2 节间断与叶对生。叶卵形、三角状卵形、卵圆形或卵椭圆形，长 2.5 ～ 12cm，宽 2.3 ～ 10cm，顶端急尖或渐尖，基部浅心形或近截形，心形者基缺的顶端凹成钝角，边缘每侧有微不整齐 5 ～ 12 个锯齿，上面绿色，无毛，下面初时疏被蛛丝状茸毛，以后脱落；基生脉 5 出，中脉有侧脉 4 ～ 5 对，网脉不明显；叶柄长 1.5 ～ 7cm，被稀疏蛛丝状茸毛或几无毛；托叶早落。圆锥花序疏散，与叶对生，基部分枝发达或细长而短，长 4 ～ 12cm，花序梗长 2 ～ 5cm，被蛛丝状茸毛或几无毛；花梗长 1.1 ～ 2.5mm，无毛；花蕾倒卵圆形，高 2 ～ 3mm，顶端圆形或近截形；萼浅碟形，边缘呈波状浅裂，无毛；花瓣 5，呈帽状黏合脱落；雄蕊 5，花丝丝状，长 0.7 ～ 1.3mm，花药黄色，卵圆形，长 0.4 ～ 0.6mm，在雌花内短小，败育；花盘发达，5 裂；雌蕊 1，在雄花中退化，子房卵圆形，花柱短，柱头微扩大。果实球形，直径 0.8 ～ 1cm；种子倒卵椭圆形，顶端近圆形，基部有短喙，种脐在种子背面中部呈狭长圆形，种脊微突出，表面光滑，腹面中棱脊微突起，两侧洼穴宽沟状，向上达种子 1/4 处。花期 3 ～ 5 月，果期 7 ～ 11 月。

【主要分布】分布在陕西、甘肃、山东、河南、安徽、江苏、浙江、江西、福建、湖北、湖南、广东、广西、四川、贵州、云南。生于海拔 100 ～ 2300m 的山坡或沟谷田边、草地、灌丛或林中。

【应用】果实味酸，不能生食；根、茎和果实供药用，治关节酸痛，种子可炸油；本种生长健壮、病虫害少，作葡萄砧木有寿命长、丰产等优点。

【选种成果】本种分布广、生境多样，变异大，主要表现在叶的大小、叶形和毛被上。过去曾将叶片较小者划分为种或变种，然而很难用这一特点把许多地方采集的标本加以鉴定。但从这种植物在叶形和毛被的多样化上表明，它是一个多形的复合种，需要进一步研究。

（五）菱叶葡萄（*Vitis hancockii* Hance）

【特性】菱叶葡萄是葡萄科葡萄属木质藤本植物。小枝圆柱形，有纵棱纹，密被褐色长柔毛。卷须 2 叉分枝或不分枝，疏被褐色柔毛，每隔 2 节间断与叶对生。叶菱状卵形或菱状长椭圆形，不分裂，稀 3 裂，长 3.5 ～ 13cm，宽 2 ～ 7cm，顶端急尖，基部常不对称，楔形或阔楔形，稀下部叶基部近圆形，边缘每侧有 6 ～ 12 个粗锯齿，齿尖锐，稀钝，上面暗绿色，仅中脉上伏生疏短柔毛，下面绿色，疏生淡褐色柔毛，基生脉 3 出，中脉有侧脉 3 ～ 5 对，网脉在上面不明显，下面微突出；叶柄长 0.2 ～ 3cm，下部叶常有较长的叶柄，长达 1.5cm，被淡褐色长柔毛；托叶膜质，褐色，三角状披针形，长 2 ～ 4mm，宽 1 ～ 1.5mm，顶端渐尖，边缘全缘，无毛或基部疏生缘毛。花杂性异株，圆锥花序疏散，与叶对生，下部分枝不发达，长 2.5 ～ 5.5cm，花序梗长 1 ～ 2cm，密被淡褐色长柔毛；花梗长 1.5 ～ 2mm，无毛；花蕾倒卵圆形，高 1.2 ～ 1.5mm，顶端圆形；萼碟形，全缘，高 0 1 ～ 0.2mm，无毛；花瓣 5，呈帽状黏合脱落；雄蕊 5，花丝丝状，长 0.5 ～ 1mm，花药黄色，卵圆形或卵椭圆形，长 0.5 ～ 0.6mm，在雌花内雄蕊显著短，败育；花盘发达，5 裂；雌蕊 1，子房卵圆形，花柱短，柱头扩大。果实圆球形，直径 0.6 ～ 0.8cm；种子倒卵形，顶端微凹，基部有短喙，种脐在种子背面中部呈椭圆形，腹面中棱脊突出，两侧洼穴较宽，椭圆形，向上达种子 1/4 处。花期 4 ～ 5 月，果期 5 ～ 6 月。

【主要分布】菱叶葡萄产于中国浙江、安徽、江西、福建。菱叶葡萄性喜冷凉，切忌高温多湿，不耐寒，越冬温度须 8℃以上，低于 5℃出现受冻现象；喜散射光，忌强光暴晒；不耐干旱。栽培土质宜使用排水良好的腐殖质土或砂质壤土。

【应用】菱叶葡萄根可供药用，有活血祛瘀的功效。菱叶葡萄为垂直绿化材料，宜作吊盆栽培或使其攀附于篱架、围栏、扶梯等处，作为室内绿化屏障，或缠绕立柱上。

（六）华东葡萄（*Vitis pseudoreticulata* W.T.Wang）

【特性】华东葡萄是葡萄科葡萄属植物。木质藤本。小枝圆柱形，有显著纵棱纹，嫩枝疏被蛛丝状茸毛，以后脱落近无毛。卷须2叉分枝，每隔2节间断与叶对生。叶卵圆形或肾状卵圆形，长6～13cm，宽5～11cm，顶端急尖或短渐尖，稀圆形，基部心形，基缺凹成圆形或钝角，每侧边缘16～25个锯齿，齿端尖锐，微不整齐，上面绿色，初时疏被蛛丝状茸毛，以后脱落无毛，下面初时疏被蛛丝状茸毛，以后脱落；基生脉5出，中脉有侧脉3～5对，下面沿侧脉被白色短柔毛，网脉在下面明显；叶柄长3～6cm，初时被蛛状丝茸毛，以后脱落，并有短柔毛；托叶早落。圆锥花序疏散，与叶对生，基部分枝发达，杂性异株，长5～11cm，疏被蛛丝状茸毛，以后脱落；花梗长1～1.5mm，无毛；花蕾倒卵圆形，高2～2.5mm，顶端圆形；萼碟形，萼齿不明显，无毛；花瓣5，呈帽状黏合脱落；雄蕊5，花丝丝状，长约1mm，花药黄色，椭圆形，长约0.2mm，宽约0.1mm，在雌花内雄蕊显著短而败育；花盘发达；雌蕊1，子房锥形，花柱不明显扩大。果实成熟时紫黑色，直径0.8～1cm；种子倒卵圆形，顶端微凹，基部有短喙，种脐在种子背面中部呈椭圆形，腹面中棱脊微突起，两侧洼穴狭窄呈条形，向上达种子上部1/3处。花期4～6月，果期6～10月。

【主要分布】华东葡萄分布于河南、安徽、江苏、浙江、江西、福建、湖北、湖南、广东、广西。朝鲜也有分布。常生于海拔100～300m的河边、山坡荒地、草丛、灌丛或林中。

【应用】华东葡萄耐湿且抗霜霉病的能力强，果实含糖量高，为培育南方葡萄品种重要种质资源。

（七）小叶葡萄（*Vitis sinocinerea* W.T.Wang）

【特性】小叶葡萄，木质藤本。小枝圆柱形，有纵棱纹，疏被短柔毛和稀疏蛛丝状茸毛。卷须不分枝或2叉分枝，每隔2节间断与叶对生。叶卵圆形，长3～8cm，宽3～6cm，三浅裂或不明显分裂，顶端急尖，基部浅心形或近截形，边缘每侧有5～9个锯齿，上面绿色，密被短柔毛或脱落几无毛，下面密被淡褐色蛛丝状茸毛；基生脉5出，中脉有侧脉3～4对，脉上密被短柔毛和疏生蛛丝状的茸毛；叶柄长1～3cm，密被短柔毛；托叶膜质，褐色，卵披针形，长约2mm，宽约1mm，顶端钝或渐尖，几无毛。圆锥花序小，狭窄，长3～6cm，与叶对生，基部分枝不发达，花序梗长1.5～2cm，被短柔毛；花梗长1.5～2mm，几无毛；花蕾倒卵状椭圆形，高1.5～2mm，顶端圆形；萼碟形，边缘几全缘，无毛；花瓣5，呈帽状黏合脱落；雄蕊5，花丝丝状，长约1mm，花药黄色，椭圆形，长约0.5mm；花盘发达，5裂。雌蕊在雄花内退化。果实成熟时紫褐色，直径0.6～1cm；种子倒卵圆形，顶端微凹，基部有短喙，种脐在种子背面中部呈椭圆形，腹面中棱脊突起，两侧洼穴呈沟状，向上达顶端的1/4～1/3处。花期4～6月，果期7～10月。

【主要分布】小叶葡萄分布于江苏、浙江、福建、江西、湖北、湖南、台湾、云南。常生于海拔220～2800m的山坡林中或灌丛。

（八）蘡薁（*Vitis bryoniifolia* Bunge）

【特性】蘡薁是葡萄科葡萄属木质藤本植物。小枝圆柱形，有棱纹，嫩枝密被蛛丝状茸毛或柔毛，以后脱落变稀疏。卷须2叉分枝，每隔2节间断与叶对生。叶长圆卵形，长2.5～8cm，宽2～5cm，叶片3～5，深裂或浅裂，稀混生有不裂叶者，中裂片顶端急尖至渐尖，基部常缢缩凹成圆形，边缘每侧有9～16缺刻粗齿或成羽状分裂，基部心形或深心形，基缺凹成圆形，下面密被蛛丝状茸毛和柔毛，以后脱落变稀疏；基生脉5出，中脉有侧脉4～6对，上表面网脉不明显或微突出，下表面有时茸毛脱落后，柔毛清晰可见；叶柄长0.5～4.5cm，初时密被蛛丝状茸毛，或茸毛和柔毛混生，以后脱落变稀疏；托叶卵状长圆形或长圆披针形，膜质，褐色，长3.5～8mm，宽2.5～4mm，顶端钝，边缘全缘，无毛或近无毛。

花杂性异株，圆锥花序与叶对生，基部分枝发达或有时退化成一卷须，稀狭窄而基部分枝不发达；花序梗长0.5～2.5cm，初时被蛛状丝茸毛，以后变稀疏；花梗长1.5～3mm，无毛；花蕾倒卵椭圆形或近球形，高1.5～2.2mm，顶端圆形；萼碟形，高约0.2mm，近全缘，无毛；花瓣5，呈帽状黏合脱落；雄蕊5，花丝丝状，长1.5～1.8mm，花药黄色，椭圆形，长0.4～0.5mm，在雌花内雄蕊短而不发达，败育；花盘发达，5裂；雌蕊1，子房椭圆卵形，花柱细短，柱头扩大。果实球形，成熟时紫红色，直径0.5～0.8cm；种子倒卵形，顶端微凹，基部有短喙，种脐在种子背面中部呈圆形或椭圆形，腹面中棱脊突出，两侧洼穴狭窄，向上达种子3/4处。花期4～8月，果期6～10月。

【主要分布】分布于中国河北、陕西、山西、山东、江苏、安徽、浙江、湖北、湖南、江西、福建、广东、广西、四川、云南。生于海拔150～2500m的山谷林中、灌丛、沟边或田埂。

【应用】有祛湿、利小便、解毒之功效。主治淋病、痢疾、痹痛、哕逆、瘰疬、乳痈、湿疹、臁疮。

【变种】该种变异主要表现在叶分裂式样极为多变，植株毛被种类变异不定，有时多为茸毛或混生有柔毛，稀茸毛脱落变稀疏而柔毛较多。此外，过去的学者仅依据茸毛颜色相异和南北分布不同而定为不同的种 *V.adstricta* Hance 或变种 *V.bryoniaefolia* Bge.var. *mairei*（Levl.）W.T.Wang，据研究，这种茸毛颜色的变化从北到南有一定的规律，在模式产区江苏、安徽一带两种颜色都有，实不能作为分类的依据。由于该种分布广泛，南北气候跨度大，垂直分布可从低海拔到较高海拔，因此表现种内多形，但该种叶多深裂，叶片下面被蛛丝状茸毛，与本属其他种类很好区别。产于华北的群体有较强的抗寒和抗霜霉病的能力。

（九）东南葡萄（*Vitis chunganensis* Hu）

【特性】东南葡萄是葡萄科葡萄属植物。木质藤本。小枝圆柱形，幼嫩时棱纹不明显，老后有显著纵棱纹，无毛。卷须2叉分枝，每隔2节间断与叶对生。叶卵形或卵状长椭圆形，长6.5～22.5cm，宽4.5～13.5cm，顶端急尖、渐尖或尾状渐尖，基部心形，基缺两侧近乎靠近或靠叠，边缘有12～22个细锯齿，上面绿色，无毛，下面被白色粉霜，稀粉霜不明显而呈绿色，无毛；基生脉5～7出，中脉有侧脉5～7对，网脉不明显；叶柄长2～6.5cm，无毛；托叶卵状长椭圆形或披针形，长1.5～3mm，宽1～1.5mm，顶端钝，无毛，早落。花杂性异株；圆锥花序疏散，长 5 ～ 9cm，与叶对生，下部分枝发达，基部分枝偶尔退化成卷须，花序梗长 1 ～ 2cm，被短柔毛或脱落几无毛；花梗长 1.2 ～ 2mm，无毛；花蕾近球形或椭圆形，高 1 ～ 1.5mm，无毛；萼碟形，无毛，高约 0.2mm；花瓣 5，呈帽状黏合脱落；雄蕊 5，花丝丝状，长 0.5 ～ 0.7mm，花药黄色，椭圆形，长约 0.4mm，在雌花内雄蕊短，败育；花盘发达，5 裂；雌蕊 1，子房卵圆形，花柱细短，柱头扩大。果实球形，成熟时紫黑色，直径 0.8 ～ 1.2cm；种子倒卵形，顶端微凹，基部有短喙，种脐在种子背面中部呈椭圆形，腹面中棱脊突起，两侧洼穴狭窄呈条形，向上达种子 1/3 处。花期 4 ～ 6 月，果期 6 ～ 8 月。

【主要分布】生于海拔 500 ～ 1400m 山坡灌丛或疏林中。分布于长江以南，分布区西至桂，东至闽、浙、皖（南部）。有专家推测东南葡萄等可能属较原始的种类。

【变种】本种变异主要表现在叶基缺两耳靠接或叠合程度上，叶下面大多被粉霜，有时粉霜不明显呈绿色。

（十）桦叶葡萄（*Vitis betulifolia* Diels & Gilg）

【特性】桦叶葡萄是葡萄科葡萄属植物。木质藤本。小枝圆柱形，有显著纵棱纹，嫩时小枝疏被蛛丝状茸毛，以后脱落无毛。卷须 2 叉分枝，每隔 2 节间断与叶对生。叶卵圆形或卵椭圆形，长 4 ～ 12cm，宽 3.5 ～ 9cm，不分裂或 3 浅裂，顶端急尖或渐尖，基部心形或近截形，稀上部叶基部近圆形，每侧边缘锯齿 15 ～ 25 个，齿急尖，上面绿色，初时疏被蛛丝状茸毛和被短柔毛，以后落无毛，下面灰绿色或绿色，初时密被茸毛，以后脱落仅脉上被短柔毛或几无毛；基出脉 5，中脉有侧脉 4 ～ 6 对，网脉下面微突出；叶柄长 2 ～ 6.5cm，嫩时被蛛丝状茸毛，以后脱落无毛；托叶膜质，褐色，条状披针形，长 2.5 ～ 6mm，宽 1.5 ～ 3mm，顶端急尖或钝，边缘全缘，无毛。圆锥花序疏散，与叶对生，下部分枝发达，长 4 ～ 15cm，初时被蛛丝状茸毛，以后脱落几无毛；花梗长 1.5 ～ 3mm，无毛；花蕾倒卵圆形，高 1.5 ～ 2mm，顶端圆形；萼碟形，边缘膜质，全缘，高约 0.2mm；花瓣 5，呈帽状黏合脱落；雄蕊 5，花丝丝状，长 1 ～ 1.5mm，花药黄色，椭圆形，长约 4mm，在雌花内雄蕊显著短，败育；花盘发达，5 裂；子房在雌花中卵圆形，花柱短，柱头微扩大。果实圆球形，成熟时紫黑色，直径 0.8 ～ 1cm；种子倒卵形，顶端圆形，基部有短喙，种脐在种子背面中部呈圆形或椭圆形，腹面中棱脊突起，两侧洼穴狭窄呈条形，向上达种子 2/3 ～ 3/4。花期 3 ～ 6 月，果期 6 ～ 11 月。

【主要分布】生于海拔 650 ～ 3600m 山坡、沟谷灌丛或林中。分布范围在陕西南部、甘肃东南部、河南、湖北、湖南、四川、云南。

【变种】本种在形态学上的变异主要表现在叶的分裂与否和叶下毛密被程度上。种的模式标本采自重庆南川金佛山，在该地不裂叶和有明显三浅裂叶者均有标本记录。三浅裂叶也发现在湖南西北部石门，曾被看作为另一种 *V. shimenensis* W. T. Wang。通过野外和移植栽培观察，两种叶型可见于同一植株上，有时在不同分枝上，有时仅在植株基部见有 3 浅裂者；在毛被变异上，似乎与地区和海拔高度有一定的联系，通常产于川西南和滇西北者叶下面毛被较密。本种外部形态特点上与产于东北、华北和华东的山葡萄（*V. amurensis* Rupr.）相似，并在分布上相接于秦岭和华中，但是本种叶通常较小，卵圆形或卵椭圆形，有浅裂叶者其裂缺大多不凹成显著的圆形，此外，叶下表皮扫描电镜分析表明，叶表皮角质层蜡被呈密集的片状结构，很不相同。

（十一）红叶葡萄（*Vitis erythrophylla* W. T. Wang）

【特性】红叶葡萄是葡萄科葡萄属植物。木质藤本。小枝纤细，圆柱形，有纵棱纹，嫩时被短柔毛，以后脱落几无毛。卷须不分枝，每隔2节间断与叶对生。叶卵圆形或卵披针形，3～5浅裂至中裂，长7～12cm，宽5～7cm，中裂片基部宽阔，稀缢缩，顶端急尖或渐尖，基部心形，基缺凹成钝角，稀锐角，每侧边缘有不整齐12～16个尖锐锯齿，上面幼时紫红色，老后变成紫绿色，沿脉上被极短的柔毛，下面紫红色，脉上被短柔毛，基生脉5出，中脉有侧脉5～6对，网脉常两面突出；叶柄长4～6cm，被短柔毛；托叶褐色，披针形，长2～3mm，宽1～1.5mm，顶端钝，边缘全缘，被短柔毛。花杂性异株，圆锥花序与叶对生，下部分枝不发达，长6～8cm，花序梗长1～2cm，被短柔毛；花梗长2～3mm，几无毛；花蕾倒卵圆形，高1.5～2mm，顶端圆形；萼碟形，边缘全缘，高约2mm；花瓣5，呈帽状黏合脱落；雄蕊5，花丝丝状，长约0.8mm，花药黄色，椭圆形，长约0.4mm；花盘发达，5裂。花期4～5月。

【主要分布】生长于海拔约1000m的山坡林中、灌丛、草地、水田沟边。产自江西、浙江。

（十二）美丽葡萄［*Vitis bellula* (Rehder) W. T. Wang］

【特性】美丽葡萄为落叶木质藤本植物，是葡萄科葡萄属的植物，是中国的特有植物。小枝纤细，圆柱形，有纵棱纹，疏被白色蛛丝状茸毛；卷须不分枝或混生有2叉分枝，相隔2节间断与叶对生。叶卵圆形或卵椭圆形，长3～7cm，宽2～4cm，顶端急尖或渐尖，基部浅心形、近截形或近圆形，边缘每侧有7～10个细锐锯齿，上面绿色，几无毛，下面密被灰白色或灰褐色蛛丝状茸毛；基生脉3出，中脉有侧脉4～5对，网脉上面不突出，下面突出为茸毛所覆盖；叶柄长1～3cm，被稀疏珠丝状茸毛；托叶近膜质，绿褐色，长约0.8mm，宽约0.7mm，顶端钝，无毛。圆锥花序狭窄，圆柱形，基部侧枝不发达，花序梗长0.5～1.2cm，被稀疏蛛丝状茸毛；花梗纤细，长2～3mm，无毛；花蕾椭圆形或倒卵椭圆形，高1.5～1.8mm，顶端圆形；萼浅碟形，萼齿不明显，外面无毛；花瓣5，椭圆卵形，高1.2～1.6mm，呈帽状黏合脱落；雄蕊5，花丝丝状，长约1.2mm，花药黄色，椭圆形，长约0.5mm；花盘在雄花中发达，微5裂，雌蕊在雄花内完全退化。果实球形，直径0.6～0.7cm，紫黑色；种子倒卵形，顶端圆形，微下凹，基部有短喙，种脐在种子背面近中部呈圆形，腹部中棱脊突出，两侧洼穴呈沟状，向上达种子近顶端。花期5～6月，果期7～8月。

【主要分布】该品种生长于海拔1300～1600m的山坡、山谷的灌丛、疏林或杂木林中，尚未由人工引种栽培。分布在江西、湖北、湖南、广西、重庆、四川、贵州、云南。

（十三）庐山葡萄（*Vitis hui* W. C. Cheng）

【特性】庐山葡萄是葡萄科葡萄属植物。木质藤本。在开阔地常呈披散状灌木。小枝圆柱形，有纵棱纹，密被短柔毛和疏被蛛丝状茸毛。卷须不分枝或混生有 2 分枝，每隔 2 节间断与叶对生，常因发育不良早萎缩。叶卵圆形或卵椭圆形，长 3 ～ 5.5cm，宽 2 ～ 4cm，顶端急尖或渐尖，基部心形，基缺凹成钝角，边缘每侧有尖锐锯齿，上面暗绿色，密被短柔毛及稀疏蛛丝状茸毛，下面密被灰色蛛丝状茸毛。基生脉 5 出，中脉有侧脉 4 ～ 5 对，脉上密被短柔毛和疏生蛛丝状茸毛，上面明显或微下陷，网脉在上面不明显，在下面拨开茸毛可见脉上密生短柔毛；叶柄长 0.5 ～ 1cm，密被短柔毛和蛛状丝茸毛；托叶卵椭圆形，长 2 ～ 3mm，宽 1.5 ～ 2mm，顶端钝，边缘全缘，几无毛。

杂性异株；圆锥花序与叶对生，基部分枝短，长 2 ～ 8.5cm，花序梗长 0.5 ～ 1.5cm，密被短柔毛；花梗长 1 ～ 1.5mm，密被短柔毛；花蕾倒卵圆形，高 1.5 ～ 2mm，顶端圆形；萼碟形，边缘微 5 裂，高约 0.2mm，无毛；花瓣 5，呈帽状黏合脱落；雄蕊 5，花丝丝状，长 1 ～ 1.2mm，花药黄色，椭圆形，长约 0.5mm；花盘发达，5 裂；雄花内子房退化。花期 5 月，果期 7 月。

【主要分布】庐山葡萄生长于海拔 150 ～ 200m 的地区，见于地边以及灌丛，目前尚未由人工引种栽培。分布于浙江、江西等地。

（十四）龙泉葡萄（*Vitis longquanensis* P. L. Chiu）

【特性】龙泉葡萄是葡萄科葡萄属植物。木质藤本。小枝圆柱形，有纵棱纹，被白色蛛丝状茸毛，以后脱落变稀疏。叶两型，上部某些分枝叶为 3 ～ 5 裂叶，裂缺凹成圆形，下部叶大多不分裂，卵圆形、三角卵形或三角披针形，长 4 ～ 12cm，宽 4 ～ 10cm，顶端急尖或渐尖，基部浅心形或近截形，基缺极短，两侧基部边缘几靠合，边缘有细牙齿，上面绿色，初时疏被蛛丝状茸毛，以后脱落无毛，下面密被淡褐色蛛丝状茸毛，稀脱落仅脉上被茸毛；基生脉 5 出，最外一对侧脉相对着生几成一直线或微上弯，几与近截形基部平行，且离基部 5 ～ 9mm 处二叉分枝，中脉有侧脉 3 ～ 4 对，网脉在上面明显突出；叶柄长 2 ～ 5.5cm，密被淡褐色蛛状丝茸毛；托叶早落。圆锥花序疏散，与叶对生，下部分枝发达。果序长 3 ～ 9cm，疏被蛛丝状茸毛，果梗长 1 ～ 4mm，无毛。果实圆球形，成熟时紫黑色，直径 0.5 ～ 0.6cm，被白霜；种子倒卵圆形，顶端微凹，基部有短喙，种脐在种子背面中部呈圆形，腹面中棱脊突起，两侧洼穴狭窄呈肾形向内微弯曲，向上达种子的 1/3 处。果期 7 ～ 9 月。

【主要分布】龙泉葡萄生长于海拔 700 ～ 1320m 的路旁山沟、山坡灌丛或疏林中。分布于浙江、江西、福建。

（十五）变叶葡萄（*Vitis piasezkii* Maxim.）

【特性】变叶葡萄是葡萄科葡萄属的木质藤本植物。小枝圆柱形，有纵棱纹，嫩枝和叶柄被褐色柔毛。卷须 2 叉分枝，每隔 2 节间断与叶对生。叶 3 ～ 5 小叶或混生有单叶者，复叶者中央小叶菱状椭圆形或披针形，长 5 ～ 12cm，宽 2.5 ～ 5cm，顶端急尖或渐尖，基部宽心形，外侧小叶卵椭圆形或卵披针形，长 3.5 ～ 9cm，宽 3 ～ 5cm，顶端急尖或渐尖，基部不对称，偏斜，近圆形或阔楔形，每侧边缘有 5 ～ 20 个尖锯齿，单叶者叶片卵圆形或卵椭圆形，长 5 ～ 12cm，宽 4 ～ 8cm，顶端急尖，基部心形，基缺张开成钝角，每侧边缘有21～31个微不整齐锯齿，上面绿色，几无毛，下面被疏柔毛和蛛丝状茸毛，网脉上面不明显，下面微突出；基出脉5，中脉侧脉4～6对；叶柄长2.5～6cm，被褐色短柔毛；托叶早落。

圆锥花序疏散，与叶对生，基部分枝发达，长5～12cm，花序梗长1～2.5cm，被稀疏柔毛；花梗长1.5～2.5mm，无毛；花蕾倒卵椭圆形，高1～2.5mm，顶端圆形，萼浅碟形，边缘呈波状，外面无毛；花瓣5，呈帽状黏合脱落；雄蕊5，花丝丝状，长0.7～1mm，在雌花内完全退化；花盘发达，5裂；雌蕊1，在雄花中完全退化，子房卵圆形，花柱短，柱头扩大。

果实球形，直径0.8～1.3cm；种子倒卵圆形，顶端微凹，基部有短喙，种脐在种子背面中部呈卵圆形，种脊微突出，表面光滑，腹面中棱脊突起，两侧洼穴呈宽沟形，向上达种子上部1/4处。花期6月，果期7～9月。

本种与山葡萄比较相近，二者的单叶分裂叶片的特征十分相似，系统学研究也证实二者有较近的亲缘关系。但本种叶形变化较大，从单叶至复叶在同一单株上出现，很可能是由某一具单叶的种进化而来，而且很可能与山葡萄有共同的祖先。前者在演化进程中叶型逐渐发展成为复叶，而后者则向北延伸，抗寒性逐步增强，叶片则仍为单叶。

【主要分布】变叶葡萄分布于中国山西、陕西、甘肃、河南、浙江、四川等省地，常生于海拔1000～2000m的山坡、河边灌丛或林中。其喜光照充足的生态环境，较耐旱。繁殖方式一般为种子繁殖、扦插繁殖或压条繁殖。

【应用】变叶葡萄的枝叶可入药，具有清热、凉血、消食等功效。其果实可生食或酿酒，也可作葡萄的嫁接砧木。还因其叶子形态奇特，可栽种于庭园，供人观赏。

（十六）小叶葡萄（*Vitis sinocinerea* W. T. Wang）

【特性】小叶葡萄，木质藤本。小枝圆柱形，有纵棱纹，疏被短柔毛和稀疏蛛丝状茸毛。卷须不分枝或2叉分枝，每隔2节间断与叶对生。叶卵圆形，长3～8cm，宽3～6cm，三浅裂或不明显分裂，顶端急尖，基部浅心形或近截形，边缘每侧有5～9个锯齿，上面绿色，密被短柔毛或脱落几无毛，下面密被淡褐色蛛丝状茸毛；基生脉5出，中脉有侧脉3～4对，脉上密被短柔毛和疏生蛛丝状的茸毛；叶柄长1～3cm，密被短柔毛；托叶膜质，褐色，卵披针形，长约2mm，宽约1mm，顶端钝或渐尖，几无毛。圆锥花序小，狭窄，长3～6cm，与叶对生，基部分枝不发达，花序梗长1.5～2cm，被短柔毛；花梗长1.5～2mm，几无毛；花蕾倒卵状椭圆形，高1.5～2mm，顶端圆形；萼碟形，边缘几全缘，无毛；花瓣5，呈帽状黏合脱落；雄蕊5，花丝丝状，长约1mm，花药黄色，椭圆形，长约0.5mm；花盘发达，5裂。雌蕊在雄花内退化。果实成熟时紫褐色，直径0.6～1cm；种子倒卵圆形，顶端微凹，基部有短喙，种脐在种子背面中部呈椭圆形，腹面中棱脊突起，两侧洼穴呈沟状，向上达顶端的1/4～1/3处。花期4～6月，果期7～10月。

【主要分布】小叶葡萄分布于江苏、浙江、福建、江西、湖北、湖南、台湾、云南。常生于海拔220～2800m的山坡林中或灌丛。

（十七）网脉葡萄（*Vitis wilsoniae* H. J. Veitch）

【特性】网脉葡萄为葡萄科葡萄属的植物，为中国的特有植物。木质藤本。小枝圆柱形，有纵棱纹，被稀疏褐色蛛丝状茸毛。卷须2叉分枝，每隔2节间断与叶对生。叶心形或卵状椭圆形，长7～16cm，宽5～12cm，顶端急尖或渐尖，基部心形，基缺顶端凹成钝角，每侧边缘有16～20牙齿，或基部呈锯齿状，上面绿色，无毛或近无毛，下面沿脉被褐色蛛丝状茸毛；基生脉5出，中脉有侧脉4～5对，网脉在成熟叶片上突出；叶柄长4～8cm，几无毛；托叶早落。圆锥花序疏散，与叶对生，基部分枝发达，长4～16cm，花序梗长1.5～3.5cm，被稀疏蛛丝状茸毛；花梗长2～3mm，无毛；花蕾倒卵椭圆形，高1.5～3mm，顶近截形；萼浅碟形，边缘波状浅裂；花瓣5，呈帽状黏合脱落；雄蕊5，花丝丝状，长1.2～1.6mm，花药黄色，卵椭圆形，长0.8～1.2mm，在雌花内短小，败育；花盘发达，5裂；雌蕊1，在雌花中完全退化，子房卵圆形，花柱短，柱头扩大。果实圆球形，直径0.7～1.5cm；种子倒卵椭圆形，顶端近圆形，基部有短喙，种脐在种子背面中部呈长椭圆形，种脊微突出，表面光滑，腹面中棱脊突起，两侧洼穴呈宽沟状，向上达种子1/4处。花期5～7月，果期6月至翌年1月。

【主要分布】网脉葡萄分布于陕西、甘肃、河南、安徽、江苏、浙江、福建、湖北、湖南、四川、贵州、云南。常生于海拔400～2000m的山坡灌丛、林下或溪边林中。

（十八）云南葡萄（*Vitis yunnanensis* C. L. Li）

【特性】云南葡萄，属于葡萄科葡萄属植物。木质藤本。小枝圆柱形，有显著纵棱纹，无毛。卷须2叉分枝，每隔2节间断与叶对生。叶卵圆形，长5～10cm，宽4～7.5cm，顶端急尖或短尾尖，基部心形，每侧边缘锯齿15～17个，齿急尖，上面绿色，无毛，下面浅绿色，几无毛；基出脉5，中脉有侧脉，通常约4对，网脉两面微突出；叶柄长1.5～4cm，无毛；托叶早落。圆锥花序疏散，与叶对生，下部分枝发达，花轴密被短柔毛；花梗无毛。果实圆球形，成熟时直径约1cm；种子倒卵形，顶端圆形，基部明显具喙，种脐在种子背面中部呈椭圆形，腹面中棱脊微突起，两侧洼穴狭窄呈条形，向上达种子近顶端。果期8月。

【主要分布】该品种分布于云南景洪、景东，生于海拔500～1800m的疏林中。

（十九）蒙自葡萄（*Vitis mengziensis* C. L. Li）

【特性】蒙自葡萄，属于葡萄科葡萄属植物，木质藤本。小枝圆柱形，无毛，被白粉。叶卵圆形，长11～13cm，宽7～11cm，顶端短尾尖，基部深心形，基缺狭窄，凹成锐角，两侧靠近，边缘每侧有31～39个不整齐牙齿，前部常有一齿，较大并突出呈小角状，上面绿色，无毛，下面浅绿色，无毛；基出脉6～7，中脉有侧脉5～6对，网脉在下面微突出；叶柄长4.5～10cm，无毛；托叶早落。圆锥花序长约12cm，与叶对生，花序梗几无毛；花梗长2～2.5mm，无毛；花蕾倒卵长圆形，高2～2.5mm；萼外面无毛，边缘呈波状；花瓣5，长椭圆形，长1.5～2mm，呈帽状黏合脱落；雄蕊5，花丝丝状，微扁平，宽1～1.5mm，花药黄色，长椭圆形，长约0.8mm；子房卵锥形，花柱短，柱头微扩大。

【**主要分布**】该品种分布于云南，常生于海拔约 1600m 的林中。

第三节　野生葡萄资源的利用现状

一、特色葡萄酒加工利用

野生葡萄的浆果果实较栽培葡萄小且穗紧，生食味酸，糖含量低，酸和单宁含量高，是一种极好的酿酒原料。其酒质芳香爽口，色泽艳丽。原产我国的山葡萄、毛葡萄、腺枝葡萄和桑叶葡萄等是酿酒的主要野生葡萄种。我国东北山葡萄酒色泽艳丽，酒质醇厚，口感舒顺，其营养成分与生理活性物质含量均高出欧亚种群葡萄酒，是著名的地方优质产品。原产于我国南方的刺葡萄果粒小、果皮厚、颜色深、单产高，适宜用来酿制特色刺葡萄红酒，它酿制的红葡萄酒呈深紫红色或宝石红色，有特殊的品种香气，口感较好。如广西、湖北、陕西等地利用当地生长的毛葡萄酿造具有独特风味的野葡萄酒。据已了解的野生种果实品质指标，可以通过驯化杂交等方法，开发出一些酿制葡萄酒的优良品种。

二、葡萄种质资源创新与利用

种质资源创新利用，是在调查野生种质资源的基础上，发掘新的有应用价值的优良变异类型，以及利用原有野生种质材料培育出性状更加优异的新类型。目前，主要有以下几种利用途径：砧木利用、优良野生类型的筛选和两性花类型优异单株的选育。我国的砧木研究主要集中在抗寒砧木上，国内应用最多的抗寒砧木是山葡萄和‘贝达’。利用野生复叶葡萄作砧木，嫁接上普通品种，发现与砧木具有较好的兼容性且后代抗寒性得到极大的提高。在野生葡萄中筛选高糖、低酸、大穗、大粒和丰产的优良类型是野生葡萄种质资源创新中的基本任务。该方面的研究主要有山葡萄、刺葡萄、秋葡萄、华东葡萄和毛葡萄等几个野生种。野生葡萄多为雌雄异株，这给生产和繁育带来一定的限制，因此需要发掘具有两性花特点的野生葡萄类型。1963 年在吉林首次发现我国山葡萄的两性花类型单株‘双庆’，之后培育出几种优良品种，如‘双优’(1988)、‘双丰’(1995)，可酿干红葡萄酒的‘左红’等其他野生种，江西筛选出的刺葡萄两性花的‘塘尾葡萄’，湖南的‘雪峰葡萄’都是性状优良的新品种。我国野生葡萄种类繁多、遗传多样性丰富，通过广大科研工作者的不断探索，将会有更多的新品种被开发出来，为世界葡萄新品种的选育提供新的种质资源。

第四节　中国野生葡萄的地理分布

一、中国野生葡萄地理分布的研究

中国葡萄野生资源丰富，种类繁多，地理分布广泛。关于中国野生葡萄的分布情况，许多科研单位、高等院校及前人学者都已做过大量的研究。左大勋等调查了中国野生葡萄资源的分布格局，结果发现江西、湖南和湖北3省范围内所包含的种类最多，每省范围内的野生种（变种）数均超过16种（变种），3省野生葡萄种类占全国总数量的65%以上，距离江西、湖南和湖北3省范围越远的地区种类越少，因此他认为华中地区可能为中国野生葡萄的集中分布区。随后，许多学者对中国部分省份范围内的葡萄属野生植物进行了全面调查。魏文娜等、苗平生等、王昌腾分别对湖南、海南、浙江3省的野生葡萄种类进行了鉴定。潘学军考察了贵州境内葡萄属植物的分布状况，发现不同种间的地理分布范围与分布密度均有差别，地理分布最为广泛的为毛葡萄，分布密度也最大；然后为腺枝葡萄；华东葡萄与疑问种'翁昂'的分布范围最小；全省范围内黔南州包含的种类最多，合计10个种，其中包括2个尚不确定的疑问种。

刘崇怀等对河南的山区丘陵进行了考察，结果在省内共收集到葡萄属植物资源6种，桑叶葡萄和蘡薁地理分布范围最广，武汉葡萄只生存在信阳市内。这些调查对中国野生葡萄的地理分布研究有着重要的参考价值。姜建福等对全国的葡萄属资源进行了梳理，通过网络数据库的检索、查阅参考资料以及实地考察，并按照《中国葡萄志》处理尚不确定种类的方法，结果共发现了56种（包括变种或亚种）葡萄属资源，毛葡萄与山葡萄的地理分布格局最广；28个种（包括变种或亚种）地理分布相对狭窄，应着重保护。全国范围内赣、湘、浙3省的葡萄属资源种类最为丰富，并划分出了中国野生葡萄的空白分布区，有效地填补了分布格局空缺，为中国制定野生资源的保护政策提供了科学依据。

刘崇怀研究后发现中国不同省份所包含的葡萄属植物呈现出不均匀分布的特点，其中包含种类最多的省份是广西、湖南和浙江，华中、华南和西南地区部分省份分布的野生葡萄种类次之，东北与西北地区发现野生葡萄种类较少，同时指出我国野生葡萄个别种类的鉴定存在问题，需进一步核实。文章系统描述了葡萄属植物的地理分布特征，并绘制出了不同种类的分布范围图，同时重新审视了中国野生葡萄的地理分布范围，纠正个别种类分布状况所存在的问题，使葡萄属的分布数据更加可靠，对葡萄属资源的保护和利用有重要意义。

姜建福等认为温州葡萄、庐山葡萄以及云南葡萄这3种葡萄野生资源主要分布范围在长江以南的部分地区。其中，温州葡萄与庐山葡萄主要存在于浙江和江西2省范围内；云南葡萄则属于散点分布。中国绝大多数葡萄属野生种植物分布范围狭窄，濒危种类的分布规律尚缺乏系统研究，需对中国葡萄野生资源进一步深入调查，使中国野生葡萄的地理分布研究更加科学和完善。

二、中国野生葡萄的地理分布特征

中国气候区横跨热带、亚热带、温带和寒带四大气候带，地形地貌丰富多样，自然环境条件非常复杂。外界优越的生态环境能够满足葡萄生存和繁衍的要求，在长时间的演变进化过程中很多野生种类得以生存，从而使野生种的表现极具多样性。因此，中国拥有着极为丰富的葡萄属资源。野生葡萄在中国的地理分布范围十分广泛，地理跨度较大，东起台湾地区，西到西藏地区，北至内蒙古地区，南达南海地区。但由于地势地貌与外界环境的影响，中国野生葡萄的种类和数量在地理上的分布并不均衡。中国葡萄属资源集中分布于长江以南地区以及巴蜀山区，因此有学者据此推测，这些地区极有可能是葡萄属植物的起源中心之一。在中国，野生葡萄的分布特点是以集中分布区作中心开始向四周扩散，距离中心越远的地区所包含的种类越少。这一特点在我国邻近边境的地区表现最为明显，如内蒙古和东北地区仅有山葡萄1个种，西藏范围内包含2个种，台湾地区发现了4个野生种，而新疆则不存在葡萄野生资源。目前，关于野生葡萄种质资源的研究已取得了一定的成绩，中国葡萄属植物资源极为丰富，如何能够合理有效地利用这些宝贵资源仍是当今主要研究的方向之一。

经过漫长的自然选择与种群间基因的不断交流演变，我国的野生葡萄具有很强的抗逆性和适应性，是十分珍贵的种质资源，是葡萄新品种选育的重要基因库。近年来许多野生动植物面临灭绝或濒危，野生葡萄也不例外，物种的消失意味着其所携带的遗传基因也随之消失，并难以用有效方法再创造出来。通过查询标本记录和公开出版的文献资料以及实地调查，系统开展了我国野生葡萄的分布状况研究，并利用地理信息作图软件绘制了我国野生葡萄各个种类的地理分布图，为我国野生葡萄和生境保护制定合理有效的策略和措施提供科学依据。

三、我国各地拥有野生葡萄资源状况

我国各省份的野生葡萄资源分布数量是不均匀的，而且呈现出由集中地区向四周扩散的特征。其中种类分布最多的是湖南、广西和浙江，数目均在20种（包括变种或亚种）以上，距离该地区越远，种类越少。华南、华中和西南地区的部分省份野生葡萄数量次之，每省份拥有葡萄种类10种以上；华东、华北部分省份野生葡萄种类再次之，每省份低于10种，东北和西北地区野生葡萄种类分布较少，在西藏的东南部分布有桦叶葡萄和毛葡萄，在青海的东部地区分布有鸡足葡萄和桑叶葡萄2个种类。在东北三省和内蒙古仅有山葡萄1个种，新疆维吾尔自治区未发现野生葡萄资源分布的记录。

四、我国葡萄属植物地理分布状况

我国野生葡萄资源分布范围广泛，但不同的种类分布范围也有较大差别（表7-1）。分布最广的是毛葡萄、葛藟葡萄、山葡萄和蘡薁葡萄4个种，在国内20个以上省份有分布。而变叶葡萄、刺葡萄、网脉葡萄、华东葡萄、桑叶葡萄、秋葡萄和桦叶葡萄7个种在国内10个以上的省份中有分布记录，其次是东南葡萄、小叶葡萄、少毛变叶葡萄、瘤枝葡萄、美丽葡萄、绵毛葡萄、鸡足葡萄、腺枝葡萄、小果葡萄、锈毛刺葡萄、闽赣葡萄和狭叶葡萄12个种分布范围较广，在5个省份以上有记录。华南美丽葡萄、湖北葡萄、菱叶葡萄、云南葡萄和秦岭葡萄5个种在国内分布省份少于5个，但分布县多于5处，而庐山葡萄、温州葡萄、红叶葡萄、龙泉葡萄、深裂山葡萄、河口葡萄、毛脉葡萄、武汉葡萄、三出蘡薁、陕西葡萄、凤庆葡萄、井冈葡萄和浙江蘡薁13个种分布报道地点少于5处；勐海葡萄、连山葡萄、罗城葡萄、麦黄葡萄、毛叶武汉葡萄、蒙自葡萄、米葡萄、茸毛秋葡萄、乳源葡萄、伏牛山葡萄、龙州葡萄、裂叶刺葡萄、茸毛小果葡萄、文县蘡薁、沅陵葡萄15个种分布报道地点仅为1处，物种生存状况严峻，有待于进一步加强保护与收集。

表7-1　我国野生葡萄在各省份的地理分布

种类名	1	2	3	4	5	6	7	8	9	10	11	12	13	14	15	16	17	18	19	20	21	22	23	24	25	26	27	28	29	30	31
变叶葡萄 *V.piasezkii*		*		*	*	*	*		*	*		*	*			*			*			*	*		*					*	*
△少毛变叶葡萄 var. *pagnucii*		*		*					*	*		*				*			*			*	*								
刺葡萄 *V. davidii*	*		*	*	*	*	*			*		*	*		*	*					*		*	*	*				*	*	*
△裂叶刺葡萄 var. *ningqiangensis*																							*								
△瘤枝葡萄 var. *cyanocarpa*	*			*						*		*	*										*						*	*	
△锈毛刺葡萄 var. *ferruginea*			*		*								*			*														*	
东南葡萄 *V. chunganensis*	*		*		*	*	*						*			*													*	*	
凤庆葡萄 *V. fengqinensis*							*																						*		
葛藟葡萄 *V. flexuosa*	*		*	*	*	*	*	*	*	*		*	*		*	*			*		*	*	*	*	*				*	*	*
河口葡萄 *V. hekouensis*																													*		
红叶葡萄 *V. erythrophylla*																*														*	
湖北葡萄 *V. silvestrii*										*		*				*							*		*						
华东葡萄 *V. pseudoreticulata*	*		*	*	*	*	*			*		*	*		*	*							*	*	*					*	*
桦叶葡萄 *V. betulifolia*				*		*	*			*		*	*			*							*		*		*		*		*
鸡足葡萄 *V. lanceolatifoilosa*					*	*						*	*			*				*											*
井冈葡萄 *V. jinggangensis*													*			*															
菱叶葡萄 *V. hancockii*	*		*													*														*	
龙泉葡萄 *V. longquanensis*			*													*														*	
庐山葡萄 *V. hui*																*														*	
罗城葡萄 *V. luochengensis*						*																									

续表

种类名	1	2	3	4	5	6	7	8	9	10	11	12	13	14	15	16	17	18	19	20	21	22	23	24	25	26	27	28	29	30	31
△连山葡萄 var. *tomentoso-nerva*					*																										
麦黄葡萄 *V. bashanica*																							*								
毛脉葡萄 *V. piloso-nerva*			*		*											*															
毛葡萄 *V. heyneana*	*		*	*	*	*	*		*	*		*	*		*	*					*	*	*	*	*	*	*		*	*	*
△桑叶葡萄 subsp.*ficifolia*	*	*		*	*				*	*		*	*		*				*	*	*	*	*		*	*					
美丽葡萄 *V.bellula*					*		*			*		*	*			*									*				*		
△华南美丽葡萄 var.*pubigera*					*	*							*			*													*		
勐海葡萄 *V.menghaiensis*																													*		
蒙自葡萄 *V.mengziensis*																													*		
米葡萄 *V.xunyangensis*																							*								
绵毛葡萄 *V.retordii*					*	*	*	*				*	*																*		*
闽赣葡萄 *V.chungii*			*		*	*										*														*	
秦岭葡萄 *V.qinlingensis*																							*								
秋葡萄 *V.romaneti*	*		*	*						*		*	*		*						*	*	*		*					*	*
△茸毛秋葡萄 var.*tomentosa*													*																		
乳源葡萄 *V.ruyuanensis*					*																										
山葡萄 *V.amurensis*	*	*	*	*			*		*	*	*	*	*	*	*	*	*	*			*	*			*	*				*	
△伏牛山葡萄 var.*funiushanensis*										*																					
△深裂山葡萄 var.*dissecta*	*								*								*					*									
陕西葡萄 *V.shenxiensise*										*													*								

续表

种类名	1	2	3	4	5	6	7	8	9	10	11	12	13	14	15	16	17	18	19	20	21	22	23	24	25	26	27	28	29	30	31
网脉葡萄 *V.wilsonae*	*		*	*			*			*		*	*		*	*						*	*	*					*	*	*
温州葡萄 *V.wenchouensis*										*		*				*														*	
武汉葡萄 *V.wuhanensis*										*		*				*															
△毛叶武汉葡萄 var.*arachnoidea*																*															
狭叶葡萄 *V.tsoii*			*		*	*							*			*															
腺枝葡萄 *V.adenoclada*	*					*	*						*			*														*	
小果葡萄 *V.balanseana*			*		*	*		*					*			*													*		
△龙州葡萄 var.*ficifolioides*						*																			*						
△茸毛小果葡萄 var.*tomentosa*						*																									
小叶葡萄 *V.sinocinerea*			*			*																							*	*	
蘡薁葡萄 *V.bryoniaefolia*	*	*	*	*	*	*		*	*	*		*	*		*	*					*	*	*	*	*				*	*	*
△三出蘡薁 var.*ternata*													*																	*	
沅陵葡萄 *V.yuenlingensis*													*																		
云南葡萄 *V.yunnanensis*							*																						*		
浙江蘡薁 *V.zhejiang-adstricta*																														*	
文县蘡薁 *V.wenxianensis*				*																											
合计	13	6	17	14	19	19	14	4	8	19	1	19	26	1	10	29	2	1	4	2	7	10	18	5	14	3	2	0	17	22	11

参考文献

[1] 孔庆山 . 中国葡萄志 [M]. 北京 : 中国农业科学技术出版社 , 2004.
[2] 李朝銮 . 中国植物志（葡萄科）[M]. 北京 : 科学出版社 , 1998.
[3] 路端正 , 梁红平 . 北京葡萄属植物研究 [J]. 北京农学院学报 , 1994(01): 78-81.
[4] 郝瑞 . 长白山的野生果树种质资源 [J]. 园艺学报 , 1982(03):9-16.
[5] 林兴桂 . 我国两性花山葡萄资源的发现和利用 [J]. 作物品种资源 , 1982(02): 36-37+47.
[6] 宋润刚 , 路文鹏 , 王军 , 等 . 山葡萄品种选育回顾与展望 [J]. 北方园艺 , 1999(06): 36-38.
[7] 林兴桂 , 孙克娟 , 沈育杰 , 等 . 山葡萄新品种 ‘左山二’ [J]. 园艺学报 , 1991(03): 281-283.
[8] 单振富 , 赵百丽 , 赵普昌 , 等 . 山葡萄新品种牡山 1 号的选育 [J]. 中国果树 , 2011(01):3-6+77.
[9] 皇甫淳 , 修荆昌 , 国贤贵 , 等 . “双优” 两性花山葡萄研究初报 [J]. 吉林农业大学学报 , 1988(04):31-33.
[10] 林兴桂 . 山葡萄家植栽培措施 [J]. 特产科学实验 , 1982(02):42-44.
[11] 黄宏慧 , 彭宏祥 , 朱建华 . 都安县野生山葡萄酒原料生产现状与发展对策 [J]. 广西农业科学 , 2003(02): 4-5.
[12] 吴代东 , 覃柳燕 , 邹瑜 , 等 . 不同施肥处理对毛葡萄野酿 2 号产量及品质的影响 [J]. 南方农业学报 , 2013, 44(01): 96-100.
[13] 张浦亭 , 范邦文 , 余烈 , 等 . 刺葡萄品种 “塘尾葡萄” [J]. 中国果树 , 1985(01): 32-34.
[14] 张浦亭 , 罗家信 , 贺开业 . 雪峰刺葡萄的发现与研究 [J]. 湖南农业科学 , 1989(06): 27-28.
[15] 熊兴耀 , 王仁才 , 孙武积 , 等 . 葡萄新品种 ‘紫秋’ [J]. 园艺学报 , 2006(05): 1165+1174.
[16] 石雪晖 , 杨国顺 , 倪建军 , 等 . 刺葡萄新类型——水晶刺葡萄的生物学性状研究 [J]. 中外葡萄与葡萄酒 , 2008(05): 22-24.
[17] 金燕 , 石雪晖 , 熊兴耀 , 等 . 刺葡萄种质资源的研究与利用现状 [J]. 中外葡萄与葡萄酒 , 2008(04): 60-62+69.
[18] 张福平 . 粤东地区野生葡萄植物资源及其开发利用 [J]. 中国野生植物资源 , 2004, 23(3): 11-18.
[19] 金燕 , 石雪晖 , 熊兴耀 , 等 . 刺葡萄种质资源的研究与利用现状 [J]. 中外葡萄与葡萄酒 , 2008(4): 60-62.
[20] 郭修武 , 李轶晖 , 李成祥 , 等 . 国内外葡萄砧木研究利用状况及我国新引进的葡萄砧木简介 [J]. 中外葡萄与葡萄酒 , 2002(1): 28-29.
[21] Zhang J L, Cao Z Y, Ma J F. Screening of cold-resistant seedlings of a Chinese wild grape (*Vitis piasezkii* Maxim var. *pagnucii*) native to loess plateau of eastern Gansu province, China, as rootstocks[J]. Scientia Horticulturae, 2009, 122(1): 125-128.
[22] 刘崇怀 . 中国葡萄属（*Vitis* L.）植物分类与地理分布研究 [D]. 郑州 : 河南农业大学 , 2012.
[23] 左大勋 , 袁以苇 . 我国葡萄属植物资源的地理分布及利用 [C]// 南京中山植物园研究论文集编辑组 . 南京中山植物园研究论文集 . 南京 : 江苏科学技术出版社 , 1981: 25-31.
[24] 魏文娜 , 王琦嫦 , 李润唐 . 湖南省野生葡萄资源调查 [J]. 湖南农学院学报 , 1997, 17(3):447-451.
[25] 苗平生 , 陈业光 , 李昌发 , 等 . 海南省野生葡萄属资源调查及其利用 [J]. 福建果树 , 1994(4): 25-27.
[26] 王昌腾 . 浙江省葡萄科野生植物资源及开发利用 [J]. 中国林副特产 , 2005(4): 45-46.
[27] 潘学军 , 李德燕 , 张文娥 , 等 . 贵州葡萄属野生种植物资源调查分析 [J]. 果树学报 , 2010, 27(06): 898-901+1073.
[28] 刘崇怀 , 孙海生 , 潘兴 , 等 . 河南野生葡萄属资源的考察收集 [J]. 中外葡萄与葡萄酒 , 2010(5): 72-74.
[29] 姜建福 , 魏伟 , 樊秀彩 , 等 . 中国野生葡萄分布状况与保护空缺分析 [J]. 果树学报 , 2011, 28(3): 413-417.
[30] 刘崇怀 , 沈育杰 , 陈俊 , 等 . 葡萄种质资源描述规范和数据标准 [M]. 北京 : 中国农业出版社 , 2006.
[31] 姜建福 , 魏伟 , 樊秀彩 , 等 . 中国野生葡萄分布状况与保护空缺分析 [J]. 果树学报 , 2011, 28(3): 413-417.

第八章 葡萄砧木种质资源

第一节 葡萄砧木及其特性

一、葡萄砧木应用的历史背景

19 世纪中叶以前，葡萄的栽培主要采用的是自根苗种植，不需要砧木。但是，在 1854 年，根瘤蚜（*Daktulosphaira vitifoliae*）首先在美洲被发现，在纽约、得克萨斯等地的野生美洲葡萄上广泛存在。随着 19 世纪中叶美洲向欧洲大量出售园艺苗木，根瘤蚜也通过苗木的运输传播到了欧洲。1863 年，根瘤蚜在英国温室中栽培的葡萄树上首次被发现，随后在 1865 年法国南方 Gard 地区也发现了根瘤蚜，并在 1868 年被正式命名。这场由根瘤蚜引起的灾难在 1863 ～ 1872 年间被称为“根瘤蚜生化危机”，对欧洲葡萄种植业造成了毁灭性的打击。在法国，这场灾难造成了超过 70% 的葡萄种植业被毁灭。在整个欧洲，大约有 250 万公顷的葡萄园被毁。19 世纪末期的 20 余年间，根瘤蚜几乎危及所有欧美国家的葡萄园，给葡萄园造成毁灭性的打击。为了对抗葡萄根瘤蚜的暴发和传播，葡萄种植者在寻求解决抗根瘤蚜措施的过程中，发现了美洲葡萄对根瘤蚜有较好的抵抗性，因此，当时的葡萄种植者将不抗根瘤蚜的欧洲葡萄嫁接在具有抗性的美洲葡萄上，以抵御根瘤蚜的危害。该举不仅拯救了欧洲葡萄生产，还意外地发现了砧木可以改善葡萄的部分品质。砧木的使用是葡萄病虫防治史上的一场革命，并由此揭开了葡萄嫁接栽培和砧木研究的序幕。

19 世纪末至 20 世纪初，法国的育种学家在河岸葡萄（*V.riparia*）和沙地葡萄（*V.rupestris*）之间以及美国沙地葡萄与欧洲葡萄之间进行种间杂交，最终获得了一批抗根瘤蚜的法国杂种砧木，直到 20 世纪 60 年代还在广泛栽培。与此同时，Millardet 开展了以育成抗病品种为目标的欧美种间杂交，虽然没有得到理想的接穗品种，却获得了既抗根瘤蚜，又抗霜霉病、白粉病的砧木。这些成就，使育种家不仅着眼于葡萄接穗品种的育种，而且也开始了以砧木为目标的育种工作。同时也推动了葡萄砧木育种，葡萄砧木的不同抗性、适应性、亲和性等方面的广泛研究，使得世界葡萄生产的发展有了保证。自19世纪中叶根瘤蚜灾害暴发以来，世界上葡萄栽培受根瘤蚜危害的国家几乎都采用了抗根瘤蚜的砧木嫁接栽培。法国、德国的葡萄砧木嫁接栽培已超过了葡萄总面积的95%。美国加州全面应用抗根瘤蚜和抗线虫砧木与无病毒品种接穗嫁接育成的嫁接苗；葡萄牙、西班牙等国还选育了针对不同立地条件的多抗性砧木，扩大了葡萄种植范围；欧美各国还特别重视葡萄砧木无毒化，生产上基本采用无病毒的砧木；许多国家十分重视品种和砧穗组合的区域化，如法国、德国、保加利亚等，已全面实现了砧穗组合的区域化。

中国的葡萄砧木利用研究起步较晚，开始于20世纪60年代。由于我国葡萄主栽区未爆发大规模严重的根瘤蚜与线虫灾害，砧木的研究不以抗根瘤蚜、线虫为主要方向和内容，而是多局限于抗寒方面，且只有少数几个单位开展相关工作，除了寒冷地区使用抗寒砧木进行嫁接栽培外，其他绝大多数地区均以自根苗栽培为主。20世纪80年代末90年代初以后，随着葡萄种植面积的逐步扩大，再加上干旱、高温、高湿、盐碱等不利自然条件的存在，葡萄采用嫁接栽培开始逐步增多，其应用不仅可以扩大葡萄的种植范围、提高葡萄果品质量，还可以降低种植成本，提高生产效益。目前全国已有不少地区开展葡萄砧木嫁接栽培，并有部分农业高校和科研单位从事葡萄砧木的研究、育种及应用推广工作。

二、葡萄砧木

砧木（rootstock）是指嫁接繁殖时承受接穗的植株。主要分为两类：一类是通过种子繁殖的实生砧木；另一类是通过扦插、压条等无性方式繁殖的自根苗砧木或称无性系砧木。根据利用方式的不同，把连带完整、根系作为嫁接基础的植株或根段，称基砧，只用一段枝条嵌在基砧与接穗之间的称中间砧。

葡萄砧木是指可以用来增强葡萄抗性或改善葡萄生长发育性状的葡萄属植物，其起源于葡萄野生种或野生种与栽培种的杂交后代。葡萄砧木品种的选育，一是利用从原产地（native area）野生资源筛选出来的葡萄属品种，二是通过野生种或原生种（native species）杂交，从其后代中选育的砧木品种。在葡萄栽培生产中，抗性砧木具有重大的应用价值。

三、葡萄砧木应具备的共性和特性

葡萄砧木的核心价值在于通过与接穗的协同作用，解决生产中的实际问题，而一个能投入生产应用的优良砧木，必须具备以下共性。

（一）嫁接亲和性

亲和性反映了砧木和接穗之间在嫁接后内部组织的融合、生理和遗传方面的协调。良好的亲和力，不仅表现为接合部愈合良好，连接牢固；还表现为对接穗品种有良好的影响，使接穗品种的优良性状得到较好的表现，嫁接后不早衰、寿命较长等。

砧木与接穗品种的亲和性表现有 3 种情况：

① 与多数栽培品种亲和性良好。这类砧木可广泛应用。

② 与一部分栽培品种亲和性好，与一部分栽培品种亲和性不好。这类砧木应与栽培品种经过嫁接的实践检验。与栽培品种亲和性好的可以应用，与栽培品种亲和性不好的不能勉强应用。

③ 与多数栽培品种亲和性不好。这类砧木不宜应用于生产上。

（二）广适性

对各种栽培区气候、土壤生态环境适应范围广的砧木品种，可拓展栽培品种的栽培范围。对环境适应范围不广的砧木品种要进行适应性试验，只局限于适应区域内应用。

（三）易繁性

易繁性是砧木规模化推广的关键特性，核心指标包括：枝条成熟度高、萌枝力强；扦插易生根、扦插成活率高；嫁接操作简便、嫁接成苗率高。具备这些特性的砧木，能在短期内大量扩繁，便于生产应用。

一些扦插发根力差、成活率低的砧木品种，尽管其都具有某种特殊抗性，如山葡萄抗寒性特强，‘420A’具有抗根瘤蚜、耐石灰质土壤（土壤碳酸钙含量 20%）等优点，但由于扦插成活率低，直接限制了这类砧木的应用。

还有一类砧木品种，产枝率高，扦插易成活，成苗率高，但枝蔓很细，导致接穗与砧木粗度不匹配，形成层难以对齐，接穗品种很难在这种砧木上嫁接，这也限制了这类砧木的应用。

不同砧木品种扦插生根率和成苗力存在较大差异。甘肃农业大学曹孜义教授等用不同基因型的 16 个砧木品种进行扦插生根和成苗关系的研究结果表明，品种间差异很大，‘圣乔治’生根率和成苗率均高达 90%，‘140R’的生根率为 38.89%，成苗率为 35.19%，‘5C’的生根率为 27.59%，成苗率为 24.14%。

生产实践表明，生根率、成活率中等或较低的砧木品种，提高生根率、成苗率的技术措施到位，也能达到较理想的效果。如‘SO4’‘5BB’‘华佳 8 号’，这 3 个砧木品种，有关科研单位试验测定成苗率 50% 左右，而在生产实践中只要扦插育苗技术到位，这 3 个砧木品种扦插成苗率可稳定在 90% 左右。

砧木品种应用于生产上还必须具有特性。这个特性主要表现在两个方面：

（一）具有多抗性

多抗性表现在两方面：

一是抗生物逆境。主要是抗根瘤蚜、抗线虫病、抗根癌病，这些均属于根系的病虫害。用高抗这些病虫害的砧木品种，可避免、减轻这些病虫的为害，尽可能达到免疫。抗根瘤蚜的特性应放在首位，线虫病、根癌病流行地区要选择抗这两种病害的砧木。

二是抗非生物逆境。主要是抗寒性、抗旱性、耐湿性、耐酸性、耐盐性、耐石灰质土壤、耐缺铁失绿症、耐瘠性。用高抗某一不良环境的砧木品种，可以在这些不良环境中种好葡萄，提高经济效益。

（二）具有改进接穗品种某些性状的特性

砧木品种可以改进接穗品种的某些性状，如促进弱势品种的生长势，减缓强势品种的生长势，有利于花芽分化；提高结果枝率，稳定产量；提高结实率，增大果粒，提高含糖量，促进果实着色，提高果品质量；提早成熟等。诸多性状中能改进某一性状，就能提高接穗品种的经济效益，就能发挥出砧木品种的优势。

一个优良砧木必须既要具备砧木品种应具备的共同特性——嫁接亲和性好、对环境适应性广和易繁性好，又要具备某一特性。具备共同特性是选择砧木品种的基本条件，只有嫁接亲和性好，对环境适应性广，易繁性好，这个砧木品种才可以应用。生产上嫁接栽培的目的是提高种植葡萄的经济效益，砧木还必须具备某一特性，如改进接穗品种的某些性状、提高接穗品种某方面的抗性，只有具备了某一特性的砧木品种，才能应用到葡萄生产上。只具备共同特性，而不具备某一特性的砧木品种在葡萄生产中是没有应用价值的。

因此，砧木应具备共同特性是砧木选择的基本条件，砧木应具备某一特性是砧木选择的关键，一个葡萄优良砧木两方面的特点缺一不可。

第二节 葡萄砧木的主要类型及其特征

一、葡萄砧木的主要类型

世界上用于培育葡萄砧木的野生种质资源主要有20余个物种，其中最具核心地位、贡献了绝大多数优良性状的亲本种主要有3个，即河岸葡萄（*V. riparia*）、沙地葡萄（*V. rupestris*）和冬葡萄（*V. berlandieri*）。此外，香槟尼葡萄（*V. champinii*）、山葡萄（*V. amurensis*）等也是重要的抗性基因来源。而目前生产上实际应用的砧木，几乎全部是这些野生种的杂交选育品种。

（一）河岸葡萄

河岸葡萄原生于北美洲中、东部地区，为在密西西比河及密苏里河两岸的森林地带的野生植株，其抗寒、抗真菌病害和抗根瘤蚜的能力很强，耐湿、耐酸性土壤，不耐石灰质土壤。河岸葡萄是北美洲分布最广的野生葡萄砧木之一，其广泛分布在加拿大东部至美国佛罗里达地区。“riparia”原意为“河岸”，河岸葡萄沿着溪流和河流生长，只要有足够的水，它就可以生长。河岸葡萄可以很好地适应夏季多雨的美国东部环境，其根系浅且相对不发达（图8-1）。

由于河岸葡萄原产于根瘤蚜发生的地区，其生长受根瘤蚜影响小，因此河岸葡萄成为最早一批被选择直接用作砧木的野生葡萄。用作砧木时，表现矮化性，易出现“小脚”，嫁接品种果实成熟早，品质也高，发根好，繁殖容易，但不耐干旱，在旱地表现不佳。常用的抗寒砧木‘贝达’就是用河岸葡萄与美洲葡萄杂交育成的。

图8-1　河岸葡萄叶片与果实（彩图）

（二）沙地葡萄

沙地葡萄原产于北美洲，广泛分布于美国中部和南部，主要生长在干旱的峡谷、丘陵和砾石土壤上，其抗根瘤蚜和抗病力很强，抗寒、耐旱，对多种常见真菌性病害表现出极强抗性，但不耐石灰质土壤。沙地葡萄枝条像灌木一样生长，从形态上来看其更像一个葡萄树丛（图 8-2）。沙地葡萄喜欢生长在砾石床和沙坝等相对松软的土壤环境中，拥有强壮的根系，具有良好的抗旱特性，但无法适应特别潮湿的土壤。作砧木用时品种表现乔化性，使树势非常旺盛。若用于本就长势强的接穗品种或在肥沃土壤上，容易导致嫁接品种成熟延迟、果实品质下降和坐果问题。丰产，但晚熟，品质和坐果都不太好。目前在欧洲广泛用作酿酒葡萄砧木，最出名的‘Rupestris du lot（‘圣乔治’）就源于本种。

图8-2　沙地葡萄叶片与果实（彩图）

（三）冬葡萄

冬葡萄原产于北美洲南部，分布于美国得克萨斯州、新墨西哥州、阿肯色州和墨西哥北部，主要生长在干燥的山顶和坡地上，土壤多为干燥的石灰质土壤，因此极耐石灰质土壤，并以对石灰含量高的土壤具有良好的耐受性而闻名。冬葡萄抗旱、抗根瘤蚜、抗扇叶病毒病和茎痘病，耐热力强，抗缺绿症，但扦插不易生根（图 8-3）。冬葡萄在欧洲是特别重要的砧木。以其为亲本培育出的杂交砧木品种通常树势中等到强旺，能帮助嫁接品种适应石灰质土壤，并可能实现早熟、丰产和品质提升的目标。一些著名的葡萄砧木品种如‘5BB’‘1103P’‘SO4’等就是本种的杂交后代，其中以‘5BB’应用最为广泛。

图8-3　冬葡萄叶片（彩图）

（四）香槟尼葡萄

香槟尼葡萄是北美洲野生葡萄的天然杂交种（推测起源为沙地葡萄 × 墨西哥葡萄），主要分布于美国得克萨斯州中部崎岖地区，当地气候干旱、土壤贫瘠，此该种进化出极强的抗逆性，且对根结线虫具有极好的抗性（8-4）。

以其为砧木时，需注意控制施肥量——施肥过量易导致嫁接植株生长过旺，影响坐果与品质。目前源于香槟尼葡萄的代表砧木品种有 4 个：‘狗脊’（Dog Ridge）；‘拉姆齐’（Ramsey）为其天然实生后代，直接保留了抗线虫、耐贫瘠特性；‘自由’（Freedom，香槟尼葡萄 × 河岸葡萄）；‘和谐’（Harmony，香槟尼葡萄 × 冬葡萄）则是通过种间杂交选育的品种，进一步叠加了抗根瘤蚜、耐石灰质土壤等优势。

图8-4　香槟尼葡萄果实（彩图）

（五）山葡萄

山葡萄是葡萄属植物中最耐寒的种之一，其枝蔓可耐 −50 ～ −40℃低温，根系可耐 −16 ～ −14℃低温（图 8-5）。该种起源于俄罗斯远东地区、朝鲜半岛和中国东北部，在我国集中分布于我国东北地区及大青山和蛮汉山地区，在河北、山东、陕西、甘肃和河南等地也有零星分布。该种可以直接利用，也可作为亲本利用，其中已经审定的‘双庆’‘双红’‘双优’‘左山’系列等品种均是山葡萄直接利用选育的品种，而‘北红’‘北玫’‘北醇’‘公酿一号’等品种均是以山葡萄为亲本的杂交后代。山葡萄在我国东北地区有大量直接栽培利用。

图8-5　山葡萄叶片与果实（彩图）

由于各原种葡萄对不同逆境各有其优势的抗性特点，因此理想的葡萄砧木品种往往是通过种间的多次杂交使优良性状整合后培育而成。表 8-1 列出了主要砧木野生种的特性。

表8-1 主要砧木野生种的特性对比表

特性	冬葡萄（*V.berlandieri*）	河岸葡萄（*V.riparia*）	沙地葡萄（*V.rupestris*）	山葡萄（*V.amurensis*）	香槟尼葡萄（*V.champinii*）
抗根瘤蚜	极强	极强	极强	强	中等（部分生物型可侵袭，有争议）
抗根结线虫	中等至强	弱至中等	弱至中等	中等	极强
抗病性	强	强	强	强	强
抗寒性	较弱	强	中等	极强	中等
抗旱性	强	弱	极强	中等	极强
耐湿性	弱	极强	弱	中等	弱
耐石灰性土壤	极强	弱	弱	极弱	中等
生根能力	极困难	极易	易	困难	中等
长势	旺	中庸至偏旺	极旺	中庸	极旺
主要应用场景	高石灰质土壤产区	寒冷、潮湿、无霜期短产区	干旱、贫瘠、需要强树势的产区	寒冷地区抗寒育种或直接利用	干旱、贫瘠、线虫重灾区

二、国内外主要砧木品种及其特征

（一）国外砧木品种

1. 河岸葡萄和沙地葡萄砧木系列

（1）3309C

【品种来源】全名3309Couderc，其亲本为*V.riparia* f. *tomentosa* × *V.rupestris* du Lot。

【植物学特征】嫩梢尖，光滑无毛，绿色。幼叶光亮，叶柄洼“V”形。成叶大，楔形，全缘，质厚，光亮深绿色，叶柄洼变“U”形，叶背仅脉上有少量柔毛，锯齿圆拱形，中大，叶柄短。基本雄性不育。新梢无毛多棱，落叶中早。成熟枝紫红色，芽小而尖（图8-6）。

图8-6 3309C（彩图）

【砧木特征】高抗根瘤蚜，抗根癌病能力较强；对部分根结线虫无显著抗性，种植时需针对性防控线虫危害。中等抗旱水平，可适应年降雨量600～800mm的非极端干旱环境，忌长期无灌溉的极端干旱条件；耐湿性良好，能耐受短期潮湿土壤或排水中等的地块，适配多雨或土壤湿度较高的产区；抗寒力强，休眠期可耐受约−30℃低温，适合寒冷、冷凉地区；不耐极端高温环境，高温产区需注意遮阴或水分调控；耐盐力中等；抗活性钙能力较强，可耐受15%～17%总碳酸钙等价物的土壤。在产量过高的黏土园有缺钾倾向。树势中旺，嫁接成活较好，可使接穗品种的果实和枝条及时成熟、品质好，砧木扦插生根率较高，“小脚”现象较轻。

（2）101-14

【品种来源】全名为 101-14 Millardet et de Grasset，为法国的 Millardet 和 Grasset 以河岸葡萄为母本、沙地葡萄为父本育成。

【植物学特征】嫩梢尖球状，淡绿，光亮，托叶长，无色。幼叶折成勺状，稍具古铜色。成叶楔形，全缘，三主脉齿尖突出，黄绿色，无光泽，梢上卷，叶柄洼开张拱形。雌花可育，果穗小，小果粒黑色圆形，无实用价值。新梢棱状无毛，紫红色，节间短，落叶早。成熟枝条红黄色带浅条纹，节间中长，节不明显，节上有短毛。芽小而尖（图 8-7）。

图8-7　101-14（彩图）

【砧木特征】嫁接品种早熟，着色好，品质优良。是较古老的、应用广泛的砧木品种，以早熟砧木闻名。适于在微酸性土壤中生长。

抗根瘤蚜能力强，抗根癌病中等，抗线虫病中等，耐湿性好，较耐寒。抗旱能力弱，不适于干燥、排水性好的土壤种植，耐石灰质土壤能力弱（7%）。生长势中等，根系浅，扦插发根能力中等，嫁接容易，嫁接亲和力好，有“小脚”现象。对钾吸收能力较好，而对磷吸收能力差。

2. 冬葡萄与沙地葡萄杂交系列

（1）110R

【品种来源】全名 110Richter，美洲种群内种间杂交种，亲本为 *V.berlandieri* Resseguier No.2 和 *V.rupestris* Martin，属冬葡萄和沙地葡萄的杂交系列。

【植物学特征】梢尖：有网纹，边缘红色，梢尖浅红色，平展。幼叶：有网纹，深黄铜色，有光泽，有泡状突起。叶肾形，有光泽，有细微的泡状突起，可折叠。叶背完全光洁无毛；叶柄洼呈开张的“U”形；锯齿宽，凸形。花生理雄性，常不实。新梢棱纹极明显，光洁无毛，顶端红色。枝蔓有棱纹，光洁无毛，深红赭色至灰褐色；节间长；芽小，拱形。叶柄洼形态与‘Rupestris Martin’相同，不同于‘Rupestris St. George’和‘99R’（图 8-8）。

图8-8　110R（彩图）

【砧木特征】抗根瘤蚜、抗根结线虫性能中等，抗旱性强，抗缺铁失绿，对磷具有良好的吸收能力。对镁吸收能力较弱，可以适应含镁的土壤及酸度较大的地方。生长势旺盛，不易生根，但在田间嫁接效果良好。与欧洲种品种嫁接亲和力很强，嫁接苗生长势好，产量高。抗旱、抗盐碱、抗根瘤蚜等综合性能良好。

‘110R’是生长势旺盛的砧木，常推延成熟。同‘99R’相似，‘110R’抗石灰性土壤（17% 活性钙），而且更抗旱。尽管在 Montpellier 试验田表现良好，但由于它生根率差（常不足 20%，极少达到 40% ～ 50%），而未受到人们重视。但是自 1945 年以后，人们开始熟悉到它在抗根瘤蚜、抗旱、抗石灰性土壤等综合方面的良好性能，‘110R’才取得利用和推行，并成为葡萄生产的主要砧木之一。

（2）1103P

【品种来源】全名1103Paulsen，由意大利西西里的Paulsen育成，亲本为*V. berlandieri* Resseguier No.2和*V. rupestris* du Lot。

【植物学特征】梢尖有网纹，粉白色。幼叶：光洁无毛，黄铜色。叶小，肾形；近乎全缘，侧裂20；深绿色，叶扭曲状，叶缘向上卷，叶片光洁无毛，叶脉紫色且上面有茸毛；叶柄洼呈开张的“U”形，基部常袒露。花雄性，常不实。新梢顶端有网纹，梢上有棱纹，浅紫色；节紫色，茸毛中等密。枝蔓有棱纹，赭褐色，节部茸毛稀；节间长；芽小而尖。‘1103P’生根和嫁接状况良好，产枝量中等（图8-9）。

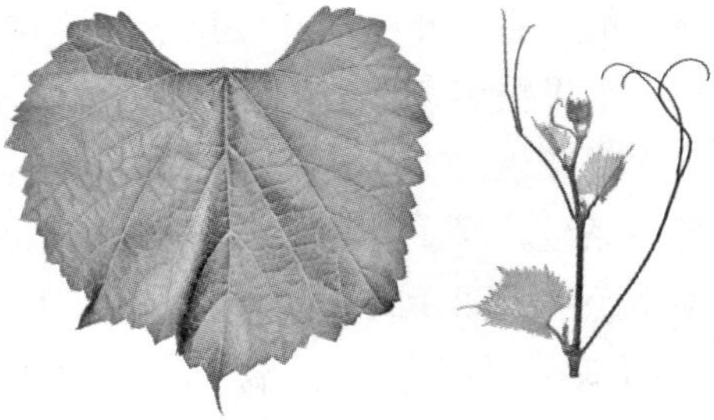

图8-9　1103P（彩图）

【砧木特征】生长势旺，适于钙质黏土应用。抗根瘤蚜、抗根结线虫、抗缺铁失绿、抗旱能力很强，抗盐碱、耐湿，生根和嫁接状况良好，产枝量中等。是目前世界上最优良的砧木品种之一。

‘1103P’是生长势旺盛的砧木，1965年后在法国普遍推行，最初种植于西西里和突尼斯，在那里人们就注意到它具有生长势旺、耐湿、抗石灰性土壤等特点。在Champagne地域，该品种对石灰性土壤的抗性与‘99R’和‘110R’相近（17%～18%），其生长势介于二者之间，在法国它还显示了对盐的抗性，能适应极干旱条件。

（3）140R

【品种来源】全名140 Ruggeri，19世纪末20世纪初，在西西里为Ruggeri所培育。与1103 Paulsen亲本组合相同。

【植物学特征】梢尖有网纹，边缘玫瑰红。幼叶灰绿色，有光泽。

叶小，肾形，全缘，厚，扭曲状，可折叠，较‘99R’更有光泽，叶背近乎光洁无毛，叶脉上有稀茸毛，叶柄接合处红色；叶柄洼呈开张拱形；锯齿中等大，凸形；叶柄紫色，光洁无毛。基部叶片有时有很深的裂刻，与‘420A’相似。花雄性，常不实。新梢有棱纹，浅紫色，茸毛稀少。枝蔓有棱纹，深红褐色，光洁，节部有卷丝状茸毛，节间长；芽小而尖（图8-10）。

图8-10　140R（彩图）

【砧木特征】‘140R’生长势极旺，已成功地应用于西西里、突尼斯、阿尔及利亚、摩洛哥等地的石灰性土壤中，由于它生长势极旺，使生长周期的各个时期受到抑制，强烈推迟成熟，因此绝不适用于生长期短或希望早熟的产区。同时，其耐涝性差。该砧木抗旱能力极强，对石灰性土壤抗性优良，几乎达到20%，其非常适合极度干旱、贫瘠的石灰岩山地；根系抗根瘤蚜，但可能在叶片上面携带有虫瘿。

（4）99R

图8-11　99R（彩图）

【品种来源】99 Richter，杂交亲本为 *V.berlandieri* Las Sorres×*V. rupestris* du lot。

【植物学特征】嫩梢尖弯钩状，布满丝状茸毛，幼叶极红，布丝状茸毛，成叶小，肾形，全缘，暗绿色，上折翻卷，叶柄洼宽展呈大“V”性，叶形似‘洛特’，锯齿拱圆、宽，叶背稍有短毛。一般雄性不育。新梢棱角明显，无毛，上部及节上红色，基部紫色。枝条多棱，灰褐色带黑色条纹，节间长，节不显（图 8-11）。

【砧木特征】植株生长旺盛，抗旱性极强，抗石灰性极强，可耐受 20% 活性钙，是石灰质土壤的首选砧木之一；抗根瘤蚜及线虫；抗盐性中等；耐湿性差，不耐涝，需避免种植在排水不良的黏重土壤或洼地，因长势过旺，会显著推迟果实成熟期，不适用于生长期短的地区。

产枝量大，每公顷产 4 万～ 10 万米，扦插生根率 55%，用生根药剂处理后，生根率则可大幅度提高。田间嫁接成活率达 90% 以上，嫁接亲和力好，偶有“小脚”现象。适合干旱、贫瘠、石灰质含量高的山地，需避免低洼积水、高湿、高盐碱地块。

3. 河岸葡萄与冬葡萄杂交系列

（1）SO4

【品种来源】全名 Selection Oppenheim NO.4，为德国的奥本海姆（Oppenheim）国立葡萄果树研究所以冬葡萄为母本、河岸葡萄为父本杂交选育而来。

【植物学特征】嫩梢被白色茸毛，边缘具桃红色。新梢截面棱形，枝条节处呈紫色。幼叶古铜绿色，上有丝状茸毛；成龄叶中大，叶片楔形，黄绿色，叶边缘内卷，叶柄洼幼叶时为“V”形，成龄叶时变为“U”形或拱形，叶脉基部呈桃红色，叶柄及叶脉上有短柔毛。新生枝条较细，成熟枝条深褐色，有棱，枝上无毛，芽较小而尖。卷须长，常分为三杈。雄性花（图 8-12）。

图8-12　SO4（彩图）

【砧木特征】‘SO4’是一种抗根瘤蚜和抗根结线虫的砧木，耐盐碱，抗旱、耐湿性显著，生长旺盛，扦插易生根，并与大部分葡萄品种嫁接亲和性良好。我国山东、浙江等地已将其应用于生产，其嫁接苗生产旺盛，抗旱、抗湿，结果早，果粒大，产量较高，嫁接品种成熟期提早 10 天左右。

（2）5BB

【品种来源】全名 Teleki 5BB 或称 Kober 5BB，系美洲种群内种间杂交种。由多位育种专家连续几十年从大量冬葡萄与河岸葡萄杂交的后代中，通过筛选和鉴定后获得的一个选系。

【植物学特征】嫩梢尖弯钩状，多茸毛，边缘桃红色。幼叶古铜色，被丝状茸毛。成叶大，楔形，全缘，主脉齿长，边缘上卷，叶柄洼拱形，叶脉基部桃红色，叶柄有毛，叶背几乎无毛，锯齿拱圆宽扁。雌花可育，穗小，小果粒黑色圆形，不可食。新梢多棱，节酒红色被柔毛。成熟枝条米黄色，节部色深，节间中长，枝蔓挺直且棱角明显，芽小而尖（图 8-14）。

【砧木特征】抗根瘤蚜、抗线虫、抗旱性较强，抗石灰质强，可耐 20% 活性钙。产枝量极高，每公顷可产 6 万～ 10 万米条、5 万～ 8 万扦插条，枝条长而直，单枝长度可达 12 ～ 15m，较少副梢分枝。砧木生长势旺，使接穗生长延长，室内嫁接成活率较高。与有些品种如‘品丽珠’‘哥伦白’存在嫁接不亲和现象。砧木扦插生根率较好，但与一般栽培品种相比，生根较慢，扦插出苗率为 75%，适于北方黏湿钙质土壤。

（3）5C

【品种来源】全名 Teleki 5C，由 Teleki 以冬葡萄和河岸葡萄为亲本杂交选育而来。

【植物学特征】嫩梢尖布白茸毛，边缘桃红色。幼叶古铜色，被丝毛。成叶大，楔形，质厚，深绿色，边缘上卷，叶背有少量柔毛，叶柄洼拱形，偶尔两侧合拢。叶柄绿色，凹内有柔毛。成熟枝条深褐色，光滑，节间长，节上偶有柔毛，节瘪小（图 8-13）。

图8-13　5C（彩图）

【砧木特征】能抗根瘤蚜，对各种线虫的抗性也够，高抗石灰质土，极抗缺铁失绿症，抗旱性较强，但耐湿（涝）性很差，抗寒性中等，生长势中等，发根力中等。适合排水良好的干旱、半干旱石灰质土壤。

4. 河岸葡萄与美洲葡萄杂交系列

贝达

【品种来源】由美国明尼苏达州的 Louis Suelter 用河岸葡萄‘Carver’× 美洲葡萄‘Concord’育成。国内主要在东北及华北北部地区作抗寒砧木栽培。

【植物学特征】嫩梢绿色，有稀疏茸毛，叶面茸毛稀疏，并有光泽；一年生成熟枝条浅褐色，节为红紫色；叶片大、尖、全缘或三浅裂，叶背有稀疏茸毛，顶端锯齿锐，叶柄绿色，叶柄洼开张呈矢形；卷须间隔性；两性花（图 8-14）。

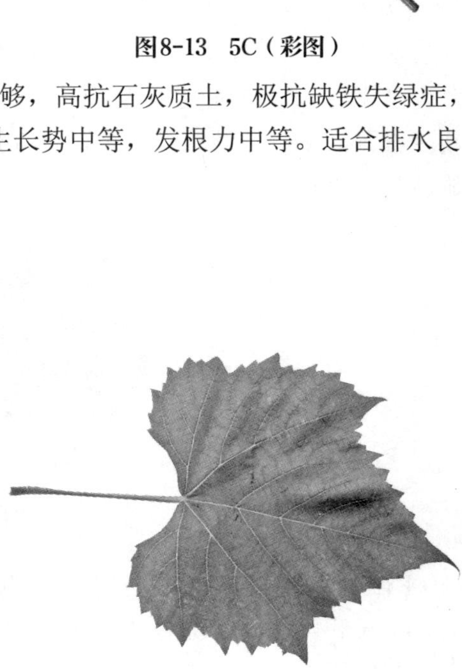

图8-14　贝达（彩图）

【砧木特性】离体根接种实验表明不抗根瘤蚜，耐 −22.2 ～ −16.7℃，耐旱、耐涝、耐瘠薄，不易感染病害。树势强，生长快，当年可长到 3m 以上，成熟枝条褐色，易成熟，节间 8 ～ 12cm。适用于中国北方无根瘤蚜分布的严寒地区，用于替代不抗寒的自根苗，帮助葡萄安全越冬。

（二）国内自育砧木品种

1. 志昌抗砧1号

【品种来源】由‘5BB’和‘SO4’杂交而成，由山东志昌农业科技发展股份有限公司于 2022 年选育而成。

【植物学特性】嫩梢半开张，背面白色茸毛稀疏。幼叶黄绿色，梢间匍匐茸毛稀疏。新梢半下垂，节腹侧绿色，背侧红色，节间中等长。枝条生长旺盛，横断面近圆形，表面无光泽。成龄叶近三角形，极小，叶片 3 裂，上裂刻和下裂刻极浅，锯齿长度中，两侧直，叶柄洼半开张，叶柄较短。枝条成熟良好，成熟枝条呈红褐色（图 8-15）。

【砧木特性】遗传了父母本优良的抗旱性、抗盐碱和耐寒性。耐寒能力高于‘SO4’，抗盐碱能力高于‘5BB’。植株生长势强，产条量大，可产 4 万～ 5 万米条 /hm^2 及等量扦

志昌抗砧一号嫩梢

志昌抗砧一号新梢

志昌抗砧一号成龄叶

志昌抗砧一号花穗

图8-15　志昌抗砧1号（彩图）

插条。节间中等长，平均长 6 ～ 8cm，根系分布中深，抗湿性强，抗寒、抗旱、耐盐碱，高抗根瘤蚜、根结线虫，高抗白腐病、黑痘病、霜霉病。极易生根、嫁接亲和性好，育苗可实现当年扦插当年嫁接，在山东、浙江、云南、甘肃、新疆等进行区域化试验，嫁接‘阳光玫瑰’‘红地球’等葡萄品种表现生长旺、产量高、品质优。在山东地区露天 4 月 7 ～ 10 日萌芽，5 月上旬开花，适宜于有效积温 1600℃以上，干旱、寒冷、盐碱、湿润的生态区宜于春季种植。

2. 华佳8号

【品种来源】亲本为华东葡萄（*V.pseudoreticulata*）和‘佳利酿’（Carignane），由上海市农业科学院园艺研究所育成。

【植物学特性】嫩梢黄绿色，梢尖及幼叶被灰白色茸毛。密度中等，幼叶上表面较平滑，带有光泽，成叶中大，呈心脏形，绿色，叶背有稀疏刺毛，叶脉密生刺毛，叶片平展，3 ～ 5 裂，裂刻中深，叶缘锯齿双侧直，叶柄洼窄拱形，基部呈“U”形。一年生成熟枝条呈黄褐色，卷须断续分布，花为雌能花，果穗中小，圆锥形，有歧肩。果粒近圆形，果皮蓝黑色，有果点，果粒小型，1.5 ～ 2g，有种子 3 ～ 4 粒。植株为高大藤本，生长健旺，明显超过同一组合的其他单株（图 8-16）。

【砧木特性】‘华佳 8 号’作砧木曾先后与‘藤稔’‘先锋’等品种的硬枝或绿枝进行嫁接，只要嫁接技术掌握好，嫁接成活率在 70% ～ 80%，嫁接口愈合良好。调查 10 株 7 年生的‘藤稔’，嫁接口上部主干直径为 7.7cm×7.2cm，接口下部为 7.8cm×7.1cm，嫁接口上下部的主干粗度比值约为 1.0，粗度大致相同，无明显‘大小脚’现象。这说明‘华佳 8 号’与‘藤稔’嫁接亲和性良好。

‘华佳 8 号’是适合我国南方地区应用的一种乔化性砧木，宜作为‘巨峰’系品种和其他葡萄品种的砧木，尤其适合嫁接一些生长势较弱的品种。

图8-16　华佳8号（彩图）

3. 抗砧3号

【品种来源】亲本为‘河岸 580’和‘SO4’，由中国农科院郑州果树研究所在 2009 年培育而成。

【植物学特征】枝条横截面呈近圆形，枝条表面光滑，枝条红褐色，枝条节间长 12.4cm、粗 1.0cm。新梢生长半直立，无茸毛：卷须间歇性 <2，卷须长 20.0cm，中等长，2 分叉。节间背侧淡绿色，腹侧浅红色。嫩梢黄绿色带红晕，梢尖有光泽，幼叶上表面光滑，带光泽；成龄叶片肾形，绿色，泡状突起弱，下表面主脉上密生直立茸毛；叶片全缘或浅 3 裂。锯齿两侧直和两侧凸皆有；叶柄洼开张，“V”形，不受叶脉限制；叶柄长 110cm，浅棕红色。冬芽黄褐色，中等着色程度（图 8-17）。

【砧木特征】经过多年多点试验观察，‘抗砧 3 号’全年未见发生叶片和枝条病害。‘抗砧 3 号’极抗葡萄根瘤蚜和根结线虫，高抗葡萄三星叶蝉，仅在新梢生长期会遭受绿盲蝽为害。栽培适应性方面，‘抗砧 3 号’适应河南省各类气候和土壤类型，在不同产区均表现出良好的适栽性，在开封的沙七地、安阳的偏碱性黏土地上嫁接品种均能正常生长，连年丰产稳产，表现出极强的栽培适应性。

图8-17 抗砧3号（彩图）

4. 抗砧5号

【品种来源】亲本为‘贝达’和‘420A’，由中国农业科学院郑州果树研究所在 2009 年培育而成。

【植物学特征】嫩梢黄绿带浅酒红色。幼叶上表面光滑，带光泽。成龄叶楔形，深绿色，全缘或浅 3 裂，锯齿两侧凸，表面泡状突起极弱，主脉花青素着色浅，下表面主脉上直立茸毛极疏。叶柄洼半开张，“V”形。叶柄长，棕红色。卷须间隔。两性花。植株生长势强。每果枝着生花序 1 ～ 2 个。果穗圆锥形，无副穗，穗长 11.3cm，穗宽 11.3cm，平均穗重 231g。果粒着生紧密，圆形，蓝黑色，纵径 1.7cm，横径 1.6cm，平均单粒重 2.5g。果粉厚，果皮厚。果肉较软，汁液中等偏少。每粒果实含种子 2 ～ 3 粒，可溶性固形物含量 16.0%（图 8-18）。

【砧木特征】抗病性极强。多年试验观察，在安阳市滑县万古镇的盐碱地、开封尉氏县大桥乡的重发根结线虫地均能保持正常树势。嫁接品种连年丰产稳产，表现出良好的适栽性。

图8-18　抗砧5号（彩图）

5. 华葡1号

【品种来源】酿酒与砧木兼用葡萄新品种，亲本为‘左山一’与‘白马拉加’，由中国农科院果树研究所 2011 年育成。

【植物学特性】植株生长势强。一年生成熟枝条红褐色，嫩梢绿色。幼叶黄绿色，上表面有光泽，下表面茸毛较少。成龄叶片五角形，大，深绿色，有光泽，主脉黄色有红晕，下表面有极稀茸毛。叶片 5 裂，上裂刻浅至中，下裂刻极浅至浅，裂刻基部“U”形。锯齿双侧直。每个结果枝平均着 2.81 个果穗。果穗圆锥形，穗形整齐，中等大，平均质量 214.4g，最大 270.4g。果粒着生中等紧密，大小均匀，无小青粒及采前落粒现象。果粒圆形，果皮紫黑色，平均质量 3.1g，最大 3.4g。果皮厚而韧，肉软，汁多，种子 2 ～ 4 粒，多为 3 粒（图 8-19）。与山葡萄不同，果粒有两次生长高峰，生长曲线呈“S”形。10 月初采收，可溶性固形物含量 24.1%，可溶性糖含量 19.6%，可滴定酸含量 1.27%（其中酒石酸含量 0.704%、苹果酸含量 0.574%），白藜芦醇含量 0.32mg/kg，单宁含量 2827.6mg/kg，出汁率 70.16%；延迟到 12 月上旬采收，可溶性固形物含量 38.54%，可滴定酸含量 1.32%，单宁含量 4510.8mg/kg，白藜芦醇含量 0.75mg/kg，出汁率 20.48%。用其酿造的干红葡萄酒，呈宝石红色，澄清，果香浓郁，余香绵长，醇和爽口。

【砧木特性】抗霜霉病，对白腐病、炭疽病等真菌性病害抗性较强，个别年份发生白粉病。硬枝扦插生根率 86.4% ～ 95.7%，成苗率 74.1% ～ 88.5%，与‘红地球’和‘巨峰’等鲜食葡萄品种嫁接亲和力好，可作抗寒砧木。

可延迟采收酿造优质的冰红葡萄酒。早果性好，定植第 2 年开始结果，极丰产。在辽宁兴城地区，露地 4 月下旬萌芽，6 月初开花，果实 9 月中下旬成熟，果实发育 110d 左右，10 月下旬至 11 月上旬落叶，营养生长天数为 180 ～ 190d。抗寒性强，枝条半致死温度为 −26℃，根系半致死温度为 −8.5℃，在辽宁省朝阳、锦州和葫芦岛地区可露地越冬，抗旱性和抗高温能力较强。

图8-19　华葡1号（彩图）

6. 郑寒1号

【品种来源】亲本为‘河岸580’和山葡萄，由中国农科院郑州果树研究所在2015年培育而成。

【植物学特性】‘郑寒1号’植株生长势强，产条量多，副梢萌芽力强，隐芽萌发力强，枝条成熟度好。嫩梢黄绿色带红晕，梢尖有光泽。幼叶上表面光滑，带光泽。成龄叶片楔形，绿色，泡状突起弱，下表面主脉上有密直立茸毛。叶片3裂。锯齿两侧直。叶柄洼开张，“U”形，不受叶脉限制。叶柄中等长（10.0cm），浅棕红色。新梢生长半直立，无茸毛；卷须中等长（25.0cm），2分叉。节间背侧淡绿色，腹侧浅红色。冬芽黄褐色，中等着色程度。枝条横截面呈近圆形，枝条表面光滑，枝条红褐色。枝条节间长13.6cm，粗1.0cm。两性花。‘郑寒1号’在郑州地区，正常年份4月上旬开始萌芽，5月上旬开花，花期5～7d。7月上旬枝条开始老化，11上旬开始落叶，全年生育期216d左右（图8-20）。

【砧木特性】魏志峰等研究表明，在病害方面，‘郑寒1号’全年无叶部和枝条病害发生，无需药剂防治。‘郑寒1号’在不同产区均表现出良好的适栽性，在冬天气温较低的河南省长垣、博爱地区的偏黏土地上均能正常生长，表现出极强的栽培适应性。‘郑寒1号’半致死温度为−30.78℃，‘贝达’为−28.88℃，可见，‘郑寒1号’抗寒性高于‘贝达’；恢复生长法结果显示且低温处理后‘郑寒1号’枝条萌芽率也高于‘贝达’。经测定，水培条件下，‘郑寒1号’能忍耐0.3%NaCl+18%的饱和石灰水，而‘贝达’只能忍耐0.2%NaCl+15%的饱和石灰水。

‘郑寒1号’属于高生长量葡萄砧木品种，生长季可不追肥。但为增加产条量和枝条成熟度，应在每年10月施基肥（每亩施3000kg有机肥）。为增加枝条成熟度，枝条应在叶片自然脱落后1个月左右采收。

图8-20 郑寒1号（彩图）

7. 云葡1号

【品种来源】亲本为毛葡萄和‘无核白鸡心’，由云南省农业科学院热区生态农业研究所和云南农业大学在2015年培育而成。

【植物学特性】‘云葡1号’葡萄开裂老树皮灰褐色，一年生新梢灰褐色，嫩梢和嫩叶均密被白色茸毛，新梢绿色带浅褐色，节间较长，未充分老熟叶背仍然有较多白色茸毛，充分成熟叶背茸毛白色至浅褐色；叶片大，心形，3裂，上裂刻浅，部分中等深，叶柄洼呈开张椭圆形或窄拱形；叶缘锯齿圆顶或钝；两性花，雄蕊发达，花序对赤霉素不太敏感，不容易被拉长，自然坐果率高；卷须间歇着生，结果枝带2～4个花序；果穗圆锥形或圆锥形带副穗，果粒圆形至短椭圆形，充分成熟时紫黑色至蓝黑色；果穗整齐紧凑，不易落粒，耐运输；水肥充足的情况下，果穗平均质量165g，最大质量260g，每个果实有种子1～4粒，多数2～3粒；充分成熟时可溶性固形物含量17.0%～19.0%，酸甜，无香味，酿造的葡萄酒颜色较浅，适宜酿造粉红葡萄酒和起泡酒；果实成熟期介于父母本之间，与‘赤霞珠’‘美乐’‘西拉’相同或略早熟，为中晚熟品种（图8-21）。在云南高温干旱、日照充足地区，‘云葡1号’二次果产量较高。

【砧木特性】‘云葡1号’长势特旺盛，是很好的抗旱乔化砧木，与‘阳光玫瑰’等品种的嫁接亲和性良好，能明显增强接穗品种的长势和产量。作砧木时，其栽培密度应该比同一接穗品种自根苗的株行距要大一些，栽培株数要减少30%左右。抗白粉病和黑痘病，中等抗霜霉病，不抗灰霉病。在干旱少雨地区尤其适宜作抗旱砧木和庭院绿化栽培。

‘云葡1号’中等抗霜霉病和不抗灰霉病，因此不能在雨水超过700mm的地区大面积露地栽培。又由于其长势特旺盛，而且是直射光品种，因此栽培的行距要求比当地的欧亚种酿酒葡萄要宽一些，株距也应该更大一些。同时还必须是单壁篱架栽培和“T”水平臂整枝，建议主干高0.8～1.0 m。在云南元谋等干热区和华北平原干旱区，在中等肥水栽培条件下，建议行距2.2 m，株距1.2～1.5 m。光照条件较差的地区和机械耕作的，行距可增加到2.5 m左右、株距1.5 m。

叶片正面 叶片反面

云葡1号（F_1） 云葡1号（F_1）

1年生“云葡1号”长势

云葡1号成熟时的果穗

图8-21 云葡1号（彩图）

8. 云葡2号

【品种来源】亲本为毛葡萄和‘无核白鸡心’，由云南省农业科学院热区生态农业研究所和云南农业大学在2015年培育而成。

【植物学特性】开裂枝皮灰褐色，一年生新梢浅灰褐色，嫩梢和嫩叶均附白色茸毛，新梢绿色带浅褐色，节间较长，未充分老熟叶背面仍然附有较多白色茸毛，充分成熟叶背面茸毛浅褐色，较稀疏；叶片心形，3裂，上裂刻绝大多数浅，少部分中等深，叶柄洼呈开张椭圆形或窄拱形；叶缘锯齿圆顶或钝；雌能花，但有授粉树时容易结实，坐果率高，种子饱满；卷须间歇着生，结果枝带2～4个花序，结果系数接近2.0左右。果穗圆锥形或圆锥形带副穗，果粒圆形至短椭圆形，充分成熟时紫黑色（图8-22）。

【砧木特性】多点试验表明，‘云葡2号’耐旱性强，长势特旺盛，节间较长，扦插容易成活；作砧木嫁接其他品种成活率高，能明显增强接穗品种的长势和产量，没有‘小脚’现象，是干旱地区理想的耐旱砧木品种。该品种抗白粉病和黑痘病，中等抗霜霉病，不抗灰霉病。

‘云葡2号’二年生植株长势

‘云葡2号’四年生植株长势

图8-22

'云葡2号'新梢

'云葡2号'果实

图8-22　云葡2号（彩图）

该品种是较好的耐旱乔化砧木，适宜在云南葡萄产区有一定灌溉条件的地区作耐旱乔化砧木栽培。建议其嫁接苗适度稀植，采用高宽垂架式整形的，干热区以行株距（2.2 ～ 2.5）m ×1.5 m为宜，雨水较多、光照较差地区按照行株距（2.5 ～ 2.8）m ×1.5 m栽培较好。另外，'云葡 2 号'酿造的酒颜色较浅，品质一般，鲜食口感较差，因此暂时不宜作酿酒或鲜食品种栽培。

（三）葡萄砧木的应用情况和意义

砧木因其强大的抗生物和非生物胁迫能力而被广泛用于葡萄栽培。葡萄砧木的利用主要是进行葡萄嫁接育苗，包括根砧和中间砧。目前，国外葡萄主产区大都采用了抗性砧木嫁接栽培。而法国是全球葡萄砧木嫁接栽培应用最广泛、技术体系最成熟的国家之一，其葡萄砧木嫁接栽培面积占总面积的 95% 以上，常用的砧木已有百余种。欧美一些葡萄生产发达的国家，砧木利用的重点是抗根瘤蚜和线虫，另外，还十分重视葡萄砧木脱毒苗的生产。与此同时，关于砧木抗旱、抗盐碱、抗寒和抗病的特性也有长足的应用和研究。如德国、保加利亚等国家非常重视砧穗组合的研究和应用，现在已经实现了砧穗组合的区域化。葡萄牙、西班牙和阿尔及利亚等国家普遍采用嫁接苗，这些葡萄嫁接苗除能够抗御葡萄根瘤蚜外，研究人员还根据不同的立地条件和生长环境来选择使用不同的砧木品种，实现了砧穗组合的专一化，进而扩大了葡萄种植范围。

在全面推进嫁接栽培的过程中，国外嫁接苗生产已经实现了由人工嫁接到半自动嫁接再到全自动嫁接的转变。法国、意大利等苗木生产大国大规模采用欧米茄全自动葡萄嫁接机进行硬枝嫁接，可在数秒内完成嫁接，显著节约了劳动力、提高了效率，并降低了成本。

在国内科技工作者的大力宣传下，砧木嫁接栽培技术已逐渐被广大种植者接受并带来了显著效益。在辽宁、河北、山东、浙江等葡萄种苗繁育供应地区，砧木嫁接育苗已进入常态化。砧木品种既有从国外引入的，也有国内自主选育的，目前我国在生产上试用或逐步应用的已达 50 多个砧木品种，其中较常用的砧木品种主要是'贝达''5BB''SO4'等国外品种，近些年随着国内砧木育种的不断进步，'志昌抗砧一号''抗砧 3 号''华佳 8 号'等国内自育的优秀砧木品种也在逐步扩大应用面积。但国内葡萄种植者在进行葡萄嫁接栽培时，对葡萄砧木的认识和选择还存在一定的误区和不足。我国地域广大，土壤和气候条件十分复杂，所以不同区域在选择砧木时，必须综合考虑本地的环境气候、土壤条件、病虫害压力以及品种和长期种植的需求。

葡萄砧木的应用为生产者提供了更多的选择，使得品种、土壤、气候得到更合理的匹配：

① 抵抗抗土壤病虫害。葡萄根瘤蚜与根结线虫是威胁葡萄产业的两大核心土壤害虫，二者均会对葡萄根系造成毁灭性损伤，造成严重的经济损失。在当前防控技术体系中，选用对两种害虫具有针对性抗性的砧木是应对这两种害虫最有效、最经济的核心手段，可从源头阻断害虫对根系的侵染，且无需频繁使用化学药剂，既降低防控成本，又减少对土壤生态的破坏，最大化保障葡萄植株健康生长。

② 调节树体生长。砧木通过影响水分和养分的吸收与运输，能增强或抑制接穗品种的生长活力。对生长过旺的品种使用生长势较弱的砧木，可以抑制过多的枝叶消耗，使营养更集中地供给果实，从而改善果实着色，提升糖度和风味物质的积累；反之，对长势弱的品种使用强势砧木，则能促进树体成形。

③ 改善果实品质。适合的砧木可以对果实大小、可溶性固形物含量和着色等方面均有积极的显著影响。

④ 调整葡萄采收期。利用不同砧木早熟性差异，可有效地调整生产上现有品种的成熟期，满足市场需求，提高市场竞争力，提高经济效益。

⑤ 增强抗逆性，扩大种植区域。砧木的抗寒、抗旱、耐涝、耐盐碱、耐酸和耐瘠薄等特性，使得葡萄能够被种植在更广泛的逆境环境中，同时起到省工、简化、节本、增效的作用。

参考文献

[1] 苗平生 . 现代果业技术与原理 [M]. 北京 : 中国林业出版社 , 1997: 138-141.

[2] 周开兵 , 郭文武 , 夏仁学 , 等 . 两种柑橘体细胞杂种砧木利用价值和砧 - 穗互作生化机制的探讨 [J]. 园艺学报 , 2004, 31(4): 427-432.

[3] 宋湛谦 , 刘星 , 梁志勤 , 等 . 松属种间嫁接对松脂化学组成的影响 [J]. 林产化学与工业 , 1995, 15(1): 21-24.

[4] 王玉欣 . 浅谈草本植物的嫁接实验 [J]. 生物学杂志 , 1996(3): 33-45.

[5] 侯冬菊 , 张立文 . 樟子松嫁接植株的鉴别 [J]. 林业月报 , 1991(1): 18-19.

[6] 周开兵 . 2 种柑橘体细胞杂种砧木资源评价和穗砧互作机理的研究 [D]. 武汉 : 华中农业大学 , 2004.

[7] 张金林 . 葡萄砧木特性及微繁殖技术的研究 [D]. 兰州 : 甘肃农业大学 , 2003.

[8] 王静芝 . 北疆地区全球红葡萄的生态适应性及与果实品质相关因素的分析研究 [D]. 乌鲁木齐 : 新疆农业大学 , 2004.

[9] 杨亚蒙 , 姜建福 , 樊秀彩 , 等 . 葡萄属野生资源分类研究进展 [J]. 植物遗传资源学报 , 2020, 21(2): 275-286.

[10] 刘崇怀 . 中国葡萄属 (*Vitis* L.) 植物分类与地理分布研究 [D]. 郑州 : 河南农业大学 , 2012.

[11] 宋士任 . 圆叶葡萄 (*Vitis rotundifolia*) 引种初步研究 [D]. 杨凌 : 西北农林科技大学 , 2005.

[12] 傅伟红 , 魏新科 , 葛孟清 , 等 . 基于 SSR 标记的 MCID 法鉴定 72 个酿酒葡萄品种 [J]. 中外葡萄与葡萄酒 , 2019(5): 1-7.

[13] 郭磊 , 韩键 , 宋长年 , 等 . 葡萄砧木研究概况 [J]. 江苏林业科技 , 2011, 38(3): 48-54.

[14] 张培安 , 冷翔鹏 , 樊秀彩 , 等 . 葡萄砧木种质资源现状及其研究进展 [J]. 中外葡萄与葡萄酒 , 2018(3): 58-63.

[15] 郭磊 , 上官凌飞 , 房经贵 , 等 . 葡萄 EST-SSR 标记的开发及其应用 [J]. 南京农业大学学报 , 2011, 34(4): 23-30.

[16] 王淑杰 , 王家民 . 可溶性全蛋白、可溶性糖含量与葡萄抗寒性关系的研究 [J]. 北方园艺 , 1996, (2): 13-14.

[17] 孔庆山 . 中国葡萄志 [M]. 北京 : 中国农业科学技术出版社 , 2004.

[18] 中国科学院中国植物志委员会 . 中国植物志－第四十八卷 (第一分册)[M]. 北京 : 科学出版社 , 1982.

[19] 王发松 , 杨得坡 , 张宏达 , 等 . 中国葡萄属 (*Vitis* L.) 的系统研究 [J]. 热带亚热带植物学报 , 2000(1): 1-10.

[20] 苗平生 , 陈业光 , 李昌发 , 等 . 海南省野生葡萄属资源调查及其利用 [J]. 福建果树 , 1999(4): 25-27.

[21] 杨丹城 , 魏景山 . 月山葡萄嫁接栽培品种研究简报 [J]. 新疆农业科学 , 1965(9): 368.

[22] 高秀萍 , 郭修武 , 三克 , 等 . 葡萄砧木抗寒与抗根癌病的研究 [J]. 园艺学报 , 1993(4): 313-318.

[23] 王海波 , 修德仁 , 王宝亮 , 等 . 酿酒与砧木兼用葡萄新品种‘华葡 1 号’[J]. 园艺学报 , 2012, 39(11): 2309-2311.

[24] 郑晓翠 , 王海波 , 王孝娣 , 等 . 14 个葡萄砧木品种抗寒性评价 [J]. 中国果树 , 2014(1): 36-39.

[25] 何伟，艾军，范书田，等．葡萄品种及砧木抗寒性评价方法研究 [J]. 果树学报，2015, 32(6): 1135-1142.
[26] 郝停停，张博，张剑侠．葡萄砧木抗旱性评价 [J]. 北方园艺，2016(17): 17-21.
[27] 李妍琪，沈莉，简军全，等．葡萄砧木及杂种的抗寒性鉴定 [J]. 中外葡萄与葡萄酒，2017(3): 26-30.
[28] 宋金耀，齐永顺．砧 - 穗间作用对凤凰 -51 葡萄过氧化物酶同工酶的影响（初报）[J]. 河北农业技术师范学院学报，1994(2): 62-65.
[29] 李会云，郭修武．盐胁迫对葡萄砧木叶片保护酶活性和丙二醛含量的影响 [J]. 果树学报，2008(2): 240-243.
[30] 王雯染，杨哲，杨航宇，等．葡萄砧木品种的 SSR 分析 [J]. 果树学报，2018, 35(1): 11-19.
[31] 杜远鹏，翟衡，王忠跃，等．葡萄根瘤蚜抗性砧木研究进展（Ⅰ）[J]. 中外葡萄与葡萄酒，2007(03):27-31.
[32] 杜远鹏，翟衡，王忠跃，等．葡萄根瘤蚜抗性砧木研究进展（Ⅱ）[J]. 中外葡萄与葡萄酒，2007(04):26-30.
[33] 杜远鹏，翟衡，王忠跃，等．葡萄根瘤蚜抗性砧木研究进展（Ⅲ）[J]. 中外葡萄与葡萄酒，2007, 000(005):19-22.
[34] 魏志峰，高登涛，刘丽，等．葡萄砧木新品种‘郑寒 1 号’的选育 [J]. 果树学报，2019, 36(09):1248-1251.
[35] 李世诚，金佩芳，骆军，等．葡萄砧木新品种——华佳 8 号的选育 [J]. 中外葡萄与葡萄酒，1999(04):1-5.
[36] 马春花，邵建辉，沙毓沧，等．葡萄新品种“云葡 1 号”的选育 [J]. 北方园艺，2017(24):225-228+230.
[37] 马春花，沙毓沧，邵建辉，等．葡萄新品种“云葡 2 号”[J]. 北方园艺，2017(01):167-168.
[38] 王海波，修德仁，王宝亮，等．酿酒与砧木兼用葡萄新品种‘华葡 1 号’[J]. 园艺学报，2012, 39(11):2309-2311.
[39] 孙海生，刘崇怀，郭景南，等．葡萄砧木新品种抗砧 3 号的选育 [J]. 中国果树，2011(01):6-8+77.
[40] Papric D J. The effect of rootstock and fertilizing methods on the content of nitrogen, phosphorus and potassium in the leaves of the variety Italian Riesling[J]. Savremena, 1987, 35(10): 429-436.
[41] Swanton B A, Kliewer W M. Characterizing potassium uptake and accumulation by grape rootstocks: the xylem potassium approximation[J]. J Plant Nutr, 1989, 12(2): 145-148.
[42] Oki L R, Lieth J H. Effect of changes in substrate salinity on the elongation of *Rosa hybrid* L.‘Kardinal’stems[J]. Sci Hortic, 2004(101): 103-119.
[43] Clingeleffer P R, Emmanuelli D R. An assessment of rootstocks for Sun muscat (*Vitis vinifera* L.): a new drying variety[J]. Aust J Grape Wine Res, 2006(12): 135-140.
[44] Yang J C, Peng S B, Gu S L, et al. Changes in zeatin and zeatin riboside content in rice grains and roots during grain filling and the relationship to grain plumpness[J]. Acta Agron Sin, 2001, 27(1): 35-42.
[45] Thomas M R, Scott N S. Microsatellite repeats in grapevine reveal DNA polymorphisms when analysed as sequence-tagged sites (STSs)[J]. Theor Appl Genet, 1993(86): 985-990.
[46] Thomas M R, Cain P, Scott N S. DNA typing of grapevines: A universal methodology and database for describing cultivars and evaluating genetic relatedness[J]. Plant Mol Biol, 1994(25): 939-949.
[47] Bowers J E, Dangl G S, Vignani R, et al. Isolation and characterization of new polymorphic simple sequence repeat loci in grape (*Vitis vinifera* L.)[J]. Genome, 1996(39): 628-633.
[48] Sefc K M, Regner F, Glössl J, et al. Genotyping of grapevine and rootstock cultivars using microsatellite markers[J]. Vitis, 1998(37): 15-20.
[49] Lopes M S, Sefc K M, Eiras Dias E, et al. The use of microsatellite for germplasm management in a Portuguese grapevine collection[J]. Theor Appl Genet, 1999, 99: 733-739.
[50] Zhang J L, Ma J F, Cao Z Y. Screening of cold-resistant seedlings of a Chinese wild grape (*Vitis piasezkii* Maxim. var. *pagnucii*) native to loess plateau of eastern Gansu province, China, as rootstocks[J]. Sci Hortic, 2009(122): 125-128.
[51] Gökbayrak Z, Söylemezoglu G. Determination of grafting compatibility of grapevine with electrophoretic methods[J]. Sci Hortic, 2007, 113(4): 343-352.
[52] Kazaliev K K, Peisakhov R. Influence of grafting combination on grapevine performance[J]. Vinograd Vino Rossii, 1997(3): 12-14.
[53] Jahnke G, Kocsisné Molnár G, Májer J, et al. Analysis of grape rootstocks by SSR markers[J]. J Int Sci Vigne Vin, 2012, 45(4): 199-210.
[54] Upadhyay A, Saboji M D, Reddy S, et al. AFLP and SSR marker analysis of grape rootstocks in Indian grape germplasm[J]. Sci Hortic, 2007, 112(2): 176-183.
[55] Sefc K M, Steinkellner H, Glössl J, et al. Reconstruction of a grapevine pedigree by microsatellite analysis[J]. Theor Appl Genet, 1998, 97(1/2): 227-231.
[56] This P, Jung A, Boccacci P, et al. Development of a standard set of microsatellite reference alleles for identification of grape cultivars[J]. Theor Appl Genet, 2004, 109(7): 1448-1458.
[57] Andrés M T, Cabezas J A, Cervera M T, et al. Molecular characterization of grapevine rootstocks maintained in germplasm collections[J]. Am J Enol Vitic, 2007, 58(1): 75-86.
[58] Wang P, Zhao F, Zheng T, et al. Whole-genome re-sequencing, diversity analysis, and stress-resistance analysis of 77 grape rootstock genotypes [J]. Frontiers in Plant Science, 2023, 14:1102695.

第九章 葡萄种质资源利用

葡萄种质资源极为丰富，据统计，全球葡萄品种超过14000种，其中记载的有6000多种，但实际生产中常用的仅数百种。葡萄种质资源在经济发展中具有重要的推动作用。葡萄作为重要的经济作物之一，其产业的发展可以促进农民增收、农村经济发展和乡村振兴。

葡萄种质资源的利用方式多种多样。‘阳光玫瑰’‘巨峰’‘无核白’因其独特的口感和品质，适合作为鲜食葡萄。除鲜食外，葡萄还可用于生产葡萄酒、葡萄干、葡萄汁、葡萄籽油、医药、化妆品等，具有较高的经济效益和生态效益。这些方式直接或间接满足了人们对美味和健康的需求，同时也为葡萄产业带来了巨大的经济效益。同时，有些品种，如山葡萄在抗寒性和抗病性方面表现出色，但因为气候、土壤等自然条件的限制，宜采用间接利用的方式，常作为培育优质、抗寒、抗病新品种的育种材料，作为研究葡萄生物和非生物胁迫的研究材料，以及挖掘有益基因的供体。这些方式不仅充分利用了葡萄的潜在价值，还带动了相关产业的发展和壮大，给葡萄产业带来了更多的附加值和经济效益。

第一节　葡萄种质资源的利用方式

一、果实利用

（一）葡萄鲜果利用

葡萄作为全球广泛栽培的水果，在鲜食领域历史悠久，同时也是食品加工与营养科学研究的重要对象。从鲜食角度看，葡萄果肉多汁、营养丰富，研究表明，成熟葡萄果实含有15%～25%的葡萄糖和果糖以及其他丰富的营养物质：其中葡萄糖容易被人体吸收利用，能促进人体新陈代谢，迅速转化为能量，助力身体恢复、缓解疲劳；食用鲜食葡萄还可促进血管软化，有利于维持健康的血液循环，帮助血压保持在正常水平，此外其含有的矿物质（铁、钙、锌等）能迅速缓解贫血症症状，维生素（维生素 C、维生素 E 等）抗氧化性能较强，氨基酸（脯氨酸、赖氨酸等）中人类必需氨基酸含量与人体内含量接近，易被吸收且能促进新陈代谢、增进食欲，这些营养成分共同奠定了鲜食葡萄的食用价值（表 9-1）。

表9-1　葡萄果实营养表

果实组成	营养成分	作用
果肉	糖（葡萄糖、果糖、戊糖等）	促进人体新陈代谢，迅速转化为能量，缓解疲劳等
	有机酸（酒石酸、苹果酸、琥珀酸、没食子酸、草酸、水杨酸等）	助消化
	矿物质（铁、钙、锌、镁、铜、钾、钠、锰、钴、磷、硫、氯等）	能迅速缓解贫血症症状等
	维生素（维生素 E、维生素 C、维生素 A、维生素 D、维生素 K、维生素 B_1、维生素 B_2、维生素 PP 等）	维生素 C、维生素 E 抗氧化性能较强
	氨基酸（脯氨酸、色氨酸、赖氨酸、丝氨酸、丙氨酸、天冬氨酸、组氨酸、亮氨酸、谷氨酸等）	人类必需氨基酸含量与人体内含量非常接近，易被人体吸收；可形成蛋白质；促进新陈代谢；增进食欲；防止阿尔茨海默病等
	其他成分（粗纤维、蛋白质、白藜芦醇、多酚等）	白藜芦醇抗癌、抗氧化、延缓衰老、抗血小板凝聚、调节血液中胆固醇水平减少心血管病的发生、调节血脂、免疫调节等，具有极高的药用价值和开发潜力
果皮	花青素	抗氧化、清除自由基、抑制炎症和过敏、改善关节的柔韧性
	类黄酮	能有效抑菌和具有保健防腐作用，延缓动脉粥样硬化的形成，减少血栓形成及由动脉变窄引起的血流堵塞
	可溶性纤维、原花青素	抗氧化能力是维生素 E 的 50 倍、维生素 C 的 20 倍，抑制细菌生长，保护心血管，防血栓，抗肿瘤，抗炎、抗过敏，抗辐射，皮肤保健和美容，改善视力，延缓衰老，防动脉粥样硬化等。其抗氧化性能远远超过花青素，具有极大的开发潜力
果籽	葡萄籽油	防血栓，防止脑出血，防治冠心病，促进脑细胞吸收营养，黑发，延缓衰老等；亚油酸含量高，可作为高级食用油、降压药原料，已被开发为高级的食用油、营养油、保健油
	粗蛋白、粗纤维、灰分、碳水化合物	粗纤维能够对肥胖、高血脂、糖尿病等起到一定的预防和治疗作用；碳水化合物供给人体能量，维持细胞的正常功能，加强肠道蠕动等

在我国葡萄栽培结构中，以鲜食葡萄为主，其栽培面积占总面积的 85%（酿酒葡萄约 10%、制干葡萄约 5%、制汁葡萄罕见）。鲜食葡萄品种中，欧美种群品种占据显著地位，如‘巨峰’‘阳光玫瑰’‘夏黑’等：‘巨峰’作为鲜食品种佼佼者，栽培面积最为广阔，约占鲜食葡萄总面积的 25%；‘阳光玫瑰’和‘夏黑’种植面积均超过 200 万亩，合计约占鲜食葡萄总面积的 20%。欧亚品种同样是鲜食葡萄的重要组成部分，如‘红地球’‘无核白’‘玫瑰香’等，约占鲜食葡萄面积的 40%，剩余约 15% 则为其他鲜食品种，形成了我国鲜食葡萄品种的多元分布格局。在我国，‘赤霞珠’‘梅洛’‘霞多丽’‘西拉’等引进品种的栽培面积约占全国酿酒葡萄的 80%，其中‘赤霞珠’占据近一半份额，此外中国原产特色葡萄资源如毛葡萄、刺葡萄、山葡萄及山欧杂种约占 20%，是广西、湖南、吉林及辽宁部分地区种植的主要酿酒葡萄品种（图 9-1）。

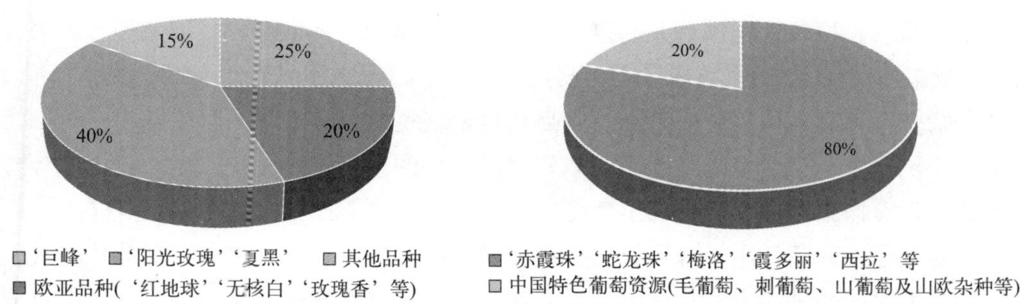

图9-1　我国鲜食和酿酒葡萄品种占比

（二）加工与副产物利用

1. 传统加工

葡萄的传统加工产品丰富，涵盖葡萄干、葡萄酒、葡萄汁、葡萄罐头等，不同产品对原料品种有着明确要求。其中，葡萄干制作多选择固形物含量高、风味色泽好、酶促褐变不严重、果粒皮薄、肉质硬、含糖量高的无核品种，主要制干品种包括'无核白''长粒无核白''马奶子''无核白鸡心''无核紫'等，与新鲜水果相比，加工后的葡萄干含有65%～77%的葡萄糖和果糖，铁含量也有显著提高。

葡萄酒是以新鲜葡萄或葡萄汁为原料，经完全或部分发酵制成的、含有一定酒精度的发酵酒，其风味、香气与风格由葡萄品种、风土条件、酿造工艺及陈酿方式共同决定，是全球消费量最大、文化底蕴最深厚的酒类之一。制汁葡萄品种多为美洲种或欧美杂种，例如'康克''玫瑰露''康拜尔''美洲红''柔丁香''香槟''尼亚加拉''黑虎香'等，这类品种要求含糖量高（17%～20%）、含酸量较低（0.5%～0.7%），汁红而鲜艳、出汁率高（葡萄果实除占质量20%的果梗、果皮和种子等固体成分外，剩余80%液体部分即为葡萄汁），且果香浓郁；同时葡萄汁中包含多酚类化合物、类黄酮、白藜芦醇、单宁、SOD等生理活性物质，具有利尿、消除血管胆固醇、分解油脂和延缓脂肪累积等功效，又被称为"植物牛奶"。

葡萄制罐品种则需满足粒大、肉厚、肉质硬脆，无核或少核或小核，果皮韧性强、易剥离，果肉白色或浅白色，可溶性固形物含量高、水分低，香味浓郁的要求，典型品种如'红地球''白玫瑰'等。

2. 功能开发

葡萄及其副产物（皮、渣、籽）因富含高价值的生物活性成分，已成为营养品、医药和化妆品领域的重要原料，其功能产品的开发是提升葡萄产业附加值的关键路径。主要用于三个方面：①营养与保健产品；②医药与药用成分提取；③化妆品与个人护理品应用。

二、育种材料

（一）资源分类与育种价值

葡萄种质资源作为育种工作的核心基础，可从不同维度进行科学分类，以满足多样化的育种目标需求。按栽培类型划分，可分为栽培品种和野生种资源：栽培品种普遍表现出果实品质优良、产量较高的特征，如‘蓝宝石’‘巨峰’‘龙眼葡萄’‘牛奶葡萄’等，这些品种在杂交育种中常作为优质亲本，为后代传递优良的果实性状；野生葡萄资源则常常蕴含宝贵的抗病虫、耐逆境等基因，是栽培葡萄改良的重要遗传背景，例如我国部分野生葡萄如高山刺等株系对白粉病表现出高度抗性，为抗病分子育种提供了关键材料。

按用途划分，葡萄种质资源可分为酿酒葡萄、鲜食葡萄、制干葡萄、制汁葡萄及砧木品种，不同用途的品种在果实特性、生长习性上存在显著差异，如酿酒葡萄需适配发酵工艺对糖分、酸度的要求，鲜食葡萄则更注重果肉口感与外观品质，这种分类方式为针对性育种提供了清晰的资源导向。

为系统保护和高效利用这些种质资源，我国建立了多层次的保存体系。自 20 世纪 70 ～ 80 年代起，我国先后建立了 3 个国家级葡萄种质资源圃：郑州葡萄圃与太谷葡萄圃为综合型资源圃，广泛收集保存了大量栽培种与野生种资源，覆盖葡萄种质的主要类型；左家山葡萄圃则以保存山葡萄资源为特色，是目前世界上山葡萄种质保存最为丰富的资源库，为山葡萄相关的育种研究提供了独特材料。

除国家级资源圃外，近 50 年来全国各省科研院所也相继建立了一批中小型特色葡萄资源圃，共同构成覆盖全国的保存与研究网络（表 9-2），这些地方资源圃结合区域生态特点，针对性保存特色种质，为区域葡萄产业的品种改良提供了本地化支持。

表9-2　各地科研单位葡萄育种资源保存情况

各省份科研单位	葡萄育种资源情况
中国科学院植物所	抗旱寒性野生葡萄种 13 个，种内不同生态型资源 100 余份，原产北美的野生种 12 个，葡萄品种（含种间杂种品种）450 余个
北京市农林科学院林业果树研究所	250 余份葡萄种质
辽宁省农科院果树研究所	鲜食、酿造品种资源 200 余份，优良砧木品种资源 40 余份
上海马陆葡萄科普园	100 余份葡萄种质
江苏省农科院园艺研究所	建立南方特色的葡萄种质资源圃，收集保存各类葡萄资源 120 余份
山西省农科院果树研究所	建立北方特色葡萄资源圃，收集保存 5 个种，410 多个葡萄品种和类型
广西壮族自治区农科院南方葡萄研究中心	葡萄品种 200 多份、野生资源 30 多份、葡萄杂交后代 100 多份
新疆农科院吐鲁番长绒棉研究所	引进、定植葡萄品种资源 100 份，筛选出鲜食葡萄品种 2 个，制干、制汁葡萄品种 2 个

（二）育种实践

葡萄育种工作的核心在于依据既定育种目标，科学选择和配置亲本，通过杂交实现遗传信息的重组，培育兼具双亲优势的新组合。其本质是利用基因重组原理，将不同品种或类型所携带的优良基因进行整合，从而创造出具有优质果实、较强抗性和适应性的新品种——这一过程中，野生种与栽培种的亲本搭配尤为关键。野生种凭借其抗病、抗逆的基因优势，可弥补栽培种在抗性上的不足；栽培种则以优质、高产的性状为核心。随着现代生物技术的发展，以 SSR、SNP 为代表的分子标记技术，已成为葡萄育种的重要辅助手段。

第二节　郑州葡萄圃种质分发与利用状况

国家果树种质郑州葡萄圃始建于20世纪60年代，长期致力于葡萄种质资源的收集、保存、鉴定评价及利月研究。截至2014年底，共收集保存了来自中国、俄罗斯、法国、美国等33个国家的野生种、地方品种、育成品种、育成材料、珍稀资源和近缘植物等种质资源1400余份。目前，种质的提供利用已不仅仅是简单的发放，利用目的、利用效率，特别是利用效果逐渐受到重视。对2000年以来国家果树种质郑州葡萄圃种质提供利用状况进行统计，从种质类型、利用目的、实际效果等方面进行分析，并列举利用率较高的种质，可为葡萄种质利用者提供参考。

一、我国各地种质获取数量状况

2000以来，郑州葡萄圃共向我国的28个省（区、市）提供了葡萄种质资源，其中获取数量较多的省市有江苏、湖南、河南和北京市，获取数量分别为2033、1590、1361和1148份次，而四川、天津、宁夏、浙江、广东、山西、黑龙江、福建、内蒙古、重庆和安徽等省（区、市）种质利用数量较少，种质利用数量均少于100份次（表9-3）。部分省份资源的利用也呈现出年份特点，如云南省在2007年之前利用数量极少，此后每年都增加很快，可能与云南葡萄产业自2007年后大发展相关。

表9-3　各地葡萄种质提供利用情况

地区	数量 / 份次	地区	数量 / 份次	地区	数量 / 份次	地区	数量 / 份次
江苏	2033	辽宁	405	吉林	104	广东	26
湖南	1590	河北	349	广西	102	山西	19
河南	1361	新疆	316	江西	100	黑龙江	16
北京	1148	云南	233	四川	96	福建	13
陕西	937	湖北	214	天津	47	内蒙古	8
山东	813	贵州	147	宁夏	42	重庆	7
甘肃	412	上海	144	浙江	39	安徽	1

二、我国各单位种质获取状况

2000年以来，郑州葡萄圃共向中国农业大学、西北农林科技大学、南京农业大学、华中农业大学、贵州大学、中国科学院植物研究所、中国农业科学院果树研究所、北京市农林科学院林业果树研究所、广西农业科学院、河南科技大学等273个单位或个人提供了葡萄种质资源，有力地支撑了相关研究和产业的发展。其中，科研单位和企业获取数量最多，分别为38.8%和30.3%（表9-4）。利用葡萄种质资源较多的单位有南京农业大学园艺学院、河南科技大学园艺与植物保护学院、北京市延庆区果品产业服务站、湖南省澧县农康葡萄专业合作社等。

表9-4　葡萄种质利用单位分布状况

单位性质	数量 / 份次	比例 /%
科研	4302	38.80
大学	2527	22.80
企业	3354	30.30
其他	829	7.50
个人	70	0.60
合计	11082	100.00

三、分发种质类型和种质研究用途状况

对分发的11082份次种质资源按类型进行统计，结果表明，鲜食种质7687份次，比例超过2/3，酿酒及制汁种质2495份次，砧木种质699份次，其他种质201份次，可见，鲜食葡萄种质的分发仍占绝对优势（表9-5）。在分发的11082份次资源中，又以用于科学研究的比例最大，用于引种试验、研究生学位论文及品种选育的比重也逐年增加（表9-6）。

表9-5　不同葡萄种质类型利用状况

类型	数量 / 份次	比例 /%
鲜食	7687	69.4
酿酒	2495	22.5
砧木	699	6.3
其他	201	1.8

表9-6　分发葡萄种质研究用途状况

利用目的	数量 / 份次	比例 /%
引种试验	3489	31.5
学位论文	1176	10.6
科学研究	3609	32.6
建品种园	700	6.3
资源鉴定	271	2.4
品种选育	1174	10.6
其他	663	6.0

四、利用率较高的种质

近二十多年来，利用率较高的种质有‘无核白鸡心’‘郑果大无核’‘5BB’‘SO4’‘1103P’

等。‘无核白鸡心’表现为无核、大粒、穗大、外观美丽、品质优、丰产性好，提供 102 份次，利用单位包括天津市农科院林果所、贵州省农科院园艺所、湖南省农科院瓜类研究所、山东农业大学园艺学院、云南省富民县果茶站等。‘郑果大无核’表现为无核、大粒、穗形美观，品质优，提供 78 份次，利用单位包括中国科学院植物研究所、北京农林科学院林业果树研究所、中国农业大学、新疆农业科学院园艺作物研究所、陕西阳光现代农业发展股份有限公司等。

‘5BB’表现为产条量大、生根良好、抗石灰性土壤、抗线虫，提供 56 份次，利用单位包括上海市农科院园艺研究所、中国农业大学、甘肃农业大学、河北农林科学院昌黎果树所、华中农业大学、辽宁省农科院果树所等。SO4 表现为抗盐碱、抗线虫、产条量大、易生根、嫁接状况良好，提供 45 份次，利用单位包括北京市通州区张家湾葡萄协会、甘肃省农科院果树所、贵州大学农学院、吉林农科院果树所、内蒙古农业大学、上海交通大学等。

‘1103P’表现为较抗旱、抗盐碱、耐湿、生根好、嫁接状况良好，提供 35 份次，利用单位包括中国农业大学、河北科技师范学院、湖南农业大学、辽宁省农科院果树所、内蒙古农业大学、山东农业大学园艺科学与工程学院等。可见无核鲜食葡萄和砧木种质的利用率较高，说明鲜食葡萄中无核类型的研究和育种日益受到重视。2005 年后，国内在上海、湖南怀化和陕西西安等地陆续发现了葡萄根瘤为害，砧木的研究和利用也开始受到科研院所和生产单位的重视。

第三节　葡萄种质资源的育种利用

葡萄资源圃里面的种质资源是育种利用的重要资源支撑，农业生产中发挥着至关重要的作用。葡萄种质资源可以为葡萄新品种的选育以及种质创新提供丰富的材料。通过对这些种质材料进行鉴定、筛选和培育，可以培育出具有独特性状和优势的葡萄新品种，为农业生产注入新的活力和动力。近些年来，世界各国均加大了葡萄品种的选育，培育出大量的新品种。世界上主要的葡萄栽培大国和地区已建立起在线葡萄种质资源数据库，美国于 1990 年建成美国农业部种质资源信息网（GRIN，Germplasm Resources Information Network），德国葡萄育种研究所于 1983 年建立目前世界上收录葡萄种质资源信息相对较全、数据更新频率较高的国际葡萄品种目录数据库（VIVC，*Vitis* International Variety Catalogue），欧洲建立了欧洲葡萄数据库（The European *Vitis* Database），意大利、西班牙、法国分别建立意大利葡萄数据库（Italian *Vitis* Database）、西班牙葡萄 PFAF 植物数据库（Plants For A Fulture）、法国种植葡萄（Plant grape）等。其中，欧洲葡萄数据库记录了来自世界 69 个国家的 38391 份次的种质信息；国际粮食和农业植物遗传资源数据库网站收集的葡萄种质信息有 54396 份；美国农业部种质资源信息网网站共录入 8399 份葡萄种质信息。

综合性状优良、具有特异优异性状的葡萄材料，经过育种家们的利用，可形成优良的品种，也可作为杂交育种的亲本。常规杂交育种是葡萄育种中应用最多、最广泛和最有效的育种方法之一。通过有目的地选择亲本进行杂交或回交，对实生后代进行观察、筛选，从而得到所需要的品种。杂交育种可以将同一物种里两个或多个优良性状集中在一个新品种中，还可以产生杂种优势，获得比亲本品种更强或表现更好的新品种。葡萄每一次更新的换代品种都由杂交育种而来，如‘巨峰’(‘石原早生’×‘森田尼’)、‘夏黑’(‘巨峰’×‘无核白’)、‘阳光玫瑰’（‘安芸津21号’ × ‘白南’)、‘红地球’（‘L12-80’ × ‘S45-48’）等。

一、我国葡萄杂交育种亲本分析

从我国自育品种的亲本利用情况分析（图9-2），我国育成葡萄品种的直接亲本分4大类：野生种、引进品种、育成品种和亲本来源不详的品种。1950 ～ 2022年，我国通过常规杂交育成的283个葡萄品种共涉及直接亲本187个，其中我国育成品种69个，占36.90%；野生种9个，占4.81%。按种群分为5大类：欧亚种群、北美种群、东亚种群、杂交种群和来源不详，欧亚种数量最多，占60.96%，北美种占2.14%，东亚种占5.88%，杂交种群中欧美杂种占20.32%，欧山杂种占3.21%，另有7.49%的亲本所属种群不详。按亲本杂交组合（父本 × 母本）可分为16类，发现母本为欧亚种时的杂交组合最多，占71.13%，包括欧亚 × 欧亚组合134个，欧美 × 欧亚组合30个，东亚 × 欧亚组合10个，山欧 × 欧亚组合1个；母本为欧美种的杂交组合有48个（欧亚 × 欧美组合29个，欧美 × 欧美18个，北美 × 欧美1个），占19.51%。和母本相同，以欧亚种作为父本时的杂交组合最多，占70.73%；以欧美种作为父本的杂交组合有51个，占20.73%。随着育种工作的开展，杂交育种亲本选择的范围越来越广。

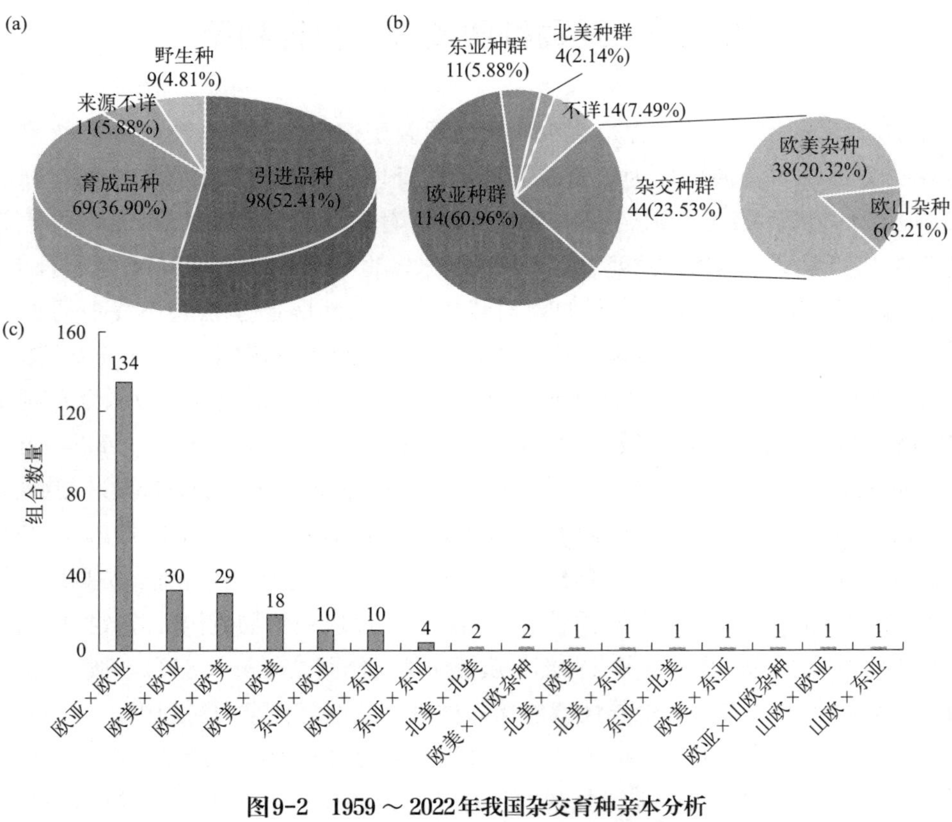

图9-2　1959 ～ 2022年我国杂交育种亲本分析

（a）直接亲本类型；（b）直接亲本种群；（c）直接亲本组合

统计不同时期我国杂交育种的直接亲本（图 9-3），发现 20 世纪 70 年代前，我国葡萄杂交育种工作刚刚起步，仅有‘玫瑰香’‘山葡萄’‘沙巴珍珠’‘黑汉’4 个品种用于杂交育种；70 年代后，随着育种单位的增加，直接亲本数量快速上升；2000 年以后，早期的育成品种和新的引进资源作为亲本材料应用于杂交选育。进一步对 197 个直接亲本分析得出，‘玫瑰香’使用频数最多，为 52 次（父本 16 次、母本 36 次）；‘巨峰’次之，使用频数 27 次（父本 14 次、母本 13 次）；‘红地球’使用频数也比较多，平均 20 次以上；‘京秀’‘葡萄园皇后’‘瑰宝’‘香妃’使用频数在 10 次以上（图 9-4）。‘玫瑰香’‘红地球’‘京秀’作为母本的频率远高于父本，‘巨峰’和‘葡萄园皇后’作为母本和父本的频率相当，而‘香妃’和‘莎巴珍珠’在杂交育种中往往作为父本。在我国育成的优良品种中，直接利用‘玫瑰香’‘巨峰’和‘莎巴珍珠’作亲本及其衍生品种作亲本育成的品种分别占所育成品种总数的 39.58%（112 个）、21.55%（61 个）和 12.36%（35 个）。

根据不同年代我国杂交育种的主要直接亲本，发现 20 世纪 80 年代前，‘玫瑰香’和‘山葡萄’是杂交育种的主要亲本；80 年代后（1970 ～ 2009 年），‘葡萄园皇后’被广泛应用于杂交育种；20 世纪 80 年代中期，我国开始以‘巨峰’为亲本进行杂交育种，2000 年后在全国快速发展，广泛用于大粒葡萄的选育；21 世纪后，‘玫瑰香’和‘巨峰’仍是葡萄杂交育种的骨干亲本，同时‘京秀’‘红地球’‘莎巴珍珠’等的使用频率也显著增加，选育出越来越多的葡萄新品种。

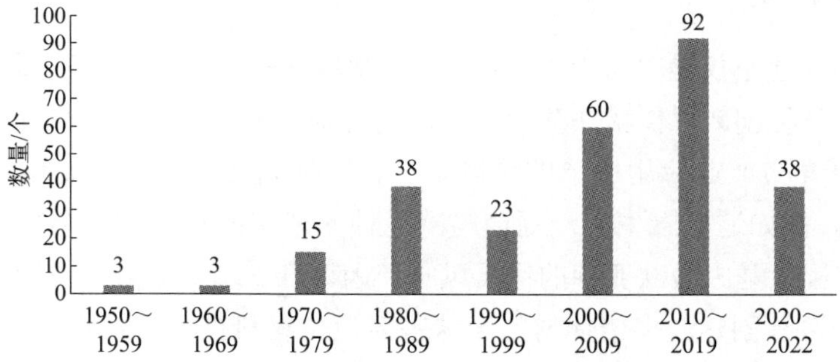

图9-3　不同年代我国杂交育种育成品种数量

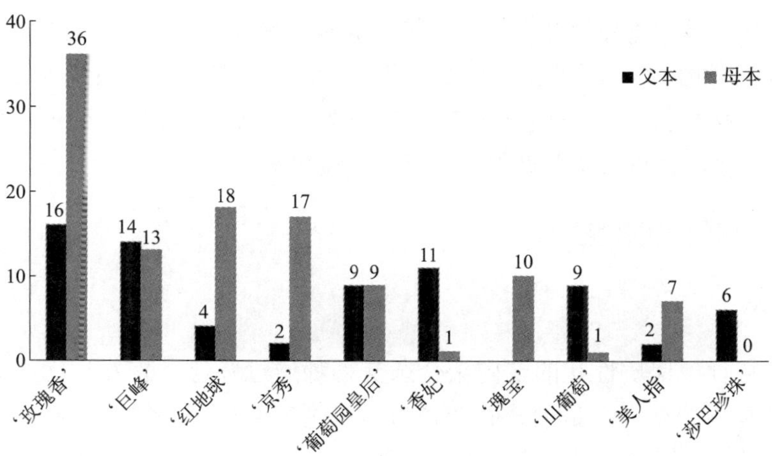

图9-4　1959 ～ 2022年我国杂交育种主要亲本使用频率

二、葡萄遗传材料的创建与应用

（一）葡萄遗传材料创建的意义

1. 保护遗传多样性

葡萄遗传材料的创建，本质是对葡萄种质资源的主动保护与精准留存，通过系统性收集、保存与创新，从根本上防止濒危种质基因流失，维持种质群体的差异化与完整性。葡萄种质资源中，许多野生种、古老地方品种及特异变异株因自然环境破坏、主栽品种挤压，正面临灭绝风险——例如我国山西、吉林等地的本土野生山葡萄种群，因栖息地碎片化，部分种群个体数量不足百株，其携带的 −40℃耐寒基因、高抗白粉病基因是不可再生的遗传财富；而一些仅存于传统产区的古老酿酒品种，虽产量较低，但富含独特香气物质合成基因，是酿造特色葡萄酒的核心资源。通过创建遗传材料（如建立种质资源圃保存野生植株、通过组培技术保存濒危株系、利用杂交保留特异基因），可将这些濒危种质的基因信息稳定留存，避免因自然消亡或人为遗弃导致基因库断裂。同时，创建过程中对种质差异化的刻意维持，能防止优质基因被单一主栽品种“稀释”，确保葡萄种群仍保有应对未来病虫害暴发、气候突变的遗传潜力，为物种存续筑牢“基因安全屏障”。

2. 支撑育种与研究

遗传材料的创建不仅是“留存”，更在于“激活”——通过人工干预创造新的遗传变异类型，为葡萄育种创新提供稀缺基因资源，同时为功能基因组学研究提供精准的试验材料，破解基础研究与产业应用脱节的难题。在育种创新层面，创建的遗传材料是优质基因的“储备库”。例如通过野生美洲葡萄与欧亚种的杂交创建的欧美杂种材料，将美洲种的抗根瘤蚜、抗湿热基因与欧亚种的优质风味基因聚合，培育出兼具抗逆性与商品性的品种；而通过诱变育种创建的多倍体材料。这些新遗传材料携带的抗性、优质等稀缺基因，打破了传统育种“种质资源匮乏”的瓶颈，推动品种改良向定向化、多元化发展。在基础研究层面，创建的遗传材料是基因功能解析的“试验载体”。功能基因组学研究中，基因编辑、瞬时转化、基因克隆等技术均需依赖特定遗传材料；而定向创建的抗病基因导入材料，能明确 NBS-LRR 类基因的抗病机制。此外，自然芽变材料经系统收集创建后，成为基因克隆的“天然素材”，如通过果实颜色芽变株与原品种对比，可快速定位花色苷合成相关基因，为基础研究提供了贴近生产实际的试验样本。

（二）葡萄遗传材料的创建技术

1. 传统技术

（1）杂交育种　优质性状的定向聚合杂交育种通过筛选具有互补优势的亲本进行杂交，实现优良基因的聚合，是创建新遗传材料最主流的传统手段。与商业化育种不同的是，该技术不追求直接产出可推广的优良品种，而是通过筛选具有互补遗传背景的亲本组合（如携带特殊抗逆基因的野生种与富集优质性状的栽培种），刻意保留后代中携带稀有变异或目标基因连锁片段的个体，为后续科学研究与种质创新储备“遗传素材”。

（2）诱变育种　人工诱导的遗传变异创造诱变育种通过秋水仙素等化学药剂或射线等物理手段诱导基因组变异，尤其在多倍体材料创建中成效显著，可直接获得符合育种目标的特异材料。秋水仙素通过抑制细胞分裂时纺锤体的形成，导致染色体加倍，进而创建多倍体材料：三倍体葡萄材料因染色体组不平衡，表现为胚珠发育不全，天然形成无核性状，且果实通常更大、果皮更厚，耐储运性提升；四倍体材料则因基因剂量效应，呈现果实大、果肉紧实、营养成分（如维生素 C、花青素）含量高的优势，如通过秋水仙素诱导“巨峰”芽变获得的四倍体株系，单果重较二倍体提升 20% ～ 30%，成为鲜食葡萄育种的优质亲本。

2. 遗传转化技术在材料创建中的应用

（1）分子标记辅助创建　该技术将分子标记辅助选择（MAS）与传统杂交等手段结合，在幼苗期即可筛选携带目标基因的材料，避免无效培育，精准创建符合需求的遗传材料。以无核性状材料创建为例，科研人员在‘无核白’与‘红地球’的杂交后代中，利用 SCF27、p3-VvAGL11 等无核相关分子标记进行检测，在幼苗期就能识别出携带无核基因的株系，无需等待 3 ～ 5 年植株结果，直接将这些阳性株系作为核心遗传材料留存，用于后续品种培育或基因功能研究，使无核材料的创建效率提升 60% 以上。此外，在抗病材料创建中，通过 SSR 标记筛选携带 Ren8（白粉病抗性）、Rpu14（霜霉病抗性）等位点的杂交后代，可精准创建高抗种质，为抗病育种提供定向材料。

（2）瞬时转化体系　是一种高效、快速研究基因功能的有效方法，其原理是将外源基因在相对短的时间内插入靶细胞，再将靶细胞转化到根癌农杆菌中，并利用农杆菌配制的重悬液借助无针注射器或真空渗透方式帮助携带外源基因的农杆菌渗透到植物组织的细胞间隙，使大部分的Ｔ－ＤＮＡ进入宿主的细胞核内，实现外源基因在短时间内高水平表达或者沉默。愈伤组织作为一种优秀的外植体材料，广泛地被用于瞬时转化体系，葡萄是世界上第二大经济作物，由于葡萄童期长，所以遗传转化速度较缓慢。鉴于葡萄的特殊性及农杆菌侵染法在其他物种中的有效性，更多的研究者将注意力转向农杆菌介导的遗传转化方法上。目前，多名学者均基于上述农杆菌介导的瞬时转化原理，针对不同葡萄品种的外植体（叶柄、叶片等）实现了不定芽、愈伤组织等目标的诱导。

（三）葡萄遗传材料创建的典型材料

1. 芽变材料

芽变材料由体细胞基因突变或表观遗传修饰形成，在果实品质、抗病性等性状上表现出与原品种的显著差异，是天然的优良基因宝库。在果实品质研究中，葡萄果皮颜色芽变材料是解析花色苷合成机制的核心材料——通过对比芽变株与原品种的转录组差异，可快速定位 UFGT、CHS 等花色苷合成关键基因；在抗病性研究中，部分品种的白粉病抗性芽变株，因 NBS-LRR 类抗病基因的激活突变，表现出高抗特性，为抗病基因克隆提供了天然材料。

2. 纯合系

以 PN40024 为代表的葡萄纯合系，由‘黑皮诺’经多代自交选育而成，基因组纯合度高、遗传背景稳定，是葡萄基因组学研究的“标准对照”。PN40024 因基因组稳定，被选为葡萄首个全基因组测序的模式材料，其测序结果为后续所有葡萄基因定位、遗传图谱构建提供了参考框架；在育种中，纯合系作为“纯合亲本”，可快速稳定杂交后代的遗传性状，缩短品种培育周期，例如用 PN40024 与抗病种质杂交，后代的抗病基因分离比例更清晰，便于目标株系筛选。

3. 多倍体材料

三倍体与四倍体材料因契合无核、大粒等主流育种目标，成为鲜食与制干葡萄育种的核心资源。三倍体材料（如‘夏黑’）因无核、早熟、耐储运的特性，已成为我国南方葡萄产区的主栽品种；四倍体材料则因果实大、营养丰富的优势，既可用作直接栽培品种，也可作为杂交亲本改良二倍体品种的果实性状，如四倍体‘巨峰’与二倍体‘红地球’杂交，后代中可筛选出大粒、中熟的优质株系。

第四节　葡萄种质资源的基础研究

葡萄不仅是重要的经济作物，也是植物科学研究中的重要模式材料之一。其丰富的遗传变异、清晰的遗传背景、较短的生育周期以及重要的经济性状，使其在多个基础研究领域发挥着不可替代的作用。葡萄作为研究材料在遗传学与育种、果实发育与品质、病虫害防治、抗氧化与保健功能以及基因组学与转录组学等多个领域都具有重要的应用价值。随着科学技术的不断进步和研究的深入，葡萄在科学研究中的潜力将得到更加充分的挖掘和利用，成了科学研究中不可或缺的一部分。

一、葡萄基础研究的核心领域概述

（一）遗传学研究

葡萄作为遗传学研究的理想材料，具有多方面的独特优势：其种质资源极为丰富，全球拥有超过 14000 个品种，蕴含大量的自然变异与人工驯化类型；遗传背景相对清晰，是首批完成全基因组测序的多年生果树之一，为基因功能解析提供了完整的参考基因组；同时，葡萄兼具自交亲和与杂交可育的特性，便于构建遗传群体，且拥有较为完善的遗传转化与基因编辑技术体系。这些特点使得葡萄在揭示植物遗传规律、解析性状形成的分子机制、探索物种进化历程等方面，成了一个不可多得的模式系统。其主要围绕遗传多样性分析、进化机制解析、基因定位与克隆以及重要性状遗传规律等核心方向展开。

（二）果实发育与品质研究

葡萄果实是研究植物浆果发育与品质形成的经典模型。其发育过程具有典型的双 S 型生长曲线，经历坐果、第一次快速生长期、滞长期、第二次快速生长期（转色期）及成熟期等阶段，生理生化变化时序清晰。成熟的葡萄果实积累了丰富的可溶性糖、有机酸、氨基酸、多酚、芳香物质等多种代谢产物，其成分与含量直接影响鲜食、酿酒、制干等不同用途的品质。这一特点使得葡萄成为解析果实糖酸代谢、着色、软化、香气形成等核心品质性状调控网络的理想体系。

（三）病虫害防治研究

葡萄是多种真菌性病害（如霜霉病、白粉病）和虫害（如根瘤蚜）的重要寄主，其与病原菌 / 害虫的互作系统是研究植物抗病（虫）机制、病原致病机理以及绿色防控策略的重要应用基础模型。不同种质资源在抗性上表现出的显著差异，为挖掘关键抗性基因、解析抗性信号通路提供了丰富的遗传材料。

（四）抗氧化与保健功能研究

葡萄及其副产物（如果皮、种子）富含白藜芦醇、原花青素、花色苷等多酚类物质，这些成分具有显著的抗氧化、抗炎、保护心血管等生物活性。葡萄因此成为研究植物源功能性成分的代谢合成途径、生物活性及其在营养健康领域应用的代表性材料。

（五）基因组学与转录组学研究

葡萄是首批完成全基因组测序的多年生果树作物之一，这一里程碑为葡萄研究进入组学时代奠定了坚实基础。以基因组信息为框架，整合转录组、代谢组、蛋白组等多组学技术，能够系统解析从基因到性状的完整调控链条。这些高通量技术已成为贯穿葡萄遗传多样性、进化、基因功能验证及育种应用研究的核心支撑。

二、种质资源的研究价值及技术支撑

（一）葡萄特性

葡萄属于多年生基因组高度杂合的植物，不同种质经历长时间选择和适应性进化，携带了不同类型的基因，进而表现出一定程度的多样性。

从种质资源的核心属性来看，其是携带生物遗传信息的载体，涵盖了生物在漫长进化过程中所积累的各种遗传变异，对于葡萄而言，这些种质资源是研究其基因定位、基因克隆以及性状形成分子机理的重要遗传宝库。不同地域、不同生态环境下形成的葡萄种质资源，还蕴含着适应各种环境的遗传信息，这些独特的遗传信息共同构成了葡萄丰富的种质资源体系，为后续的基础研究与育种实践提供了关键的物质基础。

葡萄种质资源是携带生物遗传信息的核心载体，其范畴广泛，涵盖了在漫长进化与栽培过程中形成的野生种、栽培种以及各类变异材料（如芽变株）。

从具体类型来看，野生葡萄是葡萄种质资源的重要组成部分，其蕴含着诸多适应原生环境的抗逆、抗病基因；栽培葡萄则是经长期人工驯化和选择形成的类群，包含了酿酒、鲜食、制干等不同用途的品种，是葡萄产业的核心种质；而芽变等变异材料更是特殊的种质类型，这类材料往往因基因突变、表观遗传修饰或染色体变异，表现出果实颜色、大小、风味或抗病性等方面的显著性状变化，为基因克隆和性状遗传机理研究提供了天然素材。整体而言，这些不同类型的种质资源，都承载着葡萄物种在进化过程中积累的各类遗传变异，是开展葡萄生物学基础研究与育种实践的宝贵遗传宝库。

（二）研究意义

葡萄种质资源的基础研究在理论领域具备多维度的核心价值，为葡萄相关生物学理论的完善提供了关键支撑。

葡萄种质资源是研究其起源和进化历程的核心材料，通过对不同地域、不同类型葡萄种质资源的遗传结构分析，能够追溯葡萄的起源地与传播路径。丰富的葡萄种质资源是解析性状遗传机制的重要遗传宝库，借助不同抗性、品质等性状的种质材料，科研人员可明确目标性状的遗传规律。例如利用高抗和高感白粉病的葡萄种质杂交后代群体开展连锁分析和 QTL 定位，能够找到与白粉病抗性相关的基因位点；而芽变等特殊性状的种质材料，更是为探究果实颜色、大小、风味等性状形成的分子机理提供了天然素材，可通过基因表达分析和比较基因组学研究，挖掘相关关键基因，阐明性状遗传调控机制。

随着分子标记与基因组测序技术在葡萄种质资源研究中的应用，科研人员能够构建高密度遗传图谱，进而深入揭示葡萄基因组内部的变异分布特征以及结构特性。研究发现，不同葡萄品种基因组中存在大量结构变异［如 CNV 拷贝数变异、InDel（得失位）等］，这些变异为葡萄的进化提供了原材料，同时，通过对大量种质资源的全基因组测序，还能明确基因组序列的多样性特征，为基因组结构变异与性状关联的研究提供了坚实基础。

葡萄种质资源的基础研究在实践领域同样具备不可替代的价值，为葡萄产业全链条的良性发展提供了关键依据，具体体现在以下三方面：

其一，研究得出的葡萄遗传多样性和遗传规律，是育种中亲本选择与选配的核心参考。例如研究表明用有核品种与无核品种杂交获得的优良杂种作有核母本，获得无核后代的可能性会增大，我国培育的‘京早晶’‘爱神玫瑰’等无核品种，正是选择‘无核白’或起源于‘无核白’的无核品种作父本杂交育成；而河岸葡萄和沙地葡萄杂交得到的‘3306C’‘3309C’等砧木品种，兼具易生根嫁接和高抗根瘤蚜的特性，还具备更深根系以提升耐旱抗病能力，印证了优质亲本选配的育种价值。另外，基础研究中的基因定位成果和分子技术，可推动品种改良的精准化与高效化。通过基因定位找到的抗病、无核等关键性状基因位点，能为分子育种提供支撑；而分子标记辅助选择（MAS）技术的应用，可实现在幼苗期对无核等目标性状的鉴定，打破传统育种需等植株结果后才能筛选的局限，极大缩短了葡萄品种选育的 12 ～ 20 年周期，加速了优质新品种的改良进程。

其二，葡萄种质资源基础研究明确了种质资源保存的核心目标是维持遗传多样性和种质差异性，防止资源流失与灭绝。研究指出，葡萄较强的遗传多样性是其生态适应性和生存能力的保障，可避免因病害或环境改变造成功能性灭绝；同时强调保护工作需重视种质完整性，除主栽品种外，要重点保护具备抗病性、抗逆性优势基因的品系，这一结论为种质资源收集、保存方案的制订提供了核心依据，有效规避了优质特异种质的遗失。

其三，不同葡萄种质具备独特的形态、生理和生化特征，通过对大量种质资源的系统研究，能够为品种鉴定、品质评价等产业标准的制定提供科学依据。基于这些研究成果可建立起一套精准的葡萄品种鉴定标准和品质评价体系，既能通过分子标记等技术实现品种的快速精准甄别，又能明确不同用途葡萄（酿酒、鲜食、制干）的品质核心指标，这对于规范葡萄产业市场、保障消费者权益、促进葡萄产业健康有序发展具有重要意义。

（三）研究技术支撑

（1）传统研究技术　在分子标记等现代生物技术尚未普及的阶段，葡萄种质资源的遗传多样性研究主要依赖形态学观察、孢粉学分析、同工酶技术等传统手段，为早期认知葡萄种质特性、划分种质类群提供了基础支撑。

形态学观察：这是最直观且应用最早的研究手段，主要通过对葡萄植株的株型高度、叶片形状、花朵颜色、果实大小，以及光合能力、需冷量、落叶时间等形态和生理特征进行系统观测，以此区分不同种质资源的差异化特征。例如可依据果实大小、果皮颜色等形态指标，初步划分鲜食、酿酒等不同用途的葡萄品种，也能根据植株抗寒、抗旱的表型表现，筛选具备基础抗逆性的种质材料，但其易受环境因素影响，精准度有限。

孢粉学分析：作为辅助性的传统研究技术，孢粉学分析通过对葡萄花粉的形态、大小、纹饰等微观特征进行鉴定，来探究不同葡萄种质的亲缘关系与进化历程，为葡萄种质的分类和起源研究提供了补充依据，不过该技术的分辨率较低，难以精准区分遗传背景相近的种质。

同工酶技术：相较于前两种技术，同工酶技术首次从生化层面实现了对葡萄遗传多样性的分析，通过检测葡萄不同组织中同工酶的谱带差异，反映种质间的遗传变异情况，为早期葡萄种质的遗传分化研究提供了生化层面的证据。

整体而言，这些传统技术虽为早期葡萄种质资源研究奠定了基础，但存在分辨率有限、易受环境干扰、无法深入基因组层面解析遗传差异等不足，随着生物技术的发展，逐渐被分子标记等现代技术所补充和替代。

（2）现代分子标记技术体系　随着生物技术的快速革新，分子标记、基因组测序、基因编辑、泛基因组分析等现代技术逐步成为葡萄种质资源研究的核心手段，大幅提升了研究的精准度与系统性，为深入解析葡萄遗传规律、赋能育种实践提供了关键技术支撑。

① 现代分子标记技术发展。在技术发展的早期阶段，RAPD（随机扩增多态性 DNA）和 AFLP（扩增片段长度多态性）是主要应用的标记类型。RAPD 技术基于随机引物的 PCR 扩增，无需预先知晓基因组序列，但重复性相对较差；AFLP 技术则结合了限制性酶切与选择性扩增，多态性较高但实验流程较为复杂。这两类标记在葡萄研究的早期阶段发挥了重要作用，例如唐美玲等曾利用 AFLP 标记筛选山葡萄性别相关条带，王军等则通过 RAPD 标记分析了山葡萄种质的多态性。

随着研究的深入和基因组信息的积累，SSR（简单重复序列）标记成为中期主流技术。SSR 标记基于基因组中短串联重复序列的多态性，具有多态性高、重复性好、共显性遗传等优势，且需基于已知序列设计特异引物。在葡萄研究中，SSR 标记被广泛应用于遗传图谱构建、亲缘关系分析和 QTL 定位。

当前，SNP（单核苷酸多态性）标记已成为葡萄遗传研究的核心技术。SNP 标记基于基因组中单个核苷酸的变异（如置换、插入或缺失），具有分布广泛、多态性高、适于高通量检测等突出优势。SNP 标记不仅可用于品种鉴定和单倍型分析，更是全基因组关联分析（GWAS）的技术基础。例如，Huang 等利用 SNP 标记开展全基因组关联分析，成功定位到多个与葡萄原花青素合成相关的候选基因；另有研究利用 SNP 标记解析了葡萄的系统发育路线，或完成了霜霉病、根瘤蚜等抗性位点的精准定位。

② 主要技术原理。RAPD 与 AFLP 标记的原理均依赖于 DNA 扩增产物的电泳谱带差异，可视为“匿名”标记，即无需预先知道所检测序列的功能信息。它们适用于遗传多样性初评、种质快速分类及遗传连锁图谱的初步构建。但由于其显性遗传特性（通常无法区分杂合子）以及 AFLP 技术对 DNA 质量要求较高，在需要精准基因型判断和超高通量的应用中已逐渐被替代。

SSR 标记的核心原理是检测基因组中 1 ～ 6 个碱基的短串联重复序列在重复次数上的差异。由于这些微卫星序列在基因组中分布广泛且变异频繁，SSR 标记能够提供丰富的多态性信息。其应用需以已知基因组序列为前提，通过设计侧翼序列引物进行 PCR 扩增，再通过电泳分离不同长度的等位基因。SSR 标记的共显性遗传特性使其能够准确区分纯合与杂合基因型，因此在遗传图谱构建和亲本分析中具有独特价值。除了前述的遗传结构分析，SSR 标记也常被用于连锁图谱的加密，以及抗病、无核等性状的基因定位。

SNP 标记则代表基因组中最细微的遗传变异形式。与 SSR 标记相比，SNP 在基因组中的分布密度更高（平均每 100 ～ 300 个碱基对就存在一个 SNP），且更适合自动化、高通量的检测平台（如芯片测序、高通量测序）。SNP 标记的应用几乎覆盖了现代葡萄遗传研究的各个领域：在品种鉴定方面，基于 SNP 的指纹图谱能够实现品种的精准甄别；在进化研究中，SNP 数据可用于重建物种的系统发育关系；在育种应用中，SNP 标记通过与目标性状的连锁不平衡，为分子标记辅助选择提供海量的候选位点。特别值得一提的是，SNP 标记与全基因组关联分析的结合，使得无需构建专门的分离群体即可挖掘与复杂性状相关的遗传位点，极大拓展了基因发现的效率与范围。

③ 应用领域。分子标记技术在葡萄研究中已形成五大核心应用方向，贯穿从基础研究到育种实践的全链条。

种质资源鉴定与亲缘关系分析是分子标记最基础的应用。通过分析不同种质在分子标记上的多态性，可以准确评估种质间的遗传距离和亲缘关系，为种质分类、核心种质构建和知识产权保护提供客观依据。

遗传图谱构建与 QTL 定位依赖于高密度分子标记图谱。利用 SSR 或 SNP 标记构建的高分辨率遗传连锁图，是进行数量性状位点（QTL）定位的前提。通过将目标性状与标记的连锁关系进行统计分析，可以定位控制果实大小、糖酸含量、抗病性等复杂性状的染色体区域。

分子标记辅助选择是标记技术在育种中的直接应用。通过鉴定与目标性状紧密连锁的分子标记，可在幼苗期对育种材料进行早期、无损筛选，大幅缩短育种周期，提高选择效率。例如，利用 SCF27 等标记可在苗期筛选无核性状，避免了传统育种需等待植株结果的漫长过程。

全基因组关联分析是 SNP 标记时代的主流研究方法。通过对自然群体进行全基因组范围的标记扫描和表型关联，可以在不设计特定杂交组合的情况下，挖掘与目标性状相关的遗传变异。该方法在葡萄抗病性、果实品质等复杂性状的基因挖掘中表现出强大潜力。

品种真实性鉴定与知识产权保护是分子标记在产业中的应用。基于分子标记构建的品种 DNA 指纹数据库，可以用于新品种的 DUS 测试、市场流通品种的真伪鉴定，以及品种权侵权案件的司法取证，为葡萄产业的有序发展提供技术保障。

三、葡萄种质资源的遗传多样性与进化研究

（一）遗传多样性的核心价值与表现

1. 遗传多样性的核心价值

遗传多样性一般是指种内的差异水平，是生物多样性的根本来源，是物种内变异的遗传性状总数，其核心价值集中体现在反映物种适应能力、体现物种育种改造潜力、为亲本选配提供科学依据三个方面，是葡萄种质资源研究与应用的重要基础。

（1）反映物种适应环境的能力　遗传多样性直接决定了葡萄物种的生态适应性和生存能力，不同地域、不同生态环境下的葡萄种质，因长期选择和适应性进化积累了适应各类环境的遗传信息，这些丰富的遗传变异让葡萄种群能够应对不同的生物胁迫（如病虫害）和非生物胁迫（如干旱、盐碱）。同时，葡萄较强的遗传多样性还能有效防止因病害大规模侵袭或生长环境突变造成的功能性灭绝，保障了物种的稳定存续与广泛分布。

（2）体现物种育种改造潜力　遗传多样性是葡萄被改造和利用的核心潜力来源，其涵盖的各类遗传变异，包含了抗病性、抗逆性、优质果实性状等关键育种目标相关的基因，是开展品种改良的宝贵遗传宝库。通过对遗传多样性的系统评价，能够快速筛选出具备特定优良性状的种质材料，为后续定向培育符合产业需求的新品种奠定物质基础，大幅提升育种工作的可行性与拓展空间。

（3）为亲本选配提供科学依据　遗传多样性的研究结论是葡萄育种中亲本选择与选配的核心参考，可帮助科研人员快速、准确地搭配亲本组合，提升育种效率。

2. 遗传结构分析案例

赵旗峰团队以国家葡萄种质资源圃保存的 100 份核心种质为研究对象，依托 SSR 标记（简单重复序列）的高多态性、高重复性优势，系统解析了葡萄种质的遗传结构特征，最终将其划分为 2 大类群 4 个亚群，清晰揭示出自然进化与人工驯化共同驱动的进化程度差异，是塑造葡萄种质遗传结构的核心因素。

该研究的核心实验设计具有明确的针对性：首先从基因组测序数据中筛选出 33 对多态性核心 SSR 引物，这些引物覆盖葡萄全基因组关键区域，能精准捕捉种质间的遗传变异；随后通过 PCR 扩增、电泳检测等技术，记录 100 份种质的 DNA 多态性条带并构建数

据矩阵，最终结合 Nei’s 遗传距离计算与 MEGA 7.0 软件的 NJ 邻接聚类分析，完成遗传结构的分型与溯源。实验数据显示，33 对引物共检测到 423 个等位基因，每对引物平均扩增 12.82 条带，且 97.80% 的种质间遗传距离处于 0.4 ～ 0.8 的显著差异区间，为类群划分提供了坚实的数据支撑。

从分型结果来看，100 份种质的遗传结构呈现清晰的“2 大类群 +4 亚群”层级：第一大类群为单一纯合类群，核心成员是欧亚种鲜食葡萄品种（如‘巨峰’‘红地球’等），这类种质经长期定向人工驯化，遗传背景相对集中，果实大、口感甜等鲜食品质相关基因被强化，形成了独立的遗传分支；第二大类群为复合杂合类群，内部进一步分化为 4 个亚群，分别是欧亚种酿酒葡萄（如‘赤霞珠’‘霞多丽’）、欧美杂种（如‘夏黑’）、美洲种砧木（如‘3309C’）及中国野生葡萄（如山葡萄）。

这一分型结果的核心价值，在于揭示了“进化程度差异→遗传变异积累→种质结构分化”的内在关联：

进化程度较低的原始种质（中国野生葡萄、美洲种），保留了大量自然选择形成的抗逆基因（如抗寒、抗根瘤蚜），遗传多样性丰富，因此在聚类中虽与其他类群同属第二大类群，但仍能形成独立亚群，体现出自然进化留下的遗传印记；

进化程度中等的杂交种质（欧美杂种），因人工杂交引入了美洲种的抗逆基因与欧亚种的品质基因，遗传背景呈现“杂合聚合”特征，聚类时处于野生种与栽培种的过渡位置，成为类群内的连接性分支；

进化程度较高的定向驯化种质（鲜食、酿酒专用品种），受人工选择压力影响，遗传变异向特定目标集中（鲜食侧重果实大小，酿酒侧重单宁含量），最终形成遗传背景相对纯合的独立类群或亚群。

值得注意的是，研究还发现美洲种砧木与山西野生葡萄的聚类距离极近，这一现象印证了人为干预对遗传结构的重塑作用——二者虽地理相隔遥远，但因均被用于抗逆砧木选育，人工选择方向的趋同使得部分抗逆相关基因片段呈现关联性。该案例不仅验证了 SSR 标记在遗传结构分析中的可靠性，更为葡萄种质的分类管理、亲本选配提供了精准依据，例如可利用类群间的遗传距离差异，筛选远缘杂交亲本以提升后代杂种优势。

3. 种质资源的差异化特征

葡萄种质资源在长期自然演化与人工选择过程中，形成了形态与生理、生态适应性等方面的显著差异化特征。这些特征不仅是种质资源多样性的直观体现，也是其分类、评价与利用的重要依据。

（1）形态与生理差异　不同葡萄种质在植株形态、果实性状及生理特性上表现出明显差异，直接反映了其遗传背景与栽培用途的分化。

① 植株形态　种质间在株型、叶片、花朵等方面差异显著。野生葡萄多呈藤本蔓生、株型高大；栽培品种中则既有乔化型，也有适于密植的矮化或半矮化类型。叶片形状从深裂（欧亚种）到浅裂或近全缘（美洲种），叶背茸毛有无、疏密不一；花朵颜色以黄绿色为主，少数野生种可见淡紫色。

② 果实性状　果实大小、形状、颜色等外观特征差异显著。鲜食品种通常果粒硕大、

果皮较薄、色泽鲜艳；酿酒品种果粒偏小、果皮较厚、色素与单宁含量高；制干品种则果粒椭圆形、果皮坚韧、耐储运。无核与有核性状也是关键区别，无核品种因胚珠发育不全而形成无籽果实，是鲜食与制干育种的重要目标。

③ 生理特性 种质间在光合能力、需冷量、落叶时间等生理指标上存在明显差异。光合能力强的种质更利于糖分积累；需冷量高低直接影响种植区域选择（高需冷量宜北方，低需冷量适宜南方）；落叶早晚则与抗寒准备相关，早落叶种质可更早进入休眠，增强越冬能力。

（2）生态适应性差异 不同葡萄种质对气候、土壤等环境条件的适应性各异，直接影响其自然分布与栽培区域。

① 起源地原生分布 根据双起源中心理论，鲜食葡萄起源于西亚干旱地区，适应光照充足、夏季干燥的气候；酿酒葡萄起源于高加索地区，耐受温带大陆性气候。起源地环境奠定了种质的基础生态习性。

② 跨地域栽培适应性 欧亚种葡萄栽培范围最广，可在全球温带、亚热带地区种植，但对根瘤蚜等病虫害抗性较弱；美洲种葡萄（如河岸葡萄、沙地葡萄）适应北美湿热气候，抗根瘤蚜能力强，常作砧木；中国野生葡萄（如山葡萄、刺葡萄）则适应本土寒冷、高湿或干旱环境，是区域性抗逆育种的重要资源。

③ 极端环境适应性 部分种质具有特殊的极端环境适应能力。如山葡萄可耐 −40℃低温，为高寒地区唯一可自然越冬的种质；新疆‘无核白’适应强光照、昼夜温差大的戈壁气候，果实糖度高、耐储运；耐盐碱种质则可在滨海或内陆盐碱地种植，拓展了葡萄栽培的地理边界。

（3）抗性与品质差异 种质资源在抗病性、抗逆性及果实品质等方面亦存在显著差异，这些差异既是其遗传特性与进化历程的反映，也是育种中亲本选择与性状改良的重要依据。

（二）遗传多样性的研究方法演进

在分子生物学技术尚未普及的阶段，形态学观察是葡萄种质资源遗传多样性研究的核心方式，其核心逻辑是通过“表型差异”反推“遗传差异”，主要聚焦于植株形态、果实特征等直观可测的指标：

核心观测指标：包括植株高度（乔化 / 矮化）、叶片形状（心形 / 掌状、缺刻深浅）、花朵颜色（白色 / 黄绿色）、果实大小（单果重、果粒纵径 / 横径）、果实外观（果皮颜色、果粉厚度），以及生理特性相关的需冷量、落叶时间、光合能力等。例如，通过比较不同种质的果实大小，可初步划分鲜食（大果粒）与酿酒（中 / 小果粒）品种；通过观测叶片缺刻特征，能辅助区分欧亚种与美洲种葡萄。

方法优势与局限：优势在于操作简便、无需复杂仪器，可快速对大量种质进行初步分类，为早期种质资源普查提供了基础依据。但局限性极为显著——表型易受环境因素干扰（如同一品种在干旱 / 湿润环境下的果实大小差异），且分辨率低，无法区分遗传背景相近的种质（如同名异物、近缘品种），更难以揭示表型差异背后的基因层面机制，导致研究深度有限。

随着葡萄育种需求的提升（如精准筛选抗病、性别相关种质），传统形态学方法的局限性日益凸显，亟需能直接反映遗传变异的研究技术，分子标记技术由此逐步成为主流。

（三）葡萄的进化机制与驯化历史

1. 自然适应演化

葡萄在数百万年的演化进程中，历经大陆分离、冰河时期等环境剧变，以及长期人工驯化，形成了欧亚、东亚和北美三大种群，其适应性进化的核心机制，正是通过种质资源的系统分析得以逐步揭示。这些研究从基因位点、基因组结构变异、基因家族演化等多个层级，阐明了葡萄应对生物胁迫与非生物胁迫的遗传基础，以及人工选择对适应性性状的塑造作用。

葡萄种质资源为挖掘适应性进化的核心基因提供了天然素材，通过对不同生态型种质的对比分析，科研人员已成功识别出大量与抗病性、耐寒性、抗旱性等环境适应性状相关的基因位点。

（1）抗病性适应的基因基础　面对白粉病、霜霉病等生物胁迫，不同种质表现出差异化抗性，而这种抗性的本质是特定基因位点的进化选择。例如，利用高抗和高感白粉病的葡萄种质杂交后代群体，可定位到 Ren 系列抗性位点（Ren8 位于 LG18、Ren9 位于 LG15）；针对霜霉病的抗性研究则发现了 Rpu 系列位点（如 Rpu14 位于 LG5、Rpu15 位于 LG18），这些位点多编码 NBS-LRR 类抗病蛋白，通过识别病原菌效应因子启动免疫反应，是葡萄长期应对病害侵染的核心进化成果。此外，抗根瘤蚜的 Rdx 系列位点（Rdx2 位于 LG14）、抗皮尔斯病的 Pdrl 位点（位于 LG14），也印证了葡萄在特定病虫害分布区域的定向适应性进化。

（2）非生物胁迫适应的遗传线索　针对干旱、盐碱、低温等非生物胁迫，葡萄种质中同样保留了清晰的适应性基因印记。如东亚种群的山葡萄可耐受 −40℃低温，其种质中携带的低温响应基因（如 CBF/DREB 转录因子家族基因）表达模式与欧亚种存在显著差异，能在低温下快速启动抗冻蛋白合成；而北美种群的河岸葡萄、沙地葡萄，其深层根系的形成则与根系发育相关基因（如 Aux/IAA 家族基因）的变异密切相关，这一性状赋予了种质更强的耐旱和耐盐碱能力，使其能适应北美本土的复杂生境。

通过比较不同葡萄品种的全基因组数据，研究发现基因组层面的结构变异（CNV、InDel）是葡萄适应性进化的重要原材料，这些变异可直接影响基因的表达水平与功能，推动种群对环境的快速适应。

（3）结构变异的功能效应　在栽培葡萄与野生葡萄的基因组对比中，发现大量与果实品质和抗逆相关的区域存在 CNV。例如，与果实糖分积累相关的蔗糖转运蛋白基因（SWEET 家族），在栽培葡萄中存在拷贝数扩增，使其果实能积累更高含量的可溶性糖，这是人工选择驱动的适应性变异；而野生葡萄中与抗寒相关的基因区域则存在特异性 InDel，可增强基因的低温诱导表达效率，助力其在寒冷生境中存活。

（4）变异的种群特异性特征　欧亚、东亚、北美三大种群的基因组结构变异呈现明显的地域适应性特征。北美种群种质的基因组中，与抗根瘤蚜相关的区域存在独特的 InDel

变异，这与根瘤蚜在北美的原生分布直接相关；东亚种群山葡萄的基因组中，低温响应区域的结构变异频率显著高于其他种群，是其适应高纬度寒冷气候的关键遗传基础。

基因组进化的核心动力不仅来自基因位点的突变，还包括转座子的活性以及基因家族的扩张与收缩，而葡萄种质资源的对比研究，清晰揭示了这两类机制对适应性进化的支撑作用。

（5）转座子的调控作用 转座子作为基因组中的“可移动元件”，其激活可引发基因表达模式的重排。研究发现，栽培葡萄基因组中部分转座子在驯化过程中被激活，插入果实品质相关基因的调控区域，改变了基因的表达时序，例如在葡萄转色期相关的 *UFGT* 基因（花色苷合成关键基因）上游，存在转座子插入导致的表达量上调，使栽培葡萄果实呈现更丰富的色泽，这是人工选择与自然进化协同作用的结果。

（6）基因家族的定向扩张 适应性性状的强化往往伴随功能基因家族的扩张，在葡萄种质的基因组分析中，与果实品质和抗逆相关的基因家族表现出显著的扩张趋势。例如，栽培葡萄中与果实香气相关的萜类合成酶基因家族、与单宁积累相关的查耳酮合成酶（CHS）基因家族，其成员数量远多于野生葡萄，这是人工选择驱动的定向进化；而野生葡萄中 NBS-LRR 类抗病基因家族的扩张，则是自然选择下应对复杂病原菌环境的适应性表现。

2. 人工驯化的影响

栽培葡萄从野生种群走向人工驯化的过程，并非简单的“单向选择”，而是呈现出“遗传瓶颈导致多样性收缩”与“持续基因交流维持进化活力”的典型特征，这些特征通过不同地域、不同类型葡萄种质资源的遗传对比得以清晰呈现，为还原葡萄驯化历史、厘清驯化路径提供了关键线索。

遗传瓶颈是栽培作物驯化过程中的普遍现象，葡萄也不例外。在从野生葡萄到栽培葡萄的驯化进程中，早期人类会定向选择具备“果实大、无核、口感甜”等优良农艺性状的单株进行繁殖，这种高强度的人工选择，直接导致栽培葡萄的遗传多样性相较于野生种群出现显著降低。

从基因组层面来看，栽培葡萄的等位基因数量、杂合度均低于野生葡萄，部分与“非目标性状”相关的基因（如野生葡萄的强抗逆、高单宁基因）因人工选择而逐步丢失，遗传背景趋向集中。例如 Dong 等的研究中，对 5000 份种质的基因组分析显示，栽培葡萄（无论鲜食还是酿酒类群）的遗传分化系数（Fst）显著高于野生葡萄种群，且核心基因区的单核苷酸多态性（SNP）密度仅为野生葡萄的 65% ～ 70%，印证了遗传多样性的收缩；同时，栽培葡萄基因组中与果实品质相关的区域（如 LG18 号染色体的无核基因 *Sd1*/*VvAGL11* 位点）呈现出明显的“选择扫荡”特征，该区域的遗传变异被大幅固定，正是人工选择引发遗传瓶颈的直接证据。

基于双起源中心理论，鲜食葡萄与酿酒葡萄的遗传瓶颈表现出独立特征。西亚起源的鲜食葡萄，其遗传瓶颈主要集中在“糖分积累”“无核性状”相关基因区域，因早期人类更关注果实适口性；而高加索起源的酿酒葡萄，遗传瓶颈则偏向“单宁合成”“香气物质积累”相关区域，与葡萄酒酿造的需求直接相关。这种差异化的瓶颈特征，也为“双起源”

假说提供了重要佐证。

尽管栽培葡萄经历了遗传瓶颈，但并未与野生葡萄完全断绝遗传联系，二者在驯化及后续传播过程中，始终存在不同程度的基因交流，这种交流既包括自然状态下的远缘杂交，也涵盖人工引种带来的主动基因渗透，为栽培葡萄保留了关键的进化活力。

在栽培葡萄的原生起源地及传播路径上，栽培种群常与当地野生种群发生自然杂交，使野生葡萄的抗逆、抗病基因逐步渗入栽培种群。例如在高加索地区，酿酒葡萄栽培种与当地野生葡萄的自然杂交，让部分栽培品种获得了抗霜霉病的 Rpu 基因位点；而在东亚地区，中国野生山葡萄与欧亚种栽培葡萄的自然渐渗，为栽培品种赋予了更强的耐寒性，这类基因交流的痕迹可通过种质的基因组溯源清晰识别。

随着人类迁徙与农业交流，栽培葡萄的引种与野生种质的驯化利用形成了主动的基因交流。典型案例是 19 世纪根瘤蚜疫情后，欧美国家将北美野生葡萄（河岸葡萄、沙地葡萄）作为砧木与欧亚种栽培葡萄嫁接，同时通过杂交育种将北美野生葡萄的抗根瘤蚜基因（Rdx 系列位点）整合到栽培品种中，使栽培葡萄的遗传背景中新增了北美种群的基因片段；此外，我国育种家利用山葡萄与欧亚种杂交培育的‘左优红’‘双优’等品种，也实现了野生抗寒基因向栽培种群的定向渗透。

全基因组关联分析显示，栽培葡萄基因组中 12% ～ 15% 的区域保留了野生葡萄的基因单倍型，这些区域多与抗逆、抗病相关，且在不同地域栽培品种中呈现出“地域特异性”——西亚栽培品种携带西亚野生葡萄的抗干旱基因单倍型，高加索栽培品种则富集当地野生葡萄的抗寒基因单倍型，这一特征直接对应了葡萄驯化后的传播路径，即栽培种群在扩散过程中，通过与当地野生种群的基因交流适应新环境。

四、葡萄的遗传分析与基因定位

（一）遗传分析关键手段

葡萄遗传分析是解析其性状遗传规律、实现精准基因定位的核心前置环节，通过杂交群体构建、关联分析、QTL 分布特征解析等关键手段，可从群体水平到基因组层面层层递进地挖掘性状与基因的关联，为后续分子育种提供坚实的理论与数据支撑。

构建杂交群体是葡萄遗传分析的基础工作，其核心目的有二：一是通过定向杂交丰富葡萄种质资源，为品种改良储备具有复合优良性状的育种材料；二是创建遗传背景清晰的分离群体，为数量性状位点（QTL）的精准定位提供试验载体。郭瑶通过对酿酒葡萄抗寒群体的构建，成功定位出 28 个相关 QTL 位点。通过构建葡萄霜霉病群体，并对西南地区葡萄霜霉病群体遗传多样性分析，表明各地区葡萄霜霉病菌表现出不同水平的致病力，各地区葡萄霜霉病菌群体之间存在一定的致病力分化，通过对不同地区葡萄霜霉病菌对甲霜灵、嘧菌酯、烯酰吗啉的抗性频率以及对甲霜灵的抗性水平的检测，明确了各地区葡萄霜霉病菌群体之间的抗药性频率以及抗性水平存在差异。利用 SSR 分子标记技术对 6 个地区的葡萄霜霉病菌群体进行了遗传多样性分析，研究结果表明，所检测的各个地区葡萄霜霉病菌群体有较高水平的遗传多样性，病菌群体遗传结构与地理位置之间存在一定相关性，且随着距离的增大，群体间基因交流程度会下降，遗传结构差异化加大。

关联分析又称连锁不平衡作图，是以连锁不平衡为基础，鉴定群体内目标性状与遗传标记或候选基因关联性的核心技术，主要分为全基因组关联分析（GWAS）和候选基因关联分析（CGAS）两类，二者在研究尺度与精准度上各有侧重。

GWAS 需借助大量分子标记对研究群体进行全基因组范围扫描，可无偏性地挖掘与性状相关的基因组区域，但成本较高、数据分析复杂度大；CGAS 则聚焦于已知功能的候选基因区域，结合群体结构、表型数据与候选基因多态性开展关联验证，具有靶向性强、效率高的优势，适合对特定性状的候选基因进行功能确认。Huang 等团队以葡萄原花青苷素性状为研究对象，先利用 QTL 分析技术对 191 个 F1 代葡萄个体的原花青苷素总含量、组成百分比及复合比例等变量进行检测，从中筛选出 9 个与该性状显著相关的候选基因；为进一步验证基因与性状的关联性，研究人员又选取 141 个葡萄栽培品种开展候选基因关联分析，最终明确了这些候选基因与原花青苷素合成、积累性状的直接关联。该研究既体现了 QTL 分析与关联分析的协同应用，也为解析葡萄果实酚类物质合成的遗传机制提供了关键基因资源。

通过对现有葡萄遗传分析数据的整合统计，目前在葡萄所有连锁群中均已鉴定到 QTL，但不同连锁群之间的 QTL 位点数量存在显著差异，这种分布特征为靶向挖掘重要性状基因提供了明确的基因组区域导向：

在已报道的 QTL 位点中，不同连锁群的承载能力差异明显，其中 LG18 连锁群的 QTL 位点数量最多，达 18 个，是葡萄重要性状基因的核心富集区域；LG14 连锁群次之，为 10 个；LG9、LG12、LG15 连锁群各分布 6 个 QTL；LG5、LG7、LG16 连锁群各有 5 个；LG2 连锁群为 4 个；LG3、LG4、LG6、LG10、LG13 连锁群各 3 个；LG1、LG8、LG19 连锁群仅分布 2 个；LG11 和 LG17 连锁群的 QTL 位点最少，均为 1 个。QTL 位点的非均匀分布，表明葡萄基因组中存在重要性状基因的富集区域，如 LG18 连锁群不仅富集了多个抗病位点（如白粉病 Ren8 位点），还包含无核性状的关键基因 *Sd1*/*VvAGL11*，其高频 QTL 分布特征为后续基因克隆、功能验证及分子标记开发提供了明确的区域靶点，可大幅提升遗传分析与基因定位的效率。

（二）泛基因组与分子标记辅助选择（MAS）

葡萄泛基因组通过整合同一物种内不同种质的核心基因与非核心基因，打破了单一参考基因组的局限，为种质资源研究提供了更系统的遗传信息支撑，其核心作用体现在多个方面：

（1）完整揭示遗传多样性　泛基因组涵盖了葡萄不同种群（野生种、栽培种、特异变异材料）的全部基因序列，既包含所有种质共有的核心基因（维持物种基础生命活动），也包含特定种质特有的非核心基因（关联抗逆、抗病、优质等特异性状），相较于单一基因组，能更全面地呈现葡萄种质的遗传变异全貌，为遗传多样性评估提供了更精准的依据。

（2）助力关键基因挖掘　在育种领域，泛基因组可快速锁定与抗病性、抗逆性等重要农艺性状相关的基因。例如通过对比抗根瘤蚜砧木与普通栽培种的泛基因组，能精准识别抗根瘤蚜的特有基因片段；同时，泛基因组也能挖掘果实品质相关的优势基因，为定向培育大粒、无核、高糖品种提供基因靶点。

（3）支撑进化机制研究　泛基因组可清晰呈现葡萄基因家族的扩张、收缩及水平基因转移等进化事件，例如栽培葡萄中果实香气相关萜类合成酶基因家族的扩张，以及野生葡萄中 NBS-LRR 类抗病基因家族的特异性保留，这些信息为解析葡萄适应性进化的分子机制提供了关键线索，完善了葡萄驯化与物种演化的理论体系。

分子标记辅助选择（MAS）是将 DNA 分子标记与目标性状紧密连锁，实现早期、精准筛选育种材料的技术，相较于传统育种方法更高效、可靠，其在葡萄育种中的应用尤以无核性状筛选最为典型。葡萄为多年生作物，从种子萌发到实生苗首次开花结果需 3 ～ 5 年，传统育种中无核性状的鉴定必须等到植株结果后才能判断，且一个葡萄品种的完整选育周期长达 12 ～ 20 年，不仅耗时久，还存在大量无效育种材料的资源浪费。依托基因定位成果，科研人员已开发出多个可用于无核性状检测的分子标记，包括 SSC8、SCF27、VMC6f11、VMC7f2 和 p3-VvAGL11 等，其中使用较广的为 SCF27 标记。

五、葡萄重要性状的遗传规律研究

（一）果实核心品质性状遗传规律

果实香气、质地、无核性是决定葡萄商品价值与栽培价值的核心品质性状，其遗传规律的解析是实现葡萄定向品质育种的关键前提。不同学者通过杂交群体构建与表型追踪，逐步厘清了各性状的遗传模式，呈现出从单一基因认知到多基因调控、从质量性状到数量性状结合环境互作的认知演进过程。

1. 果实香气

葡萄果实香气是构成其感官品质的核心要素，以芳樟醇、香叶醇为代表的芳香物质，其遗传规律的研究结论随试验材料与研究尺度的拓展不断深化。2002 年，李记明等以‘毛葡萄’‘雷司令’‘粉红玫瑰’为试材，针对 2 个种间杂交组合后代的芳香物质遗传规律开展研究，发现芳樟醇在后代中的有无受 1 对单基因控制，表现为典型的质量性状遗传；此外，其余 17 种芳香成分也均符合质量性状遗传特征，受 1 对或多对基因调控，这一结论为早期香气性状的单基因育种提供了理论依据。2005 年，李坤等在‘红地球’×‘玫瑰香’的种内杂交后代群体中开展香气遗传研究，发现芳樟醇性状未出现明显分离，且其含量呈现连续变异，表现为数量性状遗传特征。这一结论修正了此前种间杂交的单一认知，揭示了香气性状遗传可能存在种间与种内的模式差异。2017 年，郭印山等以母本‘87-1’、父本‘9-22’构建杂交群体，进一步明确葡萄果实香气物质含量整体由多基因控制，属于数量性状；同时发现不同芳香物质受环境影响程度存在差异——芳樟醇受外界环境干扰较大，而香叶醇、香叶酸受环境影响较小，且香叶醇在杂交后代中超高亲率较高，遗传效应上呈典型的增强变异，为香气育种中亲本的定向选择提供了更精准的参考。

2. 果实质地

葡萄果实质地（脆肉 / 硬度）直接影响鲜食品质，其遗传规律的研究聚焦于遗传模式与性状传递力。2015 年，王勇等利用‘火州黑玉’‘贵妃玫瑰’‘早熟麝香’‘早艳’等不同质地品种开展杂交试验，发现杂交后代的果实质地呈现连续分布特征，证实该性状属于数量遗传；同时提出脆型质地可能由主效基因控制的假说，为果实质地的主效基因挖掘提供了方向。同年，李晓梅等测试 15 个杂交群体后代的脆肉性状遗传传递力，结果显示脆度越高的品种，其杂交组合的脆肉性状传递力越强，反之则越弱；且在同一杂交组合中，以脆度更高的品种作为父本时，脆肉性状的组合传递力会显著提升，若父本为软肉品种则结果相反，这一规律为质地育种的亲本选配提供了明确的实践指南。2018 年，刘诗佳等以‘红地球’×‘金星无核’、‘红地球’×‘玫瑰香’等 4 个杂交群体的 447 份株系为试材，发现各组合后代的果肉硬度分布均符合正态分布，进一步验证了果实质地受多基因控制的数量遗传模式，完善了“多基因主导 + 主效基因调控”的遗传认知。

3. 果实无核

葡萄无核性状是鲜食与制干品种的核心育种目标，其遗传规律的研究历经多轮假说迭代，逐步揭示了性状调控的复杂性。1939 年，Stout 提出无核性状受 1 个显性基因控制；1964 年，Weinberger 则提出相反观点，认为无核性状可能受几个隐性基因控制，另有学者补充其受单隐性基因调控，早期假说均聚焦于单一基因的显隐性关系，未考虑性状的数量遗传特征。1984 年，Sandhu 等通过大规模杂交试验，发现无核性状的表型呈现连续变异，提出其遗传属于数量性状的观点，同时指出种皮软硬、胚乳发育程度等无核亚性状也可遗传，且受至少 7 个基因控制，打破了单基因调控的认知局限。1990 年，Spiegel-Roy 等进一步细化假说，提出葡萄无核性状由两个隐性基因共同控制，明确了多基因调控的核心框架。后续研究在双隐性基因假说基础上进一步完善，提出无核性状由 1 个显性基因和 3 个隐性基因相互作用调控的观点，全面揭示了该性状“主效基因 + 修饰基因”的复合遗传模式，为无核品种的分子育种提供了完整的理论支撑。

（二）葡萄其他性状遗传规律研究

1. 果穗重的遗传

罗素兰等研究表明：中国野生葡萄与栽培品种杂交，野生种的小穗性、小果粒性极易遗传，后代的果穗、果粒重倾向于野生种，且无一株是超大粒亲本的，仅在野生种之间和种内杂交时，才出现超高亲植株，果穗重及百粒重的狭义遗传估计为 62.11% 和 24.5%。

2. 含糖量的遗传

罗素兰等通过对葡萄种间杂交后代遗传变异研究表明：含糖量遗传表现出明显的杂种优势。在绝大多数杂交组合中，后代平均含糖量均超过亲中值；在多数组合中，超高糖亲本的杂种在半数以上，狭义遗传力估计为47.1%。另外利用野生种与栽培品种杂交能有效地提高含糖量，但不能有效地降低含酸量。

3. 果皮颜色的遗传

赵凤坡在葡萄果色基因型的研究中得出结论：葡萄果皮色泽的遗传为质量性状遗传，有色对无色为显性，无色为隐性同质结合。李坤等对有色葡萄果皮花色素的含量进行了研究，结果表明葡萄自交与杂交后代果皮花色素含量的遗传表现数量性状连续变异，主要受加性效应控制，存在一定的非加性效应。在杂交组合中，亲本花色素含量的多少对后代的影响较大，因此要想得到高花色素含量的单株，应选择花色素含量高的品种作亲本。

第五节　葡萄种质资源的标准化管理与应用

基于对葡萄种质资源的系统研究、鉴定评价与育种利用，建立标准化管理体系成为实现产业提质增效、保障资源可持续利用的必然要求。农业标准化的目的是指导和规范农业种植、加工、经营和销售活动，提高作物产量和品质，促进经济效益、社会效益和生态效益等。农业标准体系建设是农业标准化工作的基础。多年来，我国农业标准体系建设以农产品安全为重点，以农业转型发展需求为导向，持续加大农业标准的制定和修订力度。随着农业标准体系的不断完善，农业标准制定逐渐覆盖了农业投入品、农业生产、农产品加工、农产品物流、农产品检验检测等领域，形成了以国家标准为主，行业、地方标准配套，统一权威的农业标准体系。

目前我国果品的发展已经在数量上达到了总量总体平衡，或出现局部和地区性的过剩现象，并转入质量竞争阶段，标准化就显得必不可少。因此，制定各项标准也是我国葡萄产业发展的需要。中国农业科学院郑州果树研究所利用‘玫瑰香’‘巨峰’‘红地球’‘无核白’等53份葡萄种质作为参照品种，制定了《植物新品种特异性、一致性与稳定性测试指南　葡萄》（NY/T 2563—2014）。该标准规定了葡萄新品种特异性（distinctness）的测试方法和要求。通过一系列科学、规范的测试流程，可以确保新品种在遗传特征、生长习性、果实性状等方面具有独特性，从而避免与现有品种混淆，保障新品种的知识产权和市场竞争力。该标准通过详细的测试方法，对新品种在不同生长环境和条件下的表现进行监测和评估，确保新品种在不同地区和年份的生长周期内具有稳定一致的遗传特性和表现型。该标准的实施不仅促进了葡萄新品种的测试与评估方法的标准化和规范化，还推动了葡萄育种技术的进步。通过科学的测试方法和严格的评估标准，育种者可以更加准确地了解新品种的遗种质资源性状评价。统计与分析是葡萄新品种测试与评估的核心环节，与《植物新品种特异性、一致性与稳定性测试指南　葡萄》紧密相连。在该标准的指导下，评价工作依据科学方法，准确鉴定葡萄新品种的遗传特性和表现型，评估其适应性和利用价值。统计环节则运用统计学方法，对性状数据进行描述性和推断性统计，揭示种质资源间的差异和相关性。同时，通过主成分分析、聚类分析和关联分析等方法，深入探究性状特征与遗传变异的关系，为作物遗传改良提供科学依据。这些分析结果需与标准NY/

T 2563—2014 对比验证，确保新品种符合特异性、一致性和稳定性的要求。因此，种质资源性状评价、统计与分析在葡萄新品种测试与评估中发挥着至关重要的作用，是推动葡萄育种和资源管理科学化的重要手段。目前已作为农业行业标准发布实施，并在我国葡萄新品种保护中开始应用。

据不完全统计，中国葡萄产业现行的国家、行业和地方标准共计 399 项，其中国家标准 30 项、地方标准 298 项、行业标准 71 项，另外还有大量的企业标准。30 项国家标准可分为方法标准、地理标志产品、产品标准和管理标准 4 类，分别有 16、7、6、1 项。71 项行业标准中 43 项为出入境检疫行业制定，其中 32 项为出口葡萄酒中成分测定的方法标准，另外 11 项为葡萄中病虫害检疫相关的标准；12 项轻工行业标准中葡萄酒和葡萄罐头相关标准各占 10 项和 2 项；8 项农业行业标准中除《葡萄苗木》（NY 469—2001）外，其他 7 项均与鲜食葡萄相关。此外，国内贸易行业现行 5 项标准，包装、供销合作、认证认可行业各有 1 项标准。由此可见，我国葡萄产业现行标准主要以地方标准为主，包括葡萄标准育苗、栽培技术、建园规划、病虫害防治、地理标志等多个方面，这些标准内容涵盖葡萄产业的各个生产环节，基本满足葡萄栽培与加工等方面的需求。

也有学者基于测量数据，将花序与果穗形状分为长圆锥、短圆锥、长圆柱、短圆柱 4 种，提出了一个花序、果穗的形状分类标准的计算方法。葡萄在果穗形成过程中存在形状变化，其中圆锥形花序发育过程中形状较为稳定，且以长圆锥花序稳定性最佳，其长宽之间的大小关系会一直保有至果穗阶段；而圆柱形花序形状的变化比例更大，其形状具有不稳定性。穗长、穗宽、小穗长宽及小穗角度对穗形影响较大。穗长穗宽是形状的主要判断依据，主要影响形状的长宽、小穗长宽以及小穗角度，尤其是上部小穗的长宽以及角度进一步影响形状外缘。若上部小穗发育显著快于其他部分，则圆柱形花序有可能发育为圆锥形果穗，若上、中、下各部分小穗发育程度接近，则圆锥形花序也有可能发育为圆柱形果穗。小穗角度的变化会影响小穗反映在形状上的有效长度，与其和小穗长宽关系的变化具有较高的相关性。

另外，葡萄种质资源不仅在栽培和生产技术标准化方面具有重要作用，更为遗传改良和分子育种提供了丰富的优异基因库。大量研究表明，野生葡萄及地方品种中蕴含着耐逆性强、抗病虫、适应性广以及优质风味相关的基因，这些基因资源为现代葡萄育种提供了重要的遗传基础。通过对不同生态类型和地理来源的种质进行系统收集、评价和保存，不仅能够揭示葡萄的遗传多样性格局，还能发掘和鉴定出与抗病虫、抗逆境以及优质果实性状相关的关键基因。随着功能基因组学和分子标记技术的发展，这些优异基因资源被逐步解析并应用于分子标记辅助选择（MAS）、基因编辑和转基因等现代育种手段中，显著提升了葡萄种质资源的利用效率和创新潜力。

基因克隆（gene cloning）或分子克隆，又称为重组 DNA 技术，是应用酶学方法，在体外将不同来源的 DNA 分子通过酶切、连接等操作重新组装成杂合分子，并使之在适当的宿主细胞中进行扩增，形成大量的子代 DNA 分子的过程。其目标是识别和分离特异基因并获得基因完整序列，阐明其生化功能，并应用到生产实践。葡萄遗传中已有许多可以利用的目的基因，越来越多的目的基因被克隆测序分析，同时，葡萄基因组中的一些基因也被作为目的基因转入其他物种中，进行基因功能的验证，挖掘和验证多种重要农艺性状和抗病虫害性状，不仅促进了葡萄分子生物学的研究，而且促进了葡萄种质资源的高效利用。

参考文献

[1] 赵旗峰，黄丽萍，刘晓婷，等．我国葡萄种质资源收集保存和研究利用进展 [J]. 果树资源学报，2021, 2(02): 1-4.

[2] 王璐璐，孙云开，王清明，等．葡萄多功能开发利用研究综述 [J]. 现代农业科技，2022(04): 199-202.

[3] 左倩倩，郑婷，纪薇，等．中国地方葡萄品种分布及收集利用现状 [J]. 中外葡萄与葡萄酒，2019(05): 76-80.

[4] 刘勇，何华平，王富荣，等．132 份葡萄种质资源叶片对灰霉病的抗性鉴定 [J]. 中国南方果树，2024, 53(02): 196-200+205.

[5] Fournier-Level A, Le Cunff L, Gomez C, et al. Quantitative genetic bases of anthocyanin variation in grape (*Vitis vinifera* L. ssp. *sativa*) berry: a quantitative trait locus to quantitative trait nucleotide integrated study. Genetics, 2009, 183(3): 1127-1139.

[6] 潘永杰．湖南省刺葡萄种质资源多样性分析 [D]. 长沙：湖南农业大学，2022.

[7] 刘崇怀，姜建福，樊秀彩，等．中国野生葡萄资源在生产和育种中利用的概况 [J]. 植物遗传资源学报，2014, 15(04): 720-727.

[8] 张永辉，刘海刚，张武，等．云南高原特色葡萄产业现状及建议 [J]. 中外葡萄与葡萄酒，2013(5): 64-66.

[9] 董丹丹，刘崇怀，樊秀彩，等．葡萄根瘤蚜在中国的风险性分析 [J]. 植物检疫，2011, 25(1): 21-26.

[10] 杨治元．玫瑰香系葡萄品种系谱分析 [J]. 中国果树，2006(02): 20-22.

[11] 李怀福．巨峰系葡萄品种演化及分类的研究 [J]. 园艺学报，2003(02): 131-134. DOI: 10. 16420/j. issn. 0513-353x. 2003. 02. 002.

[12] 樊秀彩，刘崇怀，孙海生，等．葡萄品种莎巴珍珠及其衍生品种的演化和遗传多样性分析 [J]. 植物遗传资源学报，2010, 11(05): 625-628.

[13] Zhang C, Cui L, Fang J. Genome-wide association study of the candidate genes for grape berry shape-related traits[J]. BMC Plant Biology, 2022, 22(1): 42.

[14] Dalla Costa L, Emanuelli F, Trenti M, et al. Induction of terpene biosynthesis in berries of microvine transformed with *VvDXS1* Alleles[J]. Frontiers in Plant Science, 2018(8): 2244.

[15] Nicolas P, Lecourieux D, Gomès E, et al. The grape berry-specific basic helix-loop-helix transcription factor *VvCEB1* affects cell size[J]. Journal of Experimental Botany, 2013, 64(4): 991-1003.

[16] 郭修武，郭印山，李轶晖，等．葡萄杂交后代主要经济性状的遗传倾向 [J]. 果树学报，2004(4): 319-323.

[17] 李记明，贺普超．葡萄种间杂交香味成分的遗传研究 [J]. 园艺学报，2002, 29(1): 9-12.

[18] 李坤，郭修武，谢洪刚，等．葡萄自交与杂交后代香气成分的遗传研究 [J]. 园艺学报，2005, 32(2): 218-221.

[19] 郭印山，杨晓旭，苏凯，等．葡萄杂交后代果实香气物质含量及遗传倾向研究 [J]. 中外葡萄与葡萄酒，2017(4): 36-39.

[20] 王勇，苏来曼·艾则孜，李玉玲，等．'火州黑玉'：葡萄杂交后代果实性状遗传倾向分析 [J]. 西北植物学报，2015, 35(02): 275-281.

[21] 李晓梅，谭伟，董志刚，等．鲜食葡萄杂交后代果肉质地表型遗传分析 [J]. 中国农学通报，2015, 31(16): 73-77.

[22] 刘诗佳．葡萄果实糖酸含量及硬度遗传趋势分析 [D]. 沈阳：沈阳农业大学，2018.

[23] Constantinescu G, Pena Aé. Inheritance of some qualitative and quantitative characters in the progeny of crosses between functionally female（gynodynamic）and apyrene（androdynamic）varieties[J]. Theoretical and Applied Genetics, 1972(7): 213–241.

[24] Dudnik A N, Moliver G M. Inheritance of seedlessness in grape in the south of the Ukrainian SSR[J]. Referativnyi Zhurnall, 1976, 5 (118): 105–113.

[25] Sandhu A S, Jawanda J S, Uppal D K. Inheritance of seed characters in hybrid populations of intercultivar crosses of grapes(*Vitis vinifera* L.)[J]. Journal of Research-Punjab Agricultural University(India), 1984(21): 39–44.

[26] Spiegel-Roy P, Baron Y, Sahar N. Inheritance of seedlessness in seeded × seedless progeny of *Vitis vinifera* L[J]. Vitis, 1990(29): 79–83.

[27] Striem M J, Spiegel-Roy P, Baron I. The degrees of development of the seed-coat and the endosperm as separate subtraits of stenospermocarpic seedlessness in grapes[J]. Vitis, 1992, 31 (3): 149-155.

[28] Striem M J, Ben-Hayyim G, Spiegel-Roy P. Developing molecular genetic markers for grape breeding, using polymerase chain reaction procedures[J]. Vitis, 1994, 33 (1): 53–54.

[29] 田莉莉．抗病无核葡萄胚挽救育种及种质创新 [D]. 杨凌：西北农林科技大学，2007.

[30] 崔梦杰，王晨，张文颖，等．无核葡萄研究进展 [J]. 植物生理学报，2017, 53 (3): 317–330.

[31] 赵凤坡．葡萄果色基因型的推断 [D]. 石河子：新疆石河子农学院，1998.

[32] 张天玥，赵若岑．葡萄属植物遗传转化影响因素研究进展 [J]. 果树资源学报，2023, 4(04): 67-72.

第十章 葡萄重要基因的克隆

植物基因克隆技术是现代生命科学的关键组成，也是现代生命科学技术最为关键的要素，基于20世纪70年代初级DNA体外重组技术的诞生，经历了甄别、分离特异性的基因并得到基因完整的序列，明确其在染色体上的确切位置，阐明其生化功能，以及结合生物工程方式应用于生产实践中的过程。

在当今生物科学领域，种质资源作为生物遗传多样性的宝库，蕴含着丰富的性状多样性，其内部携带了众多不同功能性状的基因，这些基因是生物适应环境、展现各种特性的关键因素。随着分子生物学的蓬勃发展，基因工程技术日新月异，为种质资源的深度开发和利用带来了前所未有的机遇。基因克隆作为基因工程的核心技术之一，能够精准地从种质资源中分离和获取目标基因，这不仅为种质创新提供了强大的技术支撑，还使得重要基因的获得与保存成为可能，进而为基因的进一步利用开辟了广阔空间。通过基因克隆，我们可以深入了解基因的功能和调控机制，将优异基因导入目标生物中，创造出具有理想性状的新品种，同时也能有效地保护和保存那些珍贵的基因资源，防止其在自然选择和环境变迁中丢失。因此，探索如何高效利用基因工程克隆基因，推动种质资源的种质创新，实现重要基因的稳定获得与长期保存，对于丰富生物多样性、保障粮食安全以及促进生物产业的可持续发展等方面都具有极为重要的意义，这也是当前生物科学研究中一个极具挑战性和前瞻性的课题。

葡萄系统性基因克隆与研究在2007年迎来了一个重大转折点，当时第一个葡萄基因组（'黑皮诺'葡萄，*Vitis vinifera* cv. *Pinot Noir*）的基因组序列被公布。这标志着葡萄研究正式进入基因组时代，为后续的基因克隆和功能验证研究奠定了基础。根据公开文献和数据库（如NCBI、VitisNet），截至2024年，至少有数百个葡萄基因已被克隆并功能验证。如果包括通过基因组注释预测的基因，葡萄基因组中约有30000个基因，但其中大部分尚未被克隆和功能验证。已克隆了多个与葡萄相关性状的基因。关于葡萄基因克隆的研究主要集中于抗逆、抗病、果实品质等多个性状，对基因克隆的研究，可为后续种质资源创新提供研究基础。

第一节　基因克隆技术

基因克隆是指通过分子生物学技术，将特定的目标基因或DNA片段从生物体的基因组中分离出来，并将其插入载体（如质粒、病毒等）中，随后导入宿主细胞（如细菌、酵母或哺乳动物细胞）中进行复制和表达的过程。基因克隆的核心目的是获得大量相同的目标基因拷贝，并进一步研究其功能、表达特性或应用于生物技术和医学领域。

基因克隆在多个方面具有重要作用，以种质资源保存和功能验证等方面为主。在种质资源保存方面，基因克隆技术能够将具有重要价值的基因或基因片段分离并存储，避免因环境变化、物种灭绝或遗传漂变导致基因资源丢失。通过构建基因文库或利用低温保存技术，可以长期保存珍稀或濒危物种的遗传信息，为未来研究和利用提供宝贵资源。在功能验证方面，基因克隆使科学家能够将目标基因导入模式生物（如大肠杆菌、酵母或植物）中，通过观察表型变化或分子水平的变化，明确基因的具体功能及其在代谢途径、发育过程或环境适应中的作用。这种功能验证不仅推动了基础生物学研究的发展，还为作物改良、疾病治疗和生物技术应用提供了理论依据和实践指导。因此，基因克隆在种质资源保存和功能验证中发挥着不可替代的作用（图10-1）。

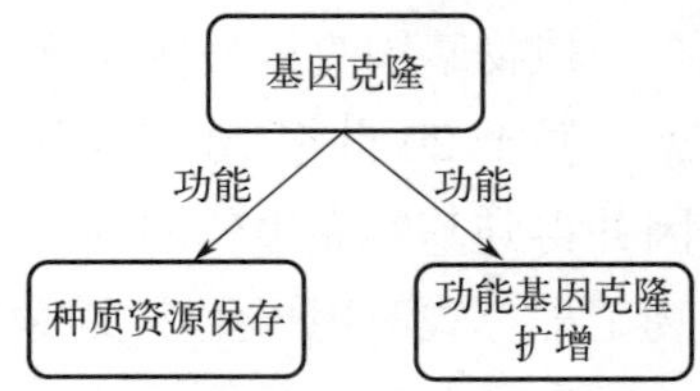

图10-1　基因克隆的功能

通常基因克隆策略包含两类，即正向遗传学方式和反向遗传学方式。前者主要以待克隆基因所表现出的功能为前提，基于对包括基因表达产物及其表现型实现克隆，包含了功能方面以及表观方面等多个部分；后者更多综合基因自有的序列或基因组之中的特殊点位进行克隆，如定位克隆和同源序列法克隆等。随着DNA测序和生物信息学等理念不断完善，电子克隆等新兴技术诞生。目前，包括烟草在内的多类植株已在品质、抗性以及性状等多个维度实现了克隆。对植株基因克隆涉及的相关技术进行分析，可以更好地了解植物基因克隆技术的发展过程，并对其未来发展趋势进行展望。

传统上，基因克隆是利用限制性内切酶和连接酶通过在体外连接的方法构建重组载体，但该方法步骤烦琐且受限于酶切位点。与传统的酶切连接法相比，最近发展起来的利用同源重组和位点特异性重组构建重组体的方法在快速高效等方面具有相当大的优势，一些像MultiSite Gateway Pro kits（Life Technologies）、pEASY-Uni Seamless Cloning and Assembly Kit（TransGen Biotech）和Seamless Assembly Cloning Kit（CloneSmarter）等试剂盒已投入市场，然而这类试剂盒的高成本令大多数实验室望而却步。早在1990年，Bubeck和Oliner便发现了在大肠杆菌内进行同源重组的现象，令人惊讶的是这种方法在当时并没有得到广泛普及，随着生物合成时代的急速发展，酶切位点的限制及对快速、低成本克隆方法的迫切需求，几种利用大肠杆菌内源同源重组活性的无酶DNA克隆方法被重新提出。这些新技术与传统方法相结合，为构建精确的重组DNA分子提供了有效的工具。以下主要介绍了DNA组装方法的最新进展，并从这些方法的适用范围、存在的问题及应用等方面进行了分析和评述。

一、限制性内切酶

20 世纪 70 年代发现的限制性内切酶（Ⅱ型）用于 DNA 克隆，虽仍在应用，但在 DNA 合成时代，其局限性凸显：多片段克隆效率低、易假阳性；找酶切位点难，尤其在大质粒上；酶和连接酶成本高，长片段、多片段克隆困难。为了克服这些限制，研究人员利用同源重组和位点特异性重组原理开发出了各种在菌体内、外构建重组体的方法，这些方法不受载体和目的片段酶切位点和分子量大小的限制，仅依赖两者末端序列的同源性，可任意选择重组位点，操作简单，PCR 产物一步定向克隆，节约了大量反应时间，极大地推动了 DNA 重组技术。

二、体外重组

体外重组技术是指在菌体外进行人工操作的 DNA 重组。目前上市的大多数同源重组或位点特异性重组试剂盒采用从大肠杆菌中提取与重组相关的活性物质在体外进行重组的方法。若线性载体和插入片段之间存在一定长度的同源序列，则可用提取的重组酶在体外进行重组。体外重组一般包括以下几个步骤：①根据酶切或 PCR 反应得到线性化载体；②对待连接的 DNA 片段引入同源序列；③利用提取的重组酶构建重组 DNA 分子；④将重组子转化到大肠杆菌中进行扩增。目前根据所用重组酶种类的不同大致可分为 Gateway 技术（Invitrogen）、SLCE 技术、RecET 技术、ExOCET 技术和 CATCH 技术等类型。

三、体内重组

由于重组酶复杂的提取纯化过程、严格的运送保存要求，加上烦琐的体外重组步骤，研究者开发了一些可以在体内构建重组载体的方法。在体内重组的一个主要优点是它们不需要额外添加重组酶，且利用内源性重组酶构建重组载体时，大肠杆菌体内的复制和修复系统会监控质粒的重组过程，故重组产物基本不发生突变，具有很高的保真度。这种在细胞内发生 DNA 重组的现象称为体内重组。在体内，可以分为依赖 RecA 重组酶、依赖于 Red/ET 重组系统和其他类型在大肠杆菌中进行重组。

表 10-1 为各种克隆及组装技术的比较。

表 10-1 各种克隆及组装技术的比较

方法		原理	特异性位点	同源序列	痕迹	多片段	时间	成本	保真度	效率	DNA 大小
限制性内切酶		酶切连接	是	否	是	否	>1 周	高	正常	低	短
体外重组	Gateway	SSR	是	是	是	是	>4 天	高	正常	正常	正常
	RecET	HR	否	是	否	是	<2 天	高	正常	正常	正常
	SLiCE	不清晰	否	是	否	是	<2 天	低	正常	正常	短
	CATCH	HR	否	是	否	是	<2 天	高	正常	正常	更长
	ExoCET	HR	是	是	否	是	<2 天	高	正常	正常	更长

续表

方法		原理	特异性位点	同源序列	痕迹	多片段	时间	成本	保真度	效率	DNA 大小
体内重组	Red/ET	HR	否	是	否	是	<2 天	高	高	正常	长
	DH5α	不清晰	否	是	否	是	<2 天	低	高	低	短
	优化的 DH5α	不清晰	否	是	否	是	<2 天	低	高	正常	短

第二节　基因克隆和功能验证

基因克隆是功能验证的前提，而功能验证是基因克隆的最终目标。二者相互依赖，共同推动科学家对基因功能的理解。基因功能验证在分子生物学研究中具有至关重要的意义。它能够揭示基因与表型的直接关联，明确特定基因在生物体内的功能角色，从而构建基因与表型之间的因果关系网络。通过基因功能验证，研究者可以深入理解基因的调控机制，包括基因表达的时空特异性和转录调控的分子基础。在医学领域，基因功能验证对于识别和验证疾病相关基因至关重要，有助于开发新的诊断标志物和治疗靶点，推动基因治疗的发展。此外，基因功能验证是基因组学和系统生物学研究的重要支撑，能够填补基因功能注释的空白，构建基因调控网络和代谢网络，从系统层面理解生物体的复杂生物学过程。在生物技术和农业科学领域，基因功能验证有助于开发具有特定性状的转基因生物，提高农作物的产量和质量，推动生物技术产业的发展。综上所述，基因功能验证不仅为理解基因在生物体中的作用提供了关键步骤，也为多领域的科学发展和实际应用提供了坚实的理论支持和技术保障，因此对目标基因进行功能验证至关重要。

一、葡萄生物胁迫相关基因功能验证进展

抗病性基因的挖掘现状表明，近年来研究者们在葡萄抗病基因的鉴定与应用方面取得了显著进展。通过构建高密度遗传图谱和进行数量性状位点（QTL）定位，研究人员已识别出多个与抗病性相关的基因。例如，针对白粉病的研究中，科学家们利用 CRISPR 基因编辑技术成功创制了葡萄的 WRKY10 单突变体和 WRKY10WRKY30 双突变体，发现这些突变体在接种白粉病菌后表现出显著的抗性，且不影响植株的生长发育。此外，研究还揭示了中国野生葡萄中存在的抗病基因，表明其抗性主要由多基因控制，且主效抗病基因与微效抗病基因在杂种后代中表现为累加效应。这些研究为葡萄的抗病育种提供了重要的遗传资源和理论基础。

（一）白粉病

目前已有 18 个与白粉病相关 QTL 位点被报道，在 13 号、15 号和 18 号染色体中分布最多，都发现 3 个位点，主效 QTL 位点已定位到 12 号、18 号和 9 号染色体，命名为 Run1、Ren1 和 Ren4 等，并根据 QTL 位点筛选出与抗病性显著相关的 WRKY 家族基

因，近期具有多项实验已进行验证。例如，Guo 等发现过表达 *VlWRKY3* 的拟南芥植株在多个生长阶段展现出增强的耐盐性和耐旱性，并且提高了对白粉病的抗性，尽管对灰霉菌的敏感性增加。Zhao 等的研究表明，*VlWRKY48* 的过表达增强了拟南芥对白粉病的抗性。Zhang 等发现 *VdWRKY53* 的过表达提高了拟南芥对多种病害的抗性。Li 等的研究显示，*VpWRKY1* 和 *VpWRKY2* 的异位表达增强了拟南芥对白粉病的抗性，并提高了耐盐性和耐寒性，同时调节了防御标记基因的表达。Yan 等发现 *TLP29* 的过表达增强了拟南芥对白粉病的抗性，并可能参与水杨酸和茉莉酸 / 乙烯信号通路。Yin 等发现 *VqWRKY31* 促进了抗病相关代谢物的积累，并直接激活了二苯乙烯合成基因的表达，增强了葡萄对白粉病的抗性。Dai 等通过过表达 *VpPR4-1* 基因，增强了葡萄对白粉病的抗性。Wang 等发现 *VqWRKY56* 的过表达增加了水杨酸含量并降低了对白粉病的易感性，同时 *VqWRKY56* 与 *VqbZIPC22* 相互作用，提高了抗病基因的转录水平。Zhang 等的研究显示，*VqWRKY2* 的过表达增强了拟南芥对白粉病的抗性。这些研究为利用分子育种策略培育抗病葡萄种质提供了科学依据。

（二）灰霉病

研究人员通过构建遗传连锁图谱和 QTL 定位，成功定位了与灰霉病抗性相关的数量性状位点（QTL），例如在华东葡萄中定位到的 Rbc1 QTL。此外，通过比较不同抗病性的葡萄品种，如中国野生山葡萄（*V. amurensis*）‘双优’（SY）和欧洲葡萄（*V. vinifera*. cv）‘红地球’（RG），发现山葡萄可能以较小的转录重组作为其抵抗灰霉菌的策略。研究还筛选到了与灰霉病抗性相关的 ERF 转录因子 VaERF16，其与 *VaMYB306* 互作，正向调控植物免疫反应。查耳酮合成酶基因 *CHS1* 也在不同葡萄品种中被克隆，其在抗性品种中的表达量比感病品种高，过表达 *CHS1* 能够提高感病葡萄品种对灰霉病的抗性。Mzid 等从 *Vitis vinifera* L. cv. Cabernet Sauvignon 葡萄浆果文库中分离 *VvWRKY2*。*VvWRKY2* 在健康葡萄植物的不同器官中表达。结果表明，*VvWRKY2* 可能参与葡萄对病原体的抗性。Wang 等使用 Thompson Seedless 品种的体细胞胚胎通过农杆菌介导的转化获得转基因植物。敲除葡萄中的 *VvWRKY52* 增加了对灰霉病的抗性。Zhu 等发现 *VaERF16* 或 *VaMYB306* 在葡萄叶片中的过表达增加了对灰葡萄孢菌的抗性，并导致编码防御素样蛋白的防御相关基因 *PDF1.2* 的上调。相反，沉默任何一个基因都会导致对灰葡萄孢菌的易感性增加。酵母单杂交和双荧光素酶试验表明，*VaERF16* 通过直接结合其启动子中的 GCC 盒来增加 VaPDF1.2 的转录水平。值得注意的是，*VaMYB306* 本身不与 VaPDF1.2 启动子结合，但 VaERF16-VaMYB306 转录复合物导致 VaPDF1.2 的转录水平更高，表明蛋白质通过它们的相互作用发挥作用。

（三）霜霉病

目前已报道 37 个与抗霜霉病相关位点，以 18 号、12 号染色体最多，分别有 5 个、4 个位点，其中 *Rpv3*、*Rpv10*、*Rpv12* 等被认为是主效 QTL，分别位于 18 号、9 号、14 号等染色体中。根据 *Rpv3*、*Rpv8*、*Rpv12* 等位点确定候选基因所在区间，筛选出多个候选基因，认为 *VvWRKY11* 和 *VvPR4b* 基因在抗霜霉病中起着重要作用。Liu 等通过将

VvWRKY11 转入拟南芥幼苗中，发现过表达的拟南芥表现出更强的霜霉病抗性，揭示了 *VvWRKY11* 基因具有抵抗霜霉病的功能。同时，Li 等的研究发现，与野生型植物相比，*VvPR4b* 敲除系对葡萄假单胞菌的易感性增加，伴随着气孔周围活性氧积累的减少，表明 *VvPR4b* 在葡萄抵御霜霉病方面发挥积极作用。此外，Li 等发现 *VvNAC72* 的表达受霜霉病诱导，而 VvGLYI-4 的转录水平降低，*VvNAC72* 能够直接抑制 *VvGLYI-4* 的转录，过表达 *VvNAC72* 增强了对霜霉病的抵抗力。

（四）其他病害

除常见的白粉病、霜霉病等病害外，其他病害相关基因也具有一定研究。Marchive 等发现 *VvWRKY1* 在烟草中的过表达能增强对真菌病原体的耐受性，包括霜霉病。Merz 等通过在拟南芥中过表达 *VvWRKY33*，恢复了对灰霉病的抗性，表明 *VvWRKY33* 参与葡萄对不同病原体的防御反应。Zhu 等证明 *VpWRKY3* 过表达增加了茄科雷尔氏菌抗性，并参与脱落酸信号通路和盐胁迫。Jiang 等发现 *VqMYB154* 过表达激活了抗性相关基因，导致对丁香假单胞菌的抗性增强。Wang 等发现 *VqNAC44* 过表达提高了对生物和非生物胁迫的耐受性，通过与 *VqMYB15* 相互作用调节二苯乙烯的合成，增强了植物的抗逆性，通过对抗病相关基因进行分析，发现其与 WRKY 家族基因显著相关，在 1、3、5、7、8、15、16、17、19 号染色体上均有分布（图 10-2）。

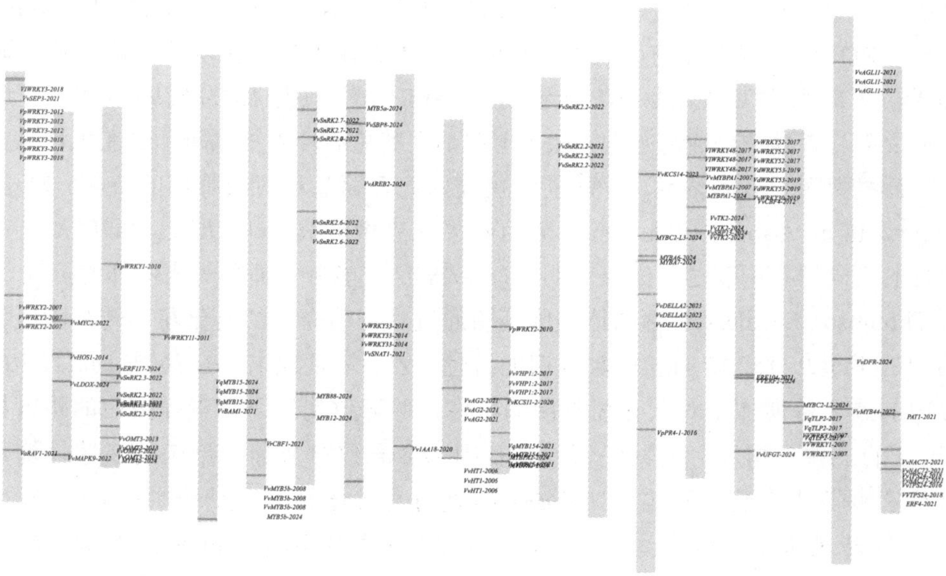

图10-2　葡萄果实性状基因染色图定位图

二、葡萄非生物胁迫相关基因功能验证进展

（一）耐寒性

我国主栽品种以欧亚种为主，其品质优良，但抗寒性较差，较低的环境温度不仅制约了葡萄生长发育、果实品质，还限制了我国葡萄与葡萄酒产业的健康可持续发展。近年来

关于葡萄抗寒机制的研究报道越来越多。

Tillett 团队以‘Freedom’为试验材料，过表达 *VvCBF4* 提高了葡萄在寒冷条件下的存活率，但造成了其矮化表型，而且发现 *VvCBF4* 调控脂质代谢、表皮蜡形成和防御反应相关靶基因的表达，这表明葡萄的耐寒性和矮化可能是由多种因素引起的结果。有研究以‘Freedom’为试验材料，通过对 *VvCBF4* 过表达，并通过对非驯化葡萄藤的全株存活分析，发现超表达植株的存活率相较于对照组显著提高。在拟南芥和葡萄中过表达 *VaMYB44*，降低了植株抗寒性，说明 *VaMYB44* 是冷胁迫反应的负调节因子；*VaMYC2* 和 *VaTIFY5A* 通过与 *VaMYB44* 相互作用参与调控植物的冷敏感性。在拟南芥中过表达 *VaMYB4a* 增强了其抗寒性，研究还发现 *VaMYB4a* 通过直接结合在 *VaCBF4* 基因启动子区参与低温胁迫应答调控。

在葡萄细胞中的过表达 *VaRAV8* 提高了其耐寒性，转基因细胞相对电导率降低，丙二醛含量降低，过氧化物酶活性提高，此外，还发现转录因子 TCP8 和一个参与高半乳糖醛酸生物合成的基因（*VIT_201s0026g00980*）受 *VaRAV1* 调控，表明 *VaRAV1* 增强葡萄的耐寒性可以通过增强细胞膜的稳定性和调节参与植物细胞壁组成的靶基因的表达来实现。将 GRAS 结构域转录因子 PAT1 在拟南芥和葡萄愈伤组织中过表达，通过调节冷胁迫过程中茉莉酸的生物合成来增强植株的抗寒性。除了发现很多转录因子参与葡萄冷胁迫调控外，还有很多冷胁迫响应基因被挖掘。不同葡萄品种的 *PUB24* 基因在冷胁迫后均有所增加，但其表达模式不同，在 22℃时 *VpPUB24* 表达量较低，但在冷处理后迅速积累，研究发现 *VpPUB24* 与 *VpICE1* 相互作用，在拟南芥中异源过表达 *VpPUB24* 增强了其耐寒性。在拟南芥中异源过表达 *VvHOS1*，降低了拟南芥耐寒、耐盐、耐旱能力，抑制了胁迫相关基因的表达。葡萄 *VvBAP1* 在拟南芥中异源过表达，可以通过调控植物细胞内可溶糖的含量和激活抗氧化酶活性来增强植株的耐寒性。在番茄植株中异源过表达 *VvBAM1*，*VvBAM1* 通过调节淀粉水解影响番茄植株可溶性糖水平和促进 ROS 清除来提高耐寒能力。在拟南芥中异源过表达山葡萄 *VaCP17* 显著提高拟南芥抗寒性。Siddiqua 在 2011 年通过对葡萄 *VrCBF1* 和 *VrCBF4* 进行异源表达，发现其可以促进拟南芥中 *AtCOR6.6*、*AtCOR15a* 和 *AtCOR47* 基因的表达，并正向调控 *AtICE1* 的表达，从而增强植物的抗寒性。

而 Hou 等以‘左优红’为试验材料，将 *VvDREB2A* 拟南芥中异源表达，超量表达后其生长和存活率比野生型的更高，增加了对冷胁迫的抗性。Lan 以‘雷司令’为试验材料，将 *VvSnRK2.7* 在拟南芥中异源表达，结果表明 *VvSnRK2.7* 可以激活抗氧化酶系统的酶活性，维持正常的细胞生理代谢，稳定干旱胁迫下的浆果糖代谢途径，促进糖分积累，提高植物抗性。Chen 团队对拟南芥和葡萄愈伤组织 *VvJAZ13* 过表达，结果表明，与野生型（WT）相比，转基因系具有更高的抗氧化酶活性和脯氨酸含量，更低的 REL（相对电导率），以及 MDA（丙二醛）和过氧化氢（H_2O_2）含量，并提高了清除活性氧的能力，*CBF1-2* 和 *ICE1* 基因在转基因系中与冷反应相关的表达水平上调，*VvJAZ13* 积极参与拟南芥和葡萄的耐寒性，具有提高植物耐寒性的候选基因的潜力。Ren 以‘黑比诺’为试验材料，将 *VaPYL4* 基因在葡萄愈伤组织和拟南芥中进行过表达，导致其耐寒性增强。另外，在拟南芥中过表达 *VaPYL4*，也提高了植物对干旱和盐胁迫的抵抗力。Li 以‘赤霞珠’为试验材料，*VvERF117* 过表达，提高了转基因拟南芥、葡萄愈伤组织和葡萄叶的耐寒性，而 *VvERF117* 沉默增加了葡萄愈伤组织和叶子的冷敏感性。

（二）耐盐性

高盐度严重抑制了葡萄植物的生长和生产力，近年来关于葡萄盐害相关基因的研究较多。代瑛姿等以‘无核白’为试验材料，*VvERF2* 过量表达促进葡萄愈伤组织生长量和次生代谢产物相关物如酚类物质的含量积累，从而提高葡萄耐盐性。杨雪以‘无核克瑞森’为试验材料，将 *VvKCS11*-2 在植株叶片中进行过表达，叶片中含有较高的 K^+ 而 Na^+ 的含量较低，K^+/Na^+ 值较大；过表达组中 MDA 含量较低，说明过表达株系在幼苗期有较强的耐盐能力。这些结果表明，过表达拟南芥株系可以通过减轻离子毒害、增加脯氨酸等渗透胁迫物质等增强对盐胁迫的耐受能力。王春荣实验室以葡萄砧木‘1103P’为试验材料，在拟南芥中过量表达 *VMYB62* 基因表明：*VvMYB62* 基因能提高转基因拟南芥的萌芽率，增强植株的耐盐性。

Ji 以‘绯红无核’为试验材料，将 *VvMAPK9* 在拟南芥过表达，与野生型植物相比，转基因株系在盐胁迫下表现出更高的发芽率、更长的根长和更好的生长状态。此外，*VvMAPK9* 在葡萄愈伤组织中的过表达也提高了愈伤组织对盐胁迫的耐受性，增强了愈伤组织对活性氧（ROS）的清除能力，*VvMAPK9* 可能通过调节抗氧化系统来正向调节盐胁迫。Li 以‘Muscat Hamburg’为试验材料，在拟南芥（*Arabidopsis thaliana*）中 *VvHOS1* 的过表达降低了植物对寒冷、干旱和盐的耐受性，并负调控了两个胁迫响应基因 *AtRD29A* 和 *AtCOR47* 的表达水平。

Mzid 将 *VvWRKY2* 在烟草中进行过量表达，与野生型植物相比，转基因烟草植株在盐胁迫和渗透胁迫处理下均表现出更高的种子发芽率和更好的生长状况。在胁迫条件下，转基因植物积累了更多的渗透压，如可溶性糖和游离脯氨酸，而电解质泄漏没有观察到 H_2O_2 和丙二醛含量变化，提高渗透调节可能是 *VvWRKY2* 在促进非生物胁迫耐受性和适应方面作用的重要机制。Guo 以‘巨峰’为试验材料，*VlWRKY3* 过表达导致非生物胁迫反应基因的表达水平发生改变，*VlWRKY3* 转基因拟南芥植株在萌发期、幼苗期和成熟期均表现出更高的耐盐性和耐旱胁迫性。Zhu 以‘Blanc Vidal’为试验材料，在拟南芥中过量表达证实了 *VvWRKY30* 通过调节活性氧清除和渗透积累提高盐胁迫抗性的重要作用。Ju 等以‘赤霞珠’为试验材料，将 *VvNAC17* 基因在拟南芥中进行超量表达，增强了抗旱性，同时上调了 ABA 和胁迫相关基因的表达。

Liu 等以‘Beichun’为试验材料，将 *VvWRKY28* 在拟南芥中过量表达，大大提高了拟南芥对低温和高盐的耐受性，也改变了转基因拟南芥的许多生理生化指标，以应对寒冷和高盐刺激。Li 等以‘黑比诺’为试验材料，将 *VIT_00016972001* 基因转入烟草中并进行过量表达，实时荧光定量 PCR 分析结果显示，在盐胁迫下，*VvIAA18* 过表达上调了盐胁迫应答基因，包括吡咯啉 -5- 羧酸合酶（NtP5CS）、胚胎发生晚期丰度蛋白（NtLEA5）、超氧化物歧化酶（NtSOD）和过氧化物酶（NtPOD）基因。

Wu 等以‘Merlot’为试验材料，转基因拟南芥过表达 *VvSNAT1* 在盐胁迫下表现出更强的生长和生理性能，包括叶片萎蔫程度更低、发芽率更高、鲜重更高、根长更长。Yang 等以‘无核克瑞森’为试验材料，将 *VvKCS11* 在拟南芥中过表达，提高了拟南芥萌发期和幼苗期对盐胁迫的耐受性。

综上所述，通过对以往葡萄盐害相关的基因进行基因克隆和功能验证分析，发现与葡萄盐害相关的基因主要集中在 1、2、5、14 和 16 号染色体上。

三、葡萄果实品质相关基因功能验证进展

随着人们生活水平的提高，对于葡萄的需求不再只是价格低廉，更多地转向对于果实品质，要求果实颜色漂亮、果粒大、有香气、无籽等，这也对葡萄育种提出了新的要求，不再只是原来的高产，更要求优质。

（一）果实品质

车永梅等发现在葡萄果实发育早期 *VvWRKY13*、ACC 合成酶基因 *VvACS2* 和 *VvACS7* 表达量均显著上调；*VvWRKY13* 在葡萄愈伤组织中过表达使 *VvACS7* 表达量显著高于对照，*VvACS2* 与对照差异不显著；酵母单杂交试验证明，*VvWRKY13* 可与 *VvACS7* 启动子直接结合，与 *VvACS2* 无直接作用。同时，异源过表达 *VvWRKY13* 番茄中乙烯含量与合成酶基因 *ACS* 家族一些成员，如 *SlACS1b*、*SlACS4* 和 *SlACS6*，表达量显著高于野生型，番茄开花 - 果实转色的时间比野生型缩短 3 ～ 6d。以上结果表明，*VvWRKY13* 能够通过促进 ACC 合成酶基因表达调控乙烯合成，进而促进果实发育。Liu 等发现 *VvCEB1* 直接与葡萄果实中细胞扩增相关基因的启动子结合，并起到转录激活剂的作用，而 *VvDELLA2* 通过与 *VvCEB1* 的激活结构域结合来阻断 *VvCEB1* 的功能。外源赤霉素处理通过促进 *VvDELLA2* 蛋白的降解来缓解这种抑制，从而使 *VvCEB1* 能够转录激活细胞扩增相关基因的表达。外源性 GA3 处理通过影响葡萄果实发育中的 *VvDELLA-VvCEB1* 相互作用来调节早期果实扩张。Nicolas 等发现 *VvCEB1* 在浆果扩增组织中特异性表达，在转色前后表达最大。番茄 *VvCEB1* 启动子活性的研究证实了其在番茄扩张期的特异性果实表达。*VvCEB1* 在葡萄胚胎中的过表达表明，该蛋白刺激细胞扩增并影响参与细胞扩增的基因的表达，包括生长素代谢和信号传导基因。*VvCEB1* 是一种参与葡萄浆果发育的果实特异性 bHLH 转录因子。Dong 等发现葡萄和拟南芥的 *SAUR* 基因具有较高的同源性。此外，在番茄和烟草中过表达 *VvSAUR43* 基因，在番茄中产生细长的果实。该研究表明，提高 IAA 水平增强了 *VvSAUR* 的表达，最终导致果实形状细长。Bai 等发现 *VvVPT1* 对葡萄浆果成熟有正向调控作用，显著影响己糖含量、果实硬度和成熟相关基因表达。VPT1 蛋白（葡萄 *VvVPT1*、草莓 *FaVPT1* 和拟南芥 *AtVPT1*）均对酵母系统中验证的磷酸盐表现出低亲和力，同时表现出不同的糖转运能力，与果糖状态一致。研究结果揭示了 *VPT1* 在果实成熟中的作用，与其 SPX 和 MFS 结构域有关，可溶性糖直接转运到液泡中，并为肉质果实的遗传改良开辟了潜在的途径。Cai 等发现与野生型相比，*VvSUC11* 和 *VvSUC12* 过表达品系具有相似的花和果实表型。*VvSUC27* 过表达品系产生更长的花瓣和雌蕊、异常柱头、更少和缩小的花粉以及更坚硬的无籽果实。此外，所有 *VvSUC* 过表达品系生产的果实具有较高的可溶性固体含量和糖浓度。转录组学分析显示，与野生型相比，*VvSUC27* 过表达品系在果实发育早期与碳水化合物代谢和糖转运相关的基因更多，并显示生长素和乙烯相关信号通路的下调。*VvSUC27* 的过表达可以通过在开花时减少营养物质输送到花粉来诱导无核，随

后下调参与碳水化合物代谢和激素信号传导的基因。Su 等发现病毒诱导的 *VvTK2* 基因沉默显著降低了 2- 酮 -L- 古洛酸还原酶（Vv2-KGR）和 L- 艾杜糖酸脱氢酶（VvL-IdnDH3）的表达，抑制了酒石酸（TA）的积累，而其在葡萄中的瞬时过表达则显示出相反的结果。番茄中 *VvTK2* 的异源过表达表明其诱导 TA 合成具有明显的能力。总体而言，这些结果突出了 *VvTK2* 在调节 TA 生物合成方面的新作用，这可能是未来葡萄风味遗传改良的极好策略。Zhang 等在 *VvSnRK2s* 的过表达植株中发现，*VvSnRK2.2* 和 *VvSnRK2.7* 与 *VvMYB24* 相互作用，*VvMYB24* 是葡萄浆果成熟的正调节因子。*VvSnRK2.2* 和 *VvSnRK2.7* 是葡萄浆果发育和成熟的正调节因子。Jia 等发现由于 *VvERF4* 与 *VvMYB5a* 启动子中的 GCC-box 顺式调节元件结合，因此协同降低了参与花青素生物合成的靶基因的表达。*VvHDAC19* 和 *VvERF4* 还通过调节组蛋白 H3 和 H4 的乙酰化水平来控制花青素的生物合成和积累。因此，组蛋白修饰的改变可以显著调控参与花青素生物合成的基因的表达，影响葡萄的成熟。

（二）颜色

Bogs 等发现 *VvMYBPA1* 在葡萄浆果中的表达与浆果早期发育和种子中 PA 积累相关。在瞬时测定中，*VvMYBPA1* 激活了 LAR 和 ANR 的启动子，以及几种一般类黄酮通路基因的启动子。*VvMYBPA1* 没有激活编码花青素特异性酶 UDP- 葡萄糖：类黄酮 -3-*O*- 葡萄糖基转移酶的 *VvUFGT* 启动子，表明 *VvMYBPA1* 对葡萄中 PA 生物合成的调节具有特异性。通过用 *VvMYBPA1* 补充拟南芥 TT2 突变体的 PA 缺陷种子表型，证实了 *VvMYBPA1* 作为 PA 合成转录调节因子的功能。与拟南芥中 TT2 的异位表达相反，*VvMYBPA1* 的组成型表达导致 PA 在一些转基因幼苗的子叶、营养分生组织、叶毛和根中积累。Sun 等在葡萄基因组中鉴定出 4 个液泡 H^{+}-*PPase*（VHP）基因。其中，*VvVHP1*; *2* 在浆果皮中表达较强，其表达与浆果成熟期以及 ABA 和 UVB 处理下浆果皮花青素含量呈高度相关性。*VvVHP1*; *2* 被 *VvMYBA1* 直接转录激活，过表达促进浆果皮和拟南芥叶片中花青素积累；因此，*VvVHP1*; *2* 介导 *VvMYBA1* 调节浆果色素沉着。Deluc 等发现烟草中 *VvMYB5b* 的过表达导致编码类黄酮途径酶的基因上调，并导致花青素和原花青素衍生化合物的积累。*VvMYB5b* 调节特别是花青素和原花青素途径的能力，与葡萄中其他最近表征的 MYB 转录因子有关。

（三）无核

Wang 等发现‘香妃’葡萄花序长度为 4 ～ 5cm 时，胚珠原基出现；胚珠形成过程中 *VvAG2*、*VvAGL11* 和 *VvSEP3* 基因的相对表达水平较高，*VvAG2* 基因的表达水平最高。*VvAG2* 过表达的转基因番茄植株产生的胚珠和心皮数量高于野生型。此外，酵母双杂和酵母三杂试验表明，*VvSEP3* 充当桥梁并与 *VvAG2* 和 *VvAGL11* 蛋白相互作用，但 *VvAG2* 和 *VvAGL11* 之间没有相互作用。综上所述，*VvAG2* 与 *VvSEP3* 和 *VvAGL11* 共同调节‘香妃’葡萄胚珠形成。Zhang 等发现 *VvMADS39* 在番茄中的异源过表达降低了果实和种子的大小和种子数。番茄中同源 *SlMADS39* 的靶向诱变诱导了各种花和果实缺陷。可以合理地假设，‘Thompson Seedless’中活跃的 *VvMADS39* 表达可能会限制细胞扩张，导致更小的果实和种子的发育，*VvMADS39* 可能在葡萄胚珠发育的调节中发挥作用，并有助于无籽果实的形成。Zhang 等发现 *VvMADS28* mRNA 在种子品种‘红地球’的胚珠中积累，特别是在外皮 / 种皮内。相比之下，在无籽品种‘Thompson Seedless’中，*VvMADS28* 在胚珠中的表达较弱。

（四）香气

Wei 等发现葡萄愈伤组织中过表达 *VvWRKY70*，通过抑制异戊二烯和类黄酮代谢途径中几个相关基因的表达，降低了香叶素和黄酮醇的产生，特别是在光照或高温下。*VvWRKY70* 下调 β- 胡萝卜素羟化酶 2（*VvBCH2*）和查耳酮合酶 3（*VvCHS3*）的表达。降异戊二烯类化合物和黄酮醇是葡萄浆果中重要的次级代谢产物。前者是类胡萝卜素裂解产生的一类风味香料化合物，后者来源于类黄酮代谢途径，与浆果颜色相关。Dalla Costa 等对 *VvDXS1* 基因进行研究，*VvDXS1* 是甲基赤藓糖醇磷酸途径中用于异戊二烯类前体生物合成的第一种酶。将基因转入葡萄胚胎中，发现与对照植物相比，转化的葡萄成熟浆果中单萜的积累更高。

通过对以进行功能验证的果实品质相关基因进行分析，发现果实发育相关基因在 7、10、12、14、15 号等染色体中均有分布，果实颜色相关基因主要与 MYB 家族相关，存在于 2、6、11、15 号等染色体中，无核相关基因主要分布在 18 号染色体，在 1、10 号等染色体中也有分布。

（五）成花

成花转变是植物发育中的关键时期，适宜的成花时间能保证植株具有最大化的生殖能力，进而保证种子的质量。FT、LFY 及 SOC1 是植物开花途径整合因子（floral pathway integrators）。*FT* 是重要的开花促进基因，是光周期调控途径中关键因子 CO 下游直接的靶基因。它在叶片中表达，然后通过韧皮部运输到茎顶端激活花序分生组织基因，从而启动植物开花。*FT* 还是环境温度途径（以 FLM 为代表）、年龄途径（以 SPL3 为代表）等的下游靶基因，能促进下游 *LFY* 的表达；同时 *FT* 也是春化途径和自主途径关键基因 *FLC* 的靶基因；此外，茎端的 *FT* 表达还能被 GA 激活。

在葡萄中已鉴别出了 5 个 FT 的同源基因，分别为 *VvFT*、*VvMFT*、*VvTFL1A*、*VvTFL1B* 和 *VvTFL1C*。这 5 个基因被归为 3 类：FT-like、MFT-like 和 TFL1-like。VvFT 与休眠芽中季节性成花诱导以及花序、花和果的发育相关，*VvFT* 在葡萄幼果中表达量最高，在茎尖和幼叶中却几乎没有表达；*VvMFT* 在开花期与 *VvFT* 的表达模式是平行的，但是在休眠芽的成花发端阶段不表达；*VvTFL1A*、*VvTFL1B* 和 *VvTFL1C* 在休眠芽的成花发端阶段表达，但是在花期的花发育阶段并不表达。在拟南芥和烟草中过量表达 *VvFT* 能够导致提早开花，除此之外还导致烟草矮化；而过量表达 *VvTFL1A* 不影响开花时间，却明显增加了花序分枝和延迟了花分生组织的起始。另外，*VvTFL1A* 在葡萄中过表达与 RRM（the reiterated reproductive meristem）表型相关，这与拟南芥中描述的表型一致。

LFY 基因是整合环境和内源信号的重要开花控制因子，能够启动植物的开花过程，并

且控制植物花的生长发育。拟南芥 *LFY* 的同源基因 *VFL* 在葡萄中已被克隆，*VFL* 在花瓣和雄蕊原基中、花序和卷须分生组织中均有表达，研究发现 *VFL* 在整个花序发育过程中的表达量都很高，但是在卷须原基中，*VFL* 仅在其发育的早期阶段表达。*VFL* 在这 2 种结构中的差异表达，可能表明 *VFL* 表达的阈值水平是花序和花分生组织的发育所需要的而不是卷须。在叶原基和叶缘中也能检测到 *VFL* 的表达，表明 *VFL* 在特定叶组织中具有维持细胞分裂的功能。*VFL* 最初在外侧分生组织中表达，但 *VFL* 表达的增加仅与花序和花发育相关。在拟南芥中过表达 *VFL* 促进了花序向花分生组织的快速转化，*VFL* 在葡萄中的作用可能与拟南芥中所描述的相似，*LFY* 整合了来自不同途径的开花信号并控制葡萄花器官特征基因的表达。

SOC1（*MADS8*）基因广泛存在于单子叶植物和双子叶植物中，它能编码一个 MADS-box 家族的转录因子，既作为信号通路的响应因子，又作为开花信号整合因子调节开花时间。在葡萄中已鉴别出拟南芥 *SOC1* 的同源基因 *VvMADS8*，在开花诱导期，潜伏芽中 *VvMADS8* 的表达水平最高，并且葡萄芽中 *VvCO* 表达与 *VvMADS8* 和 *VFY* 在空间上和时间上协调，表明在葡萄开花的季节性周期中，这些基因的作用类似于拟南芥光周期途径的调控网络。在山葡萄中，不论是雄花还是雌花，花芽中 *VvMADS8* 表达量最多，花序中表达量极少。这些结果表明，*VvMADS8* 在山葡萄花发育前期有作用。原位杂交表明，*VvMADS8* 在‘赤霞珠’的花序原基和苞片中表达量最高，在其他时期表达量较少。在成熟的花和果实中没有检测到 *VvMADS8* 基因的表达，在发育的卷须中有微量表达。在‘藤稔’葡萄中，*VvSOC1* 在各个生长时期不同节位芽中都有很高的表达，并且基本呈现较一致的变化趋势。*VvMADS8* 在拟南芥中过量表达，发现转基因的拟南芥花期提前，数量增多，形状改变。

第三节　克隆功能基因后序列差异的分析

葡萄的抗病基因主要分布在染色体 7、10、18、14、12 和 15 等区域，其中以 WRKY、NLR、COMT 等基因家族为主。12 号染色体是葡萄抗病基因分布最多的染色体之一，研究发现 26 个葡萄 COMT 基因家族成员中，有 13 个分布在 12 号染色体上。NBS 基因家族是葡萄抗病基因的主要家族之一。NBS 基因家族编码的蛋白含有核苷酸结合位点（NBS）和亮氨酸重复序列（LRR），在植物的免疫反应中起着关键作用。研究发现野生葡萄基因组中 NBS 型抗病基因的表达水平高于栽培葡萄。咖啡酸 *O*- 甲基转移酶（COMT）基因家族在葡萄抗病中也具有重要作用。COMT 基因参与木质素合成，有助于植物抵抗病原菌的侵害。研究鉴定出的 26 个葡萄 COMT 基因家族成员在抗病品种中受霜霉病的强烈诱导，表明其在葡萄抗病过程中发挥重要作用。

果实品质性状相关基因主要位于 2、5、16、18 号等染色体上，其中，无核性状相关基因主要位于 18 号染色体中，主要由 *VvAGL11* 基因控制；颜色性状相关基因主要存在于 2 号染色体中，与 MYB 家族基因相关；香气相关基因主要位于 5 号染色体中，与 *VvDXS*、*VvOMT*、*VvGGPPS* 基因相关（图 10-2）。

第四节　功能基因的转基因应用

遗传转化体系是指通过遗传工程技术将外源遗传信息整合到特定生物基因型中的系统。这一过程涉及将外源基因导入受体细胞，并使其在宿主基因组中稳定整合、表达和遗传。遗传转化体系在植物、微生物和动物等领域具有广泛的应用，是现代遗传学和分子生物学研究的重要工具。植物遗传转化体系主要包括农杆菌介导转化、基因枪法、PEG 介导转化等方法。其中，农杆菌介导转化是应用最为广泛的技术之一。农杆菌携带的 Ti 质粒中的 T-DNA 能够整合到植物基因组中，通过将目标基因插入 T-DNA 区域，可以实现外源基因的转移和整合。此外，基因枪法通过将外源 DNA 包裹在金属颗粒表面，利用高速轰击将 DNA 导入植物细胞，这种方法不受植物种类和组织的限制。

基因组编辑的最新进展为许多具有农艺意义的水果作物的遗传改良提供了前所未有的机会。将已经验证过的功能基因转入作物中，使其抗性、果实品质等性状发生改良，目前最常用的基因编辑技术为 CRISPR。CRISPR（clustered regularly interspaced short palindromic repeat，成簇规律间隔短回文重复）是一种基因编辑技术，其核心原理源自细菌的免疫防御机制。当细菌受到病毒等外源 DNA 侵入时，会将一小段外源 DNA 整合到自身基因组中的 CRISPR 位点，并在再次遭遇相同病毒时，利用这些整合的 DNA 序列产生 crRNA（CRISPR RNA），引导 Cas 蛋白（CRISPR-associated protein）识别并切割外源 DNA，从而阻止病毒的基因表达。图 10-3 为 CRISPR/Cas9 基因组编辑原理图。

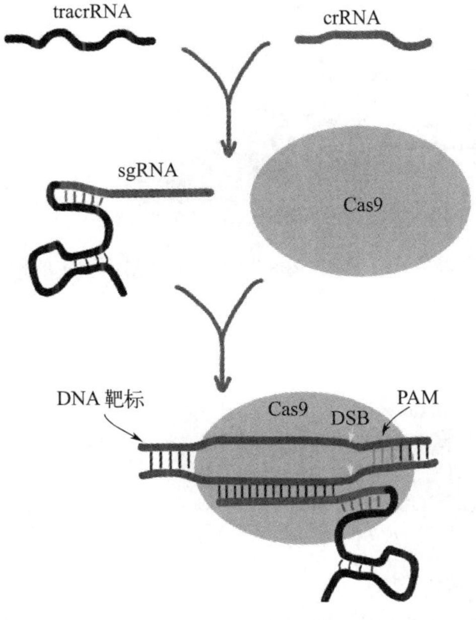

图10-3　CRISPR/Cas9基因组编辑原理图（彩图）

tracrRNA为反式激活crRNA；crRNA为成簇规律间隔短回文重复序列RNA；sgRNA为单向导RNA；Cas9为CRISPR相关蛋白9；PAM为原型间隔序列毗邻基序；DSB为DNA双链断裂（double-strand break）

葡萄（*V. vinifera* L.）的全基因组序列于 2007 年报道并发布，并且早在 1993 年就建立了使用胚胎悬浮液的葡萄转化。2016 年，一个小组在酒石酸的生物合成中成功编辑了 L-异糖酸脱氢酶基因（*IdnDH*）。含有两个 sgRNA 的 CRISPR/Cas9 构建体通过农杆菌转化到‘霞多丽’胚胎悬浮细胞中，产生 100% 的突变效率。针对 *V. vinifera* 植二醇去饱和酶（VvPDS）的第二份报告显示，白化叶的效率范围为 0 ～ 86%。有趣的是，老叶具有更高的突变细胞比例，这可能是由于 DSB 的积累或老叶中 DSB 修复减少。最近的一项研究编辑了 VvWRKY52 转录因子，该转录因子在生物胁迫反应中发挥作用。源自胚胎愈伤组织的前胚肿块被含有 CRISPR/Cas9 构建体的农杆菌感染。22 个第一代转基因品系中有 15 个携带双等位基因突变，其中 4 个显示对灰葡萄孢菌的耐药性增加（图 10-4）。

无转基因基因组编辑对于促进转基因葡萄的商业化是非常可取的。为了敲除 MLO-7（白粉病的易感基因座），证明了纯化的 CRISPR/Cas9 核糖核蛋白（RNP）直接递送到葡萄原生质体中。RNP 通过 PEG 介导的转化被引入原生质体中，随后导致 MLO-7 的编辑而不涉及任何外源 DNA。然而，诱变效率仅为 0.1% ～ 6.9%。最近，建立了一种改进的方案，用于将 CRISPR/Cas9 RNP 直接递送到葡萄原生质体中。直接递送的完整方案只需 2 ～ 3 周，随后可以从编辑的原生质体中生成整株植物。因此，葡萄正在成为无转基因基因组编辑领域的开创性水果作物。

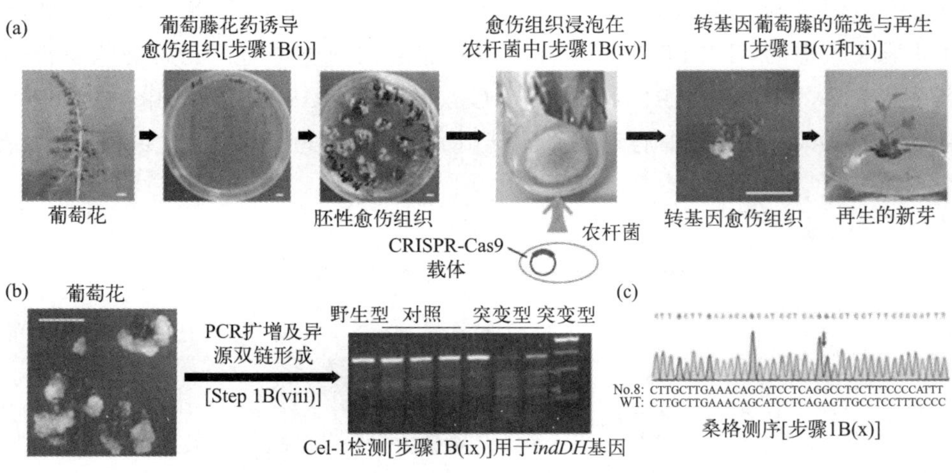

图10-4　质粒介导的基于CRISPR-Cas9的葡萄基因编辑的预期结果（彩图）

参考文献

[1] 车永梅，陈慧婷，张岁芳，等. 葡萄 VvWRKY13 介导乙烯生物合成调控果实发育 [J]. 华北农学报，2024, 39 (2): 99-105.

[2] 冯延芝，李芳东，王璐，等. *LEAFY* 同源基因系统进化及研究进展 [J]. 中南林业科技大学学报，2016, 36 (02): 25-30.

[3] 丰景，卢江. 葡萄成花分子生物学研究进展 [J]. 热带作物学报，2018, 39 (08): 1673-1681.

[4] 盛晓菁，齐晓雪，徐蕾，等. 基因克隆及组装技术的研究进展 [J]. 中国生物工程杂志，2020, 40 (Z1): 133-139

[5] 王建楼，卢龙，鲁井云，等. *VvFT* 和 *VvTFL1A* 基因在葡萄花发育中的表达特性研究 [J]. 中国农业大学学报，2013, 18 (06): 132-137.

[6] 宗成文. 葡萄花发育相关基因的克隆与表达特性研究 [D]. 南京：南京农业大学，2007.

[7] Bai Q, Chen X, Zheng Z, et al. Vacuolar Phosphate Transporter1 (VPT1) may transport sugar in response to soluble sugar status of grape fruits[J]. Hortic Res, 2023, 10(2): 94-105.

[8] Bogs J, Jaffé F W, Takos A M, et al. The grapevine transcription factor VvMYBPA1 regulates proanthocyanidin synthesis during fruit development[J]. Plant Physiology, 2007, 143(3): 1347-1361.

[9] Cai Y M, Yin L, Tu W R, et al. Ectopic expression of *VvSUC27* induces stenospermocarpy and sugar accumulation in tomato fruits[J]. Frontiers in Plant Science, 2021(12): 759047.

[10] Dai L M, Wang D, Xie X Q, et al. The novel gene *VpPR4-1* from *Vitis pseudoreticulata* increases powdery mildew resistance in transgenic *Vitis vinifera* L.[J]. Frontiers in Plant Science, 2016(7): 695.

[11] Dalla Costa L, Emanuelli F, Trenti M, et al. Induction of terpene biosynthesis in berries of microvine transformed with *VvDXS1* alleles[J]. Frontiers in Plant Science, 2018(8): 2244.

[12] Deluc L, Bogs J, Walker A R, et al. The transcription factor VvMYB5b contributes to the regulation of anthocyanin and proanthocyanidin biosynthesis in developing grape berries[J]. Plant Physiology, 2008, 147(4): 2041-2053.

[13] Dong Y, Huang L Y, Zhang W, et al. Transcriptomic and functional analysis reveals that VvSAUR43 may be involved the elongation of grape berries[J]. Scientia Horticulturae, 2023, 318: 112119.

[14] Guo R R, Qiao H B, Zhao J, et al. The grape *VlWRKY3* gene promotes abiotic and biotic stress tolerance in transgenic *Arabidopsis thaliana*[J]. Frontiers in Plant Science, 2018(9): 545.

[15] Hébert D, Kikkert J R, Smith F D, et al. Optimization of biolistic transformation of embryogenic grape cell suspensions[J]. Plant Cell Reports, 1993, 12(10): 585-589.

[16] Jaillon O, Aury J M, Noel B, et al. The grapevine genome sequence suggests ancestral hexaploidization in major angiosperm phyla[J]. Nature, 2007, 449(7161): 463-467.

[17] Jia H F, Zuo Q Q, Sadeghnezhad E, et al. HDAC19 recruits ERF4 to the *MYB5a* promoter and diminishes anthocyanin accumulation during grape ripening[J]. The Plant Journal, 2023, 113(1): 127-144.

[18] Jiang C Y, Wang D, Zhang J, et al. VqMYB154 promotes polygene expression and enhances resistance to pathogens in Chinese wild grapevine[J]. Horticulture Research, 2021, 8(1): 151.

[19] Li H E, Xu Y, Xiao Y, et al. Expression and functional analysis of two genes encoding transcription factors, VpWRKY1 and VpWRKY2, isolated from Chinese wild *Vitis pseudoreticulata*[J]. Planta, 2010, 232(6): 1325-1337.

[20] Li M Y, Jiao Y T, Wang Y T, et al. CRISPR/Cas9-mediated *VvPR4b* editing decreases downy mildew resistance in grapevine (*Vitis vinifera* L.)[J]. Horticulture Research, 2020(7): 149.

[21] Li T M, Cheng X, Wang X W, et al. Glyoxalase I-4 functions downstream of NAC72 to modulate downy mildew resistance in grapevine[J]. Plant Journal, 2021, 108(2): 394-410.

[22] Liu H Y, Yang W L, Liu D C, et al. Ectopic expression of a grapevine transcription factor VvWRKY11 contributes to osmotic stress tolerance in *Arabidopsis*[J]. Molecular Biology Reports, 2011, 38(1): 417-427.

[23] Liu Z H, Wang Y, Guan P Y, et al. Interaction of VvDELLA2 and VvCEB1 mediates expression of expansion-related gene during GA-induced enlargement of grape fruit[J]. International Journal of Molecular Sciences, 2023, 24(19): 14870.

[24] Marchive C, Mzid R, Deluc L, et al. Isolation and characterization of a *Vitis vinifera* transcription factor, VvWRKY1, and its effect on responses to fungal pathogens in transgenic tobacco plants[J]. Journal of Experimental Botany, 2007, 58(8): 1999-2010.

[25] Malnoy M, Viola R, Jung M H, et al. DNA-free genetically edited grapevine and apple protoplast using CRISPR/Cas9 ribonucleoproteins[J]. Frontiers in Plant Science, 2016(7): 1904.

[26] Merz P R, Moser T, Höll J, et al. The transcription factor VvWRKY33 is involved in the regulation of grapevine (*Vitis vinifera*) defense against the oomycete pathogen *Plasmopara viticola*[J]. Physiologia Plantarum, 2015, 153(3): 365-380.

[27] Mzid R, Marchive C, Blancard D, et al. Overexpression of VvWRKY2 in tobacco enhances broad resistance to necrotrophic fungal pathogens[J]. Physiologia Plantarum, 2007, 131(3): 434-447.

[28] Nakajima I, Ban Y, Azuma A, et al. CRISPR/Cas9-mediated targeted mutagenesis in grape[J]. PLoS One, 2017, 12(5): e0177966.

[29] Nicolas P, Lecourieux D, Gomès E, et al. The grape berry-specific basic helix-loop-helix transcription factor VvCEB1 affects cell size[J]. Journal of Experimental Botany, 2013, 64(4): 991-1003.

[30] Osakabe Y, Liang Z C, Ren C, et al. CRISPR-Cas9-mediated genome editing in apple and grapevine[J]. Nature Protocols, 2018, 13(12): 2844-2863.

[31] Ren C, Liu X J, Zhang Z, et al. CRISPR/Cas9-mediated efficient targeted mutagenesis in Chardonnay (*Vitis vinifera* L.)[J]. Scientific Reports, 2016(6): 32289.

[32] Su J, Li M H, Yang H Q, et al. Enrichment of grape berries and tomato fruit with health-promoting tartaric acid by expression of the *Vitis vinifera* transketolase VvTK2 gene[J]. International Journal of Biological Macromolecules, 2024(257): 128734.

[33] Sun T Y, Xu L L, Sun H, et al. *VvVHP1; 2* is transcriptionally activated by VvMYBA1 and promotes anthocyanin accumulation of grape berry skins *via* glucose signal[J]. Frontiers in Plant Science, 2017(8): 1811.

[34] Wang L X, Zhang M, Li J, et al. VqNAC44 enhances stilbene synthesis and disease resistance in Chinese wild grape by interacting with VqMYB15[J]. Plant Science, 2024(341): 111994.

[35] Wang Y, Wang X H, Fang J H, et al. VqWRKY56 interacts with VqbZIPC22 in grapevine to promote proanthocyanidin biosynthesis and increase resistance to powdery mildew[J]. New Phytologist, 2023, 237(5): 1856-1875.

[36] Wang Y, Liu Z H, Wu J, et al. MADS-Box Protein complex VvAG2, VvSEP3 and VvAGL11 regulates the formation of ovules in *Vitis vinifera* L. cv. ‘Xiangfei’ [J]. Genes, 2021, 12(5): 647.

[37] Wang X H, Tu M X, Wang D J, et al. CRISPR/Cas9-mediated efficient targeted mutagenesis in grape in the first generation[J]. Plant Biotechnology Journal, 2018, 16(4): 844-855.

[38] Wei Y, Meng N, Wang Y C, et al. Transcription factor VvWRKY70 inhibits both norisoprenoid and flavonol biosynthesis in grape[J]. Plant Physiology, 2023, 193(3): 2055-2070.

[39] Yan X X, Qiao H B, Zhang X M, et al. Analysis of the grape (*Vitis vinifera* L.) thaumatin-like protein (TLP) gene family and demonstration that TLP29 contributes to disease resistance[J]. Scientific Reports, 2017(7): 4269.

[40] Yin W C, Wang X H, Liu H, et al. Overexpression of VqWRKY31 enhances powdery mildew resistance in grapevine by promoting salicylic acid signaling and specific metabolite synthesis[J]. Horticulture Research, 2022(9): uhab064.

[41] Zhang P A, Zuo Q Q, Jin H C, et al. Role of SnRK2s in grape berry development and stress response[J]. Scientia Horticulturae, 2022(302): 111175.

[42] Zhang S L, Yao J, Wang L, et al. Role of grapevine SEPALLATA-related MADS-box gene VvMADS39 in flower and ovule development[J]. Plant Journal, 2022, 111(6): 1565-1579.

[43] Zhang S L, Wang L, Yao J, et al. Control of ovule development in *Vitis vinifera* by *VvMADS28* and interacting genes[J]. Horticulture Research, 2023, 10(6): uhad070.

[44] Zhang X M, Pan Y, Hao X Y, et al. Overexpression of a grapevine VqWRKY2 transcription factor in *Arabidopsis thaliana* increases resistance to powdery mildew[J]. Plant Cell, Tissue and Organ Culture (PCTOC), 2024, 157(1): 16.

[45] Zhu Y X, Zhang X M, Zhang Q H, et al. The transcription factors VaERF16 and VaMYB306 interact to enhance resistance of grapevine to *Botrytis cinerea* infection[J]. Molecular Plant Pathology, 2022, 23(10): 1415-1432.

[46] Zhang Y, Yao J L, Feng H, et al. Identification of the defense-related gene *VdWRKY53* from the wild grapevine *Vitis davidii* using RNA sequencing and ectopic expression analysis in *Arabidopsis*[J]. Hereditas, 2019(156): 14.

[47] Zhu Z G, Shi J L, Cao J L, et al. VpWRKY3, a biotic and abiotic stress-related transcription factor from the Chinese wild *Vitis pseudoreticulata*[J]. Plant Cell Reports, 2012, 31(11): 2109-2120.

[48] Zhu Y X, Zhang X M, Zhang Q H, et al. The transcription factors VaERF16 and VaMYB306 interact to enhance resistance of grapevine to *Botrytis cinerea* infection[J]. Molecular Plant Pathology, 2022, 23(10): 1415-1432.

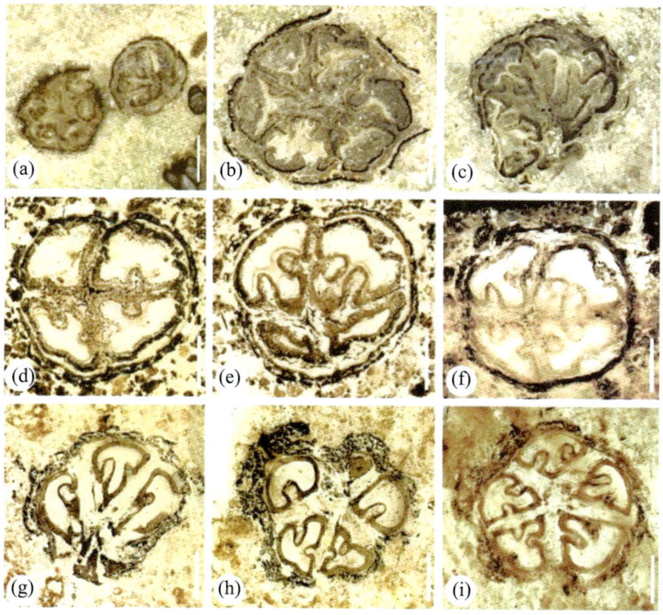

图1-1　印度Mahurzari地区发现葡萄科果实化石

图1-2　古埃及遗迹中葡萄相关记录

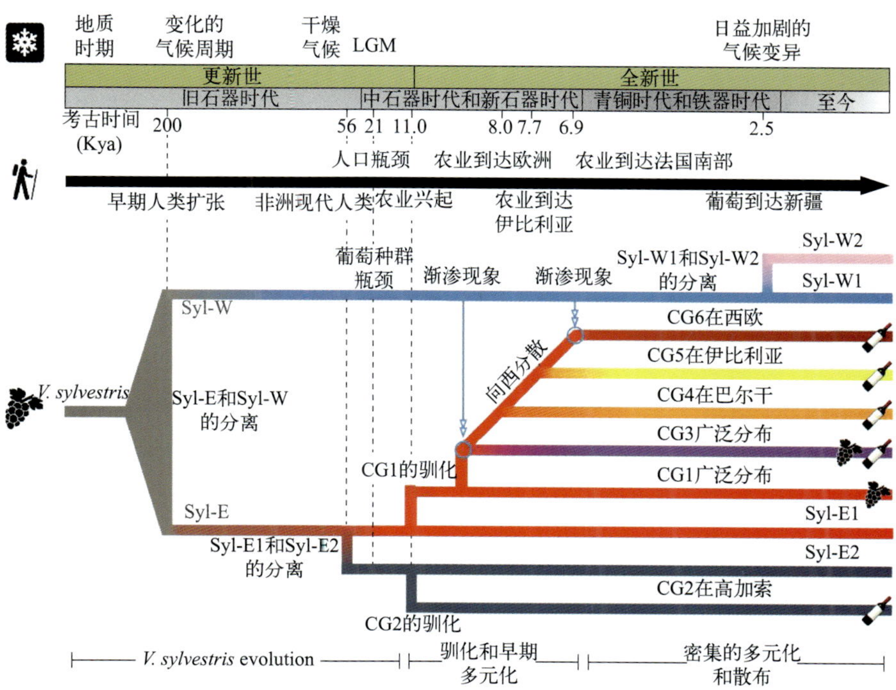

图1-4　葡萄进化史示意图

葡萄树进化史上的关键事件与全球气候变化和人类迁徙的重大事件一起显示

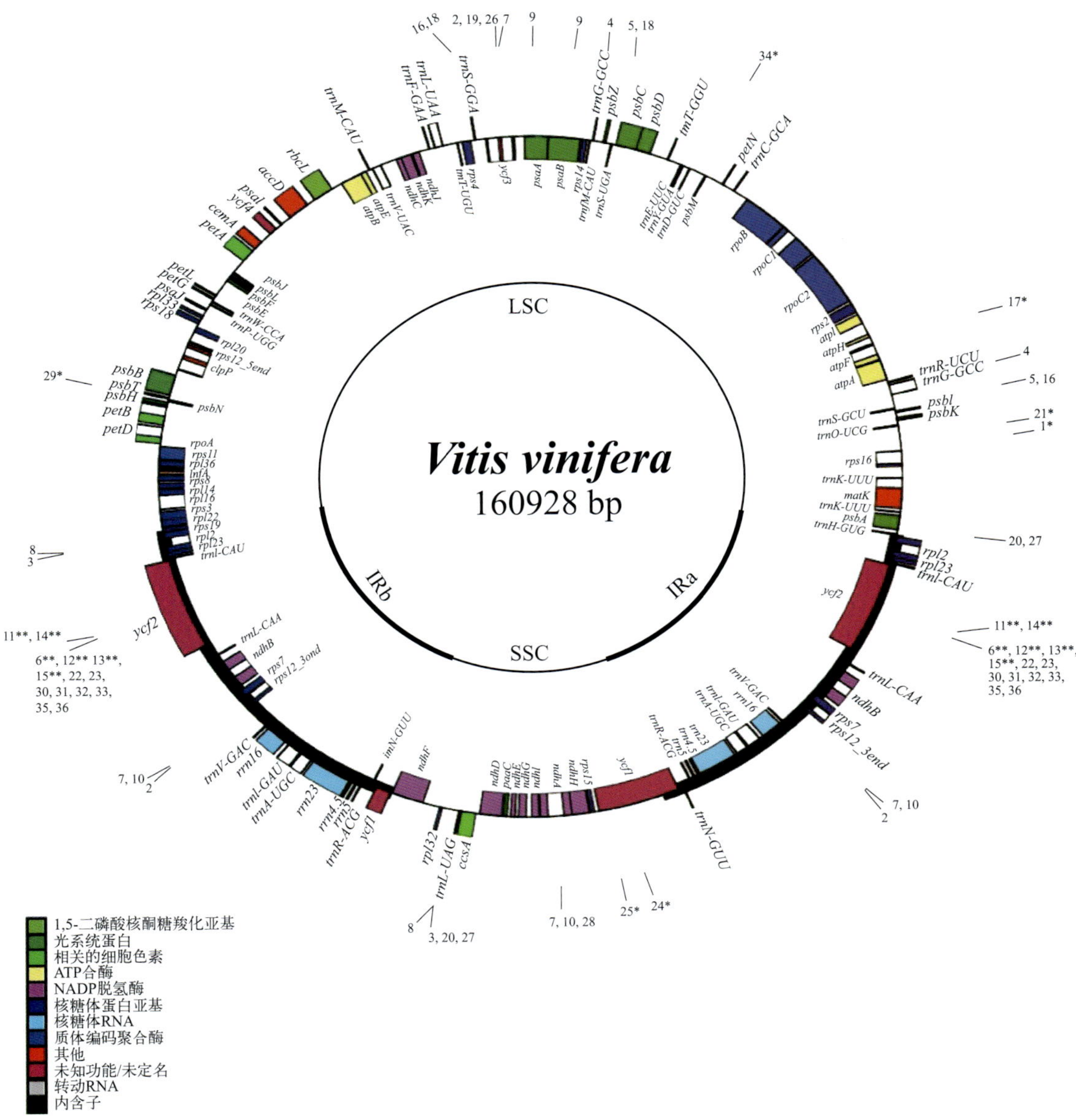

图1-5　欧亚种葡萄（*Vitis vinifera*）叶绿体基因组图谱

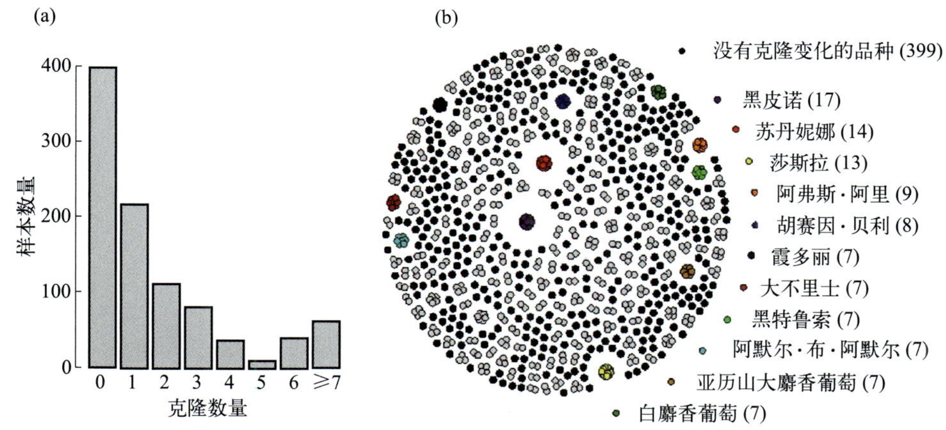

图1-10　美国农业部葡萄种质资源库中的克隆关系

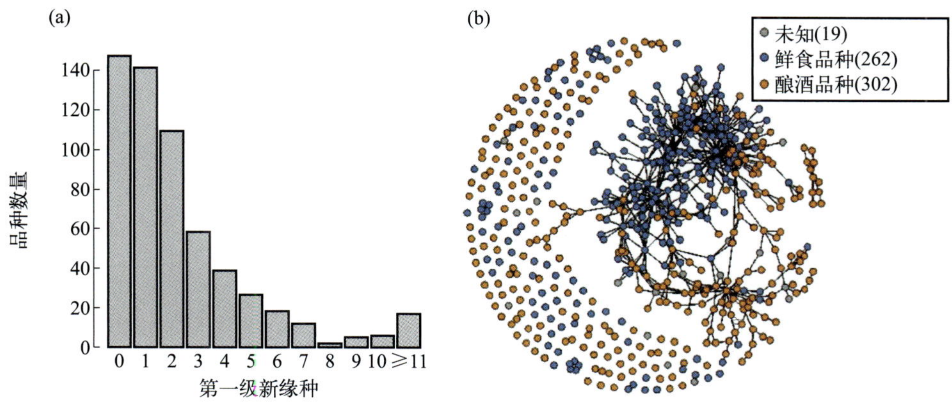

图1-11　美国农业部葡萄种质资源中的一级关系

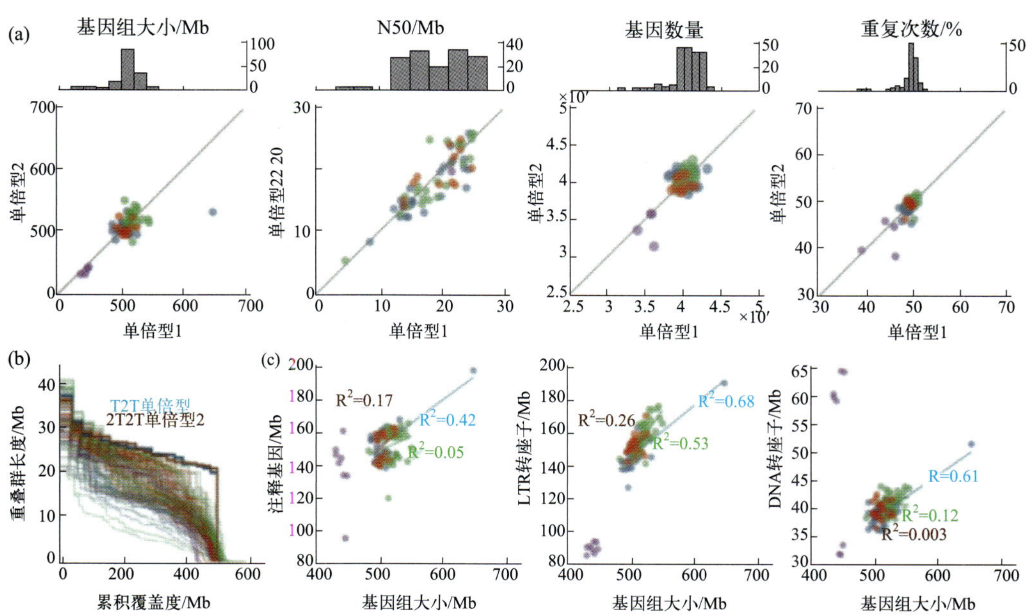

图1-13

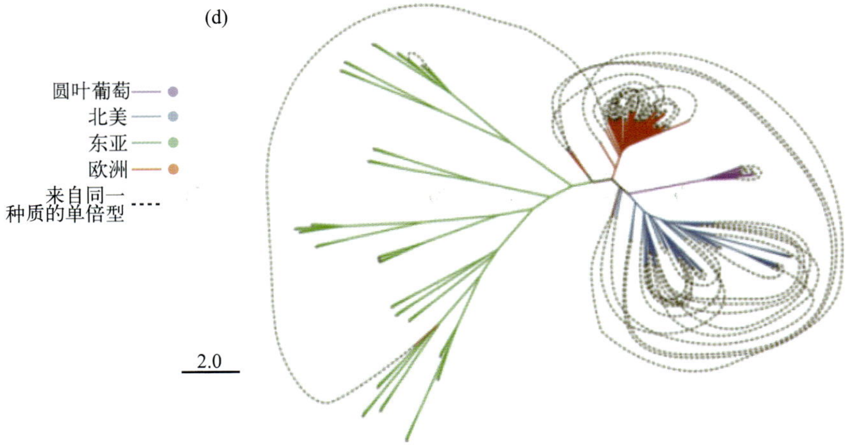

图1-13　单倍型解析葡萄基因组的组装和注释统计，以及合并系统发育

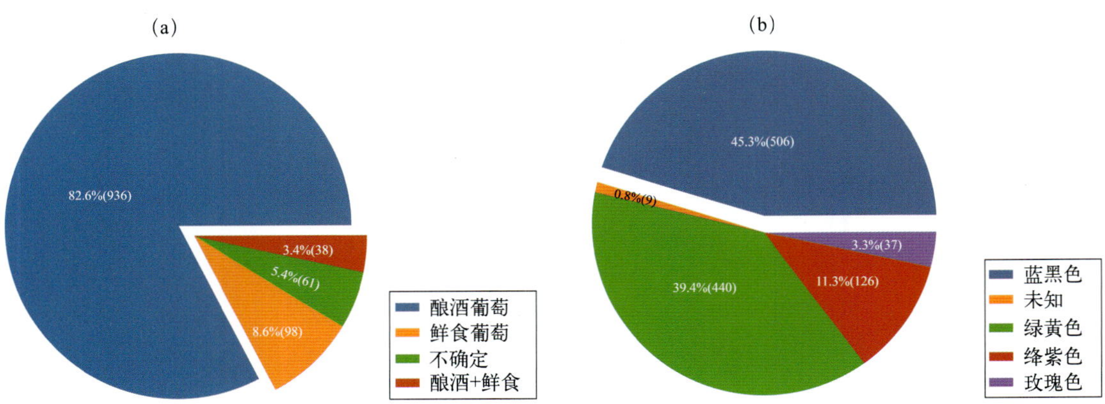

图3-10　不同性状葡萄种质比例

（a）不同用途；（b）不同颜色

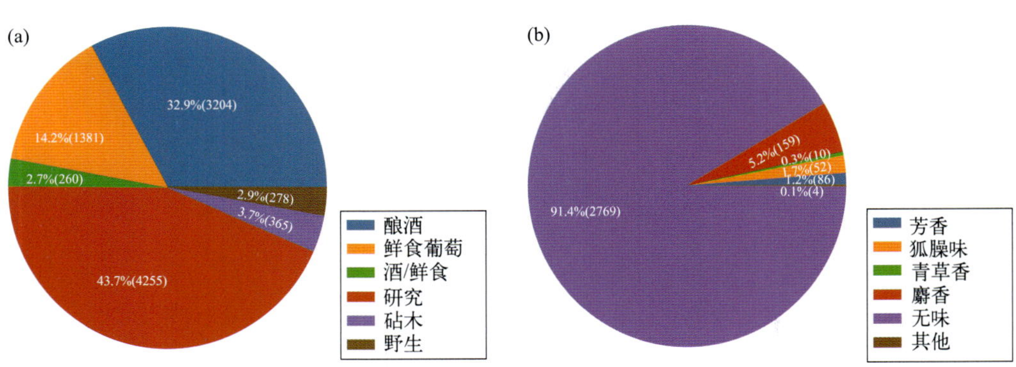

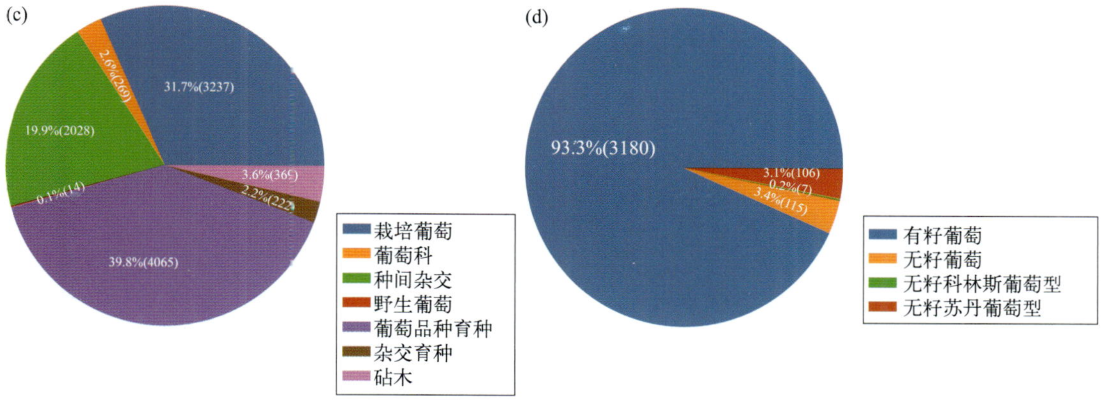

图3-12　葡萄不同性状的比例分析

（a）不同用途；（b）不同风味；（c）不同价值类型；（d）葡萄种子有无种质

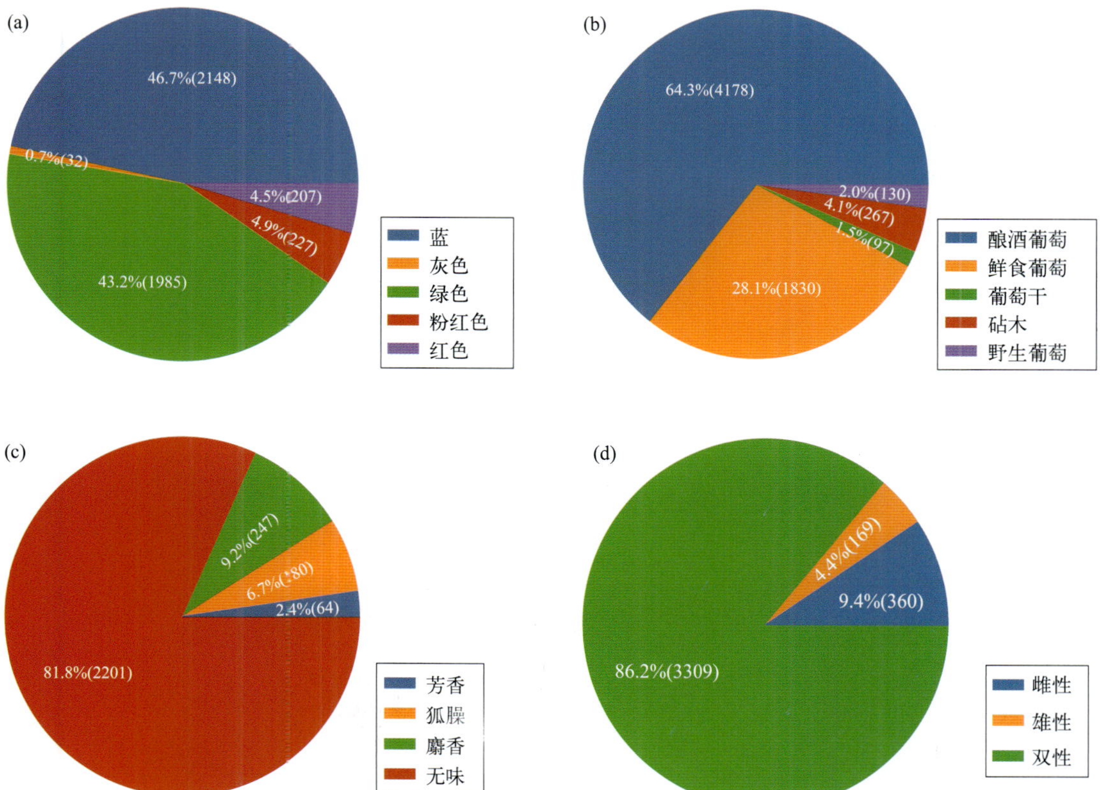

图3-14　不同葡萄性状所占比例的统计

（a）不同颜色；（b）不同类型；（c）不同气味；（d）不同性别

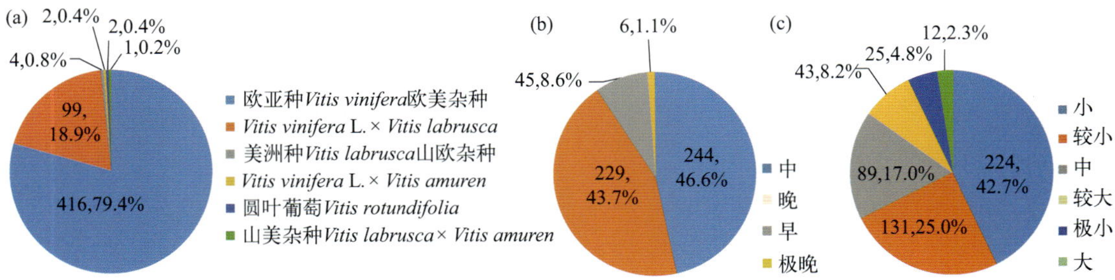

图3-21　CGRIS不同性状种质比例

（a）种质种群；（b）成熟期；（c）果穗重

图4-2　松散型和紧凑型花序的果穗形状

A：花序松散型（康克）；B：花序紧凑型（白香蕉）

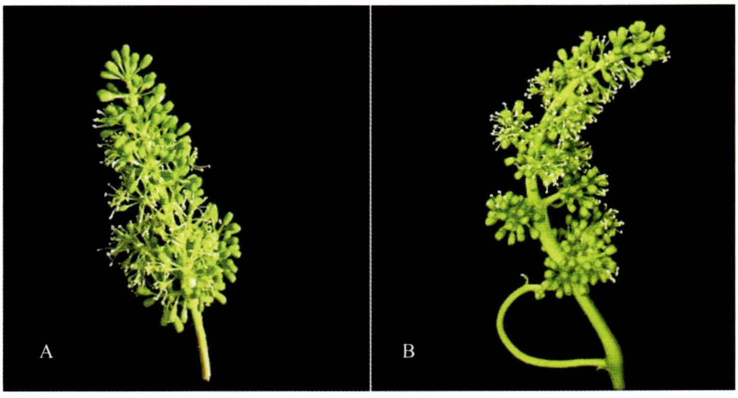

图4-3　葡萄花序的卷须类型

A：无卷须型（摩尔多瓦）；B：有卷须型（白奥林）

图4-4　不同果穗紧凑类型（房经贵，黄雨晴供图）

图4-5　第一花序着生节位类型

（a）～（f）分别表示第一花序着生在第1节位、第2节位、第3节位、第4节位、第5节位、第6节位

图4-7　葡萄花序的卷须类型

A—完全卷须；B—基部着生卷须的花序；C—基部着生花序的不完全卷须

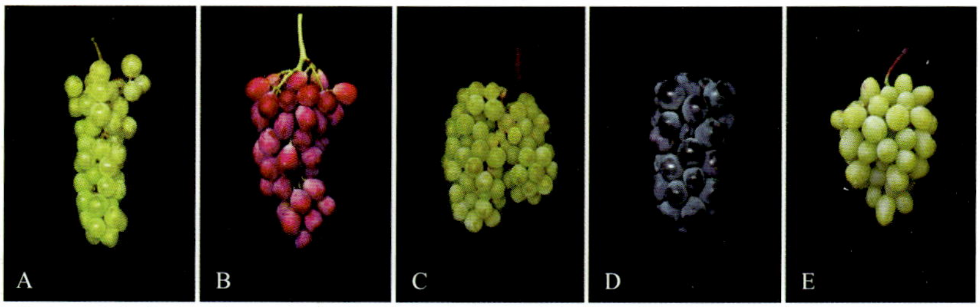

图4-9　葡萄果穗形状类型及代表品种

A：长圆柱形（‘霍里冈’）；B：长圆锥形（‘花泽二号’）；C：分枝形（‘贝加干’）；
D：短圆柱形（‘巴士’）；E：短圆锥形（‘阿米利亚’）

图4-13　6个葡萄品种成熟果实的果皮色泽

1—绿黄色‘芳香’；2—黄绿色‘黄蜜斯’；3—粉红色‘红富士’；
4—紫红色‘红无籽露’；5—紫黑色‘黑贝蒂’；6—蓝紫色‘金星无核’

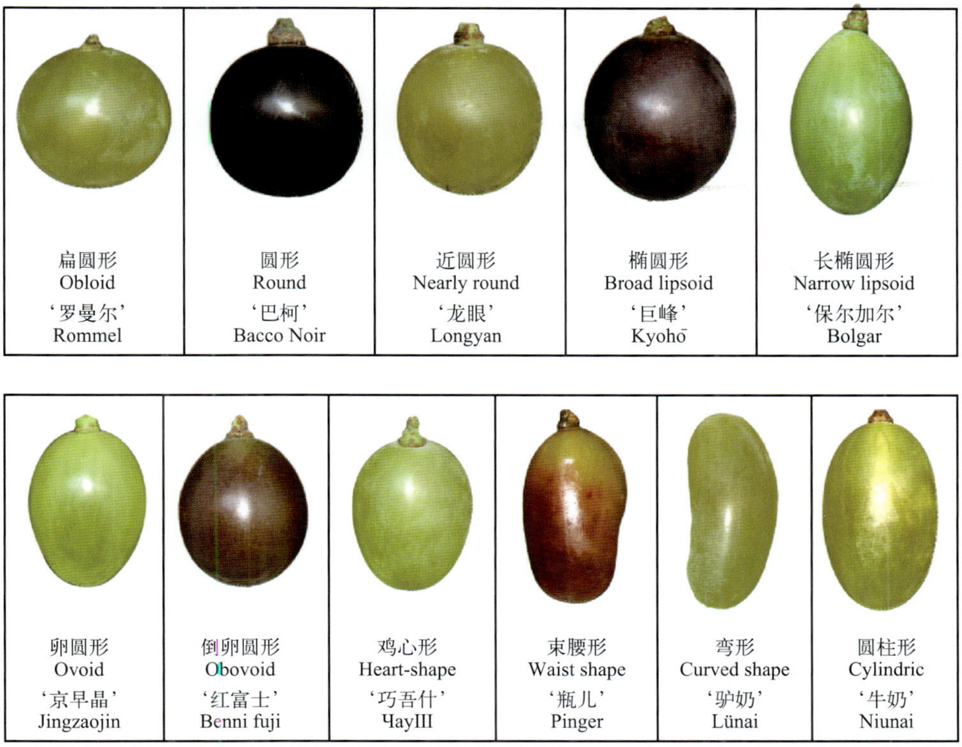

图4-14 不同葡萄果粒形状类型

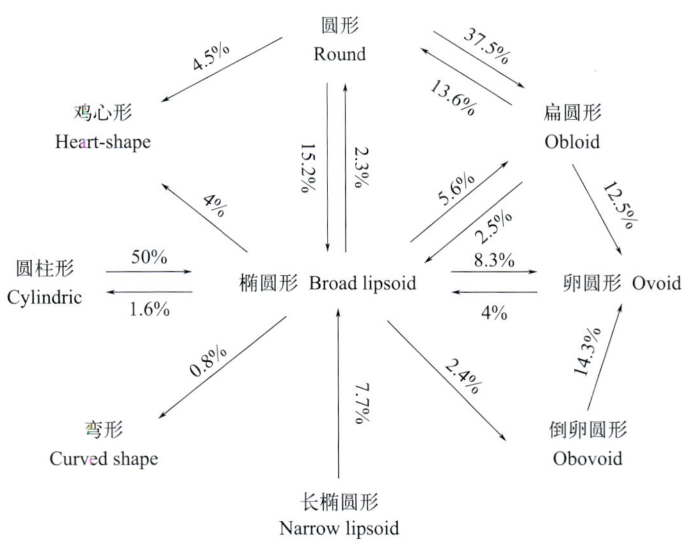

(a) 葡萄果形类型的分类标准示意

(b) 不同果形表型图

图4-15 同一品种内同时存在几种不同果形

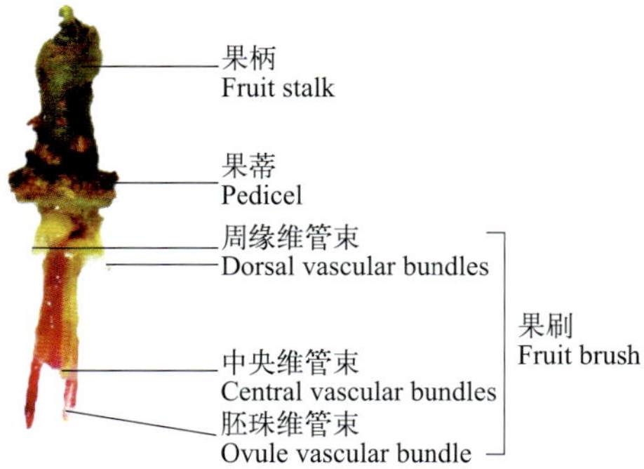

(a) 完整型果刷结构示意图

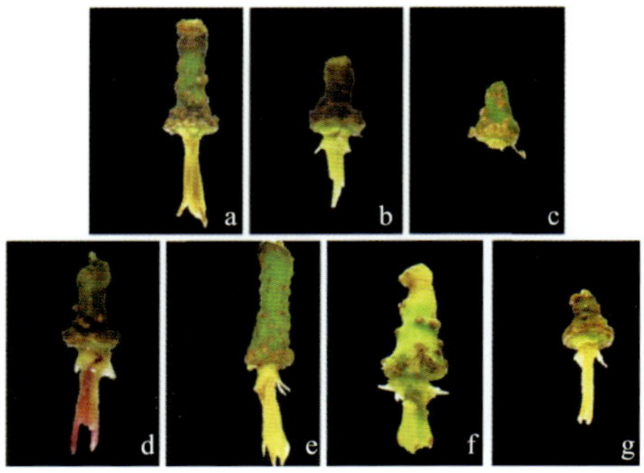

(b) 完整型与不完整型果刷

图4-16　果刷类型

（b）中a～c—不完整型果刷，d～g—完整型果刷；a—'高砂' 一无周缘维管束型；b—'NY14528'-胚珠维管束断裂型；c—'早熟黑虎香'－无果刷或果刷极短型；d—黑×国－粗长型；e—'康能无核'－细长型；f—'巧吾什'（'白玉'）－粗短型；g—'斯蒂本'－细短型。

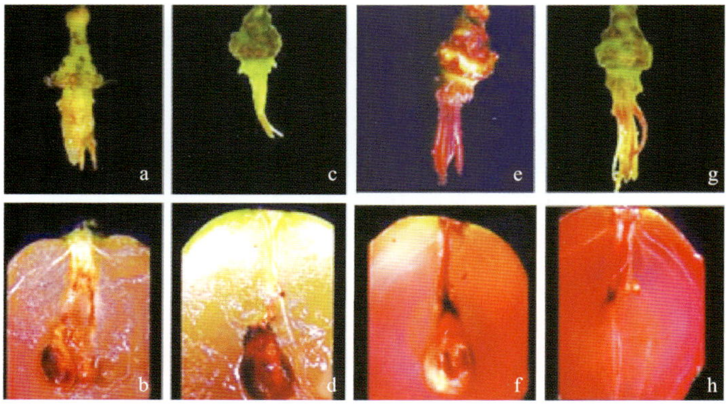

图4-17　葡萄品种资源不同果刷的存在状态

a、b—红意大利；c、d—巨峰；e～h—宇选1号

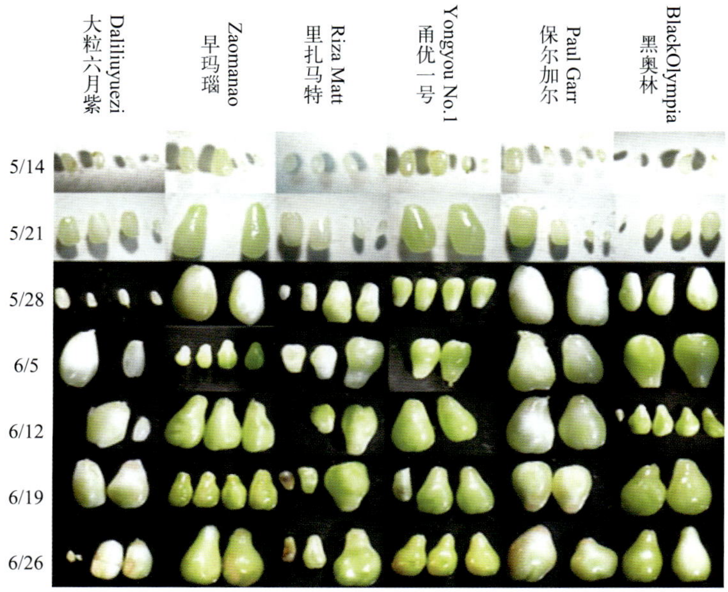

图4-18　不同品种葡萄种子外观变化

山葡萄　康克　西拉　夏夫拉尼

图4-20　葡萄成龄叶裂片数

太波姆　紫鸡心　圆粒巧吾斯　夏夫拉尼

图4-21　葡萄成龄叶上裂刻开叠类型

红鸡心

秋红

玫瑰露

瑞必尔

图4-22　不同葡萄发育时期葡萄品种叶片色泽特征

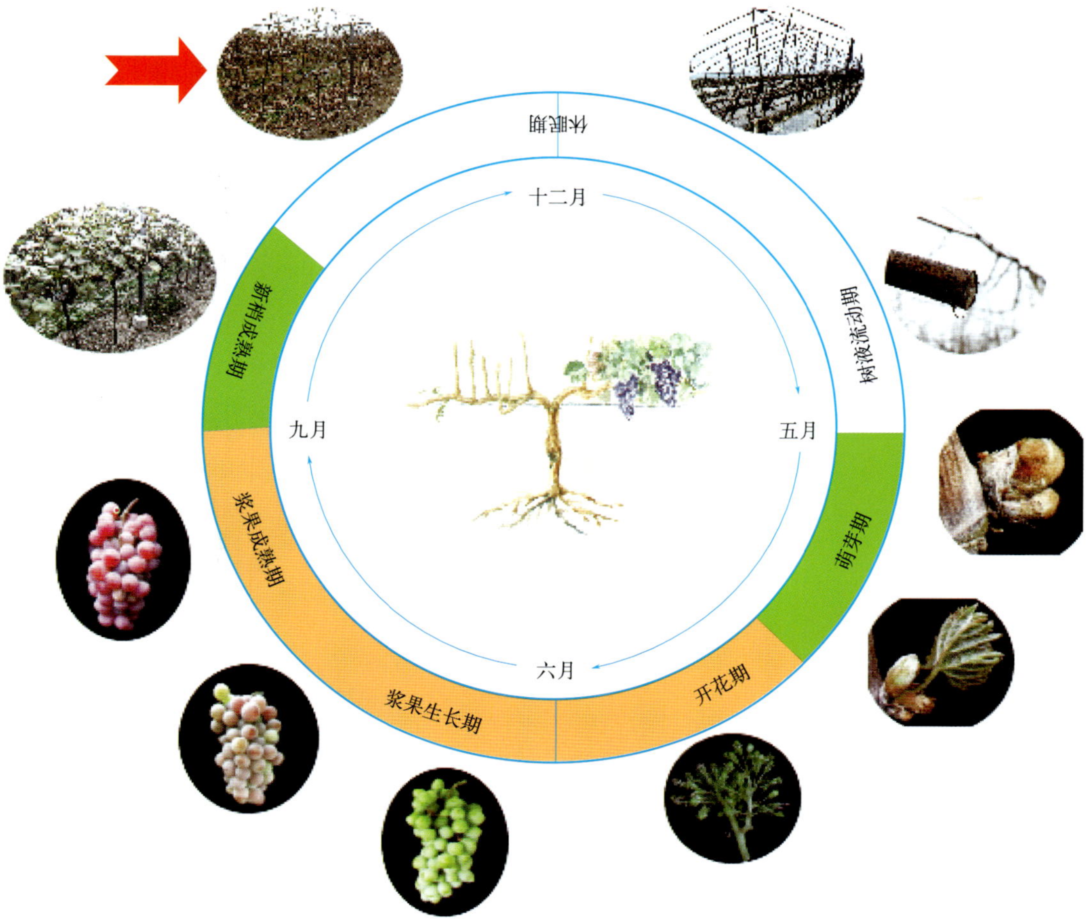

图4-23 葡萄物候期

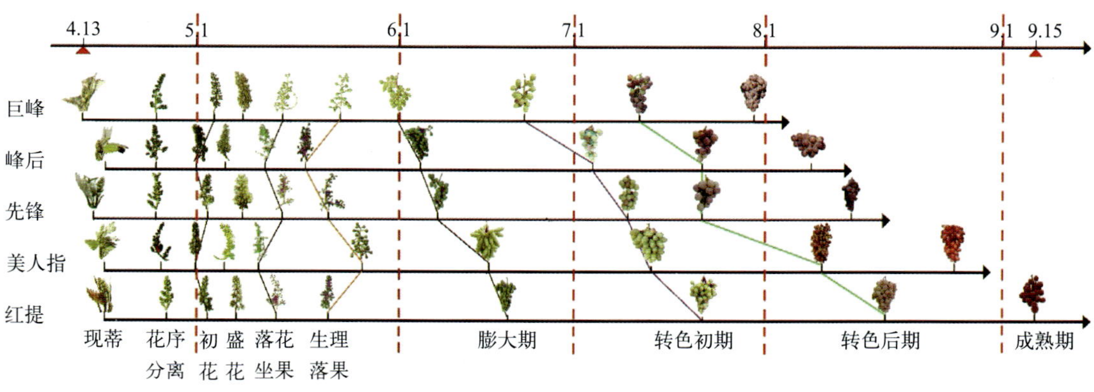

图4-24 同一年份不同成熟期葡萄物候期比较

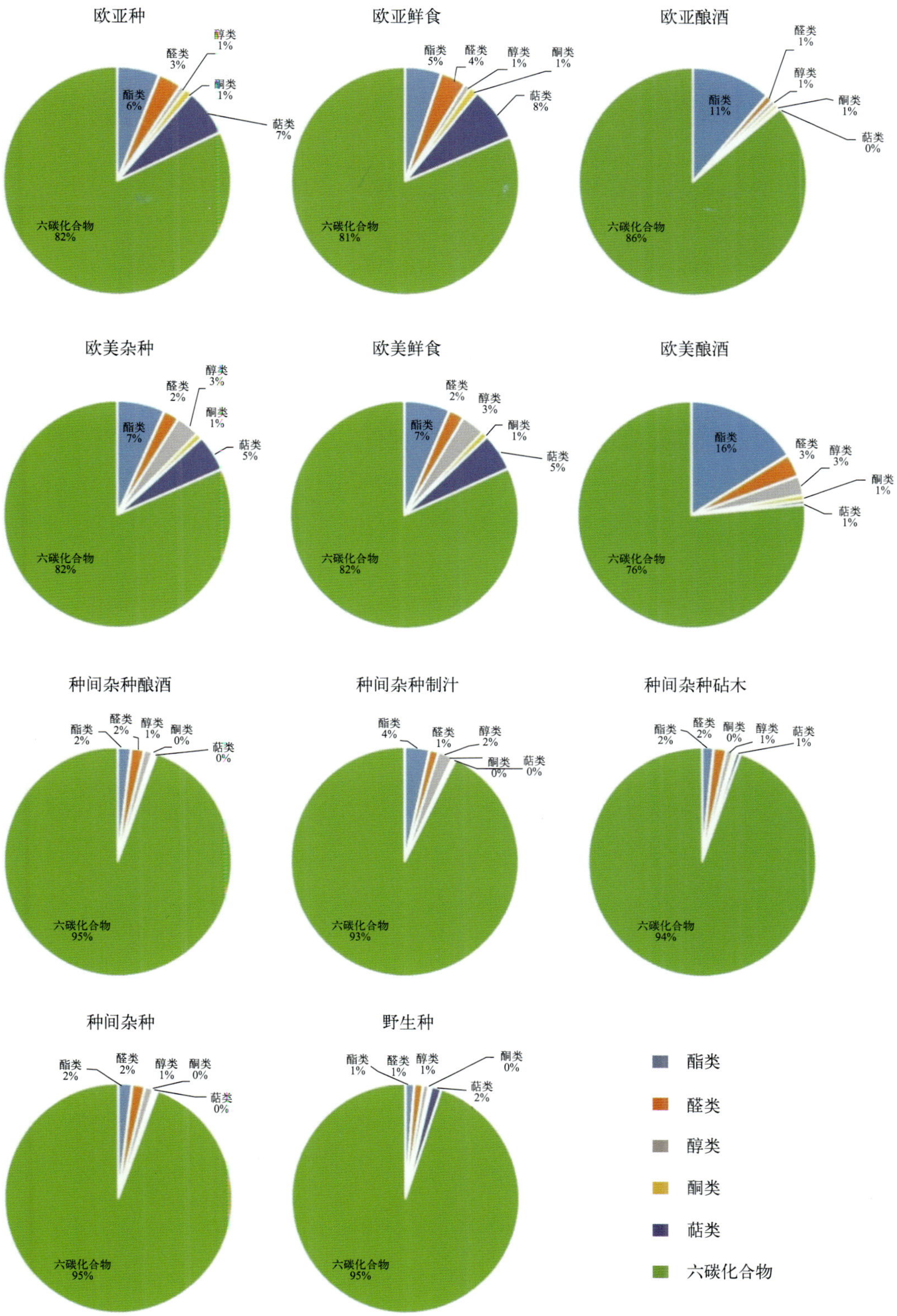

图4-26　不同葡萄品种类型香气类型

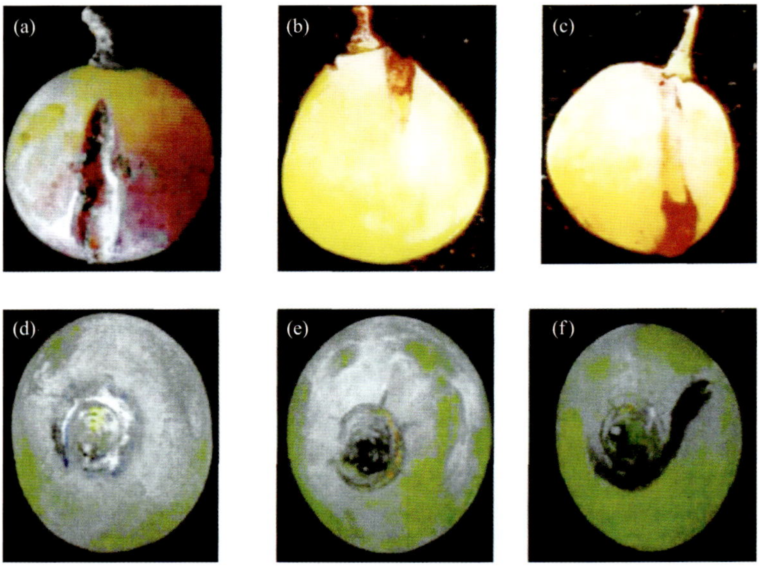

图4-27　葡萄果实的裂果类型

（a）～（c）：纵裂；（d）：环裂；（e）（f）：纵裂加环裂

图4-28　盐胁迫下不同鲜食葡萄的形态变化

图4-29　干旱胁迫下不同鲜食葡萄的形态变化

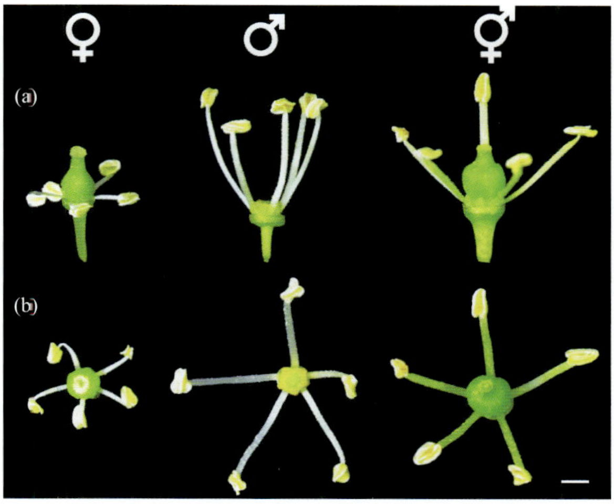

图4-30 葡萄花型

（a）侧视图；（b）俯视图

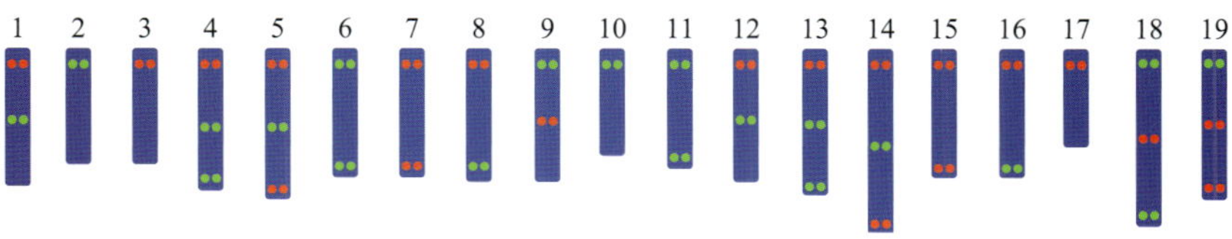

图5-1 葡萄染色体中寡核苷酸信号的模式图

蓝色表示19条染色体，绿色和红色探针信号位置分别用20个红点和绿点标记

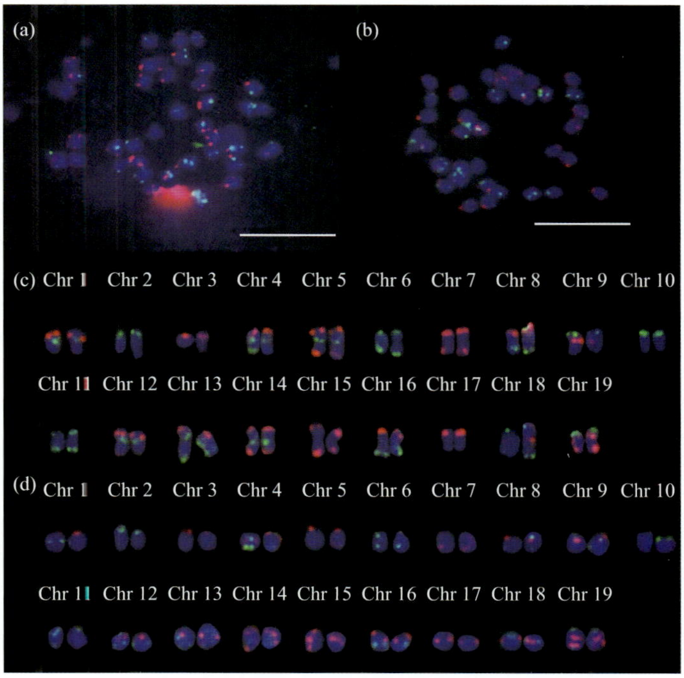

图5-2 单拷贝探针库对PN4与PN的核型进行识别

其中蓝色为DAPI染色，红色为地高辛抗体，绿色为生物素抗体。（a）和（b）分别为PN4和PN的中期染色体；（c）和（d）分别为PN4和PN的19条染色体核型分拣。标尺为10μm

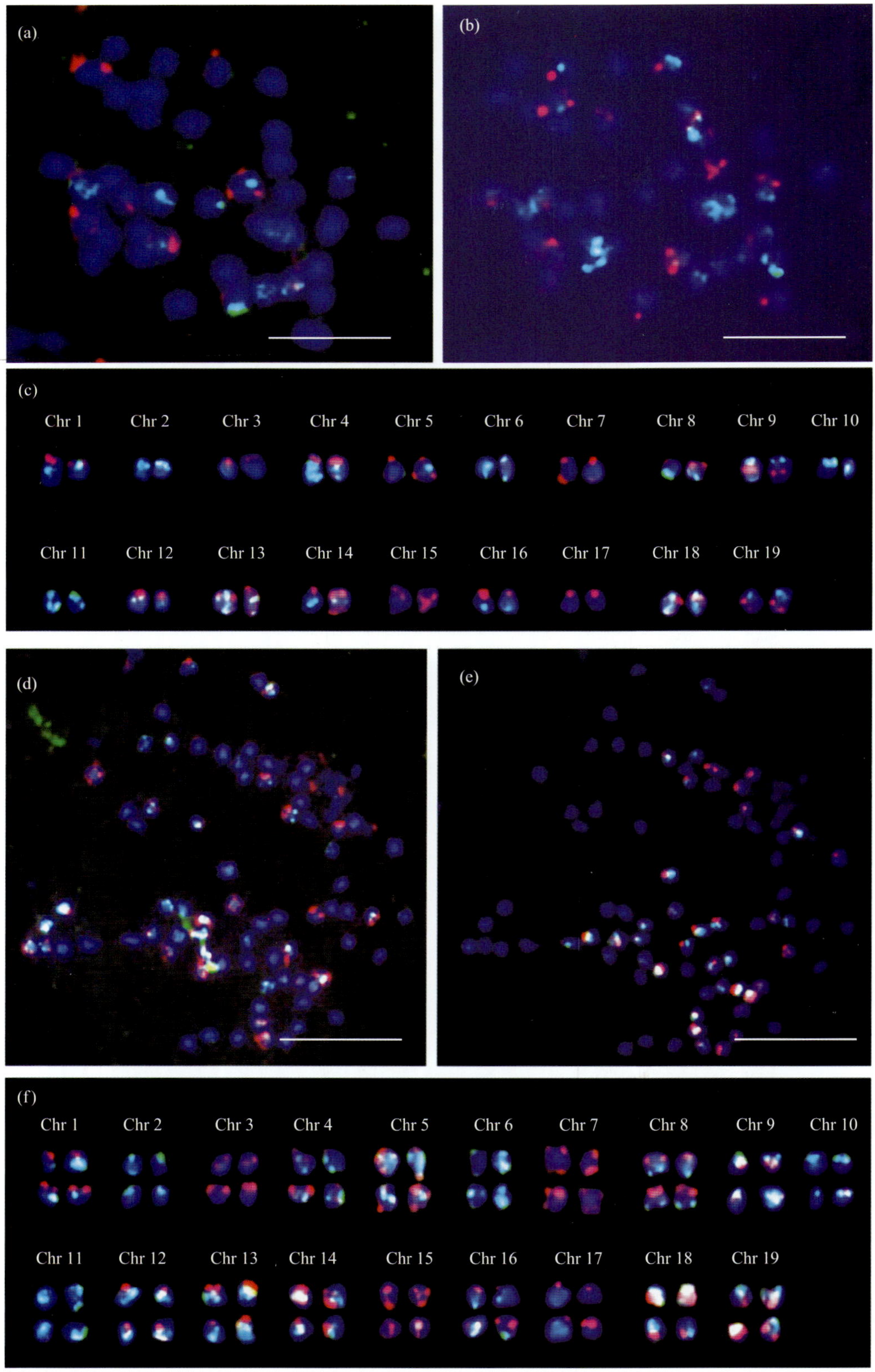

图5-3 ‘玫瑰香’和‘巨峰’葡萄单拷贝探针库核型识别

（a）～（c）为‘玫瑰香’单拷贝探针核型识别；（d）～（f）为‘巨峰’单拷贝探针核型识别

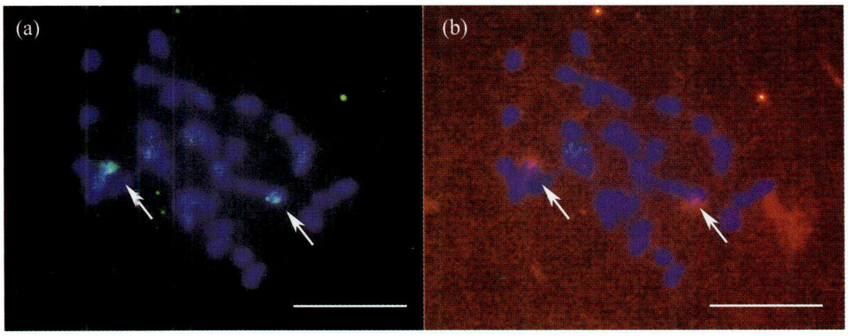

图5-6　在FN4染色体上利用（a）VvCL133、（b）Vv5S探针得到的杂交信号

蓝色为DAPI染色，标尺为10μm

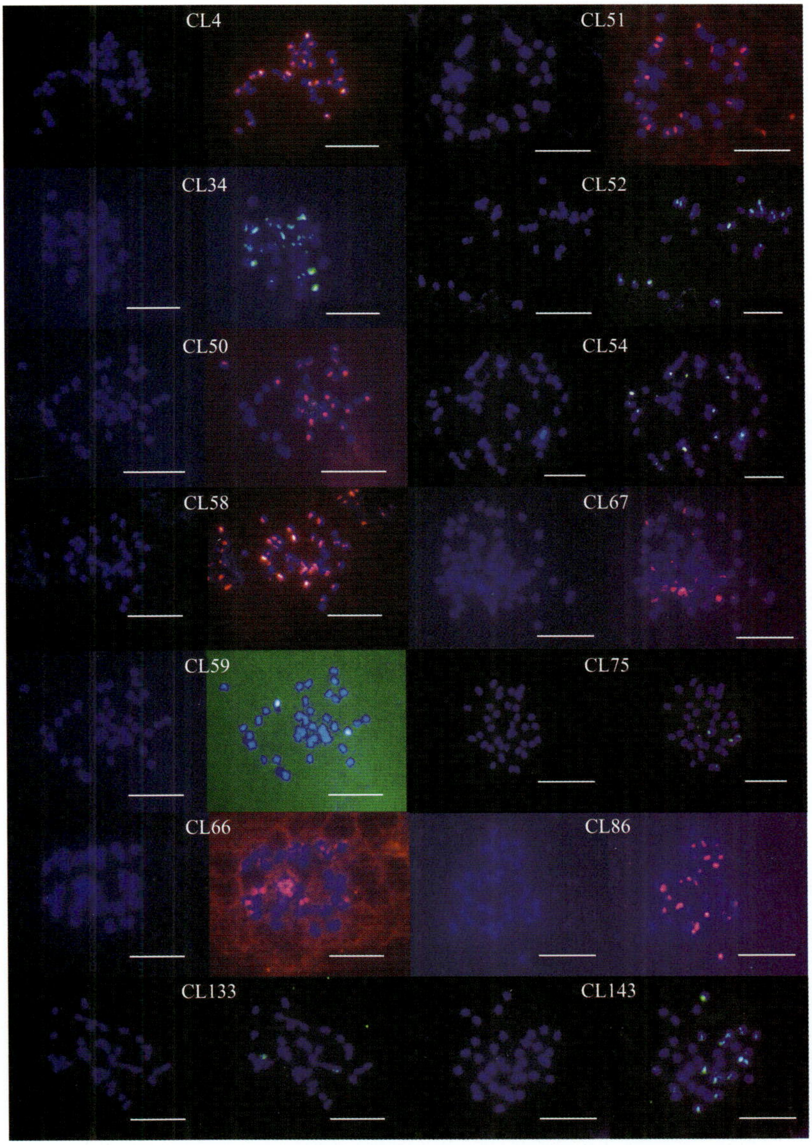

图5-7　在PN4染色体上利用不同探针得到的杂交信号

CL4（红）、CL34（绿）、CL50（红）、CL51（红）、CL52（绿）、CL54（绿）、CL58（红）、CL59（绿）、CL66（红）、CL67（红）、CL75（绿）、CL86（红）、CL133（绿）、CL143（绿），蓝色为DAPI染色，标尺为10μm

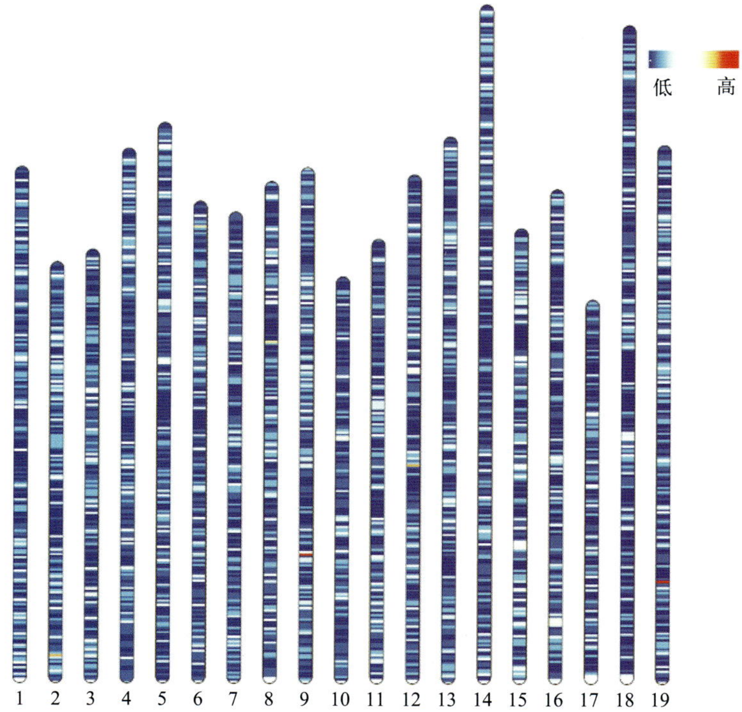

图5-8　AAT/ATT重复单元在葡萄基因组上的分布

分别合成（ATT）$_5$、（ATT）$_{10}$、（ATT）$_{19}$三种探针序列，并设置33.3ng/μL与333.3ng/μL的终浓度进行葡萄染色体FISH。

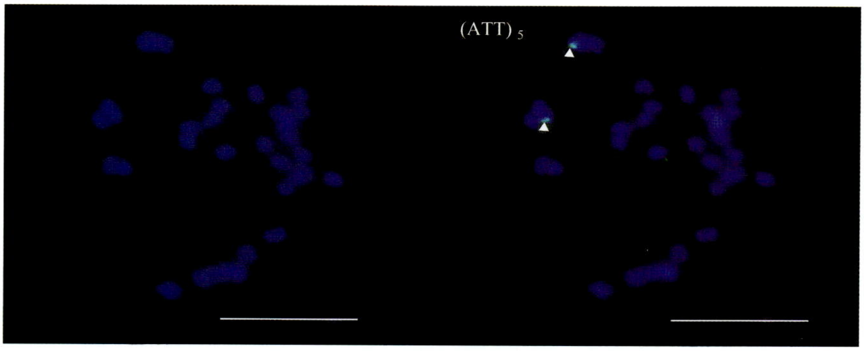

图5-9　PN4染色体上利用（ATT）$_5$（绿）探针得到的杂交信号

蓝色为DAPI，标尺为10μm

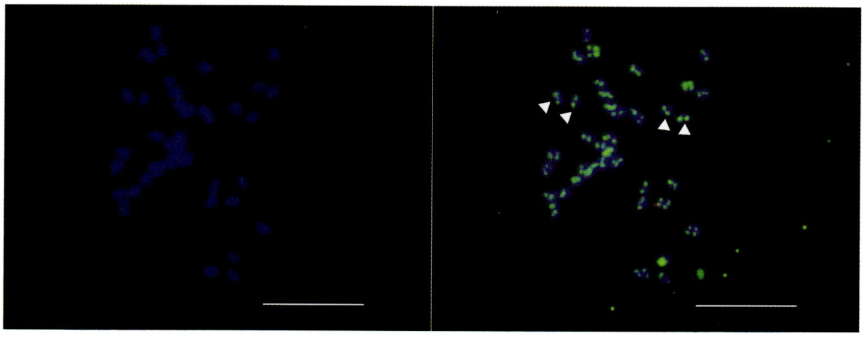

图5-11　PN4染色体上利用（TTTAGGG）$_n$探针得到的杂交信号

蓝色为DAPI，标尺为10μm

图8-1　河岸葡萄叶片与果实

图8-2　沙地葡萄叶片与果实

图8-3　冬葡萄叶片

图8-4　香槟尼葡萄果实

图8-5　山葡萄叶片与果实

图8-6 3309C

图8-7 101-14

图8-8 110R

图8-9 1103P

图8-10 140R

图8-11 99R

图8-12 SO4

图8-13 5C

图8-14 贝达

志昌抗砧一号嫩梢

志昌抗砧一号新梢

志昌抗砧一号成龄叶

志昌抗砧一号花穗

图8-15　志昌抗砧1号

图8-16　华佳8号

图8-17　抗砧3号

图8-18　抗砧5号

图8-19　华葡1号

图8-20　郑寒1号

叶片正面

云葡1号（F_1）

叶片反面

云葡1号（F_1）

1年生“云葡1号”长势

云葡1号成熟时的果穗

图8-21 云葡1号

‘云葡2号’二年生植株长势

‘云葡2号’四年生植株长势

‘云葡2号’新梢

‘云葡2号’果实

图8-22 云葡2号

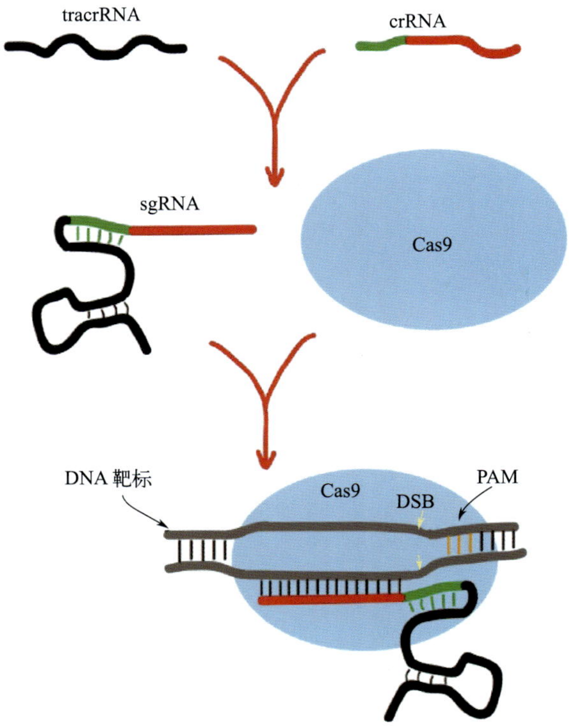

图10-3　CRISPR/Cas9基因组编辑原理图

tracrRNA为反式激活crRNA；crRNA为成簇规律间隔短回文重复序列RNA；sgRNA为单向导RNA；Cas9为CRISPR相关蛋白9；PAM为原型间隔序列毗邻基序；DSB为DNA双链断裂（double-strand break）

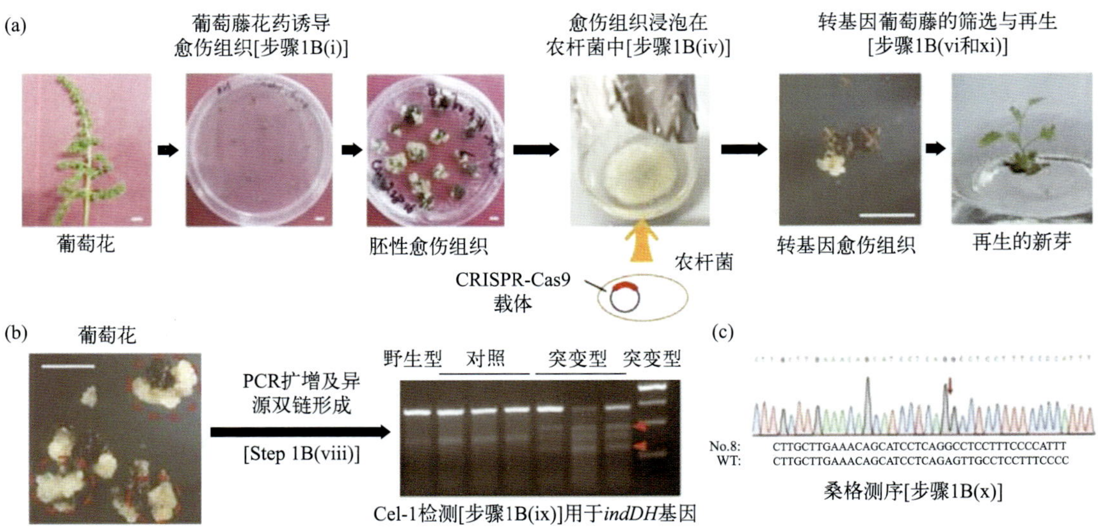

图10-4　质粒介导的基于CRISPR-Cas9的葡萄基因编辑的预期结果